普通高等教育“十三五”规划教材

大学物理基础教程

主　编　王　洵

副主编　刘志敏　雷　宇

主　审　郝虎在　黄克林

U0316733

中国铁道出版社

CHINA RAILWAY PUBLISHING HOUSE

内 容 简 介

本书是适应当前教育教学改革的需要，依据教育部高等学校非物理专业基础课教学指导分委员会制定的《非物理类理工科专业大学物理课程教学基本要求》(简称《基本要求》)的精神，在作者多年教学研究、教学实践和教改经验的基础上，结合学校各专业对物理课内容的要求而编写的。教材涵盖《基本要求》的核心内容，并考虑高校许多专业对少学时的教学需要，采取了压缩经典、简化近代内容、突出重点的方法精心组织内容，具有层次分明、叙述简练、概念准确、创意新颖和逻辑性强的特色。

全书共 18 章，包含力学、振动和波动、热学基础、电磁学、波动光学以及近代与当代物理基础六篇内容。参考授课 64～96 学时。

本书可作为高等院校非物理类专业本科少学时的大学物理课程的教材或教学参考书，也可以供其他有关专业选用和广大读者阅读。

图书在版编目(CIP)数据

大学物理基础教程/王洵主编. —北京：中国铁道出版社，2017.7

普通高等教育“十三五”规划教材

ISBN 978-7-113-22605-3

Ⅰ.①大… Ⅱ.①王… Ⅲ.①物理学—高等学校—教材 Ⅳ.①04

中国版本图书馆 CIP 数据核字(2016)第 317704 号

书　　名：大学物理基础教程
作　　者：王　洵　主编

策　　划：曹莉群　周海燕　　**读者热线：**(010)63550836
责任编辑：周海燕
封面设计：刘　颖
封面制作：白　雪
责任校对：张玉华
责任印制：郭向伟

出版发行：中国铁道出版社(100054，北京市西城区右安门西街 8 号)
网　　址：http://www.tdpress.com/51eds/
印　　刷：三河市宏盛印务有限公司
版　　次：2017 年 7 月第 1 版　2017 年 7 月第 1 次印刷
开　　本：787 mm×1 092 mm　1/16　印张：25.75　字数：545 千
书　　号：ISBN 978-7-113-22605-3
定　　价：55.00 元

前　言

物理学是一切自然科学的基础，物理学的发展广泛并且直接推动着技术的革命和社会的文明。因此，大学物理课程是理工科大学生的一门重要基础课，其任务就是为提高大学生现代科学素质服务的，从而为培养人才打好必要科学基础；提高学生的逻辑思维能力和抽象思维能力；培养学生的创新思维和创新精神；为学生进一步学习专业知识，掌握专业理论、培养专业技能打下必要的基础。本书就是为了适应高等工程教育的培养目标和发展需要，积累作者多年从事物理教学经验，考虑理工类专业少学时大学物理课程的教学要求，参照教育部《非物理类理工科专业大学物理课程教学基本要求》，为适应高等学校理工类专业少学时大学物理课程数学的需要编写的。

本书针对工科学生的基础，特别是全面实行学分制的背景，侧重于物理学的基本知识、基本概念、基本原理和基本定律，突出物理学知识的完整性、逻辑性和准确性。为了便于学生掌握、理解和阅读，对书中内容进行分层次的叙述，对某些问题进行了方式多样、不拘一格的讨论和说明，每一章都精选了一些例题、思考题、选择题、填空题和计算题。通过这些基本问题的训练，使学生达到学好大学物理的目的。

本教材的特点如下：

(1)内容整体上既保持了物理基础学科知识的系统性与完整性，又考虑到学时特点，教材叙述简明扼要，难度适中，同时也注意培养学生的科学思想与物理学的研究方法，以使学生受到启发，激发学生的求知欲望和创新精神。

(2)在讲述方法上，针对普通高等院校理工类专业学生特点，尽量做到讲清基本概念，阐明基本原理，运用基本方法，避免繁杂的理论推导，并且适当降低复杂的计算要求。

(3)在讲述内容的结构上考虑到与中学物理内容的衔接，同时考虑与理工科专业后续课程的衔接，注意强化物理原理和方法在工程技术中的应用，注意理论联系实际并增加高新技术物理等内容。

参加本教材编写工作的有华东交通大学理学院王洵、刘志敏、雷宇、邱万英、张建松、艾剑锋、刘志荣、任才贵、刘正方、朱莉华等。全书由王洵任主编并负责统稿工作，刘志敏、雷宇任副主编，郝虎在、黄克林主审。

由于编者水平所限，教材中不妥和疏漏之处在所难免，希望读者批评指正，以便改进。

编　者

2017 年 5 月

目　　录

第一篇　力　　学

第二篇　振动和波动

第三篇　热学基础

第四篇 电 磁 学

第五篇　波 动 光 学

第六篇　近代与当代物理基础

第一篇　力　　学

宇宙中一切物体都在运动着。物体的运动形式是多种多样的，其中最简单、最常见的一种运动形式是物体间或物体各部分之间相对位置的变化，这种运动称为机械运动。星体的运动、车辆、船只、飞机等的运动，水、空气的流动，各种机器的运转等，都是机械运动。力学是研究机械运动的规律及其应用的学科。力学中的基本概念和规律在物理学的各领域中起着重要的作用；其他自然科学和工程技术中也常用到力学的基本知识。

大学物理中的力学包括运动学和动力学两部分内容。运动学研究物体位置随时间变化的规律；而动力学则是研究物体之间的相互作用对物体运动的影响，即研究物体运动状态变化的原因。

本篇着重介绍有关质点运动的基本概念、牛顿定律和守恒定律（机械能守恒、动量守恒、角动量守恒）。

第1章 质点运动学

质点运动学的主要任务是描述作机械运动的物体在空间的位置随时间变化的关系，而不涉及运动产生和改变的原因。本章首先定义描述质点运动的物理量，如位置矢量、位移、速度和加速度等，并讨论这些物理量随时间变化的关系。然后讨论质点的直线运动、曲线运动和圆周运动的运动规律及其描述方法。

1.1 参考系 坐标系和质点

1.1.1 运动本身的绝对性

宇宙间一切物体都在不停地运动中，不可能找到一个绝对静止的物体。大到太阳、地球等天体，小到分子、原子和各种基本粒子都处于永恒的运动之中。放在桌上的书对于桌面是静止的，但它却随地球一起绕太阳运动，太阳也在运动，整个太阳系绕着银河系中心运动，同时银河系也在运动，这就是运动本身的绝对性。

1.1.2 运动描述的相对性

对于某一个具体的物体，如一个从匀速运行的列车的桌子上掉下的杯子，它是怎样运动的？这个问题可以有不同的答案，列车上的甲认为杯子是竖直向下的自由落体运动，而在站台上的乙却认为杯子是一个抛物线运动，列车上甲的参照物是车厢，而地面上乙的参照物是地面。因此，描述一个物体的运动时，必须选择另外一个或几个相互保持静止的物体作为参照物，选择的参照物不同，对同一个物体运动的描述也就不同，这就是运动描述的相对性。

1.1.3 参考系

在物理学中，把描述一个物体运动所选择的参照物称为参考系。在后续章节中我们在物理定律中使用的一些物理量，必须是相对同一参考系的，所以在处理问题时，一定要明确描述物体运动所选择的参考系，不同参考系的物理量需要变换到同一参考系中才能求解有关问题。在运动学中，参考系的选择具有任意性，在具体问题中，选择什么参考系取决于所研究问题的性质。一般情况下，如果研究地面上物体的运动，往往以地球(地面)为参考系；如果研究地球、月球的运动往往以太阳为参考系。

1.1.4　坐标系

为了定量地描述一个物体不同时刻相对于参考系的位置，需要在此参考系上建立一个固定的坐标系。坐标系建立后，物体相对于坐标系的运动，也就是物体相对于参考系的运动。运动物体的位置就由它在坐标系中的坐标值决定。坐标系是参考系的一种数学抽象，所以我们每提到坐标系时，指的也是与它固定在一起的参考系。

常用的坐标系有图 1-1 所示的直角坐标系(x,y,z)，也可以使用图 1-2 所示的极坐标系(r,θ,φ)或图 1-3 所示的柱坐标系(r,θ,z)等。对二维平面运动，常用图 1-4 所示的二维直角坐标系(x,y)或图 1-5 所示的二维极坐标系(r,θ)。究竟选用什么坐标系为好，应以研究问题能够最为简捷方便为准。

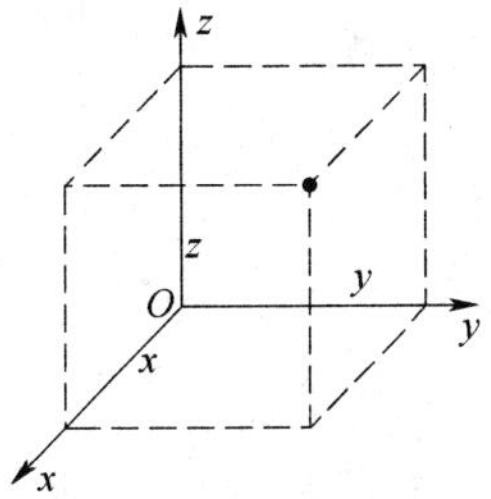

图 1-1　三维直角坐标系(x,y,z)

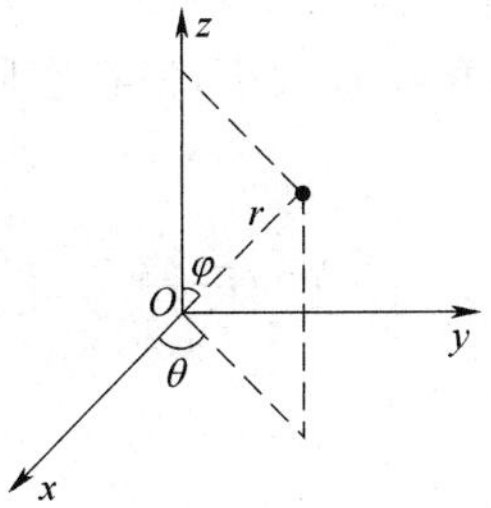

图 1-2　三维极坐标系(r,θ,φ)

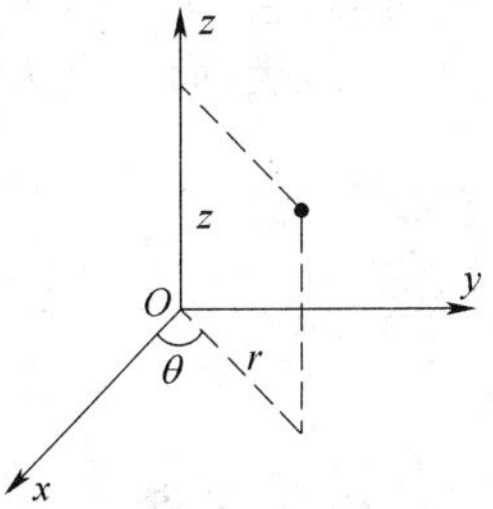

图 1-3　三维柱坐标系(r,θ,z)

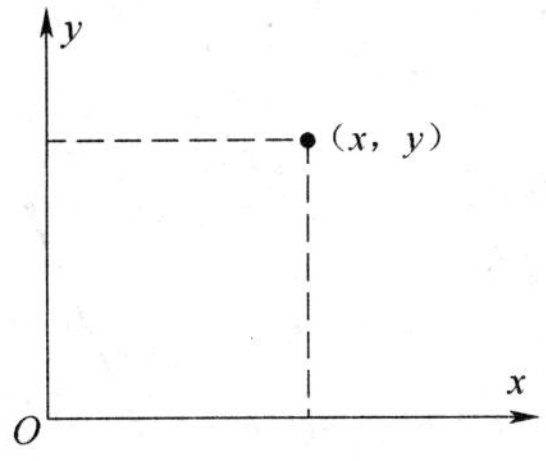

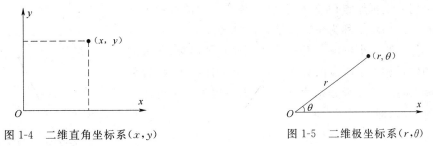

图 1-4　二维直角坐标系(x,y)

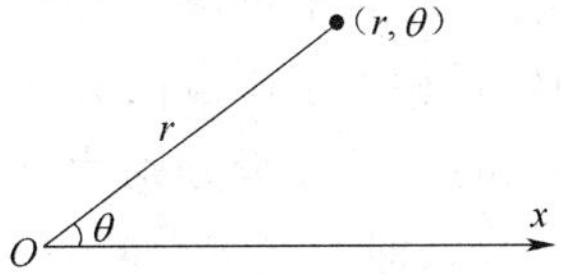

图 1-5　二维极坐标系(r,θ)

1.1.5　质点

任何物体都有一定的大小、形状和内部结构。通常情况下，物体运动时，内部各点的运动情况常常是不同的。因此要精确描写一般物体的运动并不是一件容易的事。为使问题简化，可以采用抽象的办法：如果物体的大小和形状在所研究的问题中不起作用，或所起的作用可以忽略不计，就可以近似地把此物体看作一个只有质量而没有大小和形状的理想物体，称为质点。

质点是一个理想化模型。质点仍然是一个物体，它具有质量，同时它已被抽象化为一个几何点，质点是实际物体在一定条件下的抽象。理想化模型的引入在物理学中是一种常见的重要的科学分析方法，在以后的课程中还将引入一系列理想模型，例如理想气体、点电荷等。把物体抽象为质点的方法具有很大的实际意义和理论价值。如在天文学中把庞大的天体抽象为质点的方法已获得极大的成功。从理论上讲，我们可以把整个物体看成由无数个质点所组成的质点系，从分析研究这些最简单的质点入手，就可能把握整个物体的运动，所以质点运动是研究物体运动的基础。

物体抽象为质点首先要注意，同一个物体在一个问题中可抽象为质点，在另一个问题中则可能不能简化为质点。例如研究地球绕太阳公转时，由于地球至太阳的平均距离（约 1.5×10^8 km）比地球的半径（约 6 370 km）大得多，地球上各点相对于太阳的运动可以看作是相同的，可以把地球当作质点，但研究地球自转时，地球上各点的运动情况就大不相同，地球就不能当作质点处理了。其次要注意区别质点与小物体。物体再小（原子核的线度约为 10^{-15} m）也有大小、形状，而质点为一几何点，它没有大小，但在空间占有确切的位置。

1.2 位置矢量　位移

1.2.1 位置矢量

人们习惯于将空间任一点 P 的位置用一组坐标 (x,y,z) 来表示，即 $P(x,y,z)$。P 点的位置也可以用从坐标原点 O 向 P 点引一条有方向的线段 $\boldsymbol{r}$ 来表示，如图 1-6 所示。$\boldsymbol{r}$ 称为位置矢量，简称位矢。

位置矢量 $\boldsymbol{r}$ 的大小 $|\boldsymbol{r}|=r$ 代表质点到原点的距离，其方向标志质点的位置相对于原点的方向。在直角坐标系中，位置矢量 $\boldsymbol{r}$ 沿坐标轴的三个分量分别为 x、y、z，则位置矢量 $\boldsymbol{r}$ 可用它的 3 个分量表示，即

$$\boldsymbol{r}=x\boldsymbol{i}+y\boldsymbol{j}+z\boldsymbol{k} \tag{1-1}$$

位置矢量 $\boldsymbol{r}$ 的大小：$|\boldsymbol{r}|=r=\sqrt{x^2+y^2+z^2}$　　(1-2)

位置矢量 $\boldsymbol{r}$ 的方向余弦为

$$\cos\alpha=\frac{x}{r},\quad \cos\beta=\frac{y}{r},\quad \cos\gamma=\frac{z}{r} \tag{1-3}$$

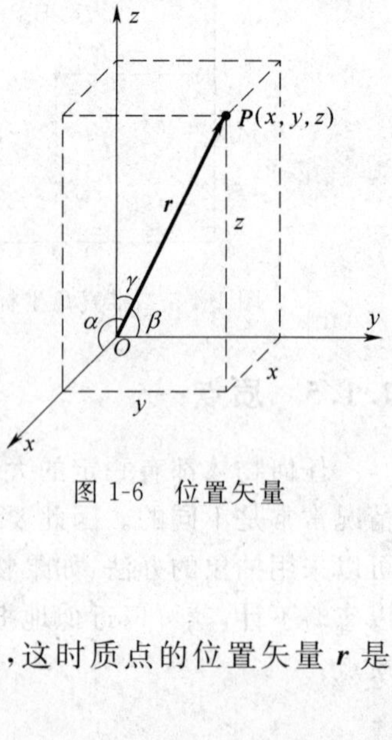

图 1-6　位置矢量

1.2.2 运动方程和轨迹方程

在质点运动的过程中，标志质点位置的位置矢量随时间改变，这时质点的位置矢量 $\boldsymbol{r}$ 是

时间 t 的函数，即

$$\boldsymbol{r}=\boldsymbol{r}(t) \tag{1-4}$$

这个函数描述了质点空间位置随时间变化的过程，称之为运动方程。

在三维直角坐标系中质点的位置坐标 x、y、z 也相应地随时间 t 在变化，即

$$\left.\begin{aligned} x&=x(t)\\ y&=y(t)\\ z&=z(t)\end{aligned}\right\} \tag{1-5}$$

将式(1-5)代入式(1-1)，即得运动方程在直角坐标系中的分解式为

$$\boldsymbol{r}=x(t)\boldsymbol{i}+y(t)\boldsymbol{j}+z(t)\boldsymbol{k} \tag{1-6}$$

式(1-4)、式(1-5)、式(1-6)均为质点的运动方程，知道了质点的运动方程，就能确定任一时刻质点的位置，也就掌握了质点的全部运动情况。所以，分析、研究质点运动的规律都要围绕质点的运动方程来进行。

运动质点在空间所经过的路径称为轨迹。轨迹是位置矢量的矢端在空间的轨迹，在质点的运动方程(1-5)中消去时间 t 就可以得到质点的轨迹方程。轨迹为直线的运动称为直线运动，轨迹为曲线的运动称为曲线运动。

运动方程表明质点的位置 $\boldsymbol{r}$ 或 x、y、z 与时间 t 的函数关系，而轨迹方程则只是位置坐标 x、y、z 之间的关系式。

1.2.3　位移和路程

如图 1-7 所示，t 时刻质点位于 A 处，位置矢量 $\boldsymbol{r}_A$，经过 Δt 时间，质点到达 B 处，位置矢量 $\boldsymbol{r}_B$。在 Δt 时间间隔内位置矢量的增量称为位移矢量，简称位移，即

$$\Delta\boldsymbol{r}=\boldsymbol{r}_B-\boldsymbol{r}_A \tag{1-7}$$

在三维直角坐标系中表示为

$$\begin{aligned}\Delta\boldsymbol{r}&=\boldsymbol{r}_B-\boldsymbol{r}_A=(x_B\boldsymbol{i}+y_B\boldsymbol{j}+z_B\boldsymbol{k})-(x_A\boldsymbol{i}+y_A\boldsymbol{j}+z_A\boldsymbol{k})\\ &=\Delta x\boldsymbol{i}+\Delta y\boldsymbol{j}+\Delta z\boldsymbol{k}\end{aligned} \tag{1-8}$$

位移的大小为

$$|\Delta\boldsymbol{r}|=\sqrt{(\Delta x)^2+(\Delta y)^2+(\Delta z)^2} \tag{1-9}$$

位移的方向：从 A 指向 B。这样位移 $\Delta\boldsymbol{r}$ 除了表明质点在 Δt 时间间隔内由 A 运动到 B 的距离外，还表明了 B 相对于 A 的方位。

在国际单位制(SI)中位置矢量和位移的单位为米(m)。位移是矢量，位移的合成遵从平行四边形法则或三角形法则。如图 1-8 所示，质点由 A 点出发，经过 B 点而后又到达 C 点，最终质点的位移是由 A 指向 C 的有向线段。

质点运动的路径长度 Δs 称为路程。路程 Δs 是一个标量。而位移是既有大小又有方向的矢量。位移并不反映质点真实的运动路径的长度，只反映位置变化的实际效果。一般路程

Δs 与位移的大小 $|\Delta \boldsymbol{r}|$ 之间没有确定的关系，只有当 Δt 趋于零时或物体作定向直线运动时，两者才相等。

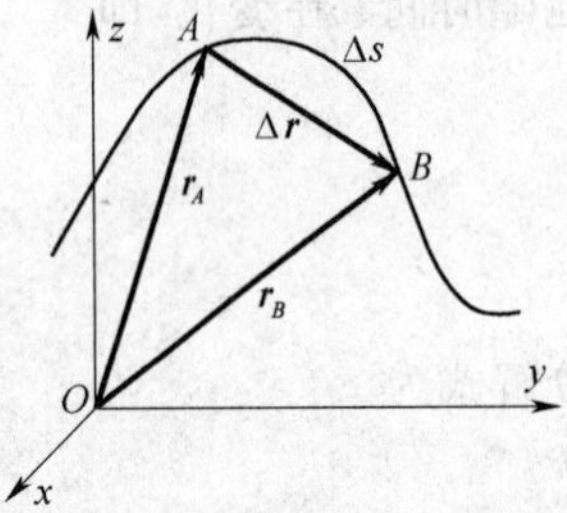

图 1-7　位移

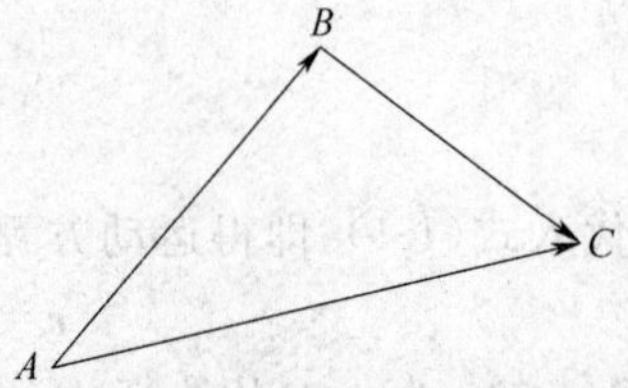

图 1-8　位移矢量的合成

【例 1-1】　一辆汽车向东行驶 5 km，又向南行驶 4 km，再向西行驶 2 km，求汽车合位移的大小和方向。

【解】　取向东为 x 轴的正方向，向北为 y 轴正方向，出发点为坐标 O 点，建立图 1-9 所示的二维直角坐标系，则

$$\Delta \boldsymbol{r}_1=\Delta x_1\boldsymbol{i}+\Delta y_1\boldsymbol{j}=5\boldsymbol{i}(\text{km})$$
$$\Delta \boldsymbol{r}_2=\Delta x_2\boldsymbol{i}+\Delta y_2\boldsymbol{j}=-4\boldsymbol{j}(\text{km})$$
$$\Delta \boldsymbol{r}_3=\Delta x_3\boldsymbol{i}+\Delta y_3\boldsymbol{j}=-2\boldsymbol{i}(\text{km})$$
$$\begin{aligned}\Delta \boldsymbol{r}&=\Delta \boldsymbol{r}_1+\Delta \boldsymbol{r}_2+\Delta \boldsymbol{r}_3=\Delta x\boldsymbol{i}+\Delta y\boldsymbol{j}\\&=(\Delta x_1+\Delta x_2+\Delta x_3)\boldsymbol{i}+(\Delta y_1+\Delta y_2+\Delta y_3)\boldsymbol{j}\\&=(5+0-2)\boldsymbol{i}+(0-4+0)\boldsymbol{j}\\&=3\boldsymbol{i}-4\boldsymbol{j}(\text{km})\end{aligned}$$

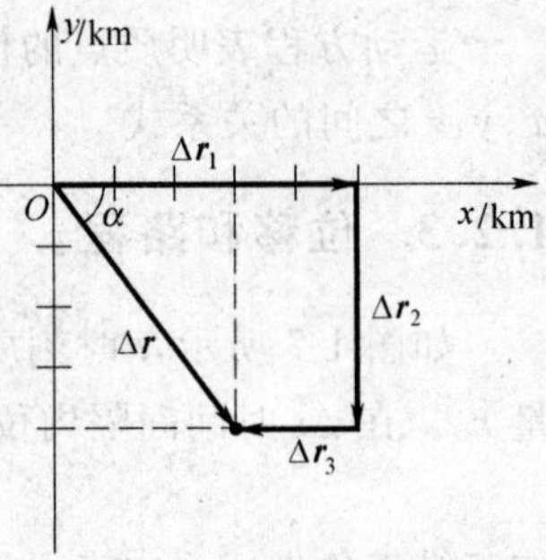

图 1-9　例 1-1 图

合位移的大小为

$$|\Delta \boldsymbol{r}|=\sqrt{(\Delta x)^2+(\Delta y)^2}=\sqrt{3^2+(-4)^2}=5(\text{km})$$

合位移的方向，由合位移与 x 轴的夹角 α 决定，其值为

$$\alpha=\arctan\left(\frac{\Delta y}{\Delta x}\right)=\arctan\left(\frac{-4}{3}\right)=-53.1^\circ$$

【例 1-2】　已知质点在平面直角坐标系 Oxy 中的运动方程为 $x=2t$，$y=2-t^2$，式中 x，y 以 m 计，t 以 s 计。求：

(1) 质点的轨迹方程；

(2) $t=0$ s 和 $t=2$ s 时质点的位置矢量；

(3) $t=0$ s 到 $t=2$ s 质点的位移。

【解】　(1)由运动方程 $\begin{cases}x=2t\\y=2-t^2\end{cases}$，消去 t 得轨迹方程为

$$y=2-\frac{1}{4}x^2$$

可知质点的轨迹为如图 1-10 所示的抛物线。

(2) 由 $\boldsymbol{r}=(2t)\boldsymbol{i}+(2-t^2)\boldsymbol{j}$

当 $t=0$ 时　$\boldsymbol{r}_0=2\boldsymbol{j}$ (m)

当 $t=2$ 时　$\boldsymbol{r}_2=4\boldsymbol{i}-2\boldsymbol{j}$ (m)

(3)　$\Delta\boldsymbol{r}=\boldsymbol{r}_2-\boldsymbol{r}_0=(4\boldsymbol{i}-2\boldsymbol{j})-2\boldsymbol{j}=4\boldsymbol{i}-4\boldsymbol{j}$ (m)

位移的大小　$|\Delta\boldsymbol{r}|=\sqrt{4^2+(-4)^2}=4\sqrt{2}$ (m)

位移的方向　$\theta=\arctan\left(\frac{\Delta y}{\Delta x}\right)=\arctan\frac{-4}{4}=-45°$(与 x 轴正向夹角)

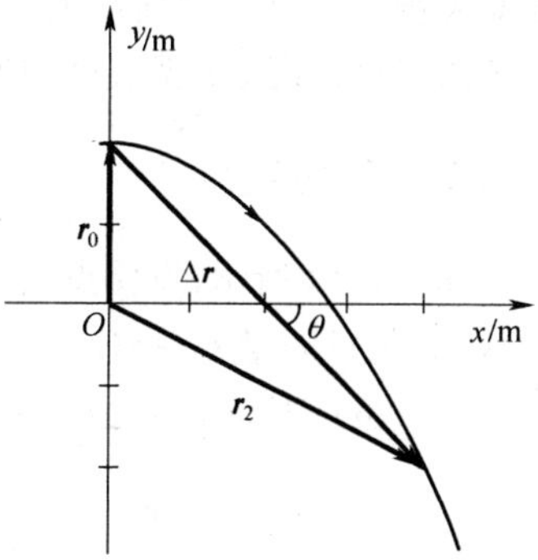

图 1-10　例 1-2 图

【例 1-3】 质点在平面直角坐标系 Oxy 中的运动方程为 $x=3\cos\pi t$, $y=3\sin\pi t$，单位为 m，试求：

(1) 质点的轨迹方程；

(2) $t=1$ s 时的位置矢量；

(3) $t=0$ s 到 $t=1$ s 的位移和路程。

【解】 (1) 由运动方程 $\begin{cases}x=3\cos\pi t\\y=3\sin\pi t\end{cases}$，消去 t 得轨迹方程

$$x^2+y^2=3^2$$

所以，质点作以原点 O 为圆心，半径为 3 的圆周运动，如图 1-11 所示。

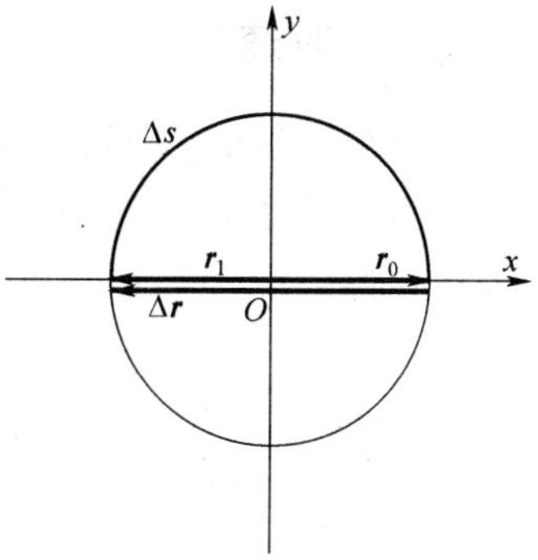

图 1-11　例 1-3 图

(2) $t=1$ s 时：$x=-3$，$y=0$

$$\boldsymbol{r}_1=-3\boldsymbol{i}\text{(m)}$$

(3) $t=0$ s 时：　$\boldsymbol{r}_0=3\boldsymbol{i}$ (m)

$t=1$ s 时：　$\boldsymbol{r}_1=-3\boldsymbol{i}$(m)

$$\Delta\boldsymbol{r}=\boldsymbol{r}_1-\boldsymbol{r}_0=-3\boldsymbol{i}-3\boldsymbol{i}=-6\boldsymbol{i}\text{ (m)}$$

位移的大小 $|\Delta r|=6$ m，$\Delta\boldsymbol{r}$ 的方向为 x 轴负方向。

路程　$\Delta s=\frac{\text{圆周长}}{2}=\frac{2\pi R}{2}=3\pi$ (m)

1.3　速度与加速度

位移只说明质点在某段时间内位置的变化，为了描述质点运动的快慢和方向，需要引入

速度矢量。质点运动速度的大小和方向也在不断改变。为了定量描述各个时刻速度大小和方向的变化情况，需要引进加速度矢量。

1.3.1 平均速度

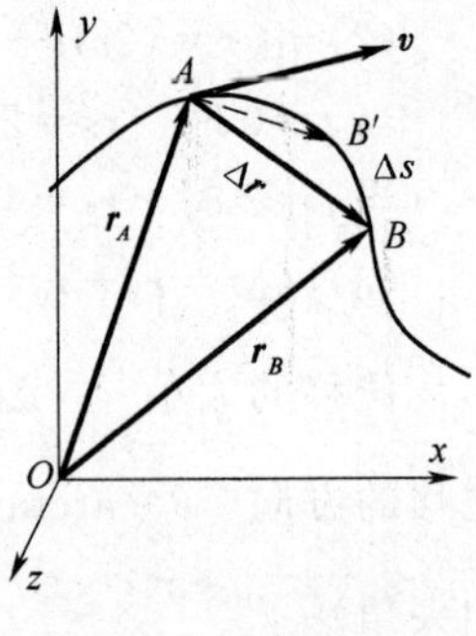

图 1-12 速度矢量

如图 1-12 所示，设质点按运动方程 $\boldsymbol{r}=\boldsymbol{r}(t)$ 沿其轨迹运动，t 时刻位于 A 点，位置矢量 $\boldsymbol{r}_A=\boldsymbol{r}(t)$，经过 Δt，在 $t+\Delta t$ 时刻到达 B 点，位置矢量 $\boldsymbol{r}_B=\boldsymbol{r}(t+\Delta t)$，则质点在 Δt 时间内的平均速度为

$$\bar{\boldsymbol{v}}=\frac{\boldsymbol{r}_B(t+\Delta t)-\boldsymbol{r}_A(t)}{\Delta t}=\frac{\Delta \boldsymbol{r}}{\Delta t} \tag{1-10}$$

平均速度是矢量，其方向与 $\Delta \boldsymbol{r}$ 的方向一致，它表示在 Δt 时间内，质点位置矢量 $\boldsymbol{r}$ 的平均变化，它不反映物体运动各个时刻质点运动的真实情况，只是一种粗略的描述。

1.3.2 瞬时速度

如果我们需要准确知道质点在某一时刻 t(或某一位置)的运动情况，就应使 Δt 尽量减小而趋于零。当时间 Δt 趋于零时，平均速度的极限称为瞬时速度。瞬时速度(简称速度)的数学表达式为

$$\boldsymbol{v}=\lim_{\Delta t\to 0}\frac{\Delta \boldsymbol{r}}{\Delta t}=\frac{\mathrm{d}\boldsymbol{r}}{\mathrm{d}t} \tag{1-11}$$

$\boldsymbol{v}$ 称为质点 t 时刻的瞬时速度，它是位置矢量 $\boldsymbol{r}$ 对时间的变化率。速度是矢量，速度的方向就是 Δt 趋于零时 $\Delta \boldsymbol{r}$ 的方向，如图 1-12 所示，位移 $\Delta \boldsymbol{r}$ 沿着割线 AB 的方向，当 Δt 逐渐减小而趋于零时，B 点逐渐趋近于 A 点，相应地割线 AB 逐渐趋近于 A 点的切线。因此，质点在 t 时刻的速度方向就是沿着该时刻质点所在处运动轨迹的切线而指向运动的前方。

在国际单位制(SI 制)中，速度的单位是米/秒(m/s)。

在直角坐标系中，速度可用分量式表示，将式(1-1)代入式(1-11)，则有

$$\boldsymbol{v}=\frac{\mathrm{d}\boldsymbol{r}}{\mathrm{d}t}=\frac{\mathrm{d}}{\mathrm{d}t}(x\boldsymbol{i}+y\boldsymbol{j}+z\boldsymbol{k})=\frac{\mathrm{d}x}{\mathrm{d}t}\boldsymbol{i}+\frac{\mathrm{d}y}{\mathrm{d}t}\boldsymbol{j}+\frac{\mathrm{d}z}{\mathrm{d}t}\boldsymbol{k}=v_x\boldsymbol{i}+v_y\boldsymbol{j}+v_z\boldsymbol{k} \tag{1-12}$$

速度的三个坐标分量 v_x、v_y、v_z 分别为

$$v_x=\frac{\mathrm{d}x}{\mathrm{d}t},\quad v_y=\frac{\mathrm{d}y}{\mathrm{d}t},\quad v_z=\frac{\mathrm{d}z}{\mathrm{d}t} \tag{1-13}$$

速度的大小为

$$|\boldsymbol{v}|=\sqrt{v_x^2+v_y^2+v_z^2} \tag{1-14}$$

速度是矢量，既有大小，又有方向，服从矢量的几何加减规律。速度是描述质点运动状态的物理量，对于不同的参考系，速度的大小、方向是不同的，速度具有相对性。

1.3.3　速率

在描述质点的运动时，我们也常采用一个叫速率的物理量。如图 1-12 所示，在 Δt 时间内，质点所走过的路程为曲线 AB。曲线 AB 的长度为 Δs，那么，Δs 与 Δt 的比值就称为在时间 Δt 内质点的平均速率，即

$$\bar{v}=\frac{\Delta s}{\Delta t} \tag{1-15}$$

平均速率等于质点在单位时间内所行经的路程，而不考虑质点运动的方向，所以平均速率是标量。平均速率与平均速度是两个不同的物理量。例如在一段时间内，一个质点绕一个闭合路径运动了一周，虽然质点的位移为零，平均速度也为零，而质点的平均速率是不为零的。

瞬时速度的定义式(1-11)同时给出了速度的大小和方向。速度的大小 $|\boldsymbol{v}|=v$ 称为瞬时速率，简称速率。速度的大小

$$|\boldsymbol{v}|=\left|\frac{\mathrm{d}\boldsymbol{r}}{\mathrm{d}t}\right|=\left|\lim_{\Delta t\to 0}\frac{\Delta \boldsymbol{r}}{\Delta t}\right|=\lim_{\Delta t\to 0}\frac{|\Delta \boldsymbol{r}|}{\Delta t}$$

在 Δt 趋于零的极限条件下，曲线 AB 的长度 Δs 与线段 AB 的长度 $|\Delta \boldsymbol{r}|$ 相等，所以速度的大小

$$|\boldsymbol{v}|=\lim_{\Delta t\to 0}\frac{|\Delta \boldsymbol{r}|}{\Delta t}=\lim_{\Delta t\to 0}\frac{\Delta s}{\Delta t}=\frac{\mathrm{d}s}{\mathrm{d}t}=v \tag{1-16}$$

瞬时速率就是瞬时速度的大小，而不考虑方向。式(1-16)中的 $s=s(t)$ 是质点运动轨迹的函数。所以速率等于弧长随时间的变化率。速率直接反映了质点运动快慢程度。

1.3.4　平均加速度

速度是个矢量，它既有大小又有方向，当质点作一般曲线运动时，曲线上各点的切线方向在不断变化，即速度的方向在不断变化；同时质点运动的速率也可以改变，即速度的大小也在不断改变。为了定量描述各个时刻速度矢量的变化情况，我们引进加速度这个描述运动速度变化快慢程度的物理量。

如图 1-13 所示，设 t 时刻质点在 A 点，速度为 $\boldsymbol{v}(t)$，在 $t+\Delta t$ 时刻，质点到达 B 点，速度为 $\boldsymbol{v}(t+\Delta t)$，在 Δt 时间内质点速度的大小和方向都发生了变化，根据矢量的三角形法则，作 $\boldsymbol{v}(t+\Delta t)$ 和 $\boldsymbol{v}(t)$ 两矢量差，即

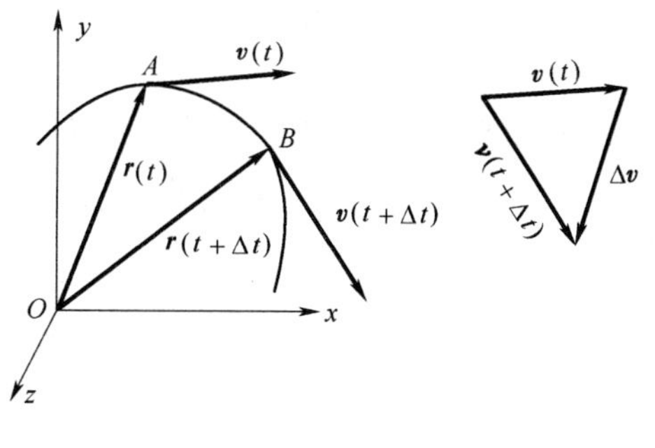

图 1-13　加速度矢量

$$\Delta \boldsymbol{v}=\boldsymbol{v}(t+\Delta t)-\boldsymbol{v}(t)$$

矢量 $\Delta \boldsymbol{v}$ 是质点在 Δt 时间内速度的增量，速度增量 $\Delta \boldsymbol{v}$ 与时间间隔 Δt 的比值称为质点的平均加速度，即

$$\bar{\boldsymbol{a}}=\frac{\Delta \boldsymbol{v}}{\Delta t} \tag{1-17}$$

平均加速度是矢量，其方向就是 $\Delta \boldsymbol{v}$ 的方向。和平均速度一样，平均加速度只是对速度变化的一种粗略的描述，它只代表了 Δt 时间间隔内速度的平均变化率。时间间隔 Δt 取得越小，平均加速度 $\bar{\boldsymbol{a}}$ 就越接近 t 时刻速度变化的实际情况。

1.3.5 瞬时加速度

为了准确地描述质点速度的变化情况，我们令 Δt 逐渐减小而趋于零，取平均加速度的极限，这一极限就称为质点在 t 时刻的瞬时加速度，简称加速度，即

$$\boldsymbol{a}=\lim_{\Delta t\to 0}\frac{\Delta \boldsymbol{v}}{\Delta t}=\frac{\mathrm{d}\boldsymbol{v}}{\mathrm{d}t} \tag{1-18}$$

加速度精确地描述了质点在某一时刻速度的变化情况。加速度是速度对时间的一阶导数，其意义为速度随时间的变化率，如果把速度的定义式(1-11)代入式(1-18)，则加速度是位置矢量对时间的二阶导数。

$$\boldsymbol{a}=\frac{\mathrm{d}\boldsymbol{v}}{\mathrm{d}t}=\frac{\mathrm{d}^2\boldsymbol{r}}{\mathrm{d}t^2} \tag{1-19}$$

加速度也是一个矢量，它的方向是当 $\Delta t\to 0$ 时，速度的增量 $\Delta \boldsymbol{v}$ 的极限方向。在不同的速度变化过程中，$\Delta \boldsymbol{v}$ 的极限方向是不同的，因而加速度 $\boldsymbol{a}$ 的方向也不同，在直线运动中加速度的方向与速度的方向相同或相反；而在曲线运动中，加速度与速度的方向并不在一条直线上。如图 1-14 所示，曲线运动中速度 $\boldsymbol{v}$ 的方向沿轨迹切线指向运动前方，$\Delta \boldsymbol{v}$ 的方向及其极限方向一般不同于速度 $\boldsymbol{v}$ 的切线方向，但是从 $\Delta \boldsymbol{v}$ 的方向趋于极限方向的变化过程来看，加速度的方向总是指向运动轨迹的凹侧。

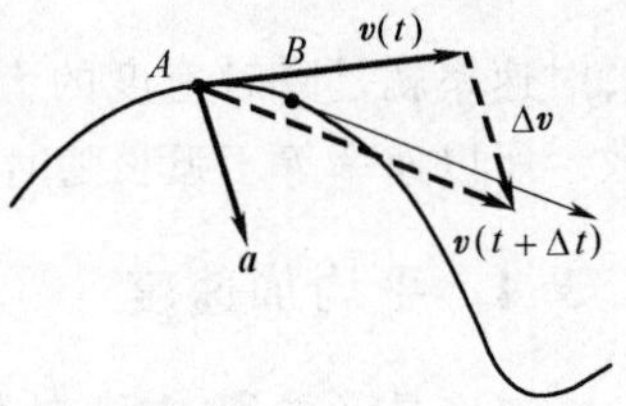

图 1-14 加速度的方向

在直角坐标系中，加速度矢量也可以分解为沿 x、y、z 坐标方向的分量，即

$$\boldsymbol{a}=\frac{\mathrm{d}\boldsymbol{v}}{\mathrm{d}t}=\frac{\mathrm{d}v_x}{\mathrm{d}t}\boldsymbol{i}+\frac{\mathrm{d}v_y}{\mathrm{d}t}\boldsymbol{j}+\frac{\mathrm{d}v_z}{\mathrm{d}t}\boldsymbol{k}=a_x\boldsymbol{i}+a_y\boldsymbol{j}+a_z\boldsymbol{k} \tag{1-20}$$

式中

$$\left.\begin{aligned}a_x&=\frac{\mathrm{d}v_x}{\mathrm{d}t}=\frac{\mathrm{d}^2x}{\mathrm{d}t^2}\\a_y&=\frac{\mathrm{d}v_y}{\mathrm{d}t}=\frac{\mathrm{d}^2y}{\mathrm{d}t^2}\\a_z&=\frac{\mathrm{d}v_z}{\mathrm{d}t}=\frac{\mathrm{d}^2z}{\mathrm{d}t^2}\end{aligned}\right\} \tag{1-21}$$

a_x、a_y 和 a_z 分别为加速度沿 x、y 和 z 方向的分加速度值，加速度大小与这三个分加速度值之间的关系为

$$a=|\boldsymbol{a}|=\sqrt{a_x^2+a_y^2+a_z^2} \tag{1-22}$$

在国际单位制(SI)中，加速度的单位是米/秒^2(m/s^2)。

【例 1-4】 一质点沿 x 轴作直线运动(图 1-15)，其运动规律为 $x=8t-4t^2$(SI)。试求：

(1) $t=0,1,2,3$ s 时质点的位置；

(2) $t=0,1,2$ s 时质点的速度；

(3) $t=0$ 到 $t=3$ s 内质点的位移和路程。

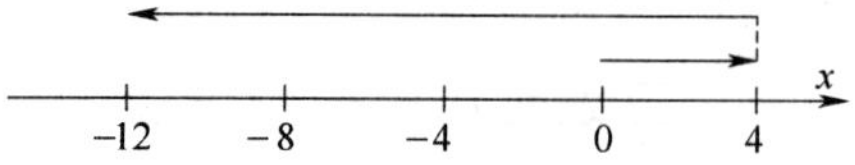

图 1-15　例 1-4 图

【解】 (1) 分别将 $t=0,1,2,3$ s 代入运动方程

$t=0$，$x_0=0$；　　$t=1$ s，$x_1=4$ m

$t=2$ s，$x_2=0$；　　$t=3$ s，$x_3=-12$ m

(2)由 $v=\dfrac{dx}{dt}=8-8t$，则

$t=0$，$v=8$ m/s；　$t=1$ s，$v=0$；　$t=2$ s，$v=-8$ m/s

(3) 位移　　$\Delta x=x_3-x_0=-12-0=-12$ (m)

路程　　$\Delta s=4+4+12=20$ (m)

【例 1-5】 在例 1-2 中($x=2t,y=2-t^2$)，试求：

(1) $t=1$ s 到 $t=2$ s 时质点的平均速度；

(2) $t=1$ s 和 $t=2$ s 时质点的速度；

(3) $t=1$ s 和 $t=2$ s 时质点的加速度。

【解】 (1) $\boldsymbol{r}=(2t)\boldsymbol{i}+(2-t^2)\boldsymbol{j}$ (m)

$\boldsymbol{r}_1=2\boldsymbol{i}+1\boldsymbol{j}$ (m)，　$\boldsymbol{r}_2=4\boldsymbol{i}-2\boldsymbol{j}$ (m)

$\Delta\boldsymbol{r}=\boldsymbol{r}_2-\boldsymbol{r}_1=2\boldsymbol{i}-3\boldsymbol{j}$ (m)

$$\overline{\boldsymbol{v}}=\frac{\Delta\boldsymbol{r}}{\Delta t}=2\boldsymbol{i}-3\boldsymbol{j}\ (m/s)$$

(2)　$\boldsymbol{v}=2\boldsymbol{i}-2t\boldsymbol{j}$ (m/s)

$\boldsymbol{v}_1=2\boldsymbol{i}-2\boldsymbol{j}$ (m/s)

$\boldsymbol{v}_2=2\boldsymbol{i}-4\boldsymbol{j}$ (m/s)

(3)　$$\boldsymbol{a}=\frac{d\boldsymbol{v}}{dt}=-2\boldsymbol{j}\ (m/s^2)$$

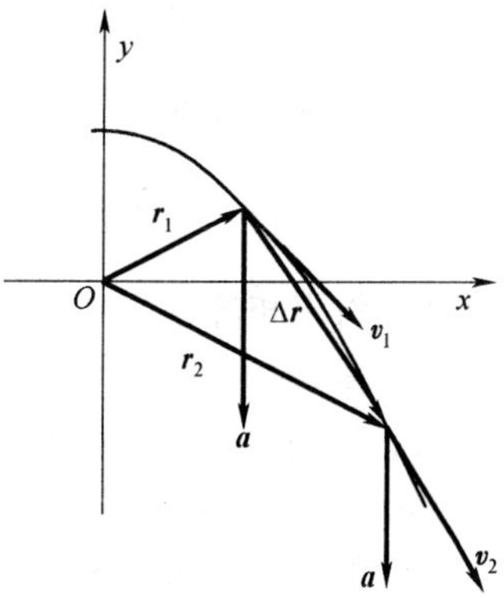

图 1-16　例 1-5 图

所以，质点运动加速度的大小 $|\boldsymbol{a}|=2$ m/s^2，方向沿 y 轴负向，是一恒矢量，如图 1-16 所示。

1.4 直线运动

物体运动的轨迹是直线的运动，称为直线运动。直线运动可以用一维坐标来描述，位矢、位移、速度、加速度等矢量都在同一直线上，都可以作为标量来处理。

1.4.1 直线运动中的物理量

如图 1-17 所示，直线运动中质点的运动方程

$$x=x(t)$$

速度
$$v=\frac{\mathrm{d}x}{\mathrm{d}t}$$

（$v>0$，沿 x 轴正向运动；$v<0$，沿 x 轴负向运动）

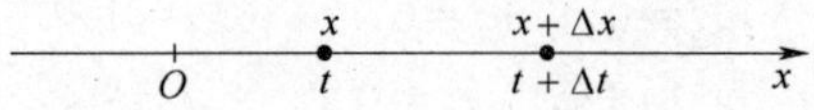

图 1-17 直线运动

加速度
$$a=\frac{\mathrm{d}v}{\mathrm{d}t}=\frac{\mathrm{d}^2x}{\mathrm{d}t^2}$$

（$a>0$，a 与 x 轴同向；$a<0$，a 与 x 轴反向）

1.4.2 直线运动的图示法

在直线运动中，$x=x(t)$、$v=v(t)$、$a=a(t)$都是时间的函数，按照数学分析的方法，分别绘出 x-t 图、v-t 图和 a-t 图，分析各物理量之间的相互关系，有助于我们研究直线运动的特点和规律。

以 t 为横坐标，以 x 为纵坐标，由运动方程 $x=x(t)$，可得 x-t 曲线，如图 1-18 所示。设在 t 和 $t+\Delta t$ 时刻，质点的坐标分别是 x 和 $x+\Delta x$，则由图可以看出，平均速度$\bar{v}=\frac{\Delta x}{\Delta t}$的数值等于 x-t 曲线中相应割线的斜率。当 $\Delta t\to 0$ 时，$\Delta x\to 0$，瞬时速度 $v=\frac{\mathrm{d}x}{\mathrm{d}t}$的数值与 x-t 曲线上该点切线的斜率相等。如果斜率为正值，即 $v>0$，说明 x 随 t 增加，质点沿 x 轴正向运动；如果斜率为负值，即 $v<0$，说明 x 随 t 减少，质点沿 x 轴负向运动。

以 t 为横坐标，v 为纵坐标，由 $v=v(t)$也可以绘出速度-时间曲线（简称 v-t 曲线）。如图 1-19所示，曲线表示质点的速度随时间变化的情况，瞬时加速度在量值上等于 v-t 曲线上各点切线的斜率。用 v-t 曲线还可以计算位移，如图 1-19，质点从 t 到$t+\Delta t$ 的一段极短的时间 Δt 内，速度可以视为不变，则图中梯形小阴影的面积为 $v\Delta t$，因为 Δt 时间质点的位移 $\Delta x=v\Delta t$，所以梯形小阴影的面积在数值上等于质点的位移。如果要计算质点从 t_1 到 t_2 这段时间内的总位移，只要将各个小梯形的面积累加起来，即$\sum v\Delta t$，就是图中从 t_1 到 t_2 曲线下的面积。

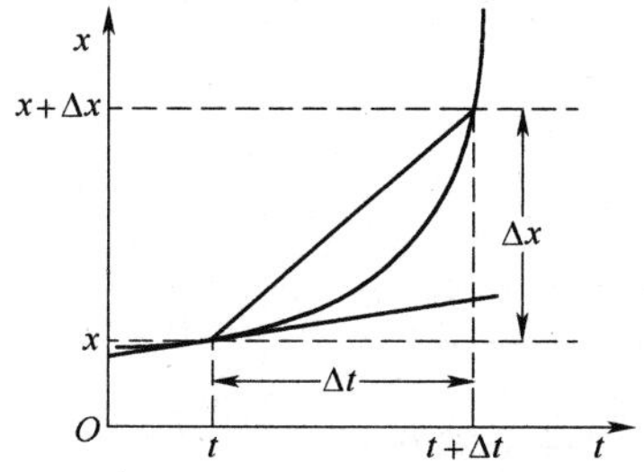

图 1-18　位置-时间曲线

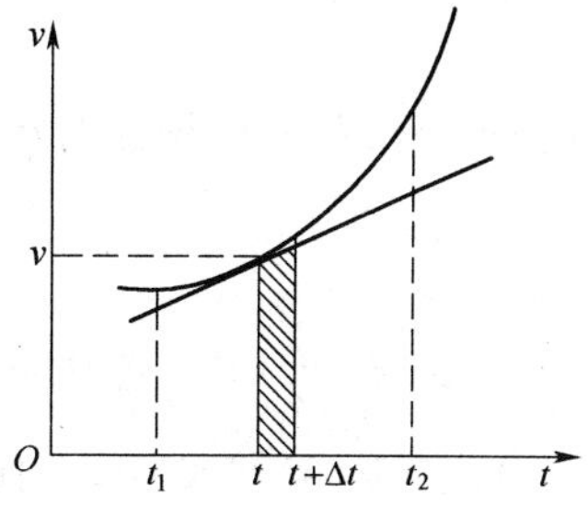

图 1-19　速度-时间曲线

1.4.3　直线运动的基本规律

1. 匀速直线运动

在直线运动中,最基本、最简单的是匀速直线运动,在匀速直线运动中,$v=\dfrac{dx}{dt}=v_c$(恒量),则

$$dx=v_c dt$$

设质点在 $t=0$ 时,$x=x_0$,对上式两边积分

$$\int_{x_0}^{x} dx = \int_0^t v_c dt$$

得

$$x-x_0=v_c t \quad 或 \quad x=x_0+v_c t \tag{1-23}$$

2. 匀变速直线运动

当质点作直线运动时,如果加速度的大小和方向均不随时间而改变,这种运动称为匀变速直线运动。在匀变速直线运动中 $a=\dfrac{dv}{dt}$为恒量,则

$$dv=a dt$$

设 $t=0$ 时,$v=v_0$,对上式两边积分

$$\int_{v_0}^{v} dv = \int_0^t a dt$$

得

$$v-v_0=at \quad 或 \quad v=v_0+at \tag{1-24}$$

由 $v=\dfrac{dx}{dt}$得

$$dx=(v_0+at)dt$$

设 $t=0$ 时 $x=x_0$,对上式两边积分

$$\int_{x_0}^{x} dx = \int_0^t (v_0+at) dt$$

得

$$x-x_0=v_0 t+\frac{1}{2}at^2 \quad 或 \quad x=x_0+v_0 t+\frac{1}{2}at^2 \tag{1-25}$$

由
$$a=\frac{\mathrm{d}v}{\mathrm{d}t}=\frac{\mathrm{d}v}{\mathrm{d}x}\frac{\mathrm{d}x}{\mathrm{d}t}=v\frac{\mathrm{d}v}{\mathrm{d}x}$$
得
$$v\mathrm{d}v=a\mathrm{d}x$$
设 $x=x_0$ 时，$v=v_0$，对上式两边积分
$$\int_{v_0}^{v} v\mathrm{d}v=\int_{x_0}^{x} a\mathrm{d}x$$
得
$$\frac{1}{2}(v^2-v_0^2)=a(x-x_0) \quad 或 \quad v^2-v_0^2=2a(x-x_0) \tag{1-26}$$
以上式(1-24)、式(1-25)和式(1-26)便是匀变速直线运动的基本公式。

【例 1-6】 一木块在斜面顶端 O 自静止开始下滑，沿斜面作变速直线运动，如图 1-20，以出发点 O 为原点，沿斜面向下取 x 轴，则木块的运动方程为 $x=4t^2$，式中 x 以 m 计，t 以 s 计。求木块的速度和加速度，并分别绘出 x-t 图和 v-t 图。

【解】 已知质点的运动方程
$$x=4t^2$$
速度为
$$v=\frac{\mathrm{d}x}{\mathrm{d}t}=8t(\mathrm{m/s})$$
加速度为
$$a=\frac{\mathrm{d}v}{\mathrm{d}t}=8(\mathrm{m/s^2})$$
加速度 $a>0$，且为一恒量。

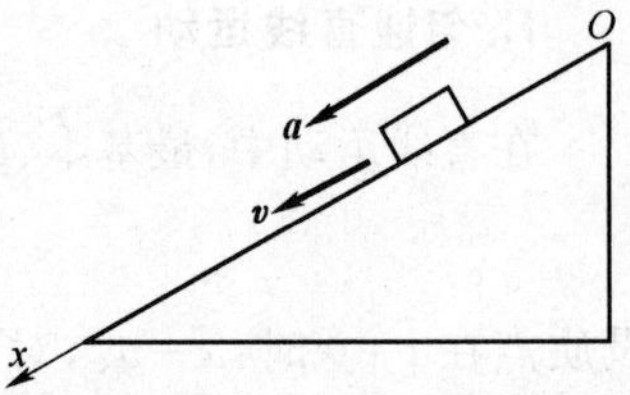

图 1-20 例 1-6 图

分别作 x-t 曲线(图 1-21)和 v-t 曲线(图 1-22)。x-t 曲线是通过 O 点的一条抛物线；v-t 曲线是通过 O 点的一条直线，其斜率 $\mathrm{d}v/\mathrm{d}t=8\mathrm{m/s^2}$ 为恒量。

【例 1-7】 如图 1-23 所示，几个不同倾角的光滑斜面，有共同的底边，顶点也在同一竖直面上。当从各斜面顶端同时释放物体(视为质点)时，试问沿哪个斜面下滑的物体最先到达底端？

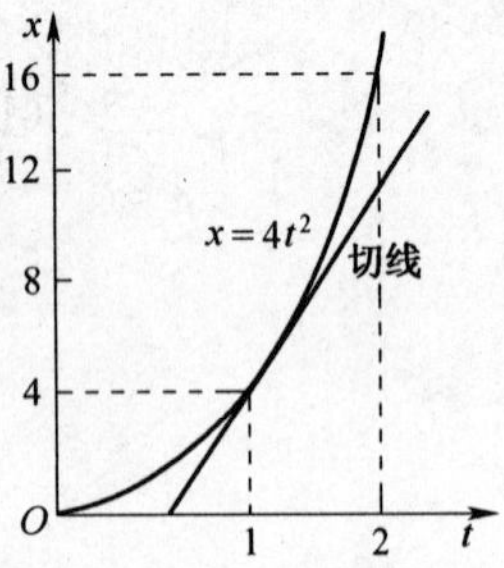

图 1-21 x-t 曲线

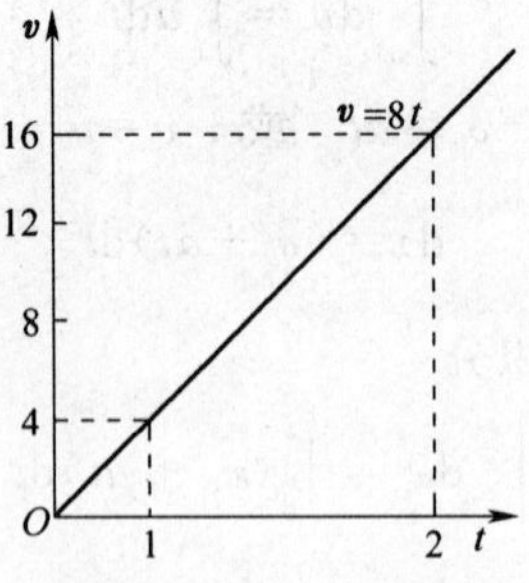

图 1-22 v-t 曲线

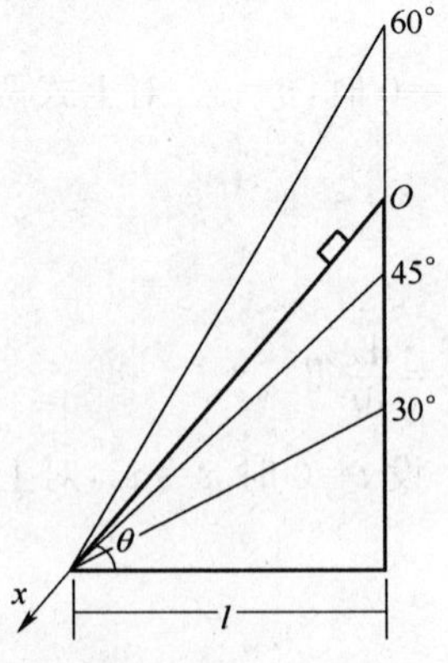

图 1-23 例 1-7 图

【解】 选沿倾角 θ 的斜面下滑的物体为研究对象，并将其视为质点，则质点沿斜面作匀加速运动。取此斜面的顶端点为坐标原点 O，x 轴正向沿斜面向下。则质点下滑的加速度 a 是重力加速度 g 在 x 方向的分量，即

$$a=g\sin\theta$$

设 $t=0$ 时，$x_0=0$，$v_0=0$，则质点的运动方程

$$x=\frac{1}{2}at^2=\frac{1}{2}g\sin\theta t^2$$

质点从顶端下滑到底端时经过的距离为 $x=l/\cos\theta$，代入上式

得
$$\frac{l}{\cos\theta}=\frac{1}{2}g\sin\theta t^2$$

则
$$t=\left(\frac{2l}{g\sin\theta\cos\theta}\right)^{1/2}=\left(\frac{4l}{g\sin 2\theta}\right)^{1/2}$$

当 $g\sin 2\theta$ 最大时，即 $\sin 2\theta$ 最大时，即 $2\theta\to\frac{\pi}{2}$，$\theta\to\frac{\pi}{4}=45°$时，$t$ 有最小值。即沿倾角 45°的斜面下滑的物体最先到达底端。

【例 1-8】 在 20 m 高的楼顶以 6 m/s 的速度向上抛出一块石子，求2 s后石子距离地面的高度。

【解】 建立如图 1-24 所示竖直向上的一维 x 坐标系，坐标原点 O 在地面，质点作加速度为 $-g$ 的匀加速直线运动，设 $t=0$ 时 $x_0=20$ m，$v_0=6$ m/s。

由式(1-25)得　$x=x_0+v_0t-\frac{1}{2}gt^2$

当 $t=2$ s 时　$x=20+6\times2-\frac{1}{2}\times9.8\times2^2=12.4(\text{m})$

在 2 s 时石子到达距地面上方高度为 12.4 m 处，x 为正值，说明石子在地面(原点)以上。

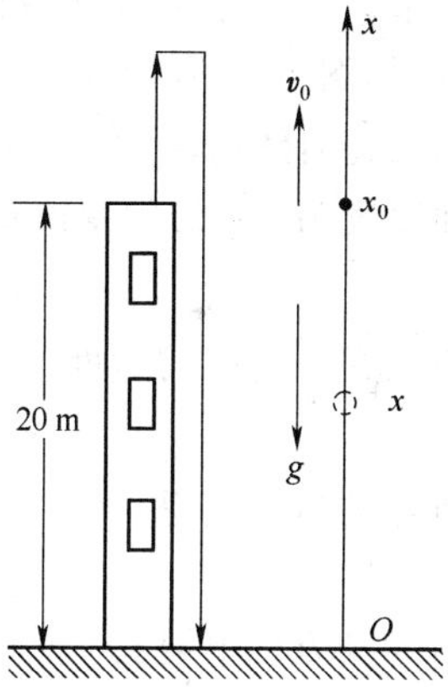

图 1-24　例 1-8 图

1.5 抛体运动

抛体运动是最简单的曲线运动，在直线运动的基础上，通过应用运动叠加原理分析抛体运动，使我们了解一般曲线运动的分析和解决问题的方法。

1.5.1 运动叠加原理

在研究一般质点的位置、位移、速度和加速度的时候，我们将一个复杂曲线运动的物理量

分解为三个相互正交的直线运动的物理量进行研究,也可以认为质点的运动是由三个同时进行的直线运动叠加而成的。一个实际发生的运动,可以看成是由几个各自独立进行的运动叠加而成的,这个结论称为运动叠加原理。

一般物体的运动往往是曲线运动,应用运动叠加原理,可以在质点运动平面内建立一个平面直角坐标系,将曲线运动分解为沿坐标轴的两个直线运动来描述,采用化曲为直的方法解决复杂的曲线运动问题。抛体运动是最典型的平面曲线运动,如发射的炮弹、投掷的石子、带电粒子在均匀电场中的偏转等。下面应用运动叠加原理,分析竖直平面内的抛体运动。

1.5.2 抛体运动

当一物体以初速度 $\boldsymbol{v}_0$ 抛出后,若不考虑空气阻力等对物体运动的影响,物体在整个运动过程中只有一个竖直向下的重力加速度 g,则物体在竖直平面内做抛物线运动。在物体运动的平面内,以抛出点作为坐标原点 O,水平方向为 x 轴,竖直方向为 y 轴,建立 Oxy 坐标系。设$\boldsymbol{v}_0$与 x 轴所成的抛射角为θ_0,并将物体简化为质点,如图 1-25 所示,则在 x 方向质点作速度为 $v_{0x}=v_0\cos\theta_0$ 的匀速直线运动,在 y 方向质点作初速度为 $v_{0y}=v_0\sin\theta_0$ 的加速度为$-g$ 的匀变速直线运动,则质点在 x 方向的速度

$$v_x=v_{0x}=v_0\cos\theta_0 \tag{1-27}$$

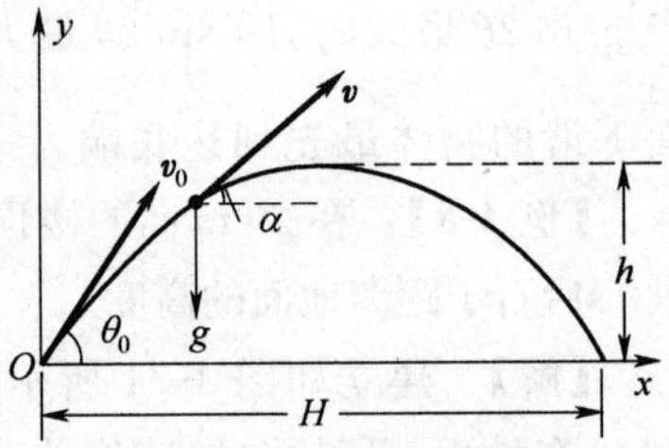

图 1-25 抛体运动

质点在 y 方向的速度

$$v_y=v_0\sin\theta_0-gt \tag{1-28}$$

质点的运动方程

$$\begin{cases} x=v_0\cos\theta_0 t & (1\text{-}29)\\ y=v_0\sin\theta_0 t-\dfrac{1}{2}gt^2 & (1\text{-}30)\end{cases}$$

由运动方程中消去 t 得轨迹方程为

$$y=\tan\theta_0 x-\frac{g}{2v_0^2\cos^2\theta_0}x^2 \tag{1-31}$$

式(1-31)表明质点的运动轨迹为开口向下的抛物线,如图 1-25 所示,在上式中,令 $y=0$,可求得抛物线与 x 轴的两个交点的坐标分别为

$$x_1=0,\quad x_2=\frac{v_0^2\sin 2\theta_0}{g}$$

其中 x_1 为抛出点,x_2 即为抛射物的射程 H,即

$$H=\frac{v_0^2\sin 2\theta_0}{g} \tag{1-32}$$

在式(1-32)中,$\sin 2\theta_0=1$ 时,即 $\theta_0=45°$时,H 有最大射程

$$H_{max}=\frac{v_0^2}{g} \tag{1-33}$$

将 $y=0$ 代入式(1-30)得质点的飞行时间为

$$T=\frac{2v_0\sin\theta_0}{g} \tag{1-34}$$

令 $t=\frac{T}{2}=\frac{v_0\sin\theta_0}{g}$ 代入式(1-30)得质点的射高为

$$h=\frac{v_0\sin\theta_0}{2g} \tag{1-35}$$

【例 1-9】 一人在阳台上以抛射角 $\theta_0=30°$ 和初速度 $v_0=20$ m/s 向台前地面抛射出一小球。球离手时距离地面的高度为 $h=10$ m。试求：

(1)球投出后何时着地；

(2)着地点距离投射点的水平距离；

(3)球着地时的速度的大小和方向。

【解】 以抛射点为原点，建立如图 1-26 所示的 Oxy 坐标系，则小球的运动方程为

$$x=v_0\cos\theta_0 t \quad ①$$

$$y=v_0\sin\theta_0 t-\frac{1}{2}gt^2 \quad ②$$

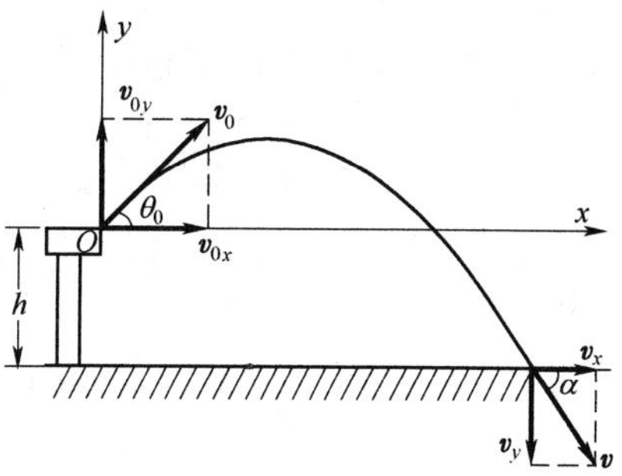

图 1-26　例 1-9 图

小球落地时，$y=-10$ m，$\theta_0=30°$，$v_0=20$ m/s，$g=9.8\text{m/s}^2$，代入式②，得

$$-10=20\times\frac{1}{2}t-\frac{1}{2}\times 9.8t^2$$

求得 $t_1=2.78$ s，$t_2=-0.74$ s(舍去)，即小球出手后 $t_1=2.78$ s 着地。

将 $t_1=2.78$ s 代入式①得：$x=20\cos 30°\times 2.78=48.1$ m，即着地点距离投射点的水平距离为 48.1 m。

着地时小球的速度分量为

$$v_x=v_0\cos\theta_0=20\cos 30°=17.3(\text{m/s})$$

$$v_y=v_0\sin\theta_0-gt=20\sin 30°-9.8\times 2.78=-17.2(\text{m/s})$$

着地时小球速度的大小为

$$v=\sqrt{v_x^2+v_y^2}=\sqrt{17.3^2+17.2^2}=24.4(\text{m/s})$$

着地时小球速度与 x 轴夹角为

$$\alpha=\arctan\frac{v_y}{v_x}=\arctan\frac{-17.2}{17.3}=-44.8°$$

1.6 圆周运动

质点沿固定的圆周轨道运动，称为圆周运动。它是一种常见的平面曲线运动，也是研究物体转动的基础。

1.6.1 匀速圆周运动、向心加速度

质点做圆周运动时，如果每一时刻的速率都相等，这种运动称为匀速圆周运动。如图 1-27所示，设质点以 O 为圆心，以 R 为半径，以速率 v 作匀速圆周运动，在时间 Δt 内，质点从 A 点到达 B 点，在 A、B 两点处，速度分别为 $\boldsymbol{v}_A$ 和 $\boldsymbol{v}_B$，$\boldsymbol{v}_A$ 和 $\boldsymbol{v}_B$ 大小相等，方向分别为圆周轨道上 A 点和 B 点的切线方向，速度的增量为 $\Delta\boldsymbol{v}=\boldsymbol{v}_B-\boldsymbol{v}_A$。

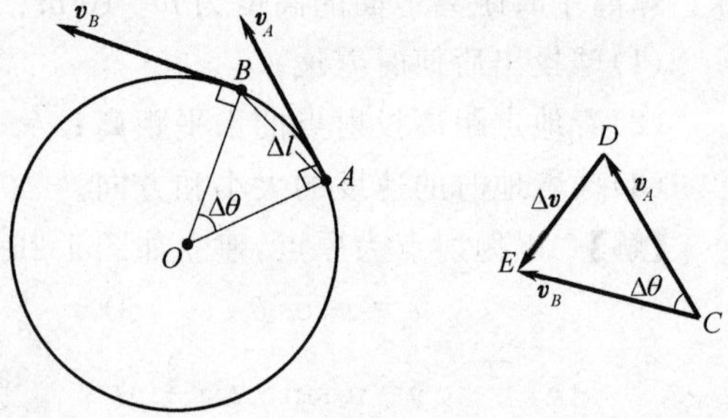

图 1-27 匀速圆周运动

按照加速度的定义式(1-18)，有

$$\boldsymbol{a}=\lim_{\Delta t\to 0}\frac{\Delta\boldsymbol{v}}{\Delta t}=\lim_{\Delta t\to 0}\frac{\boldsymbol{v}_B-\boldsymbol{v}_A}{\Delta t}$$

由于$\triangle OAB\backsim\triangle CDE$，按照相似三角形对应边成比例可得$\frac{|\Delta\boldsymbol{v}|}{v}=\frac{\Delta l}{R}$，式中 Δl 为弦 AB 的长度，则有$|\Delta\boldsymbol{v}|=\frac{v}{R}\Delta L$，上式两边除以 Δt 得

$$\frac{|\Delta\boldsymbol{v}|}{\Delta t}=\frac{v}{R}\frac{\Delta l}{\Delta t}$$

当 Δt 趋于零时，B 点趋近于 A 点，弦长 Δl 趋近于弧长 AB，上式两边求极限，加速度的大小为

$$a=\lim_{\Delta t\to 0}\frac{|\Delta\boldsymbol{v}|}{\Delta t}=\lim_{\Delta t\to 0}\frac{v}{R}\frac{\Delta l}{\Delta t}=\frac{v}{R}\lim_{\Delta t\to 0}\frac{\Delta l}{\Delta t}=\frac{v^2}{R}$$

即

$$a=|\boldsymbol{a}|=\frac{v^2}{R} \tag{1-36}$$

加速度的方向即 $\Delta\boldsymbol{v}$ 的极限方向。当 $\Delta t\to 0$ 时，$\Delta\theta\to 0$，$\Delta\boldsymbol{v}$ 的极限方向垂直于 $\boldsymbol{v}_A$ 指向圆心，所以在 A 点的加速度 $\boldsymbol{a}$ 的方向沿半径 OA 指向圆心，这个加速度通常称为向心加速度，它反映了速度方向随时间的改变。

1.6.2 变速圆周运动

质点做圆周运动时，如果质点的速率的大小是随时间变化的，则这种运动称为变速圆周

运动。如图 1-28 所示，设质点以 R 为半径，绕圆心 O 作圆周运动，在 t 时刻位于 A 点，$t+\Delta t$ 时刻到达 B 点，其速度分别为 $\boldsymbol{v}_A$ 和 $\boldsymbol{v}_B$，则速度增量为 $\Delta\boldsymbol{v}=\boldsymbol{v}_B-\boldsymbol{v}_A$。

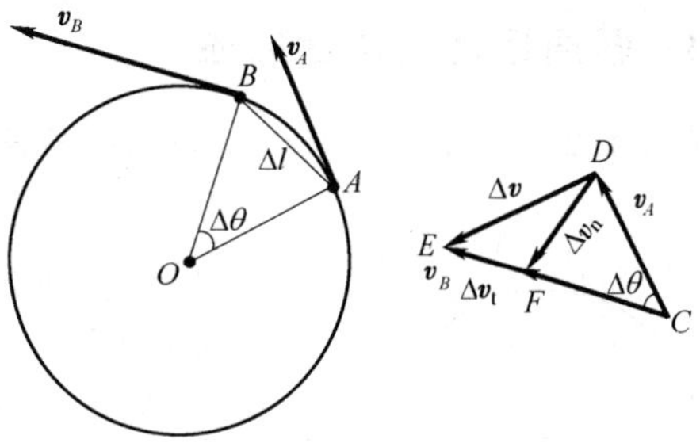

图 1-28　变速圆周运动

在速度矢量△CDE 的 CE 上截取$CF=CD$，则可将 $\Delta\boldsymbol{v}$ 分解为两个矢量；$\Delta\boldsymbol{v}_{\rm n}$ 和 $\Delta\boldsymbol{v}_{\rm t}$ 之和，所以 $\Delta\boldsymbol{v}=\Delta\boldsymbol{v}_{\rm n}+\Delta\boldsymbol{v}_{\rm t}$，两边同时除以 Δt，得平均加速度

$$\overline{\boldsymbol{a}}=\frac{\Delta\boldsymbol{v}}{\Delta t}=\frac{\Delta\boldsymbol{v}_{\rm n}}{\Delta t}+\frac{\Delta\boldsymbol{v}_{\rm t}}{\Delta t} \tag{1-37}$$

瞬时加速度

$$\boldsymbol{a}=\lim_{\Delta t\to 0}\frac{\Delta\boldsymbol{v}}{\Delta t}=\lim_{\Delta t\to 0}\frac{\Delta\boldsymbol{v}_{\rm n}}{\Delta t}+\lim_{\Delta t\to 0}\frac{\Delta\boldsymbol{v}_{\rm t}}{\Delta t} \tag{1-38}$$

式中，$\Delta\boldsymbol{v}_{\rm n}$与匀速圆周运动中的 $\Delta\boldsymbol{v}$ 相当，$\lim\limits_{\Delta t\to 0}\Delta\boldsymbol{v}_{\rm n}/\Delta t$ 所表示的分加速度就是向心加速度，其方向指向圆心，也称法向加速度，用 $\boldsymbol{a}_{\rm n}$ 表示，它反映速度方向的变化。$\Delta\boldsymbol{v}_{\rm t}$的极限方向与 A 点的切线方向一致，所以 $\lim\limits_{\Delta t\to 0}\Delta\boldsymbol{v}_{\rm t}/\Delta t$ 表示的分加速度称为切向加速度，用 $\boldsymbol{a}_{\rm t}$ 表示，它反映速度大小的变化。

其中法向加速度 $\boldsymbol{a}_{\rm n}$ 的大小

$$a_{\rm n}=\frac{v^2}{R} \tag{1-39}$$

切向加速度 $a_{\rm t}$ 的大小

$$a_{\rm t}=\lim_{\Delta t\to 0}\frac{|\Delta\boldsymbol{v}_{\rm t}|}{\Delta t}=\lim_{\Delta t\to 0}\frac{\Delta v}{\Delta t}=\frac{{\rm d}v}{{\rm d}t} \tag{1-40}$$

总加速度

$$\boldsymbol{a}=\boldsymbol{a}_{\rm n}+\boldsymbol{a}_{\rm t} \tag{1-41}$$

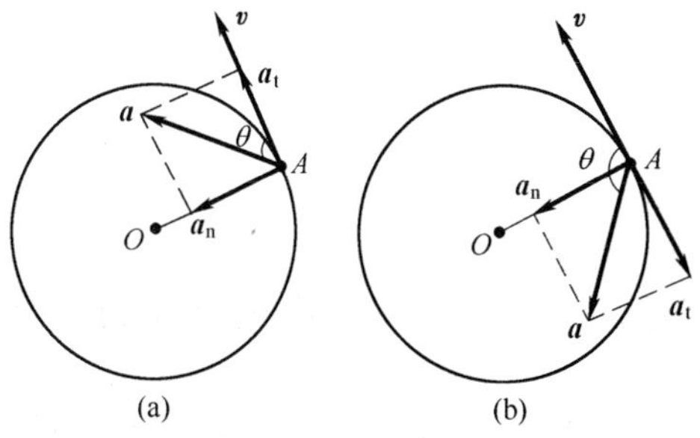

图 1-29　变速圆周运动的加速度

如图 1-29 所示，变速圆周运动中加速度 $\boldsymbol{a}$ 的大小为

$$a=\sqrt{a_{\rm n}^2+a_{\rm t}^2}=\sqrt{\left(\frac{v^2}{R}\right)^2+\left(\frac{{\rm d}v}{{\rm d}t}\right)^2} \tag{1-42}$$

a 的方向为

$$\tan\theta=\frac{a_{\rm n}}{a_{\rm t}} \tag{1-43}$$

式中，θ 为 $\boldsymbol{a}$ 与瞬时速度$\boldsymbol{v}$ 的夹角。

质点做加速圆周运动时，速率增加，$\boldsymbol{a}_{\rm t}$ 与 $\boldsymbol{v}$ 同向，$a_{\rm t}>0$，$0°<\theta<90°$，如图 1-29(a)所示；当质点做减速圆周运动时，速率减小，$\boldsymbol{a}_{\rm t}$ 与 $\boldsymbol{v}$ 反向，$a_{\rm t}<0$，$90°<\theta<180°$，如图 1-29(b)所示。但是，圆周运动中加速度 $\boldsymbol{a}$ 的方向总是指向圆周的凹侧。

1.6.3 圆周运动的角量描述

质点作圆周运动时，也常用角位移、角速度、角加速度等角量来描述。

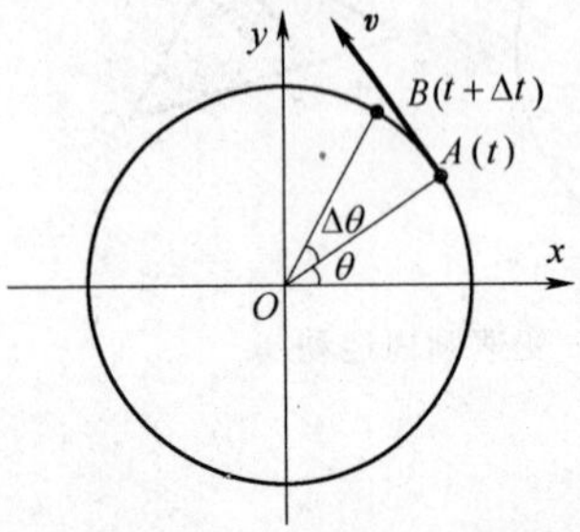

图 1-30 圆周运动的角量描述

如图 1-30 所示，设质点在平面 Oxy 内，绕原点 O 作半径为 R 的圆周运动，在 t 时刻，位于 A 点，半径 OA 与 x 轴成 θ 角，θ 角称为角位置。在 $t+\Delta t$ 时刻，质点到达 B 点，角位置为 $\theta+\Delta\theta$，即在 Δt 时间内，质点转过角度 $\Delta\theta$，这个 $\Delta\theta$ 角称为质点对原点 O 的角位移。角位移不但有大小，而且有转向。一般规定沿逆时针方向转动的角位移取正值，即 $\Delta\theta>0$。沿顺时针方向转动的角位移取负值，即 $\Delta\theta<0$。角位置、角位移的单位为弧度(rad)。

角位移 $\Delta\theta$ 与时间 Δt 之比，称为在 Δt 这段时间内质点对 O 点的平均角速度，以 $\overline{\omega}$ 表示，即

$$\overline{\omega}=\frac{\Delta\theta}{\Delta t} \tag{1-44}$$

如果 Δt 趋于零，相应的 $\Delta\theta$ 也趋于零，则平均角速度趋近于某一极限值

$$\omega=\lim_{\Delta t\to 0}\frac{\Delta\theta}{\Delta t}=\frac{\mathrm{d}\theta}{\mathrm{d}t} \tag{1-45}$$

ω 称为某一时刻质点对 O 点的瞬时角速度，简称角速度。平均角速度、角速度的单位为弧度/秒(rad/s)，有时也用转/分(r/min)表示。

设质点在某一时刻 t 的角速度为 ω，经过时间 Δt 后，质点的角速度变为 ω'，在 Δt 时间内，质点的角速度增量为 $\Delta\omega=\omega'-\omega$。角速度增量 $\Delta\omega$ 与时间 Δt 之比，称为在 Δt 这段时间内质点对 O 点的平均角加速度，以 $\overline{\beta}$ 表示，即

$$\overline{\beta}=\frac{\Delta\omega}{\Delta t} \tag{1-46}$$

如果 Δt 趋于零，相应的 $\Delta\omega$ 也趋于零，则平均角加速度趋近于某一极限值

$$\beta=\lim_{\Delta t\to 0}\frac{\Delta w}{\Delta t}=\frac{\mathrm{d}w}{\mathrm{d}t} \tag{1-47}$$

β 称为某一时刻质点对 O 点的瞬时角加速度，简称角加速度。平均角加速度、角加速度的单位为弧度/秒^2($\mathrm{rad/s^2}$)。

按照对角位移正负的规定，角速度和角加速度也有正负，当角速度和角加速度为正时，其方向沿逆时针方向；当角速度和角加速度为负时，其方向沿顺时针方向。当 β 与 ω 同号时，两者同向，质点做加速圆周运动；当 β 与 ω 异号时，两者反向，质点作减速圆周运动。

质点做匀速圆周运动和匀变速圆周运动时，用角量表示的运动基本规律与匀速直线运动和匀加速直线运动的运动基本规律基本相似。匀速圆周运动的基本规律为

$$\theta=\theta_0+\omega t \tag{1-48}$$

匀变速圆周运动的基本规律为

$$\left.\begin{aligned}&\omega=\omega_0+\beta t\\&\theta=\theta_0+\omega_0 t+\frac{1}{2}\beta t^2\\&\omega^2=\omega_0^2+2\beta(\theta-\theta_0)\end{aligned}\right\}\tag{1-49}$$

式中，θ、θ_0、ω、ω_0、β 分别为质点的角位置、初角位置、角速度、初角速度、角加速度。

1.6.4　线量和角量的关系

质点做圆周运动时，既可以用线量（位移、速度、加速度）来描述，也可以用角量（角位移、角速度、角加速度）来描述。线量和角量之间存在一定的关系。

如图 1-31 所示，设质点绕原点 O 做半径为 R 的圆周运动，在 t 时刻，位于 A 点，角位置为 θ，经过 Δt 时间，位于 B 点，质点的角位移 $\Delta\theta$，质点的线位移为弦长 Δl，弧长 $\widehat{AB}=R\Delta\theta$，当 $\Delta t\to 0$ 时，弧长 $\widehat{AB}$ 等于弦长 Δl，即

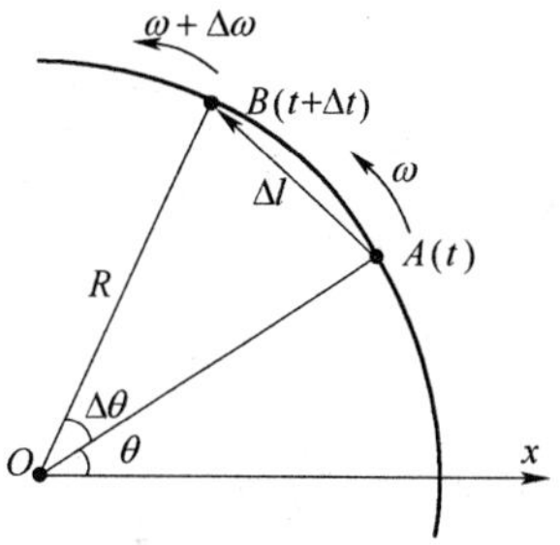

图 1-31　线量和角量关系

$$\Delta l=R\Delta\theta$$

两边同时除以 Δt，则

$$\frac{\Delta\theta}{\Delta t}=\frac{1}{R}\frac{\Delta l}{\Delta t}$$

两边取极限

$$\lim_{\Delta t\to 0}\frac{\Delta\theta}{\Delta t}=\lim_{\Delta t\to 0}\frac{1}{R}\frac{\Delta l}{\Delta t}=\frac{1}{R}\lim_{\Delta t\to 0}\frac{\Delta l}{\Delta t}$$

按照角速度 ω 和速度 v 的定义，即

$$\omega=\frac{1}{R}v,\quad v=R\omega\tag{1-50}$$

将式(1-50)代入法向加速度式(1-39)和切向加速度式(1-40)得

$$a_{\text{n}}=\frac{v^2}{R}=\frac{1}{R}(R\omega)^2=R\omega^2\tag{1-51}$$

$$a_{\text{t}}=\frac{\mathrm{d}v}{\mathrm{d}t}=\frac{\mathrm{d}}{\mathrm{d}t}(R\omega)=R\frac{\mathrm{d}\omega}{\mathrm{d}t}=R\beta\tag{1-52}$$

【例 1-10】　质点沿半径为 R 的圆运动，运动方程为 $\theta=3+2t^2$(SI)。

求：(1) t 时刻质点的法向加速度 $\boldsymbol{a}_n$；

(2) t 时刻质点的角加速度 β。

【解】　(1)已知质点的运动方程 $\theta=3+2t^2$，由 $\omega=\mathrm{d}\theta/\mathrm{d}t$ 得 t 时刻质点的角速度

$$\omega=\frac{\mathrm{d}\theta}{\mathrm{d}t}=4t\,(\text{rad/s})$$

所以 t 时刻的法向加速度为

$$a_n=\omega^2R=16Rt^2(\mathrm{m/s^2})$$

(2)t 时刻质点的角加速度为

$$\beta=\frac{\mathrm{d}\omega}{\mathrm{d}t}=\frac{\mathrm{d}^2\theta}{\mathrm{d}t^2}$$

$$\beta=\frac{\mathrm{d}^2\theta}{\mathrm{d}t^2}=4(\mathrm{rad/s^2})$$

【例 1-11】 质点沿半径为 R 做圆周运动,其路程为 $s=PQ$,P 点为 $t=0$ 时质点的位置,Q 点为 t 时刻质点所在的位置,如图 1-32 所示,已知 $s=v_0t-bt^2/2$,其中 v_0、b 均为正值常量。求:

(1) t 时刻质点的加速度的大小和方向;

(2) t 为何值时,加速度的大小等于 b;

(3) 加速度的大小等于 b 时,质点在圆周上运行了几圈。

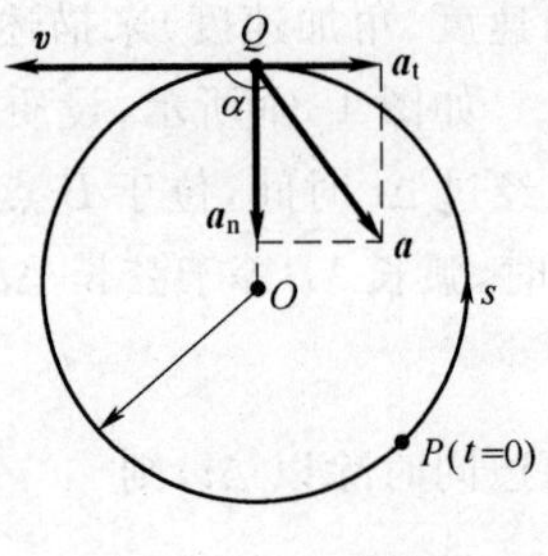

图 1-32 例 1-11 图

【解】 (1)由速率的定义式(1-16),可得速率与时间的关系

$$v=\frac{\mathrm{d}s}{\mathrm{d}t}=\frac{\mathrm{d}}{\mathrm{d}t}\left(v_0t-\frac{bt^2}{2}\right)=v_0-bt$$

则

$$a_t=\frac{\mathrm{d}v}{\mathrm{d}t}=\frac{\mathrm{d}}{\mathrm{d}t}(v_0-bt)=-b$$

$$a_n=\frac{v^2}{R}=\frac{(v_0-bt)^2}{R}$$

则质点在 t 时刻加速度的大小为

$$a=\sqrt{a_n^2+a_t^2}=\sqrt{[(v_0-bt)^2/R]^2+(-b)^2}=\frac{1}{R}\sqrt{(v_0-bt)^4+R^2b^2}$$

加速度的方向与速度的夹角 α 表示

$$\alpha=\arctan\frac{(v_0-bt)^2}{-Rb}$$

(2) 由(1)中求得的加速度 a 的大小,根据题设条件,有

$$\frac{1}{R}\sqrt{(v_0-bt)^4+R^2b^2}=b$$

解上式得

$$t=\frac{v_0}{b}$$

(3) 根据 $v=v_0-bt$,当 $t=v_0/b$ 时,$v=0$,且在 $t=0$ 到 $t=v_0/b$ 这段时间内 v 恒为正值,则质点经过的路程为

$$s=v_0t-\frac{1}{2}bt^2=\frac{v_0^2}{b}-\frac{v_0^2}{2b}=\frac{v_0^2}{b}$$

转过的圈数为

$$n=\frac{s}{2\pi R}=\frac{v_0^2}{2\pi Rb}$$

讨论:(1) 根据已求得结果,在 $t=v_0/b$ 时,$a_n=0$,这意味着什么?

(2) 在 $t=v_0/b$ 附近时,v 是如何变化的?

【例 1-12】 一飞轮半径 $R=1.0$ m,以转速 $n=1\,500$ r/min 转动,受到制动而均匀减速,经过 $t=50$ s 后转动停止。求:

(1) 角加速度 β 和从制动开始到飞轮静止的转数 N;

(2) 制动开始后,$t=25$ s 时飞轮的角速度 ω;

(3) $t=25$ s 时,飞轮边缘上一点的速度和加速度。

【解】 (1) 根据题意,飞轮作匀减速运动,初始角速度

$$\omega_0=2\pi n=2\pi\times\frac{1\,500}{60}=50\pi(\text{rad/s})$$

当 $t=50$ s 时,由 $\omega=\omega_0+\beta t$ 求得

$$\beta=\frac{\omega-\omega_0}{t}=\frac{-50\pi}{50}=-\pi=-3.14(\text{rad/s}^2)$$

从制动开始到静止,飞轮的角位移 $\Delta\theta$ 和转数 N 分别为

$$\Delta\theta=\theta-\theta_0=\omega_0 t+\frac{1}{2}\beta t^2=50\pi\times50+\frac{1}{2}(-\pi)\times50^2=1\,250\pi(\text{rad})$$

$$N=\frac{1\,250\pi}{2\pi}=625$$

(2) $t=25$ s 时,飞轮的角速度

$$\omega=\omega_0+\beta t=50\pi-\pi\times25=25\pi=78.5\ (\text{rad/s})$$

(3) $t=25$ s 时,飞轮边缘上一点的速度为

$$v=\omega R=25\pi\times1.0=78.5(\text{m/s})$$

相应的切向加速度 a_t 和法向加速度 a_n 为

$$a_t=\beta R=-\pi\times1.0=-3.14(\text{m/s}^2)$$

$$a_n=\omega^2 R=(25\pi)^2\times1.0=6.16\times10^3(\text{m/s}^2)$$

1.7 相对运动

在 1.1 中已经讲过,描述物体的运动时,总是相对于选定的参考系而言的。通常,我们选地面或相对于地面静止的物体作为参考系。但是,有时为了研究问题方便,也选用相对于地面运动的物体作为参考系,如:选择运动中的汽车、火车、轮船等作为参考系。这样,在不同参考系中对运动的描述就不同,研究物体相对于不同参考系的运动描述的相互关系,就是相对

运动问题。

通常,可以选定一个基本参考系 A(例如地球),如果另一个参考系 B 相对于基本参考系 A 在运动,则称为运动参考系(例如运动的火车)。如图 1-33 所示,$Oxyz$ 和 $O'x'y'z'$ 是分别建立在参考系 A 和 B 上的坐标系,坐标系 $O'x'y'z'$ 相对于坐标系 $Oxyz$ 以速度 $\boldsymbol{v}_{BA}$ 运动。设 t 时刻 B 参考系相对 A 参考系的位置为 $\boldsymbol{r}_{BA}$;质点 P 相对 B 参考系的位置为 $\boldsymbol{r}_{PB}$;则质点 P 相对 A 参考系的位置为

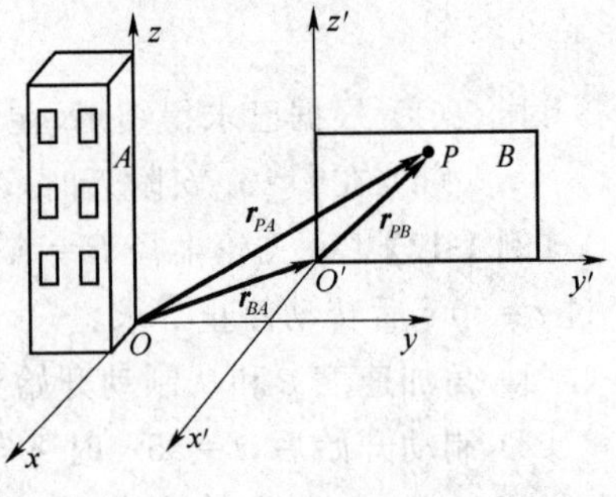

图 1-33 相对运动

$$\boldsymbol{r}_{PA}=\boldsymbol{r}_{PB}+\boldsymbol{r}_{BA}$$

将上式对时间求导数,得

$$\frac{\mathrm{d}\boldsymbol{r}_{PA}}{\mathrm{d}t}=\frac{\mathrm{d}\boldsymbol{r}_{PB}}{\mathrm{d}t}+\frac{\mathrm{d}\boldsymbol{r}_{BA}}{\mathrm{d}t}$$

式中,$\mathrm{d}\boldsymbol{r}_{PA}/\mathrm{d}t$ 是质点相对于基本参考系 A 的速度,一般称为物体的绝对速度,用 $\boldsymbol{v}_{PA}$ 表示;$\mathrm{d}\boldsymbol{r}_{PB}/\mathrm{d}t$ 是质点相对于运动参考系 B 的速度,一般称为物体的相对速度,用 $\boldsymbol{v}_{PB}$ 表示;$\mathrm{d}\boldsymbol{r}_{BA}/\mathrm{d}t$ 是运动参考系 B 相对于基本参考系 A 的速度,一般称为牵连速度,用 $\boldsymbol{v}_{BA}$ 表示。则

$$\boldsymbol{v}_{PA}=\boldsymbol{v}_{PB}+\boldsymbol{v}_{BA} \tag{1-53}$$

即绝对速度等于相对速度与牵连速度的矢量和,这个结论称为伽利略速度变换。

根据速度变换,我们还可以求加速度的变换关系,将式(1-53)两边对时间求导数,得

$$\frac{\mathrm{d}\boldsymbol{v}_{PA}}{\mathrm{d}t}=\frac{\mathrm{d}\boldsymbol{v}_{PB}}{\mathrm{d}t}+\frac{\mathrm{d}\boldsymbol{v}_{BA}}{\mathrm{d}t}$$

即

$$\boldsymbol{a}_{PA}=\boldsymbol{a}_{PB}+\boldsymbol{a}_{BA} \tag{1-54}$$

这就是说,对于相对以加速度 $\boldsymbol{a}_{BA}$ 运动的两个参考系 A 和 B,质点对它们的加速度 $\boldsymbol{a}_{PA}$ 和 $\boldsymbol{a}_{PB}$ 之间满足矢量叠加关系。如果 B 参考系相对 A 参考系作匀速直线运动,则,$\boldsymbol{a}_{BA}=0$,上式成为 $\boldsymbol{a}_{PA}=\boldsymbol{a}_{PB}$,它表明质点的加速度相对于作匀速直线运动的各个参考系是绝对量,是相同的。

【例 1-13】 如图 1-34 所示,江水东流的流速为 $v_1=4\ \mathrm{m/s}$,一船在江中以航速(相对于水)$v_2=3\ \mathrm{m/s}$,向正北方向行驶,则岸上的人看到船以多大的速率 v、向什么方向航行?

【解】 以岸为基本参考系 K,江水为运动参考系 K',即船对地的速度为 $\boldsymbol{v}$,船对水的速度为 $\boldsymbol{v}_2$,水对地的速度为 $\boldsymbol{v}_1$,则有

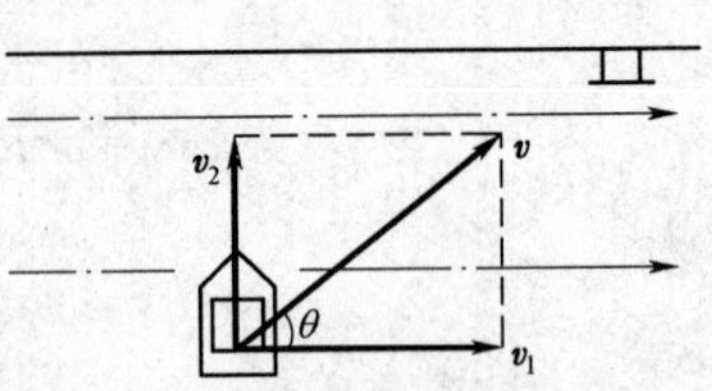

图 1-34 例 1-13 图

$$\boldsymbol{v}=\boldsymbol{v}_2+\boldsymbol{v}_1$$

根据上式所绘出的矢量合成如图 1-34,可得船对地的速度的大小和方向分别为

$$v=\sqrt{v_2^2+v_1^2}=\sqrt{3^2+4^2}=5(\mathrm{m/s})$$

$$\theta=\arctan\frac{v_2}{v_1}=\arctan\frac{3}{4}=36.87°$$

习　题

一、选择题

1. 下列表述正确的是(　　)。

A. 质点速度为零,其加速度一定为零

B. 质点具有恒定的速率一定有变化的速度

C. 质点具有恒定的速度但仍有变化的速率

D. 一质点具有沿 x 轴正向的加速度而可以有沿 x 轴负向的速度

2. 下列说法正确的是(　　)。

A. 加速度恒定不变时,物体运动方向也不变

B. 平均速率等于平均加速度的大小

C. 速度为零,加速度一定为零

D. 运动物体速率不变时,速度可以变化

3. 某质点的运动规律为 $\frac{\mathrm{d}v_x}{\mathrm{d}t}=-kv_x^2t$,式中的 k 为大于零的常量。当 $t=0$ 时,初速为 v_{x0},则速度 v_x 与时间 t 的关系是(　　)。

A. $v_x=\frac{1}{2}kt^2+v_{x0}$　　B. $v_x=-\frac{1}{2}kt^2+v_{x0}$

C. $\frac{1}{v_x}=\frac{1}{2}kt^2+\frac{1}{v_{x0}}$　　D. $\frac{1}{v_x}=-\frac{1}{2}kt^2+\frac{1}{v_{x0}}$

4. 某质点沿 x 轴运动的运动方程为 $x=3t-5t^3+6$(SI),则下列表述正确的是(　　)。

A. 该质点作匀加速直线运动,加速度为正值

B. 该质点作匀加速直线运动,加速度为负值

C. 该质点作变加速直线运动,加速度为正值

D. 该质点作变加速直线运动,加速度为负值

5. 以下五种运动形式中,加速度 $\boldsymbol{a}$ 保持不变的运动是(　　)。

A. 单摆的运动　　B. 匀速率圆周运动

C. 行星的椭圆轨道运动　　D. 抛体运动

E. 圆锥摆运动

6. 下列说法正确的是(　　)。

A. 质点作圆周运动时的加速度指向圆心

B. 匀速圆周运动的加速度为恒量

C. 只有法向加速度的运动一定是圆周运动

D. 只有切向加速度的运动一定是直线运动

7. 一质点从某一高度以 $\boldsymbol{v}$ 的速度水平抛出，已知它落地时的速度为 $\boldsymbol{v}_t$，那么它运动的时间为（　　）。

A. $\dfrac{v_t-v_0}{g}$　　B. $\dfrac{v_t-v_0}{2g}$

C. $\dfrac{(v_t^2-v_0^2)^{\frac{1}{2}}}{g}$　　D. $\dfrac{(v_t^2-v_0^2)^{\frac{1}{2}}}{2g}$

8. 一质点在 Oxy 平面运动，其运动方程为

$$\boldsymbol{r}=a\cos\omega t\boldsymbol{i}+b\sin\omega t\boldsymbol{j}$$

式中 a,b,ω 皆为常量，$\boldsymbol{i},\boldsymbol{j}$ 分别为 x 和 y 方向的单位矢量，则质点作（　　）。

A. 匀速圆周运动　　B. 变速圆周运动

C. 匀速直线运动　　D. 变速椭圆运动

二、填空题

1. 质点的运动方程是 $\boldsymbol{r}(t)=R\cos\omega t\boldsymbol{i}+R\sin\omega t\boldsymbol{j}$，式中 R 和 ω 是正的常量。从 $t=\dfrac{\pi}{\omega}$ 到 $t=\dfrac{2\pi}{\omega}$ 时间内，该质点的位移是________，该质点所经过的路程是________。

2. 已知质点的运动方程为 $\boldsymbol{r}=2t^2\boldsymbol{i}+(t-1)\boldsymbol{j}$，当速度大小等于 $\sqrt{5}$ m/s 时，位矢 $\boldsymbol{r}=$________。任意时刻切向加速度 $a_t=$________，法向加速度 $a_n=$________。

3. 半径为 $r=1.5$ m 的飞轮，绕 z 轴旋转，初角速度 $\omega_{z0}=10$ rad/s,，角加速度 $\beta_z=-5$ rad/s^2，则在 $t=$________时角位移为零，而此时边缘上点的线速度 $v_t=$________。

4. 半径为 30 cm 的飞轮，从静止开始以 0.50 rad/s^2 的匀角加速度绕 z 轴转动，则飞轮边缘上一点在飞轮转过 240°时的切向加速度 $a_t=$________，法向加速度 $a_n=$________。

5. 甲船以 $v_1=10$ m/s 的速度向南航行，乙船以 $v_2=10$ m/s 的速度向东航行，则甲船上的人观察乙船的速度大小为________，向________航行。

6. 一个作平面运动的质点，它的运动方程是 $\boldsymbol{r}=\boldsymbol{r}(t)$，$\boldsymbol{v}=\boldsymbol{v}(t)$，如果

(1) $\dfrac{\mathrm{d}r}{\mathrm{d}t}=0$，$\dfrac{\mathrm{d}\boldsymbol{r}}{\mathrm{d}t}\neq0$，则质点作________运动；

(2) $\dfrac{\mathrm{d}v}{\mathrm{d}t}=0$，$\dfrac{\mathrm{d}\boldsymbol{v}}{\mathrm{d}t}\neq0$，则质点作________运动。

7. 一斜上抛质点的水平速度为 v_{0x}，则它的轨迹最高点的曲率半径为________。

8. 一人在以恒定速度运动的火车上竖直向上抛出一石子，则此石子________（填“能”或“不能”）落回该人的手中；如果石子抛出后，火车以恒定的加速度前进，则此石子________

(填"能"或"不能")落回该人的手中。

三、简答题

1. 从原点到 P 点的位置矢量 $\boldsymbol{r}=-2\boldsymbol{i}+6\boldsymbol{j}$。而 P 点到 Q 的位移 $\Delta\boldsymbol{r}=4\boldsymbol{i}-2\boldsymbol{j}$。求从原点到 Q 点的位置矢量，并作图表示。

2. 一质点作匀变速直线运动，求其加速度的大小和方向。已知质点在 10 s 内沿 x 轴速度的变化如下：

(1) 开始以 2 m/s 的速度向右运动，末了变为 6 m/s 的速度向右运动；

(2) 开始以 2 m/s 的速度向左运动，末了变为 6 m/s 的速度向右运动。

3. 设质点沿 x 轴运动，其运动方程为 $x=3t^2-t^3$(SI)。求：

(1) 质点在 3 s 末的速度和加速度；

(2) 质点在 1.5 s 是做加速运动还是做减速运动；

(3) 第 1 s 末到第 3 s 末时间内的位移和路程。

4. 一质点做直线运动，运动方程为 $x=6t^2+3$(SI)。

(1) 画出 x-t，v-t，a-t 图，并计算第 3 s 末的速度；

(2) 计算 1 s 和 2 s 时的加速度；

(3) 计算第 2 s 内的平均速度；

(4) 0 到 4 s 通过的路程和位移是多少？

5. 一质点沿 x 轴正方向以 3 m/s 的速度运动，当它通过 x 轴原点时，原静止于 $x_2=10$ m 处的第二个质点开始以 2 $\mathrm{m/s^2}$ 的加速度向原点移动，试求：

(1) 两质点相遇的位置；

(2) 两质点即将碰撞时的速度。

6. 一升降机以加速度 1.22 $\mathrm{m/s^2}$ 上升，当上升速度为 2.44 m/s 时，有一螺帽自升降机的天花板上松落，天花板与升降机的底面相距 2.74 m。计算：

(1) 螺帽从天花板落到底面所需的时间；

(2) 螺帽相对升降机外固定柱子下降的距离。

7. 一质点具有恒定加速度 $\boldsymbol{a}=6\boldsymbol{i}+4\boldsymbol{j}$ (SI)。$t=0$ 时，质点速度为零，位置矢量 $\boldsymbol{r}_0=10\boldsymbol{i}$。求：

(1) 质点在任意时刻的速度和位置矢量；

(2) 质点的轨迹方程。

8. 让一石块从井口自由下落，经 2 s 后，听到石块落到水面的声音。问井口到水面的深度是多少？(声音的传播速度是 340 m/s)

9. 一质点在 Oxy 平面内运动，运动方程为 $x=2t$，$y=19-2t^2$(SI)。求：

(1) 质点的轨道方程；

(2) t 时刻质点的位置矢量、速度矢量；

(3) 什么时刻质点的位置矢量与其速度矢量恰好垂直；

(4) 什么时刻质点离原点最近？求这一距离。

10. 以 15 m/s 的速度自高度为 25 m 的塔上水平抛出一物体，空气阻力不计。求：

(1) 物体落地前运动的时间；

(2) 物体落地处离塔底的距离；

(3) 物体落到地面时的速度；

(4) 物体着地处的轨迹切线与水平面成多大的角度。

11. 一个人扔石头的最大出手速度为 $v=25$ m/s，他能击中一个与他的手水平距离 l 为 50 m，高 h 为 13 m 处的一个目标吗？在这个距离上他能击中的目标的最大高度是多少？

12. 物体以初速度 $v_0=20$ m/s 抛出，抛射角 $\theta_0=60°$。问：

(1) 物体开始运动后 1.5 s 时在什么位置，运动方向与水平方向的夹角 θ 是多少；

(2) 抛出后经过多少时间运动方向和水平方向成 45°角。

13. 如简答题 13 图所示，在一平坦高地上安放一门炮，高地边缘是一向下的陡壁，炮位距离陡壁 $l=8\,100$ m，陡壁下面的地平面低于炮位 $h=100$ m。用炮轰击掩蔽在陡壁后面的目标。如果炮弹出口速率为 $v_0=300$ m/s，忽略空气阻力，求：

(1) 离陡壁最近的炮弹弹着点距陡壁的距离 d；

(2) 这时炮弹出口速度与水平面的夹角 θ。

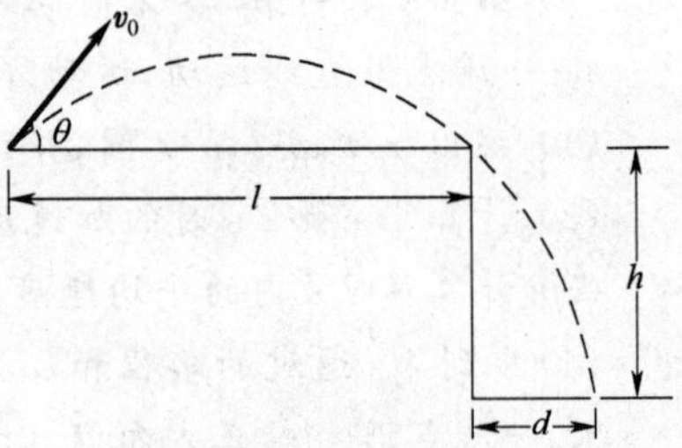

简答题 13 图

14. 火车在半径 $R=400$ m 的圆周上行驶，已知火车的切向加速度 $a_t=0.2\text{ m/s}^2$，方向与速度方向相反。火车速度为 10 m/s，求法向加速度和总加速度，并指出它们的方向。

15. 一飞轮的角速度在 5 s 内由 900 r/min 均匀地减到 800 r/min。求：

(1) 角加速度；

(2) 在此 5 s 内的总转数；

(3) 再经多长时间，轮将停止转动。

16. 一质点沿半径为 0.1 m 的圆周运动，用角坐标表示其运动方程为 $\theta=2+4t^3$ (SI)。求：

(1) $t=2$ s 时，质点切向加速度和法向加速度的大小；

(2) 当 θ 等于多少时，质点的加速度和半径的夹角成 45°。

17. 一人骑自行车向东而行。在速度为 10 m/s 时，觉得有南风，速度增至 15 m/s 时，觉得有东南风。求风的速度。

第2章 质点动力学

上一章我们介绍了运动学中的几个重要物理量，即位移、速度和加速度等概念，并讨论了几种简单而又基本的机械运动，但没有说明物体之间的相互作用对物体运动的影响。质点动力学主要研究物体之间的相互作用，以及这种相互作用所引起的物体运动状态的变化规律，其基础是牛顿运动三定律。

2.1 牛顿运动定律

2.1.1 牛顿第一定律

牛顿第一定律的表述为：任何物体都保持静止或匀速直线运动状态，直到其他物体所作用的力迫使它改变这种状态为止。

牛顿第一定律表明，任何物体都有保持其运动状态不变的性质，这一性质叫惯性。因此，第一定律也叫惯性定律。

牛顿第一定律也确定了力的含义，力是物体运动状态变化的原因。即要使物体改变静止或匀速直线运动的状态，也就是物体要获得加速度，就必须有力的作用。

牛顿第一定律也指出，迫使物体运动状态发生变化的力，是由其他物体所给予的，即如果物体运动状态发生变化，则一定有施力者。

2.1.2 牛顿第二定律

牛顿第二定律的表述为：物体受外力作用时，所获得的加速度的大小与合外力的大小成正比，并与物体的质量成反比；加速度的方向与合外力的方向相同。其数学表达式为

$$\boldsymbol{F}=m\boldsymbol{a} \tag{2-1}$$

在国际单位制中，式(2-1)中质量的单位为千克(kg)，加速度的单位为米/秒^2($\mathrm{m/s^2}$)，力的单位为牛[顿](N)，且有

$$1\ \mathrm{N}=1\ \mathrm{kg\cdot m/s^2}$$

牛顿第二定律的数学表达式(2-1)是质点动力学的基本方程，本章及第3章所涉及的问题，都将它作为基本方程来进行延伸讨论。对于牛顿第二定律，有如下几点说明：

(1) 牛顿第二定律只适用于质点的运动。物体作平动时,物体上各点的运动情况完全相同,所以物体的运动可看作是质点的运动,此时这个质点的质量就是这个物体的质量。以后如不特别指明,在论及物体的平动时,都把物体当作质点来处理。

(2) 方程式(2-1)中 $\boldsymbol{F}$ 表示作用于质点的合外力,方程式(2-1)所表示的合外力与加速度之间的关系为瞬时关系。也就是说,加速度只有在外力作用下才产生,外力改变了,加速度也随之改变。

(3) 由牛顿第二定律可知,物体的质量就是物体平动惯性大小的量度。

(4) 牛顿第二定律概括了力的独立性。即几个力同时作用在一个物体上所产生的加速度,等于每个力单独作用时所产生的加速度的矢量和,这便是力的独立性原理或力的叠加原理。

(5) 式(2-1)是矢量式,解题时常用其分量式。如在平面直角坐标系 x 轴、y 轴上的分量式为

$$F_x = ma_x, \quad F_y = ma_y$$

$$a = \sqrt{a_x^2 + a_y^2}, \quad \alpha = \arctan\frac{a_y}{a_x} \quad (\alpha \text{ 为 } \boldsymbol{a} \text{ 与 } x \text{ 轴间的夹角})$$

在处理圆周运动问题时,常用沿切向、法向的分量表示:

$$F_t = ma_t = m\frac{dv}{dt}, \quad F_n = ma_n = m\frac{v^2}{R}$$

$$a = \sqrt{a_n^2 + a_t^2}, \quad \theta = \arctan\frac{a_n}{a_t} \quad (\theta \text{ 为 } \boldsymbol{a} \text{ 与切向的夹角})$$

2.1.3 牛顿第三定律

牛顿第三定律的表述为:两物体之间的作用力与反作用力,沿同一直线,大小相等,方向相反,分别作用在两个相互作用的物体上。其数学表达式为

$$\boldsymbol{F}_{1,2} = -\boldsymbol{F}_{2,1} \tag{2-2}$$

牛顿第三定律说明力是物体间的相互作用,是受力分析的依据。应用牛顿第三定律时应注意:

(1) 作用力、反作用力互为对方存在的条件,同时产生,同时消失。

(2) 作用力、反作用力分别作用在相互作用的两个物体上,因此不能互相抵消。

(3) 作用力、反作用力属于同种性质的力。例如作用力是万有引力,反作用力也一定是万有引力。

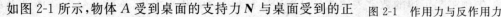

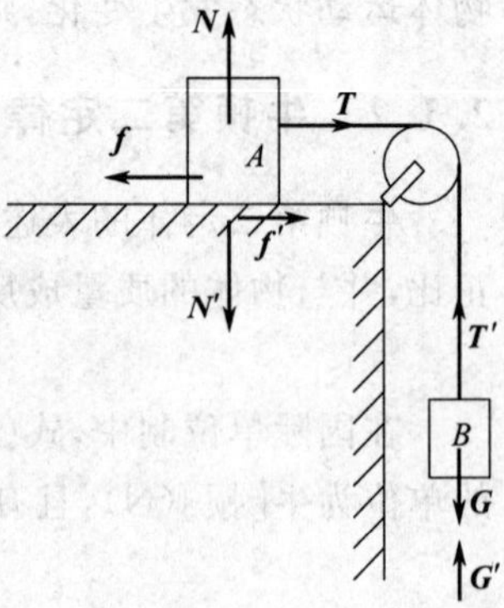

图 2-1 作用力与反作用力

如图 2-1 所示,物体 A 受到桌面的支持力 $\boldsymbol{N}$ 与桌面受到的正

压力 $\boldsymbol{N}'$是一对作用力与反作用力；摩擦力 $\boldsymbol{f}$ 与 $\boldsymbol{f}'$是一对作用力与反作用力；拉力 $\boldsymbol{T}$ 与 $\boldsymbol{T}'$是一对作用力与反作用力；物体 B 受到的地球引力 $\boldsymbol{G}$ 与 $\boldsymbol{G}'$是一对作用力与反作用力。

2.1.4　牛顿定律的适用范围

1. 惯性系和非惯性系

在运动学中，参考系的选择是任意的，但在动力学中，牛顿运动定律并不是对任何参考系都成立。

例如，如图 2-2 所示，在火车车厢内的一个光滑桌面上，放一个小球，当车厢相对地面做匀速直线运动时，这个小球相对桌面静止，此时路基旁边的观察者看到小球随车厢一起做匀速直线运动。这时无论以车厢还是以地面为参考系，牛顿运动定律都是适用的，因为小球在水平方向上不受外力作用，它保持静止或匀速直线运动状态。但当车厢突然相对地面以加速度 $\boldsymbol{a}$ 向前作直线运动时，车厢内的乘客会观察到小球相对于车厢内的桌面以加速度 $-\boldsymbol{a}$ 向后作加速运动。这个现象，对处于不同参考系的观察者，会得出不同的结论。对路基旁的观察者，认为小球在水平方向上并没有受到外力作用，所以它仍然保持原来的运动状态，牛顿运动定律仍然成立。然而对坐在车厢内的乘客来说，它认为小球受合外力为零，但具有加速度 $-\boldsymbol{a}$，所以牛顿定律不成立。可见牛顿运动定律并不是对任何参考系都成立。

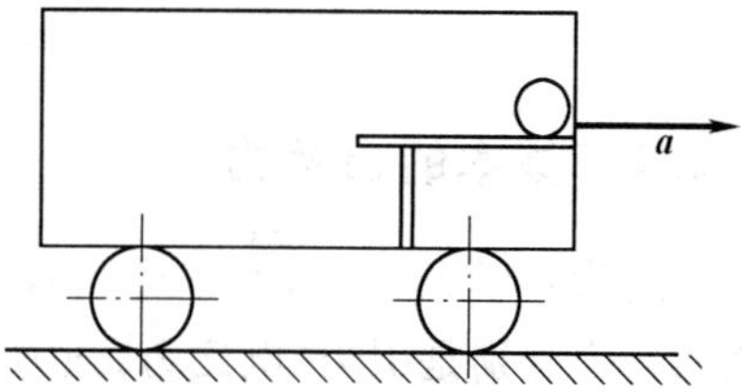

图 2-2　非惯性系

我们把凡是牛顿运动定律成立的参照系称为惯性系。相对于惯性系做匀速直线运动的参照系也是惯性系。相对惯性系作变速运动的参照系称为非惯性系。一个参照系是不是惯性系只能根据观察和实验的结果来判断。

在自然界中，严格的惯性系是不存在的。太阳绕银河系中心转动，地球有公转和自转，所以严格来说，太阳和地球并不是一个真正的惯性系。但是计算表明，太阳绕银河系中心转动的加速度约为 $3\times10^{-10}\ \text{m/s}^2$，此加速度非常小，因此太阳可看作一个很好的惯性系。地球自转时在赤道处的向心加速度约为 $3.4\times10^{-2}\ \text{m/s}^2$，公转的加速度为 $6\times10^{-3}\ \text{m/s}^2$。因此在一般精度范围内，地球也可近似看作惯性系。地面上静止的物体和相对地面做匀速直线运动的物体都可看作惯性系，而在地面上作变速运动的物体就不是惯性系了，在非惯性系中牛顿运动定律不适用。

2. 牛顿运动定律的适用范围

物理学的发展表明：牛顿运动定律像其他一切物理规律一样，都有一定的适用范围。以牛顿运动定律为基础的经典力学，只适用于解决宏观物体的低速运动。宏观物体的高速运动遵循相对论力学的规律，微观物体的运动遵循量子力学的规律。所谓高速和低速是指物体的运动速度与真空中光速相比。当物体的运动速度远小于真空中光速即为低速，当物体运动的速度接近于真空中光速即为高速。宏观和微观也没有严格界线，一般物体的线度接近于原子线度就属于微观物体。

目前碰到的工程技术问题，绝大多数为宏观低速问题，所以牛顿力学仍是解决工程技术问题的理论基础和重要工具。

2.2 几种常见的力

2.2.1 基本的自然力

近代科学证明，自然界中只存在四种基本的力，其他力都是这四种力的不同表现形式。这四种力分别是引力、电磁力、强力和弱力。

1. 引力（即万有引力）

这种力存在于宇宙万物之间。根据万有引力定律，任何两个质点都相互吸引，引力的大小与它们的质量的乘积成正比，与它们的距离的平方成反比。若用 m_1 和 m_2 分别表示两个质点的质量，以 r 表示它们之间的距离，则万有引力定律的数学表达式是

$$f=G\frac{m_1m_2}{r^2} \tag{2-3}$$

G 为引力常数，在国际单位制中 $G=6.67\times10^{-11}\ \mathrm{N\cdot m^2/kg^2}$。式中的质量反映了物体的引力性质，因此叫引力质量，它是物体与其他物体相互吸引的性质的量度。它与牛顿第二定律 $\boldsymbol{F}=m\boldsymbol{a}$ 中引入的反映物体抵抗运动变化这一性质的惯性质量在意义上是不同的。但实验证明，同一物体的这两个质量是相等的，所以不加以区分。

万有引力定律适用于两个质点。但对于两个均匀球体之间的引力仍适用。这时 m_1 和 m_2 仍分别表示两球的质量，r 表示两球体球心间距离。

2. 电磁力

电磁力是带电粒子或宏观带电物体之间的作用力，它是由光子作为传递媒介的。静止电荷间的作用力叫库仑力。运动电荷或电流间的相互作用叫磁力。磁力和电力具有同一本源，所以统称为电磁力。

分子间或分子内原子间作用力属电磁力，相互接触的物体间的弹力、摩擦力、正压力、张力都属于电磁力。电磁力、万有引力的作用距离可以很大，所以称为长程力。

3. 强力

作用于质子、中子、介子等强子之间的力称为强力。强力是一种短程力。强子之间的距离超过约 10^{-15} m时，强力就变得可以忽略不计，强子间距离小于 10^{-15} m，强力占主要的支配地

位。直到距离减少到约 0.4×10^{-15} m 时，它都表现为引力，距离再减少，强力就表现为斥力。

4. 弱力

弱力是存在于各种粒子之间的另一种相互作用，但仅在粒子间的某些反应（如 β 衰变）中显示出它的重要性。弱力也是短程力，比强力的力程更短，约为 10^{-17} m。弱力强度比强力小得多，弱力是由 W^+、W^-、Z^0 粒子作为传递媒介的。

2.2.2　力学中几种常见力

1. 重力

重力为地球对其表面附近物体的引力。根据万有引力定律，把地球当作均匀球体，则地面上，质量为 m 的质点所受重力 P 为

$$P=G\frac{mM_E}{R^2} \tag{2-4}$$

式中，M_E 为地球质量，R 为地球半径。按牛顿第二定律，物体受重力大小为 $P=mg$，$g=G\frac{M_E}{R^2}$为重力加速度（忽略地球自转的影响），重力加速度方向与重力的方向相同，即竖直向下。

2. 弹力

产生形变的物体由于要恢复原状而对与它接触的物体产生的力的作用，称为弹性力（简称弹力）。如弹簧的恢复力，绳中张力，作用于相互接触物体间垂直于接触面的正压力等。弹力的特点为方向已知，大小与物体的运动状态有关。

例如绳中张力，如图 2-3 所示，绳子受外力 $\boldsymbol{F}_1$ 和 $\boldsymbol{F}_2$ 的作用，$\boldsymbol{T}_1$、$\boldsymbol{T}_1'$为绳中 A 点处的张力，$\boldsymbol{T}_2$、$\boldsymbol{T}_2'$为绳中 B 点处的张力。设绳子 CA 段质量为 Δm_1，AB 段质量为 Δm_2，……绳子的加速度为 a，方向向右。应用牛顿第二定律得

$$F_1-T_1=(\Delta m_1)a$$
$$T_1'-T_2=(\Delta m_2)a$$
$$\vdots$$

所以

$$T_1=F_1-(\Delta m_1)a$$
$$T_2=T_1'-(\Delta m_2)a=F_1-(\Delta m_1)a-(\Delta m_2)a$$
$$\vdots$$

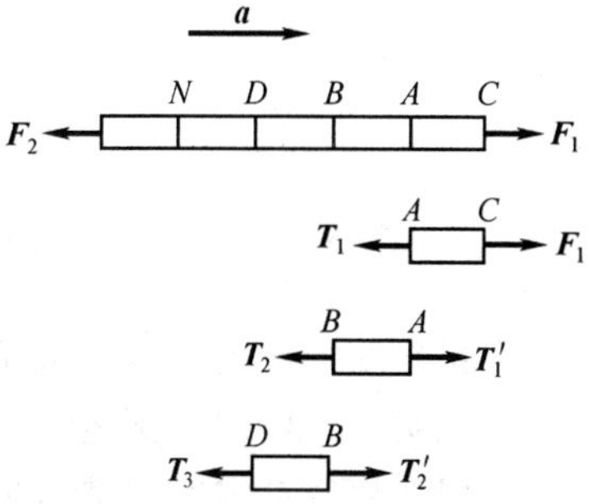

图 2-3　张力

说明绳中不同点处张力是不相等的，张力 T 与加速度 a 有关。当 $a=0$ 时，绳子静止或作匀速直线运动，则 $T_1=T_2=T_3=$……绳中各点处张力相等；若 $a\neq0$，但绳子的质量可以忽略不计时（即绳子为轻绳时），即 $\Delta m_1=\Delta m_2=\Delta m_3=\cdots=0$，则有 $T_1=T_2=T_3\cdots$即绳中各点处的张力相等。

3. 摩擦力

当相互接触的物体沿接触面有相对运动或相对运动趋势时，在物体接触面间产生的一对阻碍相对运动的力，称为摩擦力。摩擦力分为滑动摩擦力和静摩擦力。

两个相互接触的物体沿接触面有相对运动时，在物体接触面间产生的摩擦力为滑动摩擦力。滑动摩擦力 f 与接触面上的正压力 N 成正比，即

$$f=\mu N \tag{2-5}$$

滑动摩擦因数 μ 取决于接触面材料和表面状态。滑动摩擦力 f 的方向总是与相对滑动的方向相反，如图 2-4 所示。

当两个相互接触的物体虽未发生相对运动，但沿接触面有相对运动趋势时，在接触面间产生的摩擦力为静摩擦力。静摩擦力的大小可以变化。当两个相互接触的物体即将相对运动时所对应的静摩擦力为最大静摩擦力。最大静摩擦力与接触面上的正压力 N 成正比，即

$$f_{smax}=\mu_s N \tag{2-6}$$

静摩擦力在 0 和最大值 f_{smax}之间变化。静摩擦因数 μ_s 也与接触面材料和表面状态有关。同样的接触面，μ_s 略大于 μ，在一般计算中，除非特别指明，可认为它们相等。

静摩擦力的方向总是与相对运动趋势的方向相反，如图 2-5 所示。

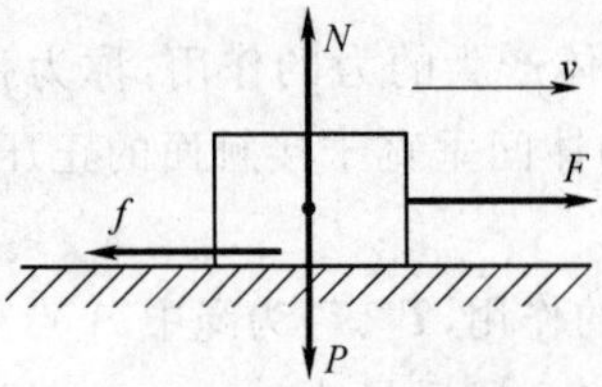

图 2-4　滑动摩擦力

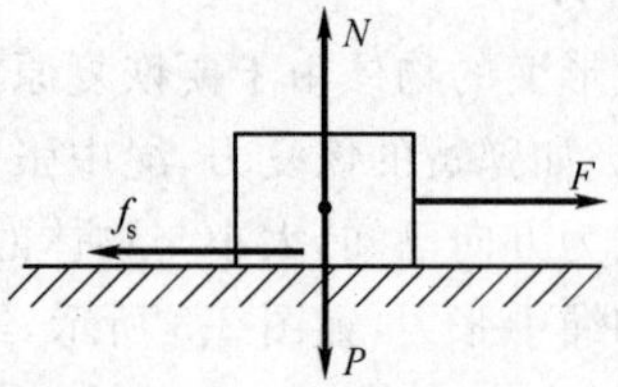

图 2-5　静摩擦力

2.3　牛顿定律的应用

牛顿运动定律是物体作机械运动的基本定律，它在实践中有着广泛的应用。本节将通过举例来说明如何应用牛顿运动定律分析问题和解决问题。

应用牛顿运动定律的基本步骤：

(1)选取研究对象。在所研究的问题中选取与所求问题相关的物体(当质点处理)作为研究对象，被选作研究对象的物体在相互作用的物体中应是已知条件最充分的。

(2)作隔离体图，分析受力情况。作隔离体图主要是使物体间相互作用的内力变为外力。因为待求量可能与物体间相互作用内力有关，而牛顿第二定律只讨论质点所受外

力作用。受力分析是正确解题的关键，受力分析的理论依据为牛顿第三定律。受力分析顺序为重力、弹力、摩擦力。要求把研究对象所受力画在隔离体图上，并正确表示各力的方向。

(3)建立坐标系，列方程。受力分析后写出矢量式的牛顿运动方程。建立恰当的坐标系，把矢量方程投影在坐标系中得到一个方程组。

(4)求解方程组，必要时讨论。得到方程组后，根据未知数个数必须与独立方程个数相等的原则，核定问题是否可解。如不可解，可根据题意再补充必要的独立方程。如果求解结果随某些量而变化，则应讨论结果。

【例 2-1】 如图 2-6(a)所示，滑轮、绳子质量不计，忽略轮轴处摩擦力，绳子不可伸长。已知物体 A 的质量 m_A 大于物体 B 的质量 m_B，求 A、B 运动过程中弹簧秤的读数。

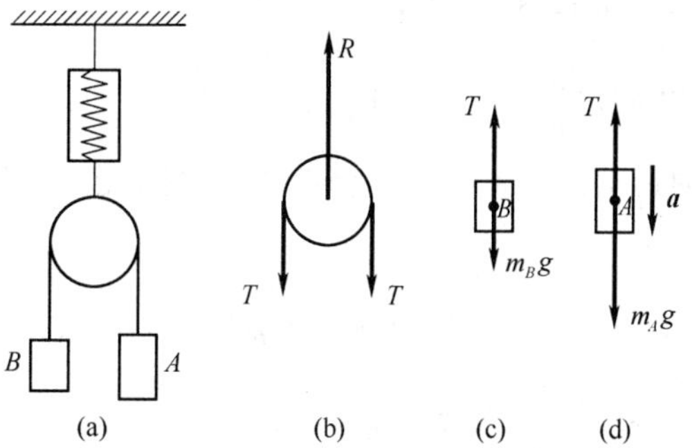

图 2-6　例 2-1 图

【解】 受力分析如图 2-6(b)、(c)、(d)所示，轮受弹簧拉力 R 和轮两边绳中张力 T 作用而处于平衡，由此得

$$R-2T=0 \qquad ①$$

物体 A 受力如图 2-6(d)所示，由牛顿第二定律得

$$m_Ag-T=m_Aa \qquad ②$$

物体 B 受力如图 2-6(c)所示，由牛顿第二定律得

$$T-m_Bg=m_Ba \qquad ③$$

②+③得

$$(m_A-m_B)g=(m_A+m_B)a$$

所以

$$a=\frac{m_A-m_B}{m_A+m_B}g$$

代入②和①得

$$R=2T=2m_A(g-a)=\frac{4m_Am_B}{(m_A+m_B)}g$$

所以弹簧秤读数
$$R'=R=\frac{4m_A m_B}{(m_A+m_B)}g$$

说明:①若滑轮或绳子质量不可忽略,则跨过滑轮的绳子两端张力不再相等。②若绳子可伸长,则 A、B 的加速度可能不等。

【例 2-2】 一轻绳系一质量为 m 的小球在竖直平面内绕定点 O 做半径为 R 的圆周运动,已知 θ 和 v_C 的大小。求:

(1)小球运动到 C 点处时受向心力和绳中张力;

(2)小球恰能完成圆周运动时,它在最高点 A 所具有的最小速率。

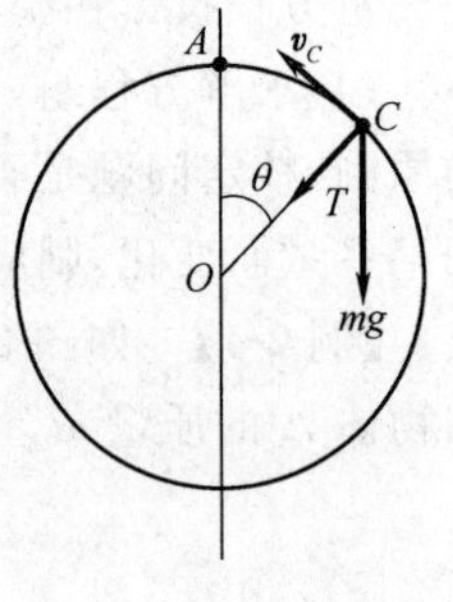

图 2-7 例 2-2 图

【解】 (1)选小球为研究对象,小球受重力 mg 和绳中张力 T 作用(见图 2-7)。在 C 点沿法向应用牛顿第二定律得
$$T+mg\cos\theta=m\frac{v_C^2}{R}$$

绳中张力为
$$T=m\left(\frac{v_C^2}{R}-g\cos\theta\right)$$

(2)小球恰能完成圆周运动条件是绳子不会松弛,即绳中张力 $T\geqslant 0$,由牛顿第二定律,得法向方程
$$T+mg=m\frac{v_A^2}{R}$$

即
$$T=m\frac{v_A^2}{R}-mg\geqslant 0$$

于是得
$$\frac{v_A^2}{R}-g\geqslant 0$$

所以
$$v_A\geqslant\sqrt{Rg}$$

本题中若把轻绳换成质量忽略的刚性轻杆,小球恰能在竖直平面做圆周运动的条件是在 A 点处小球速度 $v_A\geqslant 0$。

【例 2-3】 如图 2-8(a)所示,斜面倾角 θ,物体 A、B 的质量分别为 m_A 和 m_B,B 与斜面的摩擦因数为 $\boldsymbol{\eta}$,轻绳轻滑轮,A 向下运动。求物体的加速度和绳中的张力。

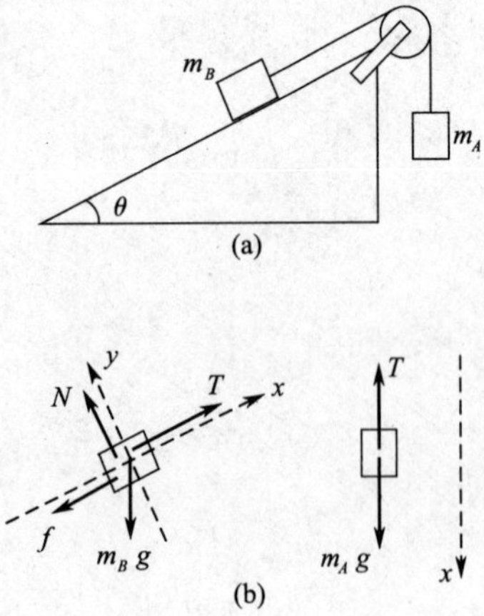

图 2-8 例 2-3 图

【解】 选 A、B 为研究对象,分别作受力分析,如图 2-8(b)所示,设 A 向下的加速度 $\boldsymbol{a}$ 为正向,则对 A 应用牛顿第二定律
$$m_A g-T=m_A a \qquad ①$$

对 B 应用牛顿第二定律
$$T-f-m_B g\sin\theta=m_B a \qquad ②$$
$$N-m_B g\cos\theta=0 \qquad ③$$

且有
$$f=\eta N \qquad ④$$

联立①、②、③、④求解得

$$a=\frac{m_A-m_B(\sin\theta+\mu\cos\theta)}{m_A+m_B}g$$

$$T=\frac{m_Am_B(1+\sin\theta+\mu\cos\theta)}{m_A+m_B}g$$

当 $\theta=\frac{\pi}{2}$ 时，与例 2-1 的结果一致。$a=\frac{m_A-m_B}{m_A+m_B}g$，$T=\frac{2m_Am_B}{m_A+m_B}g$。

【例 2-4】 质点由静止在空气中下落，质点所受空气阻力与速率成正比 $f=-\gamma v$。求：质点任意时刻的下落速度。

【解】 以质点 m 为研究对象，建立如图 2-9 所示坐标系，则

$$mg-\gamma v=m\frac{\mathrm{d}v}{\mathrm{d}t}$$

分离变量
$$\frac{\mathrm{d}v}{\frac{mg}{\gamma}-v}=\frac{\gamma}{m}\mathrm{d}t$$

两边积分得
$$\int_0^v\frac{\mathrm{d}v}{mg/(\gamma-v)}=\frac{\gamma}{m}\int_0^t\mathrm{d}t$$

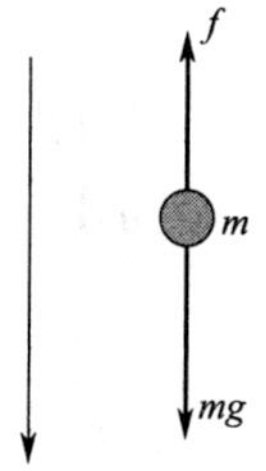

图 2-9　例 2-4 图

$$\ln\frac{\frac{mg}{\gamma}}{\frac{mg}{\gamma-v}}=-\frac{\gamma}{m}t,\quad \frac{\frac{mg}{\gamma}}{\frac{mg}{\gamma-v}}=\exp\left(-\frac{\gamma}{m}t\right)$$

$$v=\frac{mg}{\gamma}\left[1-\exp\left(-\frac{\gamma}{m}t\right)\right]$$

【例 2-5】 光滑水平面上有一固定半径为 R 的半圆屏障，一质量为 m 的物体以初速度 v_0 从屏障一端的切线方向进入屏障(见图 2-10)，已知摩擦因数为 μ。求：

(1) 物体速度为 v 时，所受的摩擦力和切向加速度。

(2) 物体速率随时间变化关系；

(3) 物体速率从 v 变到 $v/3$ 所需的时间。

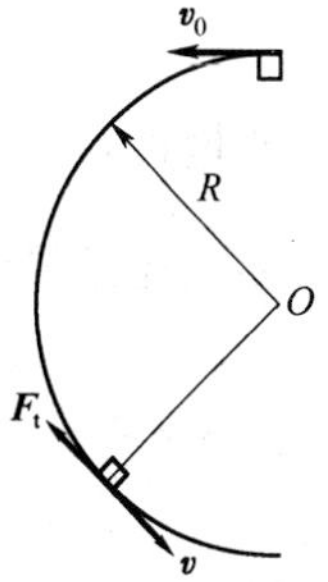

图 2-10　例 2-5 图

【解】 (1) 任意时刻，物体速度为 v，受向心力

$$F_n=m\frac{v^2}{R}$$

此时受摩擦力 F_t 与 $\boldsymbol{v}$ 反向，且

$$F_t=\mu F_n=\mu m\frac{v^2}{R}=ma_t$$

所以
$$a_t=-\mu\frac{v^2}{R}\text{（}a_t\text{ 与 }v\text{ 反向）}$$

(2) 因为 $a_t=\dfrac{dv}{dt}=-\mu\dfrac{v^2}{R}$，分离变量并积分得 $\displaystyle\int_{v_0}^{v}\frac{dv}{-v^2}=\int_0^t\frac{\mu}{R}dt$，即$\left.\dfrac{1}{v}\right|_{v_0}^{v}=\dfrac{\mu}{R}t$，整理得

$$v=\frac{v_0R}{R+\mu v_0t}$$

(3) 当 $v=\dfrac{1}{3}v_0$ 时，有$\dfrac{1}{3}v_0=\dfrac{v_0R}{R+\mu v_0t}$，即 $t=\dfrac{2R}{\mu v_0}$。

【例 2-6】 由地面沿铅直方向发射质量为 m 的宇宙飞船，如图 2-11 所示。若不计空气阻力及其他阻力作用，求宇宙飞船能脱离地球引力所需的最小初速度。

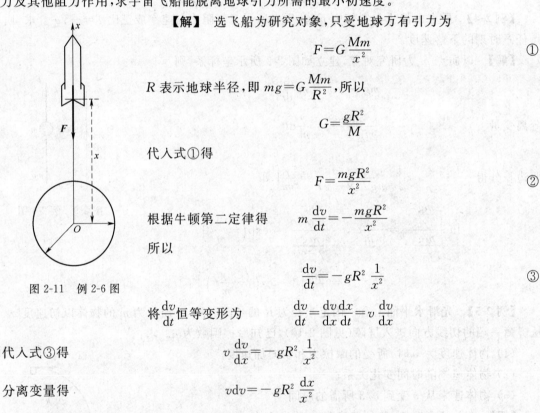

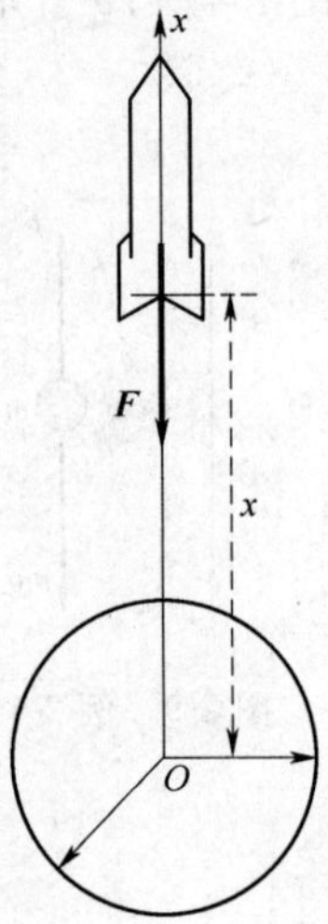

图 2-11 例 2-6 图

【解】 选飞船为研究对象，只受地球万有引力为

$$F=G\frac{Mm}{x^2} \quad ①$$

R 表示地球半径，即 $mg=G\dfrac{Mm}{R^2}$，所以

$$G=\frac{gR^2}{M}$$

代入式①得

$$F=\frac{mgR^2}{x^2} \quad ②$$

根据牛顿第二定律得 $m\dfrac{dv}{dt}=-\dfrac{mgR^2}{x^2}$

所以

$$\frac{dv}{dt}=-gR^2\frac{1}{x^2} \quad ③$$

将$\dfrac{dv}{dt}$恒等变形为 $\dfrac{dv}{dt}=\dfrac{dv}{dx}\dfrac{dx}{dt}=v\dfrac{dv}{dx}$

代入式③得

$$v\frac{dv}{dx}=-gR^2\frac{1}{x^2}$$

分离变量得

$$vdv=-gR^2\frac{dx}{x^2}$$

设飞船在地面附近($x=R$)发射时初速度为 v_0，在 x 处速度为 v，对上式积分

$$\int_{v_0}^{v}vdv=\int_R^x-gR^2\frac{dx}{x^2}$$

得

$$\frac{1}{2}(v^2-v_0^2)=gR^2\left(\frac{1}{x}-\frac{1}{R}\right)$$

所以

$$v^2=v_0^2+2gR^2\left(\frac{1}{x}-\frac{1}{R}\right)$$

飞船脱离地球引力，即飞船离地球无限远时 $x\to+\infty$，$v=0$ 代入上式便可求得飞船脱离地球

引力所需最小初速度。取地球平均半径 $R=6370$ km。因为 $v_0^2=2gR$，所以

$$v_0=\sqrt{2gR}=11.2\ (\text{km/s})$$

这个速度称为第二宇宙速度。

理论研究表明，物体从地球表面附近以速度 $v_0=\sqrt{gR}=7.9$ km/s 沿水平方向发射后，将沿地面绕地球做圆周运动成为一颗人造地球卫星，这个速度称为第一宇宙速度。物体不仅能脱离地球引力，还能脱离太阳引力，则要求以 $v_0=16.7$ km/s 速度从地球表面附近发射。这个速度称为第三宇宙速度。

需要注意的是，宇宙速度随发射地点而异，如果发射不在地面附近，而在与地心距离为 r 处，则第一、第二宇宙速度表达式中的 R 应换成 r，g 应换成 r 处的引力加速度 GM/r^2。所以该处的第一、第二宇宙速度分别为

$$v_1=\sqrt{\frac{GM}{r}},\quad v_2=\sqrt{\frac{2GM}{r}}$$

2.4　冲量　动量　动量定理

牛顿第二定律指出，在外力作用下，质点的运动状态要发生改变，获得加速度。力作用于质点往往持续一段时间，这就是力对时间的累积作用。当质点受到持续力的作用，质点的运动状态要发生变化，动量就会发生改变。

2.4.1　冲量　质点的动量定理

在合外力的作用下，由于力持续作用的积累效应，质点的运动状态会发生变化。这种力的时间积累效果可由牛顿第二定律直接导出。

牛顿第二定律的数学表达式为

$$\boldsymbol{F}=m\boldsymbol{a}=m\frac{\mathrm{d}\boldsymbol{v}}{\mathrm{d}t}$$

在低速运动的牛顿力学范围内，质点的质量可视为是不改变的，故 $m\mathrm{d}\boldsymbol{v}$ 可写成 $\mathrm{d}(m\boldsymbol{v})$。因此上式可写成

$$\boldsymbol{F}=\frac{\mathrm{d}(m\boldsymbol{v})}{\mathrm{d}t}\tag{2-7}$$

我们把物体的质量与其运动速度 $\boldsymbol{v}$ 的乘积叫做物体的动量，用 $\boldsymbol{p}$ 表示，即

$$\boldsymbol{p}=m\boldsymbol{v}\tag{2-8}$$

显然动量 $\boldsymbol{p}$ 是一个矢量，其方向与速度的方向相同。动量的单位为 kg·m/s。

将式(2-7)写成

$$\boldsymbol{F}\mathrm{d}t=\mathrm{d}\boldsymbol{p}=\mathrm{d}(m\boldsymbol{v})$$

一般来说,作用于质点上的合外力是随时间变化而改变的,即力是时间的函数,在时间间隔 $\Delta t=t_2-t_1$ 内,上式的积分为

$$\int_{t_1}^{t_2}\boldsymbol{F}\mathrm{d}t=\int_{p_1}^{p_2}\mathrm{d}\boldsymbol{p}=\boldsymbol{p}_2-\boldsymbol{p}_1=m\boldsymbol{v}_2-m\boldsymbol{v}_1 \tag{2-9}$$

式中,$\boldsymbol{v}_1$ 和 $\boldsymbol{p}_1$ 为质点在 t_1 时刻的速度和动量,$\boldsymbol{v}_2$ 和 $\boldsymbol{p}_2$ 为质点在 t_2 时刻的速度和动量。$\int_{t_1}^{t_2}\boldsymbol{F}\mathrm{d}t$ 为力对时间的积分,称为力的冲量,用符号 $\boldsymbol{I}$ 表示,即

$$\boldsymbol{I}=\int_{t_1}^{t_2}\boldsymbol{F}\mathrm{d}t=\boldsymbol{p}_2-\boldsymbol{p}_1 \tag{2-10}$$

式(2-10)的物理意义是:在给定时间间隔内,质点受合外力的冲量,等于质点在此时间内动量的增量,这就是质点的动量定理。

冲量 $\boldsymbol{I}$ 是矢量。一般来说,冲量的方向并不与动量的方向相同,而是与动量增量的方向相同。至于冲量的量值,尽管外力在运动过程中随时改变,物体速度也逐点不同,冲量的大小却完全决定于物体在始末两点处动量增量的绝对值,而与运动过程中物体在各点处的动量无关。

式(2-10)是质点动量定理的矢量表达式,在直角坐标系中,其分量式为

$$\left.\begin{aligned}I_x&=\int_{t_1}^{t_2}F_x\mathrm{d}t=p_{2x}-p_{1x}\\I_y&=\int_{t_1}^{t_2}F_y\mathrm{d}t=p_{2y}-p_{1y}\\I_z&=\int_{t_1}^{t_2}F_z\mathrm{d}t=p_{2z}-p_{1z}\end{aligned}\right\} \tag{2-11}$$

2.4.2 冲力

动量定理在解决冲击和碰撞等问题中特别有用。两物体在碰撞的瞬间,相互作用力叫冲力。图 2-12 是冲力示意图。冲力的作用时间极短,而其量值变化极大,所以较难量度每一瞬时的冲力。但是可用两物体在碰撞前后的动量的增量来计算冲力在这段时间内的平均值。冲力的平均值比冲力的峰值要小,但在某些实际问题中,平均冲力的估算是非常需要的。以 $\bar{f}$ 表示平均冲力,则

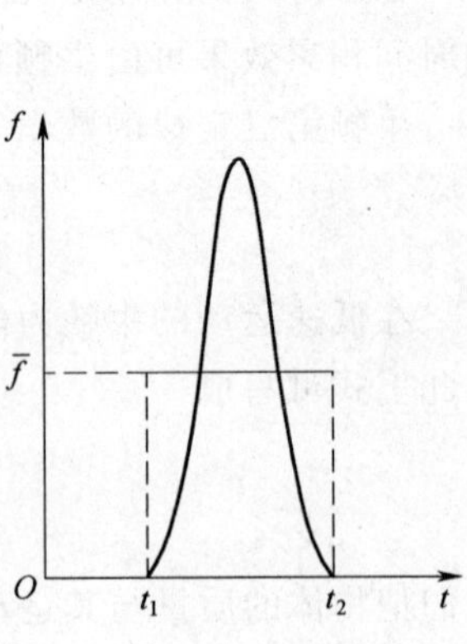

图 2-12 冲力

$$\bar{f}=\frac{\int_{t_1}^{t_2}\boldsymbol{f}\mathrm{d}t}{t_2-t_1}=\frac{\boldsymbol{p}_2-\boldsymbol{p}_1}{\Delta t} \tag{2-12}$$

【例 2-7】 一质量为 m 的物体，以初速 v_0 从地面抛出，抛射角 $\theta=30°$（见图 2-13），如忽略空气阻力，则从抛出到刚要接触地面的过程中，求物体动量增量的大小及方向。

【解】 取抛出点为原点，建 Oxy 坐标。忽略空气阻力，物体沿 x 轴方向的速度分量不变化，动量增量为零。

$$v_x=v_{0x}=v_0\cos\theta$$

落地时沿 y 轴方向的速度分量与抛出时 y 轴方向的速度分量大小相同，方向相反。

$$v_y=-v_{0y}=-v_0\sin\theta$$

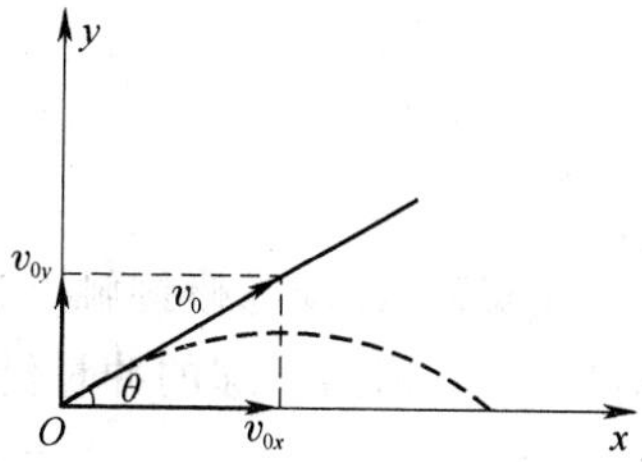

图 2-13　例 2-7 图

物体动量增量：

$$\begin{aligned}\Delta p&=p_y-p_{0y}=mv_y-mv_{0y}\\&=-m(v_0\sin\theta+v_0\sin\theta)=-2mv_0\sin\theta=-2mv_0\sin 30°=-mv_0\end{aligned}$$

动量增量 $\Delta\boldsymbol{p}$ 的方向沿 y 轴负方向，竖直向下。

【例 2-8】 一个力 F 作用在质量为 10 kg 的质点上，使之沿 x 轴运动，已知在此力作用下质点的运动方程为 $x=3t-4t^2+t^3$（SI），求在 0 到 4 s 的时间间隔内力 F 的冲量。

【解】 由运动方程　　$x=3t-4t^2+t^3$

质点速度方程　　$v=\frac{\mathrm{d}x}{\mathrm{d}t}=\frac{\mathrm{d}}{\mathrm{d}x}(3t-4t^2+t^3)=3-8t+3t^2$

$t=0$ s 时质点速度　　$v_1=3$ m/s

$t=4$ s 时质点速度　　$v_2=19$ m/s

根据动量定理，质点受力 F 的冲量等于质点动量的增量

$$I=p_2-p_1=mv_2-mv_1=160\ (\mathrm{kg\cdot m/s})=160\ (\mathrm{N\cdot s})$$

【例 2-9】 一质量为 10 kg 的物体沿 x 轴无摩擦地运动，设 $t=0$ 时，物体位于原点，速度为零。设物体在力 $F=3+4t$ (N)（t 以 s 为单位）的作用下由静止开始运动了 3 s，它的速度和加速度增为多大？

【解】 物体作变加速直线运动

$$F=3+4t$$

$$a=\frac{F}{m}=\frac{3+4t}{m}$$

当 $t=3$ s 时　　$a=1.5\ \mathrm{m/s^2}$

由初始条件 $t=0$ 时，$v_0=0$；$t=3$ s 时，$v=v$，根据动量定理

$$I=\int_0^t F\mathrm{d}t=mv-mv_0$$

$$\int_0^3 (3+4t)\mathrm{d}t = mv$$

$$(3t+2t^2)\Big|_0^3 = mv$$

$$v=2.7\ \mathrm{m/s}$$

【例 2-10】 用棒打击质量 0.3 kg、速率 $v=20\ \mathrm{m/s}$ 的水平飞来的球，球飞到竖直上方 10 m 的高度(见图 2-14)。求棒给予球的冲量多大？设球与棒接触时间为 0.02 s，求球受到的平均冲力。

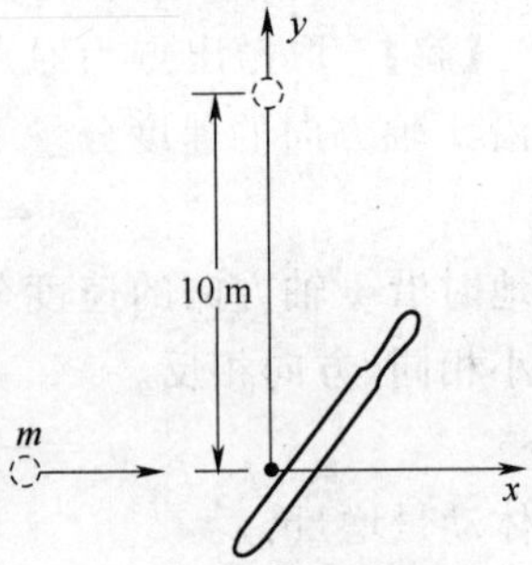

图 2-14 例 2-10 图

【解】 以球与棒接触点为原点，建立如图所示 Oxy 坐标，由动量定理，棒给予球的冲量沿 x 轴和 y 轴的分量 I_x、I_y 为

$$I_x = mv_x - mv_{0x}$$

$$I_y = mv_y - mv_{0y}$$

其中，$v_x=0$，$v_{0x}=v_0=20\ \mathrm{m/s}$；$v_y=\sqrt{2gh}=14\ \mathrm{m/s}$，$v_{0y}=0$，

$$I_x=-6.0\ \mathrm{N\cdot s},\quad I_y=4.2\ \mathrm{N\cdot s}$$

冲量 $$I=\sqrt{I_x^2+I_y^2}=7.32(\mathrm{N\cdot s})$$

冲量 $\boldsymbol{I}$ 与 x 轴夹角 $$\theta=\arctan\frac{I_y}{I_x}=145^\circ$$

球受平均冲力 $$\overline{F}=\frac{I}{\Delta t}=366(\mathrm{N})$$

【例 2-11】 一粒子弹由枪口飞出的速度是 300 m/s。在枪管内子弹受到的合力由下式给出：

$$F=400-\frac{4}{3}\times 10^5 t$$

其中 F 以 N 为单位，t 以 s 为单位。求：

(1) 画 F-t 曲线。

(2) 计算子弹行经枪管长度所需的时间。设子弹到枪口时所受的力变为零。

(3) 该力冲量的大小，其几何意义是什么？

(4) 子弹的质量。

【解】 (1) 由 $t=0$，得 $F=400\ \mathrm{N}$；$t=3\times10^{-3}\ \mathrm{s}$，$F=0$；$F$-$t$ 曲线如图 2-15 所示。

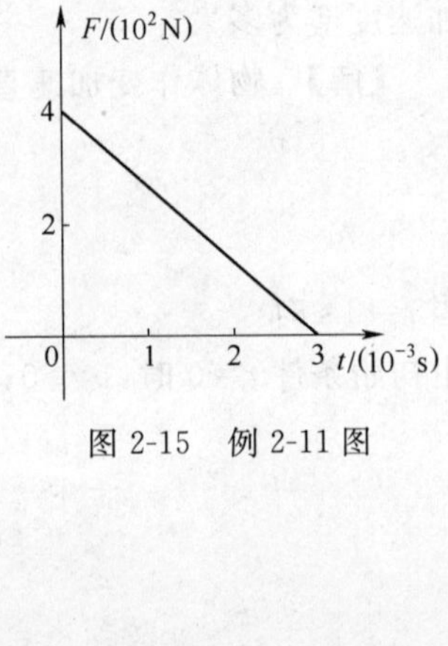

图 2-15 例 2-11 图

(2)由图可知： $F=0$， $t=3\times10^{-3}\ \mathrm{s}$

(3)$$I=\int_{t_1}^{t_2}F\mathrm{d}t=\int_0^{3\times10^{-3}}\left(400-\frac{4}{3}\times10^5 t\right)\mathrm{d}t=0.6\ (\mathrm{N\cdot s})$$

几何意义：I 即为 F-t 曲线下的面积。

(4) 由 $\int_{t_1}^{t_2} F\mathrm{d}t = mv_2 - mv_1$，$v_1=0$，$t_1=0$；$v_2=300\ \mathrm{m/s}$，$t_2=3\times10^{-3}\ \mathrm{s}$；知

$$m = \int_0^{0.003} \frac{F\mathrm{d}t}{v_2} = 2\times10^{-3}(\mathrm{kg})$$

2.5　动量守恒定律

上一节讨论了质点的动量定理，下面讨论当若干个质点组成质点系时，系统的动量变化规律及动量守恒定律。

2.5.1　质点系动量定理

1. 两个质点 m_1、m_2 组成的系统

首先讨论由 m_1、m_2 两个质点构成的系统的动量定理。质点系中各质点受力有两种：一种是系统内各质点间的相互作用力，称为内力；另一种是系统外其他物体对系统内质点的作用力，称为外力。设质点 m_1、m_2 除分别受外力 $\boldsymbol{F}_1$、$\boldsymbol{F}_2$ 作用外，还分别受相互作用内力 $\boldsymbol{f}_{12}$、$\boldsymbol{f}_{21}$，对 m_1、m_2 分别应用牛顿第二定律得

$$\boldsymbol{F}_1 + \boldsymbol{f}_{12} = \frac{\mathrm{d}\boldsymbol{p}_1}{\mathrm{d}t}$$

$$\boldsymbol{F}_2 + \boldsymbol{f}_{21} = \frac{\mathrm{d}\boldsymbol{p}_2}{\mathrm{d}t}$$

两式相加得

$$\boldsymbol{F}_1 + \boldsymbol{F}_2 + \boldsymbol{f}_{12} + \boldsymbol{f}_{21} = \frac{\mathrm{d}}{\mathrm{d}t}(\boldsymbol{p}_1 + \boldsymbol{p}_2)$$

上式为两个质点构成的系统动量定理的微分形式。在 $\Delta t = t_2 - t_1$ 内，上式的积分为

$$\int_{t_1}^{t_2}(\boldsymbol{F}_1 + \boldsymbol{F}_2)\mathrm{d}t + \int_{t_1}^{t_2}(\boldsymbol{f}_{12} + \boldsymbol{f}_{21})\mathrm{d}t = (m_1\boldsymbol{v}_1 + m_2\boldsymbol{v}_2) - (m_1\boldsymbol{v}_{10} + m_2\boldsymbol{v}_{20})$$

由牛顿第三定律可知：$\boldsymbol{f}_{12} = -\boldsymbol{f}_{21}$，所以系统内两质点间的内力之和为零，$\boldsymbol{f}_{12} + \boldsymbol{f}_{21} = 0$，故上式变为

$$\int_{t_1}^{t_2}(\boldsymbol{F}_1 + \boldsymbol{F}_2)\mathrm{d}t = (m_1\boldsymbol{v}_1 + m_2\boldsymbol{v}_2) - (m_1\boldsymbol{v}_{10} + m_2\boldsymbol{v}_{20}) \tag{2-13}$$

上式表明作用于两质点组成系统的合外力的冲量等于系统内两质点动量的增量。

2. 由 n 个质点组成的系统

设每个质点的质量为 $m_1, m_2, \cdots, m_n$，分别受外力 $\boldsymbol{F}_1, \boldsymbol{F}_2, \cdots, \boldsymbol{F}_n$ 与内力 $\boldsymbol{f}_1, \boldsymbol{f}_2, \cdots, \boldsymbol{f}_n$ 作用，对每个质点分别应用牛顿第二定律

$$\boldsymbol{F}_i+\boldsymbol{f}_i=\frac{\mathrm{d}\boldsymbol{p}_i}{\mathrm{d}t}$$

求和得
$$\sum_{i=1}^{n}\boldsymbol{F}_i+\sum_{i=1}^{n}\boldsymbol{f}_{i内}=\frac{\mathrm{d}}{\mathrm{d}t}\sum_{i=1}^{n}\boldsymbol{p}_i$$

式中，$\boldsymbol{f}_{i内}$ 表示作用在第 i 个质点上的内力，而系统内相互作用内力总是成对出现的，所以

$$\sum_{i=1}^{n}\boldsymbol{f}_{i内}=0$$

则有
$$\sum_{i=1}^{n}\boldsymbol{F}_i=\frac{\mathrm{d}}{\mathrm{d}t}\sum_{i=1}^{n}\boldsymbol{p}_i$$

$$\sum_{i=1}^{n}\boldsymbol{F}_i\mathrm{d}t=\mathrm{d}\sum_{i=1}^{n}\boldsymbol{p}_i$$

在 $\Delta t=t_2-t_1$ 时间间隔内，对上式积分

$$\int_{t_1}^{t_2}\sum_{i=1}^{n}\boldsymbol{F}_i\mathrm{d}t=\sum_{i=1}^{n}\boldsymbol{p}_i-\sum_{i=1}^{n}\boldsymbol{p}_{i0}$$

或
$$\int_{t_1}^{t_2}\sum\boldsymbol{F}_i\mathrm{d}t=\sum_{i=1}^{n}m_i\boldsymbol{v}_i-\sum_{i=1}^{n}m_i\boldsymbol{v}_{i0}\tag{2-14}$$

上式表明，作用于系统的合外力的冲量等于系统动量的增量，这就是质点系的动量定理。

需要强调指出：作用于系统的合外力是作用于系统内每一个质点的外力的矢量和。只有外力才对系统的动量变化有贡献，而系统的内力只能引起系统内各质点的动量变化，但不能改变整个系统的总动量。

2.5.2 动量守恒定律

当质点系所受的合外力为零，即 $\sum\limits_{i=1}^{n}\boldsymbol{F}_i=0$，则

$$\frac{\mathrm{d}}{\mathrm{d}t}\sum_{i=1}^{n}\boldsymbol{p}_i=0$$

即
$$\boldsymbol{p}=\sum_{i=1}^{n}\boldsymbol{p}_i=常矢量\tag{2-15}$$

式中，$\boldsymbol{p}$ 为系统总动量，这就是动量守恒定律，它的表述为：如果系统所受合外力为零，则系统的总动量保持不变。

应用动量守恒定律应注意以下几点：

(1) 由于动量是矢量，在动量守恒定律中，系统的总动量不变是指系统内各物体动量的矢量和不变，而不是指某一个物体的动量不变。此外，各物体的动量还必须是相对于同一惯性参考系。

(2) 系统动量守恒的条件为系统所受合外力为零。但在某些作用极短暂的过程(如爆炸过程、碰撞过程等)中，系统所受的合外力虽不为零，但与系统的内力相比较，外力(如空气阻力、摩擦力或重力等)远小于内力，这时可以略去外力对系统的作用，认为系统的动量是守恒的。

(3) 式(2-15)是动量守恒定律的矢量式。在直角坐标系中，其分量式为

$$\left.\begin{aligned}&\text{当}\sum F_{ix}=0\text{ 时，}\ m_1v_{1x}+m_2v_{2x}+\cdots+m_nv_{nx}=\text{恒量}\\&\text{当}\sum F_{iy}=0\text{ 时，}\ m_1v_{1y}+m_2v_{2y}+\cdots+m_nv_{ny}=\text{恒量}\\&\text{当}\sum F_{iz}=0\text{ 时，}\ m_1v_{1z}+m_2v_{2z}+\cdots+m_nv_{nz}=\text{恒量}\end{aligned}\right\}\tag{2-16}$$

可见，如果系统所受外力的矢量和并不为零，但合外力在某个坐标轴上的分量为零，此时，系统的总动量虽不守恒，但在该坐标轴的分动量却是守恒的。

(4) 动量守恒定律是物理学最普遍、最基本的定律之一。动量守恒定律虽然是从表述宏观物体运动规律的牛顿运动定律导出的，近代实验和理论分析表明：在自然界中，大到天体间的相互作用，小到微观粒子间的相互作用，都遵守动量守恒定律。在微观领域中，牛顿运动定律不适用，但动量守恒定律却是适用的。因此，动量守恒定律比牛顿运动定律更具有普遍性，它是自然界中最普遍、最基本的定律之一。

【例 2-12】 两球质量分别为 $m_1=2.0\ \text{g}$，$m_2=5.0\ \text{g}$。在光滑的水平桌面上运动。用直角坐标系 Oxy 描述其运动，两者速度分别为 $\boldsymbol{v}_1=10\boldsymbol{i}$ cm/s，$\boldsymbol{v}_2=(3.0\boldsymbol{i}+5.0\boldsymbol{j})$ cm/s，若碰后合为一体，求碰后速度。

【解】 碰撞前后系统总动量守恒

$$m_1\boldsymbol{v}_1+m_2\boldsymbol{v}_2=(m_1+m_2)\boldsymbol{v}$$

$$20\boldsymbol{i}+15\boldsymbol{i}+25\boldsymbol{j}=7v_x\boldsymbol{i}+7v_y\boldsymbol{j}$$

$$v_x=5(\text{cm/s}),\quad v_y=3.57(\text{cm/s})$$

$$v=\sqrt{v_x^2+v_y^2}=6.14(\text{cm/s}),\quad \alpha=\arctan\frac{v_y}{v_x}=35.5^\circ$$

【例 2-13】 一个静止的物体炸裂成三块(见图 2-16)，其中两块具有相等的质量，而且以相同的速率 30 m/s 沿相互垂直的方向飞开，第三块的质量恰好等于其他两块质量的和，试求第三块的速度。

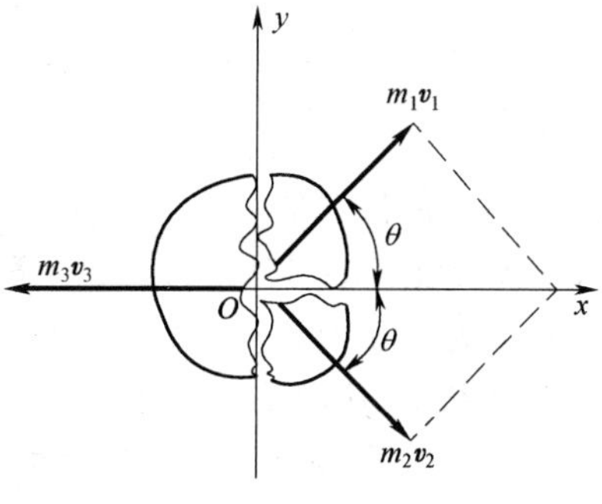

图 2-16　例 2-13 图

【解】 物体原来的动量等于零。根据动量守恒定律，物体炸裂分为三块后的总动量仍然等于零，即

$$m_1\boldsymbol{v}_1+m_2\boldsymbol{v}_2+m_3\boldsymbol{v}_3=0\qquad①$$

根据题意，建立如图 2-16 所示 Oxy 坐标系，且有

$$m_1=m_2=m,\quad m_3=2m,\quad v_1=v_2=v,\quad \theta=45^\circ$$

设 v_3 与 x 轴夹角为 α，则动量守恒定律在 x，y 方向的分量式为

$$mv\cos 45°+mv\cos 45°+2mv_3\cos\alpha=0 \quad ②$$

$$mv\sin 45°-mv\sin 45°+2mv_3\sin\alpha=0 \quad ③$$

由式③得，$\sin\alpha=0$，$\alpha=0$ 或 $\alpha=\pi$，只有 $\alpha=\pi$ 时②式成立，所以 v_3 的方向为沿 x 轴负向，由式②得

$$v_3=v\cos 45°=30\times\frac{\sqrt{2}}{2}=21.2(\mathrm{m/s})$$

2.6 功 动能 动能定理

前面讨论了力的时间累积效应，并定量研究了质点或质点系受合外力的冲量与其状态变化的关系——动量定理，进一步在系统受合外力为零的条件下给出了系统的动量守恒定律。本节讨论力的空间累积效应，从而引进功和能的概念。

2.6.1 功 功率

1. 功

如图 2-17 所示，一质点在变力 $\boldsymbol{F}$ 作用下，沿路径 ab 做曲线运动。设在时刻 t，质点位于点 a，经时间间隔 $\mathrm{d}t$，质点的位移为 $\mathrm{d}\boldsymbol{r}$，力 $\boldsymbol{F}$ 与质点位移之间的夹角为 θ。功的定义是：力对质点所做的功等于力在质点位移方向的分量与位移大小的乘积。按此定义，该力所做的元功为

$$\mathrm{d}A=F\cos\theta|\mathrm{d}\boldsymbol{r}| \quad (2\text{-}17a)$$

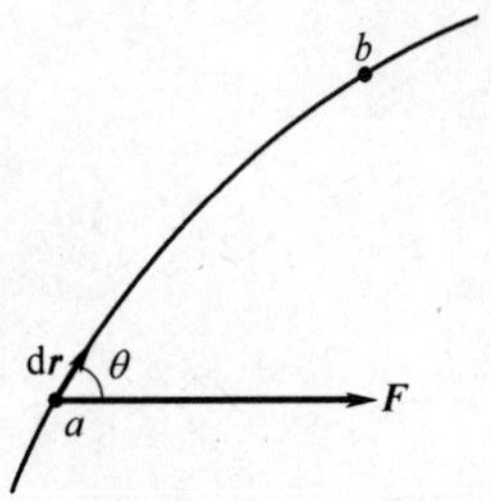

图 2-17 功的定义

从上式可以看出，当 $0°<\theta<90°$ 时，功为正值，即力对质点做正功；当 $90°<\theta\leqslant 180°$ 时，功为负值，即力对质点做负功。由于力 $\boldsymbol{F}$ 和位移 $\mathrm{d}\boldsymbol{r}$ 均为矢量，从矢量点积的定义可知，上式等号右边为 $\boldsymbol{F}$ 与 $\mathrm{d}\boldsymbol{r}$ 的点积，即

$$\mathrm{d}A=\boldsymbol{F}\cdot\mathrm{d}\boldsymbol{r} \quad (2\text{-}17b)$$

虽然力和位移都是矢量，但它们的点积——功是标量。

如果把式(2-17a)写成 $\mathrm{d}A=F(|\mathrm{d}\boldsymbol{r}|\cos\theta)$，那么功的定义也可以说是力对质点所做的功为质点位移在力方向的分量与位移大小的乘积。这个表述与前述功的定义是等效的。在国际单位制中，功的单位是 N·m，即焦耳(J)。

若有一质点沿图 2-18 所示的路径由点 a 运动到点 b，而在这过程中作用于质点上的力的大小和方向都在改变。为求在这一过程中变力所做的功，我们把 ab 分成许多小段，在每一段中，力可近似看作是不变的。设物体在第 i 段位移 $\mathrm{d}\boldsymbol{r}$ 中受力 $\boldsymbol{F}_i$，$\boldsymbol{F}_i$ 与位移 $\mathrm{d}\boldsymbol{r}$ 夹角为 θ_i，则力

在 d$\boldsymbol{r}$ 中所做的元功

$$\mathrm{d}A_i=\boldsymbol{F}_i\cdot\mathrm{d}\boldsymbol{r}_i$$

于是，质点从 a 运动到 b 时，变力所做的功等于力在每段位移上所做元功的代数和，即

$$A=\sum_i \mathrm{d}A_i=\int_a^b \boldsymbol{F}\cdot\mathrm{d}\boldsymbol{r} \tag{2-18}$$

上式是变力做功的表达式。

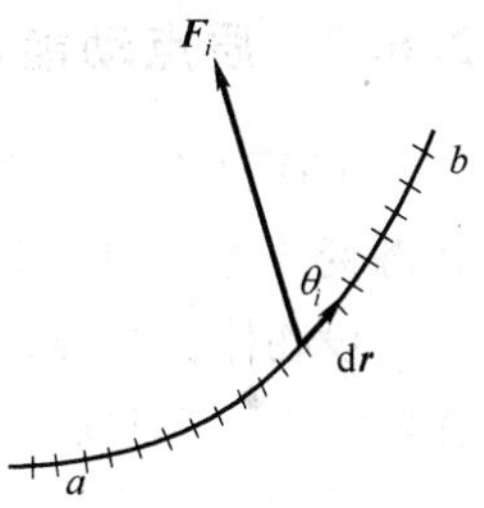

图 2-18　变力的功

在直角坐标系中，$\boldsymbol{F}$ 和 d$\boldsymbol{r}$ 都是坐标 x,y,z 的函数，即

$$\boldsymbol{F}=F_x\boldsymbol{i}+F_y\boldsymbol{j}+F_z\boldsymbol{k}$$

$$\mathrm{d}\boldsymbol{r}=\mathrm{d}x\boldsymbol{i}+\mathrm{d}y\boldsymbol{j}+\mathrm{d}z\boldsymbol{k}$$

因此式(2-18)可写成

$$A=\int_a^b \boldsymbol{F}\cdot\mathrm{d}\boldsymbol{r}=\int_a^b (F_x\mathrm{d}x+F_y\mathrm{d}y+F_z\mathrm{d}z) \tag{2-19}$$

2. 合力的功

设有 n 个力 $\boldsymbol{F}_1,\boldsymbol{F}_2,\cdots,\boldsymbol{F}_n$ 同时作用于一物体上，合力 $\boldsymbol{F}=\boldsymbol{F}_1+\boldsymbol{F}_2+\cdots+\boldsymbol{F}_n$，当物体发生一段位移时，合力所做的功

$$\begin{aligned}A&=\int\boldsymbol{F}\cdot\mathrm{d}\boldsymbol{r}=\int(\boldsymbol{F}_1+\boldsymbol{F}_2+\cdots\boldsymbol{F}_n)\cdot\mathrm{d}\boldsymbol{r}\\&=\int\boldsymbol{F}_1\cdot\mathrm{d}\boldsymbol{r}+\int\boldsymbol{F}_2\cdot\mathrm{d}\boldsymbol{r}+\cdots+\int\boldsymbol{F}_n\cdot\mathrm{d}\boldsymbol{r}\\&=A_1+A_2+\cdots+A_n=\sum_{i=1}^{n}A_i\end{aligned} \tag{2-20}$$

式(2-20)表明，合力对质点所做的功，等于每个分力所做功的代数和。

3. 功率

功率定义为单位时间内所做的功。设在 Δt 时间内做功 ΔA，则在这段时间内的平均功率为

$$\overline{P}=\frac{\Delta A}{\Delta t}$$

若 Δt 趋近于零，得某时刻的瞬时功率为

$$P=\lim_{\Delta t\to 0}\frac{\Delta A}{\Delta t}=\frac{\mathrm{d}A}{\mathrm{d}t} \tag{2-21a}$$

或

$$P=\lim_{\Delta t\to 0}F\cos\theta\frac{|\Delta\boldsymbol{r}|}{\Delta t}=F\cos\theta v=\boldsymbol{F}\cdot\boldsymbol{v} \tag{2-21b}$$

式(2-21b)说明瞬时功率等于力在速度方向的分量和速度大小的乘积。在国际单位制中，功率的单位是 J/s，即瓦特(W)。

2.6.2 质点动能定理

上面讨论了力的空间累积作用，引进了功的概念，下面讨论力对物体做功与由此引起的状态变化之间的关系。

设物体在合外力 $\boldsymbol{F}$ 作用下沿一曲线由 a 点运动到 b 点，在曲线上 a、b 两点时的速度分别为 $\boldsymbol{v}_1$ 和 $\boldsymbol{v}_2$，如图 2-19 所示。

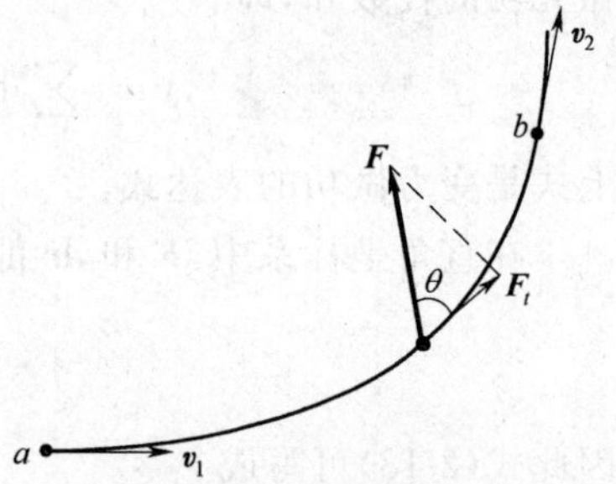

图 2-19　动能定理用图

根据牛顿第二定律可得任意时刻沿切向的运动方程为

$$F_t = ma_t = m\frac{dv}{dt}$$

其中

$$F_t = F\cos\theta$$

又由

$$v = \frac{|d\boldsymbol{r}|}{dt},\quad 得\quad |d\boldsymbol{r}| = v dt$$

$$F\cos\theta|d\boldsymbol{r}| = F_t|d\boldsymbol{r}| = m\frac{dv}{dt}v dt = mv dv$$

物体从 a 沿曲线运动到 b，合外力所做的功为

$$A = \int_a^b F\cos\theta\,|d\boldsymbol{r}| = \int_{v_1}^{v_2} mv\,dv = \frac{1}{2}mv_2^2 - \frac{1}{2}mv_1^2 \tag{2-22}$$

式(2-22)中 $\frac{1}{2}mv^2$ 称为物体的动能，用 E_k 表示：

$$E_k = \frac{1}{2}mv^2 \tag{2-23}$$

$$A = E_k - E_{k0} \tag{2-24}$$

动能是物体由于运动而具有的能量，在国际单位制中，动能的单位与功的单位相同，为焦耳(J)。式(2-24)中 E_k 为质点的末态动能，E_{k0} 为质点的初态动能。式(2-24)说明，合外力对质点所做的功等于质点动能的增量，这一结论称为质点的动能定理。

需要说明的是，由于运动描述的相对性，所以动能也具有相对性。如坐在运动车厢中的乘客，以车厢为参考系，其动能为零；以地面为参考系，其动能不为零。

关于质点的动能定理，在学习中我们应注意以下几点：

(1) 动能定理给出了合外力对质点做的功与质点初、末状态动能变化的关系。无论作用在物体上的合力大小、方向是否变化，以及物体各瞬时的运动状态如何变化，动能定理都成立。

(2) 动能定理说明，功是物体能量变化的量度。当合外力对物体做正功时，物体获得能量，其动能增加。反之，当合外力对物体做负功时，物体的动能减少。由于功是与在外力作用下质点的位置移动相联系的，故功是一个过程量，而动能则是决定于质点的运动状态的，故它是一个状态量。

(3) 与牛顿第二定律一样，动能定理只适用于惯性系。在不同的惯性系中，质点的位移和速度是不同的，因此功和动能依赖于惯性系的选取。

【例 2-14】 一质量为 10 kg 的物体沿 x 轴无摩擦地运动，设 $t=0$ 时，物体位于原点，速度为零。设物体在力 $F=3+4x$ (N)的作用下移动了 3 m，求它的速度和加速度为多大？

【解】 物体作变加速直线运动，因为 $F=3+4x$，所以 $a=\frac{F}{m}=\frac{3+4x}{m}$。当 $x=3$ m 时，

$$a=1.5\ \mathrm{m/s^2}$$

由初始条件 $x=0, v_0=0$，根据动能定理

$$A=\int_0^x F\mathrm{d}x=\frac{1}{2}mv^2-\frac{1}{2}mv_0^2$$

$$\int_0^3 (3+4x)\mathrm{d}x=\frac{1}{2}mv^2$$

$$v=2.32(\mathrm{m/s})$$

【例 2-15】 质点在平面内作圆周运动（见图 2-20）。力 $\boldsymbol{F}=F_0(x\boldsymbol{i}+y\boldsymbol{j})$ 作用在质点上，F_0 为常数，质点由坐标原点运动到 $(0,2R)$ 位置过程中，此力对质点做了多少功？

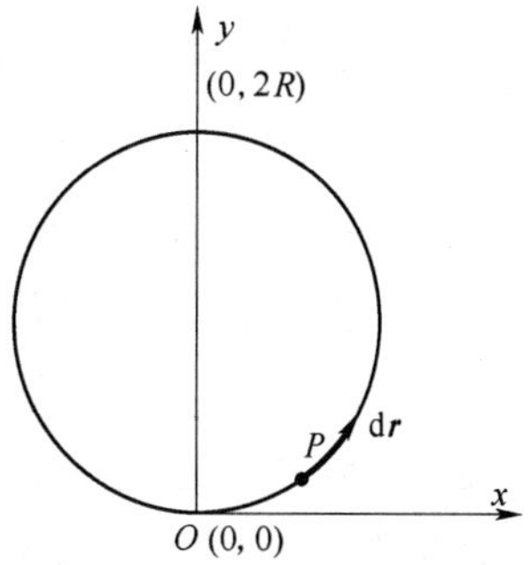

图 2-20　例 2-15 图

【解】 在 P 点附近取一位移 $\mathrm{d}\boldsymbol{r}$，$\mathrm{d}\boldsymbol{r}=\mathrm{d}x\boldsymbol{i}+\mathrm{d}y\boldsymbol{j}$，在此位移上做的元功

$$\mathrm{d}A=\boldsymbol{F}\cdot\mathrm{d}\boldsymbol{r}=F_0(x\boldsymbol{i}+y\boldsymbol{j})\cdot(\mathrm{d}x\boldsymbol{i}+\mathrm{d}y\boldsymbol{j})=F_0(x\mathrm{d}x+y\mathrm{d}y)$$

质点从原点(0,0)运动到$(0,2R)$位置过程中，F 做功为

$$A=\int\mathrm{d}A=\int F_0(x\mathrm{d}x+y\mathrm{d}y)=F_0\left[\int_0^0 x\mathrm{d}x+\int_0^{2R}y\mathrm{d}y\right]$$

$$=F_0\times\frac{1}{2}y^2\Big|_0^{2R}=\frac{1}{2}F_0(2R)^2=2F_0R^2$$

【例 2-16】 质量为 $m=0.5$ kg 的质点，在 Oxy 坐标平面内运动，其运动方程为 $x=5t$，$y=0.5t^2$，求从 $t=2$ s 到 $t=4$ s 这段时间内外力对质点做的功。

【解】 由运动方程 $x=5t, y=0.5t^2$ 可求得

$$v_x=5,\quad v_y=t\quad 及\quad a_x=0,\quad a_y=1$$

由牛顿第二定律

$$F_x=ma_x=0,\quad F_y=ma_y=0.5(\mathrm{N})$$

外力对质点做的功

$$A=\int\boldsymbol{F}\cdot\mathrm{d}\boldsymbol{r}=\int(F_x\mathrm{d}x+F_y\mathrm{d}y)=\int F_y\mathrm{d}y$$

由于 $v_y=\frac{\mathrm{d}y}{\mathrm{d}t}$，所以 $\mathrm{d}y=v_y\mathrm{d}t$，则

$$A=\int F_yv_y\mathrm{d}t=\int_2^4 0.5t\mathrm{d}t=\frac{1}{2}\times 0.5t^2\Big|_2^4=3\ (\mathrm{J})$$

2.6.3 质点系动能定理

设系统由质量分别为 $m_1, m_2, \cdots, m_n$ 的 n 个相互作用的质点构成。一般情况下系统内任一质点将受内力、外力作用。

初态每一质点的动能分别为

$$E_{k10}=\frac{1}{2}m_1 v_{10}^2,\quad E_{k20}=\frac{1}{2}m_2 v_{20}^2,\quad \cdots,\quad E_{kn0}=\frac{1}{2}m_n v_{n0}^2$$

末态每一质点的动能分别为

$$E_{k1}=\frac{1}{2}m_1 v_1^2,\quad E_{k2}=\frac{1}{2}m_2 v_2^2,\quad \cdots,\quad E_{kn}=\frac{1}{2}m_n v_n^2$$

从初态到末态作用于每一质点上的合力所做的功分别为 $A_1, A_2, \cdots, A_n$，由质点动能定理

$$A_1=E_{k1}-E_{k10},\quad A_2=E_{k2}-E_{k20},\quad \cdots,\quad A_n=E_{kn}-E_{kn0}$$

于是作用于系统各质点上所有力(包括内力，外力)所做的功的总和为

$$\begin{aligned} A &= A_1+A_2+\cdots+A_n \\ &= E_{k1}-E_{k10}+E_{k2}-E_{k20}+\cdots+E_{kn}-E_{kn0} \\ &= (E_{k1}+E_{k2}+\cdots+E_{kn})-(E_{k10}+E_{k20}+\cdots+E_{kn0}) \\ &= E_k-E_{k0} \end{aligned} \tag{2-25}$$

式(2-25)中 $E_k=E_{k1}+E_{k2}+\cdots+E_{kn}$ 为系统末态总动能，$E_{k0}=E_{k10}+E_{k20}+\cdots+E_{kn0}$ 为系统初态总动能。它表明，作用于质点系上所有力对质点系所做的功，等于质点系的总动能的增量，称为质点系的动能定理。

对于系统动能定理，应注意以下两点：

(1) 作用于质点系的相互作用内力的空间累积同样可以改变系统的总动能(即系统运动状态)，而在质点系动量定理中知道，内力作用只能改变系统内各质点的动量，引起动量在系统内等量传递，但不能引起系统总动量的改变，两者有显著的区别。

(2) 由质点动能定理可知，若作用于质点上的合外力做功为零，或外力对质点不做功，则质点的动能不变——质点动能守恒。而在质点系中，只有作用于质点系所有力所做的功的代数和为零，质点系的动能才守恒。

2.7 势能 机械能守恒定律

机械能包括动能和势能。上节我们介绍了动能，本节将介绍另一种机械能——势能。为此，我们将从重力、万有引力、弹性力以及摩擦力等力的做功特点出发，引出保守力和非保守

力的概念，然后介绍重力势能、万有引力势能和弹性势能。最后介绍功能原理和机械能守恒定律。

2.7.1　重力和万有引力以及弹性力做功的特点

1. 重力做功的特点

当物体在地球表面运动时，重力将对物体做功。

设质量为 m 的物体在重力作用下从 a 点经 acb 运动到 b 点，如图 2-21 所示。在位移元 $\mathrm{d}\boldsymbol{r}$ 中，重力 $\boldsymbol{P}$ 所做功为

$$\begin{aligned} \mathrm{d}A &= \boldsymbol{P}\cdot\mathrm{d}\boldsymbol{r} = -mg\boldsymbol{j}\cdot(\mathrm{d}x\boldsymbol{i}+\mathrm{d}y\boldsymbol{j}+\mathrm{d}z\boldsymbol{k}) \\ &= -mg\mathrm{d}y \end{aligned}$$

所以物体沿曲线从 a 到 b 过程中重力所做的功为

$$\begin{aligned} A &= \int \mathrm{d}A = \int_{h_a}^{h_b}(-mg)\mathrm{d}y = -mgy\Big|_{h_a}^{h_b} \\ &= -(mgh_b - mgh_a) \end{aligned} \tag{2-26}$$

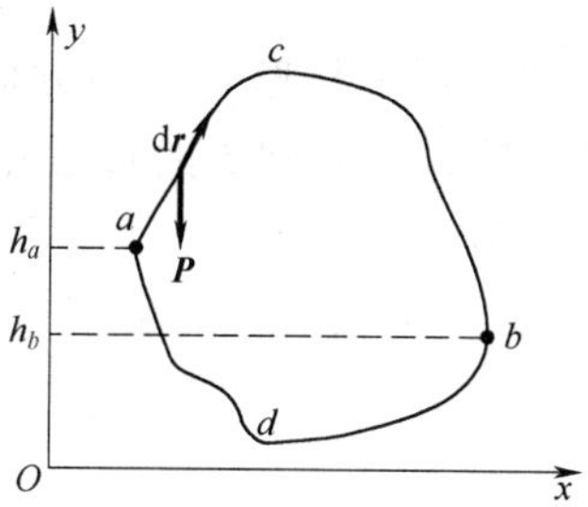

图 2-21　重力做功

若物体从 a 点经 adb 运动到 b 点，显然结果是一样的。可见，重力所做的功只与运动物体的始末位置有关，而与所经过的路径无关。这是重力做功的一个重要特点。这一特点也可以这样表述：物体沿一任意闭合路径运动一周时，重力所做的功为零。

2. 万有引力做功的特点

设质量为 m 的质点在质量为 M 的质点引力场中运动，如图 2-22所示。设 $M \gg m$，在这种情况下可以认为 M 是静止的，取 M 所在处为坐标原点 O，当 m 距 M 为 r 时，可用矢径 $\boldsymbol{r}$ 表示 m 的位置，此时 m 受 M 的万有引力为

$$\boldsymbol{F} = -G\frac{Mm}{r^3}\boldsymbol{r}$$

当质点沿任一曲线从 a 点运动到 b 点时，引力 $\boldsymbol{F}$ 所做的功为

$$A = \int_a^b \boldsymbol{F}\cdot\mathrm{d}\boldsymbol{s} = -G\int_{r_a}^{r_b}\frac{Mm}{r^3}\boldsymbol{r}\cdot\mathrm{d}\boldsymbol{s} = -G\int_{r_a}^{r_b}\frac{Mm}{r^3}r\,|\mathrm{d}\boldsymbol{s}|\cos\theta$$

从图 2-22 可以看出，$|\mathrm{d}\boldsymbol{s}|\cos\theta = \mathrm{d}r$，于是，上式变为

$$A = -G\int_{r_a}^{r_b}\frac{Mm}{r^2}\mathrm{d}r = -\left[\left(-G\frac{Mm}{r_b}\right) - \left(-G\frac{Mm}{r_a}\right)\right] \tag{2-27}$$

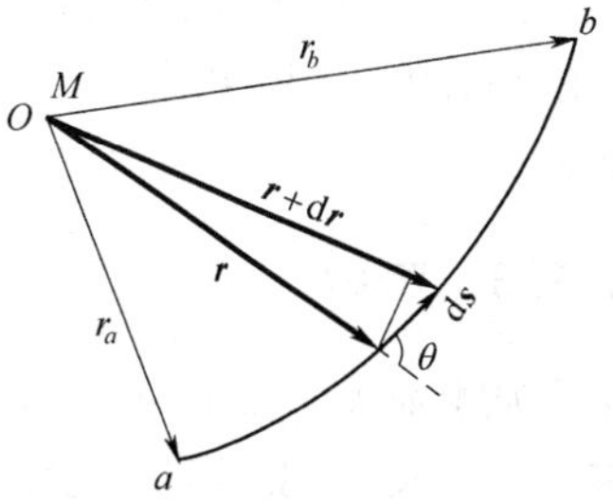

图 2-22　万有引力的功

可见，万有引力所做的功只与运动物体的始末位置有关，而与所经过的路径无关，这是万有引力做功的一个重要特点。

3. 弹性力的功

如图 2-23 所示是一放置在光滑水平面上的弹簧，弹簧一端固定，另一端与一质量为 m 的物体连接。O 点为弹簧原长时物体的位置，称为平衡位置，现以 O 点为坐标原点，向右为 x 轴正方向建立图示坐标系。

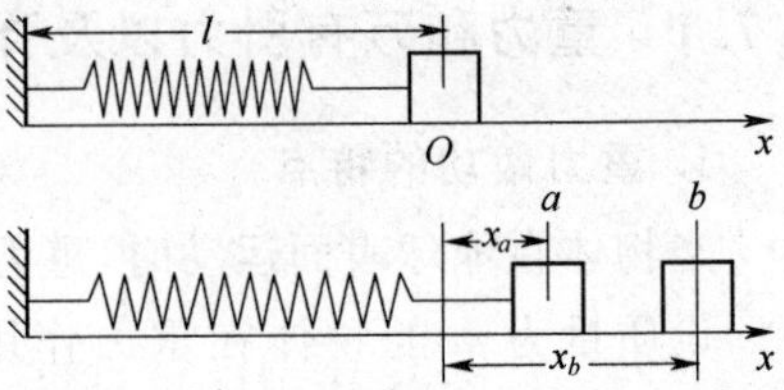

图 2-23 弹性力的功

根据胡克定律，在弹性线度内，弹簧的弹力为

$$\boldsymbol{f}=-kx\boldsymbol{i}$$

“－”表示 $\boldsymbol{f}$ 与形变 x 的方向相反，总是指向平衡位置。物体由 a 到 b 的过程中，弹性力 $\boldsymbol{f}$ 对物体所做的功为

$$A=\int_{x_a}^{x_b}-kx\boldsymbol{i}\cdot\mathrm{d}x\boldsymbol{i}=\int_{x_a}^{x_b}-kx\,\mathrm{d}x=-\left(\frac{1}{2}kx_b^2-\frac{1}{2}kx_a^2\right) \tag{2-28}$$

可见，弹性力所做的功只与运动物体的始末位置有关，而与所经过的路径无关，这是弹性力做功的一个重要特点。

2.7.2 保守力与非保守力

从上述对重力、万有引力和弹性力做功的讨论中可以看出，它们所做的功只与物体的始末位置有关，而与路径无关。这是它们做功的一个共同特点，我们把具有这种特点的力称为保守力。显然，保守力做功的重要特点是保守力所做的功只与运动物体的始末位置有关，而与路径无关。这一特点也可以这样表述：物体沿一任意闭合路径运动一周时，保守力所做的功为零。

然而，并非所有的力都具有做功与路径无关这一特点，例如常见的摩擦力，它所做的功就与路径有关，路径越长，摩擦力做的功也越大。我们把这种做功与路径有关的力称为非保守力。

2.7.3 势能

从上面关于万有引力、重力和弹性力做功的讨论中，我们知道这些力做功只与物体的始末位置有关，为此，可以引入势能的概念。我们把由相互作用的物体之间的相对位置决定的能量称为势能，用符号 E_p 表示。并用 E_{p1} 表示质点系初态的势能，E_{p2} 表示质点系末态的势能，显然，式(2-26)、式(2-27)和式(2-28)可统一写成

$$A=-(E_{\mathrm{p2}}-E_{\mathrm{p1}})=-\Delta E_\mathrm{p} \tag{2-29}$$

上式表明，保守力所做的功等于势能增量的负值。

式(2-29)从势能之差的角度定义了势能，要决定物体在某一位置的势能，则必须选择势

能零点。从理论上来说，势能零点的选择是任意的，在处理问题时怎么方便就怎么选取。在式(2-29)中，若选择末态势能为零，即 $E_{p2}=0$，则有

$$E_{p1}=A$$

即物体在某一位置的势能等于将物体从该位置沿任意路径移至零势能点处保守力所做的功。

在图 2-21 中，如果选择 $y=0$ 处为重力势能零点，令 $h_a=h$，则物体在任一位置时，由物体和地球组成的系统的重力势能为

$$E_p=mgh \tag{2-30}$$

在图 2-22 中，选择无穷远处为势能零点，令 $r_a=r$，则 m 与 M 相距 r 时，由 m 和 M 组成的系统的万有引力势能为

$$E_p=-G\frac{Mm}{r} \tag{2-31}$$

在图 2-23 中，选择弹簧原长时物体的位置 $x=0$ 为弹性势能零点，则物体在任一位置 x 时，由物体和弹簧组成的系统的弹性势能为

$$E_p=\frac{1}{2}kx^2 \tag{2-32}$$

需要说明的是：①不论什么性质的势能，都只有确定了势能零点之后，势能才有确定的值。但不论什么性质的势能，任意两状态之间的势能差是确定的，与势能零点选取无关。②重力势能属于物体和地球组成的系统，如果物体和地球之间没有重力相互作用，也就无所谓重力势能了。同样，万有引力势能属于 m 与 M 所组成的系统，弹性势能属于物体和弹簧组成的系统。③势能的引进是因为质点间存在着保守力相互作用，当然势能也适用于任意多个质点的系统。

2.7.4　质点系的功能原理　机械能守恒定律

1. 功能原理

前面已经指出，如果按力的特点来区分，作用于质点系的力，有保守力和非保守力之分。无论内力或者外力都可以是保守力或非保守力。如果用 $A_{外}$ 表示作用于质点系的所有外力所做的功，$A_{保内}$ 表示质点系的所有保守内力所做的功，$A_{非保内}$ 表示质点系的所有非保守内力所做的功，则质点系的动能定理

$$A=E_k-E_{k0}$$

可表示为

$$A_{外}+A_{保内}+A_{非保内}=E_k-E_{k0}$$

根据保守内力做功与相关势能的关系

$$A_{保内}=-(E_p-E_{p0})$$

得

$$A_{外}-(E_p-E_{p0})+A_{非保内}=E_k-E_{k0}$$

即

$$A_{外}+A_{非保内}=(E_k+E_p)-(E_{k0}+E_{p0})$$

用 E 表示系统总机械能，且

$$E=E_p+E_k,\quad E_0=E_{k0}+E_{p0}$$

$$A_{外}+A_{非保内}=E-E_0 \tag{2-33}$$

上式表明，作用于质点系所有外力所做的功和非保守内力所做的功之和，等于系统机械能的增量，这就是质点系的功能原理。

2. 机械能守恒定律

由功能原理，当 $A_{外}+A_{非保内}=0$，即外力做功和非保守内力做功之和为零或外力和非保守内力不做功时，则无论系统内动能和势能如何变化，系统的总机械能将保持不变。即在 $A_{外}+A_{非保内}=0$ 的条件下

$$E_p+E_k=恒量 \tag{2-34}$$

这就是机械能守恒定律。

需要指出的是，机械能守恒定律指出在 $A_{外}+A_{非保内}=0$ 的条件下，系统的机械能保持不变，但质点系的动能和势能都不是不变的。质点系的动能和势能之间的相互转化是通过质点系内保守内力做功来实现的。

2.7.5 能量守恒与转换定律

对于一个与外界无任何联系的系统来说，如果系统内除重力和弹性力等保守内力做功外，还有摩擦力等非保守内力做功，那么系统的机械能就要与其他形式的能量发生转换。在长期生产和科学实验中，人们总结出一条重要的结论：对于一个与外界无任何联系的系统来说，系统内各种形式的能量是可以互相转换的，但不论如何转换，能量既不能产生，也不能消灭，而是保持不变。这一结论称为能量守恒定律，它是 19 世纪的三大科学发现之一。

应用功能原理、机械能守恒定律解题的一般步骤如下：

(1) 选系统；

(2) 受力分析(明确区分外力、非保守内力和保守内力)；

(3) 确定势能零点；

(4) 描述并确定初、末态；

(5) 用功能原理或机械能守恒定律列方程求解。

【例 2-17】 质量为 2 kg 的物体，从轨道的 A 点自静止状态释放。该轨道是半径为 1 m 的圆的 1/4。物块沿轨道下滑到 B 点时具有 4 m/s 的速度。从 B 点起又沿水平面滑行 3 m 到达 C 点而停下来，如图 2-24所示。求：

(1) 水平面滑动摩擦因数 μ；

(2) 当物块从 A 点沿圆弧滑到 B 点时，为克服摩擦力而需要做的功 A_f。

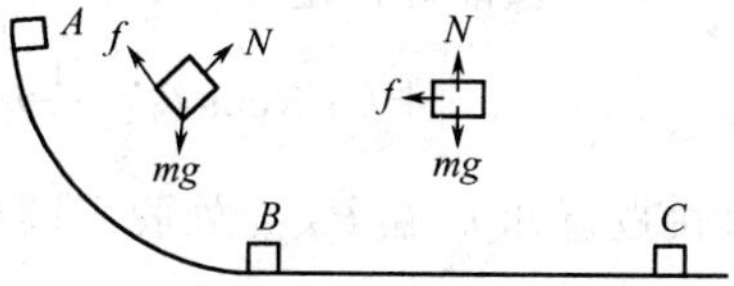

图 2-24　例 2-17 图

【解】 (1) 取物块为研究对象(见图 2-24)，从 B 运动到 C 过程中只有摩擦力 $\boldsymbol{f}$ 做功，有

$$f=\mu N=\mu mg$$

B 态时物块动能　　$E_{k0}=\frac{1}{2}mv^2$

C 态时物块动能　　$E_k=0$

B 到 C 合外力对物块做功为

$$A=\int_B^C(\boldsymbol{f}+\boldsymbol{N}+m\boldsymbol{g})\cdot d\boldsymbol{s}=\int_B^C\boldsymbol{f}\cdot d\boldsymbol{s}=-\mu mgx_{BC}$$

根据动能定理

$$-\mu mgx_{BC}=0-\frac{1}{2}mv^2$$

由上式得

$$\mu=\frac{v^2}{2gx_{BC}}=0.27$$

(2) 选物块和地球系统，则无外力。非保守内力 $\boldsymbol{N}\perp d\boldsymbol{r}$ 不做功，非保守内力 $\boldsymbol{f}$ 做功，重力为保守内力。

选水平面 BC 为重力势能零点，则初态(A 处)

$$E_{k0}=0,\quad E_{p0}=mgh\quad(h=R=1\ \text{m})$$

末态(B 处)　　$E_k=\frac{1}{2}mv^2,\quad E_p=0$

由功能原理，设摩擦力在 $A\to B$ 过程中做功为 A_f

$$A_f=E-E_0=\frac{1}{2}mv^2+0-0-mgh$$

$$A_f=\frac{1}{2}mv^2-mgh=\frac{1}{2}\times2\times4^2-2\times9.8\times1=-3.6(\text{J})$$

所以当物块从 A 点沿圆弧滑到 B 点时，为克服摩擦力所做的功为 3.6 J。

【例 2-18】 质量为 m 的质点，从静止由 P_1 开始沿光滑柱面运动，到达 P_2 处脱离(见图 2-25)。已知圆柱面的半径为 R，试求 θ_1 与 θ_2 的关系式。

【解】 选 m 和地球系统，柱面支承力 N 始终不做功，$A_{外}+A_{非保内}=0$，所以对系统而言机械能守恒。

初态 P_1 处：$E_{k0}=0,\quad E_{p0}=mgR\cos\theta_1$

末态 P_2 处：$E_k=\frac{1}{2}mv^2,\quad E_p=mgR\sin\theta_2$

由机械能守恒定律

$$0+mgR\cos\theta_1=\frac{1}{2}mv^2+mgR\sin\theta_2 \quad ①$$

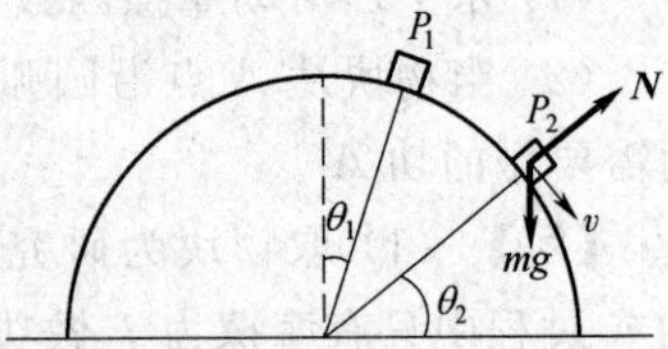

图 2-25　例 2-18 图

又由题意知 m 在 P_2 点处脱离圆柱面，即 $N=0$。根据牛顿第二定律得

$$mg\sin\theta_2=m\frac{v^2}{R} \quad ②$$

由式①和式②消去 v 得

$$\sin\theta_2=\frac{2}{3}\cos\theta_1$$

【例 2-19】 一质量为 $M=0.5$ kg 的木块，自半径 $R=1.4$ m 的光滑圆弧轨道的 A 点由静止开始下落(见图 2-26)，当它下滑到光滑水平面上的 C 点时，有一质量为 $m=0.02$ kg 的子弹水平射入木块中，使它们一起沿轨道上升，上升到 B 点时脱离轨道，求子弹射入木块时的速度(g 取 10 m/s^2，$\theta=30°$)。

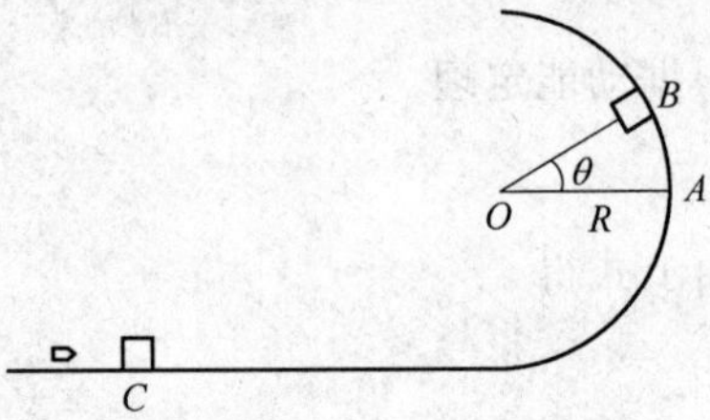

图 2-26　例 2-19 图

【解】 设子弹射入木块前的速度为 v_0。

此题可分成几个物理过程来讨论：

(1) 木块从 A 滑到 C：只有重力做功。设木块到 C 点的速度为 v_1，由动能定理得

$$MgR=\frac{1}{2}Mv_1^2 \quad ①$$

(2) m 射入 M 前后动量守恒，设子弹射入木块后共同速度为 v_2(与 v_0 同向)，取 v_0 方向为正方向。对 m、M 系统由动量守恒定律得

$$mv_0-Mv_1=(m+M)v_2 \quad ②$$

(3) 子弹与木块从 C 上升到 B 过程：选 m、M 和地球为系统，从 C 到 B 的过程只有重力(保守内力)做功，系统机械能守恒。选水平面为重力势能零平面。

初态(C 点处)　　　$E_{p0}=0$，　$E_{k0}=\frac{1}{2}(m+M)v_2^2$

末态(B 点处)　$E_p=(m+M)gR(1+\sin\theta)$，　$E_k=\frac{1}{2}(m+M)v_B^2$

由机械能守恒定律得

$$\frac{1}{2}(m+M)v_2^2=\frac{1}{2}(m+M)v_B^2+(M+m)gR(1+\sin\theta) \quad ③$$

(4) B 处脱离轨道，$N=0$，由牛顿第二定律得

$$(m+M)g\sin\theta=(m+M)\frac{v_B^2}{R} \quad ④$$

联立式①、②、③、④求解得

$$v_0=\frac{M}{m}\sqrt{2gR}+\left(\frac{M}{m}+1\right)\sqrt{\frac{7}{2}Rg}=314.3(\mathrm{m/s})$$

2.8　角动量定理　角动量守恒定律

2.8.1　质点角动量

一个动量为 $\boldsymbol{p}=m\boldsymbol{v}$ 的质点，对于某固定点 O 的角动量定义为

$$\boldsymbol{L}=\boldsymbol{r}\times\boldsymbol{p}=\boldsymbol{r}\times m\boldsymbol{v} \tag{2-35}$$

式中，$\boldsymbol{r}$ 为由固定点指向质点位置的位置矢量。

角动量 $\boldsymbol{L}$ 是矢量，其方向垂直于 $\boldsymbol{r}$ 与 $\boldsymbol{p}$ 所决定的平面，指向按右手螺旋法则确定：右手拇指伸直，当四指由 $\boldsymbol{r}$ 经小于 180°的角 θ 转向 $\boldsymbol{p}$ 时，拇指的指向就是 $\boldsymbol{L}$ 的方向（见图 2-27）。角动量大小为

$$L=rp\sin\theta=mrv\sin\theta$$

式中，θ 为 $\boldsymbol{r}$ 与 $\boldsymbol{p}$ 的正向间夹角。在国际单位制中，角动量的单位为 $\mathrm{kg\cdot m^2/s}$ 或 $\mathrm{J\cdot s}$。

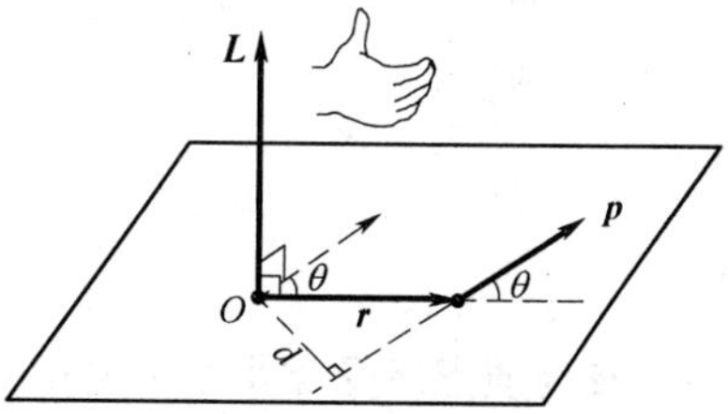

图 2-27　角动量

显然，质点的角动量是与位置矢量 $\boldsymbol{r}$ 和动量 $\boldsymbol{p}$ 有关的，也就是与参考点 O 的选择有关。因此在描述质点的角动量时，必须指明是对哪一点的角动量。

【例 2-20】　质量为 m 的质点以速度 v 沿一半径为 R 的圆周运动(图 2-28)，求它对圆心 O 点的角动量。

【解】　因质点沿圆周运动，故在任意时刻，其速度方向与由 O 点指向质点位置的位置矢量 $\boldsymbol{R}$ 相互垂直。质点相对于 O 点的角动量大小为

$$L=Rmv\sin\frac{\pi}{2}=Rmv$$

方向如图 2-28 所示。

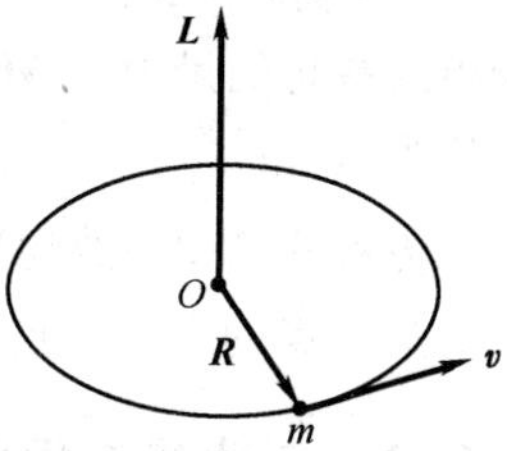

图 2-28　例 2-20 图

【例 2-21】　质量为 m 的质点以速度$\boldsymbol{v}$沿一直线运动(见图 2-29)，求它对直线外垂直距离为 d 的一点的角动量。

【解】　直线外一点 O 距直线为 d，距质点 m 为 r，则

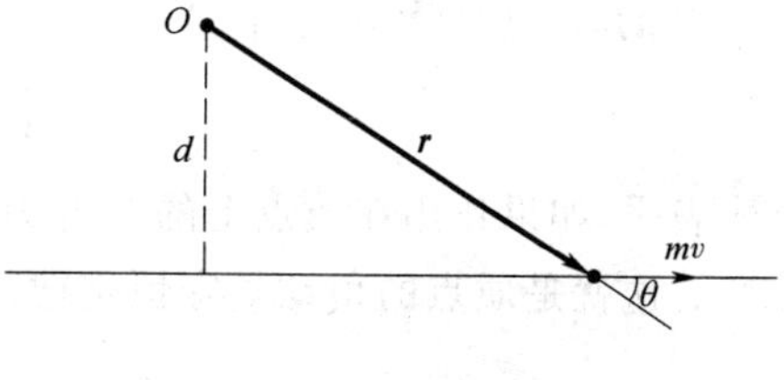

图 2-29　例 2-21 图

$$d=r\sin\theta$$

质点相对于 O 点的角动量大小为

$$L=rmv\sin\theta=mvd$$

方向垂直纸面向外。

2.8.2 力矩 质点的角动量定理

引起质点动量改变的原因是力，引起质点角动量改变的原因是力矩，根据角动量定义式(2-35)，角动量的时间变化率：

$$\frac{\mathrm{d}\boldsymbol{L}}{\mathrm{d}t}=\frac{\mathrm{d}}{\mathrm{d}t}(\boldsymbol{r}\times m\boldsymbol{v})=\boldsymbol{r}\times\frac{\mathrm{d}(m\boldsymbol{v})}{\mathrm{d}t}+\frac{\mathrm{d}\boldsymbol{r}}{\mathrm{d}t}\times(m\boldsymbol{v})$$

$$\frac{\mathrm{d}\boldsymbol{r}}{\mathrm{d}t}\times m\boldsymbol{v}=\boldsymbol{v}\times m\boldsymbol{v}=0$$

$$\frac{\mathrm{d}\boldsymbol{L}}{\mathrm{d}t}=\boldsymbol{r}\times\frac{\mathrm{d}(m\boldsymbol{v})}{\mathrm{d}t}=\boldsymbol{r}\times\boldsymbol{F}$$

令

$$\boldsymbol{M}=\boldsymbol{r}\times\boldsymbol{F} \tag{2-36}$$

则

$$\boldsymbol{M}=\frac{\mathrm{d}\boldsymbol{L}}{\mathrm{d}t} \tag{2-37}$$

式中，$\boldsymbol{M}$ 为质点所受合外力对定点 O 的力矩。在力矩的定义式(2-36)中，$\boldsymbol{r}$ 为质点相对定点的位置矢量，$\boldsymbol{F}$ 为质点所受合外力。力矩 $\boldsymbol{M}$ 是矢量，其大小为 $Fr\sin\theta=Fd$，d 为力臂。力矩的方向按右手螺旋法则确定：右手拇指伸直，当四指由 $\boldsymbol{r}$ 经小于 180°的角 θ 转向 F 时，拇指的指向就是力矩 $\boldsymbol{M}$ 的方向(见图 2-30)。力矩的单位为 N·m。

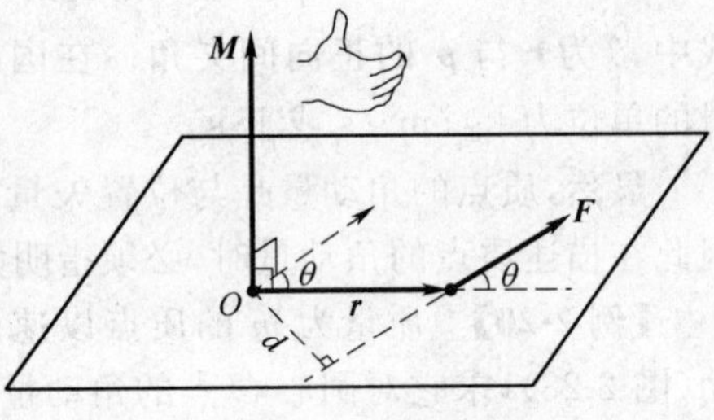

图 2-30 力矩

方程式(2-37)的物理意义为：质点对某固定点的角动量的时间变化率等于质点所受合外力对这一点的力矩。这就是质点的角动量定理。

2.8.3 角动量守恒定律

当 $\boldsymbol{M}=0$ 时，$\frac{\mathrm{d}\boldsymbol{L}}{\mathrm{d}t}=0$，则

$$\boldsymbol{L}=\boldsymbol{r}\times m\boldsymbol{v}=\text{恒矢量} \tag{2-38}$$

上式表明，如果作用在质点上的合外力对某固定点的力矩为零，则质点对该点的角动量保持不变。这就是质点的角动量守恒定律。

应当注意：①角动量守恒意味着角动量的大小不变，方向也不变。②质点的角动量守恒的条件是合力矩 $\boldsymbol{M}=0$。这可能有两种情况：一种是合力 $\boldsymbol{F}=0$；另一种是合力 $\boldsymbol{F}\neq 0$，但合力 $\boldsymbol{F}$ 的方向指向转动中心 O，致使合力矩为零，角动量保持守恒。

【例 2-22】 人造地球卫星沿椭圆轨道运动，地球中心在该椭圆一个焦点上（见图 2-31）。地球平均半径为 R，卫星与地面最近距离 l_1，与地面最远的距离为 l_2。若卫星在近地点的速率为 v_1，求人造地球卫星在远地点的速率 v_2。

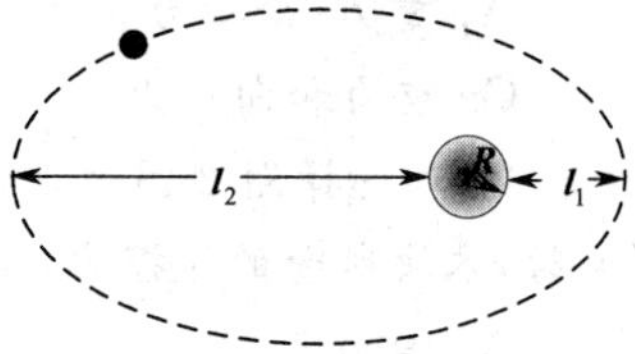

图 2-31　例 2-22 图

【解】 以卫星为研究对象，作用于卫星上的地球引力为有心力（力通过地心），所以卫星受绕地心的合外力矩为零，卫星角动量守恒，即

$$mv_1r_1=mv_2r_2$$

由
$$r_1=R+l_1,\quad r_2=R+l_2$$

所以
$$v_2=v_1\frac{r_1}{r_2}=v_1\frac{R+l_1}{R+l_2}$$

【例 2-23】 如图 2-32 所示，一质量为 m 的小球由一绳系着，以角速度 ω_0 在无摩擦的水平面上绕半径为 r 的圆周运动。在绳的另一端作用一铅直向下的拉力 F，小球则作以半径为 $r/2$ 的圆周运动。试求：(1)小球新的角速度；(2)拉力所做的功。

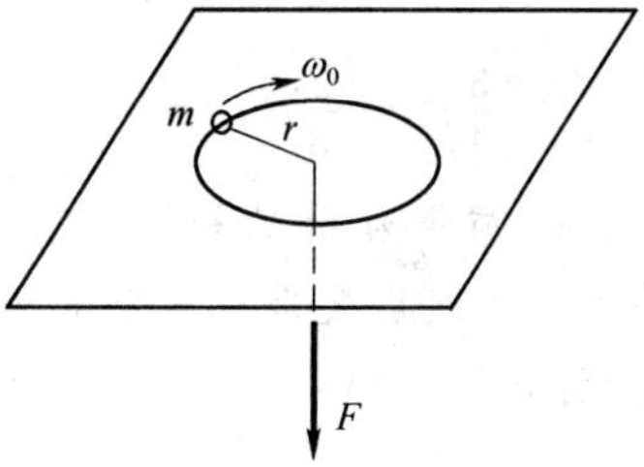

图 2-32　例 2-23 图

【解】 (1) 小球在半径为 r 和 $\frac{r}{2}$ 时，对轴的线速度为

$$\left.\begin{aligned}v_0&=r\omega_0\\ v&=\frac{1}{2}r\omega\end{aligned}\right\}\qquad①$$

沿轴作用的拉力 F 对转轴不产生力矩，小球角动量守恒

$$rmv_0=\frac{1}{2}rmv\qquad②$$

将式①带入式②得小球新的角速度为

$$\omega=\frac{mr^2\omega_0}{\frac{1}{4}mr^2}=4\omega_0$$

(2) 由动能定理，拉力所做的功等于小球动能的增量，即

$$A=\frac{1}{2}mv^2-\frac{1}{2}mv_0^2=\frac{1}{2}m\left(\frac{1}{2}r\times 4\omega_0\right)^2-\frac{1}{2}m(r\omega_0)^2$$

$$=\frac{3}{2}mr^2\omega_0^2$$

习 题

一、选择题

1. 用绳子系一物体，使它在铅直面内作圆周运动。在圆周的最低点时物体受的力为(　　)。

A. 重力、向心力和离心力　　B. 重力和绳子拉力

C. 重力和向心力　　D. 重力、绳子拉力和离心力

2. 如选择题2图所示，用水平力 F 把木块压在竖直的墙面上并保持静止。当 F 逐渐增大时，木块所受的摩擦力，其中下列说法正确的是(　　)。

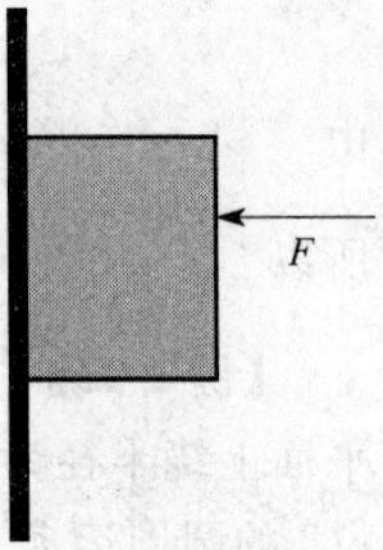

选择题2图

A. 恒为零

B. 不为零，但保持不变

C. 随 F 成正比的增大

D. 开始随 F 增大，达到某一最大值后，就保持不变

3. 质量为0.25 kg的质点，受 $\boldsymbol{F}=t\boldsymbol{i}$(N)的力作用，$t=0$ 时该质点以 $\boldsymbol{v}=2\boldsymbol{j}$ m/s的速度通过坐标原点，该质点任意时刻的位置矢量是(　　)。

A. $2t^2\boldsymbol{i}+2\boldsymbol{j}$ (m)　　B. $\frac{2}{3}t^3\boldsymbol{i}+2t\boldsymbol{j}$ (m)

C. $\frac{3}{4}t^4\boldsymbol{i}+\frac{2}{3}t^3\boldsymbol{j}$ (m)　　D. 条件不足，无法确定

4. 质量为 m 的物体自空中落下，它除受重力外，还受到一个与速度平方成正比的阻力的作用。比例系数为 k，k 为正常数。该下落物体的收尾速度(即最后物体作匀速运动时的速度)将是(　　)。

A. $\sqrt{\frac{mg}{k}}$　　B. $\frac{g}{2k}$

C. gk　　D. $\sqrt{gk}$

5. 一个质点在几个力同时作用下的位移为：$\Delta\boldsymbol{r}=4\boldsymbol{i}-5\boldsymbol{j}+6\boldsymbol{k}$ m，其中一个力为恒力 $\boldsymbol{F}=-3\boldsymbol{i}-5\boldsymbol{j}+9\boldsymbol{k}$ (N)，则这个力在该位移过程中所做的功为(　　)。

A. 67 J　　B. 91 J　　C. 17 J　　D. −67 J

6. 对于一个物体系来说，在下列条件中，机械能守恒的是(　　)。

A. 合外力为0　　B. 外力不做功

C. 合外力与非保守内力都不做功　　D. 外力和保守内力都不做功

E. 以上说法均不正确

7. 在下列四个实例中，物体(与地球构成的系统)的机械能不守恒的是(　　)。

A. 质点作圆锥摆运动

B. 抛出的铁饼作斜抛运动（不计空气阻力）

C. 物体在拉力作用下沿光滑斜面匀速上升

D. 物体在光滑斜面上自由滑下

8. 一轻弹簧竖直固定于水平桌面上。小球从距离桌面高为 h 处以初速度 v_0 落下，撞击弹簧后跳回到高为 h 处时速度仍为 v_0，以小球为系统，则在这一整个过程中小球的(　　)。

A. 机械能不守恒，动量不守恒

B. 动能守恒，动量不守恒

C. 机械能不守恒，动量守恒

D. 机械能守恒，动量不守恒

9. 一质量为 M 的弹簧振子，水平放置静止在平衡位置，如选择题 9 图所示，一质量为 m 的子弹以水平速度 $\vec{v}$ 射入振子中，并随之一起运动。如果水平面光滑，此后弹簧的最大势能为(　　)。

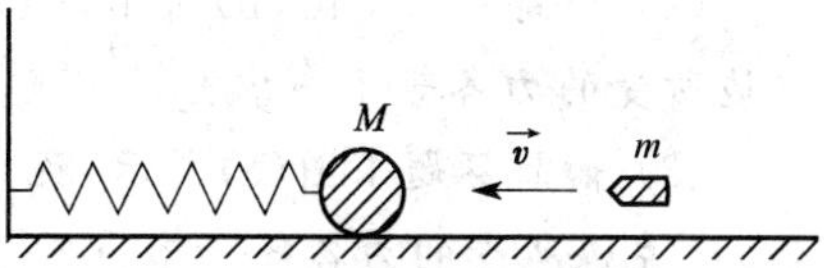

选择题 9 图

A. $\frac{1}{2}mv^2$　　B. $\frac{m^2v^2}{2(M+m)}$

C. $(M+m)\frac{m^2}{2M^2}v^2$　　D. $\frac{m^2}{2M}v^2$

二、填空题

1. 质量为 m 的木块在水平面上沿 x 轴作直线运动，当速度为 v_{x0} 时仅在摩擦力作用下开始作匀减速运动，经过位移 Δx 后停止，则木块加速度为 $a_x=$________；木块与水平面间的摩擦因数为 $\mu=$________。

2. 一公路的水平弯道半径为 R，路面的外侧高出内侧，并与水平面夹角为 θ. 要使汽车通过该段路面时不引起侧向摩擦力，则汽车的速率为________。

3. 已知地下室水深为 1.5 m，底面积为 50 m^2，水面距离街道的竖直距离为 5 m，则把地下室中的水抽到街道上最少需要做功为________。

4. 质量为 1.0 kg 的物体在力 F 的作用下运动，运动方程为 $x=2t+t^3$ (SI)，则在 0～2 s 内，F 所做的功为________。

5. 一个原来静止在光滑水平面上的物体，突然分裂成三块，以相同的速率沿三个方向在水平面上运动，各方向之间的夹角如填空题 5 图所示。则三块物体的质量比 $m_1:m_2:m_3=$________。

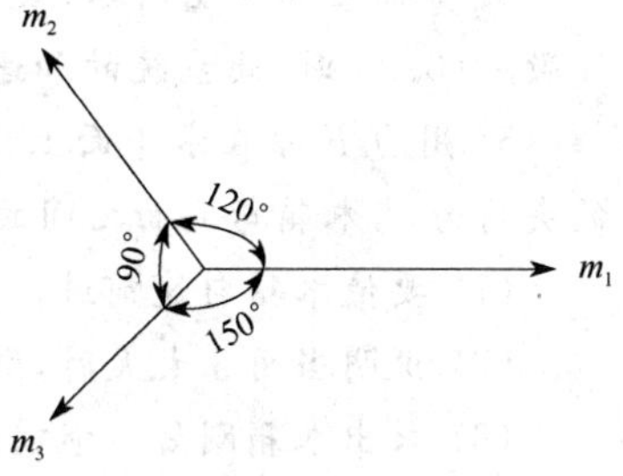

填空题 5 图

6. 质量为 m 的铁锤从高度 H 处竖直自由下落，打在桩上而静止，设打击时间为 Δt，则铁锤所受的平均冲力大小为________；方向为________。

7. 一颗子弹在枪筒里前进时所受到的合力为 $F=400-\frac{4\times10^5}{3}t(\mathrm{SI})$，子弹从枪口射出的速率为 300 m/s，假设子弹离开枪口处的合力刚好为零，则子弹走完枪筒全长所用的时间为________；子弹在枪筒中所受到的合力的冲量为________。

三、简答题

1. 光滑的水平桌面上放有三个相互接触的物体，它们的质量分别为 $m_1=1\ \mathrm{kg}$，$m_2=2\ \mathrm{kg}$，$m_3=4\ \mathrm{kg}$。

(1) 如简答题 1 图(a)所示，如果用一个大小等于 98 N 的水平力作用于 m_1 的左方，求此时 m_2 和 m_3 的左边所受的力各等于多少？

(2) 如简答题 1 图(b)所示，如果用同样大小的力作用于 m_3 的右方。求此时 m_2 和 m_3 的左边所受的力各等于多少？

(3) 如简答题 1 图(c)所示，施力情况如(1)，但 m_3 的右方紧靠墙壁(不能动)。求此时 m_2 和 m_3 左边所受的力各等于多少？

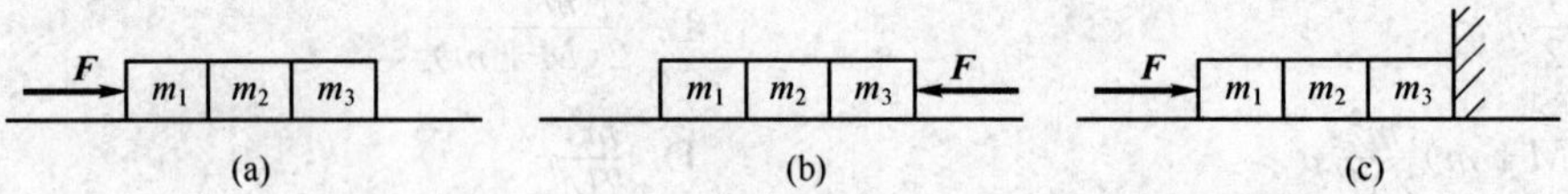

简答题 1 图

2. 有两混凝土预制块放在木板上，甲块质量为 200 kg，乙块质量为 100 kg，乙放在甲的上面。木板被超重机吊起送到高空。试求在下述两种情况中，木板所受的压力及乙块对甲块的作用力：

(1) 木板匀速上升；

(2) 木板以 $1\ \mathrm{m/s^2}$ 的加速度上升。

3. 如简答题 3 图所示，一轻质弹簧连接着 m_1 和 m_2 两个物体，m_1 由细线拉着在外力作用下以加速 a 竖直上升。问作用在细线上的张力是多大？在加速上升的过程中，若将线剪断，该瞬时 m_1、m_2 的加速度各是多大？

4. 如简答题 4 图所示，设 $m_A=200\ \mathrm{g}$，$m_B=300\ \mathrm{g}$，$m_C=100\ \mathrm{g}$，试求摩擦因数 $\mu=0$ 及摩擦因数 $\mu=0.25$ 时，此系统的加速度和各段绳中的张力(绳的质量不计)。

5. 用力 F 推在水平面上放置的一质量为 m 的木箱，如简答题 5 图所示。设 F 与水平面的夹角为 α，木箱与地面之间的摩擦因数为 μ。

(1) 要使木箱匀速前进，力 F 需要多大？

(2) 说明当角 α 太大时，则无论用多大的力 F 也不能使木箱前进。

(3) 求出木箱刚好不能前进的倾角 α。

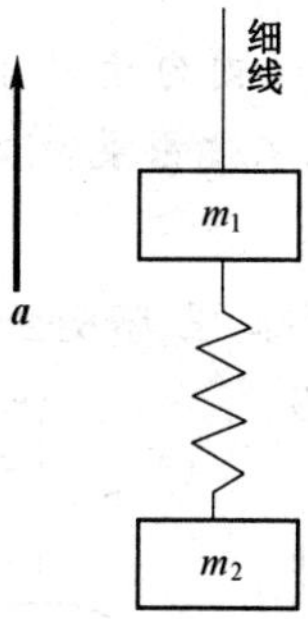

简答题 3 图

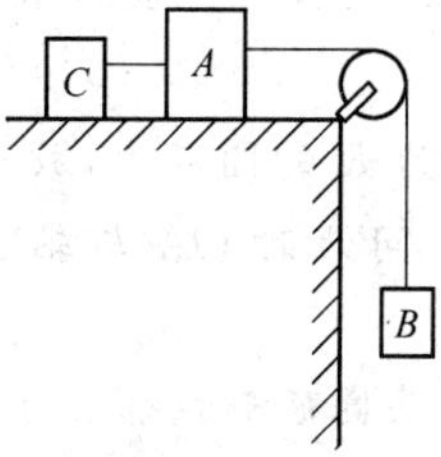

简答题 4 图

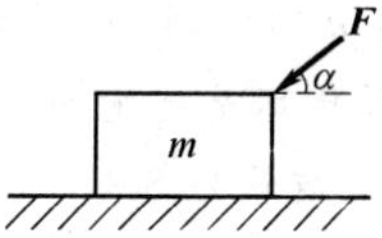

简答题 5 图

6. 桌面上有质量 $m_1=1$ kg 的板，板上放一质量为 $m_2=2$ kg 的物体。如简答题 6 图所示。物体和板之间，板和桌面之间的动摩擦因数均为 $\mu=0.25$，静摩擦因数均为 $\mu=0.30$。

(1) 以水平力 F 拉板，物体与板一起以加速度 $a=1\ \mathrm{m/s^2}$ 运动，计算物体与板以及板与桌面的相互作用力；

(2) 要使板从板物体下抽出，力 F 需要多大？

7. 如简答题 7 图所示，将质量 $m=10$ kg 的小球挂在倾角 $\alpha=30°$ 的光滑斜面上。问：

(1) 当斜面以加速度 $a=\dfrac{g}{3}$ 沿水平方向向右运动时，绳中的张力及小球对斜面的正压力为多大？

(2) 当斜面的加速度至少为多大时，小球对斜面的正压力为零？

8. 把两个质量都是 m 的重物，用一根轻绳跨过定滑轮(质量不计)连接起来。如简答题 8 图所示。现在，在其中一个重物上放一质量为 m' 的物块，问：

(1) 重物将以多大的加速度运动？

(2) 重物运动时，绳的张力为多大？

(3) 物块 m' 作用在重物 m 上的力为多大？

简答题 6 图

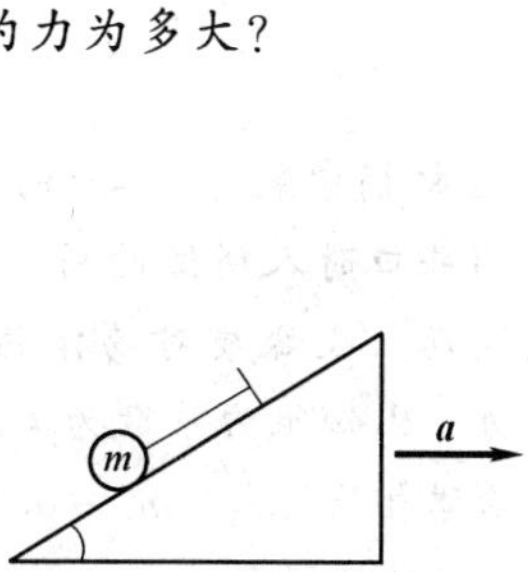

简答题 7 图

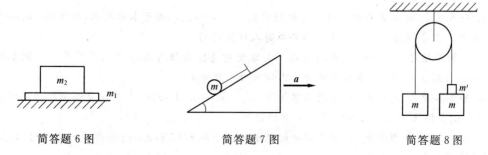

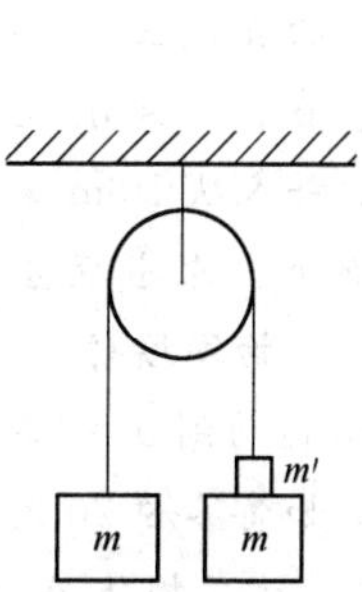

简答题 8 图

9. 有一圆锥摆在水平面内作匀速圆周运动，绳长为 l，与竖直线成角 θ，质点的质量为 m，求圆锥摆的周期和绳中的张力。

10. 一桶内盛水，系于绳子的一端，并绕 O 点以角速度 ω 在竖直平面内匀速转动。设水的质量为 m，桶的质量为 M，圆周半径为 R，问 ω 应为多大时才能保证水不流出来？又问在最高点和最低点时绳中张力多大？

11. 如简答题 11 图所示，在半径为 R 的圆环上，放一质量为 m 的小球，当环绕竖直轴 cc' 以转速 n 转动时，小球静止在 A 点。问此时 OA 与轴 cc' 的夹角 θ 为多大？（设圆环是光滑的）

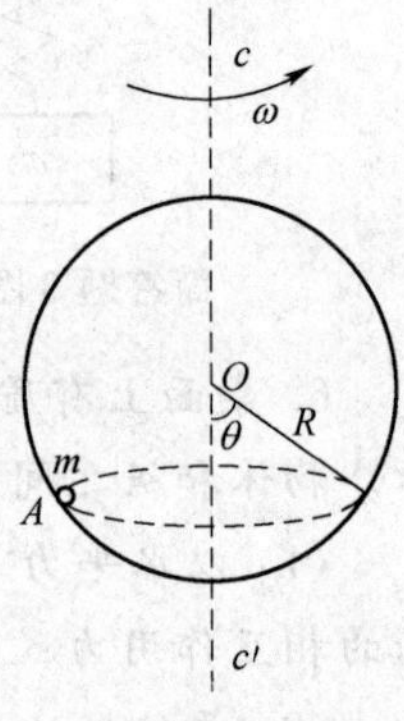

简答题 11 图

12. 质量为 3.0×10^3 kg 的卡车在凸圆弧形拱桥上驶过，拱桥的曲率半径为 80 m。当卡车行驶到桥面最高点时，其速率为 $v=30$ km/h。问：此时卡车对桥面的压力是多大？如果桥面是平的，压力为多大？

13. 一人造卫星的质量为1 327 kg，在离地面 1.85×10^6 m 的高空中环绕地球作匀速圆周运动（地球半径 $R=6\ 370$ km），试求：

(1) 卫星所受向心力的大小；

(2) 卫星的速率；

(3) 卫星围绕地球运动一周所需的时间。

14. 以 45 N 的力作用在一质量为 15 kg 的物体上，物体最初处于静止状态。试计算力在第 1 s、第 2 s、第 3 s 内所做的功，以及第 3 s 时的瞬时功率。

15. 一质点同时在几个力作用下的位移为 $\Delta\boldsymbol{r}=4\boldsymbol{i}-5\boldsymbol{j}+6\boldsymbol{k}$ (SI)，其中一个力为恒力，且 $\boldsymbol{F}=-3\boldsymbol{i}-5\boldsymbol{j}+9\boldsymbol{k}$ (SI)，求此力在该位移中所做的功。

16. 设小车受一 x 轴方向的力 $f=kx-c$ 作用，从 $x_a=0.5$ m 运动到 $x_b=6$ m，已知 $k=8$ N/m，$c=12$ N。求：(1) 力在此过程中所做的功；(2) 以 x 轴为横坐标，f 为纵坐标，绘出 f 与 x 的关系图线（称为示功图）；并直接计算示功图在 x_a 到 x_b 范围内的面积，以验证你在(1)中求出的答案。

17. 一沿 x 轴正方向的力作用在一质量为 3.0 kg 的质点上。已知质点的运动方程为 $x=3t-4t^2+t^3$ (SI)。试求：

(1) 力在最初 4.0 s 内做的功；

(2) 在 $t=1$ s 时，力的瞬时功率。

18. 一人从 10 m 深的井中提水。起初桶中装有 10 kg 的水，由于水桶漏水，每升高 1 m 要漏去 0.2 kg 的水。求水桶匀速地从井中提到井口时人所做的功。

19. 一物体按规律 $x=ct^3$ 作直线运动。设媒质对物体的阻力正比于速度的平方。试求物体由 $x_0=0$ 运动到 $x=l$ 时，阻力所做的功。已知阻力系数为 k。

20. 如简答题 20 图所示，A、B 两物体相连，$m_A=m_B=0.01$ kg，物体 B 与桌面间的动摩擦因数 $\mu=0.10$。试求物体 A 自静止落下 1.0 m 时的速率。

21. 如简答题 21 图所示，A、B 两弹簧的劲度系数分别为 k_1 和 k_2，设两弹簧的质量可以忽略，求这两个弹簧的弹性势能的比值。

22. 如简答题 22 图所示，一物体质量为 2 kg，以初速 3.0 m/s 从斜面 A 点处下滑，它与斜面之间摩擦力为 8 N，到达 B 点时与弹簧相接触，压缩弹簧 0.2 m 后停止，然后物体又被弹送上去。试求弹簧的劲度系数，并问物体最后能回到多高处？

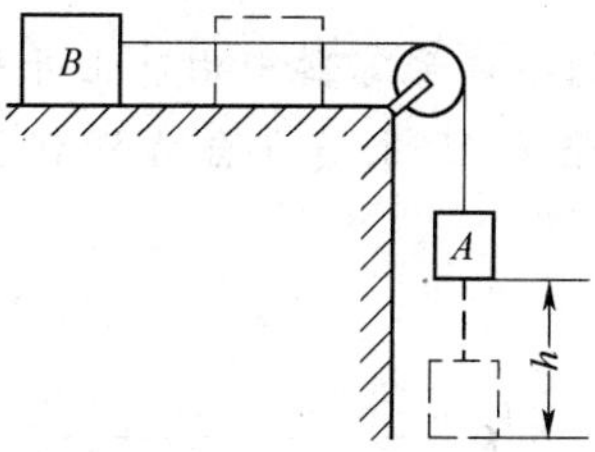

简答题 20 图

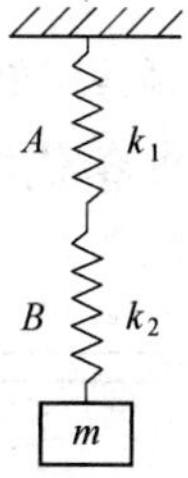

简答题 21 图

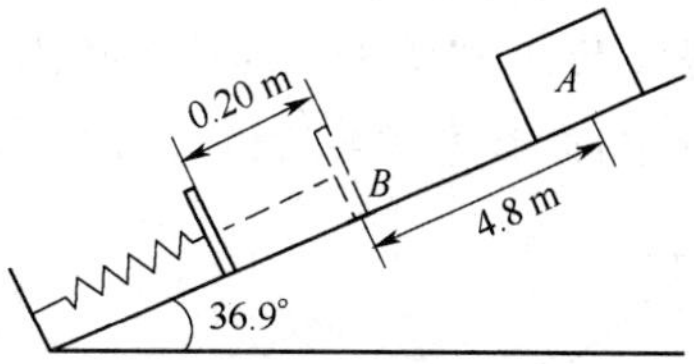

简答题 22 图

23. 如简答题 23 图所示，变力 P 与半径为 a 的无摩擦圆柱体面相切。缓慢地变化这个力，使质量为 m 的物体块运动，而与物块相连接的弹簧将从位置 1(原长)拉长到位置 2。弹簧的劲度系数为 k，求力 P 所做功。

24. 如简答题 24 图所示，质量为 m 的小球，系在长度为 l 的绳子的一端，绳的另一端固定在 O 点。今把小球以水平初速 v_0 从 A 点抛出，使小球在竖直平面内绕一周(不计空气阻力)。

(1) 求证 v_0 必须满足下述条件：$v_0 \geqslant \sqrt{5gl}$。

(2) 设 $v_0 = \sqrt{5gl}$，求小球在圆周上 C 点($\theta=60°$)时绳子对小球的拉力。

25. 如简答题 25 图所示，把摆长为 l 的单摆，用手拉到使摆线与竖直线成 α 角位置时放手，在 O 点下方距离为 h 处固定一铁钉。问在什么条件下，摆线能够绕到铁钉上？

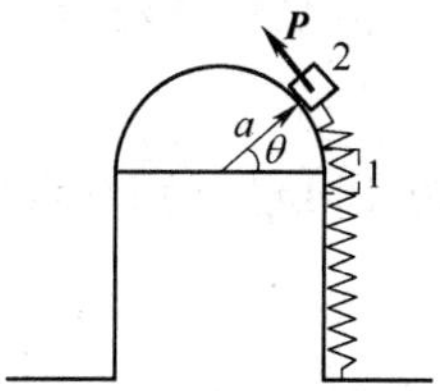

简答题 23 图

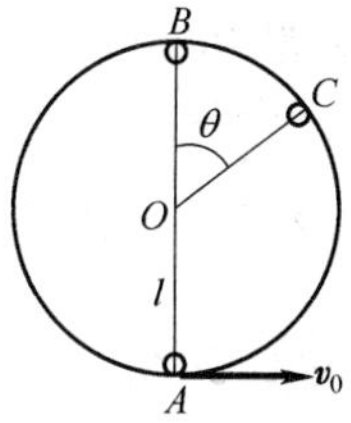

简答题 24 图

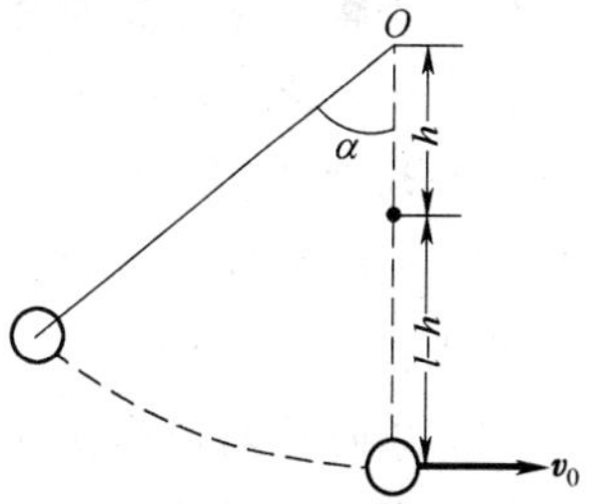

简答题 25 图

26. 一弹簧原长为 l_0，劲度系数为 k，上端挂一质量为 m 物体。先用手托住物体使弹簧不伸长，然后把物体突然释放。问：物体达最低位置时，弹簧的最大伸长量和弹性力各是多少？物体经平衡位置时的速率是多少？

27. 如简答题 27 图所示，一小车沿光滑弯曲轨道自 A 点无初速地滑下，轨道的圆环部分有一缺口 BC，已知圆环的半径为 R，缺口的张角 $\angle BOC=2\alpha$。问 A 点的高度应等于多少方能使小车恰好越过缺口走完整个圆环？

28. 如简答题 28 图所示，用一弹簧把两块质量分别为 m_1 和 m_2 的板连接起来。求在板 m_1 上需加多大的压力以使力停止作用后，恰能使 m_1 在跳起来时 m_2 稍被提起？忽略弹簧的质量。

29. 如简答题 29 图所示，一质量为 m 的质点，在半径为 R 的半球形容器中由静止开始自边缘上的 A 点滑下。到达最低点 B 点时，它对容器的正压力数值为 N，求质点自 A 滑到 B 的过程中，摩擦力对其所做的功。

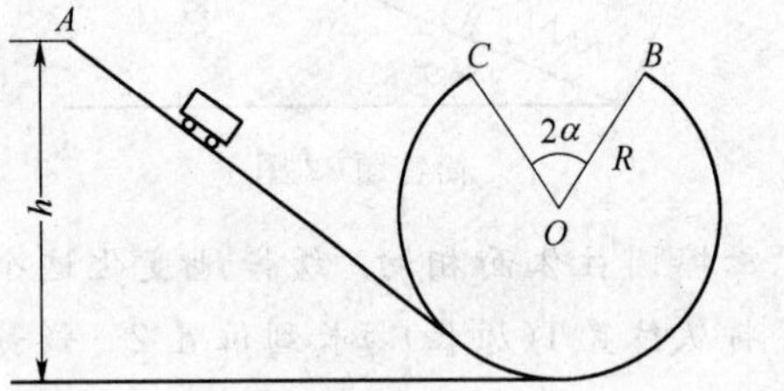

简答题 27 图

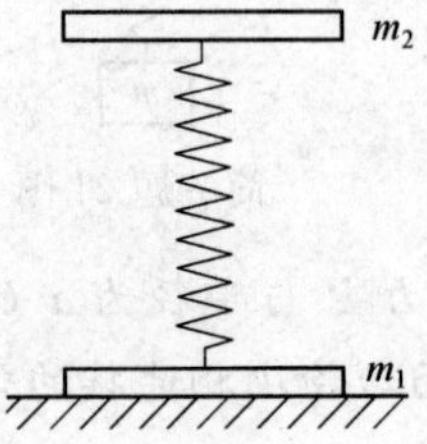

简答题 28 图

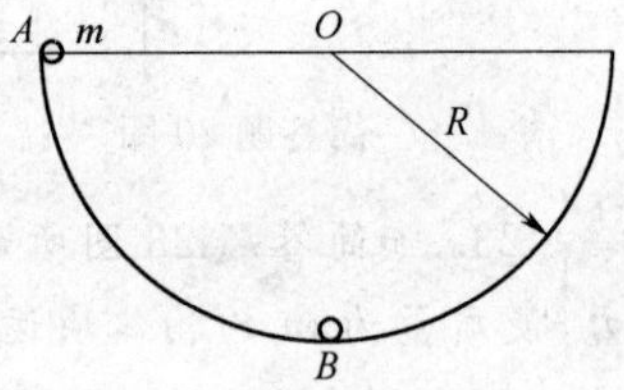

简答题 29 图

30. 质量为 96 g 的子弹，速度为 820 m/s，垂直地通过墙壁后，速度为 722 m/s，通过墙壁历时 2.0×10^{-5} s，求墙壁对子弹的平均阻力。

31. 一质量 $m=1$ kg 的小车沿水平轨道运动，开始时速度为 2.0 m/s，方向向右，今受一向右的水平牵引力 $f=0.2mg(1-0.3t)$ 作用，其中，t 以 s 计，f 以 N 计。不计摩擦，求小车在 2 s 末的速度。

32. 一枪身质量 $m_1=6$ kg 的枪，射出质量 $m_2=0.05$ kg，速率 $v_2=300$ m/s 的子弹。求：

(1) 计算枪身的反冲速度；

(2) 设该枪托在一士兵的肩上，士兵用 0.05 s 时间阻止枪身后退，计算枪身作用在士兵肩上的平均冲力。

33. 一质量为 50×10^{-3} kg 的球，以方向与水平面成 45°角，大小为 15 m/s 的初速抛向空中。试求：

(1) 球的初动能和落地时的动能；

(2) 球的初动量和落地时的动量；

(3) 证明动量的改变值恰等于球的重量乘以飞行时间。

34. 如简答题 34 图所示，用传输带 A 输送煤粉，料斗口在 A 上方高 $h=0.5$ m 处，煤粉自料斗口自由落在 A 上。设料斗口连续卸煤的流量为 $q_m=40$ kg/s，A 以 $v=2.0$ m/s 的水平速度匀速向右移动。求装煤的过程中，煤粉对 A 的作用力的大小和方向。(不计相对传输带静止的煤粉的重量)

35. 初速度 v_0 竖直向上发射一爆竹，发射后经过时间 t 后在空中自动爆炸，分成质量相同的 A、B、C 三块碎片，其中 A 速度为零，B、C 两块的速度大小相等，且 B 块的速度方向与水

平方向成 α 角，如简答题 35 图所示。求 B、C 两碎片的速度的大小和方向。

36. 如简答题 36 图所示，一质量为 $m=1$ kg 的钢球，系在一长 $l=0.8$ m 的绳子的一端，绳子的另一端固定。把绳拉到水平位置后把球由静止释放，球在最低点与一质量 $m'=5$ kg 的钢块作完全弹性碰撞，问碰撞后钢球能升到多高处？

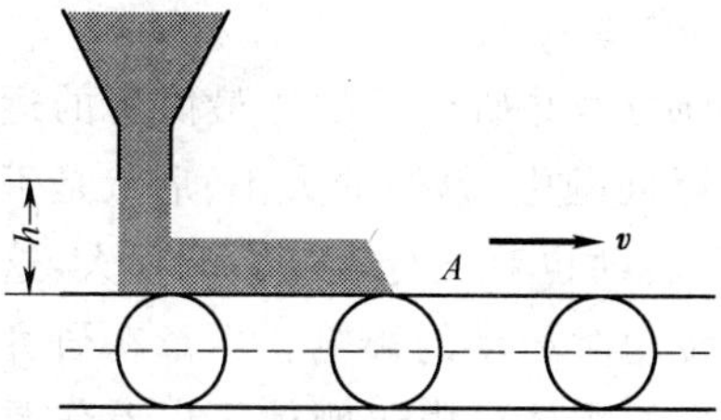

简答题 34 图

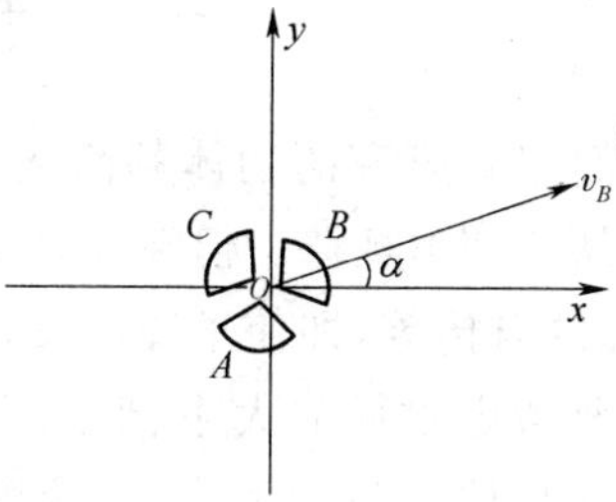

简答题 35 图

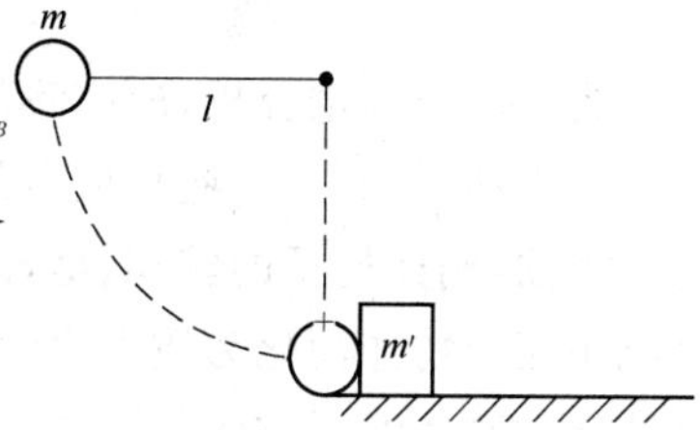

简答题 36 图

37. 一质量为 2 kg 的木块，系在一弹簧的一端，静止在光滑的平面上，弹簧的劲度系数为 2×10^{3} N/m。一质量为 10×10^{-3} kg 的子弹射进木块后，木块把弹簧压缩了 5×10^{-2} m，求子弹入射时的速率。

38. 如简答题 38 图所示，在长为 l 的线的一端系有一质量为 m' 的木块，而线的另一端悬挂起来。沿水平方向用气枪子弹（质量为 m）打进木块，使木块上升到悬线和竖直方向成 θ 角的位置，求子弹入射时的初速率。

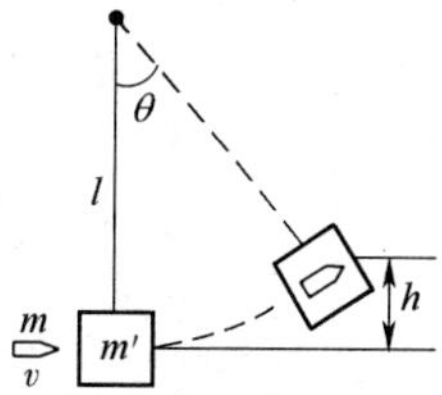

简答题 38 图

39. 地球绕太阳的运动可近似地视为匀速圆运动。已知地球的质量为 6.0×10^{24} kg，地心到太阳中心的距离为 1.5×10^{11} m，地球的公转速度为 3.0×10^{4} m/s，求地球对太阳中心的角动量的大小。

40. 在圆锥摆中，绳长 $l=0.50$ m，小球转速为 60 r/min，小球质量为 $m=0.1$ kg，求小球对圆心角动量的大小。

41. 如简答题 41 图所示，两个质量为 m 的小球 A 和 B，用一根质量可以忽略的细棒连接，棒长为 l。A 在棒的一端，B 在棒的中点，细棒可绕另一端 O 点在竖直平面内转动。一个质量为 m' 的油灰以水平速度 v_0 与 A 球发生完全非弹性碰撞，求碰撞后 A、B 开始运动的速度。

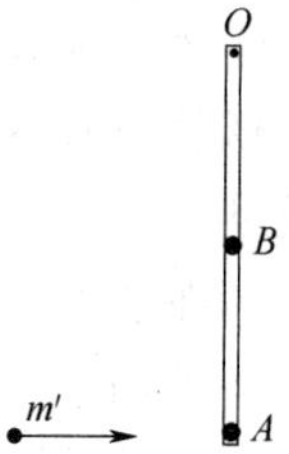

简答题 41 图

第3章 刚体的定轴转动

为了便于理论分析，前面我们把要研究的物体都简化为质点，并研究了物体最简单的运动——平动，得到了一些机械运动的基本规律。但在许多实际问题中，物体的大小、形状是不能忽略的，例如轮子的转动、地球的自传等，即使子弹的飞行，转动也对飞行轨迹影响很大，这时就不能把物体简化为质点，而要考虑物体的大小、形状及转动对运动的影响。本章在研究物体转动时忽略了物体的形变，把物体抽象为大小、形状不变的刚体。由于刚体可以看作是彼此间距离不变的大量质点构成的质点系，所以，质点系的研究方法和基本规律也就全部适用于刚体。

3.1 刚体定轴转动的角量描述

3.1.1 刚体的平动与转动

任何物体都有一定的大小和形状，物体在受到外力作用时总是或大或小会发生形变，如果物体在运动中的形变可以忽略，我们就可以把这个物体抽象为刚体。所谓刚体就是具有一定形状和大小，但不发生形变的物体。和质点一样，刚体也是对实际物体的一种理想化的模型。

在刚体的运动中，如果刚体内任意两点的连线始终保持其方向不变，这种运动称为刚体的平动，如图 3-1 所示。例如升降机的运动，气缸中活塞的运动等都是平动。刚体平动时，在任意一段时间内，刚体中所有质点的位移都是相等的，而且在任何时刻，各质点的速度、加速度也都是相同的，刚体内任何一点的运动就可以代表整个刚体的运动，所以我们在研究物体平动时才可以将物体简化为质点。

刚体运动时，如果刚体上的各质点都在绕同一直线作半径不同的圆周运动，这种运动就称为刚体的转动，这一直线称为转轴，如图 3-2 所示。如砂轮的运动，电风扇叶片的运动，机器中齿轮的运动，电动机转子的运动等都可以认为是刚体的转动。在刚体转动中，如果转轴的位置和方向固定不变，则称为刚体绕固定轴的转动，简称刚体的定轴转动。刚体的一般运动可以看作是刚体的平动和转动的叠加，如油桶的滚动，车轮在地面上的滚动等。本章主要讨论刚体的定轴转动。

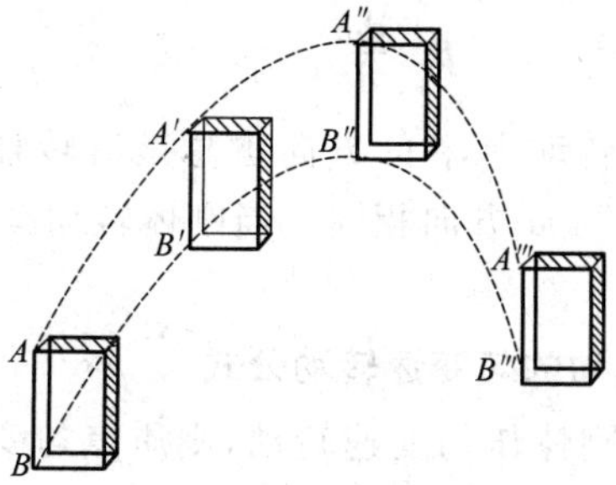

图 3-1　刚体的平动

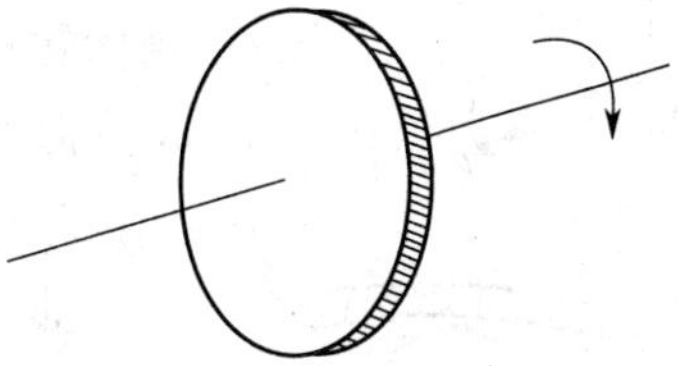

图 3-2　刚体的转动

3.1.2　刚体定轴转动的描述

1. 角位置与角位移

刚体绕固定轴转动时，它上面的各点具有不同的位移、速度和加速度，因此，不能用某点的速度、加速度来描述刚体的整体运动。由于刚体上各质点之间的相对位置不变，各质点均在不同的平面内作半径不同的圆周运动，描述各质点运动的角量(如角位移、角速度和角加速度)均是相同的。所以，刚体的转动一般用角量来描述。

为确定刚体的位置，在刚体内任取一点 p，过 p 作一垂直于转轴的平面作为转动平面，如图 3-3 所示，O 点为转轴与转动平面的交点，则 p 点在转动平面内绕 O 点作圆周运动。在这一平面内取一固定的坐标轴 Ox，设任意时刻 Op 连线与 Ox 轴的夹角为 θ，则 θ 就确定了该时刻作定轴转动刚体的位置，θ 称为刚体的角位置。刚体作定轴转动时其位置的改变可以用角位移 $\Delta\theta$ 表示。这样质点运动学中关于圆周运动的角量的有关概念、公式和角量与线量的关系，都适用于刚体的描述。角位置 θ、角位移 $\Delta\theta$ 的单位为弧度(rad)。

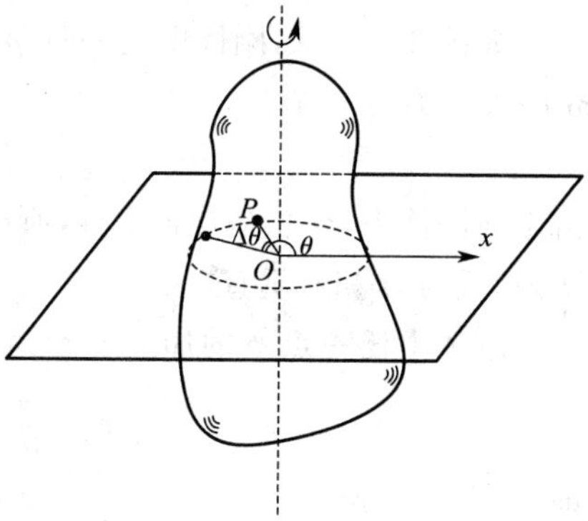

图 3-3　角位置与角位移

2. 角速度矢量和角加速度矢量

为了描述刚体转动的快慢程度和转动方向，引入角速度矢量 $\boldsymbol{\omega}$。

角速度的大小

$$\omega = \frac{\mathrm{d}\theta}{\mathrm{d}t} \tag{3-1}$$

角速度矢量 $\boldsymbol{\omega}$ 的方向由右手螺旋定则确定，即让右手螺旋转动的方向与刚体转动的方向一致，则螺旋前进的方向就是角速度的方向，角速度矢量 $\boldsymbol{\omega}$ 的方向总是沿转轴方向，如图 3-4 所示。

在刚体的定轴转动中，角速度可能随时间变化，为此引入角加速度矢量 $\boldsymbol{\beta}$ 表示角速度的变化。定义：

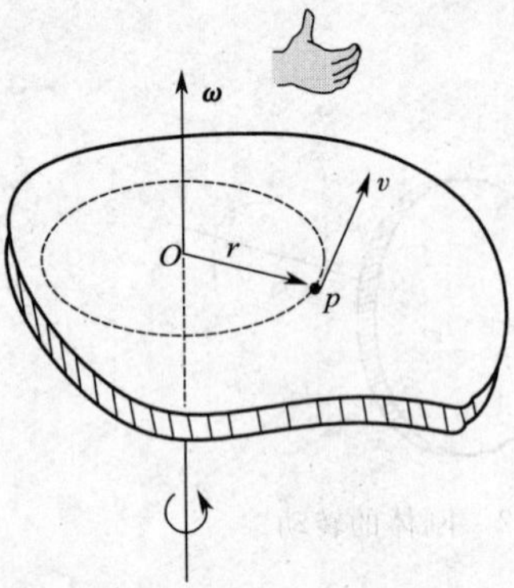

图 3-4　角速度矢量的方向

$$\boldsymbol{\beta}=\frac{\mathrm{d}\boldsymbol{\omega}}{\mathrm{d}t} \tag{3-2}$$

在刚体的定轴转动中，$\boldsymbol{\beta}$ 的方向也总是沿转轴方向。当刚体转动加快时，$\boldsymbol{\beta}$ 与 $\boldsymbol{\omega}$ 方向相同。当刚体转动减慢时，$\boldsymbol{\beta}$ 与 $\boldsymbol{\omega}$ 方向相反。

3. 刚体定轴转动的匀变速转动公式

如果定轴转动刚体作匀变速转动，则质点匀变速圆周运动公式(1-49)与定轴转动刚体的匀变速转动的公式相一致，即

$$\begin{cases}\omega=\omega_0+\beta t\\ \theta-\theta_0=\omega_0 t+\dfrac{1}{2}\beta t^2\\ \omega^2-\omega_0^2=2\beta(\theta-\theta_0)\end{cases} \tag{3-3}$$

所不同的是式(3-3)中的 θ、ω、β 分别为刚体的角位移、角速度和角加速度。

4. 刚体中任一点的速度和加速度

如图 3-4 所示，刚体中任一点 p 的位置矢量为 $\boldsymbol{r}$，则 p 点的线速度 $\boldsymbol{v}$ 与刚体的角速度矢量 $\boldsymbol{\omega}$ 的关系为

$$\boldsymbol{v}=\boldsymbol{\omega}\times\boldsymbol{r} \tag{3-4}$$

由于在刚体中，$\boldsymbol{\omega}$ 总是与 $\boldsymbol{r}$ 垂直，所以任一点速度的大小为 $v=r\omega$，速度的方向总是在转动平面内，且与 $\boldsymbol{\omega}$ 和 $\boldsymbol{r}$ 垂直。

刚体中任一点 p 的加速度 $\boldsymbol{a}$ 为

$$\boldsymbol{a}=\frac{\mathrm{d}\boldsymbol{v}}{\mathrm{d}t}=\frac{\mathrm{d}}{\mathrm{d}t}(\boldsymbol{\omega}\times\boldsymbol{r})=\frac{\mathrm{d}\boldsymbol{\omega}}{\mathrm{d}t}\times\boldsymbol{r}+\boldsymbol{\omega}\times\frac{\mathrm{d}\boldsymbol{r}}{\mathrm{d}t}$$

即

$$\boldsymbol{a}=\boldsymbol{\beta}\times\boldsymbol{r}+\boldsymbol{\omega}\times\boldsymbol{v} \tag{3-5}$$

式(3-5)中第一项 $\boldsymbol{\beta}\times\boldsymbol{r}$ 的方向沿 p 点运动轨道的切线方向，为切向加速度。第二项 $\boldsymbol{\omega}\times\boldsymbol{v}$ 的方向沿 p 点运动轨道的径向指向圆心，称为法向角速度。即

$$\boldsymbol{a}_{\mathrm{t}}=\boldsymbol{\beta}\times\boldsymbol{r} \tag{3-6}$$

$$\boldsymbol{a}_{\mathrm{n}}=\boldsymbol{\omega}\times\boldsymbol{v} \tag{3-7}$$

切向、法向角速度的大小为

$$a_{\mathrm{t}}=r\beta \tag{3-8}$$

$$a_{\mathrm{n}}=\omega v=r\omega^2 \tag{3-9}$$

与描述质点运动的线量、角量关系完全一致。

【例 3-1】 飞轮作加速转动时，飞轮边缘上一点的运动方程为 $s=0.1t^3$ (SI)，飞轮半径为 2 m，当此点的速率 $v=30$ m/s 时，求其切向角速度 a_{t} 和法向角速度 a_{n}。

【解】 由
$$a_n=\frac{v^2}{r}=\frac{30^2}{2}=450(\mathrm{m/s^2})$$
因为 $s=0.1t^3$,所以
$$v=\frac{\mathrm{d}s}{\mathrm{d}t}=0.3t^2$$
当 $v=30$ m/s 时,$t=10$ s。

因为
$$a_t=\frac{\mathrm{d}v}{\mathrm{d}t}=0.6t$$
当 $t=10$ s 时，　$a_t=6\ \mathrm{m/s^2}$。

【例 3-2】 一飞轮在时间 t 内转过角度 $\theta=at+bt^3-ct^4$。式中 a 、b、c 都是常量。求飞轮转动的角加速度。

【解】 飞轮上某点的角位置为 $\theta=at+bt^3-ct^4$,则飞轮的角速度为
$$\omega=\frac{\mathrm{d}\theta}{\mathrm{d}t}=\frac{\mathrm{d}}{\mathrm{d}t}(at+bt^3-ct^4)=a+3bt^2-4ct^3$$
飞轮的角加速度
$$\beta=\frac{\mathrm{d}\omega}{\mathrm{d}t}=\frac{\mathrm{d}}{\mathrm{d}t}(a+3bt^2-4ct^3)=6bt-12ct^2$$
可见飞轮在作一般的变速转动。

3.2 转动惯量　定轴转动定律

上一节我们讨论了定轴转动刚体的运动学问题,即如何用角量描述定轴转动刚体的运动状态,以及角量与线量的关系,而没有涉及改变刚体转动状态的原因。下面就研究改变刚体转动状态的原因和基本规律。

质点的角动量定理[式(2-37)]指出,质点绕固定点转动的角动量的时间变化率等于质点所受的合外力矩。由于刚体可以看作是由若干个质点组成的质点系,所以可以由质点的角动量定理给出刚体绕定轴转动的基本规律——刚体定轴转动定律。

3.2.1 力矩与合力矩

一个具有固定转轴的刚体,在外力的作用下,转动状态可能改变,也可能不变。刚体的转动状态的改变与否,不仅与力的大小有关,而且与力的作用点以及作用方向有关。例如,我们开关门窗时,如果作用力与转轴平行或通过转轴,那么不论多大的力也不能把门窗打开或关上,因此,在研究刚体转动时必须研究力矩。

如果刚体所受的外力 $\boldsymbol{F}_1$ 和 $\boldsymbol{F}_2$ 都在垂直于转轴的平面内,如图 3-5 所示,则 $\boldsymbol{F}_1$ 和 $\boldsymbol{F}_2$ 对刚体的力矩分别为

$$\boldsymbol{M}_1=\boldsymbol{r}_1\times\boldsymbol{F}_1$$
$$\boldsymbol{M}_2=\boldsymbol{r}_2\times\boldsymbol{F}_2$$

力矩 $\boldsymbol{M}_1$ 和 $\boldsymbol{M}_2$ 称为绕转轴的力矩。力矩是矢量，方向沿转轴方向，力矩的大小可以表示为

$$M_1 = r_1F_1\sin\theta_1 \quad 或 \quad M_1 = d_1F_1$$
$$M_2 = r_2F_2\sin\theta_2 \quad 或 \quad M_1 = d_2F_2$$

如果作用力 $\boldsymbol{F}$ 不在垂直于转轴的转动平面内，可以将力 $\boldsymbol{F}$ 分解为两个正交分力。一个平行于转轴，另一个在垂直于转轴的平面内。平行于转轴的分力对转轴的力矩没有贡献，只有垂直于转轴的平面内的那个分力对刚体的转动产生影响，就是我们讨论的力矩。

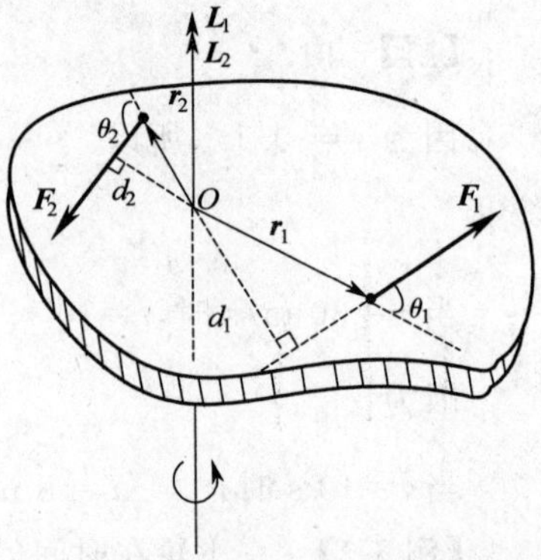

图 3-5　作用于刚体上的外力矩

由于力矩是矢量，在绕定轴转动的刚体中，不论作用在刚体上有多少力矩，它们的方向都在沿转轴方向。当几个力同时作用在一个定轴转动的刚体上时，它们的总作用等效于一个力矩，这个力矩是几个分力矩的代数和，称为合力矩。图 3-5中的合力矩为

$$\boldsymbol{M}=\boldsymbol{M}_1+\boldsymbol{M}_2=\boldsymbol{r}_1\times\boldsymbol{F}_1+\boldsymbol{r}_2\times\boldsymbol{F}_2$$

多个力 $\boldsymbol{F}_i$ 的合力矩为

$$\boldsymbol{M} = \sum_i \boldsymbol{r}_i \times \boldsymbol{F}_i \tag{3-10}$$

合力矩的大小

$$M = \sum_i r_iF_i\sin\theta_i$$

3.2.2 刚体的定轴转动定律

质点的角动量定理指出，质点绕固定点转动角动量的时间变化率等于质点所受的合外力矩。由于刚体可以看作是由若干个质点组成的质点系，我们可以由质点的角动量定理给出刚体绕定轴转动的基本规律——刚体定轴转动定律。

如图 3-6 所示，一个绕定轴以角速度 $\boldsymbol{\omega}$ 转动的刚体，刚体中任一质元 Δm_i 受到外力 $\boldsymbol{F}_i$ 和内力 $\boldsymbol{f}_i$ 的作用，质元 Δm_i 对转轴的角动量 $\boldsymbol{L}_i$ 为

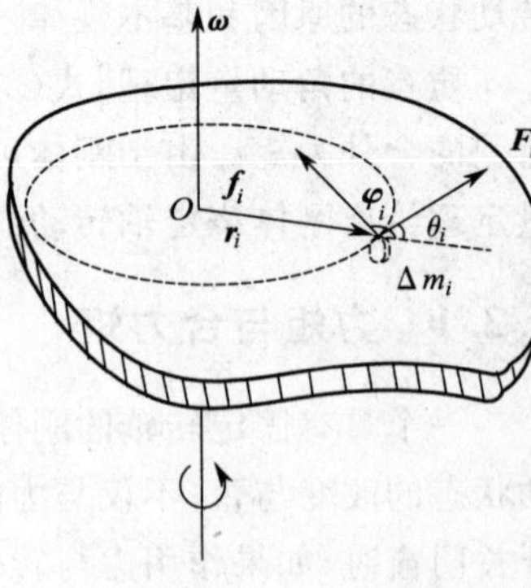

图 3-6　合力矩与角动量

$$\boldsymbol{L}_i=\boldsymbol{r}_i\times\Delta m_i\boldsymbol{v}_i$$

在定轴转动的刚体中，所有质元的角动量 $\boldsymbol{L}_i$ 都在转轴方向，而且质元 Δm_i 的 $\boldsymbol{r}_i$ 总是与其 $\boldsymbol{v}_i$ 垂直，所以质元 Δm_i 的角动量大小为

$$L_i = r_i\Delta m_iv_i$$

由式(3-4)$\boldsymbol{v}=\boldsymbol{\omega}\times\boldsymbol{r}$ 知，当 $\boldsymbol{\omega}$ 与 $\boldsymbol{r}_i$ 垂直时，$v_i = r_i\omega$，则

$$L_i = \Delta m_i r_i^2 \omega$$

对质元 Δm_i 应用质点的角动量定理式(2-37)$\boldsymbol{M}=\frac{\mathrm{d}\boldsymbol{L}}{\mathrm{d}t}$，则

$$r_i F_i \sin\theta_i + r_i f_i \sin\varphi_i = \frac{\mathrm{d}}{\mathrm{d}t}(\Delta m_i r_i^2 \omega)$$

对刚体中所有质元求和，即

$$\sum_i r_i F_i \sin\theta_i + \sum_i r_i f_i \sin\varphi_i = \sum_i \frac{\mathrm{d}}{\mathrm{d}t}(\Delta m_i r_i^2 \omega)$$

$$\sum_i r_i F_i \sin\theta_i + \sum_i r_i f_i \sin\varphi_i = \frac{\mathrm{d}}{\mathrm{d}t}\sum_i (\Delta m_i r_i^2)\omega$$

令

$$J = \sum_i \Delta m_i r_i^2 \tag{3-11}$$

则 J 称为刚体的转动惯量。J 的大小取决于刚体各质元 Δm_i 相对于固定转轴的分布，J 是描述刚体本身转动特性的物理量，则

$$\sum_i r_i F_i \sin\theta_i + \sum_i r_i f_i \sin\varphi_i = \frac{\mathrm{d}}{\mathrm{d}t}(J\omega)$$

式中，第一项为刚体受到的合外力矩 $M = \sum_i r_i F_i \sin\theta_i$；第二项为刚体中所有内力的合力矩，应该为零，即 $\sum_i r_i f_i \sin\theta_i = 0$，则

$$M = \frac{\mathrm{d}}{\mathrm{d}t}(J\omega)$$

由于 J 不随时间改变，即

$$M = J\frac{\mathrm{d}\omega}{\mathrm{d}t} = J\beta \tag{3-12}$$

上式表明，刚体在合外力矩 M 的作用下所获得的角加速度 β 与合外力矩的大小成正比，与刚体的转动惯量 J 成反比，这一关系称为刚体的定轴转动定律。转动定律中的力矩和角加速度的方向都沿转轴方向。用矢量表示时，转动定律可以表示为

$$\boldsymbol{M} = J\frac{\mathrm{d}\boldsymbol{\omega}}{\mathrm{d}t} = J\boldsymbol{\beta} \tag{3-13}$$

在研究刚体转动问题中，刚体的定轴转动定律与研究质点运动问题中的牛顿第二定律的地位相当。

3.2.3 转动惯量

将转动定律 $M = J\beta$ 与牛顿第二定律 $F = ma$ 相比较，可以进一步了解转动惯量的物理意义。通过比较可以发现，刚体的转动惯量与质点的质量相当，是刚体在转动过程中惯性大小

的量度。当力矩 M 一定时，转动惯量 J 与 β 成反比。说明在相同力矩的作用下，转动惯量 J 越大的刚体，其角加速度 β 越小，转动惯量越大的刚体，转动状态越不容易改变。

在工程技术中，为了使机器工作时运转均匀，往往在其主轴或主要转动部件的轴上装有飞轮，并使飞轮质量的大部分分布在飞轮的边缘上，以获得较大的转动惯量，凭借着快速转动飞轮的惯性，使工作部件的转动状态尽可能维持稳定。

对于不连续分布的质点构成的刚体，其对某转轴的转动惯量可由式(3-11)求得，即

$$J = \sum_i \Delta m_i r_i^2$$

对于质量连续分布的刚体，其对某转轴的转动惯量可由积分求得，即

$$J = \int_m r^2 \mathrm{d}m \tag{3-14}$$

式中，r 为刚体中任一质元 $\mathrm{d}m$ 到转轴的距离。在国际单位制中，转动惯量的单位为 $\mathrm{kg \cdot m^2}$。

从式(3-14)可以看出，刚体的转动惯量与下列因素有关：①与刚体的质量有关；②在刚体质量一定的情况下，与质量相对转轴的分布有关，即与刚体的大小、形状以及密度分布有关；③与刚体的转轴位置有关，同一刚体对不同转轴的转动惯量不同。因此，表述刚体的转动惯量时，必须指出对哪一个转轴才有意义。表 3-1 为几种常见刚体的转动惯量。

表 3-1　几种常见刚体的转动惯量

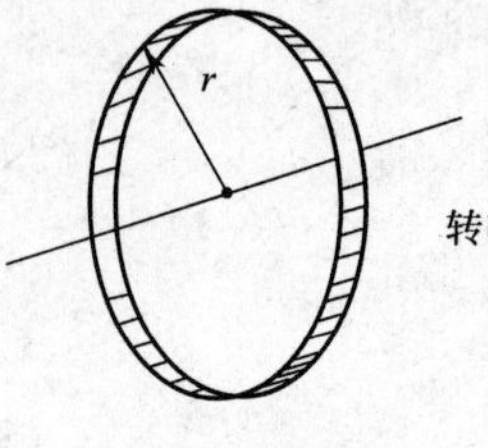 圆环 转轴过中心且与环面垂直 $J=mr^2$	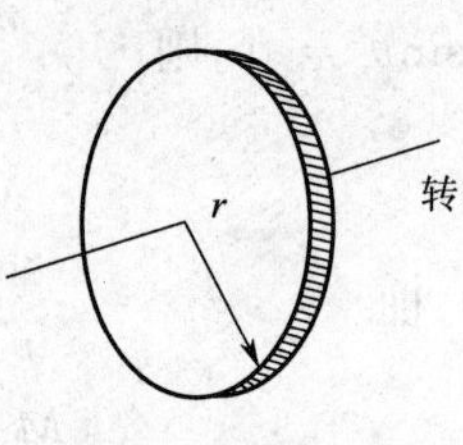 圆盘 转轴过中心且与盘面垂直 $J=\frac{mr^2}{2}$
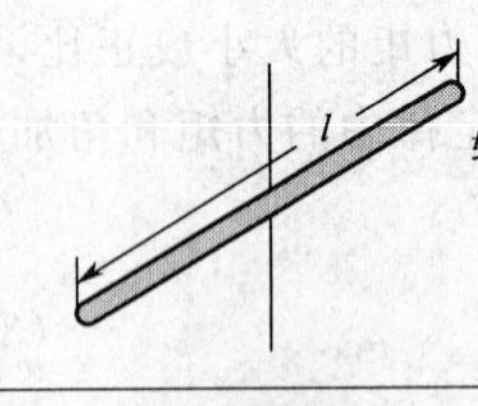 细棒 转轴过中心且与棒垂直 $J=\frac{ml^2}{12}$	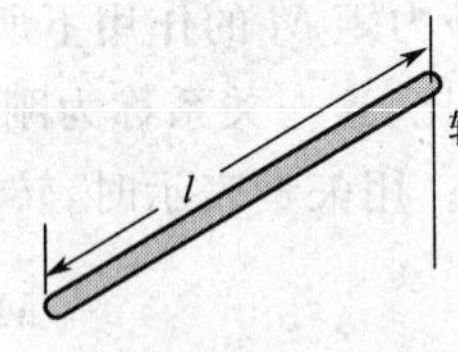 细棒 转轴过端点且与棒垂直 $J=\frac{ml^2}{3}$
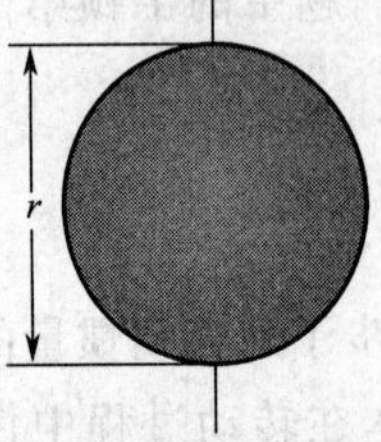 球体 转轴沿直径 $J=\frac{2mr^2}{5}$	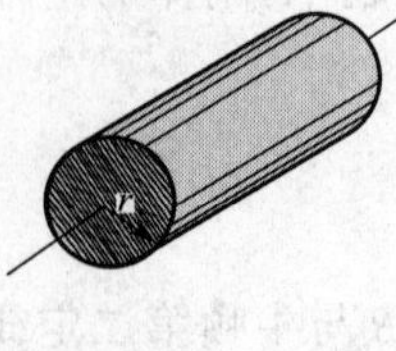 柱体 转轴沿直径 $J=\frac{mr^2}{2}$

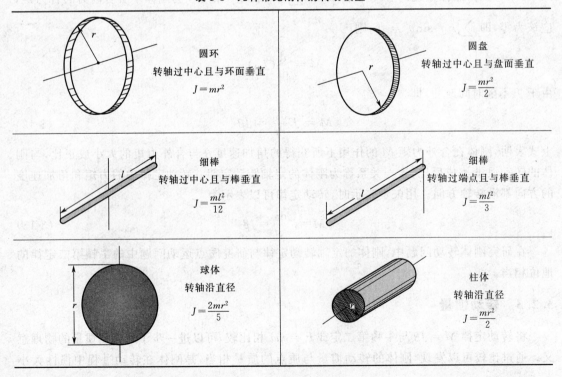

【例 3-3】 求半径为 R ,质量为 m 的均匀圆环的转动惯量。设转轴通过圆环中心并与环面垂直,如图 3-7 所示。

【解】 在圆环上任取一质元 Δm_i ,则

$$J = \sum_i R^2 \Delta m_i = R^2 \sum_i \Delta m_i = mR^2$$

【例 3-4】 求半径为 R ,质量为 m 的均匀圆盘的转动惯量。设转轴通过圆盘中心并与盘面垂直,如图 3-8 所示。

【解】 在圆盘上任取一半径为 r ,宽为 $\mathrm{d}r$ 的圆环,则圆环的面密度

$$\sigma = \frac{m}{\pi R^2}$$

所以,圆环的质量为

$$\mathrm{d}m = \sigma \cdot \mathrm{d}S = \frac{m}{\pi R^2} \cdot 2\pi r \cdot \mathrm{d}r = \frac{2mr}{R^2}\mathrm{d}r$$

则圆环对转轴的转动惯量为

$$\mathrm{d}J = r^2 \mathrm{d}m = \frac{2m}{R^2} r^3 \mathrm{d}r$$

整个圆盘对转轴的转动惯量为

$$J = \int \mathrm{d}J = \int_0^R \frac{2m}{R^2} r^3 \mathrm{d}r = \frac{2m}{R^2}\frac{1}{4}R^4 = \frac{1}{2}mR^2$$

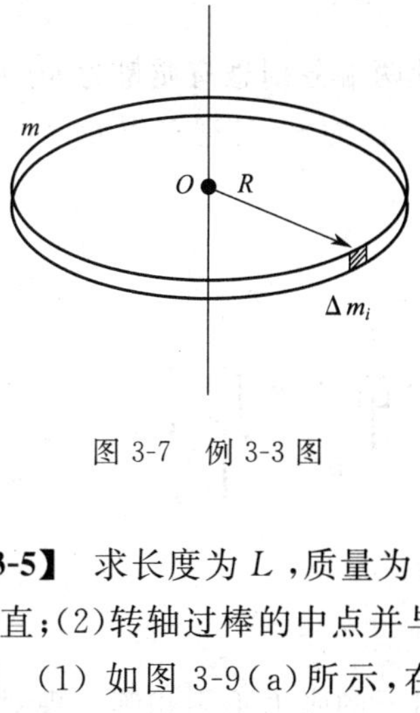

图 3-7　例 3-3 图

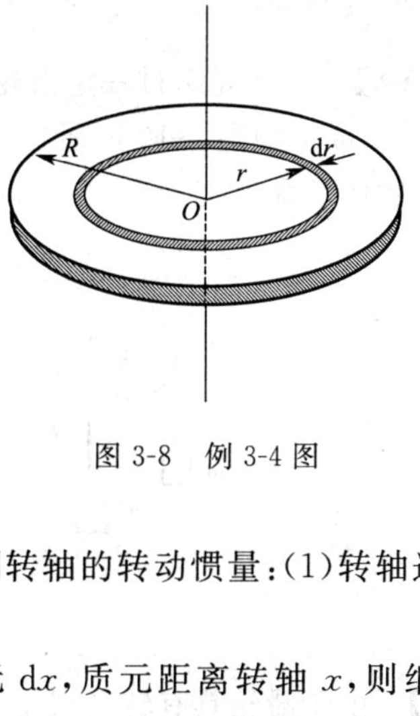

图 3-8　例 3-4 图

【例 3-5】 求长度为 L ,质量为 m 的均匀细棒对下列转轴的转动惯量:(1)转轴过棒一端并与棒垂直;(2)转轴过棒的中点并与棒垂直。

【解】 (1) 如图 3-9(a)所示,在细棒上任取一质元 $\mathrm{d}x$,质元距离转轴 x,则细棒线密度为

$$\lambda = \frac{m}{L}$$

质元质量 $$dm = \lambda dx = \frac{m}{L}dx$$

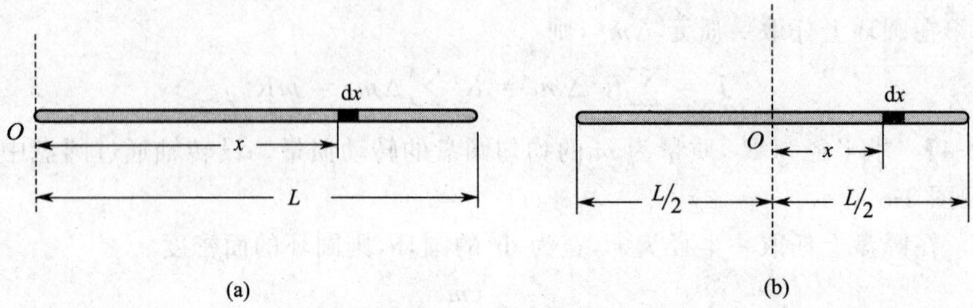

图 3-9　例 3-5 图

质元对转轴的转动惯量 $$dJ = x^2 dm = \frac{m}{L}x^2 dx$$

细棒对转轴的转动惯量 $$J = \int dJ = \int_0^L \frac{m}{L}x^2 dx = \frac{1}{3}mL^2$$

(2) 如图 3-9(b)所示，在细棒上任取一质元 dx，质元距离转轴 x，则质元对转轴的转动惯量为

$$dJ = x^2 dm = \frac{m}{L}x^2 dx$$

细棒对转轴的转动惯量 $$J = \int dJ = \int_{-L/2}^{L/2} \frac{m}{L}x^2 dx = \frac{1}{12}mL^2$$

【例 3-6】 一轻绳跨过一定滑轮，滑轮视为圆盘，绳的两端分别悬有质量为 m_1 和 m_2 的两物体，$m_1 < m_2$，如图 3-10 所示。设滑轮的质量为 m，半径为 r，且绳与滑轮之间无相对滑动。试求物体的加速度和绳中的张力。

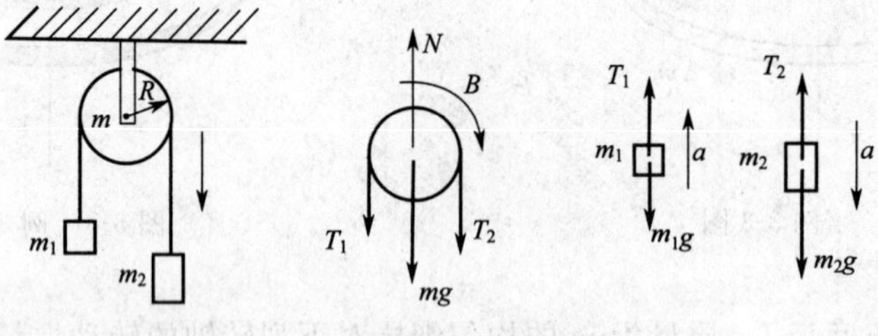

图 3-10　例 3-6 图

【解】 由于滑轮具有转动惯量，在转动时滑轮两边绳子的张力不再相等。现对滑轮和两物体分别进行受力分析，并设 m_2 向下为正向，如图 3-10 所示。

滑轮的转动惯量 $$J = \frac{1}{2}mR^2$$

对滑轮应用转动定律　　$T_2R - T_1R = \frac{1}{2}mR^2\beta$　　①

对 m_1 应用牛顿第二定律　　$T_1 - m_1g = m_1a$　　②

对 m_2 应用牛顿第二定律　　$m_2g - T_2 = m_2a$　　③

如果绳不打滑，则滑轮边缘上的切向角速度与物体的角速度数值相等，即

$$a = R\beta \qquad ④$$

联立式①、②、③、④，求解得

$$a = \frac{m_2 - m_1}{m_1 + m_2 + \frac{1}{2}m}g \ , \quad a = \frac{m_2 - m_1}{m_1 + m_2 + \frac{1}{2}m} \cdot \frac{g}{r}$$

$$T_1 = \frac{2m_2 + \frac{1}{2}m}{m_1 + m_2 + \frac{1}{2}m} \cdot m_1g \ , \quad T_2 = \frac{2m_1 + \frac{1}{2}m}{m_1 + m_2 + \frac{1}{2}m} \cdot m_2g$$

【例 3-7】 一质量为 m，长度为 l 的均匀细棒，可绕通过其一端且与棒垂直的水平轴 O 转动，如图 3-11 所示。若将此棒水平横放时由静止释放，求当棒转到与铅直方向成 30°夹角时的角速度 ω。

【解】 由于受重力矩的作用，细棒绕定轴转动，当转动到角位置 θ 时，重力矩为

$$M = mg\,\frac{l}{2}\cos\theta$$

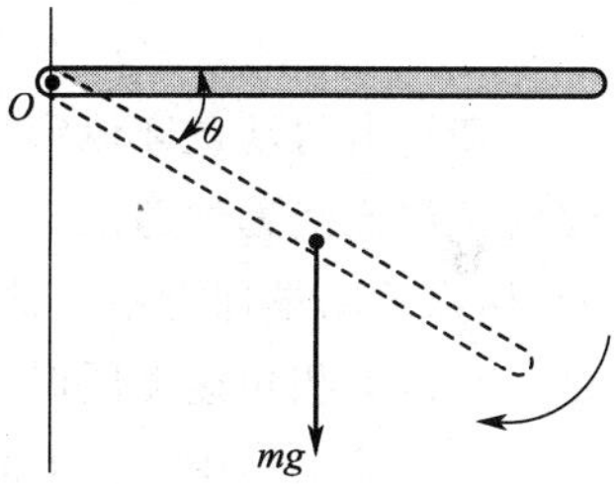

图 3-11　例 3-7 图

细棒的转动惯量　　$J = \frac{1}{3}ml^2$

由转动定律 $M = J\,\frac{d\omega}{dt}$ 得

$$mg\,\frac{l}{2}\cos\theta = \frac{1}{3}ml^2 \cdot \frac{d\omega}{dt}$$

$$\frac{3g}{2l}\cos\theta = \frac{d\omega}{d\theta}\,\frac{d\theta}{dt} = \omega\,\frac{d\omega}{d\theta}$$

$$\omega d\omega = \frac{3g}{2l}\cos\theta\, d\theta$$

对上式两边积分，得　　$\int_0^{\omega}\omega d\omega = \frac{3g}{2l}\int_0^{\frac{\pi}{3}}\cos\theta d\theta$

$$\omega = \sqrt{\frac{3g}{l}\sin\frac{\pi}{3}} = \sqrt{\frac{3\sqrt{3}g}{2l}}$$

当 $\theta = \frac{\pi}{2}$ 时，$\omega = \sqrt{\frac{3g}{l}}$。

3.3 刚体定轴转动的角动量守恒定律

刚体作定轴转动时，由于刚体的转动惯量是一恒量，所以刚体定轴转动定律可以表述为

$$M = \frac{\mathrm{d}}{\mathrm{d}t}(J\omega) \tag{3-15}$$

设

$$L = J\omega \tag{3-16}$$

称 L 为刚体对转轴的角动量。刚体的角动量等于刚体的转动惯量与角速度的乘积，其单位为 $\mathrm{kg \cdot m^2/s}$。

根据式(3-15)，当定轴转动刚体所受的合外力矩为零时，即

$$\frac{\mathrm{d}}{\mathrm{d}t}(J\omega) = 0$$

则

$$J\omega = J_0\omega_0 = 常量 \tag{3-17}$$

式(3-17)表明，刚体在作定轴转动过程中，当对转轴的合外力矩为零时，刚体的角动量保持不变。这一结论称为刚体定轴转动的角动量守恒定律。由于角动量是矢量，所以角动量守恒定律实际上是一矢量守恒定律。

$$\boldsymbol{L} = \boldsymbol{L}_0 = 常矢量 \tag{3-18}$$

在导出角动量守恒定律时，我们曾用到了刚体转轴固定的条件。实际上，角动量守恒定律的实用范围远远超出了这些限制。由于物体的角动量等于物体的转动惯量和角速度的乘积，所以角动量保持不变的情况就可能有两种：一种是转动惯量和角速度都保持不变；另一种是转动惯量和角速度同时改变，但两者的乘积保持不变。

在日常生活中，角动量守恒定律有广泛的应用。如花样滑冰运动员和舞蹈演员在旋转时，先把两臂伸开，开始转动，然后很快收拢两臂减小转动惯量，从而转动加快。跳水运动员起跳时两臂伸直，以增大绕自身的转动惯量，空翻时迅速将臂和腿尽量卷缩以减小转动惯量，增大角速度，以便在空中很短时间内完成规定动作，但在入水前则要把身体尽量打开伸直，以增大转动惯量，减小角速度，以便竖直入水。

在工程技术中，角动量守恒定律也有着广泛的应用，如陀螺定向仪就是利用角动量守恒定律来确定方向的；在研究天体的运动时常常用到角动量守恒定律；在研究原子和原子核的运动中也常常要用到角动量守恒定律。角动量守恒定律如同动量守恒定律、能量守恒定律一样，都是物理学中的基本定律，都是自然界的普遍规律。

【例 3-8】 如图 3-12 所示，均匀木杆可绕杆端 O 处水平轴转动，开始时木杆静止地竖直下垂，杆长 $l=40\ \mathrm{cm}$，质量为 $m=60\ \mathrm{g}$。质量 $m_1=50\ \mathrm{g}$ 的小球以 $v_{10}=30\ \mathrm{m/s}$ 的水平速度与木杆的另一端相碰，碰后小球速度反向，速度 $v_1=10\ \mathrm{m/s}$。求碰后木杆获得的角速度。

【解】 碰撞过程时间极短，可以认为在碰撞过程中小球与木杆组成的系统对转轴 O 的角动量守恒。设小球对转轴的转动惯量为 J_1，木杆带转轴的转动惯量为 J，则

$$J_1 = m_1 l^2 ,\quad J = \frac{1}{3} m l^2$$

设碰前为初态，碰后为末态，则初态角动量

$$J_1\omega_{10} + J\omega_0 = m_1 l^2 \cdot \frac{v_{10}}{l} = m_1 l v_{10}$$

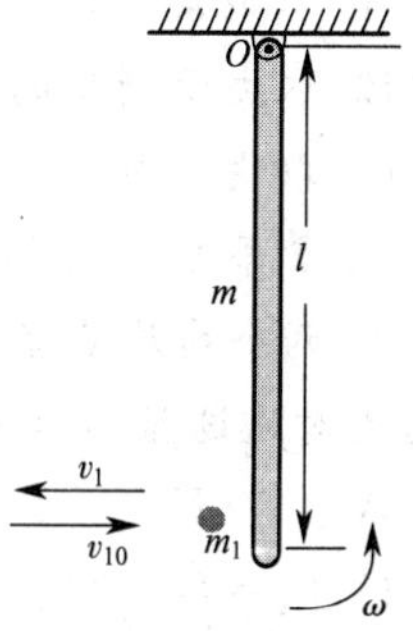

图 3-12　例 3-8 图

末态角动量　$J_1\omega_1 + J\omega = - m_1 l^2 \cdot \frac{v_1}{l} + \frac{1}{3} m l^2 \cdot \omega$

根据角动量守恒，有　$m_1 l v_{10} = - m_1 l v_1 + \frac{1}{3} m l^2 \omega$

$$\omega = \frac{3m_1(v_{10} + v_1)}{ml} = 25\ (\mathrm{r/s})$$

【例 3-9】 工程上常采用摩擦啮合器，使两飞轮以相同的转速一起转动。如图 3-13 所示，A 和 B 两飞轮的轴在同一中心线上，设 A 轮的转动惯量 $J_A = 10\ \mathrm{kg \cdot m^2}$。$B$ 轮的转动惯量 $J_B = 20\ \mathrm{kg \cdot m^2}$。开始时 A 轮的转速为 600 r/min，B 轮静止。C 为摩擦啮合器，A、B 分别与 C 的左右组件相连，当 C 的左右组件啮合时，B 轮得到加速而 A 轮减速，直到两轮的转速相等为止。求两轮啮合后的转速。

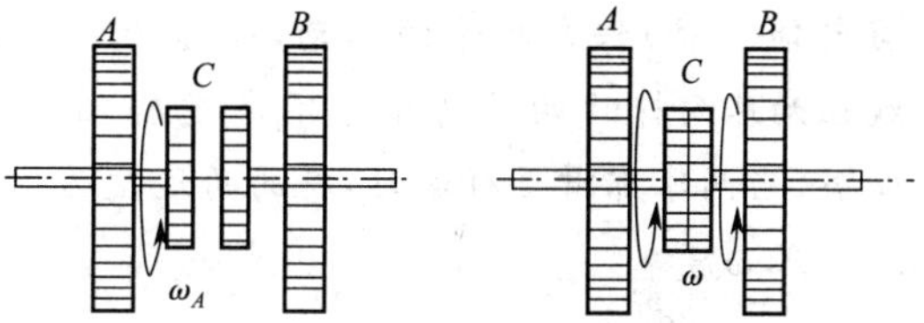

图 3-13　例 3-9 图

【解】 选飞轮 A、B 为系统，啮合过程中系统不受外力矩作用，所以系统角动量守恒。设啮合前为初态，啮合后为末态，则初态角动量为 $J_A\omega_A$，末态角动量为 $(J_A + J_B)\omega$。应用角动量守恒定律 $J_A\omega_A = (J_A + J_B)\omega$，得

$$\omega = \frac{J_A\omega_A}{J_A + J_B} = 200\ \mathrm{r/min}$$

$$\omega = 200\,\frac{2\pi}{60}\ \mathrm{r/s} = 20.9\ \mathrm{rad/s}$$

习　题

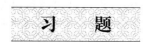

一、选择题

1. 行星绕太阳运转过程中，可以肯定的是(　　)。

A. 行星的动能守恒，动量也守恒　　B. 行星的机械能守恒，角动量也守恒

C. 行星的动能守恒，动量也守恒　　D. 动量守恒；角动量也守恒

2. 关于刚体对轴的转动惯量，下列说法中正确的是(　　)。

A. 只取决于刚体的质量,与质量的空间分布和轴的位置无关

B. 取决于刚体的质量和质量的空间分布,与轴的位置无关

C. 取决于刚体的质量、质量的空间分布和轴的位置

D. 只取决于转轴的位置,与刚体的质量和质量的空间分布无关

3. 两个均质圆盘 A 和 B 的密度分别为 ρ_A 和 ρ_B,若 $\rho_A > \rho_B$,但两圆盘的质量与厚度相同,如两盘对通过盘心垂直于盘面轴的转动惯量各为 J_A 和 J_B,则

A. $J_A > J_B$　　B. $J_A < J_B$

C. $J_A = J_B$　　D. J_A、J_B 不能确定哪个大

4. 花样滑冰运动员绕过自身的竖直轴(z 轴)转动,开始时两臂伸开,转动惯量为 J_0 角速度为 ω_{z0},然后她将两臂收回,使转动惯量减少为 $J_0/3$。这时她转动的角速度变为

A. $\omega_{z0}/3$　　B. $\frac{\sqrt{3}}{3}\omega_{z0}$　　C. $3\omega_{z0}$　　D. $\sqrt{3}\,\omega_{z0}$

5. 如选择题5图所示,一水平刚性轻杆,质量不计,杆长 $l=20$ cm,其上穿有两个小球。初始时,两小球相对杆中心 O 对称放置,与 O 的距离 d=5 cm,二者之间用细线拉紧。现在让细杆绕通过中心 O 的竖直固定轴(z 轴)作匀角速的转动,转速为 ω_{z0},再烧断细线让两球向杆的两端滑动。不考虑转轴的和空气的摩擦,当两球都滑至杆端时,杆的角速度为(　　)。

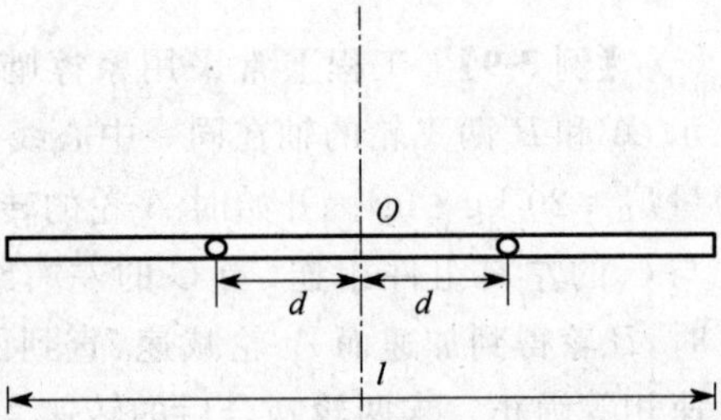

选择题5图

A. ω_{z0}　　B. $2\omega_{z0}$

C. $\omega_{z0}/2$　　D. $\omega_{z0}/4$

二、填空题

1. 一匀质小木球固定在一细棒下端,且可绕通过杆上端的水平光滑固定轴转动,今有一子弹沿着与水平面成一角度的方向击中木球而嵌于其中,则在此击中过程中,木球、子弹、细棒系统的________守恒,原因是________。木球被击中后棒和球升高的过程中,对木球、子弹、细棒、地球系统的________守恒。

2. 一定滑轮质量为 M、半径为 R,对水平轴的转动惯量 $J=MR^2/2$。在滑轮的边缘绕一细绳,绳的下端挂一物体。绳的质量可以忽略且不能伸长,滑轮与轴承间无摩擦。物体下落的加速度大小为 a,则绳中的张力大小 $T=$________。

3. 一长为 L、质量为 m 的细杆,两端分别固定质量为 m 和 $2m$ 的小球,此系统在竖直平面内可绕过中点 O 且与杆垂直的水平光滑固定轴(z 轴)转动. 开始时杆与水平成60°角,处于静止状态. 无初转速地释放以后,杆球这一刚体系统绕 O 轴转动. 系统绕 O 轴的转动惯量 $J=$________。释放后,当杆转到水平位置时,刚体受到的合外力矩大小 $M=$________;角加速度大小 $\beta=$________。

4. 一质量 $m=6.00$ kg、长 $l=1.00$ m 的匀质棒，放在水平桌面上，可绕通过其中心的竖直固定轴(z 轴)转动，对轴的转动惯量 $J=ml^2/12$。$t=0$ 时棒的角速度 $\omega_{z0}=10.0$ rad/s。由于受到恒定的阻力矩的作用，$t=20$ s 时，棒停止运动。

则：(1)棒的角加速度的大小＿＿＿＿＿＿；

(2)棒所受阻力矩的大小＿＿＿＿＿＿。

5. 一质量为 20.0 kg 的小孩，站在一半径为 3.00 m、转动惯量为 450 kg·m^2 的静止水平转台边缘上，此转台可绕通过转台中心的竖直轴转动，转台与轴间的摩擦不计。如果此小孩相对转台以 1.00 m/s 的速率沿转台边缘行走，问转台的角速度 $\omega=$＿＿＿＿＿＿。

三、简答题

1. 汽车发动机主轴的角速度在 12 s 内由 1 200 r/min 增加到 3 000 r/min。(1)假定转动是匀加速的，求其角加速度；(2)在这段时间内发动机主轴转了多少周。

2. 一飞轮受摩擦力矩作用作减速转动，其角加速度与角速度成正比，即 $\beta=-kv$，式中 k 为比例常数，初始角速度为 ω_0。求：(1)飞轮角速度随时间的变化关系；(2)角速度由 ω_0 减为 $\frac{\omega_0}{2}$ 所需的时间以及在此时间内飞轮转过的转数。

3. 水分子的形状如简答题 3 图所示。从光谱分析知，水分子对 AA' 轴的转动惯量 $J_{AA'}=1.93\times10^{-47}$ kg·m^2，对 BB' 轴的转动惯量 $J_{BB'}=1.14\times10^{-47}$ kg·m^2。试由此数据和各原子的质量求出氢和氧原子间的距离 d 和夹角 θ 假设各原子都可当质点处理。

4. 如简答题 4 图所示，一质量为 m 的物体与绕在定滑轮上的绳子相连，绳子质量可以忽略，它与滑轮之间无滑动。假设定滑轮质量为 M，半径为 R，转动惯量为 $\frac{MR^2}{2}$，滑轮轴光滑。求该物体在由静止开始下落过程中，下落速度与时间的关系。

5. 如简答题 5 图所示，一长为 l，质量可以忽略的直杆，两端分别固定有质量为 $2m$ 和 m 的小球，杆可绕通过其中心 O 且与杆垂直的水平光滑固定轴在铅直平面内转动。开始杆与水平方向成某一角度 θ，处于静止状态，释放后，杆绕 O 轴转动。当杆转到水平位置时，求系统所受的合外力矩 M 与系统的角加速度 β 大小。

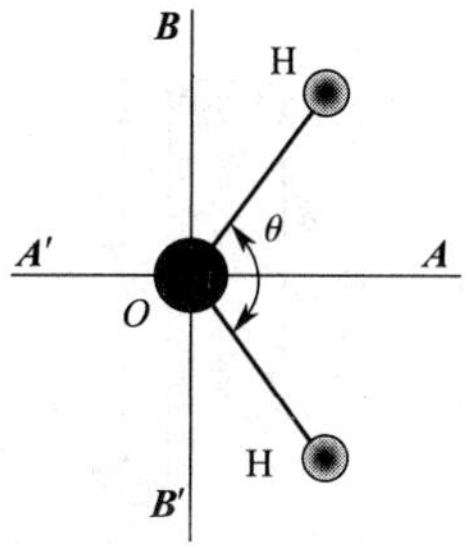

简答题 3 图

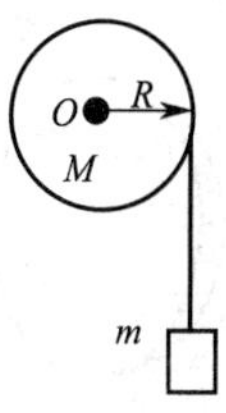

简答题 4 图

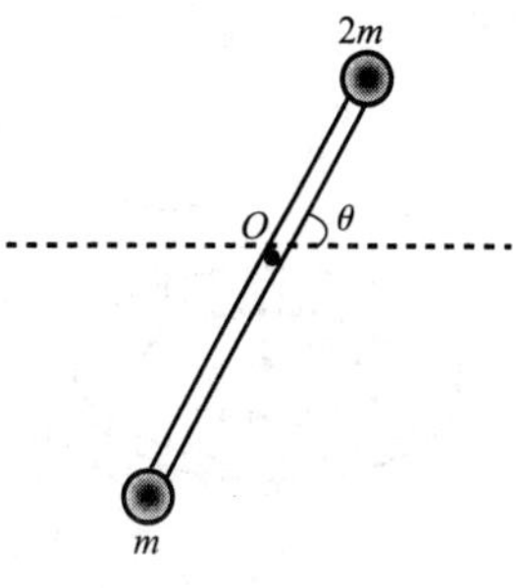

简答题 5 图

6. 如简答题 6 图所示,匀质圆盘飞轮的质量 $m=60$ kg,半径 $R=0.25$ m,绕其水平中心轴 O 转动,转速为 900 r/min。现用一制动闸杆,在闸杆的一端加一竖直方向的制动力 F,使飞轮减速。已知闸杆的尺寸如图所示,若 $F=100$ N,闸瓦与飞轮之间的摩擦因数 $\mu=0.4$。问制动多长时间才能使飞轮停止转动?在这段时间内飞轮转了多少转?

7. 如简答题 7 图所示,两物体的质量分别为 m_1 和 m_2,滑轮转动惯量为 J,半径为 r,则

(1)若 m_2 与桌面间滑动摩擦因数为 μ,求系统的加速度 a 及绳中张力(设绳不可伸长,绳与滑轮间无相对滑动);

(2)如 m_2 与桌面为光滑接触,求系统的加速度与绳中张力;

(3)若滑轮的质量不计则结果又如何?

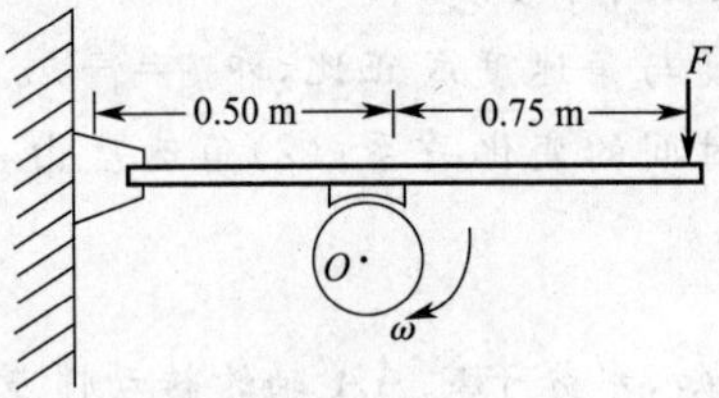

简答题 6 图

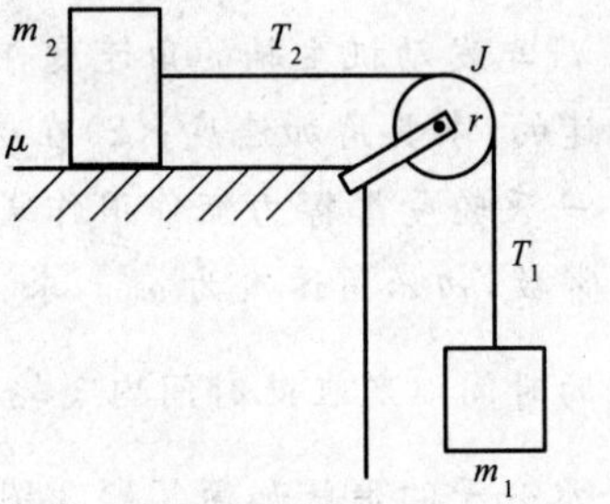

简答题 7 图

8. 如简答题 8 图所示,转台绕中心铅直轴以角速度 ω_0 转动,转台对该转轴的转动惯量 $J=5\times10^{-5}\text{kg}\cdot\text{m}^2$。今有砂粒以 1 g/s 的速度落到转台上,砂粒粘附在转台平面上形成一圆环,砂粒圆环的半径 $r=0.1$ m。当砂粒落到转台时,转台的角速度要变慢,试求当角速度减小到 $\omega_0/2$ 时,所需要的时间。

9. 一质量为 M、半径为 R 并以角速度 ω_0 转动的飞轮,某瞬时有一质量为 m 的碎片从飞轮边缘上飞出,如简答题 9 图所示,假定碎片脱离飞轮时的瞬时速度方向正好竖直向上,(1)问碎片能上升多高?(2)求余下部分的转动惯量和角速度?

10. 如简答题题 10 图所示,一长 $l=0.40$ m,质量为 $M=1.0$ kg 的均匀细木棒,由其上端的光滑水平轴吊起而处于静止,今有一质量 $m=8.0$ g 的子弹以 $v_0=200$ m/s 的速率水平射入棒中,射入点在轴下 $d=3l/4$ 处。求子弹停在棒中时棒的角速度。

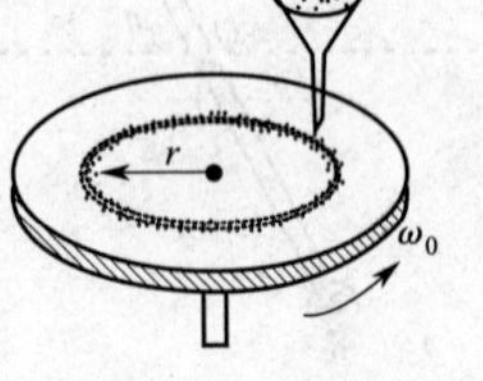

简答题 8 图

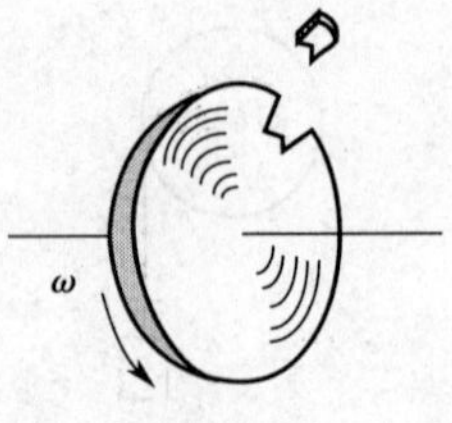

简答题 9 图

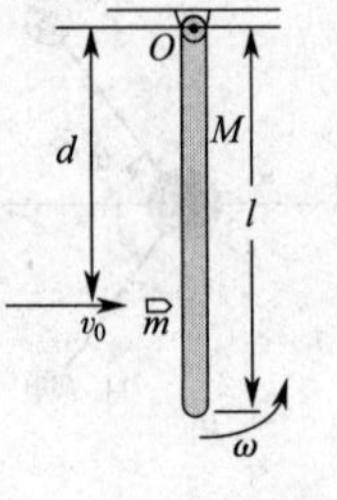

简答题 10 图

第二篇　振动和波动

振动是自然界非常普遍的运动形式。物体在平衡位置附近做往复式的运动就是振动，或称作机械振动。如钟表摆轮的摆动、心脏的跳动、固体晶格点阵中原子或分子在平衡点附近的运动等都是振动。在力学中广泛存在着振动现象，在物理学的其他领域（如电磁学、光学、原子物理学等）中也广泛存在着与上述现象类似的振动现象。如在交流电路中，电压或电流围绕着一个平衡值做周期性变化，我们称这种振动为电磁振动。尽管在不同领域中振动的具体机制各不相同，但只要物理量在振动，它们就具有共同的物理特征，具有同样的规律性。因此，研究了某一形式的振动，也就了解了普遍的振动规律。

波是振动在空间的传播。声波、水波、电磁波等都是波。不管属于哪一种运动形式的振动和波，描述它们基本规律的数学形式都是相同的。所以，振动和波是横跨物理学不同领域的一种非常普遍的运动形式。研究振动和波的意义远远超过了力学的范围。振动和波的基本原理是声学、光学、电磁学和无线电等学科的理论基础。

本篇以简谐振动和平面简谐波为具体内容，讨论振动和波的共同特征、现象和规律。

第4章 机械振动

物体在一定位置附近所作的周期性往复运动称为机械振动。从日常生活到生产技术以及自然界中到处都存在着机械振动。机器的运转总伴随着机械振动。海浪的起伏以及地震也都是机械振动，就是晶体中的原子也都在不停地振动着。

机械振动有简单和复杂之别，最简单、最基本的是简谐振动，一切复杂的振动都可以认为是由许多简谐振动合成的。下面我们研究简谐振动。

4.1 简谐振动

4.1.1 简谐振动

物体运动时，如果离开平衡位置的位移按余弦函数（或正弦函数）的规律随时间变化，这种运动就叫简谐振动。

简谐振动可以用一个弹簧振子来演示。一个轻质弹簧的一端固定，另一端固结一个可以自由运动的物体，就构成一个弹簧振子。对于弹簧振子来说，物体所受合外力为零的位置叫平衡位置。

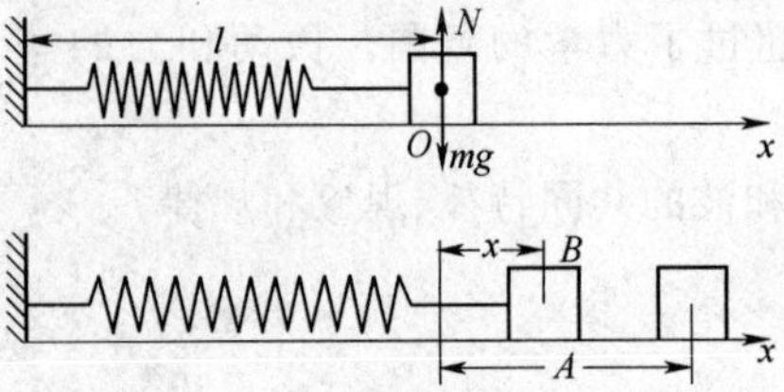

图 4-1 弹簧振子的运动

图 4-1 画了一个在光滑水平面上安置的一个弹簧振子。弹簧处于自然长度时物体的位置为平衡位置，以 O 表示，并取 O 为坐标原点，水平向右为 Ox 轴正方向。拉动物体然后释放，物体将在 O 点两侧作往复运动。设在 t 时刻，物体向右运动到 B 位置，它离开平衡位置的位移为 x。忽略空气阻力和桌面摩擦力，物体除受重力和支持力外，还受到弹簧的弹力 f，方向向左。因重力和支持力的合力为零，所以物体所受合力就是弹簧的拉力。如果弹簧伸长量不大，由胡克定律可得

$$f=-kx \tag{4-1}$$

其中 k 为弹簧的劲度系数，负号表示弹力方向与位移方向相反（如弹簧被压缩，物体所受弹簧力 f 向右与 Ox 轴正方向一致取正值，但此时位移 x 为负值，关系式仍然不变）。由牛顿第二定律，物体 m 所受合力和加速度的关系为

$$f=m\frac{d^2x}{dt^2}$$

将式(4-1)代入上式，得

$$\frac{d^2x}{dt^2}+\frac{k}{m}x=0 \tag{4-2}$$

对于一个给定的弹簧振子，k 与 m 都是常量，而且都是正值，把它们的比值用另一个常数 ω 的平方表示，即

$$\frac{k}{m}=\omega^2 \tag{4-3}$$

弹簧振子的运动微分方程为

$$\frac{d^2x}{dt^2}+\omega^2x=0 \tag{4-4}$$

其解为

$$x=A\cos(\omega t+\varphi_0) \tag{4-5}$$

其中 A、φ_0 为两个积分常数，由初始条件确定，它们的物理意义放在稍后一点讨论。

可见，在这种运动中，物体对于平衡位置的位移(以下将简称位移)将按余弦函数的规律随时间 t 变化，因此，物体的这种运动就是简谐振动。方程(4-5)为简谐振动的运动方程。

通过物体受力关系式(4-1)可知，如果物体受到的合力的大小总是与物体对其平衡位置的位移成正比，而受合力的方向与位移方向相反，那么，该物体的运动就是简谐振动，这是简谐振动的动力学特征。这种性质的力称线性回复力，从式(4-2)还可以看出，作简谐振动的物体加速度的大小总是与位移的大小成正比，而加速度的方向与位移相反，这一结论通常称为简谐振动的运动学特征。

无论运动学特征、动力学特征，还是简谐振动的运动方程，都可以作为一个系统是否作简谐振动的判定根据。

【例 4-1】 一轻质竖直弹簧振子，劲度系数为 k，原长为 l_0，上端固定，下端挂一质量为 m 的物体，将其由平衡位置拉下一距离 A，然后放手，任由其振动，如图 4-2 所示。已知弹簧形变很小，遵从胡克定律，不计空气阻力。试论证物体作简谐振动。

【解】 设物体处于平衡位置时弹簧的伸长量为 x_0，由于处于平衡状态，故 $mg=kx_0$。

以平衡位置 O 点为原点，竖直向下为 x 轴正方向。物体偏离平衡位置的位移为 x 时，物体所受合外力为

$$F=mg-k(x_0+x)=-kx$$

满足简谐振动的动力学特征，所以此系统在作简谐振动。需注意的是，与水平弹簧相比，坐标原点应取在受力平衡位置而不是弹簧的原长。

【例 4-2】 如图 4-3 所示，一根质量可以忽略长为 l 的细线，上端固定，下端系一可看作质

点的重物 m,构成一个单摆。把摆球从其平衡位置拉开一段距离放手,使摆球在竖直平面内来回摆动,忽略空气阻力。论证:在摆角 θ 很小的情况下,单摆的振动是简谐振动。

【解】 当摆线与竖直方向成 θ 角时,忽略空气阻力,摆球所受的合力沿圆弧切线方向的分力即重力在这一方向的分力为 $mg\sin\theta$。取逆时针方向为角位移 θ 的正方向,则此力应写成

$$f_t=-mg\sin\theta$$

在角位移 θ 很小时,$\sin\theta\approx\theta$,所以

$$f_t\approx-mg\theta$$

由于摆球的切向加速度为 $a_t=l\dfrac{d^2\theta}{dt^2}$,所以由牛顿第二定律可得

$$ml\frac{d^2\theta}{dt^2}=-mg\theta$$

或

$$\frac{d^2\theta}{dt^2}+\frac{g}{l}\theta=0 \tag{4-6}$$

这一方程和式(4-2)具有相同的形式,符合简谐振动的运动学特征,所以在角位移很小的情况下,单摆的振动可以看做是简谐振动。这一振动的角频率为上式中 θ 项系数的平方根,即

$$\omega=\sqrt{\frac{g}{l}} \tag{4-7}$$

简谐振动的运动方程

$$\theta=\theta_m\cos(\omega t+\varphi_0) \tag{4-8}$$

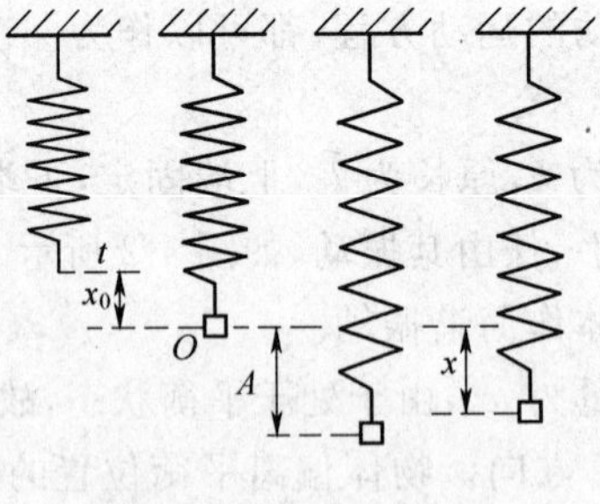

图 4-2　例 4-1 图

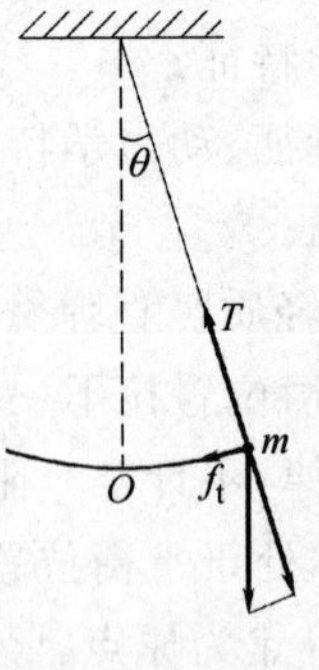

图 4-3　例 4-2 图

4.1.2　简谐振动的速度　加速度

为了进一步分析简谐振动的特点,我们要求任意时刻 t,物体作简谐振动时的速度、加速度。这时只需把式(4-5)对时间求一次和二次导数,可分别得到:

$$v=\frac{\mathrm{d}x}{\mathrm{d}t}=-\omega A\sin(\omega t+\varphi_0)=-v_{\mathrm{m}}\sin(\omega t+\varphi_0) \tag{4-9}$$

$$a=\frac{\mathrm{d}^2 x}{\mathrm{d}t^2}=-\omega^2 A\cos(\omega t+\varphi_0)=-a_{\mathrm{m}}\cos(\omega t+\varphi_0) \tag{4-10}$$

式中，$v_{\mathrm{m}}=\omega A$ 和 $a_{\mathrm{m}}=\omega^2 A$ 称为速度幅值和加速度幅值。可见，物体做简谐振动时，它的速度和加速度也是时间的余弦（或正弦）函数。图 4-4 给出了简谐振动的位移、速度和加速度随时间变化的关系曲线。我们把物体做简谐振动时位移、速度和加速度随时间周期性变化的特点推而广之，任何一个物理量，不管是位移、速度、加速度，还是电流、电压与电量等其他物理量，只要它随时间的变化符合余弦规律，那么这个物理量就在作简谐振动。

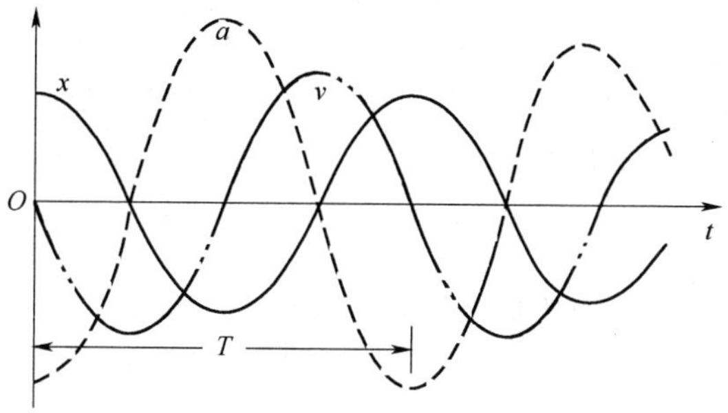

图 4-4　简谐振动的 x、v、a 随时间变化的关系曲线

【例 4-3】　一物体沿 x 轴作简谐振动，其振动方程为 $x=0.12\cos\left(\pi t-\frac{\pi}{3}\right)$ m，求 $t=0.5$ s 时物体的位移、速度和加速度。

【解】　已知振动方程为 $x=0.12\cos\left(\pi t-\frac{\pi}{3}\right)$，故可求得速度、加速度的表示式分别为

$$v=\frac{\mathrm{d}x}{\mathrm{d}t}=-0.12\pi\sin\left(\pi t-\frac{\pi}{3}\right)$$

$$a=\frac{\mathrm{d}^2 x}{\mathrm{d}t^2}=0.12\pi^2\cos\left(\pi t-\frac{\pi}{3}\right)$$

$t=0.5$ s时，由上列各式可求得

$$x=0.12\cos\left(\pi\times0.5-\frac{\pi}{3}\right)=0.104(\mathrm{m})$$

$$v=\frac{\mathrm{d}x}{\mathrm{d}t}=-0.12\pi\sin\left(\pi t-\frac{\pi}{3}\right)=-0.12\pi\sin\left(\pi\times0.5-\frac{\pi}{3}\right)=-0.188(\mathrm{m/s})$$

$$a=0.12\pi^2\cos\left(\pi\times0.5-\frac{\pi}{3}\right)=-0.103(\mathrm{m/s^2})$$

4.1.3　简谐振动的振幅、周期、相位

现在讨论简谐振动中几个特征量的物理意义以及如何确定它们的量值。

1. 振幅

物体离开平衡位置最大位移的绝对值叫振幅，在谐振动方程 $x=A\cos(\omega t+\varphi_0)$ 中，A 即为振幅，是 x 的最大值。

2. 周期、频率和圆频率

物体作一次完全振动（往复一次）所需的时间，称为振动的周期。常用 T 表示，单位为秒(s)。

单位时间内完成全振动的次数称为频率。常用 ν 表示，单位为赫[兹](Hz)。按照定义，频率和周期互为倒数，即

$$\nu=\frac{1}{T} \tag{4-11}$$

在 2π s 时间内所完成的全振动次数称为圆频率，又叫角频率，常用 ω 表示，单位为弧度/秒(rad/s)，它与周期、频率的关系是

$$\omega=\frac{2\pi}{T} \quad 或 \quad \omega=2\pi\nu \tag{4-12}$$

周期、频率或角频率是反映物体振动快慢的物理量。它们由系统本身性质决定，故频率或周期叫做固有频率或固有周期。

3. 相位和初相

在式(4-5)、式(4-9)、式(4-10)中都包括量值为$(\omega t+\varphi_0)$的角，称为振动的相位，它是决定振动物体运动状态的物理量。φ_0 是 $t=0$ 时的相位，称为初相位，简称初相，它是决定初始时刻振动物体运动状态的物理量。位移和速度是决定物体运动状态的物理量，由位移$x=A\cos(\omega t+\varphi_0)$和速度 $v=-\omega A\sin(\omega t+\varphi_0)$可知，当振幅 A 和圆频率 ω 一定时，位移和速度都决定于相位$(\omega t+\varphi_0)$，因此，相位是决定振动物体运动状态的物理量。例如图 4-1 中的弹簧振子，当相位 $\omega t_1+\varphi_0=\pi/2$ 时，$x=0,v=-\omega A$，即在 t_1 时刻，物体在平衡位置，并以速度 ωA 向左运动；而当相位 $\omega t_2+\varphi_0=3\pi/2$ 时，$x=0,v=\omega A$，即在 t_2 时刻，物体也在平衡位置，但以速度 ωA 向右运动。可见，在 t_1 和 t_2 两时刻，由于振动的相位不同，物体的运动状态也不相同。此外，当物体的相位经历了 2π 的变化，亦即相位由$(\omega t+\varphi_0)$变为$[\omega(t+T)+\varphi_0]$，振动经历了一个周期时，物体恢复到原来的运动状态。由此可见，用相位描述物体的运动状态，还能充分体现出简谐振动的周期性。

相位概念的重要性还在于比较两个简谐振动在步调上的差异。设有两个同频率的简谐振动，它们的表达式分别是

$$x_1=A_1\cos(\omega t+\varphi_{10}), \quad x_2=A_2\cos(\omega t+\varphi_{20})$$

它们的相位差为

$$\Delta\varphi=(\omega t+\varphi_{20})-(\omega t+\varphi_{10})=\varphi_{20}-\varphi_{10}$$

当 $\Delta\varphi=2k\pi$（k 为整数）时，两振动物体同时到达各自同方向的位移的最大值，同时通过平衡位

置且向同方向运动，它们的步调完全一致，我们称它们同相。当 $\Delta\varphi=(2k+1)\pi$（k 为整数）时，两振动物体一个到达正最大位移处，而另一个却恰到负方向最大位移处，它们同时通过平衡位置但运动方向相反，它们的步调完全相反，我们称它们反相。当 $\Delta\varphi$ 为其他值时，如果 $\Delta\varphi>0$，我们说第二个简谐振动超前第一个简谐振动 $\Delta\varphi$，或者说第一个简谐振动落后第二个简谐振动 $\Delta\varphi$。

4. 振幅和初相的确定

对于一个简谐振动，如果 A、ω 和 φ_0 都知道了，就可以写出它的完整的表达式，也就是全部掌握了该简谐振动的特征，因此，这三个量为描述简谐振动的三个特征量。

如前所述，ω 完全由振动系统本身的性质决定，即

$$\omega=\sqrt{\frac{k}{m}}\quad（弹簧振子）$$

或

$$\omega=\sqrt{\frac{g}{l}}\quad（单摆）$$

现在说明在角频率 ω 已经确定的条件下，如果知道了 $t=0$ 时物体相对平衡位置的位移 x_0 和速度 v_0，如何确定振动的振幅 A 和初位相 φ_0。

由式(4-5)和式(4-9)可得，在 $t=0$ 时

$$x_0=A\cos\varphi_0,\quad v_0=-\omega A\sin\varphi_0$$

由此两式可得

$$A=\sqrt{x_0^2+\frac{v_0^2}{\omega^2}},\quad \varphi_0=\arctan\left(-\frac{v_0}{\omega x_0}\right)\tag{4-13}$$

物体在 $t=0$ 时的位移 x_0 和速度 v_0 叫做初始条件。上述结果说明，作简谐振动的物体，它的振幅 A 和初相 φ_0 是由初始条件决定的。

【例 4-4】 在图 4-1 中，已知弹簧的劲度系数 $k=1.60$ N/m，物体的质量为0.40 kg，就下面两种情况求出简谐振动的方程：

(1)将物体从平衡位置向右移到 $x=0.10$ m处后静止释放。

(2)将物体从平衡位置向右移到 $x=0.10$ m处，给物体以向左的速度0.20 m/s。

【解】 弹簧振子的角频率 $\omega=\sqrt{\frac{k}{m}}=\sqrt{\frac{1.60}{0.40}}(\text{rad/s})=2(\text{rad/s})$

(1)根据初始条件，$t=0$ 时，$x_0=0.10$ m，$v_0=0$，所以

$$A=\sqrt{x_0^2+\frac{v_0^2}{\omega^2}}=x_0=0.10(\text{m})$$

$$\cos\varphi_0=\frac{x_0}{A}=\frac{0.10}{0.10}=1,\quad 故\ \varphi_0=0$$

所以简谐振动方程为

$$x=0.10\cos 2t\ (\text{m})$$

(2)根据初始条件，$t=0$ 时，$x_0=0.10\ \mathrm{m}$，$v_0=-0.20\ \mathrm{m/s}$，所以

$$A=\sqrt{x_0^2+\frac{v_0^2}{\omega^2}}=\sqrt{0.10^2+\left(\frac{-0.20}{2}\right)^2}=0.1\sqrt{2}\ (\mathrm{m})$$

$$\cos\varphi_0=\frac{x_0}{A}=\frac{0.10}{0.1\sqrt{2}}=\frac{\sqrt{2}}{2},\quad 故\ \varphi_0=\frac{\pi}{4}，或\ \varphi_0=-\frac{\pi}{4}$$

因 $\sin\varphi_0=\frac{-v_0}{\omega A}>0$，所以应取 $\varphi_0=\frac{\pi}{4}$，故简谐振动方程为 $x=0.10\cos\left(2t+\frac{\pi}{4}\right)\ (\mathrm{m})$。

4.1.4 简谐振动的能量

现在仍以水平弹簧振子为例来讨论作简谐振动的系统能量。此系统除了具有动能以外，还具有势能。振动物体的动能为

$$E_k=\frac{1}{2}mv^2$$

如果取物体在平衡位置的势能为零，则弹性势能为

$$E_p=\frac{1}{2}kx^2$$

将式(4-5)和式(4-9)分别代入以上两式得

$$E_k=\frac{1}{2}m\omega^2A^2\sin^2(\omega t+\varphi_0) \tag{4-14}$$

$$E_p=\frac{1}{2}kA^2\cos^2(\omega t+\varphi_0) \tag{4-15}$$

式(4-14)和式(4-15)说明物体作简谐振动时，其动能和势能都随时间 t 作周期性变化。位移最大时，势能达最大值，动能为零；物体通过平衡位置时，势能为零，动能达最大值。总机械能为

$$E=E_k+E_p=\frac{1}{2}m\omega^2A^2\sin^2(\omega t+\varphi_0)+\frac{1}{2}kA^2\cos^2(\omega t+\varphi_0)$$

考虑到 $\omega^2=k/m$，则上式简化为

$$E=\frac{1}{2}kA^2 \tag{4-16}$$

上式说明：谐振系统在振动过程中的动能和势能虽然分别随时间而变化，但总的机械能在振动过程中却是常量。这是由于在运动过程中，系统不受外力和非保守内力的作用，其总机械能守恒。简谐振动系统的总能量和振幅的平方成正比，这一结论对于任一谐振系统都是正确的。

图 4-5 表示了弹簧振子的动能、势能随时间的变化(图中设 $\varphi_0=0$)，为了便于将这个变化与位移随时间的变化相比较，在上面画了 x-t 曲线，从图可见，动能和势能的变化频率是弹簧

振子频率的两倍，总能量并不改变。

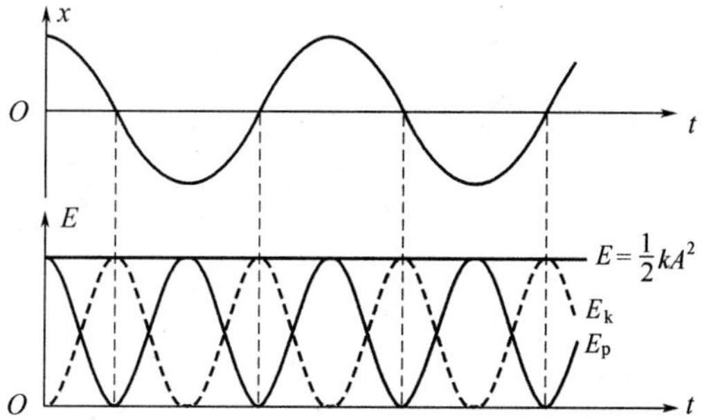

图 4-5　简谐振子的功能、势能随时间变化的曲线

4.2　简谐振动的旋转矢量表示法

为了直观地领会简谐振动表达式中 A、ω 和 φ_0 三个物理量的意义，并为后面讨论谐振动的叠加提供简捷的方法，我们介绍简谐振动的旋转矢量表示法。

如图 4-6 所示，在图示平面内画坐标轴 Ox，由原点 O 作一个矢量 $\boldsymbol{OM}$，矢量的长度等于振幅 A，$\boldsymbol{OM}$ 以数值等于角频率 ω 的角速度在平面内绕 O 点作逆时针方向的匀速转动。设在 $t=0$ 时，振幅矢量 $\boldsymbol{OM}$ 与 Ox 轴之间的夹角为 φ_0，等于谐振动的初相。这样经过时间 t，振幅矢量 $\boldsymbol{OM}$ 转过角度 ωt，与 Ox 轴之间的夹角变为 $(\omega t+\varphi_0)$，等于简谐振动在该时刻的相位。这时矢量 $\boldsymbol{OM}$ 的端点 M 在 Ox 轴上的投影点 P 的位置坐标是 $x=A\cos(\omega t+\varphi_0)$，此式与式(4-5)相同。可见，$\boldsymbol{OM}$ 匀速转动时，其端点 M 在 Ox 轴上投影点 P 的运动，可表示物体在 Ox 轴上的简谐振动。矢量 $\boldsymbol{OM}$ 转一周所需的时间就是简谐振动的周期。

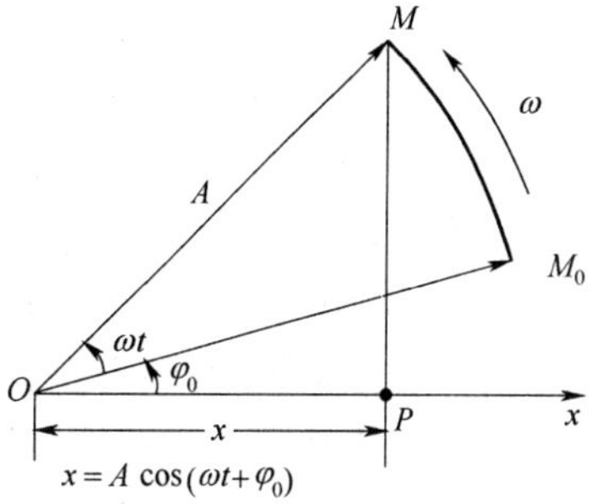

图 4-6　简谐振动的旋转矢量图

由此可见，简谐振动的旋转矢量表示法把描写简谐振动的三个特征量非常直观地表示出来了：矢量的长度即振动的振幅，矢量旋转的角速度就是振动的角频率，矢量与 Ox 轴的夹角就是振动的相位，而 $t=0$ 时矢量与 Ox 轴的夹角就是初相位。

利用旋转矢量图，可以很容易地表示两个简谐振动的相位差。图 4-7(b)为振幅和圆频率相同，但初相位不同的两简谐振动的振动曲线，将此简谐振动用旋转矢量表示出来，就如图4-7(a)所示。可以看出，它们的相位差就是两个旋转矢量之间的夹角。

旋转矢量这种方法，今后将用于研究振动的合成、波的干涉及交流电等方面，也可根据初始条件结合旋转矢量图去确定简谐振动的初相。这种方法的优点是可避免一些繁琐的计算，使问题变得更加直观、简捷。

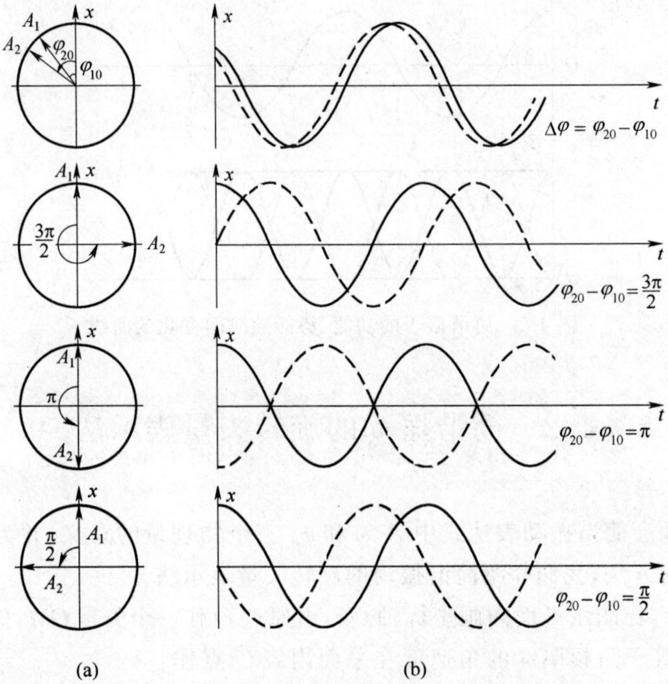

图 4-7　用旋转矢量表示两简谐振动的相位差

【例 4-5】 一物体沿 x 轴作简谐振动，振幅 $A=0.12$ m，周期 $T=2$ s；当 $t=0$ 时，物体的位移 $x_0=0.06$ m，且向 x 轴正方向运动。求：

(1)此简谐振动的表达式；

(2)物体从 $x=-0.06$ m向 x 轴负方向运动，第一次回到平衡位置所需的时间。

【解】 (1) 设这一简谐振动的表达式为 $x=A\cos(\omega t+\varphi_0)$，已知 $A=0.12$ m，$T=2$ s，$\omega=\frac{2\pi}{T}=\pi$ rad/s，由初始条件：$t=0$ 时，$x_0=0.06$ m，可得

$$0.06=0.12\cos\varphi_0 \quad 或 \quad \cos\varphi_0=\frac{1}{2}，故\ \varphi_0=\pm\frac{\pi}{3}$$

根据初始速度条件 $v_0=-\omega A\sin\varphi_0$，取舍 φ_0 值。因为 $t=0$ 时，物体向 x 轴正方向运动，即 $v_0>0$，所以 $\varphi_0=-\frac{\pi}{3}$。这样，此简谐振动的表达式为

$$x=0.12\cos\left(\pi t-\frac{\pi}{3}\right)$$

利用旋转矢量法来求解 φ_0 是很直观方便的。根据初始条件就可画出振幅矢量的初始位

置，如图 4-8(a)所示，从而 $\varphi_0=-\dfrac{\pi}{3}$。

（2）设当物体在 $x=-0.06$ m向 x 轴负方向运动时为 t_1 时刻，则

$$-0.06=0.12\cos\left(\pi t_1-\frac{\pi}{3}\right)$$

$$\cos\left(\pi t_1-\frac{\pi}{3}\right)=-\frac{1}{2}$$

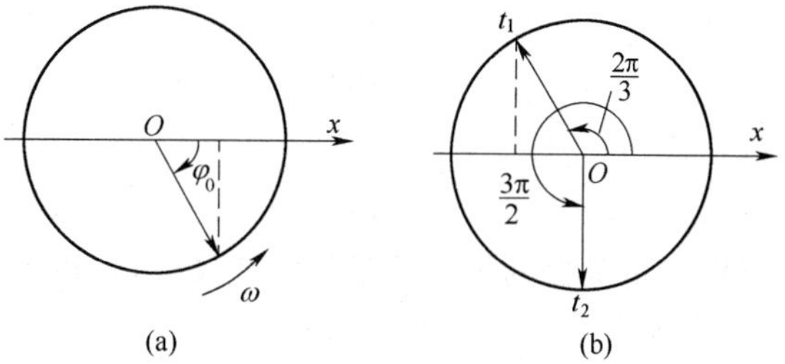

图 4-8　例 4-5 图

解得

$$\pi t_1-\frac{\pi}{3}=\frac{2\pi}{3} \quad ①$$

$$\pi t_1-\frac{\pi}{3}=\frac{4\pi}{3} \quad ②$$

因为物体向 x 轴负方向运动，$v<0$，所以 $\pi t_1-\dfrac{\pi}{3}=\dfrac{4\pi}{3}$舍去，由式①解得 $t_1=1$ s。当物体第一次回到平衡位置，设该时刻为 t_2，由于物体向 x 轴正向运动，所以此时物体在平衡位置处的相位为$\dfrac{3\pi}{2}$，则由 $\pi t_2-\dfrac{\pi}{3}=\dfrac{3\pi}{2}$求得 $t_2=1.83$ s。所以，物体从 $x=-0.06$ m向 x 轴负方向运动，第一次回到平衡位置所需的时间为

$$\Delta t=t_2-t_1=0.83(\text{s})$$

Δt 也可利用旋转矢量法来方便求解，由旋转矢量图 4-8(b)可知，从 $x=-0.06$ m向 x 轴负方向运动，第一次回到平衡位置时，振幅矢量转过的角度 $\Delta\varphi=\dfrac{3\pi}{2}-\dfrac{2\pi}{3}=\dfrac{5\pi}{6}$，这就是两者的相位差，由于振幅矢量的角速度为 ω，所以可得到所需的时间 $\Delta t=\dfrac{\Delta\varphi}{\omega}=\dfrac{\frac{5}{6}\pi}{\pi}=0.83(\text{s})$。

4.3　同方向同频率简谐振动的合成

在实际问题中，常会遇到一个质点同时参与几个振动的情况。例如，当两个声波同时传到某一点时，该点处的空气质点就同时参与两个振动。根据运动叠加原理，这时质点所作的运动实际上就是这两个振动的合成。一般的振动合成问题比较复杂，下面我们只研究同方向同频率的简谐振动的合成情况。

设一质点在一直线上同时进行两个独立的同频率的简谐振动。如果取这一直线为 x 轴，以质点的平衡位置为原点，在任一时刻 t，这两个振动的位移分别为

$$x_1=A_1\cos(\omega t+\varphi_{10}),\quad x_2=A_2\cos(\omega t+\varphi_{20})$$

式中 A_1、A_2 和 φ_{10}、φ_{20} 分别表示两个振动的振幅和初相位。由于 x_1 和 x_2 表示在同一直线方向上距同一平衡位置的位移，所以合位移 x 仍在同一直线上，合位移等于上述两个位移的代数和，即

$$x=x_1+x_2=A_1\cos(\omega t+\varphi_{10})+A_2\cos(\omega t+\varphi_{20})$$

应用三角函数的等式关系将上式展开，可以化成

$$x=A\cos(\omega t+\varphi_0) \tag{4-17}$$

式中 A 与 φ_0 的值分别为

$$A=\sqrt{A_1^2+A_2^2+2A_1A_2\cos(\varphi_{20}-\varphi_{10})} \tag{4-18}$$

$$\tan\varphi_0=\frac{A_1\sin\varphi_{10}+A_2\sin\varphi_{20}}{A_1\cos\varphi_{10}+A_2\cos\varphi_{20}} \tag{4-19}$$

这说明合振动仍是简谐振动，其振动方向和频率都与原来的两个振动相同。

应用旋转矢量图，可以很方便地得到上述两简谐振动的合振动。如图 4-9 所示，用 $\boldsymbol{A}_1$ 和 $\boldsymbol{A}_2$ 代表两简谐振动的旋转矢量，由于 $\boldsymbol{A}_1$ 和 $\boldsymbol{A}_2$ 以相同的角速度 ω 作逆时针转动，它们之间的夹角 $(\varphi_{20}-\varphi_{10})$ 保持恒定，所以在旋转过程中，矢量合成的平行四边形的形状保持不变，因而合矢量 $\boldsymbol{A}$ 的长度保持不变，并以同一角速度 ω 匀速旋转。合矢量 $\boldsymbol{A}$ 就是相应的合振动的振幅矢量，而合振动的表达式可从 t 时刻合矢量 $\boldsymbol{A}$ 在 x 轴上的投影给出，$x=A\cos(\omega t+\varphi_0)$。式中，$A$ 为合矢量 $\boldsymbol{A}$ 的长度，初相位 φ_0 是合矢量 $\boldsymbol{A}$ 与 Ox 轴的夹角，在图 4-9 中，对 ΔOM_1M 应用余弦定理，即得式(4-18)。在 ΔOPM 中可确定初相位 φ_0，见式(4-19)。

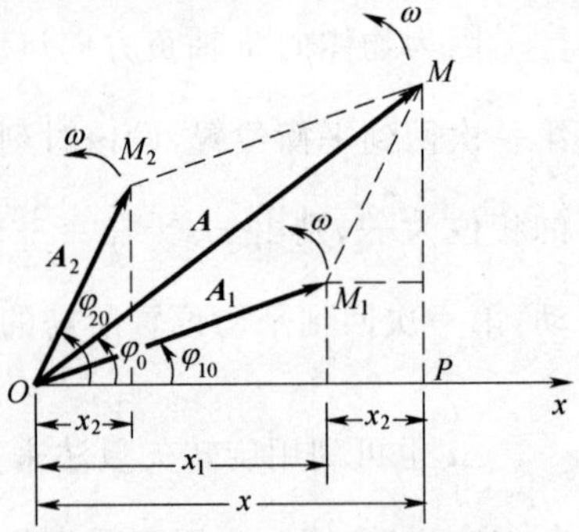

图 4-9　简谐振动合成的矢量图

现在来讨论振动合成的结果。从式(4-18)可以看出，合振动的振幅与原来的两个振动的位相差 $(\varphi_{20}-\varphi_{10})$ 有关。下面讨论两个特例，将来在研究声、光等波动过程的干涉和衍射现象时，这两个特例常要用到。

(1) 两振动同相，即相位差 $\varphi_{20}-\varphi_{10}=2k\pi\ (k=0,\pm1,\pm2,\cdots)$，这时，$\cos(\varphi_{20}-\varphi_{10})=1$，按式(4-18)得

$$A=\sqrt{A_1^2+A_2^2+2A_1A_2}=A_1+A_2$$

即合振动的振幅等于原来两个振动的振幅之和，这是合振动振幅可能达到的最大值。

(2) 两振动反相，即相位差 $\varphi_{20}-\varphi_{10}=(2k+1)\pi\ (k=0,\pm1,\pm2,\cdots)$，这时，$\cos(\varphi_{20}-\varphi_{10})=-1$，按式(4-18)得

$$A=\sqrt{A_1^2+A_2^2-2A_1A_2}=|A_1-A_2|$$

即合振动的振幅等于原来两个振动的振幅之差，这是合振动振幅可能达到的最小值。如果 $A_1=A_2$，则 $A=0$，就是说振动合成的结果使质点处于静止状态。

在一般情形下，$(\varphi_{20}-\varphi_{10})$是其他任意值时，合振动的振幅在 A_1+A_2 与$|A_1-A_2|$之间。上述结果说明，两个振动的相位差对合振动起着重要作用。

【例 4-6】 一质点同时参与两个在同一直线上的简谐振动

$$x_1=0.04\cos\left(2t+\frac{\pi}{6}\right),\quad x_2=0.03\cos\left(2t-\frac{5\pi}{6}\right)$$

试求合振动的振幅与初相位(式中 x 以 m 计，t 以 s 计)。

【解】 由

$$x_1=0.04\cos\left(2t+\frac{\pi}{6}\right)\ (\mathrm{m})$$

$$x_2=0.03\cos\left(2t-\frac{5\pi}{6}\right)\ (\mathrm{m})$$

从矢量旋转图上可以看出，两个振动相位相反，即位相差 $\varphi_{20}-\varphi_{10}=-\pi$，合振幅

$$A=A_1-A_2=0.04-0.03=0.01\ (\mathrm{m})$$

初相位

$$\varphi_0=\varphi_1=\frac{\pi}{6}$$

合振动方程为

$$x=0.01\cos\left(2t+\frac{\pi}{6}\right)\ (\mathrm{m})$$

【例 4-7】 一质点同时参与了两个同方向的一维简谐振动：$\cos\omega t$ 与$\sqrt{3}\cos\left(\omega t+\frac{\pi}{2}\right)$，试求该质点合振动的振幅与初相 φ_0。

【解】 由 $x_1=\cos\omega t$，$x_2=\sqrt{3}\cos\left(\omega t+\frac{\pi}{2}\right)$，则 $A_1=1$，$\varphi_{10}=0$，$A_2=\sqrt{3}$，$\varphi_{20}=\frac{\pi}{2}$，因而合振幅

$$A=\sqrt{A_1^2+A_2^2+2A_1A_2\cos(\varphi_{20}-\varphi_{10})}=\sqrt{1^2+(\sqrt{3})^2}=2$$

$$\tan\varphi_0=\frac{A_2}{A_1}=\sqrt{3}\ ,\quad \varphi_0=\frac{\pi}{3}$$

习 题

一、选择题

1. 一质点在 x 轴上作简谐振动，振幅 $A=4$ cm，周期 $T=2$ s，其平衡位置取作坐标原点，若 $t=0$ 时刻质点第一次通过 $x=-2$ cm 处，且向 x 轴负方向运动，则质点第二次通过 $x=-2$ cm 处的时刻为(　　)。

A. 1 s　　B. (2/3) s　　C. (4/3) s　　D. 2 s

2. 同一个简谐振子分别在水平方向和竖直方向以及一光滑斜面上作简谐振动，其周期分别为 T_1、T_2、T_3，则它们的关系为(　　)。

A. $T_1>T_2>T_3$　　B. $T_1<T_2<T_3$　　C. $T_1>T_2<T_3$　　D. $T_1=T_2=T_3$

3. 一个弹簧振子作简谐振动，已知此振子势能的最大值为 100 J，当振子处于最大位移的

一半处时，其动能的瞬时值为(　　)。

A. 25 J　　B. 50 J　　C. 75J　　D. 100 J

4. 弹簧振子在光滑的水平面上作简谐振动。在一个周期内，质点的速度和速率对时间的平均值以及弹性力所做的功分别为(　　)。

A. 0,0,0　　B. 0，$\frac{2\omega A}{\pi}$，0　　C. 0，$\frac{\omega A}{\pi}$，kA^2　　D. 0，$\frac{2\omega A}{\pi}$，$\frac{1}{2}kA^2$.

5. 已知质点的振动方程为 $y=A\cos(\omega t+\varphi)$，当时间 $t=T/4$ 时（T 为周期），质点的速度为(　　)。

A. $\omega A\cos\varphi$　　B. $-\omega A\cos\varphi$　　C. $\omega A\sin\varphi$　　D. $-\omega A\sin\varphi$

6. 一弹簧振子作简谐振动，当位移为振幅的一半时，其动能与弹性势能关系为(　　)。

A. 动能大于势能　　B. 动能小于势能

C. 动能等于势能　　D. 无法确定

7. 将一个弹簧振子分别拉离平衡位置 1 cm 和 2 cm 后，由静止释放(形变在弹性限度内)，则它们作简谐振动时的(　　)。

A. 周期相同　　B. 振幅相同

C. 最大速度相同　　D. 最大加速度相同

8. 一质点作简谐振动，当它由平衡位置向 x 轴负向运动时，从 $-A/2$ 到 $-A$ 处这段路程所需要的最短时间为(　　)。

A. $T/4$　　B. $T/6$　　C. $T/8$　　D. $T/12$

二、填空题

1. 一质点作简谐振动的振幅为 A，当 $t=0$ 时质点位于 $x=A/2$ 处，且向 x 轴正方向运动，则其初相 $\varphi=$__________。

2. 一质点沿 x 轴作谐振动，平衡位置为 x 轴原点，已知周期为 T，振幅为 A，则(1)若 $t=0$ 时质点过 $x=0$ 处且向 x 轴正方向运动，则振动方程为 $x=$__________；(2)若 $t=0$ 时质点过 $x=A/2$ 处且向 x 轴负方向运动，则振动方程为 $x=$__________。

3. 作简谐振动的小球，速度最大值为 $v_m=3$ cm/s，振幅 $A=2$ cm，若速度为正的最大值时为计时零点，则小球的振动周期为__________，加速度最大值为__________，振动表达式为__________。

4. 两个相同的弹簧先串联后并联，一物体分别挂在这两个弹簧组上时的振动周期之比为__________。

5. 若简谐振动的振幅增加到原来的两倍，频率减少到原来的一半，而振子的弹性系数 k 保持不变，则简谐振子最大动能是原来的__________倍。

6. 有两个同方向的简谐振动，其方程分别为 $x_1=0.05\cos\left(10t+\frac{3}{4}\pi\right)$ 和 $x_2=0.06\cos\left(10t+\frac{1}{4}\pi\right)$，

若另有一振动 $x_3=0.07\cos(10t+\varphi)$，则当 $\varphi=$__________时，x_1+x_3 的振幅为最大；当 $\varphi=$__________时，x_2+x_3 的振幅为最小（φ 取值在 $0\sim2\pi$）。

三、简答题

1. 在光滑的桌面上，有劲度系数分别为 k_1 与 k_2 的两个轻弹簧以及质量为 m 的物体，构成两种弹簧振子，如简答题 1 图(a)、(b)所示，试求这两种系统的固有角频率。

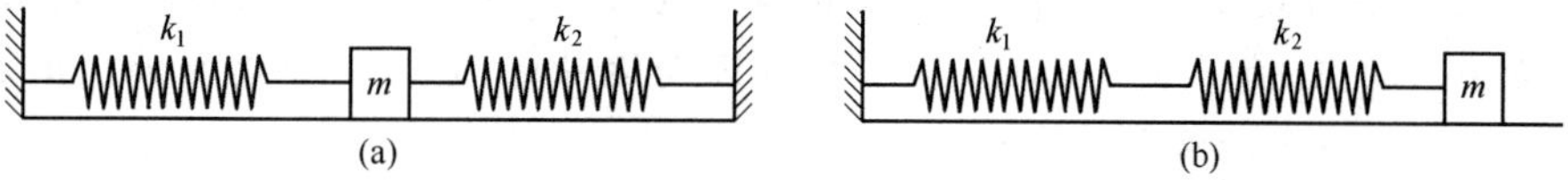

简答题 1 图

2. 已知简谐振动的振动方程为

$$x=0.12\times10^{-2}\cos\left(\frac{4\pi}{3}t+\frac{\pi}{4}\right)\quad(\mathrm{SI})$$

求：振动的振幅、频率、周期和初位相。

3. 交流电压的表示式为

$$U=311\sin(100\pi t)\quad(\mathrm{SI})$$

求：交流电压的振幅、频率、周期和初位相。

4. 质量为10 g的小球与轻弹簧组成的系统，按 $x=0.5\cos\left(8\pi t+\frac{\pi}{3}\right)$ (SI)的规律振动，试求：

(1) 振动的角频率、周期、振幅、初相、速度和加速度的最大值；

(2) $t=1$ s、2 s、10 s时刻的相位各是多少；

(3) 分别画出位移、速度、加速度与时间 t 的关系曲线。

5. 一质点的质量为 0.25×10^{-3} kg，作简谐振动，运动方程为

$$x=6\times10^{-2}\cos(5t-\pi)\quad(\mathrm{SI})$$

求：(1) 初位置和初速度；

(2) π s时的位移、速度、加速度；

(3) π s时质点所受的力。

6. 某质点作简谐振动的 x-t 曲线如简答题 6 图所示，写出该质点的振动方程。

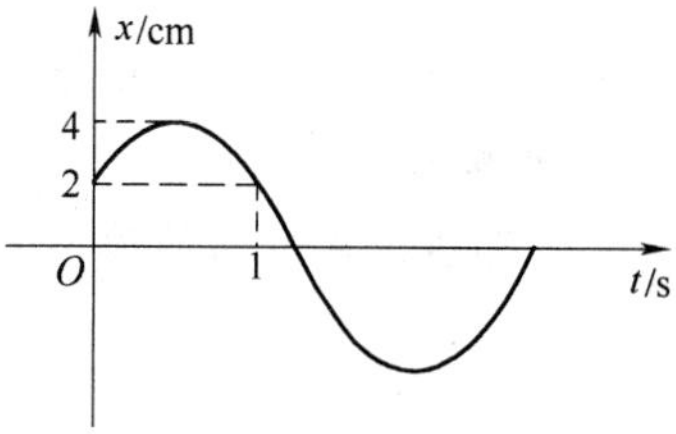

简答题 6 图

7. 有一个和轻弹簧相连的小球，沿 x 轴作振幅为 A 的简谐振动，其表达式用余弦函数表示。若 $t=0$ 时，球的运动状态为：

(1) $x_0=-A$；

(2) 过平衡位置向 x 轴正向运动；

(3) $x=\frac{A}{2}$处向 x 轴负方向运动；

(4) $x=\frac{A}{\sqrt{2}}$处向 x 轴正方向运动；

试用矢量图示法确定相应的初相的值，并写出振动表达式。

8. 一物沿 x 轴作谐振动，振幅为10.0 cm，周期为2.0 s，在 $t=0$ 时，坐标为5.0 cm，且向 x 轴负方向运动。求在 $x=-5.0$ cm处，沿 x 轴负方向运动时，物体的速度和加速度以及它从这个位置回到平衡位置所需最短时间。

9. 简谐振动的振幅为 24×10^{-2} m，周期是4 s，初位移为 24×10^{-2} m，物体的质量为 10×10^{-3} kg，求：

(1) $t=0.5$ s 时，物体的位移和所受的力；

(2) 从起始位置运动到 $x=-12\times10^{-2}$ m 处所需的最短时间。

10. 一水平放置的弹簧振子，已知物体经过平衡位置向右运动时速度 $v=1.0$ m/s，周期 $T=1.0$ s，求再经过$\frac{1}{3}$ s时间，物体的动能是原来的多少倍？(弹簧的质量不计)

11. 在简谐振动中，当位移为振幅的一半时，它的动能和势能各占总能量的多少？当动能与势能相等时，振动物体的位移为多少？

12. 一个水平面上的弹簧振子，弹簧的劲度系数为 k，所系物体的质量为 M，振幅为 A，有一质量 m 的物体从高度 h 处自由下落。当振子在最大位移处时，物体正好落在 M 上，并粘在一起，这时振动系统的振动周期、振幅和振动能量有何变化？如果物体 m 是在振子到达平衡位置时落在 M 上，这些量又如何？

13. 两质点作同方向、同频率的简谐振动，振幅相等，试求下面两种情况下两质点振动的位相差：

(1) 当质点 1 在 $x_1=\frac{A}{2}$处作负方向运动时，质点 2 在 $x_2=-\frac{A}{2}$作正方向运动；

(2) 当质点 1 在 $x_1=\frac{A}{2}$处作负方向运动时，质点 2 在 $x_2=-\frac{A}{2}$作负方向运动。

14. 两个同方向的简谐振动，周期相同，振幅分别为 $A_1=0.05$ m，$A_2=0.07$ m，合成后组成一个振幅为0.09 m的简谐振动，求两个分振动的相位差。

15. 有两个同方向的简谐振动，它们的运动方程是

$$x_1=0.2\cos\left(30t+\frac{\pi}{6}\right)\quad\text{(SI)}$$

$$x_2=0.6\cos\left(30t+\varphi\right)\quad\text{(SI)}$$

问：(1) φ 为何值时，合振动的振幅为最大？

(2) φ 为何值时，合振动的振幅为最小？

第5章 机 械 波

振动状态的传播过程叫做波动,简称波。激发波动的振动系统称为波源。通常将波动分为两大类:一类是机械振动在介质中的传播,称为机械波。例如水波、声波都是机械波。另一类是变化电场和变化磁场在空间的传播,称为电磁波。例如无线电波、光波、X 射线、γ 射线等都是电磁波。机械波与电磁波在本质上虽然不同,但具有波动的共同特征。例如,机械波和电磁波都具有一定的传播速度,伴随着能量的传播,都能产生反射、折射、干涉和衍射等现象。本章讨论机械波的特征和基本规律。

5.1 机械波的产生和传播

5.1.1 机械波产生的条件

如果在弹性介质中某处的质点发生了振动,由于介质中各质点之间有弹性力的作用,就引起相邻质点也陆续地振动起来,这样,振动就向周围的弹性介质传播出去,这种机械振动在介质中的传播过程叫做机械波。

如图 5-1 所示,手拉绳子一端上下振动,可以看到绳子的这一端先形成一个凸起的状态,然后又形成一个凹下的状态,凸凹起伏的状态就沿着绳子传播出去。这一个接一个的凸起和凹陷沿绳子的传播,就是一种波动。显然,绳子上的这种波动,是由于绳子上手拿着的那一点上下振动所引起的,对于波动而言,这一点就称为波源。绳子就是传播这种振动的弹性介质。

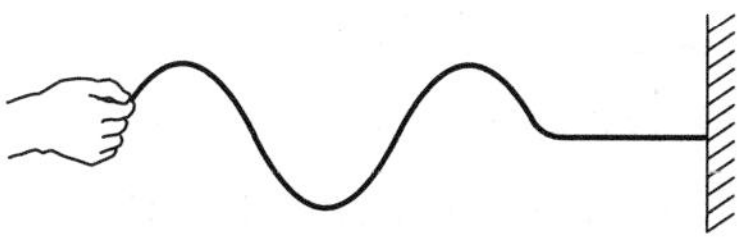

图 5-1 绳索上的横波

我们可以把绳子看作为一维的弹性介质,组成这种介质的各质点之间都以弹性力相联系,一旦某质点离开其平衡位置,则这个质点与邻近质点之间必然产生弹性力的作用,此弹性力既迫使这个质点返回其平衡位置,同时也迫使邻近质点偏离其平衡位置而参与振动。另外,组成弹性介质的质点都具有一定的惯性,当质点在弹性力的作用下返回平衡位置时,质点不可能突然停止在平衡位置上,而要越过平衡位置继续运动。所以说,弹性介质的弹性和惯性决定了机械波的产生和传播过程。

从上面的例子可见,机械波的产生,首先要有作机械振动的物体,也叫波源,其次要有能够传播这种机械振动的介质。

应当注意，波动只是振动状态的传播，媒质中各质点并不随波前进，各质点只以交变的振动速度在各自的平衡位置附近振动。介质中各质点依次传播振动状态的快慢称为波速，不要把波速与质点的振动速度混淆起来。此外，质点的振动方向和波动的传播方向也不一定相同。

一般来说，介质中各个质点的振动情况是很复杂的，由此产生的波动也很复杂。当波源作简谐振动时，介质中各质点也作简谐振动，这时的波动称为简谐波(余弦波或正弦波)。简谐波是一种最简单最重要的波，本章中主要讨论简谐波。可以证明，其他复杂的波是由简谐波合成的结果。

5.1.2 横波和纵波

在波动中，如果参与波动的质点的振动方向与波的传播方向相垂直，这种波称为横波；如果参与波动的质点的振动方向与波的传播方向相平行，这种波称为纵波。

图 5-1 所示绳索上传播的波，就是横波。纵波的产生和传播可以通过下面的实验来观察。将一根长弹簧水平悬挂起来，在其一端用手有节奏地推压弹簧的自由端，使其端部沿弹簧的长度方向振动。由于弹簧各部分之间弹性力的作用，端部的振动带动了其相邻部分的振动，而相邻部分又带动它附近部分的振动，因而弹簧各部分将相继振动起来。弹簧上的纵波波形不再像绳子上的横波波形那样表现为绳子的凸起和凹陷，而表现为弹簧圈的稠密和稀疏，如图 5-2 所示，图中弹簧圈的振动方向与波的传播方向相平行。对于纵波，除了质点的振动方向平行于波的传播方向这一点与横波不同外，其他性质与横波无根本性差异，所以对横波的讨论也适用于纵波，对纵波的讨论当然也适用于横波。

图 5-2 弹簧上的纵波

横波和纵波是两种最简单的波。有的波既不是纯粹的纵波，也不是纯粹的横波，如液体的表面波。当波通过液体表面时，该处液体质点的运动是相当复杂的，既有与波的传播方向相垂直的运动，也有与波的传播方向相平行的运动。这种运动的复杂性，是由于液面上液体质点受到重力和表面张力共同作用的结果。

介质的弹性和惯性决定了机械波的产生和传播过程。弹性介质，无论是气体、液体还是固体，其质点都具有惯性。至于弹性，对于流体和固体却有不同的情形。固体的弹性，既表现在当固体发生体变时能够产生相应的压应力和张应力，也表现在当固体发生剪切时能够产生相应的剪应力。所以，在固体中，无论质点之间相对疏远或靠近，还是相邻两层介质之间发生相对错动，都能产生相应的弹性力使质点返回其平衡位置。这样，固体既能够形成和传播纵波，也能够形成和传播横波。流体的弹性只表现在当流体发生体变时能够产生相应的压应力和张应力，而当流体发生剪切时却不能产生相应的剪应力。这样，流体只能形成和传播纵波，而不能形成和传播横波。

5.1.3　波振面和波射线

波线和波面都是为了形象地描述波在空间的传播而引入的概念。从波源沿各传播方向所画的带箭头的线,称为波线,用以表示波的传播路径和传播方向。波在传播过程中,所有振动相位相同的点连成的面称为波振面或波面。显然,波在传播过程中波面有无穷多个,其中最前面的一个波阵面称为波前。由于波阵面上各点的相位相同,所以波阵面是同相面。在各向同性的均匀介质中,波线与波面相垂直。

波振面是平面的波动称为平面波[图 5-3(a)],波阵面是球面的波动称为球面波[图 5-3(b)]。波的传播方向称为波线或波射线。在各向同性的介质中,波线总与波阵面垂直,平面波的波线是垂直于波阵面的平行直线,球面波的波线是以波源为中心从中心向外的径向直线。

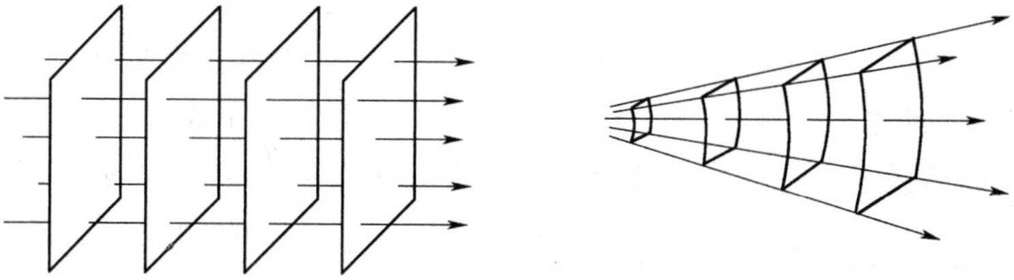

(a) 平面波的波振面
(带箭头的直线代表波线)

(b) 球面波的波振面
(只画出球的一部分,波线从中心沿径向向外)

图 5-3　波振面和波射线

关于波振面推进的规律,我们在讨论惠更斯原理时再作介绍。

5.1.4　波速、波长以及波的周期和频率

波速 u、波长 λ、波的周期 T 和频率 ν 是描述波动的四个重要物理量,这四个物理量之间存在一定的联系。

波速是单位时间内振动状态传播的距离,也就是波面向前推进的速率。

横波在固体中的传播速率为

$$u=\sqrt{\frac{G}{\rho}} \tag{5-1}$$

式中,G 是固体材料的剪切模量,ρ 是固体材料的密度。

纵波在固体中的传播速率为

$$u=\sqrt{\frac{Y}{\rho}} \tag{5-2}$$

式中,Y 是固体材料的杨氏模量。

在流体中只能形成和传播纵波,其传播速率可以表示为

$$u=\sqrt{\frac{B}{\rho}} \tag{5-3}$$

式中,B 是流体的容变弹性模量。

式(5-1)、式(5-2)和式(5-3)表明,波在弹性介质中的传播速率决定于弹性介质的弹性和惯性,弹性模量是介质弹性的反映,密度则是介质质点惯性的反映。

波在传播过程中,沿同一波线上相位差为 2π 的两个相邻质点的运动状态必定相同,它们之间的距离为一个波长。在横波的情况下,波长等于两相邻波峰之间或两相邻波谷之间的距离;在纵波的情况下,波长等于两相邻密部中心之间或两相邻疏部中心之间的距离。

一个完整的波(即一个波长的波)通过波线上某点所需要的时间,称为波的周期。周期的倒数等于波的频率,即

$$\nu=\frac{1}{T} \tag{5-4}$$

波的频率表示在单位时间内通过波线上某点的完整波的数目。根据波速、波长、波的周期和频率的上述定义,我们不难想象,每经过一个周期,介质质点完成一次完全的振动,同时振动状态沿波线向前传播了一个波长的距离;在 1 s 内,质点振动了 ν 次,振动状态沿波线向前传播了 ν 个波长的距离,即波速,如图 5-4 所示。

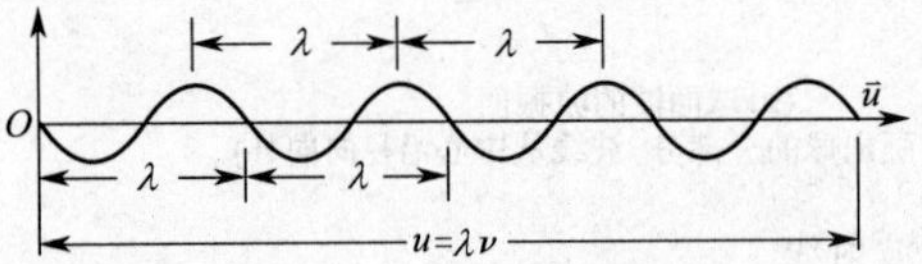

图 5-4　波长、频率和波速的关系

$$u=\nu\lambda=\frac{\lambda}{T} \tag{5-5}$$

因为在一定的介质中波速是恒定的,所以波长完全由波源的频率决定:频率越高,波长越短;频率越低,波长越长。对于频率或周期恒定的波源,因为波速与介质有关,波源在不同介质中激发的波的波长由介质的波速决定。

5.2　平面简谐波的波动方程

当波源作简谐振动时,其所引起的介质中各点也作简谐振动而形成的波,称为简谐波。它是一种最简单、最基本的波,任何一种复杂的波都可以表示为若干不同频率、不同振幅的简谐波的合成。波面为平面的简谐波称为平面简谐波,以下我们讨论平面简谐波。

如图 5-5 所示,在各向同性的均匀介质中沿 Ox 轴方向无吸收地传播着一列平面简谐波,设 t 时刻处于原点 O 的质点的位移可以表示为

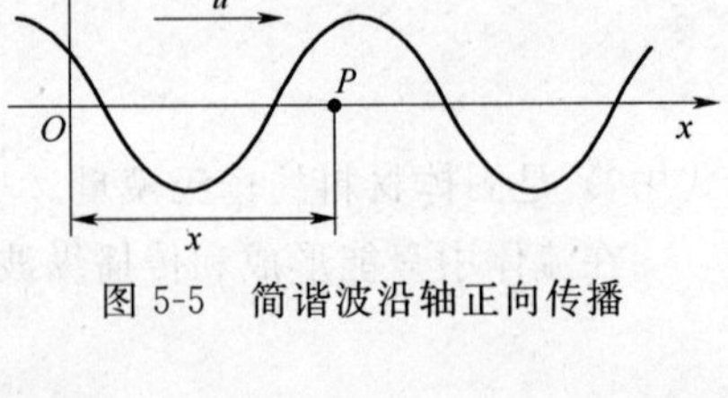

图 5-5　简谐波沿轴正向传播

$$y_0 = A\cos(\omega t + \varphi_0)$$

式中，A 为振幅，ω 为角频率，φ_0 为初相位，y_0 为 O 点处质点在 t 时刻离开其平衡位置的位移。这样的振动沿着 Ox 轴方向传播，每传到一处，那里的质点将以同样的振幅和频率重复着原点 O 的振动。

现在来考察 Ox 轴上任意一点 P 的振动情况。由于波的传播速度为 u，所以振动从原点 O 传播到点 P 所需要的时间为$\frac{x}{u}$。即 P 点的振动在时间上总比 O 点的振动落后$\frac{x}{u}$，也就是说 t 时刻 P 点处质点的振动位移就是 O 点处质点在$\left(t-\frac{x}{u}\right)$时刻的位移，因此 P 点处质点在 t 时刻的位移为

$$y_P = A\cos\left[\omega\left(t-\frac{x}{u}\right)+\varphi_0\right]$$

因为 P 点是距 O 点 x 的任意点，因此把位移 y 的下标 P 省去。上式可写成

$$y = A\cos\left[\omega\left(t-\frac{x}{u}\right)+\varphi_0\right] \tag{5-6a}$$

(5-6a)式描述了波线上任意一点(x 处质点)在任意时刻 t 的振动位移，这就是沿 x 轴方向前进的平面简谐波的波动方程，也称简谐波的表达式。考虑到关系式 $u=\frac{\lambda}{T}$，及 $\omega=\frac{2\pi}{T}=2\pi\nu$，则上式可改写成

$$y = A\cos\left[2\pi\left(\nu t-\frac{x}{\lambda}\right)+\varphi_0\right] \tag{5-6b}$$

$$y = A\cos\left(\omega t-\frac{2\pi x}{\lambda}+\varphi_0\right) \tag{5-6c}$$

$$y = A\cos\left[2\pi\left(\frac{t}{T}-\frac{x}{\lambda}\right)+\varphi_0\right] \tag{5-6d}$$

这些方程与方程(5-6a)相比，用来表达位移的参量不同，但它们描述的是同一波动过程。由波的表达式看出，它是含有 t 和 x 两个自变量的二元函数，它包含的物理意义是丰富的。为了弄清楚波动表达式的意义，必须作进一步分析。

1. 振动曲线

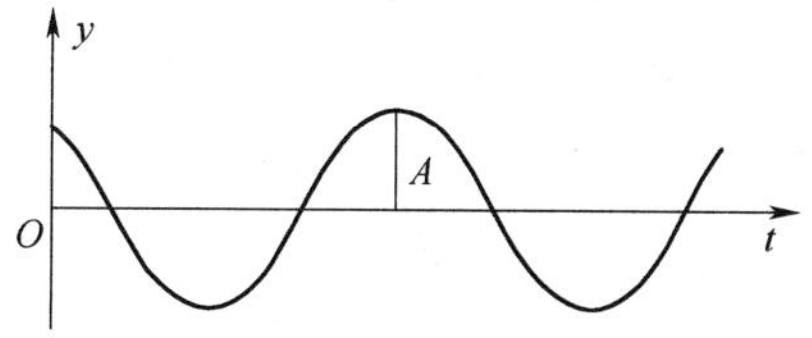

图 5-6　振动曲线

如果 x 给定(即考察该处的质点)，那么位移 y 就只是 t 的周期函数，这时波动表达式表示距原点为 x 处的质点在各不同时刻的位移，也就是质点在作周期为 T 的简谐振动的情形，并且表达式还给出该点落后于波源 O 的相位差是 $2\pi x/\lambda$。如果以 y 为纵坐标，t 为横坐标，就得到一条位移时间余弦曲线(见图 5-6)，说明这个质点在作简谐振动。

2. 波形曲线

如果 t 给定，那么位移 y 将只是 x 的周期函数，这时这个波动表达式给出在给定时刻波线上各个不同质点的位移，也就是表示出在给定时刻的波形曲线（它相当于在某瞬时给整个波形的一张快照）。如果以 y 为纵坐标，x 为横坐标，将得到图 5-7 所示的余弦曲线。

3. 不同时刻的波形曲线

方程式(5-6)中，如果 x 和 t 都变化，则运动方程表示波线上各个质点在不同时刻的位移，更形象地说，就是波形的传播。现说明如下：如以 y 为纵坐标，x 为横坐标，则在某一时刻 t 得到一条余弦曲线，而在另一时刻 $t+\Delta t$ 得到另一条余弦曲线，分别如图 5-8 中的实线和虚线所示。

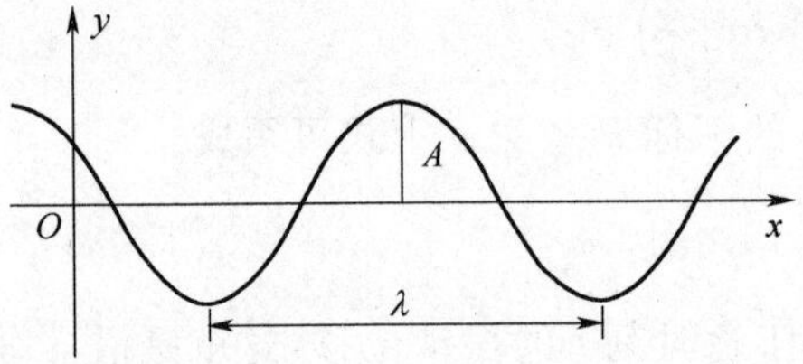

图 5-7　波形曲线

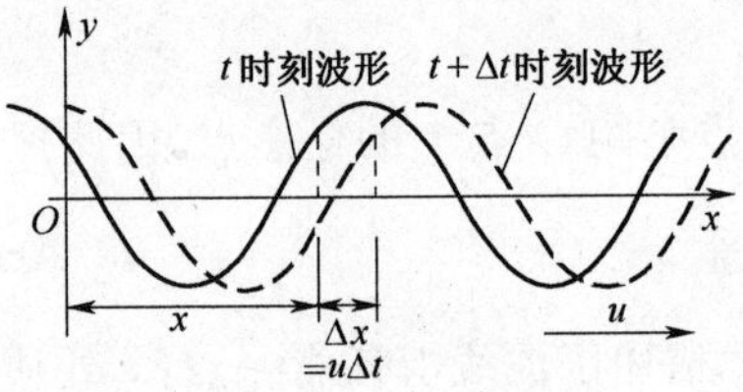

图 5-8　波的传播

当 $t=t_1$ 时，按照波动表达式，组成波形的各个质点的位移应为

$$y=A\cos\left[\omega\left(t_1-\frac{x}{u}\right)+\varphi_0\right]$$

将上式稍作改动，可写成

$$y=A\cos\left[\omega\left(t_1+\Delta t-\frac{x}{u}-\Delta t\right)+\varphi_0\right]=A\cos\left[\omega\left(t_1+\Delta t-\frac{x+u\Delta t}{u}\right)+\varphi_0\right]$$

它表示 t_1 时刻，x 处的振动位移，在 $t_1+\Delta t$ 时刻已传播到 $x+u\Delta t$ 处。即 $t_1+\Delta t$ 时刻 $x+u\Delta t$ 处的振动位移与 t_1 时刻 x 处的振动位移完全相同。

如果从相位传播的角度来说，就是 t_1 时刻 x 处的相位，在 $t_1+\Delta t$ 时刻传播到了 $x+u\Delta t$ 处。即 t_1 时刻 x 处的相位与在 $t_1+\Delta t$ 时刻 $x+u\Delta t$ 处的相位相同。

在导出上述平面余弦波波动表达式时，我们假定波动是沿 x 轴的正方向传播的。如果机械波沿 x 轴的负方向传播，如图 5-9，若 O 点的振动方程为 $y_0=A\cos(\omega t+\varphi_0)$，则 P 点在 t 时刻的位移比 O 点提前一段时间 $\dfrac{x}{u}$，即 P 点处质点在时刻 t 的振动位移等于 O 点处质点在 $\left(t+\dfrac{x}{u}\right)$ 时刻的振动位移，所以在任意点 P 处的振动方程

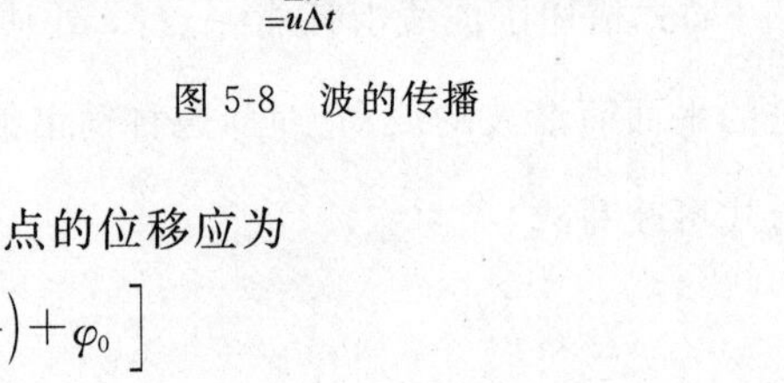

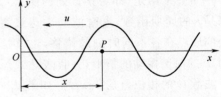

图 5-9　简谐波沿轴负向传播

$$y=A\cos\left[\omega\left(t+\frac{x}{u}\right)+\varphi_0\right] \tag{5-7}$$

这就是沿 x 轴的负方向传播的平面简谐波的运动方程。

需要注意的是，我们应该严格区别波形的传播速度 u 和介质中质点的振动速度 v。波速 u 由下式给出

$$u=\frac{\lambda}{T}$$

而任一质点的振动速度，则可通过简谐振动表达式，把 x 看作定值，将 y 对 t 求导数求得，这种导数为偏导数，记作 $\frac{\partial y}{\partial t}$，以式(5-6a)为例，可得质点的振动速度为

$$v=\frac{\partial y}{\partial t}=-A\omega\sin\left[\omega\left(t-\frac{x}{u}\right)+\varphi_0\right]$$

质点的振动加速度为 y 对 t 的二阶偏导数

$$a=\frac{\partial^2 y}{\partial t^2}=-A\omega^2\cos\left[\omega\left(t-\frac{x}{u}\right)+\varphi_0\right]$$

【例 5-1】 如图 5-10 所示为一平面简谐波在 $t=0$ 时刻的波形。求：(1)该波的波动方程；(2)P 点处质点的振动方程。

【解】 (1) 对原点处的质点，$t=0$ 时位于平衡位置，并向 y 轴正方向运动，由旋转矢量图可知，初相位

$$\varphi_0=-\frac{\pi}{2}$$

又

$$T=\frac{\lambda}{u}=\frac{0.40}{0.08}=5(\text{s})$$

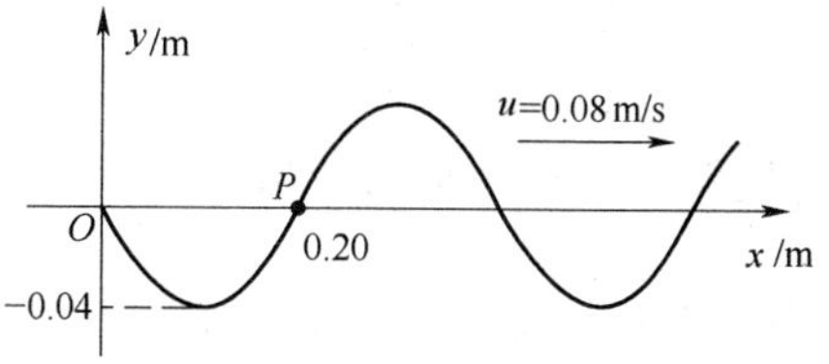

图 5-10　例 5-1 图

故波动方程为

$$y=0.04\cos\left[2\pi\left(\frac{t}{5}-\frac{x}{0.4}\right)-\frac{\pi}{2}\right]$$

(2) P 点处质点的振动方程为

$$y_P=0.04\cos\left[2\pi\left(\frac{t}{5}-\frac{0.2}{0.4}\right)-\frac{\pi}{2}\right]=0.04\cos\left[0.4\pi t-\frac{3\pi}{2}\right]$$

【例 5-2】 已知一平面简谐波波动方程为 $y=2\times10^{-3}\cos2\pi\left(10t-\frac{x}{5}\right)$ (SI)，求：

(1) $t=0.25$ s 时距离原点最近的波峰的位置；

(2) 此波峰在何时通过原点？

【解】 (1) 当 $t=0.25$ s 时，给定波的表达式可化简为

$$y=2\times10^{-3}\cos\left(5\pi-\frac{2\pi x}{5}\right)=2\times10^{-3}\cos\left(\pi-\frac{2\pi x}{5}\right)$$

当 $\cos\left(\pi-\frac{2\pi x}{5}\right)=1$ 时，x 的值即为波峰的位置，它们可由下式求得

$$\pi-\frac{2\pi x}{5}=2k\pi \quad k=0,\pm1,\pm2,\cdots$$

$$k=0\text{ 时},\ x=2.5\ \text{m}$$

$$k=1\text{ 时},\ x=-2.5\ \text{m}$$

$$k=-1\text{ 时},\ x=7.5\ \text{m}$$

故离原点最近的波峰位置 $x=\pm2.5$ m。

(2) 由运动方程知波速 $u=\nu\lambda=50$ m/s，所以 $t=0.25$ s 时距原点最近的波峰从原点运动到所在位置需要的时间为

$$t=\frac{\pm2.5}{50}=\pm0.05(\text{s})$$

即 $x=2.5$ m 处的波峰在 $t=0.25$ s 之前 0.05 s，即 $t=0.20$ s 通过原点，而 $x=-2.5$ m 处的波峰在 $t=0.25$ s 之后 0.05 s，即 $t=0.30$ s 通过原点。

【例 5-3】 一平面简谐波在均匀媒质中以速度 $u=10$ m/s，沿 x 轴正方向传播，已知坐标原点 O 处质元的振动曲线如图 5-11(a)所示，试写出波动方程。

【解】 已知 $A=0.04$ m，设 O 点的振动方程为

$$y_0=0.04\cos(\omega t+\varphi_0)$$

从图 5-11(a)中可以看出 $t=0$ 时，O 点位移 A/2，速度为正，用旋转矢量法可求得 $\varphi_0=-\frac{\pi}{3}$。由旋转矢量图 5-11(b)可知，$t=1$ s 时，O 点的相位为 $\frac{\pi}{2}$，矢量振幅在 1 s 内转过了 $\frac{5}{6}\pi$ 的角度，所以 $\omega=\frac{5}{6}\pi$。O 点的振动方程为

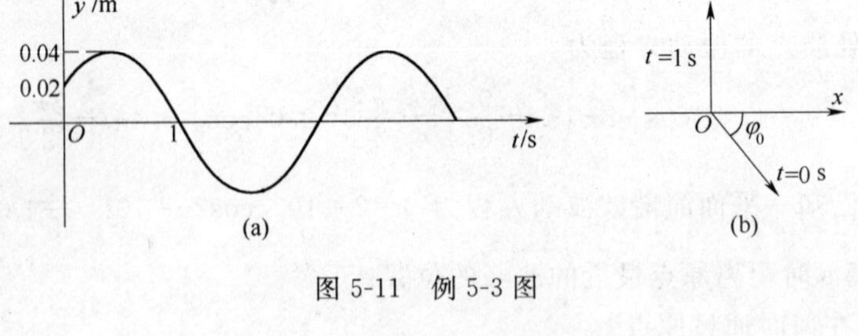

图 5-11 例 5-3 图

$$y_0=0.04\cos\left(\frac{5\pi}{6}t-\frac{\pi}{3}\right)$$

波动方程为

$$y=0.04\cos\left[\frac{5\pi}{6}\left(t-\frac{x}{10}\right)-\frac{\pi}{3}\right]$$

【例 5-4】 如图 5-12，一平面简谐波以速度 u 沿 x 轴正向传播，O 点为坐标原点，已知 P 点的振动表达式为 $y=A\cos\left(\omega t+\varphi_0\right)$，试求波动表达式。

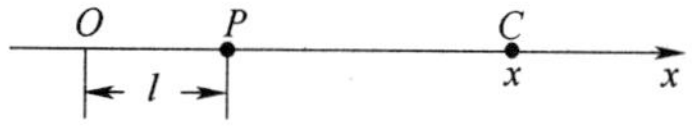

图 5-12 例 5-4 图

【解】 在 Ox 轴上取任意一点 C，设 C 点位于 x 处。由于波的传播速度为 u，所以振动从 P 点传播到 C 点所需要的时间为$\frac{x-l}{u}$，即 C 点的振动在时间上总比 P 点的振动落后$\frac{x-l}{u}$，也就是说 t 时刻 C 点处质点的振动位移就是 P 点处质点在$\left(t-\frac{x-l}{u}\right)$时刻的位移，因此 C 点处质点在 t 时刻的位移为

$$y_C=A\cos\left[\omega\left(t-\frac{x-l}{u}\right)+\varphi_0\right]$$

因为 C 点是任意点，因此波动方程为

$$y=A\cos\left[\omega\left(t-\frac{x-l}{u}\right)+\varphi_0\right]$$

5.3 波的能量

波是振动状态的传播，而在振动状态传播的同时也伴随着能量的传播。

当机械波传播到介质中的某处时，该处原来不动的质点开始振动，因而具有动能。同时该处的介质也将产生形变，因而也具有势能。波动传播时，介质由近及远地振动着，由此可见，能量是向外传播出去的，这是波动的重要特征。

5.3.1 波的能量

机械波的总能量是介质质点振动时的动能和弹性势能的总和。下面以平面简谐纵波在细长棒中的传播为例进行讨论。

设在密度为 ρ 的均匀弹性细棒中，传播一平面纵波，其运动方程为(纵波的振动方向和传播方向相同，为避免用同一字母既表示 x 处的位置又表示振动位移，使二者引起混淆，我们仍用 y 表示纵波在 x 方向的振动位移)

$$y=A\cos\omega\left(t-\frac{x}{u}\right)$$

在棒中任取体积为 ΔV、质量为 Δm 的体积元，当波传到该质元时，因 $\Delta m=\rho\Delta V$，故质元的动能

$$E_k=\frac{1}{2}\Delta m v^2=\frac{1}{2}\rho\Delta V v^2$$

而质元的振动速度 $$v=\frac{\partial y}{\partial t}=-A\omega\sin\omega\left(t-\frac{x}{u}\right)$$

代入上式得

$$E_{\mathrm{k}}=\frac{1}{2}\rho\Delta VA^2\omega^2\sin^2\omega\left(t-\frac{x}{u}\right)$$

可以证明(略),介质因形变而具有的势能为

$$E_{\mathrm{p}}=\frac{1}{2}\rho\Delta VA^2\omega^2\sin^2\omega\left(t-\frac{x}{u}\right)$$

比较振动动能与势能的表达式可知,波在传播过程中质元的动能与势能相等,即

$$E_{\mathrm{k}}=E_{\mathrm{p}}=\frac{1}{2}\rho\Delta VA^2\omega^2\sin^2\omega\left(t-\frac{x}{u}\right) \tag{5-8}$$

而质元的总机械能

$$E=E_{\mathrm{k}}+E_{\mathrm{p}}=\rho\Delta VA^2\omega^2\sin^2\omega\left(t-\frac{x}{u}\right) \tag{5-9}$$

质元振动动能和势能同时达到最大值,同时达到最小值,同时为零,此时机械能不再守恒。

式(5-8)表明,在波传播过程中,任一质元在任何时刻或任何振动状态下,动能和势能不仅相等而且是同步变化的,即动能达到最大值时势能也达最大值,动能为零时势能也为零。如以 x 表示纵波传播方向,y 表示它的振动位移方向,则可作图 5-13 所示的波形曲线,图中可看出在 A 点体积元的速度为零,动能为零,同时相对形变($\Delta y/\Delta x$)为零,所以弹性势能也为零,即弹性势能和动能同时为零。在 A'点的体积元的相对形变最大,它的振动速度也最大,即弹性势能最大时,动能也达最大。因而总机械能是随时间变化的,在零与最大值之间作周期性变化。

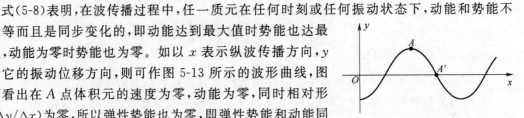

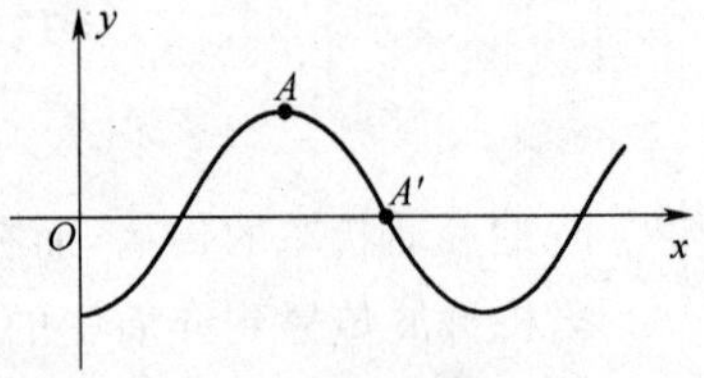

图 5-13　波传播时体积元的形变

波的这种能量关系与简谐振动的能量关系是完全不同的。简谐振动的情况是动能最大时势能最小,反之亦然,总机械能是守恒的。造成这种差异的原因是由于简谐振动是一个孤立系统,它不与外界进行能量交换。对波动中考虑的小质元来说,它不是一个孤立系统,在波的传播过程中,周围介质对这个体积元有弹性力作用,因此对这个体积元要做功,而且有时做正功,有时做负功,所以体积元在波的传播过程中它不断地从前面的媒质吸收能量,又不断地把能量传递给后面的媒质,总机械能不守恒,是随时间变化的。通过各个体积元的不断吸收和传递能量,能量随波的传播而传播。

介质中单位体积的波动能量,称为波的能量密度 w,即

$$w=\frac{\Delta E}{\Delta V}=\rho A^2\omega^2\sin^2\omega\left(t-\frac{x}{u}\right)$$

能量密度在一个周期内的平均值叫做波的平均能量密度:

$$\bar{w}=\frac{1}{T}\int_{0}^{T}\rho A^{2}\omega^{2}\sin^{2}\omega\left(t-\frac{x}{u}\right)\mathrm{d}t=\frac{1}{2}\rho A^{2}\omega^{2} \tag{5-10}$$

可见，平均能量密度与波的振幅平方、频率平方以及介质的密度成正比，与时间、空间无关。这一公式虽然是从平面弹性纵波的特殊情况导出的，但它对于所有弹性行波都是适用的。

5.3.2　能流密度

波动过程伴随着能量的传播，我们把单位时间内通过媒质中某一面积的能量叫做通过该面积的能流。设想在媒质中取垂直于波速 u 的面积 S，则单位时间内通过 S 的能量等于体积 uS 中的能量。这一能量是周期性变化的，通常取其平均值，即通过该面积的平均能流为

$$\bar{P}=\bar{w}uS$$

单位时间内通过垂直于波的传播方向的单位面积上的平均能量，叫做能流密度，用 I 来表示

$$I=\frac{\bar{P}}{S}=\frac{1}{2}\rho A^{2}\omega^{2}u \tag{5-11}$$

它的单位是 $\mathrm{W/m^2}$，能流密度是一个矢量，它的方向即为波传播的方向。能流密度是波的强弱的一种量度，故也称为波的强度。例如声音的强弱决定于声波的能流密度(称为声强)；光的强弱决定于光的能流密度(称为光强)。

5.4　惠更斯原理

5.4.1　惠更斯原理

前面讲过，波动的起源是波源的振动，波的传播是由于介质中质点之间的相互作用。介质中任一点的振动将引起邻近质点的振动，因而在波的传播过程中，介质中任何一点都可以看作是新的波源。例如，水面上有一波传播(见图 5-14)，在前进中遇到障碍物 A，A 上有一小孔，小孔的孔径 a 比波长 λ 小，这样，我们就可看到，穿过小孔的波是圆形的，与原来波的形状无关，这说明小孔可看作新波源。

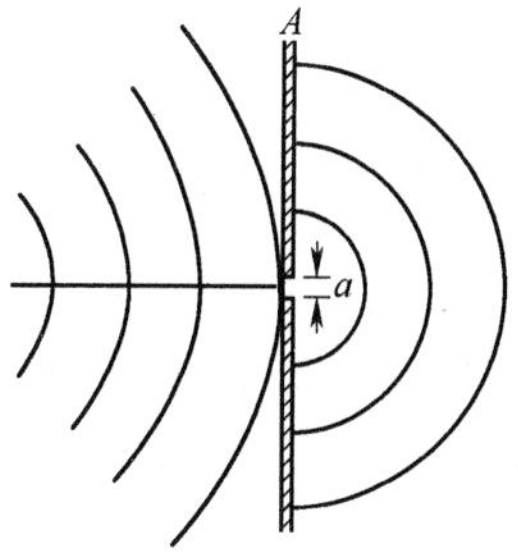

图 5-14　障碍物的小孔成为新的波源

1690 年，惠更斯在建立光的波动学说时，基于上述现象，提出了一条原理即惠更斯原理。它的内容是：介质中波到达的各点都可看作是发射子波的波源，在其后的任一时刻，这些子波的包迹就成为新的波阵面。

惠更斯原理对任何波动过程都是适用的，不论是机械波或电磁波，也不论这些波通过的介质是均匀的或非均匀的，各向同性的或各

向异性的。只要知道某一时刻的波阵面，就可根据这一原理用几何方法求得下一时刻的波阵面，因而在相当广泛的范围内解决了波的传播方向问题。下面应用惠更斯原理解释波的传播方向上的几个问题。

5.4.2 波在均匀介质中的传播——波的直线传播

图 5-15 是用惠更斯原理描绘出的球面波和平面波的传播。图中，S_1 为某一时刻 t 的波阵面，根据惠更斯原理，S_1 上的每一点发出的球面子波，经 Δt 时间后形成半径为 $u\Delta t$ 的球面，在波的前进方向上，这些子波的包迹 S_2 就成为 $t+\Delta t$ 时刻的新波阵面。可以看出，波在均匀各向同性介质中传播时，波振面的形状不变，波线是沿直线指向波的前进方向，说明波是直线传播的。根据惠更斯原理，还可以用作图法说明波在传播过程中的衍射、散射、反射和折射等现象。

5.4.3 波的衍射

当波在传播过程中遇到障碍物时，其传播方向绕过障碍物发生偏折的现象，称为波的衍射。如图 5-16 所示，平面波通过一狭缝后能传到按直线前进所形成的阴影区域内。这一现象可用惠更斯原理作出解释。当波阵面到达狭缝时，缝处各点成为子波源，它们发射的子波的包迹在边缘处不再是平面，从而使传播方向偏离原方向而向外延展，进入缝两侧的阴影区域。

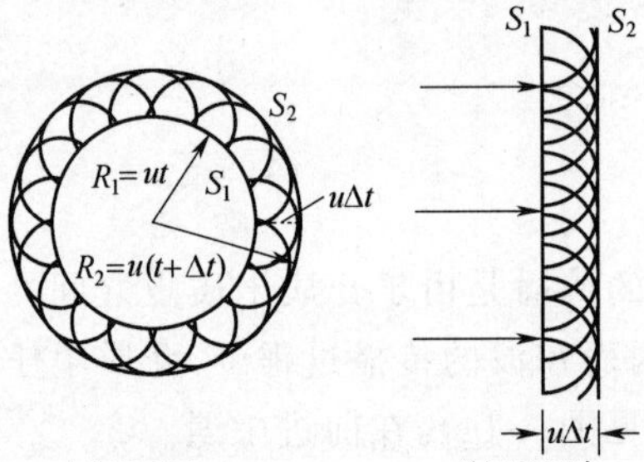

(a)球面波　(b)平面波

图 5-15　用惠更斯原理求作新的波振面

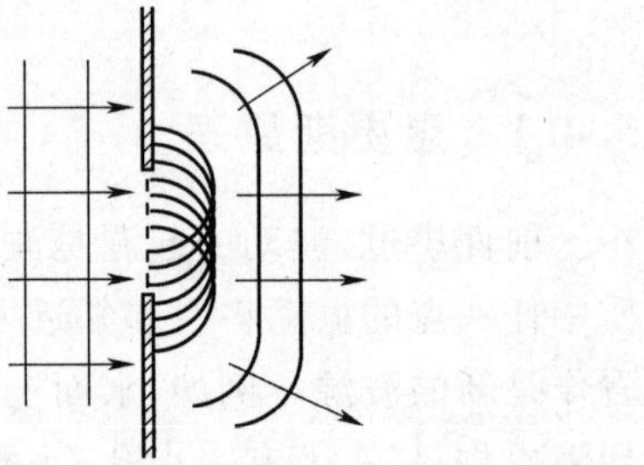

图 5-16　波的衍射

5.5 波的叠加原理　波的干涉　驻波

5.5.1 波的叠加原理

当不同波源产生的几个波同时在一种介质中传播，各波在相遇后都保持原有的特性（频率、波长、振动方向等），沿着各自原来的传播方向继续前进，好像在各自的途径中，并没有遇到其他波一样，各波是独立传播的，波的这种性质称为波传播的独立性。我们在日常生活中有许多事例可以观察到波传播的独立性。例如，在管弦乐队合奏或几个人同时讲话时，我们能够辨别出各种乐器或各个人的声音；通常天空中同时有许多无线电波在传播，我们能随意接收到某一电台的广播。

正是由于波传播的独立性，在几列波相遇的区域内，任意一点处质点的振动为各列波单独在该点引起振动的合振动，即在任一时刻，该点处质点的振动位移是各个波在该点所引起的位移的矢量和。这一规律称为波的叠加原理。图 5-17 为两列振动方向相同的同方向传播波的叠加情况，每个图最下面的波形表示叠加的结果。

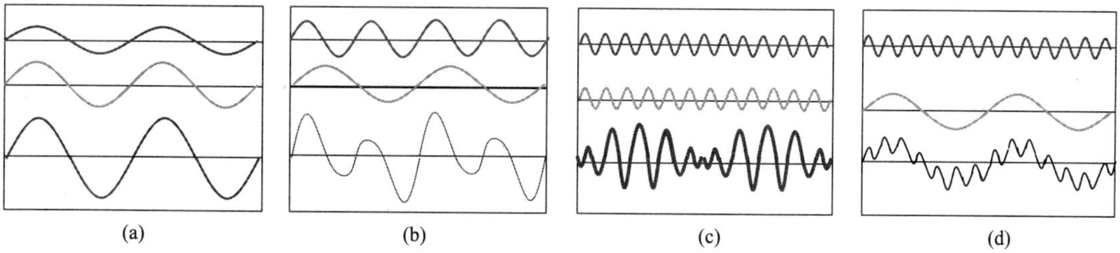

图 5-17　两列振动方向相同的同方向传播波的叠加

(a)同频率不同振幅的两个波的叠加；(b)频率比为 2∶1 的两个等幅波的叠加；(c)频率相近的两列等幅波的叠加；(d)一个高频波和一个低频波的叠加

5.5.2　波的干涉

一般来说，振幅、频率、相位、振动方向等都不相同的几列波在某一点叠加时，该点的振动是很复杂的。下面只讨论一种最简单而又最重要的情形，即两列频率相同、振动方向相同、相位相同或相位差恒定的简谐波的叠加。满足这些条件的两列波在空间任何一点相遇时，该点的两个分振动也有恒定相位差，但是对于空间不同的点，有着不同的恒定相位差，因而在空间某些点处，振动始终加强，而在另一些点处，振动始终减弱或完全抵消，这种现象称为波的干涉。能产生干涉现象的波称为相干波，相应的波源称为相干波源。波相干的必要条件是频率相同、振动方向相同，波源的相位差恒定。

设有位于 S_1 点和 S_2 点的两个相干波源(见图 5-18)，它们都作简谐振动，振动方向均垂直纸面，其振动方程分别为

$$y_1 = A_1\cos\left(\omega t + \varphi_{10}\right)$$

$$y_2 = A_2\cos\left(\omega t + \varphi_{20}\right)$$

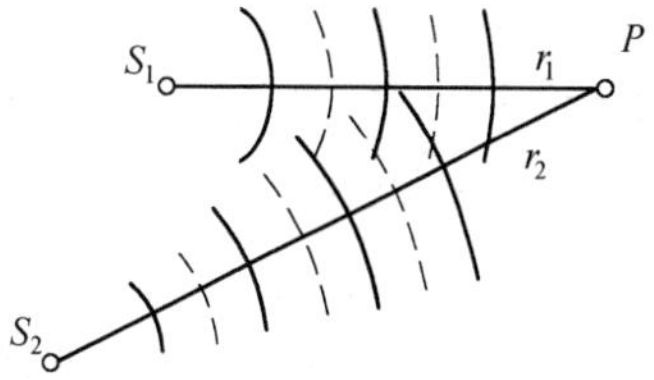

图 5-18　波的干涉

式中 ω 为两波的角频率，A_1，A_2，φ_{10}，φ_{20} 分别为两波源的振幅和初相位，由这两个波源发出的波在空间任一点 P 相遇。设 P 点离两波源 S_1 和 S_2 的距离分别为

r_1 和 r_2，波长为 λ（同一种介质中波速相同，频率相同，故波长一样），则 P 点的两个分振动为

$$y_1=A_1\cos\left(\omega t+\varphi_{10}-\frac{2\pi}{\lambda}r_1\right)$$

$$y_2=A_2\cos\left(\omega t+\varphi_{20}-\frac{2\pi}{\lambda}r_2\right)$$

由振动的合成得 P 点合振动方程为

$$y=y_1+y_2=A\cos\left(\omega t+\varphi_0\right)$$

其中
$$A=\sqrt{A_1^2+A_1^2+2A_1A_2\cos\left(\varphi_{20}-\varphi_{10}-2\pi\frac{r_2-r_1}{\lambda}\right)}$$

$$\varphi_0=\arctan\frac{A_1\sin\left(\varphi_{10}-\frac{2\pi}{\lambda}r_1\right)+A_2\sin\left(\varphi_{20}-\frac{2\pi}{\lambda}r_2\right)}{A_1\cos\left(\varphi_{10}-\frac{2\pi}{\lambda}r_1\right)+A_2\cos\left(\varphi_{20}-\frac{2\pi}{\lambda}r_2\right)}$$

由于两个相干波在空间任一点所引起的相位差 $\Delta\varphi=\varphi_{20}-\varphi_{10}-2\pi\frac{r_2-r_1}{\lambda}$ 是一个恒量，可知每一点的合振幅 A 也是恒量。并可知合振幅的最大值和最小值各点分别适合下述条件：

当
$$\Delta\varphi=\varphi_{20}-\varphi_{10}-2\pi\frac{r_2-r_1}{\lambda}=2k\pi\quad(k=0,\pm1,\pm2,\cdots)\tag{5-12}$$

时合振幅最大，即
$$A=A_1+A_2$$

当
$$\Delta\varphi=\varphi_{20}-\varphi_{10}-2\pi\frac{r_2-r_1}{\lambda}=(2k+1)\pi\quad(k=0,\pm1,\pm2,\cdots)\tag{5-13}$$

时合振幅最小，即
$$A=|A_1-A_2|$$

如果 $\varphi_{20}=\varphi_{10}$，即两相干波源初相位相等，上述合振幅最大、最小的条件可简化为

合振幅最大
$$\delta=r_2-r_1=k\lambda,\ (k=0,\pm1,\pm2,\cdots)\tag{5-14}$$

合振幅最小
$$\delta=r_2-r_1=(2k+1)\frac{\lambda}{2},\ (k=0,\pm1,\pm2,\cdots)\tag{5-15}$$

其中 $\delta=r_2-r_1$，表示从波源 S_2 和 S_1 发出的两列相干波到达 P 点所经过的路程之差，也称为波程差。式(5-14)、式(5-15)说明两列初相位相同的相干波在空间叠加区内，在波程差等于波长的整数倍的各点，合振动的振幅最大($A=A_1+A_2$)；在波程差等于半波长的奇数倍的各点，合振动的振幅最小($A=|A_1-A_2|$)。

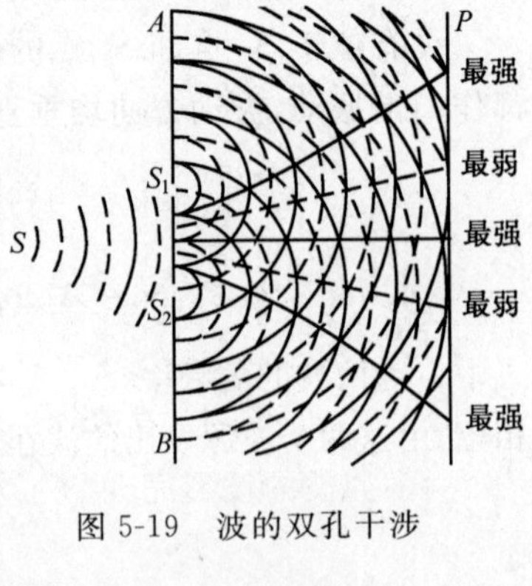

图 5-19 波的双孔干涉

在其他情况下，合振幅的数值在最大值($A=A_1+A_2$)和最小值($A=|A_1-A_2|$)之间。

实验上用下述方法可获得相干波，如图 5-19 所示，波源 S 发出球面波，在波源附近放一障碍物 AB，在 AB 上有两个

小孔 S_1 和 S_2，S_1 和 S_2 的位置对 S 来说是对称的。根据惠更斯原理，S_1 和 S_2 是两个同相位的子波波源，它们是满足相干性条件的相干波源，在 AB 右边的介质中两列相干子波的叠加区域内就可观察到干涉现象。在图中，波峰和波谷分别以实线和虚线表示，在波峰与波峰或波谷与波谷相遇处，振动始终加强（在图中以实线绘出），在波峰与波谷相遇处，振动始终减弱（图中以虚线绘出）。在其他位置处，振动介于上述二者之间，但各处振幅都不随时间变化，即观察到一幅由两相子波叠加后而得到的稳定的振动强弱分布图像——干涉图像。

应当指出，即使频率相同，振动方向相同的两个相互独立的波源，如果它们的初相位分别随时间变化是一个不确定的值，则在两波叠加区域中任一点引起的相位差 $\Delta\varphi$ 也是随时间变化的。这样，空间任一点的合振动的振幅时大，时小，不能形成我们上面所说的干涉现象。

【例 5-5】 如图 5-20 所示，A、B 为同一介质中相距 20 m 的两个同振幅的相干波源，频率为 100 Hz，波速为 200 m/s，且 A 点为波峰时，B 点为波谷。求 AB 连线之间因干涉而静止的各点位置。

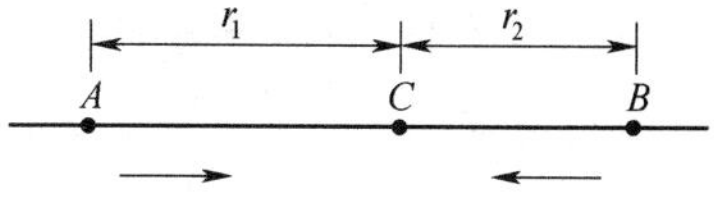

图 5-20　例 5-5 图

【解】 欲求两列波相遇后的干涉情况，首先要根据题设条件写出两波源的振动方程式，然后应用相消干涉条件求出满足合振动为零（静止点）的位置。

设两相干波振动方程分别为

$$y_A = A\cos(\omega t + \varphi_{10})$$

$$y_B = A\cos(\omega t + \varphi_{20})$$

因为 A 点为波峰时，B 点为波谷，说明两波源的初相位差 $\varphi_{20} - \varphi_{10} = \pi$。

取 AB 连线为 x 轴，A 点为坐标原点，若两相干波在 AB 之间任一点 x 处叠加，发生干涉的极小条件为

$$\Delta\varphi = \varphi_{20} - \varphi_{10} - 2\pi\frac{r_2 - r_1}{\lambda} = (2k+1)\pi$$

将 $\varphi_{20} - \varphi_{10} = \pi$，$\lambda = \frac{u}{\nu} = \frac{200}{100} = 2\ \text{m}$，$r_1 = x$，$r_2 = 20 - x$ 代入得

$$x = 10 + k \quad (k = 0, \pm 1, \pm 2 \cdots)$$

因为 x 的取值在 $0 < x < 20$ 的范围内，则 $k = 0, \pm 1, \pm 2, \cdots, \pm 9$ 时，$x = 1\ \text{m}, 2\ \text{m}, 3\ \text{m}, \cdots, 18\ \text{m}, 19\ \text{m}$，共 19 个点，因干涉而静止。

5.5.3　驻波

两列振幅相同的相干波，在同一直线上，沿相反方向传播所形成的波叫驻波。它是波的干涉中的一种特殊情形。

如图 5-21 所示，有两列振幅相同的相干波，一列波沿 x 正向传播，另一列波沿 x 负向传播，这两列波的波形完全相同，为研究方便，我们取两波互相重叠时为计时起点（$t=0$ 时刻），

并取此时两列波的波峰处为传播方向上 x 轴的原点。图中点画线表示沿 x 正向传播的波,短虚线表示沿 x 负向传播的波,实线表示它们叠加而成的合成波。

由于 $t=0$ 时两列波相互重合,因此每个质点合振动的位移,是每个质点分振动位移的两倍。经过 1/4 周期,$t=T/4$ 时,两列波分别向左和向右面移动了 $\lambda/4$ 距离,此时两波对质点引起位相相反的振动,各质点合位移都为零。在 $t=T/2$ 时,两列波又重合,每个质点的合位移又变为最大,但振动方向与 $t=0$ 时相反。以后每隔二分之一周期,合振动就经历一次由最强到零再由零到最强,并且改变振动方向的过程,因此,合振动以周期 T 作周期性变化。

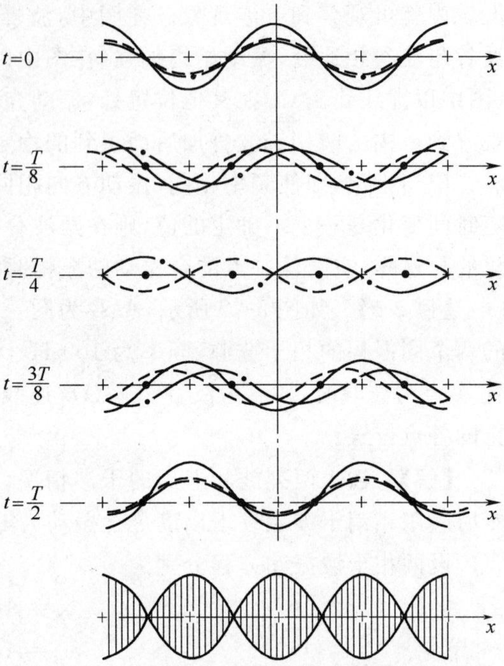

图 5-21　驻波的形成

由图 5-21 可以看出,由两列波叠加而成的波,使 x 轴上某些点始终静止不动(图中用·表示),这些点称为波节,而另一些点振幅有最大值,等于每一列波振幅的两倍,这些点称为波腹(图中用+号表示)。其他各点的振幅则在零和最大值之间,结果使直线上各点作分段振动。

由图 5-21 可以看出两相邻波节或波腹之间的距离是半个波长,并且在每一个分段中(把相邻两波节之间的波形作为一分段),各点相位完全相同,在振动过程中位移同时达到最大,又同时为零,又同时达到负最大(但各点振幅不同)。而对相邻分段相位恰好相反,也就是说,波节两侧质点的相位差为 π,当一侧向上振动时,另一侧必向下振动。

从以上分析可以看出,在这种波的叠加区内的各点并没有振动状态或相位的逐点传播,只有段与段之间的相位突变,而在每一分段间的各点,振动相位是相同的。所以将这种波称为驻波,而把前面讨论的振动相位逐点传播的波称为行波。从能量角度看,正、反方向的两列波能流密度大小相等,方向相反,合成波的总能流密度为零,即没有能量沿波传播。由于驻波的波形和能量都不传播。因而严格讲,驻波不是波动,而是一种特殊形式的振动。

现在用平面简谐波的波动方程对驻波进行定量描述,如图 5-21,设向 x 轴正方向传播的波与向 x 负向传播的波在原点具有相同的相位,则它们的波动方程分别为

$$y_1=A\cos\left(\omega t-\frac{2\pi}{\lambda}x\right),\quad y_2=A\cos\left(\omega t+\frac{2\pi}{\lambda}x\right)$$

叠加后的合成波为　$y=y_1+y_2=A\cos\left(\omega t-\frac{2\pi}{\lambda}x\right)+A\cos\left(\omega t+\frac{2\pi}{\lambda}x\right)$

$$y=2A\cos\left(\frac{2\pi}{\lambda}x\right)\cos\omega t \tag{5-16}$$

由上式可以看出，合成以后各点都在作周期性简谐振动，但是各点的振幅 $\left|2A\cos\left(\frac{2\pi}{\lambda}x\right)\right|$ 与点的位置 x 有关，振幅最大的位置发生在下列各点：

$$\left|2A\cos\left(\frac{2\pi}{\lambda}x\right)\right|=2A$$

即
$$\left|\cos\left(\frac{2\pi}{\lambda}x\right)\right|=1,\quad \frac{2\pi}{\lambda}x=2k\pi,\quad (k=0,\pm1,\pm2,\cdots)$$

所以
$$x=k\frac{\lambda}{2}\quad (k=0,\pm1,\pm2,\cdots)$$

这就是驻波的波腹位置，可见驻波中相邻两个波腹之间的距离为

$$x_{k+1}-x_k=\frac{\lambda}{2}$$

同样道理，振幅最小的位置发生在下列各点：

$$\left|2A\cos\left(\frac{2\pi}{\lambda}x\right)\right|=0$$

即
$$\left|\cos\left(\frac{2\pi}{\lambda}x\right)\right|=0,\quad \frac{2\pi}{\lambda}x=(2k+1)\frac{\pi}{2},\quad (k=0,\pm1,\pm2,\cdots)$$

以
$$x=(2k+1)\frac{\lambda}{4}\quad (k=0,\pm1,\pm2,\cdots)$$

这就是波节的位置，可见两个相邻波节之间的距离也是 $\lambda/2$，如图 5-22 所示。

从驻波方程(5-16)来看，似乎在同一时刻 t，驻波中所有质点的振动都具有相同的相位 ωt，但是，因为 $2A\cos\left(\frac{2\pi}{\lambda}x\right)$ 可正可负，这就使得各质点的振动相位可能不相同。在两个相邻波节之间，$\cos\left(\frac{2\pi}{\lambda}x\right)$ 有相同的符号，表明两个相邻波节之间的所有质点振动相位相同；在波节的两侧，$\cos\left(\frac{2\pi}{\lambda}x\right)$ 符号相反，表明波节两侧质点的振动相位相反。可见形成驻波时，介质在作分段振动，同一段内各质点的振动步调一致，只是各质点的振幅不同；相邻两段质点的振动步调相反，所以在驻波中没有振动状态的传播，也没有波形的传播，如图 5-23 所示。

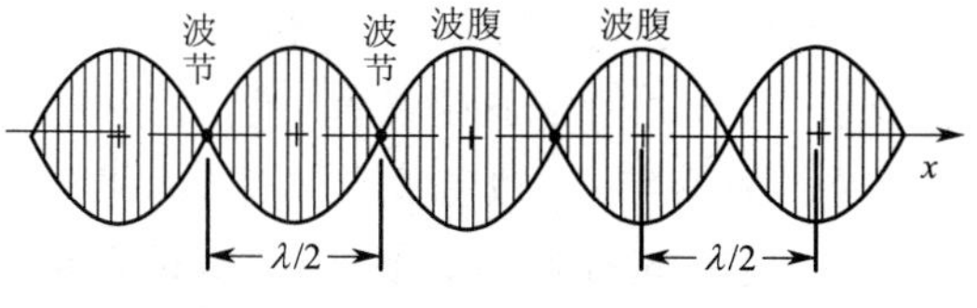

图 5-22　驻波的波腹与波节

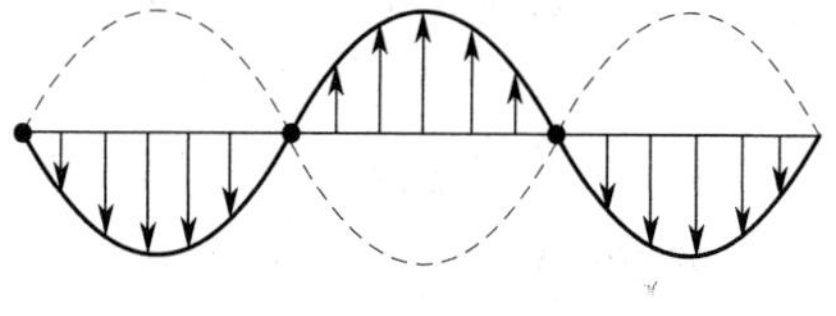
图 5-23　驻波的相位

5.5.4 半波损失

在实际问题中,驻波常常由入射波和反射波叠加而成。例如,细绳的一端 A 系在振动器上,另一端通过滑轮系一砝码,B 处为一劈尖,使细绳在 B 点不能振动,如图 5-24 所示。振动器振动时,在 B 点产生反射波,入射波和反射波相干涉后便在细绳上产生驻波。这里的波是在绳子的固定端 B 处反射,在反射处形成波节。如果波在绳子的自由端反射,那么反射处形成波腹。例如手持一根竖直下垂的绳子,在其上端轻微抖动时,就有一列波从上端沿绳向下传播,这列波在绳子的下端将出现自由端反射。若抖动绳子的频率适当,也可使绳子呈现驻波振动,这时绳子的下端是波腹。

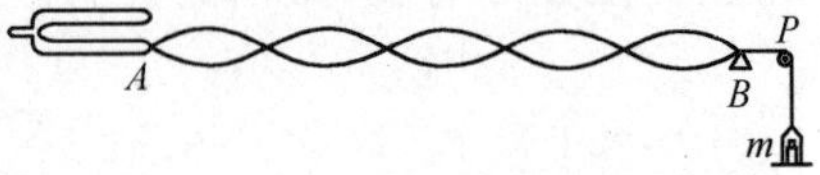

图 5-24 驻波实验

在两种介质的分界处究竟出现波腹还是波节,和这两种介质的性质有关。实验证实,当波从一种媒质垂直入射到另一种媒质时,若第二种媒质的密度 ρ 与波速 u 的乘积比第一种媒质的大,即 $\rho_1 u_1 < \rho_2 u_2$,则在分界面反射点处出现波节。此种情况下的第二种媒质相对于第一种媒质称为波密媒质,第一种媒质相对于第二种媒质则称为波疏媒质。即当波从波疏媒质垂直入射到波密媒质,又从两种媒质分界面反射回波疏媒质时,在反射点处形成波节,反之,波从波密媒质垂直入射到波疏媒质又反射回波密媒质时,反射点处形成波腹。

分析图 5-24 实验结果可知,反射点为波节时,入射波与反射波在此处的相位必相反,即相位差为 π。我们知道,在同一波形上,相距半个波长的两点的相位相反。因此在反射时引起相位相反的这种现象,在波动学中称为半波损失,即波从波疏媒质垂直入射波密媒质,在反射点处反射波产生半波损失;而当反射点为波腹时,入射波与反射波则并无位相突变发生,不产生半波损失。在研究声波、光波等反射中,经常要涉及半波损失问题。

驻波现象有许多实际应用,例如各种弦乐乐器上的弦线,两端拉紧固定后,拨动弦线就可以产生驻波。由于固定端必须是波节,因而其波长(或频率)就有一定限制,即波长与弦线长度需要满足条件

$$L = n\frac{\lambda_n}{2} \quad \text{或} \quad \lambda_n = \frac{2L}{n} \quad (n=1,2,3\cdots)$$

频率应满足

$$\nu_n = \frac{u}{\lambda} = n\frac{u}{2L} \quad (n=1,2,3\cdots) \tag{5-17}$$

这时才能在弦线上形成驻波。其中 $n=1$ 时,对应的频率称为基频。其他频率依次称为 2 次、3 次谐频。各种驻波所对应的允许频率称为简正频率,其振动模式称为简正模式。式(5-17)中表示的基频和谐频都称为简正频率。如图 5-25 所示,对两端固定的弦线这一驻波系统,有多个简正频率。一个弦线系统的简正频率反映了系统的固有特性,也称固有频率,如果外界驱动力的频率接近系统的固有频率,系统将被激发,产生这一固有频率的谐振动,这种现象也称共振。各种弦乐的原理就是共振。

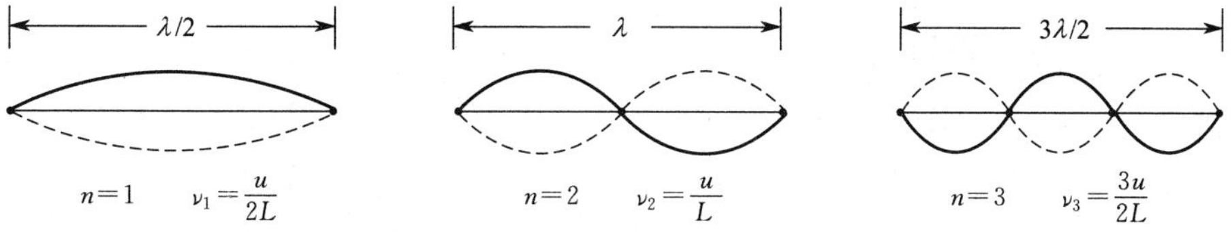

图 5-25　弦线振动的简正模式

【例 5-6】 在图 5-24 所示的驻波实验中，如果在固定端 $x=0$ 处反射的反射波波函数为 $y_2=A\cos\left(\omega t-\dfrac{2\pi}{\lambda}x\right)$，求(1)入射波的表达式；(2)形成驻波的表达式。

【解】 (1)由反射波的表达式 $y_2=A\cos\left(\omega t-\dfrac{2\pi}{\lambda}x\right)$知，反射波在 $x=0$ 的振动表达式为

$$y_{20}=A\cos\omega t$$

由于有半波损失，入射波在 $x=0$ 处的振动表达式为

$$y_{10}=A\cos(\omega t+\pi)$$

入射波的表达式

$$y_1=A\cos\left(\omega t+\frac{2\pi}{\lambda}x+\pi\right)$$

(2)以上 y_1 与 y_2 叠加形成驻波，其表达式为

$$y=y_1+y_2=A\cos\left(\omega t+\frac{2\pi}{\lambda}x+\pi\right)+A\cos\left(\omega t-\frac{2\pi}{\lambda}x\right)$$

即

$$y=2A\cos\left(\frac{2\pi}{\lambda}x+\frac{\pi}{2}\right)\cos\left(\omega t+\frac{\pi}{2}\right)$$

习　题

一、选择题

1. 波源的振动方程为 $y=0.06\cos\pi t$，它所形成的波以 6 m/s 的速度沿 x 轴正方向传播，则沿 x 轴正方向上距波源 2 m 处一点的振动方程为(　　)。

A. $y=0.06\cos\left(\pi t-\dfrac{\pi}{4}\right)$　　B. $y=0.06\cos\left(\pi t-\dfrac{\pi}{2}\right)$

C. $y=0.06\cos(\pi t-\pi)$　　D. $y=0.06\cos(\pi t-\dfrac{\pi}{3})$

2. 如选择题 2 图所示，实线和虚线分别表示 $t_1=0$ s 和 $t_2=0.5$ s 时波形曲线上的一段曲线，波沿 x 轴正向传播，周期 $T>t_2-t_1$，则该波的余弦波函数为(　　)。

A. $y=0.2\cos\left(\pi t+\dfrac{\pi}{2}+\dfrac{\pi x}{4}\right)$　　B. $y=0.2\cos\left(3\pi t+\dfrac{\pi}{2}-\dfrac{\pi x}{4}\right)$

C. $y=0.2\cos\left(3\pi t+\dfrac{\pi}{2}+\dfrac{\pi x}{4}\right)$　　D. $y=0.2\cos\left(\pi t+\dfrac{\pi}{2}-\dfrac{\pi x}{4}\right)$

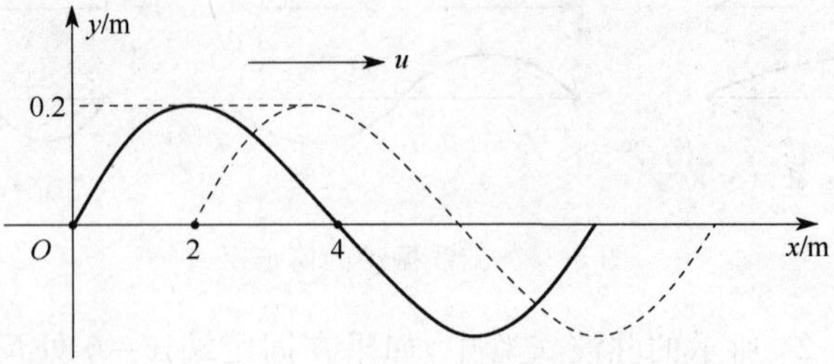

选择题 2 图

3. 如选择题 3 图所示为一平面简谐波 $t=0$ 时波形曲线上的一段曲线，已知波沿 x 轴正向传播的波速率为 u，周期为 T，则(　　)。

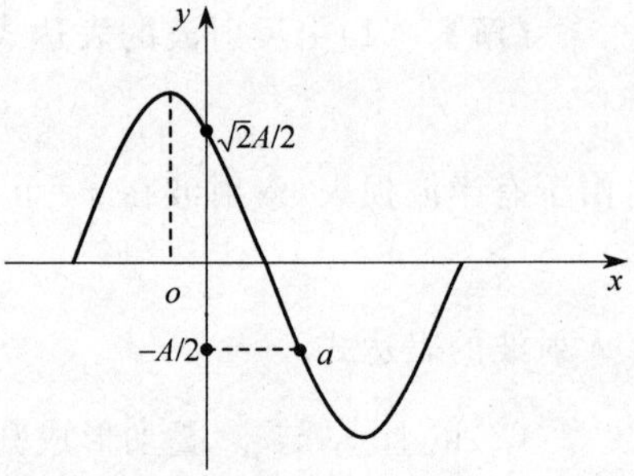

选择题 3 图

A. $y=A\cos\left[2\pi\left(\dfrac{t}{T}-\dfrac{x}{u}\right)-\dfrac{\pi}{6}\right]$

B. a 点振动表达式 $y=A\cos2\pi\left(\dfrac{t}{T}+\dfrac{2\pi}{3}\right)$

C. a 点经 $T/12$ 到达平衡位置

D. a 点经 $2T/3$ 到达平衡位置

4. 一平面简谐波的表达式为 $y=3\cos(2\pi t-\pi x/2+\pi)$，在 $x=4$ m 位置处的质元在 $t=1$ s 时刻的振动速度为(　　)。

A. 5 m/s　　B. 5π m/s　　C. 0 m/s　　D. -5 m/s

5. 在下列关于波的能量的表述中，正确的是(　　)。

A. 波的能量 $W_m=W_k+W_p=\dfrac{1}{2}kA^2$

B. 简谐平面波在媒质中传播时，任一质元的动能 W_k 和形变势能 W_p 均随时间 t 变化，但其相位差为 $\pi/2$

C. 由于任一质元的动能 W_k 和形变势能 W_p 同时为零，又同时达到最大，表明能量守恒定律在波动中不成立

D. 任一质元的动能 W_k 和形变势能 W_p 是同相位的，表明波的传播过程是能量的传播过程

6. 一平面简谐波的方程为 $y=A\cos2\pi\left(\nu t-\dfrac{x}{\lambda}\right)$，在 $t=1/\nu$ 时刻，$x_1=3\lambda/4$ 与 $x_2=\lambda/4$ 两点处质元的振动速度之比值为(　　)。

A. 1　　B. -1　　C. 3　　D. 1/3

7. S_1，S_2 为两个相干波源，波长均为 λ，若 P 点相遇发生相消干涉，且 S_1 至 P 点的距离为 $r_1=2\lambda$，S_2 至 P 点的距离为 $r_2=2.2\lambda$。若 S_1 的振动方程为 $y_1=A\cos(2\pi t+\dfrac{\pi}{2})$，则 S_2 的振动

方程为(　　)。

A. $y_2=A\cos\left(2\pi t-\frac{\pi}{2}\right)$　　　B. $y_2=A\cos(2\pi t-\pi)$

C. $y_2=A\cos\left(2\pi t+\frac{\pi}{2}\right)$　　　D. $y_2=A\cos(2\pi t-0.1\pi)$

二、填空题

1. 一列横波沿 x 轴负向运动，波速率为 $u=1$ m/s，已知在 $x=-0.5$ m 处质元的振动表达式为 $y=2\cos\pi t$，则其余弦波函数为__________。

2. 一平面简谐波沿 x 轴正向传播，波动方程为 $y=A\cos\left[2\pi\left(\frac{t}{T}-\frac{x}{\lambda}\right)+\varphi\right]$(SI)，则在 $x=-\lambda$ 处质元的振动方程为__________。

3. 一横波表达式为 $y=0.01\cos10\pi(2.5t-x)$ m，则在 $t=0.1$ s，$x=2$ m 处的质元的振动速度为__________，位移为__________，加速度为__________。

4. 两个相干波源 S_1 和 S_2 的振动方程分别为 $y_1=A\cos\omega t$，$y_2=A\cos(\omega t+\pi/2)$，$S_1$ 距离 P 点 3 个波长，S_2 距离 P 点 21/4 个波长，则两列波在 P 点引起的两个振动的相位差的绝对值为__________。

5. 一平面简谐波在媒质中传播，若一媒质质元在 t 时刻总能量为 10 J，则在$(t+T)$(T 为波的周期)时刻该媒质质元的振动动能为__________。

6. 在横截面面积为 S 的圆管中，有一列平面简谐波在传播，其波动表达式为 $y=A\cos(\omega t-2\pi x/\lambda)$，管中波的平均能量密度为 $\overline{w}$，则通过截面 S 的平均能流密度大小为__________。

三、简答题

1. 声波在空气中的波长为 0.25 m，波速为 340 m/s，它进入另一种介质后，波长变为 0.79 m，求声波在该介质中的波速为多少？

2. 已知波源在原点($x=0$)处，它的波动方程为 $y=A\cos\omega(Bt-Cx)$，式中 A、B、C 均为正值常量，试求：

(1) 波的振幅、波速、频率、周期和波长；

(2) 写出传播方向上 $x=l$ 处一点的振动方程；

(3) 任意时刻，波在传播方向上相距为 D 的两点之间的相位差。

3. 一平面简谐横波沿 x 轴传播的方程为

$$y=0.05\cos(10\pi t-4\pi x)\ \text{(SI)}$$

求：(1) 此波的振幅、波长、频率和波速；

(2) $x=0.2$ m 处的质点在 $t=1$ s 时的相位，这相位是 $x=0$ 处质点的哪一时刻的相位？该相位所代表的运动状态在 $t=1.50$ s 时传播到哪一点？

4. 一横波沿绳子传播时的波动表达式为

$$y=0.05\cos(10\pi t-4\pi x)\ (\text{SI})$$

求绳子上各质点振动的最大速度和最大加速度。

5. 波源的振动方程为

$$y_0=0.03\cos(\pi t)\ (\text{SI})$$

沿 x 轴正向传播，波长为 0.10 m，写出平面简谐波的表达式。

6. 若一平面简谐波在均匀介质中以速度 u 传播，已知 a 点的振动表达式为 $y=A\cos(\omega t+\pi/2)$，试分别写出如简答题 6 图所示的坐标系中的波动方程及 b 点的振动表达式。

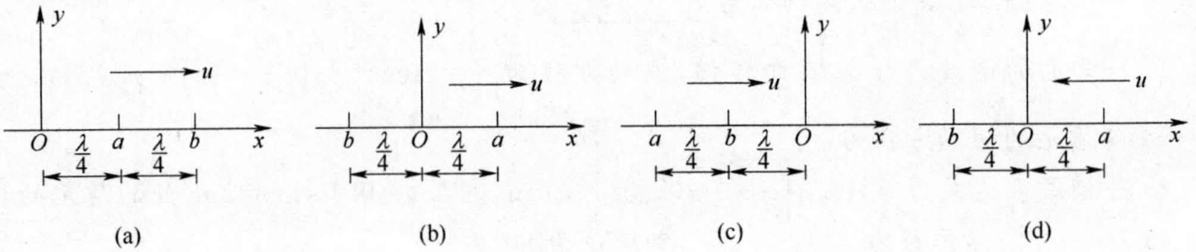

简答题 6 图

7. 波源简谐振动的周期为 0.01 s，当它在负向最大位移 5 m 处开始计时，设此振动以 $v=400$ m/s 的速度沿 x 轴正方向传播。求：

(1) 波动的表达式(以波源所在处为坐标原点)；

(2) 距波源 16 m 和 20 m 处两质点的振动方程和位相差。

8. 如简答题 8 图所示为某平面简谐波在 $t=0$ 时该的波形，求：

(1) O 点的振动方程；

(2) 波动方程；

(3) a、b 两点的运动方向。

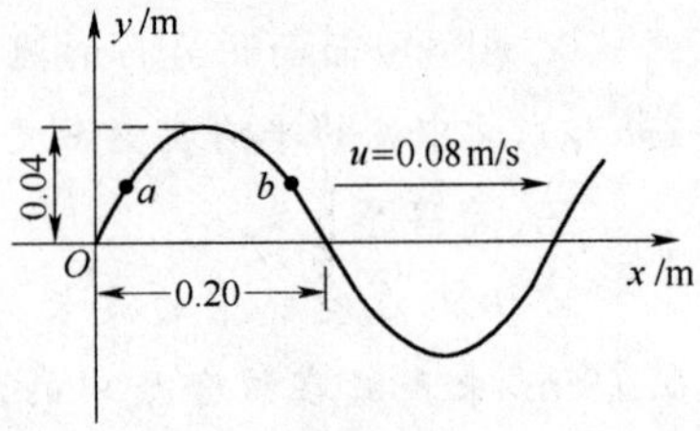

简答题 8 图

9. 一列波在密度为 800 kg/m^3 的介质中传播，波速为 10^3 m/s，振幅为 1.0×10^{-4} m，频率为 $\nu=10^3$ Hz，求：

(1) 波的平均能流密度；

(2) 1 min 内垂直通过面积为 $4\times10^{-4}\ \text{m}^2$ 的截面上的能量。

10. 为了保持波源的振幅不变，需要输入 4 W 的功率。设波源发出的是球面波，且媒质不吸收波的能量，求距离波源为 2 m 处的平均能流密度。

11. 位于 A、B 两点的两个波源，振幅相等，频率都是 100 Hz，位相差为 π，若 A、B 相距 30 m，波速为 400 m/s，求 AB 连线上二者之间因叠加而静止的各点的位置。

12. S_1、S_2 为两个相干波源，相互间距为 $\lambda/4$，S_1 的相位比 S_2 超前 $\pi/2$。如果两波在 S_1 和 S_2 的连线方向上各点强度相同，均为 I_0。求 S_1、S_2 的连线上 S_1 及 S_2 外侧各点合成波的强度。

13. 在驻波中，某一时刻波线上各点的位移都为零，此时驻波的总能量是否为零？若总能量不为零，动能是否为零？势能是否为零？

第三篇 热学基础

热学研究的是热现象和热运动的规律。凡是与物体的冷热程度(温度)有关的现象都称为热现象。热现象在日常生活和生产中大量存在。例如,当物体的温度发生变化时,物体的压强、体积等随之变化,物体的形态(气态、液态、固态)也可以相互转变,这些都是热现象。

宏观物体是由大量分子、原子组成的,这些分子(或原子)永远处于无规则的运动之中。温度越高,这种运动越剧烈。我们把大量分子或原子永不停息的无规则运动称作热运动。宏观物体的热现象与分子热运动紧密相关。

分子热运动、机械运动和电磁运动都是物质的基本运动形式。热运动是比机械运动更复杂的运动。热运动与机械运动、电磁运动等运动形式在一定条件下可以相互转化。热运动的能量与其他运动形式的能量转换是热学讨论的主要内容之一。

热力学的研究对象是由大量分子、原子组成的宏观物体,称为热力学系统。对于组成物体的每一个分子,都有质量、体积、速度、能量等,这些用来表征个别分子的性质和运动状态的物理量称为微观量。描述由大量分子组成系统的整体性质的物理量称为宏观量。物体的温度、压强、体积等都是宏观量。由于宏观热现象是大量分子热运动所引起的,因此宏观量与微观量之间必然存在某些关系,这些关系阐明了热现象的本质。

热学分为分子动理论和热力学两部分内容。分子动理论从物体是由大量分子或原子构成的事实出发,运用统计的方法来研究大量分子热运动的规律。热力学是在大量实验事实的基础上,从能量的观点出发,根据能量守恒定律来分析、研究在物体状态变化过程中有关热功转换的关系和条件等问题,这种研究方法称为热力学方法。

第6章 气体动理论

在物质的气态、液态、固态等各种聚集态中，气体的性质较为简单。因此，研究分子的运动，我们先从气体开始。本章只研究气体分子热运动的统计规律。我们以组成气体的大量分子、原子作为研究对象，探讨气体某些热现象的宏观规律的微观本质。

6.1 平衡状态与理想气体状态方程

6.1.1 热力学系统与平衡态

在热学中，通常把所研究的物体或物体系（都是由大量分子或原子组成）称为热力学系统，简称系统；而处于系统以外的物质，称为外界或环境。与外界没有任何作用的热力学系统称为孤立系统；与外界有能量交换但是没有物质交换的热力学系统称为封闭系统；与外界既有能量交换又有物质交换的热力学系统称为开放系统。

在热学中，平衡态的概念是一个非常重要的概念。例如，一个容器内有一定质量的气体，不论气体内部各部分原来的温度、压强和成分是否相同，经过相当长的时间，气体中的各部分最终将达到相同温度、相同压强、相同成分，此系统的宏观性质将不随时间改变，而且具有确定的状态。我们把系统的所有宏观状态都不随时间变化的状态称为平衡状态，简称平衡态。

当系统内部的温度处处相同时，该系统处于热学平衡；当系统内部的压强处处相同时，该系统处于力学平衡；当系统内部的成分处处相同时，该系统处于化学平衡。当系统处于热学平衡、力学平衡和化学平衡时，我们可以认为它处于平衡态。处于平衡态的一定量的气体，可以用一组状态参量来表示。

6.1.2 状态参量

在力学中，我们用位置矢量、速度和加速度来描述一个质点的运动状态。在热学中，如果我们以大量分子或原子构成的系统作为研究对象，并从宏观上来研究系统的状态和规律时，则可以不考虑其中每个分子或原子的情况，而从整体上用一些宏观参量来描述系统的状态，由于处于平衡态的系统不再发生宏观性质的变化，因此这些参量仅在描述平衡态时才有意义，故称为状态参量。

对一定量(即质量 M 一定)的气体,当处于平衡态时,通常可用压强 P、体积 V 和温度 T 这三个宏观物理量来描述气体的状态,压强 P、体积 V 和温度 T 称为气体的状态参量。

1. 体积

由于气体分子间的作用力很小,所以分子是相互离散的,并在各自的运动过程中,与其他分子或器壁不停碰撞,到处乱窜。气体分子互相离散、乱窜的结果,将占据它所能达到的空间。因此气体总是要充满它所占有的整个容器。所以,气体的体积是气体分子所能达到的空间,实际上也就等于容器的容积,常用 V 表示。应该注意,气体的体积与气体所有分子本身体积的总和是完全不同的。体积的单位是米^3(m^3)。另外还常用升(L)作单位。换算关系为

$$1\ m^3=1\ 000\ L$$

2. 压强

气体分子不停地作热运动,就要经常与容器器壁碰撞,大量气体分子对器壁碰撞的宏观表现是气体对器壁的压力,根据实验,压力恒垂直于器壁表面。作用在单位面积上的压力叫做压强,常用 P 表示。在国际单位制中,压强的单位是帕斯卡(Pa),简称帕,1 Pa 的压强就是在1 m^2 的面积上作用 1 N 的压力。过去在工程上常用厘米汞高(cmHg)和标准大气压(atm)这两种压强单位。

$$1\ Pa=1\ N/m^2,\quad 1\ atm=1.013\times10^5\ Pa=76\ cmHg$$

3. 温度

温度是表征物体冷热程度的物理量,一般来说,热的物体温度高,冷的物体温度低。温度的数值标度和分度方法称为温标。常用的温标有两种,即摄氏温标和开氏温标。

(1) 摄氏温标(t)是这样规定的:在 1.013×10^5 Pa 下,纯水的冰点温度定义为 0 摄氏度,而将纯水的沸点温度定义为 100 摄氏度,中间等分为 100 等分,每等分代表 1 摄氏度。摄氏温度的单位称为摄氏度(℃)。

(2) 开氏温标(T)。温度的高低反映了大量分子热运动的剧烈程度,这样意义下规定的温度称为热力学温度。热力学温标是将水的汽、液、冰三相点的温度定为 273.15 K,而每 1 K 是水的汽、液、冰三相点热力学温度的 1/273.15,这样规定出的热力学温度数值称为热力学温标。由于历史上热力学温标是最先由开尔文引入的,所以也称开氏温标。其单位称为开尔文,简称开(K)。摄氏温度与开氏温度之间有如下关系:

$$T=273.15+t$$

在国际单位制中,热力学温度与长度、质量、时间、电流等一样,也是一个基本量。

6.1.3　准静态过程

当一定量的气体处于平衡态时,气体的体积 V,气体的压强 P,气体的温度 T,气体的密度 ρ 等处处均匀一致,而且三个状态参量(P,V,T)存在着一定的关系,当选定两个作为独立参

量时，第三个参量便可以通过它们之间的关系来确定，所以，通常只需任意两个参量，就可以表征一定量气体的平衡态。

在 P、V 和 T 三个状态参量中任意选取两个作坐标，建立 P-V 图或 P-T 图，则在坐标图中一个点具有确定的 P、V 和 T，即可表示气体的一个状态，所以，我们将 P-V 图或 P-T 图也称为状态图，如图 6-1 所示。

当气体与外界交换能量时，它的状态要发生变化。气体从一个状态不断变化到另一个状态，其间经历的状态可能是非平衡态。如果系统在状态变化过程中，适当控制外界条件，使得每一个中间状态的变化足够缓慢，从而使每一时刻所经历的中间状态都非常接近于平衡态，这样的一个过程就称为准静态过程。在准静态过程中，每一时刻的状态都可以用一组确定的状态参量 P、V、T 来描述，即可以用状态图中一系列点来表示，连接状态图中相应各个中间状态的点所得的一条曲线，便是气体的准静态过程的过程线，如图 6-2 所示。

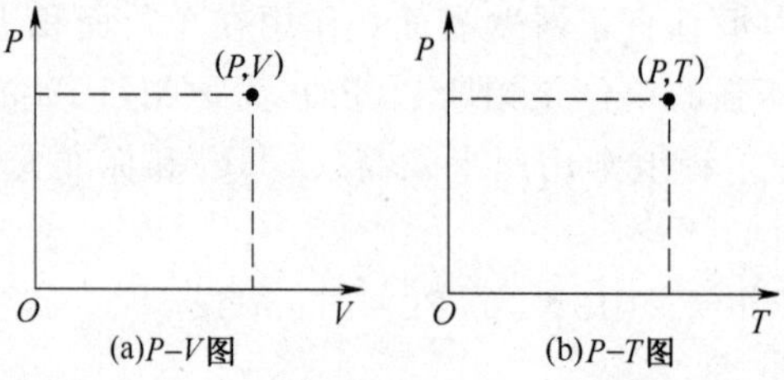

图 6-1　状态图

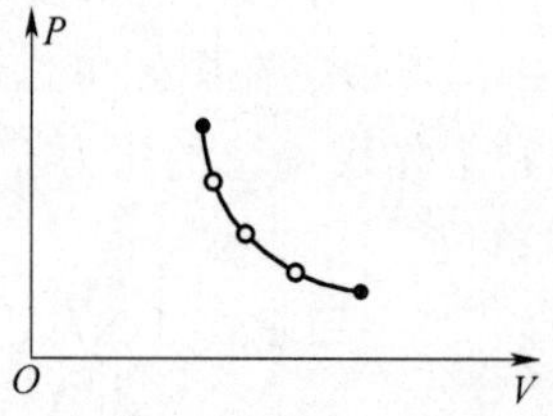

图 6-2　准静态过程

6.1.4　理想气体状态方程

实验表明，表征气体平衡态的三个参量 P、V、T 之间存在着一定的关系式，称为气体的状态方程。理想气体是一个重要的理论模型，一般气体，在温度不太低和压强不太大的条件下，都可以看作是理想气体，而且，气体的密度越低，温度越高，与理想气体的接近程度越好。对于理想气体，其 P、V、T 三者之间的关系为

$$\frac{PV}{T}=C \tag{6-1}$$

其中，当气体质量一定时，C 为一常量，而且 C 可由气体在标准状态下的 P_0、V_0、T_0 值来确定，即

$$C=\frac{P_0V_0}{T_0}$$

在标准状态（$T_0=273.15\ \text{K}$，$P_0=1.013\times10^5\ \text{Pa}$）下，1mol 理想气体所占有的体积为 $V_{\text{mol}}=22.4\times10^{-3}\ \text{m}^3$，所以质量为 M(kg) 的理想气体（摩尔质量为 M_{mol}）所占有的体积为 $V_0=\frac{M}{M_{\text{mol}}}V_{\text{mol}}$，即

$$C=\frac{P_0V_0}{T_0}=\frac{M}{M_{mol}}\frac{P_0V_{mol}}{T_0}$$

用 R 表示上式中的恒量，即

$$R=\frac{P_0V_{mol}}{T_0} \tag{6-2}$$

R 是一个普遍适用于任何气体的常数，称为普适气体常数，也称摩尔气体常数，在国际单位制中，R 的量值为

$$R=8.31\ \mathrm{J/(mol\cdot K)}$$

对于质量为 M、摩尔质量为 M_{mol} 的理想气体，有

$$PV=\frac{M}{M_{mol}}RT$$

或

$$PV=\nu RT \tag{6-3}$$

式中，$\nu=M/M_{mol}$ 称为气体的摩尔数，单位为摩尔(mol)。式(6-3)称为理想气体状态方程。对一定量的理想气体，在任一平衡态下，其状态参量(P、V、T)之间必须满足理想气体状态方程。理想气体实际上是不存在的，它只是真实气体的初步近似，很多气体如氢、氧、氮、氦等，在一般温度和较低的压强下，都可以看作理想气体。

可以用理想气体状态方程定义理想气体：在任何情况下都遵守理想气体状态方程的气体，称为理想气体。在理想气体状态方程中若分别令(M,T)、(M,P)和(M,V)保持不变，则理想气体状态方程就分别称为玻意耳-马略特定律、盖-吕萨克定律和查理定律。

对一定量的气体，按照理想气体状态方程，如果气体的温度 T 一定，则在 P-V 图上，P、V 之间的关系是一条等轴双曲线，一般称为理想气体的等温线。如图 6-3 所示是不同温度下的等温线，位置愈高的等温线，相应的温度愈高。

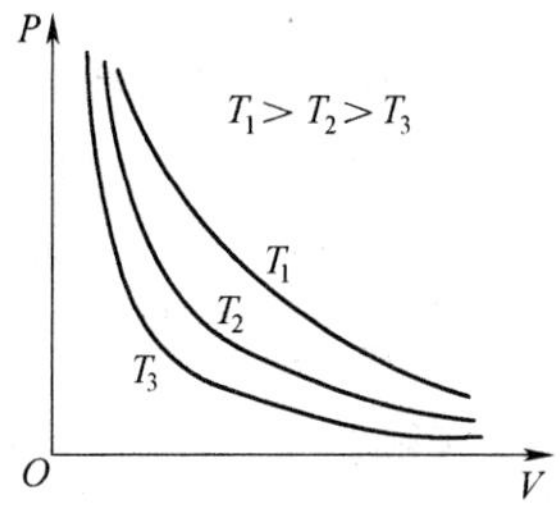

图 6-3　理想气体的等温线

设 M 千克的理想气体中包含有 N 个分子，因为 1 mol 理想气体中含有 $N_0=6.02\times10^{23}$ 个分子，则该气体的摩尔数

$$\nu=\frac{N}{N_0} \tag{6-4}$$

代入式(6-3)，得

$$PV=\frac{N}{N_0}RT$$

因而有

$$P=\frac{N}{V}\frac{R}{N_0}T \tag{6-5}$$

式中，$N/V=n$ 是分子数密度(单位体积内的分子数)，比值 $k=R/N_0$ 称为玻耳兹曼(L. Boltzmann)常数，它是物理学中的一个重要的常数。因 $R=8.31\ \mathrm{J/(mol\cdot K)}$，

$N_0=6.02\times10^{23}$/mol，故可确定 k 值为

$$k=1.38\times10^{-23}\ \text{J/K} \tag{6-6}$$

将 n、k 代入式(6-5)，可得理想气体状态方程的另一种常用形式

$$P=nkT \tag{6-7}$$

理想气体状态方程是一个实验定律，为什么理想气体的 P、V、T 满足如此的关系呢？理想气体状态的状态参量中，体积(V)的微观本质容易理解，而压强(P)和温度(T)的微观本质是什么呢？这是以下要解决的问题。

【例 6-1】 一柴油机的汽缸体积为 $0.827\times10^{-3}\ \text{m}^3$，压缩前，缸内气体的温度为 320 K，压强为 8.4×10^4 Pa。当活塞将空气压缩到原体积的 1/17 时，使压强增大到 4.2×10^6 Pa，求这时汽缸内空气的温度。(假设空气可以视为理想气体)

【解】 空气从一个平衡态Ⅰ(P_1,V_1,T_1)改变到另一个平衡态Ⅱ(P_2,V_2,T_2)，由题设：$P_1=8.4\times10^4$ Pa，$V_1=0.827\times10^{-3}\ \text{m}^3$，$T_1=320$ K，$P_2=4.2\times10^6$ Pa，$V_2=\frac{1}{17}V_1$。根据理想气体状态方程，有 $\frac{P_1V_1}{T_1}=\frac{P_2V_2}{T_2}$，则

$$T_2=\frac{P_2V_2}{P_1V_1}T_1=\frac{4.2\times10^6\times320}{8.4\times10^4\times17}=941\ (\text{K})$$

此温度远远超过柴油的燃点，所以，柴油在汽缸内将迅速燃烧，形成高压气体，推动活塞做功。

【例 6-2】 在压强为 1.013×10^5 Pa 和温度为 20℃时，空气的摩尔质量 $M_{\text{mol}}=28.9\times10^{-3}$ kg/mol，将空气视为理想气体，试求空气的密度和在此情况下，一间 4 m×4 m×3 m 房间内的空气总质量。

【解】 由理想气体状态方程

$$PV=\frac{M}{M_{\text{mol}}}RT$$

则有

$$\frac{M}{V}=\frac{PM_{\text{mol}}}{RT}$$

所以有

$$\rho=\frac{PM_{\text{mol}}}{RT}=\frac{1.013\times10^5\times28.9\times10^{-3}}{8.31\times293}=1.20\ (\text{kg/m}^3)$$

房间内气体的质量

$$M=V\rho=48\times1.20=57.6\ (\text{kg})$$

说明在常规条件下，空气的质量还是比较大。

6.2 麦克斯韦分子速率分布律

6.2.1 分子运动理论的基本概念

大量实验事实表明，组成物质的大量分子(原子)在永不停息地作无规则的热运动，而且

这些分子(原子)之间有力的作用。

对于固体和液体每 1 cm^3 分子数的数量级在 10^{22},即使对于气体,每 1 cm^3 分子数的数量级也在 10^{19},这是一个非常大的数字！如果按每 1 s 数 3 个分子计算,将 1 cm^3 的气体分子数目数一遍,得数 10^{12} 年。在气体中,气体分子与分子之间的距离是分子本身线度(10^{-10} m)的几十倍。所以,可以把气体看作是彼此相距很远的分子的集合,在气体中,由于分子的分布相当稀疏,分子与分子之间的作用力,除了在碰撞的瞬间以外,极其微小。

实验证明,固体物质中的分子(原子)在晶格附近不停地作振动,并伴随着扩散和迁移,而分子(原子)间的作用力又将它们结合成一体。对于液体,分子(原子)间的作用力减弱,而扩散和迁移等分子(原子)无规则热运动加剧。对于气体,分子间的引力很小,分子的热运动更加剧烈,混乱无序的分子热运动使得气体没有确定的形状和体积。经对氮气在常规条件分子运动情况的估算,可以了解分子在作混乱无序剧烈地热运动的剧烈程度,每 1 cm^3 分子数在 10^{19} 个;热运动的平均速度为 10^2 m/s;平均碰撞频率为 10^{10}/s,也就是说,氮分子平均每隔 10^{-10} s 就要同其他分子发生一次碰撞;每 1 s 中氮分子碰撞到每 1 cm^2 容器壁上的分子数目有 2.2×10^{23} 个。总之,气体中的分子是这样一幅图景:大量的分子在做永不停息的、杂乱无章的热运动;分子与分子间除碰撞外,无其他相互作用;分子与其他分子或器壁发生频繁的碰撞。

6.2.2　气体分子热运动的速率统计规律性

由于组成宏观物体的分子数目非常之大,要研究大量分子构成的系统所遵循的运动规律,与牛顿力学中所应用的方法完全不同。在牛顿力学中,为数不多的经典粒子构成的系统,完全按照牛顿力学的规律进行机械运动,即一旦给定了粒子系统的初始运动状态,就可以根据牛顿运动定律完全确定出以后任何时刻系统的运动状态。然而,对于进行着热运动的大量分子构成的气体分子系统,情况就完全不同了,这不仅是因为列出这么多的分子的运动方程是不可能的,主要还是不可能完全确定出大量分子在各个时刻所处的微观运动状态,如一个分子在某时刻经过一次碰撞,其速度是变大还是变小,方向如何,都是不可能准确预测的。根据分子热运动的基本特征,某个时刻系统中大量的分子处于什么样的微观状态,完全带有偶然性或者说随机性。就气体分子的速率而言,气体分子以不同大小的速率沿各个方向运动,由于频繁的碰撞,分子的速率大小和方向不断发生改变。就单个分子来看,它在某一时刻速率的大小和方向完全是偶然的。然而,对大量的分子整体来看,在一定条件下,它们的速率分布却遵循着一定的统计规律。

所谓速率分布,是指气体分子数按速率大小的分布。为了研究气体分子的速率分布,首先引进速率分布函数的概念。设 N 为系统内的分子总数,$\mathrm{d}v$ 为分子速率间隔,$\mathrm{d}N$ 为速率处于某一速率区间内($v\sim v+\mathrm{d}v$)的分子数,则定义

$$f(v)=\frac{\mathrm{d}N}{N\mathrm{d}v} \tag{6-8}$$

$f(v)$称为气体分子的速率分布函数，它表示分布在速率 v 附近单位速率间隔内的分子数占总分子数的比例。或者是一个特定分子的速率恰好落入速率 v 附近单位速率间隔内的概率。

如果 $f(v)$已经确定，则可以用积分的方法求得分布在任一有限速率范围 $v_1 \sim v_2$ 内的分子数占总分子数的比率

$$\frac{\Delta N}{N}=\int_{v_1}^{v_2} f(v)\mathrm{d}v \tag{6-9}$$

由于全部分子百分之百地分布在由 0 到∞整个速率范围内，所以，如果在上式中取 $v_1=0$，$v_2=\infty$，则结果显然为 1，即

$$\int_0^{\infty} f(v)\mathrm{d}v = 1 \tag{6-10}$$

这个关系式是由速率分布函数 $f(v)$本身的物理意义所决定的，它是速率分布函数 $f(v)$所必须满足的条件，称为速率分布函数的归一化条件。

6.2.3 麦克斯韦分子速率分布律

麦克斯韦速率分布律就是在一定条件下速率分布函数 $f(v)$的具体形式，麦克斯韦等人从理论上确定了气体分子按速率分布的统计规律，结果指出，在平衡状态下，当气体分子之间的相互作用可以忽略时，分布在任一速率区间 $v \sim v+\mathrm{d}v$ 内的分子的比率为

$$\frac{\mathrm{d}N}{N}=4\pi\left(\frac{m}{2\pi kT}\right)^{3/2} v^2 \mathrm{e}^{\frac{-mv^2}{2kT}}\mathrm{d}v \tag{6-11}$$

式中，T 是气体的热力学温度，m 是每个分子的质量，k 是玻耳兹曼常数。上式称为麦克斯韦速率分布律。与式(6-8)相比较，可得麦克斯韦速率分布函数

$$f(v)=4\pi\left(\frac{m}{2\pi kT}\right)^{3/2} v^2 \mathrm{e}^{\frac{-mv^2}{2kT}} \tag{6-12}$$

对于一定的气体，有确定的 m，在一定的温度 T 下，以 v 为横坐标，以 $f(v)$为纵坐标，可以作出麦克斯韦速率分布函数曲线如图 6-4 所示。由归一化条件，曲线下面的总面积应该等于 1。曲线下面宽度为 $\mathrm{d}v$ 的小窄条的面积就等于处于速率区间 $v \sim v+\mathrm{d}v$ 内的分子数占总分子数的百分比 $\mathrm{d}N/N$。

对给定的气体，麦克斯韦速率分布曲线的形状随温度的不同而发生变化，如图 6-5 所示，是不同温度下氧气分子(O_2)的速率分布曲线，可以看出温度对速率分布曲线的影响。随着温度的提高，曲线将变的平坦，并向高温区扩展。也就是说，温度越高，速率较大的分子越多。这就是通常所说的温度越高，分子运动越剧烈的真正的含义。

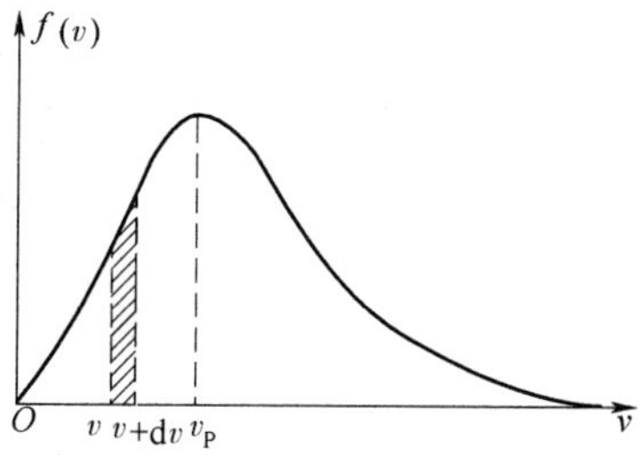

图 6-4 麦克斯韦速率分布曲线

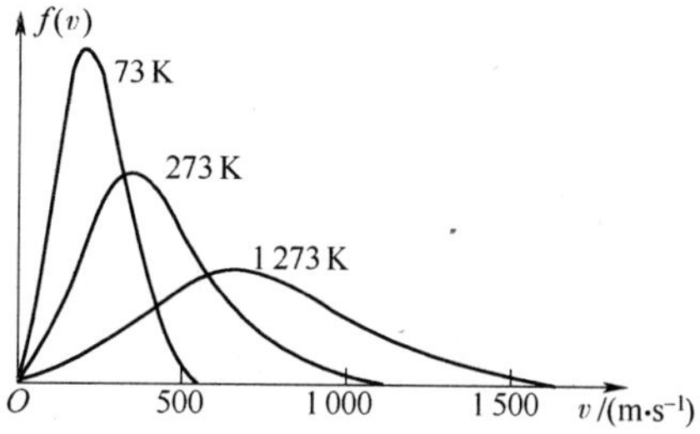

图 6-5 不同温度的速率分布曲线

由麦克斯韦速率分布函数 $f(v)$ 和统计的方法，可以求出几个我们在研究气体分子运动时非常有用的统计速率值，即最概然速率(v_P)、平均速率($\overline{v}$)和方均根速率($\sqrt{\overline{v^2}}$)。

1. 最概然速率 v_P

在平衡态下，温度为 T 的一定量气体中，与 $f(v)$ 极大值对应的速率，称为最概然速率，通常用 v_P 表示，如图 6-4 所示。它的物理意义是：如果把整个速率范围划分成相等的小区间，则 v_P 所在的区间内的分子数占总分子数的比例最大。按照求函数 $f(v)$ 极值的方法，v_P 可由下式求得

$$\left.\frac{\mathrm{d}f(v)}{\mathrm{d}v}\right|_{v_P}=0$$

由此得

$$v_P=\sqrt{\frac{2kT}{m}}=\sqrt{\frac{2RT}{M_{\mathrm{mol}}}}\approx 1.41\sqrt{\frac{RT}{M_{\mathrm{mol}}}} \tag{6-13}$$

2. 平均速率 $\overline{v}$

在平衡态下，气体分子的速率有大有小，从统计的意义上说，总有一个平均值。设速率为 v_1 的分子有 ΔN_1 个，速率为 v_2 的分子有 ΔN_2 个……，总分子数 N 是具有各种速率的分子数的总和，即 $N=\Delta N_1+\Delta N_2+\cdots$，平均速率定义为大量分子速率的算术平均值，即

$$\overline{v}=\frac{v_1\Delta N_1+v_2\Delta N_2+\cdots}{N}=\frac{1}{N}\sum_i v_i\Delta N_i$$

考虑到分子速率分布的连续性，由式(6-8)得 $\mathrm{d}N=Nf(v)\mathrm{d}v$，$\mathrm{d}N$ 代替上式中的 ΔN，则

$$\overline{v}=\frac{1}{N}\int_0^{\infty}vNf(v)\mathrm{d}v=\int_0^{\infty}vf(v)\mathrm{d}v$$

将式(6-12)麦克斯韦速率分布函数 $f(v)$ 代入上式，得

$$\overline{v}=4\pi\left(\frac{m}{2\pi kT}\right)^{3/2}\int_0^{\infty}v^3\mathrm{e}^{\frac{-mv^2}{2kT}}\mathrm{d}v$$

积分得

$$\bar{v}=\sqrt{\frac{8kT}{\pi m}}=\sqrt{\frac{8RT}{\pi M_{\mathrm{mol}}}}\approx 1.60\sqrt{\frac{RT}{M_{\mathrm{mol}}}} \tag{6-14}$$

3. 方均根速率$\sqrt{\overline{v^2}}$

方均根速率也是表达气体分子热运动的一种统计平均值，即求出分子速率平方的平均值，然后再取此平均值的平方根，亦即

$$\sqrt{\overline{v^2}}=\sqrt{\frac{v_1^2\Delta N_1+v_2^2\Delta N_2+\cdots}{N}}=\sqrt{\frac{\sum_i v_i^2\Delta N_i}{N}}$$

考虑到分子速率分布的连续性，由式(6-8)得 $\mathrm{d}N=Nf(v)\mathrm{d}v$，$\mathrm{d}N$ 代替上式中的 ΔN，则

$$\overline{v^2}=\frac{1}{N}\int v^2\mathrm{d}N=\frac{1}{N}\int_0^\infty v^2 Nf(v)\mathrm{d}v=\int_0^\infty v^2 f(v)\mathrm{d}v$$

将式(6-12)麦克斯韦速率分布函数 $f(v)$代入上式，得

$$\overline{v^2}=4\pi\left(\frac{m}{2\pi kT}\right)^{3/2}\int_0^\infty v^4\mathrm{e}^{-mv^2/2kT}\mathrm{d}v$$

积分得

$$\overline{v^2}=\frac{3kT}{m}=\frac{3RT}{M_{\mathrm{mol}}} \tag{6-15}$$

求平方根得

$$\sqrt{\overline{v^2}}=\sqrt{\frac{3kT}{m}}=\sqrt{\frac{3RT}{M_{\mathrm{mol}}}}\approx 1.73\sqrt{\frac{RT}{M_{\mathrm{mol}}}} \tag{6-16}$$

三种速率都是在统计意义上说明大量分子热运动的典型值，它们都与$\sqrt{T}$成正比，与$\sqrt{m}$成反比。三种速率有着不同的应用，例如，在讨论速率分布时要用 v_{P}；计算分子的平均动能时要用$\sqrt{\overline{v^2}}$；而在讨论分子的碰撞次数及平均自由程时用到 $\bar{v}$。比较式(6-13)、式(6-14)和式(6-16)可以发现，同一种气体在一定的温度下 v_{P} 最小，$\sqrt{\overline{v^2}}$ 最大，即 $v_{\mathrm{P}}<\bar{v}<\sqrt{\overline{v^2}}$，如图 6-6 所示。而在相同温度下不同分子质量气体的速率分布也不同，如图 6-7 所示，A 和 B 分别为氧气和氢气分子在某一温度时分子的速率分布，由于 $m_{O_2}>m_{H_2}$，氧气的 v_{P} 小于氢气的 v_{P}，所以 A 为氧气分子的速率分布，B 为氢气分子的速率分布。

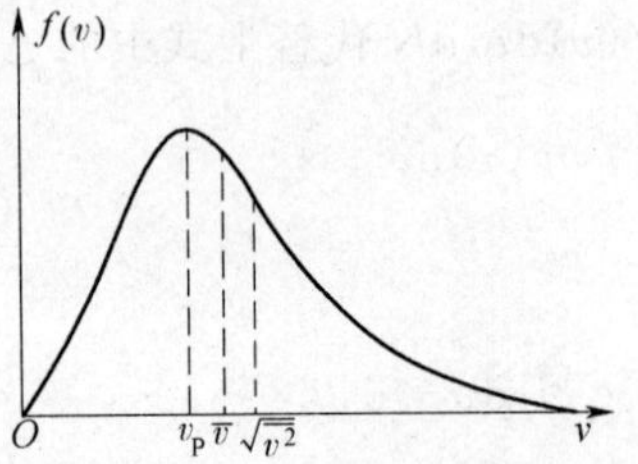

图 6-6　气体分子三种速率的比较

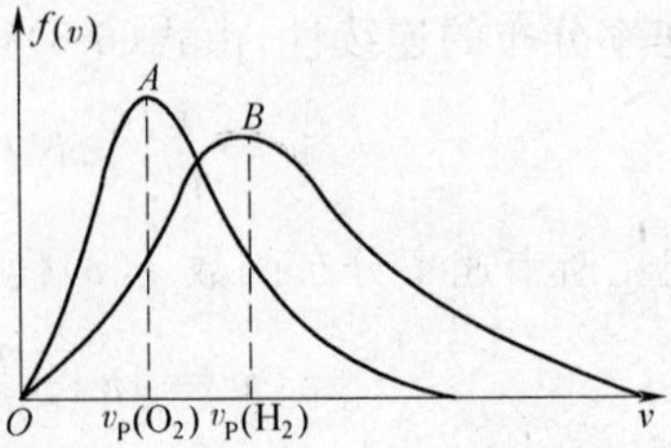

图 6-7　不同质量分子的速率分布

【例 6-3】 试计算在 27℃时氧分子的最概然速率 v_P、平均速率 $\bar{v}$ 和方均根速率 $\sqrt{\overline{v^2}}$ 的值。

【解】 氧分子的摩尔质量 $M_{mol}=32\times10^{-3}$ kg，$T=27+273=300$ K。则

$$v_P=\sqrt{\frac{2RT}{M_{mol}}}=\sqrt{\frac{2\times8.31\times300}{32\times10^{-3}}}=395(\text{m/s})$$

$$\bar{v}=\sqrt{\frac{8RT}{\pi M_{mol}}}=\sqrt{\frac{8\times8.31\times300}{3.14\times32\times10^{-3}}}=446(\text{m/s})$$

$$\sqrt{\overline{v^2}}=\sqrt{\frac{3RT}{M_{mol}}}=\sqrt{\frac{3\times8.31\times300}{32\times10^{-3}}}=483(\text{m/s})$$

6.3 压强与温度的微观解释

6.3.1 理想气体分子的微观模型

为了便于分析和研究气体的基本现象和规律，我们常用一个简易的理想气体分子模型来看待气体分子，也称理想气体分子的统计假设：

(1) 气体分子的大小与气体分子间的距离比较，可以忽略不计，所以将气体分子看作大小可以不计的小球，它们的运动遵守牛顿运动定律。

(2) 把每个分子看作完全弹性的小球，它们之间相互碰撞及与容器壁碰撞时，遵守能量守恒定律和动量守恒定律。

(3) 分子间的平均距离相当大，除碰撞外，分子间的相互作用力可以忽略不计，重力的影响也可忽略不计。所以气体中每个分子在每两次碰撞之间都做匀速直线运动。

(4) 在平衡态时，分子速度按方向的分布是均匀的，即各方向运动的分子数相等，各方向分子运动的速度等概率。

根据这些统计假设，虽然得到的是一个粗略的气体模型，但是由此推得的结果却符合理想气体的性质，因此可以作为理想气体的微观模型。应用理想气体的微观模型，可以对气体的宏观物理量压强 P、温度 T 以及理想气体的宏观规律(理想气体状态方程)给出微观解释。

6.3.2 理想气体的压强

压强是描述气体性质的一个基本参量。从分子运动的观点看，气体对器壁所作用的压强是大量气体分子对器壁不断碰撞的结果。下面应用理想气体分子模型和麦克斯韦速率分布函数给出的速率统计值，导出理想气体的压强公式。

为了计算方便，假设有一边长分别为 l_1、l_2 和 l_3 的长方形容器，体积为 $V=l_1l_2l_3$。其中有 N 个同类理想气体分子，每个分子的质量是 m，重力影响忽略不计。由于在平衡状态时，气

体内各处的压强完全相同，因此，我们只计算与 Ox 轴垂直的器壁 A_1 面所受的压强就可以了，如图 6-8 所示。

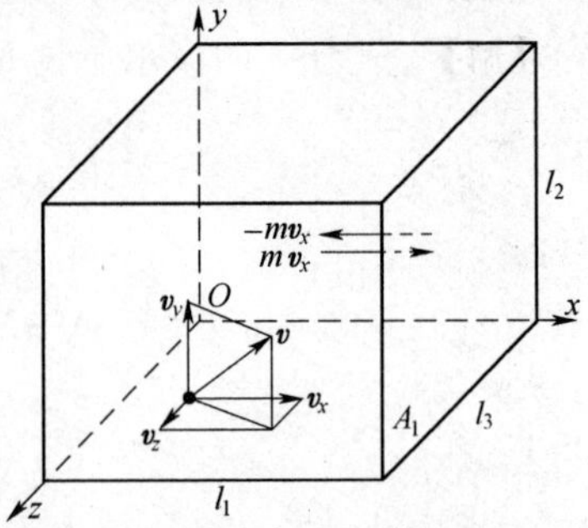

图 6-8　计算气体压强公式示意图

设第 i 个分子的速度

$$\boldsymbol{v}=v_{ix}\boldsymbol{i}+v_{iy}\boldsymbol{j}+v_{iz}\boldsymbol{k}$$

第 i 个分子与 A_1 面碰撞一次受到的冲量为

$$I_i''=-mv_{ix}-mv_{ix}=-2mv_{ix}$$

A_1 面受到第 i 个分子一次碰撞的冲量为

$$I_i'=2mv_{ix}$$

单位时间内第 i 个分子与 A_1 面碰撞的次数为

$$n_i=\frac{v_{ix}}{2l_1}$$

单位时间内第 i 个分子对 A_1 面的冲量为

$$I_i=n_iI_{ix}'=\frac{v_{ix}}{2l_1}2mv_{ix}=\frac{mv_{ix}^2}{l_1}$$

单位时间内容器中 N 个分子对 A_1 面的冲量为

$$I=\sum_{i=1}^{N}\frac{m}{l_1}v_{ix}^2=\frac{mN}{l_1}\frac{1}{N}\sum_{i=1}^{N}v_{ix}^2=\frac{mN}{l_1}\overline{v_x^2}$$

按照以上统计假设，沿各个方向速度分量平方的平均值应该相等，即 $\overline{v_x^2}=\overline{v_y^2}=\overline{v_z^2}$，又因为，$\overline{v^2}=\overline{v_x^2}+\overline{v_y^2}+\overline{v_z^2}$，所以有

$$\overline{v_x^2}=\frac{1}{3}\overline{v^2} \tag{6-17}$$

则单位时间内容器中 N 个分子对 A_1 面的冲量为

$$I=\frac{1}{3}\frac{mN}{l_1}\overline{v^2}$$

由于 A_1 面所受的平均作用力 $\overline{F}$ 等于单位时间内分子对 A_1 面碰撞作用的冲量，即

$$\overline{F}=I=\frac{1}{3}\frac{mN}{l_1}\overline{v^2} \tag{6-18}$$

所以，A_1 面所受的压强

$$P=\frac{\overline{F}}{A_1}=\frac{\overline{F}}{l_2l_3} \tag{6-19}$$

将式(6-18)代入式(6-19)得

$$P=\frac{\overline{F}}{l_2l_3}=\frac{1}{3}\frac{mN}{l_1l_2l_3}\overline{v^2}=\frac{1}{3}m\frac{N}{V}\overline{v^2}$$

由于单位体积的分子数 $n=\dfrac{N}{V}$，所以气体压强

$$P=\frac{1}{3}nm\overline{v^2} \tag{6-20}$$

如果引入分子的平均平动动能 $\bar{\varepsilon}_t=\frac{1}{2}m\overline{v^2}$，则

$$P=\frac{2}{3}n\left(\frac{1}{2}m\overline{v^2}\right)=\frac{2}{3}n\bar{\varepsilon}_t \tag{6-21}$$

式(6-20)和式(6-21)称为理想气体压强公式。以上，我们计算出 A_1 面上所受的压强，可以想象，如果计算长方形容器其他各面所受的压强，也应该得到这一结果。此外，即使是其他形状的容器，也可以得到这一结论。所以，从分子运动理论来看，气体作用在器壁上的压强，决定于单位体积内的分子数 n 和分子的平均平动动能 $\bar{\varepsilon}_t$。

6.3.3　理想气体状态方程和温度的微观意义

在上一节我们由麦克斯韦速率分布律给出了气体分子运动速度平方的平均值 $\overline{v^2}=3kT/m$，代入式(6-20)，得

$$P=\frac{1}{3}nm\overline{v^2}=\frac{1}{3}nm\frac{3kT}{m}=nkT$$

上式即为理想气体的状态方程式(6-7)，将 $n=N/V$ 和 $k=R/N_0$ 代入上式，得

$$P=\frac{N}{V}\frac{R}{N_0}T$$

由气体摩尔数 $\nu=N/N_0$，即得理想气体状态方程的一般形式

$$PV=\nu RT$$

理想气体状态方程是一个实验定律，我们在理想气体分子的统计假设的基础上，给出了理想气体的压强公式(6-20)，并应用麦克斯韦速率分布律给出的气体分子运动速度平方的平均值，得到了理想气体宏观状态参量 P、V、T 之间的关系式，即理想气体状态方程。说明理想气体分子模型是合理的，而且也说明理想气体的压强公式(6-20)在一定程度上正确地反映了客观实际。

根据理想气体压强公式和理想气体状态方程，可以对温度这一宏观量给出微观解释。将理想气体状态方程 $P=nkT$ 与 $P=\frac{1}{3}nm\overline{v^2}$ 相比较，则有

$$\frac{2}{3}n\left(\frac{1}{2}m\overline{v^2}\right)=nkT$$

$$\frac{1}{2}m\overline{v^2}=\frac{3}{2}kT$$

或

$$\bar{\varepsilon}_t=\frac{3}{2}kT \tag{6-22}$$

上式常称为理想气体能量公式，它指出理想气体分子热运动的平动动能与温度有关，即与气

体的热力学温度 T 成正比，而与气体的性质无关，换句话说，理想气体分子的平均平动动能在相同的温度下都是相等的，如果说甲气体与乙气体的温度相同，从气体热运动理论的观点来看，甲气体与乙气体的分子平均平动动能是相等的。若甲气体的温度比乙气体的温度高，就说明甲气体分子的平均平动动能比乙气体分子的平均平动动能大。温度越高，分子平均平动动能越大，分子热运动越剧烈。式(6-22)表明，理想气体的热力学温度是气体分子平均平动动能的量度，这就是温度的微观本质。

应当指出，温度与压强一样，也是大量分子热运动的集体表现，因此也具有统计意义，对于个别分子，要说它的温度有多高，那是没有意义的。

【例 6-4】 试证明理想气体的道尔顿分压定律，即在一定温度下，混合气体的总压强，等于相混合的各种气体的分压强之和；并求储有 A、B、C 三种理想气体的密闭容器中混合气体的压强。其中 A 气体分子数密度为 n_1，它产生的压强为 P_1，B 气体和 C 气体的分子数密度分别为 $2n_1$ 和 $3n_1$。

【解】 设一容器中有 N 种理想气体，每一种气体的分子数密度分别为 $n_1, n_2, \cdots, n_N$，则单位体积中的总分子数为

$$n=n_1+n_2+\cdots+n_N$$

因为在同一温度下，分子的平均平动动能与气体性质无关，则由式(6-21)有

$$P=\frac{2}{3}n\bar{\varepsilon}_t=\frac{2}{3}(n_1+n_2+\cdots+n_N)\varepsilon_t=\frac{2}{3}n_1\varepsilon_i+\frac{2}{3}n_2\varepsilon_t+\cdots+\frac{2}{3}n_N\varepsilon_t=P_1+P_2+\cdots+P_N$$

式中，$P_1, P_2, \cdots, P_N$ 分别为容器中只装有第一种气体、第二种气体、第 N 种气体时所产生的压强，也称分压强。上式即为理想气体道尔顿分压定律的数学表述式，这与实验得出的结论是一致的。

根据道尔顿分压定理混合气体压强 $P=P_A+P_B+P_C=P_1+2P_1+3P_1=6P_1$。

【例 6-5】 在一容器中，如果气体非常稀薄，通常就说这个容器处于“真空”，容器中气体的稀薄程度叫“真空度”，真空度用气体的压强来表示，压强越小，真空度越高。真空技术在电子管、显像管的制造以及真空冶炼、真空镀膜等方面，有广泛的应用。今有一体积为 10 cm^3 的电子管，当温度为 300 K 时，用真空泵抽成真空，使管内压强为 6.665×10^{-8} Pa，问管内有多少个气体分子？这些分子的总平均平动动能是多少？

【解】 已知 $V=10\ cm^3=10^{-5}\ m^3$，$T=300$ K，$P=6.665\times10^{-8}$ Pa。设电子管内部有 N 个分子，则由理想气体状态方程式(6-7)得

$$P=nkT=\frac{N}{V}kT$$

从而有

$$N=\frac{PV}{kT}=\frac{6.665\times10^{-8}\times10^{-5}}{1.38\times10^{-23}\times300}=1.61\times10^{12}$$

由式(6-22)一个分子的平均平动动能 $\bar{\varepsilon}_t=\frac{3}{2}kT$

得这些分子的总平均平动动能　$E=N\bar{\varepsilon}_t=N\frac{3}{2}\frac{P}{n}=\frac{3}{2}N\frac{P}{\frac{N}{V}}=\frac{3}{2}PV$

所以
$$E=\frac{3}{2}\times 666.5\times 10^{-6}\times 10^{-5}=10^{-8}(\text{J})$$

6.4　能量按自由度均分定理

为了研究理想气体的内能，我们首先讨论在平衡态下分子能量所遵循的统计规律，即分子能量按自由度均分定理。

6.4.1　理想气体的内能实验结果

在前面我们讨论理想气体时，把每个气体分子看作没有内部结构的弹性小球，只考虑分子的平动，得出了与实验一致的结论。但是人们在研究气体的能量时，通过大量热力学实验，证明理想气体的内能（在温度不太高，压强不太大，密度不太大的条件下）只与温度和气体分子的原子数有关，而与其他因素无关，如表 6-1 所示。

表 6-1　部分理想气体摩尔能量的实验结果

气　　体	原子数	摩尔能量
He、Ar	单原子	$\frac{3}{2}RT$
H_2、O_2、CO、N_2	双原子	$\frac{5}{2}RT$
H_2O、CO_2	三原子	$\frac{6}{2}RT$

这就说明，在考虑气体的内能时候，就不能把气体分子看作没有内部结构的弹性小球，只考虑分子的平动了，而要考虑气体分子的大小和结构，考虑不同原子数对分子热运动能量的影响，即除了考虑分子平动之外，还要考虑气体分子的转动和振动。这就需要引入自由度的概念。

6.4.2　自由度

完全确定一个物体的空间位置所需要的独立坐标数目，叫作这个物体的自由度。

决定一个在空间任意运动的质点的位置，需要 3 个独立的坐标(x,y,z)，因此，一个自由运动的质点有 3 个自由度。如果对质点的运动加以限制（约束），把它限制在一个平面或曲面上运动，这样的质点就只有两个自由度了，若限制质点在一条给定的直线或曲线上运动，则质点就只有一个自由度了。把飞机、轮船和火车当作质点看，则在天空中任意飞行的飞机有3个自由度，在海面上任意航行的轮船有两个自由度，在铁路轨道上行驶的火车就只有一个自由度。决定物体在空间位置所需要的独立坐标数也叫平动自由度。单原子分子(如氦、氖、氩等)，可以看作是自由运动的质点，有3个平动自由度。

实际上，只有平动自由度并不能准确描述物体在空间的状态。刚体的运动一般总可以分解为质心的平动和绕过质心瞬时转轴的转动两个独立的运动。质心的平动一般需要用3个独立坐标变量来描述，就像描述质点的运动一样，具有3个平动自由度(x,y,z)。对于刚体绕其过质心转轴的转动来讲，确定过质心转轴的空间方位需要两个独立变量(α,β)，此外还应有一个独立变量(φ)来确定刚体绕该轴转动的角度，如图6-9所示。所以，描述刚体的空间状态一般有6个自由度。其中有3个平动自由度和3个转动自由度。当刚体的运动受到限制时，其自由度则相应减少。

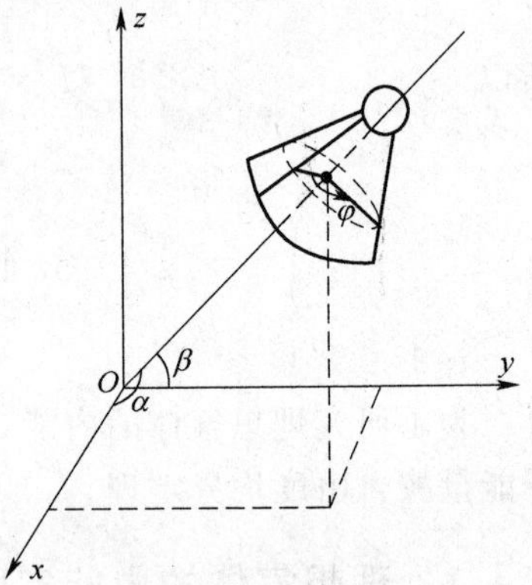

图6-9　刚体的自由度

在确定气体分子的自由度时，首先要对其结构进行分析。按气体分子的结构，分子可以是单原子的、双原子的、三原子的或多原子的。

对于单原子分子，可看作自由质点，有3个平动自由度，如图6-10(a)所示。对于双原子分子，如分子中两原子间无相对运动，则称为刚性双原子分子。确定这种分子的位置时，需用3个坐标(x,y,z)确定其质心位置，此外还需要2个独立坐标(α,β)确定两原子连线的空间方位，共有5个自由度，如图6-10(b)所示。对于3原子分子，若假定分子内各原子间无相对运动，则可看成刚体来处理，除应具有双原子分子的5个自由度之外，还需要一个描述绕轴转动的独立坐标(φ)确定转过的角度，所以刚性3原子分子有6个自由度，如图6-10(c)所示。对于3个以上原子(多原子)的刚性分子由6个坐标可以确定其在空间的状态，即有6个自由度。

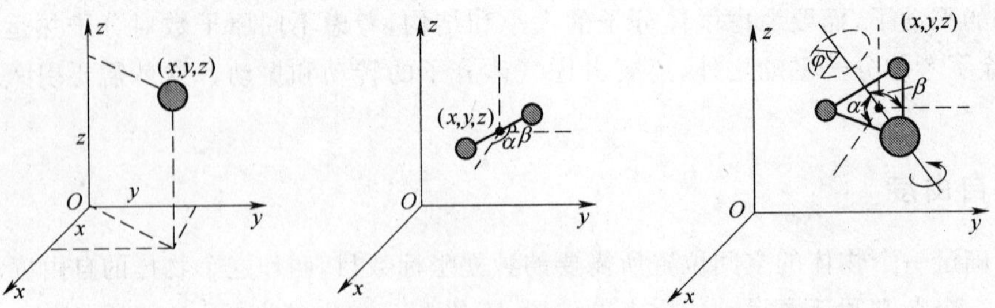

图6-10　分子运动的自由度

其实，双原子分子或多原子分子并不完全是刚性的，在原子之间，分子内部还存在着振动，因此还存在着振动自由度，但是，在温度不太高，压强不太大的情况下，可以认为分子是刚性的。在以后的讨论中，我们仅讨论刚性分子。

6.4.3　能量按自由度均分定理

对于理想气体来说，它的内能，就是它所具有的动能。按照式(6-22)，一个理想气体分子所具有的平均平动动能为

$$\bar{\varepsilon}_t=\frac{1}{2}m\overline{v^2}=\frac{3}{2}kT$$

而且由式(6-17)可得

$$\overline{v_x^2}=\overline{v_y^2}=\overline{v_z^2}=\frac{1}{3}\overline{v^2}$$

综合以上两式，就可以得到

$$\frac{1}{2}m\overline{v_x^2}=\frac{1}{2}m\overline{v_y^2}=\frac{1}{2}m\overline{v_z^2}=\frac{1}{3}\left(\frac{1}{2}m\overline{v^2}\right)=\frac{1}{2}kT$$

上式说明，温度为 T 的理想气体，其分子所具有的平均平动动能 $\frac{3}{2}kT$ 均匀地分配给每一个平动自由度。因为理想气体分子模型只考虑了分子具有 3 个平动自由度，所以，相应于每一个平动自由度都具有相同的平均动能，即 $\frac{1}{2}kT$。

这一结论同样可以推广到分子的转动和振动等自由度的能量分配上，由于气体分子的无规则运动，不可能有某一种运动形式在运动中特别占优势，因此，在平衡状态下，分子的每一个自由度都具有相同的平均动能，其大小都等于 $\frac{1}{2}kT$。这一结论称为能量按自由度均分定理。

能量按自由度均分定理是对大量分子统计平均而得出的。实际上，对个别分子来说，在任一瞬间，它的各种形式的动能及其能量总和，可能与根据能量按自由度均分定理给出的平均值相差很大，而且每种运动形式的能量，也不见得按自由度均分。这是因为大量分子的无规则运动，分子间频繁碰撞，彼此交换能量，故而每个分子的总动能以及相应于各个自由度的动能，都在随时不断地改变其量值。但是，对处于平衡态的大量气体分子的整体而言，每个分子的平均动能以及相应于每个自由度的能量是不变的，所以能量可以认为按自由度均匀分配。

通常，我们在计算气体分子的平均能量时，往往不考虑气体分子内原子是否有振动，即把气体分子视为刚性分子，只考虑气体分子的平动和转动，如果某种气体分子具有 t 个平动自由度，r 个转动自由度，则分子的自由度 $i=t+r$。按照能量按自由度均分定理，分子的平均总能量为

$$\bar{\varepsilon}=\frac{1}{2}(t+r)kT=\frac{i}{2}kT \tag{6-23}$$

对于单原子分子：$t=3, r=0, i=3$，分子的平均能量$\bar{\varepsilon}=\frac{3}{2}kT$。

对于双原子刚性分子；$t=3, r=2, i=5$，分子的平均能量$\bar{\varepsilon}=\frac{5}{2}kT$。

对于多原子刚性分子：$t=3, r=3, i=6$，分子的平均能量$\bar{\varepsilon}=\frac{6}{2}kT$。

6.4.4 理想气体的内能

对于由大量分子组成的气体，除了上述分子的平均能量外，分子与分子之间还存在着分子力，从而也具有一定的势能。气体分子的能量以及分子之间的势能构成气体内部的总能量，称为气体的内能。对于理想气体，由于不考虑分子之间的作用力，理想气体的内能只是系统内部全部分子各种无规则运动能量的总和。如前所述，由于我们不考虑分子内原子的振动能量，每个分子的平均能量为$\bar{\varepsilon}=\frac{i}{2}kT$，而 1 mol 理想气体内有 N_0 个分子，所以1 mol理想气体的内能为

$$E_{\text{mol}}=N_0\ \frac{i}{2}kT=\frac{i}{2}RT \tag{6-24}$$

质量为 M(kg)的理想气体的内能为

$$E=\frac{M}{M_{\text{mol}}}\frac{i}{2}RT=\frac{i}{2}\nu RT \tag{6-25}$$

式中 ν 为气体的物质的量，R 为理想气体常数。这样一个结论，已经被大量的热力学实验所证实，说明在一定条件下，我们的理想气体模型假设和刚性分子假设是可行的。

从以上结果可以看出，理想气体的内能只是温度的单值函数，即 $E=f(T)$，而温度 T 是表征平衡态的状态参量，所以理想气体的内能是由状态决定的态函数。也就是说，对于一定质量的某种理想气体，从一个状态变化到另一个状态，不论经历什么过程，也不论压强和体积如何变化，只要温度保持不变，则气体的内能就保持不变；在不同的状态变化过程中，只要温度的变化量相等，则相应的气体内能的变化量也相等，这是在以后研究热力学中常常用到的基本概念。

【例 6-6】 当温度为 0℃时，分别求氦、氧、氢、氨和二氧化碳气体各为 1 mol 的内能。温度升高 1 K 时，内能各增加多少？（双原子以上分子均视为刚性分子）。

【解】 由于理想气体的内能与气体的种类无关，只与气体分子的自由度和热力学温度有关，所以，可以将气体分为单原子分子（氦）、双原子分子（氧、氢）、三原子多原子分子（氨、二氧化碳）三种情况来处理。

单元子分子气体（氦）：

$$E_{mol}=\frac{3}{2}RT=\frac{3}{2}\times8.31\times273=3.41\times10^{3}(\text{J})$$

双原子分子气体(氧、氢)

$$E_{mol}=\frac{5}{2}RT=\frac{5}{2}\times8.31\times273=5.681\times10^{3}(\text{J})$$

多原子分子气体(氨、二氧化碳)

$$E_{mol}=\frac{6}{2}RT=\frac{6}{2}\times8.31\times273=6.81\times10^{3}(\text{J})$$

当温度从 T 增加到 $T+\Delta T$ 时,内能的增量为

$$\Delta E=\frac{i}{2}R\Delta T$$

所以温度每升高 1 K,1 mol 理想气体的内能增加为

单元子分子气体(氦)

$$\Delta E_{mol}=\frac{3}{2}R\Delta T=\frac{3}{2}\times8.31\times1=12.5(\text{J})$$

双原子分子气体(氧、氢)

$$\Delta E_{mol}=\frac{5}{2}R\Delta T=\frac{5}{2}\times8.31\times1=20.8(\text{J})$$

多原子分子气体(氨、二氧化碳)

$$\Delta E_{mol}=\frac{6}{2}R\Delta T=3\times8.31\times1=24.9(\text{J})$$

【例 6-7】 一容器内储有氧气,压强 $P=1.0\times10^{5}$ Pa,温度为 $t=27$℃。求:

(1) 气体单位体积内的分子数;

(2) 氧气分子的质量;

(3) 氧气分子的平均动能;

(4) 氧气的摩尔内能。

【解】 在标准单位制下,$P=1.0\times10^{5}$ Pa,$T=27+273=300$ K,氧气的摩尔质量 $M_{mol}=32\times10^{-3}$ kg/mol。

(1) 由 $P=nkT$,则

$$n=\frac{P}{kT}=\frac{1.0\times10^{5}}{1.38\times10^{-23}\times300}=2.44\times10^{25}(\text{m}^{-3})$$

(2) 由 $M_{mol}=mN_0$,则

$$m=\frac{M_{mol}}{N_0}=\frac{32\times10^{-3}}{6.02\times10^{23}}=5.32\times10^{-26}(\text{kg})$$

(3) 由 $\bar{\varepsilon}=\frac{1}{2}(t+r)kT=\frac{i}{2}kT$,则

$$\bar{\varepsilon}=\frac{5}{2}kT=\frac{5}{2}\times1.38\times10^{-23}\times300=1.04\times10^{-20}(\text{J})$$

(4) 由 $E_{\text{mol}}=\dfrac{i}{2}RT$，则

$$E_{\text{mol}}=\frac{5}{2}RT=\frac{5}{2}\times8.31\times300=6.23\times10^{3}(\text{J})$$

习　题

一、选择题

1. 一个容器内贮有 1 mol 氢气和 1 mol 氦气，平衡态下若两种气体各自对器壁产生的压强分别为 p_1 和 p_2，则两者的大小关系是(　　)。

A. $p_1>p_2$　　B. $p_1<p_2$　　C. $p_1=p_2$　　D. 不确定的

2. 若理想气体的体积为 V，压强为 p，温度为 T，一个分子的质量为 m，k 为玻尔兹曼常量，R 为普适气体常量，则该理想气体的分子数为(　　)。

A. pV/m　　B. $pV/(kT)$　　C. $pV/(RT)$　　D. $pV/(mT)$

3. 一瓶氦气和一瓶氮气密度相同，分子平均平动动能相同，而且它们都处于平衡状态，则它们(　　)。

A. 温度相同、压强相同

B. 温度、压强都不相同

C. 温度相同，但氦气的压强大于氮气的压强

D. 温度相同，但氦气的压强小于氮气的压强

4. 一氧气瓶的容积为 V，充了气未使用时的压强为 p_1，温度为 T_1，使用后瓶内氧气的质量减少为原来的一半，其压强降为 p_2，则使用前后分子热运动平均速率之比 $\dfrac{\bar{v}_1}{\bar{v}_2}$ 为(　　)。

A. $\sqrt{\dfrac{2p_1}{p_2}}$　　B. $\sqrt{\dfrac{p_1}{2p_2}}$　　C. $\sqrt{\dfrac{p_2}{2p_1}}$　　D. $\sqrt{\dfrac{2p_2}{p_1}}$

5. 理想气体的温度由 27 ℃升高到 927 ℃，其最概然速率将增大到原来的(　　)。

A. 2 倍　　B. 4 倍　　C. 6 倍　　D. 34 倍

6. 有两种不同的理想气体，同压强、同温度而体积不等，则下述各量不相同是(　　)。

A. 分子数密度　　B. 气体质量密度

C. 单位体积内气体分子总转动动能　　D. 单位体积内气体分子的总动能

7. 两个容积相同的容器中，分别装有氦气和氢气，若它们的压强相同，则它们的内能关系为(　　)。

A. $W_{\text{He}}=W_{\text{H}_2}$　　B. $W_{\text{He}}>W_{\text{H}_2}$

C. $W_{\text{He}}<W_{\text{H}_2}$　　D. 无法确定

二、填空题

1. 质量密度相同的理想氢气和氧气，当其处于平衡态时，分子的平动动能相同，则氢气和氧气的压强比为__________。

2. 某种气体在温度为 $T=273$ K 时，压强为 $p=1.0\times10^{-2}$ atm，密度为 $\rho=1.24\times10$ kg/m^3，则该气体分子的方均根速率为__________。

3. 某理想气体在温度为 27℃和压强为 1.0×10^{-2} atm 情况下，密度为 11.3 g/m^3，则这气体的摩尔质量 $M_{mol}=$__________。

4. 设气体分子速率服从麦克斯韦速率分布率，v_p 代表最可几速率，$\bar{v}$ 代表平均速率，那么，速率在 v_p 到 $\bar{v}$ 范围内的平均分子数占总分子总数的百分比随气体温度的升高而__________(增加，不变，或降低)。

5. 温度分别为27 ℃和127 ℃的氧气和氢气均处于平衡态，若该两种气体分子速率在区间 $v-v+dv$ 内的平均分子数占各自总分子数的百分比相同，则速率 $v=$__________。

6. 一容器中盛有二氧化碳理想气体，其压强为 1 atm，，体积为 1 L，，则此气体分子的内能 $W=$__________。

三、简答题

1. 有 2×10^{-13} kg 的氮气，在 27℃时体积为 2 L，它的压强为多少？

2. 一个钢瓶内装有 0.1 kg 的氧气，它的压强 $P=1.013\times10^6$ Pa，温度为 47℃。因钢瓶漏气，经过一段时间后，压强降为原压强的 5/8，温度降到 27℃，求：

(1) 钢瓶的容积；

(2) 漏掉的氧气的质量。

3. 目前真空设备中的真空度可达 10^{-10} Pa，求在此压强下，温度为 27℃时，1 m^3 体积中有多少个气体分子？

4. 已知氢气的质量为 2 g，体积为 20 L，压强为 4.00×10^4 Pa，求分子平均平动动能。

5. 在容积为 10 L 的容器中，装有 100 g 气体，已知气体的方均根速率为 200 m/s，问气体的压强为多少？

6. 在一个具有活塞的容器中盛有一定量的气体，如果压缩气体并对它加热，使它的温度由 27℃升到 127℃，体积减少一半，求：

(1) 气体压强变化为多少？

(2) 这时气体分子的平均动能变化多少？

(3) 分子的方均根速率变化多少？

7. 有 1 mol 氦气，其分子热运动平均动能的总和为 3.74×10^3 J，试求氦气的温度。

8. 在温度为 27℃时，1 mol 氢气和 1 mol 氮气的内能为多少？1 g 氢和 1 g 氧的内能为多少？

9. 装有氧气的容器以速率 $v=100\ \mathrm{m/s}$ 运动，该容器突然停止。设全部机械能都转变为气体分子热运动的动能，问容器中氧气的温度升高多少？

10. 已知 $f(v)$是速率分布函数，说明以下各式的物理意义：

(1)$f(v)\mathrm{d}v$；

(2)$nf(v)\mathrm{d}v$，其中 n 是分子数密度；

(3) $\int_0^{v_\mathrm{p}} f(v)\mathrm{d}v$ ，其中 v_p 为最概然速率。

11. 有 N 个粒子，其速率分布函数为

$$f(v)=\begin{cases}\dfrac{av}{v_0} & (0\leqslant v\leqslant v_0)\\ a & (v_0\leqslant v\leqslant 2v_0)\\ 0 & (v\geqslant 2v_0)\end{cases}$$

(1) 作速率分布曲线并求常量 a；

(2) 分别求速率大于 v_0 和小于 v_0 的粒子数；

(3) 求粒子的平均速率。

12. 计算 132℃时氧分子的方均根速率、最概然速率和平均速率。

13. 设氢气的温度为 300 K，求速率为3 000 m/s到3 010 m/s之间的分子数 n_1 与速率在1 500 m/s到 1 510 m/s 之间的分子数 n_2 之比。

第7章 热力学基础

热力学是以观测和实验事实为依据，用能量的观点分析和研究热力学系统在状态变化过程中的功、热量和内能之间相互转换的关系和条件。本章主要讨论热力学第一定律和热力学第二定律，以及与之有关的基本概念。

7.1 热力学第一定律

7.1.1 系统的内能

当一个热力学系统在宏观上处于平衡态时，组成物质系统的大量微观粒子（分子、原子、离子、电子）仍处于不停地剧烈运动之中，而且粒子与粒子之间存在相互作用。系统中所有粒子的各种运动形式（平动、转动、振动等）的动能与粒子间相互作用的势能的总和，称为系统的内能。

一定量的气体处于平衡态时，其内能就是所有分子热运动的动能（与温度 T 有关）以及分子之间相互作用的势能（与分子间距离及体积 V 有关）的总和。所以气体的内能是状态的单值函数：

$$E=E(T,V)$$

理想气体不考虑分子之间的相互作用，则理想气体内能为所有分子无规则热运动的动能和分子内部原子之间的振动势能的总和，所以理想气体的内能只是温度的单值函数：

$$E=E(T)$$

正如上一章所给出的，刚性理想气体的内能为 $E=\frac{M}{M_{\text{mol}}}\frac{i}{2}RT$，它只是温度的函数。

在力学中，外力对系统做功，使系统的状态（位置、速度）发生改变。在热力学中，系统处于平衡态后，如果它与外界不发生相互作用，它的平衡态就始终保持不变。要想改变系统的状态，从而使它的内能发生变化，就必须受到外界的作用。一般来说，改变热力学系统状态的办法有两种：对系统做功或向系统传递热量。

7.1.2 热量

通过传递热量可以改变热力学系统的状态，例如，把一壶冷水放到火炉上，冷水的温度就会逐渐升高从而改变其状态，这种改变状态的方式叫做传热，它是以系统与外界的温度不同为条件的。从气体动理论的角度来看，系统与外界的温度不同表示它们的无规则热运动的动能不同，通过分子热运动及其相互作用，平均动能大的分子会把无规则热运动的能量传给平均动能小的分子。这种无规则热运动的能量传递在宏观上就引起系统内能的改变。因此，传热过程实质上是通过分子间的相互作用传递分子的无规则热运动的能量从而改变系统内能的过程。

传热过程中传递能量的多少称为热量，热量通常用 Q 表示，热量的单位就是能量的单位，即焦[耳](J)。过去热量的单位用卡(cal)，现已停止使用(1 cal=4.185 5 J)。

热量传递的方向用 Q 的正负表示。通常规定：$Q>0$ 表示系统从外界吸收热量；$Q<0$ 表示系统向外界放热。

热量 Q 是在热力学过程中传递的一种能量，与具体过程有关。物体在某一过程中温度由 T_1 变化到 T_2 时，所吸收(或放出)的热量可以用下式计算

$$Q=Mc(T_2-T_1) \tag{7-1}$$

式中 M 为物体的质量，c 为物体的比热，它表示单位质量的物体温度升高 1 K 时，所需要吸收的热量。物体的质量 M 和比热 c 的乘积 Mc 称为物体的热容，即

$$C=Mc$$

当系统的质量为 1 mol 时，它的热容量叫做摩尔热容量 C_m，即

$$C_m=M_{mol}c$$

对于质量为 M 的物体，当温度由 T_1 变化到 T_2 时，所吸收的热量

$$Q=\frac{M}{M_{mol}}C_m(T_2-T_1) \tag{7-2}$$

由于热量的传递与具体的过程有关，摩尔热容量也与过程有关，对于不同的过程，摩尔热容量 C_m 也不同，我们常用的是等体过程和等压过程中的热容，它们分别称为定体摩尔热容($C_{V,m}$)和定压摩尔热容($C_{P,m}$)。关于定体摩尔热容和定压摩尔热容，我们放在下一节具体的热力学过程中详细讨论。

7.1.3 准静态过程的功

改变热力学系统状态的另一种形式就是外界对系统做功，除了机械功之外，还有电场功和磁场功等。在热力学中重点讨论准静态过程中与系统体积变化相联系的机械功。以气缸内气体的准静态膨胀过程为例，设有一气缸，其中气体的压强为 P，活塞的面积为 S，如图 7-1 所示，气体对活塞的压力为 PS，在无摩擦力的情况下，当气体推动活塞向外缓慢地移动一段微小位移 $\mathrm{d}l$ 时，气体对外界所做的微功为

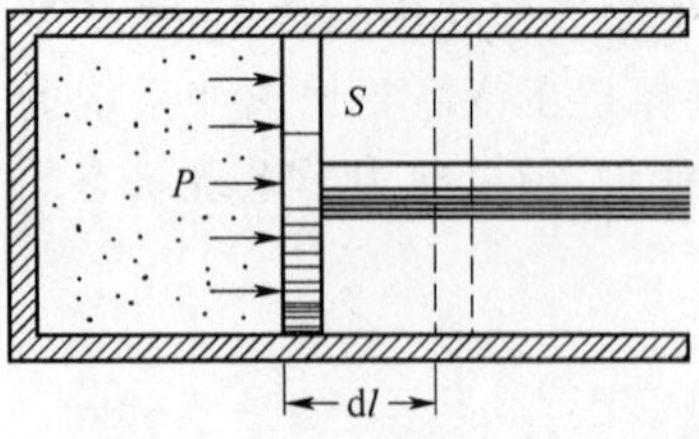

图 7-1 气体膨胀做功的计算

$$\mathrm{d}A=PS\mathrm{d}l=P\mathrm{d}V \tag{7-3}$$

式中 dV 是气体体积的微小增量。这一公式是通过图 7-1 的特例导出的，但可以证明它是准静态过程中体积功的一般计算公式。如果 $dV>0$，则 $dA>0$，系统对外界做功；如果 $dV<0$，则 $dA<0$，系统对外界做负功，或者说外界对系统做功。

当系统经历了一个有限的准静态过程，体积由 V_1 变化到 V_2 时，系统对外界所做的总功为

$$A=\int_{V_1}^{V_2}P\mathrm{d}V \tag{7-4}$$

如果知道系统状态变化过程中压强随体积变化的关系，则可以由式(7-4)求出功的数值。所以，功的数值可以用 P-V 图上过程曲线下的面积表示，如图 7-2 所示。当气体膨胀时，系统对外做功，$A>0$；当气体被压缩，外界对系统做功，$A<0$。

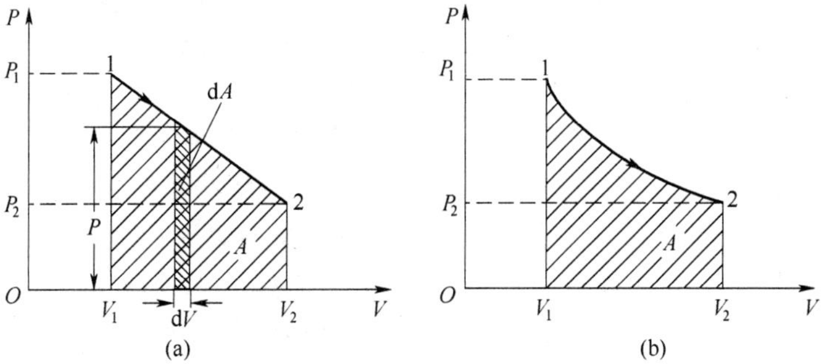

图 7-2　气体膨胀做功的 P-V 图示法

比较图 7-2(a)、(b)还可以看出，系统从初态 1 过渡到末态 2，功 A 的数值与具体的过程有关，只给定初态和末态，并不能确定功的大小。因此，功是过程量而不是状态的函数。不能说系统处于某一状态时，具有多少功。而只能说，经过某一特定过程后，系统对外作了多少功。功与热量一样，也是能量传递和转化的量度。从改变系统内能的角度来说，做功与传递热量具有相同的效果。但是它们的本质是有区别的，做功是系统在外界作用下，通过系统的宏观位移而完成的；而传递热量是通过微观分子之间的热运动实现的。

7.1.4　热力学第一定律

一般情况下，热力学系统内能的变化是由做功和传热两种方式共同导致的。如果有一系统在某一过程中从外界吸收的热量为 Q，系统从内能为 E_1 的初始状态过渡到内能为 E_2 的末状态，同时系统对外做功为 A，由能量的转化和守恒定律，应该有

$$Q=E_2-E_1+A$$

或

$$Q=\Delta E+A \tag{7-5}$$

上式就是热力学第一定律的数学表达式(式中 $\Delta E=E_2-E_1$)。它表明：系统从外界所吸收的热量等于系统内能的增量和系统对外做功的和。热力学第一定律是包含热量交换在内的能量守恒定律，它比机械能守恒定律更为普遍。而且，由于它是普遍的能量守恒定律，因

此，对于固体、液体和气体的所组成的热力学系统均适用，而且与过程是否是准静态过程无关。在实际计算中，只要求式(7-5)中的初态和末态是平衡态。

在一个微小的状态变化过程中，如果内能的变化为 $\mathrm{d}E$，系统对外界做的功为 $\mathrm{d}A$，系统从外界吸收的热量为 $\mathrm{d}Q$，则

$$\mathrm{d}Q = \mathrm{d}E + \mathrm{d}A \tag{7-6}$$

将式(7-4)代入式(7-5)，可得系统在有限的准静态过程中的热力学第一定律的表达式为

$$Q = \Delta E + \int_{V_1}^{V_2} P\mathrm{d}V \tag{7-7}$$

应该指出，系统的内能是由状态参量唯一确定的态函数，而系统对外做功是一个依赖于热力学过程的过程量。由式(7-5)和式(7-7)知，热量也是一个依赖于具体热力学过程的过程量，过程量只有在状态改变时才有意义。

热力学第一定律是19世纪40年代在大量的、精确的科学实验结果的基础上建立起来的。在此之前，有人企图设计一种永动机，使系统不断地经历状态变化而仍回到初始状态($E_2-E_1=0$)，同时在这过程中无需外界提供任何形式的能量而源源不断地对外做功。这种永动机称为第一类永动机。所有这种企图，经过无数次的尝试后无一成功。热力学第一定律指出，功不能无中生有地产生，必须由能量转换而来。第一类永动机违反能量转化和守恒定律，所以这种永动机是不可能实现的。热力学第一定律还有另一种表述：第一类永动机是不可能制造成功的。

【例 7-1】 一理想气体系统如图 7-3 所示，由状态 a 沿 abc 过程到达状态 c，吸收了350 J的热量，同时对外做功126 J。试求：

(1) 如果过程沿 adc 进行，则系统对外做功42 J，这时系统吸收了多少热量?

(2) 当系统由 c 状态沿曲线 ca 返回 a 状态，如果外界对系统做功84 J，问这时系统是吸热还是放热? 热量传递是多少?

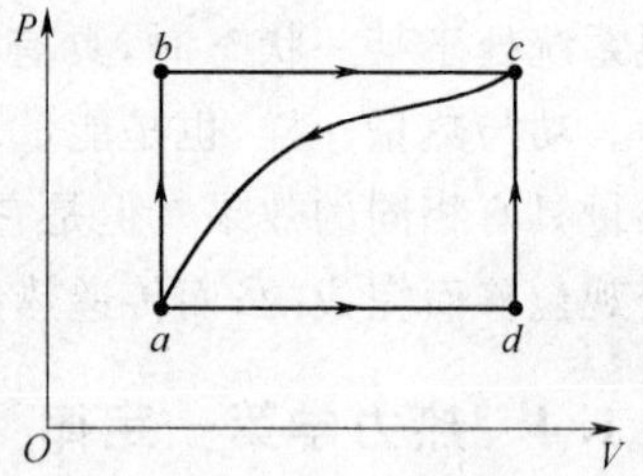

图 7-3　例 7-1 图

【解】 (1) 由热力学第一定律

$$Q_{abc} = A_{abc} + \Delta E_{ac}$$

则
$$\Delta E_{ac} = E_c - E_a = Q_{abc} - A_{abc} = 350 - 126 = 224(\mathrm{J})$$

对 adc 过程，应用热力学第一定律

$$Q_{adc} = A_{adc} + \Delta E_{ac} = 42 + 224 = 266(\mathrm{J})$$

(2) 对 ca 过程，$A_{ca} = -84$ J，则

$$\Delta E_{ca} = E_a - E_c = -\Delta E_{ac} = -224(\mathrm{J})$$

由热力学第一定律

$$Q_{ca} = A_{ca} + \Delta E_{ca} = -84 + (-224) = -308(\mathrm{J})$$

系统吸收的热量为负值，所以系统对外界放热308 J。在 ca 过程中，系统内能减少了244 J，外界对系统做功84 J，所以系统必须放出308 J的热量。

7.2　理想气体的热力学过程

作为热力学第一定律的应用，我们讨论几种典型的理想气体准静态热力学过程，并讨论定体摩尔热容和定压摩尔热容。

7.2.1　等体过程　定体摩尔热容

当气体状态变化时，其体积保持不变的过程称为等体过程，等体过程在 P-V 图上的过程线是平行于 OP 轴的一条直线，叫做等体线，如图 7-4 所示。等体过程的特征是气体的容积不变，即 $\mathrm{d}V=0$，其过程方程为

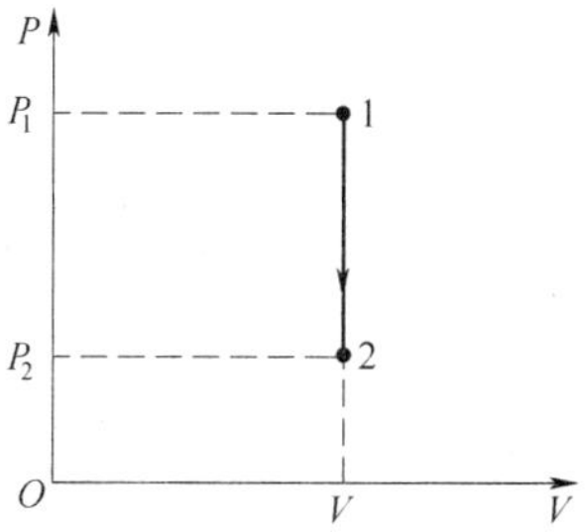

图 7-4　气体的等体过程

$$\frac{P}{T}=\text{常量}\quad \text{或}\quad \frac{P_1}{T_1}=\frac{P_2}{T_2}$$

当理想气体由状态 1(P_1,V,T_1)经过等体过程达到状态 2(P_2,V,T_2)时，根据热力学第一定律

$$Q_V=\Delta E \tag{7-8}$$

下标 V 表示等体过程体积不变。上式表明，在等体过程中，外界传递给气体的热量，全部用来增加气体的内能。如果气体向外界放热，放出的热量等于气体内能的减少。

对于 M(kg)理想气体，当温度由 T_1 变化到 T_2 时，则 $\Delta T=T_2-T_1$，由理想气体的内能式(6-25)，内能的增量为

$$\Delta E=\frac{M}{M_{\text{mol}}}\frac{i}{2}R\Delta T \tag{7-9}$$

所以，由式(7-8)，等体过程气体吸收的热量为

$$Q_V=\frac{M}{M_{\text{mol}}}\frac{i}{2}R\Delta T=\nu\frac{i}{2}R\Delta T \tag{7-10}$$

式中，ν 为气体的摩尔数。

为了便于计算热量，我们定义，在等体过程中，1 mol理想气体温度升高(或降低)1 K时所吸收(放出)的热量，称为定体摩尔热容，记作 $C_{V,m}$，单位为 J/(mol·K)，则有

$$C_{V,m}=\frac{Q_V}{\Delta T}$$

由式(7-10)，1 mol 理想气体温度升高1 K时吸收的热量 $Q_V=\frac{i}{2}R\Delta T$，则定体摩尔热容

$$C_{V,m}=\frac{i}{2}R \tag{7-11}$$

所以，对于理想气体的等体过程

$$Q_V=\Delta E=\nu C_{V,m}\Delta T \tag{7-12}$$

需要指出的是，虽然 $\Delta E=\nu C_{V,m}\Delta T$ 是由等体过程推导出来的，但由于理想气体的内能只是温度的单值函数，因此，不论什么过程，只要初态温度 T_1 和末态温度 T_2 一定，内能的增量都可以用 $\Delta E=\nu C_{V,m}(T_2-T_1)$ 表示。以后，我们常常用这个关系来表述内能的增量 ΔE。

7.2.2 等压过程　定压摩尔热容

当气体状态变化时，其压强保持不变的过程称为等压过程，等压过程在 P-V 图上的过程线是平行于 OV 轴的一条直线，叫做等压线，如图 7-5 所示。等压过程的特征是气体的压强不变，即过程进行中，压强 P 为恒量。其过程方程为

$$\frac{V}{T}=\text{常量} \quad \text{或} \quad \frac{V_1}{T_1}=\frac{V_2}{T_2}$$

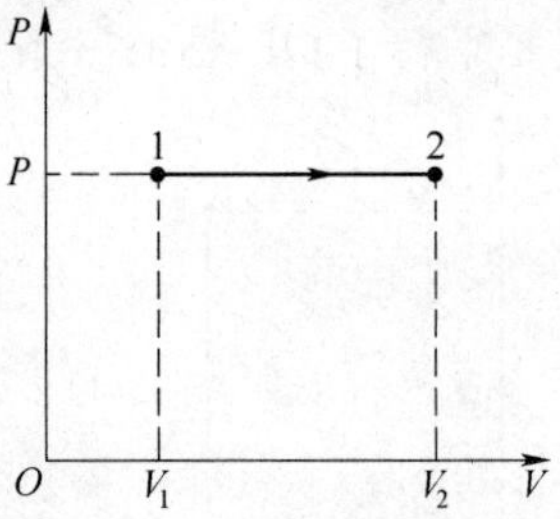

图 7-5　气体的等压过程

当理想气体由状态 $1(P,V_1,T_1)$ 经过等压过程达到状态 $2(P,V_2,T_2)$ 时，根据热力学第一定律

$$Q_P=\Delta E+\int_{V_1}^{V_2}P\mathrm{d}V=\Delta E+P(V_2-V_1) \tag{7-13}$$

下标 P 表示等压过程中压强不变。上式表明，在等压过程中，外界传递给气体的热量，一部分用来增加气体的内能，另一部分用来对外做功。

对于 M 千克理想气体，经过如图 7-5 的等压过程，由状态 1 到达状态 2，在式(7-13)中，内能的增量

$$\Delta E=\frac{M}{M_{\text{mol}}}C_{V,m}(T_2-T_1)=\frac{M}{M_{\text{mol}}}C_{V,m}\Delta T \tag{7-14}$$

等压过程中系统对外做的功　　$A=P(V_2-V_1)$

根据理想气体状态方程　　$PV_1=\frac{M}{M_{\text{mol}}}RT_1$，　$PV_2=\frac{M}{M_{\text{mol}}}RT_2$

则

$$A=P(V_2-V_1)=\frac{M}{M_{\text{mol}}}R(T_2-T_1)=\frac{M}{M_{\text{mol}}}R\Delta T \tag{7-15}$$

由上式，我们可以认为普适气体常数 R 是在等压过程中 1 mol 理想气体温度升高1 K时系统对外所做的功。将式(7-14)和式(7-15)代入式(7-13)，得

$$Q_P=\Delta E+P(V_2-V_1)=\frac{M}{M_{\text{mol}}}C_{V,m}\Delta T+\frac{M}{M_{\text{mol}}}R\Delta T$$

将式(7-11)代入上式，得等压过程吸收的热量

$$Q_P=\frac{M}{M_{mol}}\frac{i}{2}R\Delta T+\frac{M}{M_{mol}}R\Delta T=\nu\frac{2+i}{2}R\Delta T \tag{7-16}$$

为了便于计算等压过程的热量，我们定义，在等压过程中，1 mol理想气体温度升高(或降低)1 K时所吸收(放出)的热量，称为定压摩尔热容，记作 $C_{P,m}$，单位也为 J/(mol·K)，则有

$$C_{P,m}=\frac{Q_P}{\Delta T}$$

由式(7-16)，1 mol理想气体经等压过程温度升高1 K时吸收的热量 $Q_P=\frac{2+i}{2}R\Delta T$，则定压摩尔热容

$$C_{P,m}=\frac{2+i}{2}R \tag{7-17}$$

所以，对于理想气体的等压过程

$$Q_P=\nu C_{P,m}\Delta T \tag{7-18}$$

根据式(7-17)，可得

$$C_{P,m}=C_{V,m}+R \tag{7-19}$$

上式称为迈耶公式。有时我们用到定压摩尔热容 $C_{P,m}$ 与定容摩尔热容 $C_{V,m}$ 之比 γ，称为摩尔热容比(或比热容比)，即

$$\gamma=\frac{C_{P,m}}{C_{V,m}} \tag{7-20}$$

因为 $C_{P,m}>C_{V,m}$，所以 $\gamma>1$。根据第 6 章对理想气体自由度的讨论，理想气体的摩尔热容的理论值如表 7-1 所示。

表 7-1　理想气体的摩尔热容[J/(mol·K)]

原子数	自由度 i	$C_{V,m}$	$C_{P,m}$	γ
单原子	3	$\frac{3}{2}R$	$\frac{5}{2}R$	$\frac{5}{3}=1.67$
双原子	5	$\frac{5}{2}R$	$\frac{7}{2}R$	$\frac{7}{5}=1.4$
多原子	6	$3R$	$4R$	$\frac{4}{3}=1.33$

7.2.3　等温过程

气体在状态变化时保持温度不变的过程，称为等温过程。由于在等温过程中，气体的温度 T 保持不变，所以其过程方程为

$$PV=常量 \quad 或 \quad P_1V_1=P_2V_2$$

等温过程在 P-V 图上的过程线为一条双曲线，称为等温线，如图 7-6 所示。

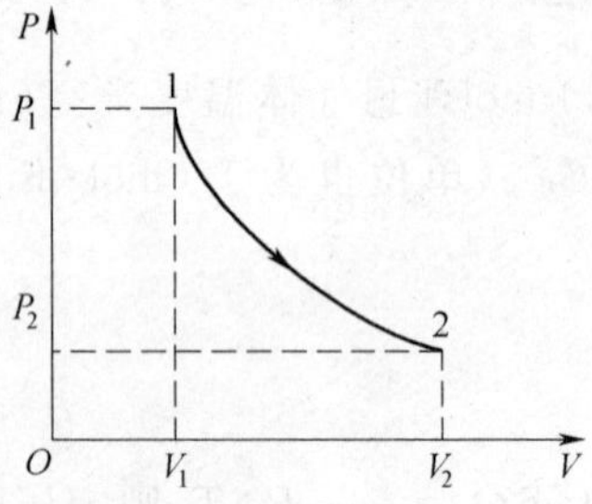

图 7-6　气体的等温过程

由于理想气体的内能只取决于温度，所以在等温过程中，气体的内能不变，即 $\Delta E=0$。当理想气体由状态 $1(P_1,V_1,T)$ 经过等温过程达到状态 $2(P_2,V_2,T)$ 时，根据热力学第一定律

$$Q_{\mathrm{T}}=A=\int_{V_1}^{V_2}P\mathrm{d}V \tag{7-21}$$

对于 M 千克理想气体，经过如图 7-6 的等温过程，由状态 1 到达状态 2，由理想气体状态方程得

$$P=\frac{M}{M_{\mathrm{mol}}}RT\,\frac{1}{V}$$

代入式(7-21)得

$$Q_{\mathrm{T}}=\int_{V_1}^{V_2}P\mathrm{d}V=\int_{V_1}^{V_2}\frac{M}{M_{\mathrm{mol}}}RT\,\frac{\mathrm{d}V}{V}$$

因为在上式中，T 为常量，则积分为

$$Q_T=\nu RT\ln\frac{V_2}{V_1} \tag{7-22a}$$

应用等温过程方程 $P_1V_1=P_2V_2$，上式也可表达为

$$Q_T=\nu RT\ln\frac{P_1}{P_2} \tag{7-22b}$$

可见，在等温膨胀过程中，理想气体从外界所吸收的热量全部转化为对外做的功。如果是等温压缩过程，则外界对气体所做的功全部转化为热量，并由气体传递给外界。

7.2.4　绝热过程

系统在不与外界交换热量的条件下其状态变化的过程，称为绝热过程。它的特征是 $\mathrm{d}Q=0$，所以要实现绝热过程，理论上必须将系统与外界完全隔热，如图 7-7所示。由于实际上不可能做到完全绝热，所以，通常只能实现近似的绝热过程。如果过程进行的很快，以至在过程中系统来不及与外界进行显著的热交换，这种过程也近似于绝热过程。例如，蒸汽机或内燃机汽缸内的气体所经历的急速压缩或膨胀就近似于绝热过程。

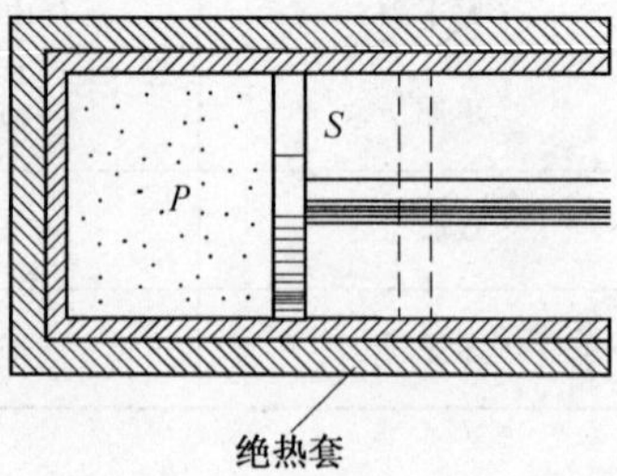

图 7-7　气体在汽缸中的绝热膨胀

在绝热过程中 $Q=0$，根据热力学第一定律

$$\Delta E+A_Q=0$$

或者

$$\Delta E=-A_Q \tag{7-23}$$

式中，A_Q 表示绝热过程的功，由上式可知，在绝热过程中，系统仅凭借内能的改变来做功。当

M(kg)的理想气体由状态 1(P_1,V_1,T_1)经过准静态绝热过程达到状态 2(P_2,V_2,T_2)时，由于其内能只是温度的单值函数，所以有

$$\Delta E=\frac{M}{M_{\mathrm{mol}}}C_{V,m}(T_2-T_1) \tag{7-24}$$

由式(7-23)，该绝热过程的功

$$A_Q=-\frac{M}{M_{\mathrm{mol}}}C_{V,m}(T_2-T_1) \tag{7-25}$$

利用理想气体状态方程式(6-3)和 $C_{P,m}$、$C_{V,m}$ 的关系式(7-19)及式(7-20)，可以得到绝热过程功的另一种计算方式：

$$A_Q=\frac{1}{\gamma-1}(P_1V_1-P_2V_2) \tag{7-26}$$

气体绝热膨胀对外做功时，体积增大，温度降低，而压强必然会减小，因此，在绝热过程中，气体的 P、V、T 三个状态参量同时在改变，绝热过程方程(推导从略)为

$$PV^{\gamma}=\text{常量} \tag{7-26a}$$

上式也称泊松公式，同时绝热过程方程还有

$$P^{\gamma-1}T^{-\gamma}=\text{常量} \tag{7-26b}$$

$$V^{\gamma-1}T=\text{常量} \tag{7-26c}$$

在 P-V 图上，如图 7-8 所示，绝热线与等温线形状很相似，只是绝热线比等温线要陡一些。对此可作如下解释：由压强 $P=nkT$ 可知，气体的压强 P 与分子数密度 n 及温度 T 成正比。在等温膨胀过程中，温度不变，压强的降低仅仅是由于气体体积增大而引起的。在绝热膨胀过程中，气体不仅因体积增大而引起压强降低，而且由于内能减少，温度也要降低，相应也要引起压强降低。因此，当在图 7-8 中两条过程线的交点 A 处增加相同的体积 ΔV 时，在绝热过程中压强的降低 ΔP_Q 要比在等温过程中压强的降低 ΔP_T 多一些，所以，绝热线要比等温线陡一些。

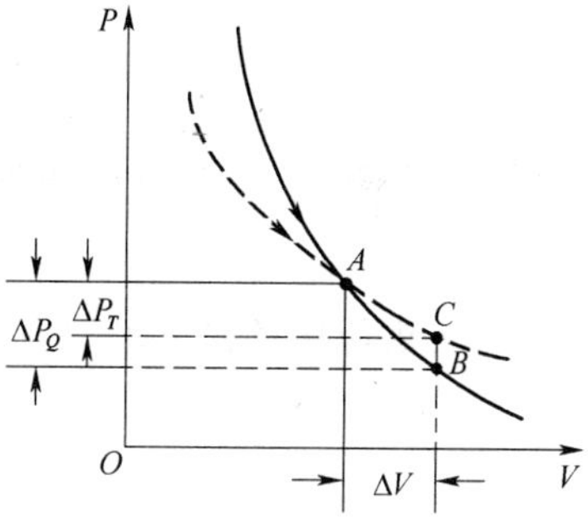

图 7-8　等温线与绝热线的比较

表 7-2 列出了理想气体在几个典型准静态过程中的主要规律和关系式，供比较和查阅。

表 7-2　理想气体几个典型准静态过程中的主要规律和关系式

过　程	特　征	过程方程	系统吸热 Q	系统内能增量 ΔE	系统对外做功 A
等体	$V=$恒量	$\frac{P_1}{T_1}=\frac{P_2}{T_2}$	$\nu C_{V,m}(T_2-T_1)$	$\nu C_{V,m}(T_2-T_1)$	0
等压	$P=$恒量	$\frac{V_1}{T_1}=\frac{V_2}{T_2}$	$\nu C_{P,m}(T_2-T_1)$	$\nu C_{V,m}(T_2-T_1)$	$P(V_2-V_1)$ $\nu R(T_2-T_1)$

续表

过程	特征	过程方程	系统吸热 Q	系统内能增量 ΔE	系统对外做功 A
等温	$T=$恒量	$P_1V_1=P_2V_2$	$\nu RT\ln\frac{V_2}{V_1}$ $\nu RT\ln\frac{P_1}{P_2}$	0	$\nu RT\ln\frac{V_2}{V_1}$ $\nu RT\ln\frac{P_1}{P_2}$
绝热	$Q=0$	$P_1V_1^\gamma=P_2V_2^\gamma$ $P_1^{\gamma-1}T_1^{-\gamma}=P_2^{\gamma-1}T_2^{-\gamma}$ $V_1^{\gamma-1}T_1=V_2^{\gamma-1}T_2$	0	$\nu C_{V,m}(T_2-T_1)$	$-\nu C_{V,m}(T_2-T_1)$ $\frac{P_1V_1-P_2V_2}{\gamma-1}$

【例 7-2】 容器中有氧气3.2 g，温度为300 K，若使它分别经过等温膨胀和等压膨胀过程，使体积膨胀到原来体积的两倍，求：

（1）氧气在等温过程中对外所做的功和吸收的热量；

（2）氧气在等压过程中对外所做的功、吸收的热量和内能的变化量。

【解】 （1）在等温膨胀过程中气体做的功

$$A_T=\frac{M}{M_{\text{mol}}}RT\ln\frac{V_2}{V_1}$$

将 $V_2/V_1=2$，$M=0.003\,2$ kg，$M_{\text{mol}}=0.032$ kg，$T=300$ K，代入上式得

$$A_T=\frac{0.003\,2}{0.032}\times8.31\times300\times\ln 2=173(\text{J})$$

根据热力学第一定律，等温膨胀过程中气体吸收的热量

$$Q_T=A_T=173(\text{J})$$

（2）由等压过程方程 $\frac{V_1}{T_1}=\frac{V_2}{T_2}$ 知，气体经过等压膨胀后的温度

$$T_2=\frac{V_2}{V_1}T_1=2\times300=600(\text{K})$$

等压膨胀对外所做的功

$$A_P=\frac{M}{M_{\text{mol}}}R(T_2-T_1)=\frac{0.003\,2}{0.032}\times8.31\times(600-300)=249.3(\text{J})$$

氧气的定体摩尔热容

$$C_{V,m}=\frac{i}{2}R=\frac{5}{2}\times8.31=20.78[\text{J}/(\text{K}\cdot\text{mol})]$$

内能的改变量

$$\Delta E=\frac{M}{M_{\text{mol}}}C_{V,m}(T_2-T_1)=\frac{0.003\,2}{0.032}\times20.78\times(600-300)=623.4(\text{J})$$

由热力学第一定律，氧气吸收的热量

$$Q_P = A_P + \Delta E = 249.3 + 623.4 = 872.7(\text{J})$$

7.3 循环过程

本节讨论在工程技术领域具有广泛应用的状态变化过程，即循环过程，讨论循环过程的效率，并以卡诺循环为例，介绍热机和致冷机的原理及效率。

7.3.1 循环过程

历史上，热力学理论最初是在研究热机工作过程的基础上发展起来的。热机是利用热来做功的机器，例如蒸汽机、内燃机、汽轮机等都是热机。在热机中被用来吸收热量并对外做功的物质叫工作物质，简称工质。各种热机都是利用工质重复进行着某些过程而不断地吸热做功的。为了研究热机的工作过程，引入循环过程的概念。一个系统（如热机中的工质）经历一系列变化后又回到初始状态的整个过程叫循环过程，简称循环。

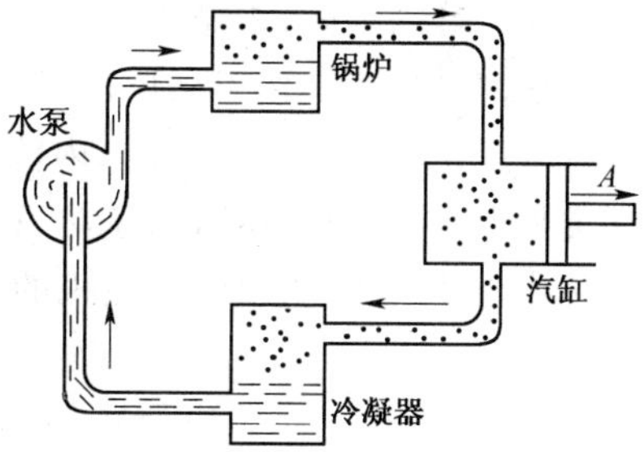

图 7-9　蒸汽机的工作状态

以蒸汽机为例来说明工质（蒸汽）将热转化为功的循环过程，如图 7-9 所示，水在锅炉中被加热后，变成高温、高压的蒸汽，这是一个吸热而使内能增加的过程。高温、高压蒸汽进入汽缸，在汽缸中膨胀，推动活塞对外做功，同时蒸汽内能减少。做功后的蒸汽进入冷凝器，放出热量，凝结成水，经水泵再次进入锅炉加热，再次成为变成水蒸气，进行第二次循环过程。如此循环下去，每一次循环的结果，都是将在锅炉中吸收的热量转变为功。其他热机，虽然它们的工作过程不尽相同，但是，热转化为功的基本原理是一致的。因此，我们可以不管这些热机的工作细节，而把热机循环过程中的能量转化和传递关系用图 7-10 表示，在一次循环中，工质从高温热源吸收的热量为 $Q_{吸}$，向低温热源放出的热量为 $Q_{放}$，对外所做的净功为 $A = Q_{吸} - Q_{放}$。

如果在循环过程中，各个分过程都为准静态过程，则在 P-V 图上，工质的循环过程就可以用一条闭合的曲线来表示。如图 7-11 所示用一个闭合曲线表示任意的一个循环过程，过程进行的方向如箭头所示。在系统从状态 A 经状态 B 到达状态 C 的过程中，系统对外做功，做功的多少等于曲线 ABC 与 V 轴之间的面积；在从状态 C 经状态 D 回到状态 A 的过程中，外界对系统做功，做功的多少等于曲线 CDA 与 V 轴之间的面积。整个循环过程中系统对外做的净功为 P-V 图上循环过程所包围的面积。

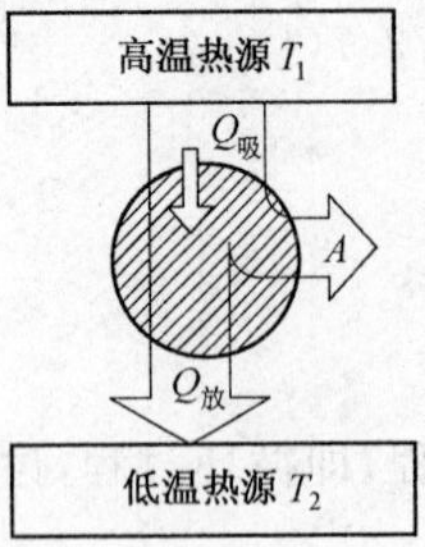

图 7-10 热机工作循环的能流图

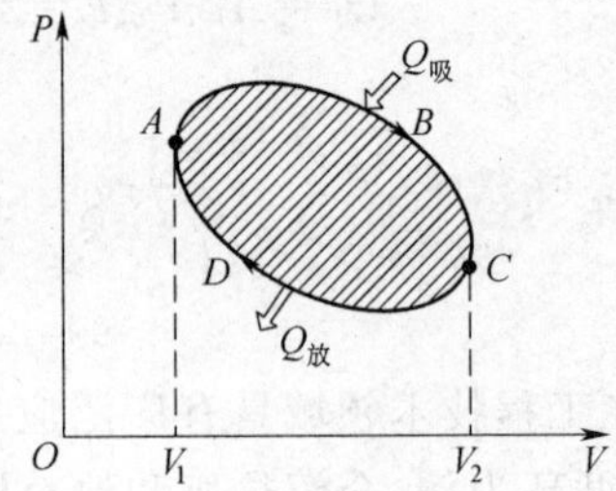

图 7-11 热机工作循环的 P-V 图

7.3.2 正循环 热机的效率

在图 7-11 中，工质进行了一个沿闭合曲线 $ABCDA$ 的循环过程，在 P-V 图上它是沿顺时针转向进行的，称为正循环。在正循环中，工质对外所做的净功，即循环过程所包围的面积为正。任何热机都是按正循环进行工作的。

工质在完成一个循环时，内能没有改变，即 $\Delta E=0$，因此根据热力学第一定律，在整个循环过程中，热机对外所做的净功 $A=Q_{吸}-Q_{放}$。为了表述在循环过程中吸收的热量（$Q_{吸}$）有多少转化为可用的功，以评价热机的工作效益，我们定义热机的效率：

$$\eta=\frac{A_{净}}{Q_{吸}}=\frac{Q_{吸}-Q_{放}}{Q_{吸}}=1-\frac{Q_{放}}{Q_{吸}} \tag{7-27}$$

由于热机从高温热源所吸收的热量（$Q_{吸}$）中，只有一部分转化为对外做功所需要的能量（$A_{净}$），其余部分的热量（$Q_{放}$）则是为了使工质回到初始状态，实现循环过程，使热机继续工作而传给低温热源，所以 $Q_{放}$ 实际上不能等于零，亦即热机的效率 η 永远小于 1。

7.3.3 逆循环 致冷机的效率

如图 7-12 所示的循环由两个绝热过程（AB，CD）和两个等压过程（BC，DA）构成。如果 P-V 图中的闭合曲线 $ABCDA$ 按逆时针转向进行，则称为逆循环。在逆循环中，外界对工质所做的净功（$A_{净}$）为负值，即循环过程所包围的面积为负值。逆循环过程反映了致冷机的工作过程。

逆循环依靠外界对工质做功（$A_{净}$），使工质由低温热源处（如冰箱中的冷库）吸收热量（$Q_{吸}$），然后将功 $A_{净}$ 和 $Q_{吸}$ 完全在高温处（如大气）通过放热（$Q_{放}$）传给外界，则 $A=Q_{放}-Q_{吸}$。这样，在完成一个循环时，工质恢复到原来的状态，如此循环的工作，就可以使低温热源的温度逐步降低，这就是致冷机（冰箱）的工作原理，致冷机工作循环的能流如图 7-13 所示。在致冷机中的工质所实现的逆循环中，热量可以从低温热源向高温热源传递，但是，要完成这样的循环，必须以消耗外界的功为代价，为了评价致冷机的工作效益，我们定义致冷机的致冷系数：

$$\omega=\frac{Q_{吸}}{A_{净}}=\frac{Q_{吸}}{Q_{放}-Q_{吸}} \tag{7-28}$$

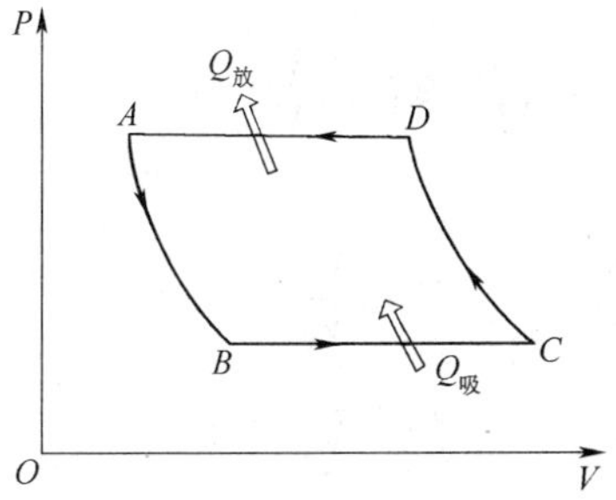

图 7-12　致冷机工作循环的 P-V 图

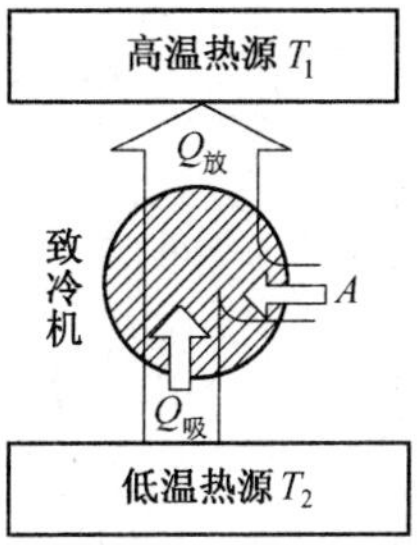

图 7-13　致冷机工作循环的能流图

如果外界做的净功($A_{净}$)越小,从低温热源处吸收的热量越多,则致冷机的致冷系数 ω 越大,标志着致冷机的工作效益越好。

7.3.4　卡诺循环

循环过程的理论是热机的基本理论。循环过程的类型很多,19 世纪初,热机的效率很低,为 3%～5%,即 95%以上的热量都未得到利用。为此,许多人开始从理论上来研究热机的效率。1824 年,法国青年工程师卡诺研究了一种理想的热机,并从理论上证明了它的效率最大,从而指出了提高热机效率的途径,这种热机的工质只与两个恒温热源(即温度恒定的高温热源和温度恒定的低温热源)交换能量,我们把这种理想热机称为卡诺热机。卡诺热机中工质进行的循环过程称为卡诺循环。

卡诺循环包括四个过程:两个等温过程和两个绝热过程,如图 7-14 所示。我们用理想气体作为工质,工质经历两个绝热过程 bc、da 时,既不吸收热量,也不放出热量,即与热源没有热交换;只是在两个等温过程 ab、cd 中,分别从高温(T_1)热源吸收热量($Q_{吸}$)和向低温(T_2)热源放出热量($Q_{放}$),在整个循环过程中,工质对外做的净功为 $A_{净}$。由式(7-27)知热机的效率

$$\eta=1-\frac{Q_{放}}{Q_{吸}}$$

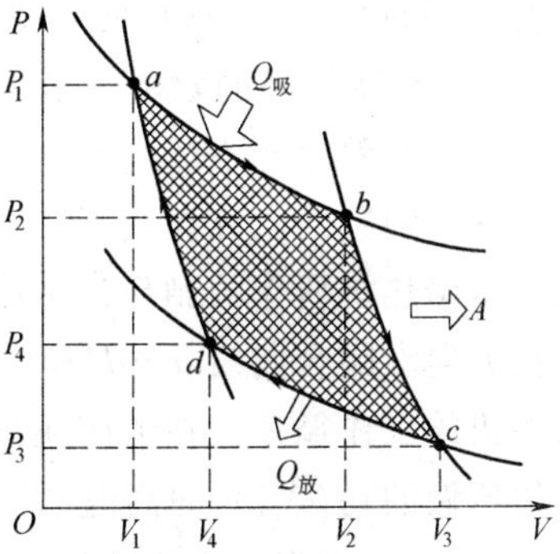

图 7-14　卡诺循环(热机)的 P-V 图

设工质的质量为 M,摩尔质量为 M_{mol},工质在状态 a、b、c、d 时的体积分别为 V_1、V_2、V_3、V_4。当工质由状态 a 等温膨胀到状态 b 时,吸收的热量

$$Q_{吸}=\frac{M}{M_{mol}}RT_1\ln\frac{V_2}{V_1} \tag{7-29}$$

工质由状态 c 经等温压缩到状态 d 时，放出的热量

$$Q_{放}=|Q_{cd}|=\left|-\frac{M}{M_{mol}}RT_2\ln\frac{V_4}{V_3}\right|=\frac{M}{M_{mol}}RT_2\ln\frac{V_3}{V_4} \tag{7-30}$$

热机的效率

$$\eta=1-\frac{Q_{放}}{Q_{吸}}=1-\frac{\frac{M}{M_{mol}}RT_2\ln\frac{V_3}{V_4}}{\frac{M}{M_{mol}}RT_1\ln\frac{V_2}{V_1}}=1-\frac{T_2\ln\frac{V_3}{V_4}}{T_1\ln\frac{V_2}{V_1}} \tag{7-31}$$

在绝热过程 bc、da 中，由式(7-26c)可得

$$V_2^{\gamma-1}T_1=V_3^{\gamma-1}T_2$$
$$V_1^{\gamma-1}T_1=V_4^{\gamma-1}T_2$$

两式相比，得

$$\frac{V_2}{V_1}=\frac{V_3}{V_4} \tag{7-32}$$

将上式代入式(7-31)，得出卡诺热机的效率

$$\eta=1-\frac{T_2}{T_1} \tag{7-33}$$

从以上的讨论可以看出：

(1) 要实现卡诺循环，必须有高温和低温两个热源。

(2) 卡诺循环的效率只与两个热源的温度有关，高温热源的温度(T_1)越高，低温热源的温度(T_2)越低，卡诺热机的效率越高。

(3) 卡诺循环的效率总是小于1(除非 $T_2=0$)。

热机的效率能不能达到100%呢？如果不可能达到100%，最大可能的效率又是多少呢？有关这些问题的研究促成了热力学第二定律的建立。

卡诺热机所作的循环是正循环。如果我们用理想气体为工质，以状态 a 为起点，与热机相反方向沿闭合曲线 $a\to d\to c\to b\to a$ 作循环，可得到如图 7-15 所示的卡诺逆循环，亦为卡诺致冷机的工作循环。在卡诺逆循环中，气体将从低温(T_2)热源吸收热量($Q_{吸}$)，又接受外界对气体所做的功($A_{净}$)，向高温(T_1)热源放出热量($Q_{放}$)，$Q_{放}=A+Q_{吸}$。按照卡诺热机效率的推导方式，可以求得卡诺致冷机的致冷系数

$$\omega=\frac{Q_{吸}}{A_{净}}=\frac{Q_{吸}}{Q_{放}-Q_{吸}}=\frac{T_2}{T_1-T_2} \tag{7-34}$$

上式表明，低温热源的温度 T_2 越低，致冷系数 ω 越小，这就意味着，要从温度越低的低温热源中吸收热量，就需要外界做更多的功。

【例 7-3】　如图 7-16 所示，$abcda$ 为1 mol氦气在 P-V 图上的循环过程。求该循环的效率。

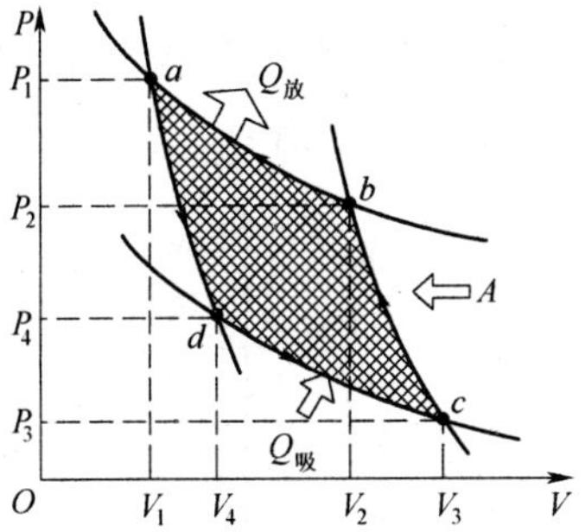

图 7-15　卡诺循环(致冷机)的 P-V 图

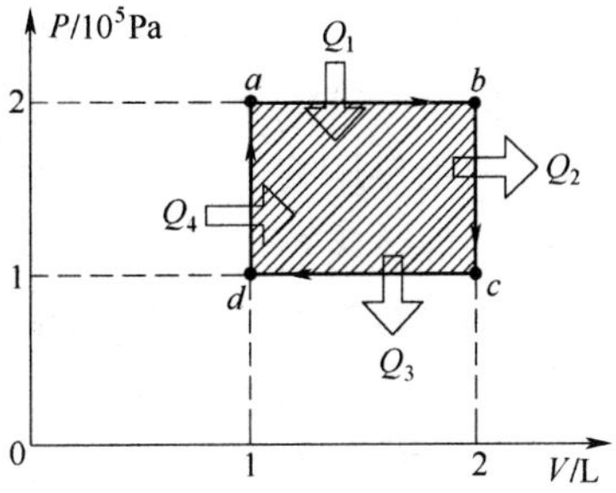

图 7-16　例 7-3 图

【解】　一般正循环的效率 $\eta=\dfrac{A_净}{Q_吸}$。循环由两个等压过程 ab、cd 和两个等体过程 bc、da 组成，净功 $A_净$＝循环的面积，比较容易计算，其中循环过程吸收的热量

$$Q_吸=Q_1+Q_4$$

根据题意和已知条件，对各个状态有

$$P_a=P_b=2\times10^5\ \text{Pa},\quad P_c=P_d=1\times10^5\ \text{Pa}$$

$$V_a=V_d=1\times10^{-3}\ \text{m}^3,\quad V_b=V_c=2\times10^{-3}\ \text{m}^3$$

等压过程 ab 吸收热量

$$Q_1=\nu C_{P,m}(T_2-T_1)=\nu\frac{i+2}{2}R(T_b-T_a)=\frac{i+2}{2}(\nu RT_b-\nu RT_a)$$

$$=\frac{i+2}{2}(P_bV_b-P_aV_a)=\frac{5}{2}(2\times10^5\times2\times10^{-3}-2\times10^5\times1\times10^{-3})$$

$$=5\times10^2(\text{J})$$

等体过程 da 吸收热量

$$Q_4=\nu C_{V,m}(T_a-T_d)=\nu\frac{i}{2}R(T_a-T_d)=\frac{i}{2}(\nu RT_a-\nu RT_d)$$

$$=\frac{i}{2}(P_aV_a-P_dV_d)=\frac{3}{2}(2\times10^5\times1\times10^{-3}-1\times10^5\times1\times10^{-3})$$

$$=1.5\times10^2(\text{J})$$

所以，循环过程吸收的热量

$$Q_吸=Q_1+Q_4=6.5\times10^2(\text{J})$$

循环过程的净功

$$A_净=(P_a-P_d)(V_c-V_d)=1\times10^5\times1\times10^{-3}=1\times10^2(\text{J})$$

循环的效率

$$\eta=\frac{A_{净}}{Q_{吸}}=\frac{1\times10^2}{6.5\times10^2}=15\%$$

【例 7-4】 四冲程汽油机的循环近似于奥托循环。奥托循环是由两个绝热过程和两个等体过程构成。设一定量的理想气体经过如图 7-17 所示的奥托循环过程：

(1) 1→2 的绝热压缩过程，即由 V_1, T_1 到 V_2, T_2；

(2) 2→3 的等体吸热过程，即由 V_2, T_2 到 V_2, T_3；

(3) 3→4 的绝热膨胀过程，即由 V_2, T_3 到 V_1, T_4；

(4) 4→1 的等体放热过程，即由 V_1, T_4 到 V_1, T_1。

试求奥托循环的效率。

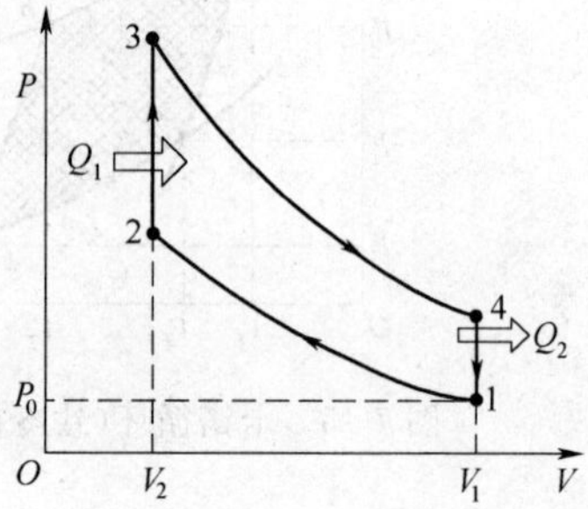

图 7-17 例 7-4 图

【解】 因为工质吸热放热只在两个等体过程中进行，所以

2-3 过程的等体吸热 $Q_1=\nu C_{V,m}(T_3-T_2)$

4-1 过程的等体放热 $Q_2=\nu C_{V,m}(T_4-T_1)$

将上式代入热机效率式(7-27)得

$$\eta=1-\frac{Q_2}{Q_1}=1-\frac{T_4-T_1}{T_3-T_2}$$

又因为 1→2 和 3→4 是绝热过程，所以有

$$V_1^{\gamma-1}T_1=V_2^{\gamma-1}T_2,\quad V_1^{\gamma-1}T_4=V_2^{\gamma-1}T_3$$

两式相减得
$$(T_4-T_1)V_1^{\gamma-1}=(T_3-T_2)V_2^{\gamma-1}$$

所以有
$$\frac{T_4-T_1}{T_3-T_2}=\left(\frac{V_2}{V_1}\right)^{\gamma-1}$$

热机效率
$$\eta=1-\left(\frac{V_2}{V_1}\right)^{\gamma-1}=1-\frac{1}{\left(\frac{V_1}{V_2}\right)^{\gamma-1}}$$

令 $r=V_1/V_2$，称为压缩比，则

$$\eta=1-\frac{1}{r^{\gamma-1}}$$

汽油机的压缩比一般不能大于 7，否则汽油蒸汽与空气的混合气体就会在尚未压缩到 V_2 时，温度就已升高到足以引起混合气体燃烧。设 $r=7$，空气的 $\gamma=1.4$ 则

$$\eta=1-\frac{1}{7^{0.4}}=0.55=55\%$$

即，理论上汽油机的效率可达 55%，实际上汽油机的效率只有 25%左右。

7.4　热力学第二定律

热力学第一定律指出，在每个实际发生的热力学过程中能量总是守恒的。但这并不是说每个能量守恒的过程都可以发生。有很多热力学过程，虽然能量是守恒的，但在实际上却不可能发生。例如，当热的物体和冷的物体接触时，热量由热物体自动传到冷物体，最终达到相同温度而平衡，但绝对不会发生热的物体变得更热，而冷的物体变得更冷的现象。又如，使一个物体在粗糙的水平面自由滑动时，物体会由于受到摩擦力的作用而逐渐变慢最终停止下来，同时温度升高，从热力学第一定律的角度，我们说物体的机械能完全转化为其内部分子的热运动内能。但是我们却不会看到相反的过程，即静止的较热的物体自己运动起来，同时降低本身的温度来满足能量守恒。但是，上述这些不可能发生的过程并不违背热力学第一定律。所以，可以想象必定存在着独立于热力学第一定律的另一条基本规律，应该能够用它来解决与热现象有关过程进行的方向问题，这就是热力学第二定律。随着生产和科学的发展，这一定律在越来越多的方面得到了应用。它和热力学第一定律一起构成了热力学的主要理论基础。

7.4.1　可逆过程与不可逆过程

为了理解热力学第二定律，我们首先来讨论两个热力学过程。

(1)热量由高温物体向低温物体的传递过程。当我们将一个高温(T_1)物体 A 与一个低温(T_2)物体 B 密切接触，当经过一定的时间，两个物体达到相同的温度，即热量由高温物体 A 自动传递到了低温物体 B。但是，这样一个热力学过程是不可能反向自动进行的，将温度相同的物体 A 和物体 B 密切接触，原来由物体 A 自动传递到物体 B 的热量，是不可能自动地返回到物体 A，使 A 物体回到原来的高温，B 物体回到原来的低温。所以，我们说热传导过程是不可逆的。

(2)理想气体的自由膨胀过程。如图 7-18 所示，设容器被中间隔板分成两部分，一边有理想气体，一边为真空。如果将隔板抽掉，则气体就自由膨胀充满整个容器。这样一个过程既不对外做功也不向外界传热。如果没有外界的作用，这部分气体是不可能回到原来状态的(原来的体积)。

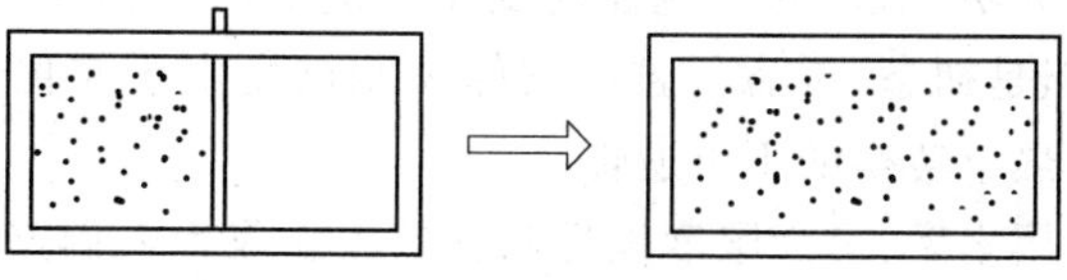

图 7-18　气体的自由膨胀

一个系统，由某一状态出发，经过某一过程到达另一状态，如果存在另一过程，它能使系统和外界完全复原(即系统回到原来的状态，同时消除了原来过程对外界引起的一切影响)，则原来的过程称为可逆过程；反之，如果用任何方法都不可能使系统和外界完全复原，则称为不可逆过程。

在热力学的研究范畴中，大量的实验事实证明：只有无摩擦的准静态过程才是可逆过程。例如，在图 7-6 所示的无摩擦的准静态等温膨胀过程中，理想气体从外界所吸收的热量 $Q_T = vRT\ln\dfrac{V_2}{V_1}$，全部转化为对外做的功 $A_T = vRT\ln\dfrac{V_2}{V_1}$，如果进行无摩擦准静态等温压缩过程，则外界对气体所做的功，又全部转化为热量，并由气体传递给外界。这样，系统回到原来的状态，外界完全复原，原来的等温膨胀过程是可逆过程。

应该指出，严格的可逆过程是不存在的，它只是一种理想化的过程，可逆过程是对准静态过程的进一步理想化。如同力学中的质点，电磁学中的点电荷等概念一样。但在实际的热学问题中，可以做到非常接近于一个可逆过程，因而可逆过程这个概念在理论上、计算上有重要的意义。

由若干个可逆过程组成的循环，叫作可逆循环。在一个循环中，如果有一个分过程是不可逆的，那么，即使其余各分过程都是可逆的，这个循环仍是不可逆循环。现在我们来看如图 7-14的卡诺循环 $a\to b\to c\to d\to a$，当系统进行正卡诺循环后，若再进行 $a\to d\to c\to b\to a$ 的逆卡诺循环，则原来对外界做的净功又由外界返回到系统，从高温热源吸收的热量又返还了高温热源，低温热源得到的热量也返回了系统，最终系统回到初态 a，原来对外界的影响也全部消除。所以卡诺循环是一个理想的可逆循环。

我们把能够实现可逆循环的热机叫做可逆热机，否则就是不可逆热机。可逆热机进行逆循环时，就成为致冷机。

7.4.2 热力学第二定律

为了表述过程的不可逆性，人们在大量实验事实的基础上，总结出热力学第二定律，阐明热力学过程的方向性。这一定律有多种不同的表述方式，这里只介绍常用的两种表述。

(1)热力学第二定律的开尔文表述——不可能从单一热源吸收热量，使之完全变为有用功而不引起其他变化。

应该注意，这里“单一热源”指温度均匀且恒定不变的热源。“其他变化”指除了“由单一热源吸收热量全部转化为功”以外的其他任何变化。例如，可逆等温膨胀是从单一热源吸热全部转化为功的过程，但是初态、末态气缸中气体体积已发生了变化。热力学第二定律的开尔文表述也指出了功与热量转换的不可逆性。

蒸汽机大量推广应用之后，最大限度地提高其效率就成为人们追求的目标。第一定律指出 $\eta>100\%$的热机(第一类永动机)是不可能存在的。但是，能否能制造一种热机，使其只从单一热源吸取热量并在一个循环过程中将其全部转化为对外所作的有用功(这种热机被称为第二类永动机)，则并不违背热力学第一定律。但是，所有设计制造第二类永动机的尝试均告失败。大量的事实说明，一切热机均不可能从单一热源吸收热量而把它全部转化为功，即 $\eta=100\%$ 的热机是不可能实现的。因此，热力学第二定律的开尔文表述也可以表达为“第二类永动机是不可能制造成功的”。

(2)热力学第二定律的克劳修斯表述——不可能把热量从低温物体传到高温物体而不引起其他变化。

要注意，表述中的“其他变化”是指高温物体吸热和低温物体放热两者以外的任何变化。如果允许引起其他变化，热量由低温物体传入高温物体也是可能的。例如，致冷机可以将热量从低温热源传给高温热源，但这不是自动传递的，需要有外界对系统做功，并把所做的功转变为热量而送入高温热源，外界做的这部分功，自然就引起了其他变化。热力学第二定律的开尔文表述也指出了热传导的不可逆性。

热力学第二定律的开尔文表述与热机的工作有关，克劳修斯表述与热传导现象有关。两种表述貌似不同，但是它们通过热功转换和热传导各自表达了过程进行的方向性，所以本质上是一致的。可以证明(从略)，两种表述事实上是等效的，也就是说，如果开尔文表述是正确的，则克劳修斯表述也是正确的；若违反开尔文表述，也必违反克劳修斯表述。

热力学第一定律表述了能量转换与守恒的数量关系，热力学第二定律则指出了过程进行的方向性。它们是两条彼此独立的自然规律，都是在长期实践的基础上总结出来的。在自然界中所发生的过程，都满足能量守恒定律，但是满足能量守恒关系的过程不一定都能实现。也就是说，满足热力学第一定律的过程能否实现，还得根据热力学第二定律对过程进行的方向作出判断。

7.4.3　卡诺定理

由热力学第二定律，可以证明(略)热机理论中非常重要的卡诺定理。

(1) 在相同的高温热源和相同的低温热源间工作的一切可逆热机，其效率都相等，而与工作物质无关，即

$$\eta_{\text{可逆}}=1-\frac{T_2}{T_1} \tag{7-35}$$

(2) 在相同的高温热源和相同的低温热源间工作的一切不可逆热机，其效率都不可能大于可逆热机的效率，即

$$\eta_{\text{不可逆}}\leqslant 1-\frac{T_2}{T_1} \tag{7-36}$$

应该注意到，这里所讲的热源都是温度均匀的恒温热源。还需要指出，若一部可逆热机仅从某一温度恒定的热源吸收热量，也仅向另一温度恒定的热源放出热量，从而对外做功，那

么这部可逆热机一定是由两个等温过程两个绝热过程所组成的可逆卡诺机。

卡诺定理指出了提高热机效率的方向。就过程而论，应当使实际的不可逆机尽量地接近可逆机；就高温热源和低温热源的温度而论，应当尽量提高高温热源的温度并尽量降低低温热源的温度。

7.4.4 热力学第二定律的统计意义

热力学第二定律指出，一切与热现象有关的实际宏观过程都是不可逆的。我们知道，热现象是大量分子无规则运动的宏观表现，而大量分子无规则运动遵循统计规律。作为热现象基本规律的热力学第二定律，必然是大量分子无规则运动的统计结果的宏观体现。据此，我们就可以从微观上大量分子的统计结果来解释宏观过程的不可逆性。下面通过对只有四个分子的理性气体自由膨胀过程的统计分析，讨论热力学第二定律的统计意义。

假设周壁绝热的容器中有四个气体分子 a、b、c、d，如图 7-19所示，用一活动的隔板将容器分为体积相等的 A、B 两室，先假定 4 个分子都在 A 室，B 室为真空。今将隔板抽掉，气体分子就可在整个容器的 A、B 两室中随机地运动，就单个分子而言，它在 A、B 两室的机会是均等的，处于 A 室或 B 室的概率各是 1/2。从这 4 个分子在容器内的分布情况来看，它们既可在 A 室，也可在 B 室，在容器中共有 16 种可能的微观状态，如表 7-3 所示。

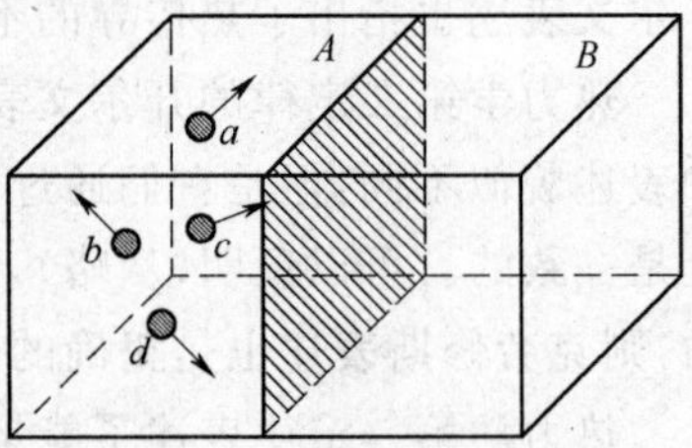

图 7-19 气体自由膨胀的概率

表 7-3 四个分子的状态分布情况

微观状态		全同分子状态		
A 室	B 室	分子分布	对应微观状态数	概率
a、b、c、d		A:4 个 B:0 个	1	1/16
a、b、c	d	A:3 个 B:1 个	4	4/16
b、c、d	a			
c、d、a	b			
d、a、b	c			
a、b	c、d	A:2 个 B:2 个	6	6/16
a、c	b、d			
a、d	b、c			
b、c	a、d			
b、d	a、c			
c、d	a、b			

续表

微观状态		全同分子状态		
A 室	B 室	分子分布	对应微观状态数	概率
a	b、c、d	A:1 个 B:3 个	4	4/16
b	c、d、a			
c	d、a、b			
d	a、b、c			
	a、b、c、d	A:0 个 B:4 个	1	1/16

在宏观上，由于分子的全同性，我们“看不清”分子的标号，所以只考虑处于 A 或 B 中的分子数，而不考虑标号带来的状态差异，则同一个宏观状态可能对应多个微观状态。如果把上述 4 个分子在 A 室或 B 室的每一种可能分布叫做一个微观状态，则在这 16 种可能的微观状态中，分子全部在 A 室的宏观状态，仅包含一个微观状态，概率为 1/16；分子全部在 B 室的宏观状态，也仅包含一个微观状态，概率为 1/16；A 室（或 B 室）有三个分子和 B 室（或 A 室）有一个分子这种宏观状态，各有四个微观状态，概率各为 4/16；而 A 室和 B 室各有两个分子的这种均匀分布的宏观状态，含有六个微观状态，它的概率最大，为 6/16。

对于容器内分子数 N 很大的情况下，可以想象，概率最大的分布应该是气体分子数在 A、B 两室均匀分布，概率最小的分布应该是气体分子全部集中在 A 室或 B 室。例如有1 mol的气体，其分子数 $N=6\times10^{23}$ 个，则气体自由膨胀后，所有这些分子全都返回 A 室的概率是$1/2^{6\times10^{23}}$，这种概率极小，意味着气体不可能自动收缩回 A 室去。所以说气体自由膨胀过程是不可逆过程。

上述气体自由膨胀的结果表明，在一个与外界隔绝的封闭系统内，所发生的过程总是由概率小的宏观状态向概率大的宏观状态进行，或者说，由包含微观状态数目少的宏观状态向包含微观状态数目多的宏观状态进行。对于热传递来说，由于高温物体分子的平均动能比低温物体分子的平均动能大，在它们的相互作用过程中，能量从高温物体传到低温物体的概率也就比反向传递的概率大的多。对热量与功的转换过程来说，功转变为热量的过程，是在外力作用下宏观物体的有规则定向运动转变为分子的无规则运动，这种转变的概率大。而热量转变为功，则是分子的无规则运动转变为宏观物体有规则的运动，这种转变的概率很小。所以，体现热量传递的不可逆性和热量与功转换的不可逆性的热力学第二定律，本质上是一种大量分子热运动的统计规律。

习　题

一、选择题

1. 有两个相同的容器，容积不变，一个盛有氦气，另一个盛有氢气（看成刚性分子），它们的压强和温度都相等，现将 5 J 的热量传给氢气，使氢气温度升高如果使氦气也升高同样的温度,则应向氦气传递热量是(　　)。

A. 6 J　　B. 5 J　　C. 3 J　　D. 2 J

2. 下列理想气体各种过程中,可能发生的过程是(　　)。

A. 内能减少的等容加热过程　　B. 吸收热量的等温压缩过程

C. 吸收热量的等压压缩过程　　D. 内能增加的绝热压缩过程

3. 一定质量的理想气体经过压缩过程后,体积减少到原来的一半,如果要使外界所做的机械功最大,那么这个过程是(　　)。

A. 绝热过程　　B. 等温过程

C. 等压过程　　D. 绝热过程或等温过程均可

4. 如选择题4图所示一定量的理想气体,在 p-V 图上从初态 a 经历①或②过程到达末态 b,已知 a、b 两态处于同一条绝热线上(图中虚线所示),则下列表述正确的是(　　)。

A. ①过程放热,②过程吸热

B. ①过程吸热,②过程放热

C. 两种过程都吸热

D. 两种过程都放热

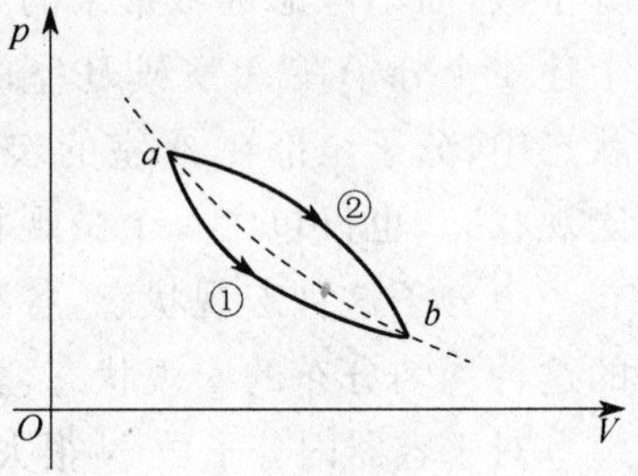

选择题4图

5. 一定量的某理想气体按 $pV^2=C$(恒量)的规律膨胀,则膨胀后理想气体的温度将(　　)。

A. 升高　　B. 降低

C. 不变　　D. 不能确定

6. 用两种方法:①使高温热源的温度 T_1 升高 ΔT;②使低温热源的温度 T_2 降低同样的 ΔT;分别可使卡诺循环的效率升高 $\Delta\eta_1$ 和 $\Delta\eta_2$,则下列表述正确的是(　　)。

A. $\Delta\eta_1>\Delta\eta_2$　　B. $\Delta\eta_2>\Delta\eta_1$

C. $\Delta\eta_1=\Delta\eta_2$　　D. 无法确定哪个大

7. 下列循环不可能的是(　　)。

A. 由绝热线、等温线、等压线组成的循环

B. 由绝热线、等温线、等容线组成的循环

C. 由绝热线、等容线、等压线组成的循环

D. 由两条绝热线和一条等温线组成的循环

8. 有人设计一台卡诺热机(可逆的)。每循环一次可从400 K的高温热源吸热1800 J,向300 K的低温热源放热800 J,同时对外作功1000 J,这样的设计是(　　)。

A. 可以的,符合热力学第一定律

B. 可以的,符合热力学第二定律

C. 不行的,卡诺循环所作的功不能大于向低温热源放出的热量

D. 不行的，这个热机的效率超过理论值

9. 第二类永动机不可以制成，是因为(　　)。

A. 违背了能量守恒定律

B. 热量总是从高温物体传递给低温物体

C. 机械能不能全部转变为内能

D. 内能不能全部转化为机械能，同时不引起其他变化

二、填空题

1. 有 2 mol 的氮气，在温度为 300 K、压强为 1.0×10^5 Pa 时，等温地压缩到 2.0×10^5 Pa。则气体放出的热量为__________。

2. 以氢(视为刚性分子的理想气体)为工作物质进行卡诺循环，如果在绝热膨胀时末态的压强 p_2 是初态压强 p_1 的一半，则循环的效率为__________。

3. 有 1 mol 单原子理想气体从 300 K 加热到 350 K，若容积保持不变，吸热等于______；若压强保持不变，吸热等于______。

4. 给定的理想气体(比热容比 γ 为已知)，从标准状态(P_0，V_0，T_0)开始，作绝热自由膨胀，体积增大到 3 倍，膨胀后的的温度 $T=$__________，压强 $p=$__________。

5. 有 2 mol 的二氧化碳理想气体，在常压下加热，使温度从 30 ℃升高到 80 ℃，则气体内能的增量 $\Delta E=$________，气体膨胀时所做的功 $A=$________，气体吸收的热量 $Q=$________。

6. 一定量的氧气理想气体经历平衡绝热膨胀过程，初态的压强和体积分别为 p_1 和 V_1，内能为 E_1。末态的压强和体积分别为 p_2 和 V_2，内能为 E_2。若 $p_1=2p_2$，则$\dfrac{V_2}{V_1}=$__________；$\dfrac{E_2}{E_1}=$__________。

7. 一热机每秒从高温热源($T_1=600$ K)吸取热量 $Q_1=3.34\times10^4$ J，作功后向低温热源($T_2=300$ K)放出热量 $Q_2=2.09\times10^4$ J，则热机效率等于__________。

三、简答题

1. 有 1 kg 的空气从热源吸收热量 2.66×10^5 J，内能增加 4.18×10^5 J，在这个过程中它对外界做功还是外界对它做功？做功多少？

2. 如简答题 2 图所示，一定量的某种理想气体由 A 态沿 $ABCA$ 到达 A 态时，已知气体在状态 A 的温度为 $T_A=300$ K，求：

(1) 气体在状态 B、C 的温度；

(2) 各过程中气体对外所做的功；

(3) 各过程中气体从外界吸收的总热量。

3. 如简答题 3 图所示，一定量的理想气体由状态 a 经 b 到达 c(abc 为一直线)，求此过程中：

(1) 气体对外做的功；

(2) 气体内能的增量；

(3) 气体吸收的热量。

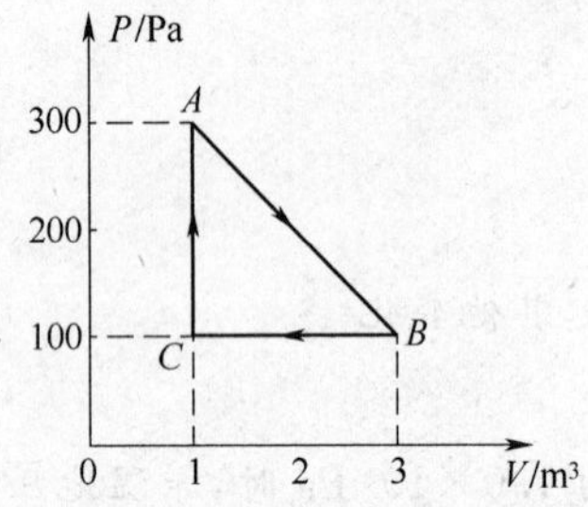

简答题 2 图

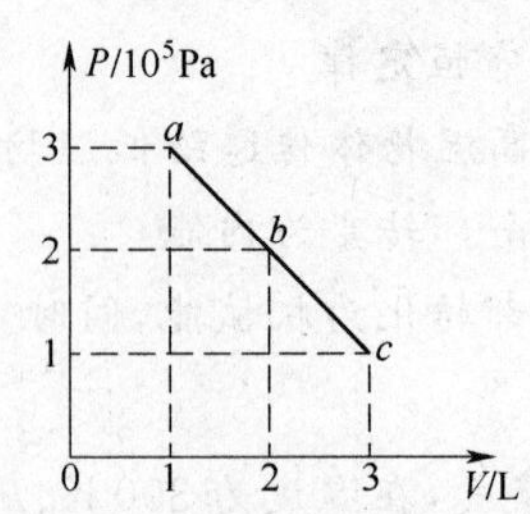

简答题 3 图

4. 一气缸内装有 10 mol 的单原子理想气体，在气体压缩过程中，外力做功 200 J，气体温度升高 1 K，求此过程中气体：

(1) 内能增量；

(2) 吸收的热量；

(3) 摩尔热容量。

5. 如简答题 5 图所示，使一定质量的理想气体的状态按图中的曲线沿着箭头所示的方向发生变化。图线的 BC 段是以 P 轴和 V 轴为渐进轴的双曲线。

(1) 已知气体在状态 A 时的温度 $T_A=300$ K，求气体在 B、C、D 状态时的温度；

(2) 从 A 到 D 气体对外做的功共是多少？

(3) 将上述过程在 V-T 图上画出，并标明过程进行的方向。

6. 如简答题 6 图所示，质量为 28 g、温度为 27℃、压强为 1.013×10^5 Pa 的氮气，由状态 A 等压膨胀到状态 B，体积增加 1 倍；再由状态 B 等容地到状态 C，使压强增大 1 倍；最后由状态 C 等温地膨胀到状态 D，使压强降为 1.013×10^5 Pa。试求：

(1) 氮气在 A、B、C、D 的状态参量；

(2) 各个过程中，氮气对外界所做的功、氮气所吸收的热量和它的内能改变。

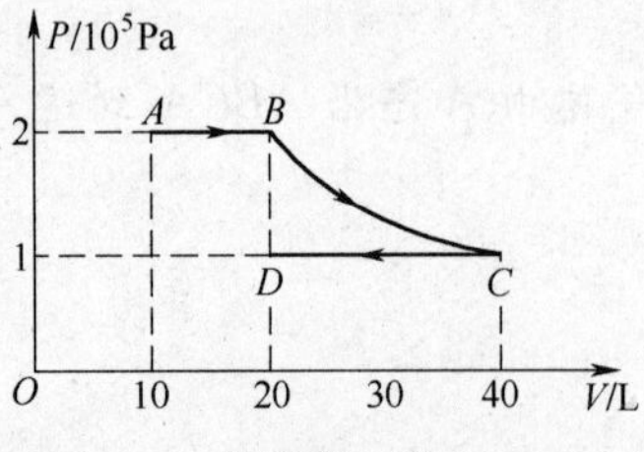

简答题 5 图

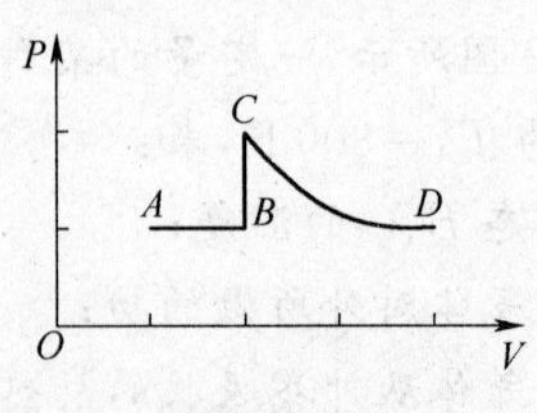

简答题 6 图

7. 有 1 mol 的氢气，在压强为 1.013×10^5 Pa，温度为 20℃时，其体积为 V_0，今使其经以下两种过程到达同一状态：

(1) 先保持体积不变，加热使其温度升高到 80℃，然后令其作等温膨胀，体积变为原体积的两倍；

(2) 先使其等温膨胀到原体积的两倍，然后保持其体积不变，加热到 80℃。

试分别计算上述两种过程中气体吸收的热量、气体对外所做的功和气体内能的增量，并做出 P-V 图。

8. 有 1 mol 的单原子理想气体从 300 K 加热至 350 K，(1)体积没有变化；(2)压强保持不变，求在这两个过程中各吸收了多少热量？增加了多少内能？气体对外做了多少功？

9. 把 0.1 L、1.013×10^5 Pa 的氢气绝热压缩，体积变为 0.02 L，求压缩过程中气体对外界所做的功。

10. 在标准状态下的 0.016 kg 氧气，经过一绝热过程对外做功 80 J，求终态的压强、体积和温度。设氧气为理想气体，且 $C_{V,m}=\frac{5}{2}R$，$\gamma=1.4$。

11. 一个热机吸收热量 1.68×10^7 J，放出热量为 12.6×10^6 J，求该热机的工作效率。

12. 如简答题 12 图所示，图中为 1 mol 氧气的一个循环过程，其中 AB 为等温过程，BC 为等压过程，CA 为等体过程。将氧气看作双原子刚性理想气体，试求：

(1) 此循环过程中气体对外做的功，吸收的热量；

(2) 此循环的效率。

13. 如简答题 13 图所示，一定量的单原子理想气体从 A 出发，经循环过程 $ABCDA$ 回到 A 点，已知 $T_A=300$ K，求：

(1) 循环过程中气体所吸收的净热；

(2) 循环的效率。

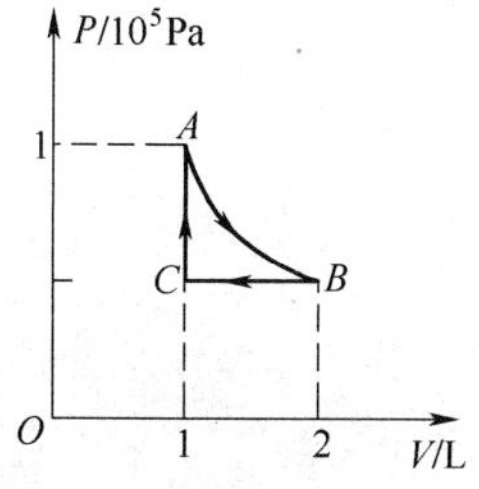

简答题 12 图

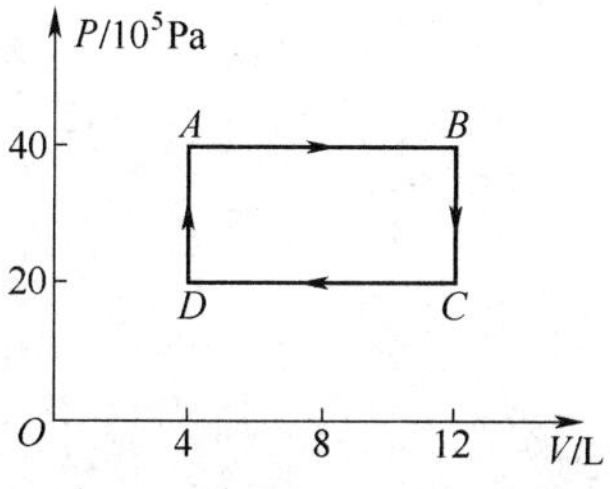

简答题 13 图

14. 设一卡诺循环，当热源温度为 100℃ 和冷却器温度为 0℃ 时，一个循环中做净功 800 J，今维持冷却器温度不变，提高热源温度，使净功增加为 1 600 J。若此两循环工作于相同的两绝热线之间，工质设为理想气体，试问：

(1) 热源的温度应变为多少摄氏度？

(2) 此时效率为多大？

第四篇 电 磁 学

电磁现象是自然界中普遍存在的现象,人们在日常生活和工农业生产中到处都会涉及电磁现象。电磁学是研究电磁现象的规律及其应用的一门学科。电磁学的知识范围很广,它是许多工程技术和科学研究的基础。

电磁作用是自然界中最基本的相互作用之一,它不仅存在于宏观物体之间,而且存在于微观领域中。电磁力是分子、原子等微观粒子的主要相互作用之一。电磁学理论在现代物理学中占有重要的地位。物质的许多性质都必须依靠物质的电结构来解释。电磁学理论也是研究光学的基础。

电磁相互作用是通过物质的另一种形式——场来进行的。在电磁学中我们研究电磁场的产生、变化和运动的规律,研究电磁场与实物的相互作用,并在此基础上进一步研究电磁波的性质。

第8章 真空中的静电场

相对某一惯性参照系静止的电荷所产生的电场称为静电场。对静电场的研究是认识电磁现象规律的基础。

本章将从真空中的库仑定律出发，研究描述静电场性质的两个基本物理量：电场强度和电势。

8.1 电荷 库仑定律

8.1.1 电荷

据记载，人们对电现象的认识是从研究摩擦起电现象和自然界的雷电现象开始的。一些物体被摩擦之后具有吸引轻小物体的性质，我们就说它带了电荷。处于带电状态的物体称为带电体。带电体所带电荷的多少称电荷量。国际单位制中电量的单位是库仑，符号为C。它等于1 A的电流在1 s内流过导体横截面的电荷量，即

$$1\ \mathrm{C}=1\ \mathrm{A\cdot s}$$

1. 正电荷和负电荷

1747年美国科学家富兰克林在研究雷电现象时发现了电，并命名了“正电”和“负电”。电荷只有这两种，电荷正、负的人为规定是相对的，现在仍沿袭着当初的约定：与丝绸摩擦过的玻璃棒所带的电荷为正电荷，与毛皮摩擦过的橡胶棒所带的电荷为负电荷。

电荷之间有相互作用：同种电荷相互排斥，异种电荷相互吸引。

宏观物体所带电荷的种类不同，根源在于构成宏观物体的内部包含着带电的结构。物理学的发展已经从理论和实验上证实：物质由分子组成，分子由原子组成，而原子又由带正电的原子核（由带正电的质子和不带电的中子组成）和云集在原子核周围带负电的电子组成。电子在原子中显示的分布状态可视为电子云，电子云的线度（即原子的直径）约为2×10^{-10} m，原子核的线度约为5×10^{-15} m，原子核的大小比原子要小得多。质子和电子所带电荷电量的绝对值相等。不同的分子集团构成了各种各样的宏观物体。在一般情况下，每个原子中的正电荷数量与负电荷数量是相等的，所以，宏观物体不显示电性。当物体受到摩擦等作用时，就

会造成物体上的电子过多或不足，这时物体就显示了电性。当电子过多时，物体带负电；当电子不足时，物体带正电。

2. 电荷守恒定律

丝绸、玻璃棒在摩擦之前都不带电，总电荷为零；相互摩擦后分别带等量的异种电荷，总电荷量也为零。这表明，在丝绸和玻璃棒所组成的系统中电荷是守恒的，摩擦不能产生电荷，也不能消灭电荷，只能使正、负电荷分离并转移。同样，其他一切起电过程（如静电感应）都不能产生或消灭电荷，只能使电荷出现重新分布而已。由此得到电荷守恒定律：在一个与外界没有电荷转移的孤立系统中，无论发生什么过程，总电荷量（即所有正负电荷量的代数和）是守恒量。

大量实验证明电荷守恒定律是自然界中最基本的守恒定律之一，它不仅适用于宏观的电现象，也适用于原子、原子核以及基本粒子等微观领域。例如，γ 射线穿过铅块时可产生一个负电子和一个正电子，这实际上是 γ 光子转换成正负电子对的反应过程。γ 光子不带电，正、负电子带等量异种电荷，因此这个微观过程同样遵从电荷守恒定律。

3. 电荷的量子化

除了电子、质子、中子外，自然界中还存在组成物质的许多其他“基本”粒子。它们有的带正电，有的带负电，有的不带电。所有带电的“基本”粒子电荷量都与电子的电荷量的大小相同，因此，电子所带的电荷量的大小是一个基本的电荷量值，实验测得这个量值为

$$e=1.602\times10^{-19}\,\mathrm{C}$$

我们称它为基本电荷量。电子的电荷量是 $-e$，质子的电荷量是 $+e$，一般带电“基本”粒子电荷量或是 $-e$ 或是 $+e$。

显然，由“基本”粒子所组成的任何带电体的电荷量只能是基本电荷量的整数倍，即

$$q=ne$$

n 可取正的或负的整数。这样看来，带电体的电荷量是不能任意取值的，而只能取基本电荷量的整数倍，这种现象称为电荷的量子化。

当某一物理量不能取连续变化的数值而只能取一些分立的数值时，我们就说这个物理量是“量子化”的。在近代物理中，“量子化”是个很基本的概念，量子化现象在微观领域中是普遍存在的。

由于电荷的基本量 e 极小，而宏观带电体所带的电荷量远远大于基本电荷量，因此在宏观现象中电荷量子化一般表现不出来。例如，在 220V、15W 的灯泡中，每秒就有 4.3×10^{17} 个电子的电荷量通过灯丝，对于这一宏观电流来说，电荷量子化的事实完全被掩盖了。这正如我们看到水管中的流水是连续的流体，而不会直接看到它们是由一个个水分子所组成的那样。在宏观电磁学的范围内不必考虑电荷量子化，可以认为带电体的电荷量可取连续变化的数值。事实上，物理学中的量子化现象在宏观领域中一般都表现不出来，但在微观领域中却是普遍存在的。

8.1.2 库仑定律

1. 点电荷

静止的带电体之间的电性作用力称为静电力。一般情况下，决定带电体之间静电力的因素很复杂，它与带电体的形状、大小、电荷分布、相对位置以及周围的介质等因素都有关系，通过实验测出静电力对以上各因素的依赖关系是困难的，但是，实验发现：当一个带电体的线度与其同另外的带电体之间的距离相比小得多时，这个带电体的形状、大小对本身所受的静电力的影响可以忽略。这时，我们就把这个带电体叫做点电荷。对于点电荷，我们可以简单地用一个点来表示它的位置，而认为这个点上集中了带电体的全部电荷量。显然，"点电荷"的概念类似于力学中"质点"的概念，它是实际带电体在一定条件下的抽象近似，是个理想模型。一个带电体是否可以简化为点电荷，要看这个带电体的形状、大小对静电力的影响是否可以忽略。

2. 真空中的库仑定律

法国物理学家库仑在 1785 年用扭秤实验直接测定了两个带电小球之间的静电力，并在实验基础上进一步研究得到了真空中两个静止的点电荷之间静电力的基本规律，他发现两个点电荷之间的静电力与它们各自的电荷量 q_1、q_2 成正比，与它们之间距离 r 的平方成反比；作用力的方向沿着点电荷的连线方向；同种电荷是斥力，异种电荷是吸引力。这个规律称为库仑定律。

如图 8-1 所示，根据库仑定律可以把两个点电荷 q_1、q_2 的静电力的大小表示为

$$F=k\frac{q_1q_2}{r^2} \tag{8-1a}$$

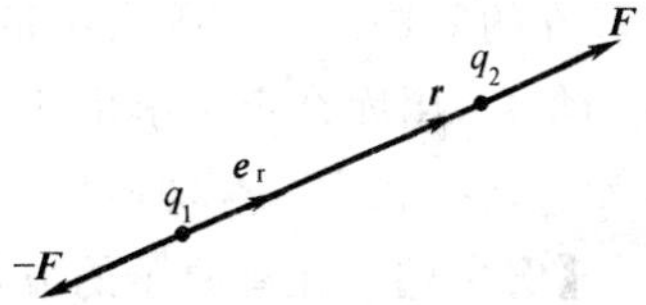

图 8-1 两个点电荷间的静电力

式中，k 是比例系数，其量值与单位的选择有关。实验测得

$$k=8.9880\times10^9\,\mathrm{N\cdot m^2/C^2}\approx9\times10^9\,\mathrm{N\cdot m^2/C^2}$$

用 $\boldsymbol{e}_r$ 表示从 q_1 指向 q_2 的矢径方向的单位矢量，则点电荷 q_1 作用于点电荷 q_2 的静电力 $\boldsymbol{F}$ 可用矢量形式表示为

$$\boldsymbol{F}=k\frac{q_1q_2}{r^2}\boldsymbol{e}_r=k\frac{q_1q_2}{r^3}\boldsymbol{r}$$

式中，$\boldsymbol{r}$ 为由 $\boldsymbol{q}_1$ 指向 $\boldsymbol{q}_2$ 的位置矢量。如果 q_1、q_2 是同种电荷，$\boldsymbol{F}$ 沿矢径方向，表明点电荷之间是斥力；如果 q_1、q_2 是异种电荷，$\boldsymbol{F}$ 与矢径方向相反，表明点电荷之间是吸引力。

为了使许多电磁学公式的形式简单一些，通常用另一个常数 ε_0 来表示 k，它与 k 的关系是

$$k=\frac{1}{4\pi\varepsilon_0}$$

$\varepsilon_0=8.853\,8\times10^{-12}\,C^2/(N\cdot m^2)\approx8.85\times10^{-12}\,C^2/(N\cdot m^2)$，叫做真空介电常数。因此，两个点电荷之间的静电力又可表示为

$$\boldsymbol{F}=\frac{1}{4\pi\varepsilon_0}\frac{q_1q_2}{r^3}\boldsymbol{r} \tag{8-1b}$$

(8-1b)是真空中的库仑定律的矢量表示式。

3. 静电力的叠加原理

实验可以证明：当一个点电荷受到两个以上点电荷的作用时，其静电力等于各个点电荷单独存在时对该点电荷作用力的矢量和。静电力遵守力的矢量叠加原理。如果用 $\boldsymbol{F}_1,\boldsymbol{F}_2,\cdots,\boldsymbol{F}_n$ 分别代表点电荷 $q_1,q_2,\cdots,q_n$ 单独存在时对 q_0 的作用力，那么，q_0 受到各个点电荷的静电力的合力为

$$\boldsymbol{F}=\boldsymbol{F}_1+\boldsymbol{F}_2+\cdots+\boldsymbol{F}_n \tag{8-2}$$

如果第 i 个点电荷 q_i 到 q_0 的位置矢量为 $\boldsymbol{r}_i$，则根据库仑定律有

$$\boldsymbol{F}_i=\frac{1}{4\pi\varepsilon_0}\frac{q_0q_i}{r_i^3}\boldsymbol{r}_i$$

把该式代入式(8-2)，得

$$\boldsymbol{F}=\frac{q_0}{4\pi\varepsilon_0}\sum_{i=1}^{n}\frac{q_i}{r_i^3}\boldsymbol{r}_i \tag{8-3}$$

库仑定律只适应于点电荷，两个点电荷间的距离 $\boldsymbol{r}$ 不能趋于零，否则点电荷这一模型失去存在的前提。求有限大小带电体之间的作用力时，可将其分割成微小的体积元，视为点电荷的集合，用库仑定律求出两物体间各点电荷相互作用的静电力，再求矢量和。原则上说，根据库仑定律和力的叠加原理，可求任意带电体间相互作用的静电力。

【例 8-1】 在氢原子的玻尔模型中，电子与质子之间的平均距离 $r=5.3\times10^{-11}\,m$，试分别估算静电力和万有引力。

【解】 电子的电荷是 $-e$，质子的电荷是 $+e$，$e=1.602\times10^{-19}\,C$，电子的质量 $m_e=9.1\times10^{-31}$ kg，质子的质量 $m_p=1.7\times10^{-27}$ kg，由库仑定律求得两粒子间的静电力的大小为

$$F_e=\frac{1}{4\pi\varepsilon_0}\cdot\frac{e^2}{r^2}=9.0\times10^9\times\frac{(1.6\times10^{-19})^2}{(5.3\times10^{-11})^2}=8.1\times10^{-8}\,(N)$$

由万有引力定律求得两粒子间的万有引力的大小为

$$F_g=G\frac{m_em_p}{r^2}=6.07\times10^{-11}\times\frac{9.1\times10^{-31}\times1.7\times10^{-27}}{(5.3\times10^{-11})^2}=3.7\times10^{-47}\,(N)$$

静电力与万有引力之比为

$$\frac{F_e}{F_g}\approx2.3\times10^{39}$$

由此可见，在原子内部讨论问题，万有引力完全可以忽略不计。

【例 8-2】 3 个点电荷 q_1、q_2 和 q_3 所处位置如图 8-2 所示，位置分别是(0,0.3)、(0,0)、(0.4,0)，它们所带电量分别为 $-q_1=q_2=2.0\times10^{-6}$ C，$q_3=4.0\times10^{-6}$ C，求 q_3 所受的静电力。

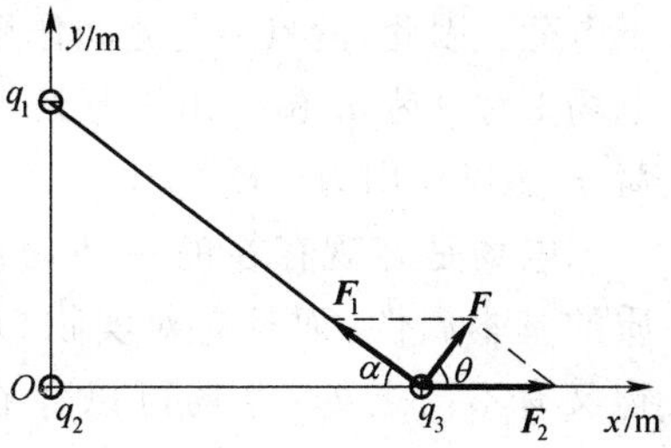

图 8-2　例 8-2 图

【解】 由库仑定律求得 q_1 对 q_3 的作用力 $\boldsymbol{F}_1$ 和 q_2 对 q_3 的作用力 $\boldsymbol{F}_2$，$\boldsymbol{F}_1$ 与 $\boldsymbol{F}_2$ 的合力 $\boldsymbol{F}$ 就是 q_3 所受的静电力。

$$F_1=k\frac{q_1q_3}{r_1^2}=9.0\times10^9\times\frac{2.0\times10^{-6}\times4.0\times10^{-6}}{0.5^2}=0.29(\text{N})$$

$$F_{1x}=F_1\cos(\pi-\alpha)=-F_1\cos\alpha=-0.23(\text{N})$$

$$F_{1y}=F_1\sin(\pi-\alpha)=F_1\sin\alpha=0.17(\text{N})$$

$$F_2=k\frac{q_2q_3}{r_2^2}=9.0\times10^9\times\frac{2.0\times10^{-6}\times4.0\times10^{-6}}{0.4^2}=0.45(\text{N})$$

$$F_{2x}=0.45(\text{N}),\quad F_{2y}=0(\text{N})$$

根据静电力的叠加原理式(8-2)，作用于电荷 q_3 上的合力为

$$F_x=F_{1x}+F_{2x}=0.22(\text{N}),\quad F_y=F_{1y}+F_{2y}=0.17(\text{N})$$

合力的大小为

$$F=\sqrt{F_x^2+F_y^2}=0.28(\text{N})$$

$\boldsymbol{F}$ 与 x 轴的夹角为

$$\theta=\arctan\frac{F_y}{F_x}=38^\circ$$

上述结果也可表示为

$$\boldsymbol{F}=(0.22\boldsymbol{i}+0.17\boldsymbol{j})\ (\text{N})$$

$\boldsymbol{i}$ 和 $\boldsymbol{j}$ 分别为沿图示 x、y 坐标轴方向的单位矢量。

8.2　电场　电场强度

8.2.1　电场

带电体之间的相互作用是怎样发生的？这个问题曾有两种不同的观点：一种观点认为电性力是由一个带电体直接作用到另一个带电体上的，中间不需要任何物质来传递，也不需要任何传递时间，这种观点称为“超距作用观点”；另一种观点认为电性力的作用需要通过中间物质来传递，需要一定的传递时间，这种观点称为“近距作用观点”。近距作用观点认为传递电作用的物质是一种特殊的物质，它们不同于一般的由原子、分子所组成的实物，这种特殊的物质称为“场”。所以近距作用观点又叫做“场的观点”。根据场的观点，任何电荷周围都存在

着电场，某一电荷对其他电荷的作用力是通过自身所产生的电场进行的，电场可以直接施力于电荷。因此，两点电荷之间作用的机理可以用图 8-3 所示的模式表示。即电荷 q_1 所产生的电场 1 对电荷 q_2 施以作用力 $\boldsymbol{F}$；反之，电荷 q_2 所产生的电场 2 对电荷 q_1 施以作用力 $-\boldsymbol{F}$。

图 8-3　电荷的作用机理

电场是客观存在的一种物质，它具有质量、动量、能量等物质的基本属性，而且它对实物（电荷）有作用力；但是，电场与实物又有不同之处，电场可以存在于空间，不管空间是否被实物所占据。

当今，电磁场的客观存在已成为不容置疑的事实，"场的观点"已被大家所接受。实际上，两个物体之间的万有引力也是通过场来传递的，这种场称为引力场。地球所产生的引力场叫做重力场。

8.2.2　电场强度

电荷之间的电性力实质上是电场对电荷的作用力，因此电性力应称为电场力。电场对置于电场中的电荷施以电场力的作用是电场的基本性质之一。

要检验空间某点是否有电场存在或者要判别电场的强弱，可以根据电场这一基本性质来实现。具体的方法是把用作检验的点电荷 q_0 放在电场中某一点，根据该检验电荷所受的电场力来判断是否有电场及电场的强弱。实验发现：在给定电场中的一个确定的点，检验电荷所受的电场力 $\boldsymbol{F}$ 与检验电荷的电荷量 q_0 成正比，而比值 $\boldsymbol{F}/q_0$ 是个确定的量值，其大小和方向都与检验电荷的电荷量无关；把检验电荷放在电场中不同的点，比值 $\boldsymbol{F}/q_0$ 一般是不相同的。同一个检验电荷，在电场中不同的点受到不同的电场力，显然电场力较大的地方电场比较强，电场力较小的地方电场比较弱，因此我们可以用 $\boldsymbol{F}/q_0$ 来描写各点电场的强弱，称它为电场强度，简称场强，用 $\boldsymbol{E}$ 表示，即

$$\boldsymbol{E}=\frac{\boldsymbol{F}}{q_0} \tag{8-4}$$

在国际单位制中，电场强度的单位是 N/C。因为力是矢量，所以电场强度也是矢量。如果检验电荷是正的点电荷，则电场强度的方向与电场力的方向相同。如果检验电荷是单位正电荷，则 $\boldsymbol{E}$ 的量值与 $\boldsymbol{F}$ 的量值相同。因此电场中某点的电场强度在量值上等于单位正电荷放置在该点所受的电场力的大小，其方向与正电荷所受电场力的方向相同。

只要产生电场的电荷分布确定，那么空间各点的电场强度也确定，这里检验电荷的引入只是为了量度空间各点的电场强度，因此检验电荷不应影响原来的电场。这就是说，实验中检验电荷的电荷量 q_0 要足够小，它的存在不能改变原来电场的分布。

1. 点电荷的电场强度

在静止的点电荷 q 产生的电场中引入一个检验电荷 q_0，根据真空中的库仑定律，把检验

电荷 q_0 放置在 P 点处所受的电场力为

$$\boldsymbol{F}=\frac{1}{4\pi\varepsilon_0}\frac{qq_0}{r^3}\boldsymbol{r}$$

由式(8-4)可知，P 点的电场强度为

$$\boldsymbol{E}=\frac{1}{4\pi\varepsilon_0}\frac{q}{r^3}\boldsymbol{r} \tag{8-5}$$

式(8-5)是点电荷在真空中的电场强度的表示式，它也是计算任意电荷分布所产生场强的基础。式(8-5)表明，以点电荷为中心，以 r 为半径的球面上各点的电场强度的大小均等于 $\frac{q}{4\pi\varepsilon_0 r^2}$，方向为矢径 $\boldsymbol{r}$ 方向，如图 8-4 所示。

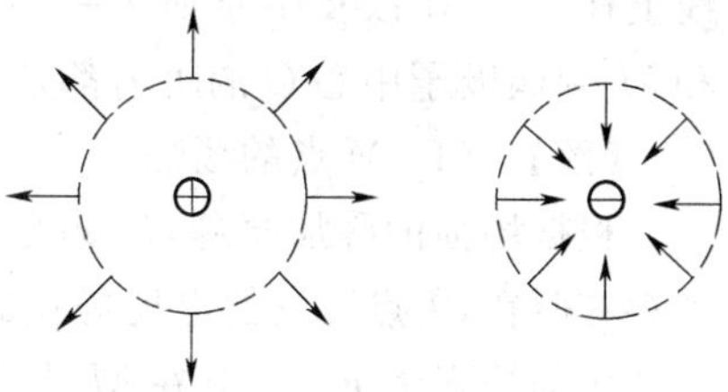

图 8-4　正、负点电荷的场强

2. 点电荷系的电场强度　场强叠加原理

根据点电荷系静电力公式(8-3)，检验电荷 q_0 放在 M 点所受的静电力为

$$\boldsymbol{F}=\frac{q_0}{4\pi\varepsilon_0}\sum_{i=1}^{n}\frac{q_i}{r_i^3}\boldsymbol{r}_i$$

根据场强的定义得 M 点的场强为

$$\boldsymbol{E}=\frac{1}{4\pi\varepsilon_0}\sum_{i=1}^{n}\frac{q_i}{r_i^3}\boldsymbol{r}_i \tag{8-6a}$$

显然求和号中的通项 $\frac{1}{4\pi\varepsilon_0}\frac{q_i}{r_i^3}\boldsymbol{r}_i$ 正好是点电荷 q_i 在 M 点所产生的场强 $\boldsymbol{E}_i$，所以上式可表示为

$$\boldsymbol{E}=\sum_{i=1}^{n}\boldsymbol{E}_i \tag{8-6b}$$

式(8-6)表明，在点电荷系所产生的电场中，某点的场强为系统中各点电荷在该点所产生的场强的矢量和，这个结论称为场强的叠加原理。

3. 连续分布的电荷所产生的电场强度

对于连续分布在物体上的电荷，可用分割法将带电体分割成许多电荷元 $\mathrm{d}q$，每个电荷元都可看作点电荷，则任一电荷元在电场中给定点 M 产生的场强，可由式(8-5)求得

$$\mathrm{d}\boldsymbol{E}=\frac{1}{4\pi\varepsilon_0}\frac{\mathrm{d}q}{r^3}\boldsymbol{r}$$

根据场强的叠加原理，整个带电体在给定点 M 产生的场强 $\boldsymbol{E}$ 等于每个电荷元单独存在时在该点所产生的场强矢量和，即

$$\boldsymbol{E}=\int\mathrm{d}\boldsymbol{E}=\frac{1}{4\pi\varepsilon_0}\int\frac{\mathrm{d}q}{r^3}\boldsymbol{r}$$

注意上面是矢量积分，在实际问题中应先写出 $\mathrm{d}\boldsymbol{E}$ 在 x、y 和 z 三个坐标轴上的分量式，然后再积分。

8.2.3 电场强度的计算

【例 8-3】 如图 8-5 所示，设两个大小相等、符号相反的点电荷 $+q$ 和 $-q$，它们之间的距离为 l，当所观察的空间各点离这一对点电荷的距离比 l 大很多时，称这一对电荷的总体为电偶极子。从 $-q$ 指向 $+q$ 的矢量 $\boldsymbol{l}$ 称为电偶极子的轴线，电荷 q 与轴线 $\boldsymbol{l}$ 的乘积 $q\boldsymbol{l}$ 称为电偶极子的电偶极矩，简称电矩，用 $\boldsymbol{P}$ 来表示，则 $\boldsymbol{P}=q\boldsymbol{l}$。试求电偶极子轴线延长线上任一点 M 以及中垂面上任一点 M' 的电场强度，M 和 M' 到偶极子中心 O 的距离都是 r。

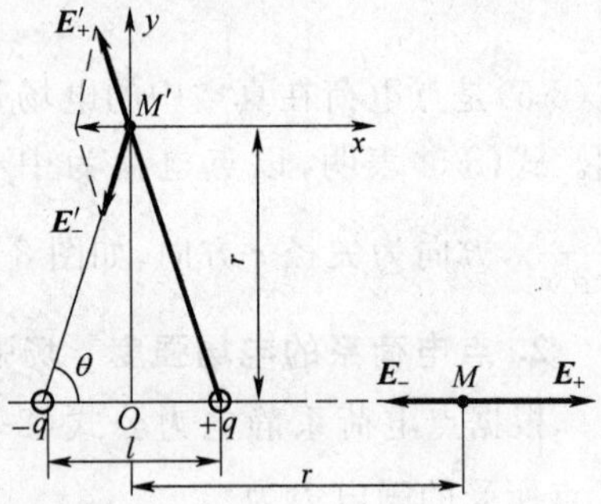

图 8-5 例 8-3 图

【解】 (1) M 点的场强

根据场强的叠加原理，M 点的场强 $\boldsymbol{E}$ 为 $+q$、$-q$ 单独存在时在 M 点激发的电场场强的矢量和。设 $+q$ 在 M 点产生的场强为 $\boldsymbol{E}_+$，$-q$ 在 M 点产生的场强为 $\boldsymbol{E}_-$。则根据点电荷的场强公式

$$E_+=\frac{1}{4\pi\varepsilon_0}\frac{q}{\left(r-\frac{l}{2}\right)^2}\quad（方向向右），$$

$$E_-=\frac{1}{4\pi\varepsilon_0}\frac{q}{\left(r+\frac{l}{2}\right)^2}\quad（方向向左）$$

总场强的大小

$$E=E_+-E_-=\frac{q}{4\pi\varepsilon_0}\left[\frac{1}{\left(r-\frac{l}{2}\right)^2}-\frac{1}{\left(r+\frac{l}{2}\right)^2}\right]$$

$$=\frac{q}{4\pi\varepsilon_0}\frac{\left(r+\frac{l}{2}\right)^2-\left(r-\frac{l}{2}\right)^2}{\left(r+\frac{l}{2}\right)^2\left(r-\frac{l}{2}\right)^2}=\frac{q}{4\pi\varepsilon_0}\frac{2rl}{\left(r^2-\frac{l^2}{4}\right)^2}$$

$$\approx\frac{q}{4\pi\varepsilon_0}\frac{2l}{r^3}\quad（因为 r\geqslant l）\quad 方向向右$$

(2) M' 点的场强

设 $\boldsymbol{E}'_+$ 和 $\boldsymbol{E}'_-$ 分别表示 $+q$ 和 $-q$ 单独存在时在 M' 点的场强，$+q$ 和 $-q$ 到 M' 点的距离均为 $\sqrt{r^2+\frac{l^2}{4}}$，因此 $\boldsymbol{E}'_+$ 和 $\boldsymbol{E}'_-$ 的大小相等

$$E'_+=E_-'=\frac{1}{4\pi\varepsilon_0}\frac{q}{r^2+\frac{l^2}{4}}$$

$\boldsymbol{E}'_+$ 和 $\boldsymbol{E}'_-$ 的方向如图中所示。建立图示直角坐标系，使 x 轴平行于 $\boldsymbol{l}$，y 轴沿 OM' 方向，将 E'_+ 和 $\boldsymbol{E}'_-$ 分别投影到 x、y 轴方向后再各自叠加，得总电场的两分量 E'_x、E'_y。根据对称性可以看出，E'_+ 和 E'_- 的 x 分量大小相等，方向一致（沿 x 轴负方向）；$\boldsymbol{E}'_+$ 和 $\boldsymbol{E}'_-$ 的 y 分量大小相等，方向相反。故

$$E'_x = E'_{+x} + E'_{-x} = 2E'_{+x} = 2E'_+ \cos\theta$$

$$E'_y = E'_{+y} + E'_{-y} = 0$$

由图 8-5 知

$$\cos\theta = \frac{\frac{l}{2}}{\sqrt{r^2 + \frac{l^2}{4}}}$$

故总场 $\boldsymbol{E}'$ 的大小为

$$E' = E'_x = 2E'_+ \cos\theta = \frac{1}{4\pi\varepsilon_0}\frac{ql}{\left(r^2 + \frac{l^2}{4}\right)^{3/2}} \approx \frac{1}{4\pi\varepsilon_0}\frac{ql}{r^3} \qquad (\text{因为 } r \geqslant l)$$

$\boldsymbol{E}'$ 的方向沿 x 轴负向。

电偶极子的场强与 q 和 l 的乘积有关。电偶极矩 $\boldsymbol{P} = q\boldsymbol{l}$ 决定着电偶极子产生的电场的性质。

电偶极子的场强与距离 r 的三次方成反比，它比点电荷的场强大小随 r 递减快得多。

【例 8-4】 一均匀带电直线段，电荷线密度为 λ，求线外任意一点的场强。

【解】 设 P 点为线外任意一点，取图 8-6 中所示坐标，设 P 点到带电直线距离为 a，P 点与其两端的连线与 Ox 轴正方向夹角分别为 θ_1 和 θ_2，带电直线上电荷线密度为 λ，取离原点 O 为 x 处的电荷元 $\mathrm{d}q = \lambda\mathrm{d}x$，视为点电荷，它在 P 点激发的电场的场强 $\mathrm{d}\boldsymbol{E}$ 的大小为

$$\mathrm{d}E = \frac{\lambda\mathrm{d}x}{4\pi\varepsilon_0 r^2}$$

$\mathrm{d}\boldsymbol{E}$ 的方向如图所示。式中 $r = \sqrt{x^2 + a^2}$，设 $\mathrm{d}\boldsymbol{E}$ 与 x 轴正向成角 θ，则 $\mathrm{d}\boldsymbol{E}$ 沿 x 轴和 y 轴的两个分量分别为

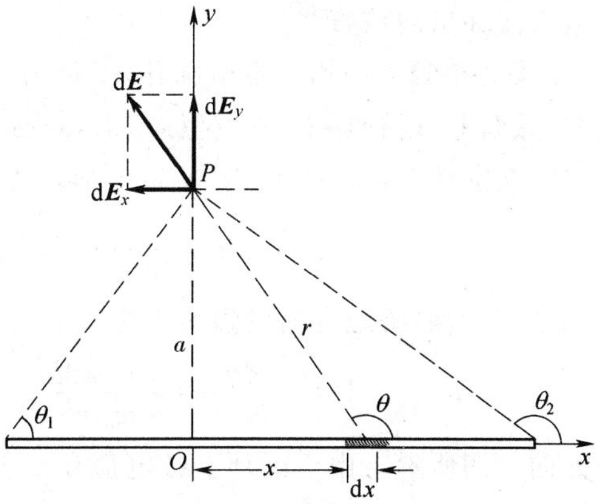

图 8-6　例 8-4 图

$$\mathrm{d}E_x = \mathrm{d}E\cos\theta, \quad \mathrm{d}E_y = \mathrm{d}E\sin\theta$$

由图 8-6 可知

$$x = a\tan\left(\theta - \frac{\pi}{2}\right) = -a\cot\theta, \quad \mathrm{d}x = a\csc^2\theta\mathrm{d}\theta$$

$$r^2=x^2+a^2=a^2\csc^2\theta$$

故 $$dE_x=\frac{\lambda}{4\pi\varepsilon_0 a}\cos\theta d\theta,\quad dE_y=\frac{\lambda}{4\pi\varepsilon_0 a}\sin\theta d\theta$$

将上列两式积分，得

$$E_x=\int dE_x=\int_{\theta_1}^{\theta_2}\frac{\lambda}{4\pi\varepsilon_0 a}\cos\theta d\theta=\frac{\lambda}{4\pi\varepsilon_0 a}(\sin\theta_2-\sin\theta_1)$$

$$E_y=\int dE_y=\int_{\theta_1}^{\theta_2}\frac{\lambda}{4\pi\varepsilon_0 a}\sin\theta d\theta=\frac{\lambda}{4\pi\varepsilon_0 a}(\cos\theta_1-\cos\theta_2)$$

其矢量表示式为

$$\boldsymbol{E}=E_x\boldsymbol{i}+E_y\boldsymbol{j}=\frac{\lambda}{4\pi\varepsilon_0 a}(\sin\theta_2-\sin\theta_1)\boldsymbol{i}+\frac{\lambda}{4\pi\varepsilon_0 a}(\cos\theta_1-\cos\theta_2)\boldsymbol{j}$$

场强大小为 $$E=\sqrt{E_x^2+E_y^2}$$

其方向用 $\boldsymbol{E}$ 与 x 轴正向的夹角 θ 表示

$$\theta=\arctan\frac{E_y}{E_x}$$

如果此均匀带电直线是无限长的，则有 $\theta_1=0,\theta_2=\pi$，那么有

$$\boldsymbol{E}=\frac{\lambda}{2\pi\varepsilon_0 a}\boldsymbol{j}\tag{8-7}$$

上式表明无限长带电直导线外一点的场强 $\boldsymbol{E}$ 大小与该点离带电直线的距离 a 成反比，$\boldsymbol{E}$ 的方向垂直于带电直线。若 λ 为正，$\boldsymbol{E}$ 垂直于带电直线指向无穷远；若 λ 为负，$\boldsymbol{E}$ 则垂直于带电直线并指向该直线。

【例 8-5】 一均匀带电圆环，半径为 R，带电量为 q，求轴线上任一点 P 的场强。

【解】 以圆环中心为坐标原点，x 轴与轴线重合，建立图 8-7 所示坐标，则 P 的坐标为 x。

在圆环上任取线元 dl，所带电荷量为

$$dq=\lambda dl=\frac{q}{2\pi R}dl$$

dq 在 P 点处所激发的场强大小为

$$dE=\frac{dq}{4\pi\varepsilon_0 r^2}=\frac{1}{4\pi\varepsilon_0}\frac{\lambda dl}{r^2}$$

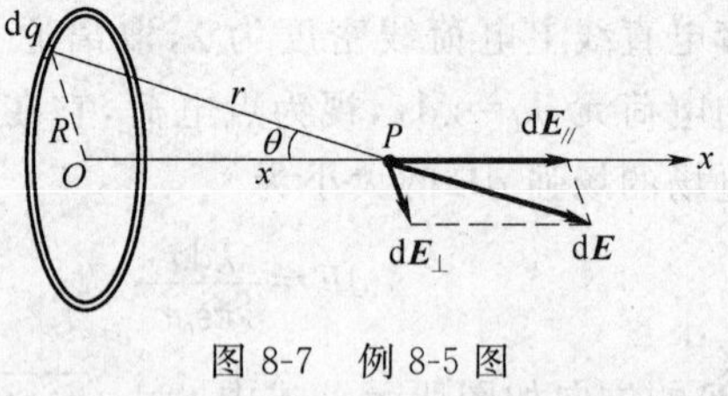

图 8-7 例 8-5 图

方向如图所示。由于圆环上各电荷在 P 点激发的场强 $d\boldsymbol{E}$ 的方向各不相同，但都有平行于轴线的分量 $dE_{/\!/}$ 和垂直于轴线的分量 $dE_{\perp}$。根据对称分析，各电荷元的与轴线垂直的场强分量互相抵消，平行于轴线的场强分量均沿 x 轴正向，所以 P 点的合场强是平行于轴线的那些分量 $dE_{/\!/}$ 的总和，大小为

$$E=E_{/\!/}=\int dE\cos\theta=\int\frac{1}{4\pi\varepsilon_0}\frac{\lambda dl}{r^2}\cos\theta=\frac{1}{4\pi\varepsilon_0}\frac{q}{2\pi R}\frac{\cos\theta}{r^2}\oint dl$$

$$=\frac{qx}{4\pi\varepsilon_0(x^2+R^2)^{3/2}} \tag{8-8}$$

方向沿 x 轴正向，即

$$\boldsymbol{E}=\frac{qx}{4\pi\varepsilon_0(x^2+R^2)^{3/2}}\boldsymbol{i}$$

$\boldsymbol{E}$ 的方向沿圆环的轴线方向，当 $q>0$ 时，由圆心 O 指向外；当 $q<0$ 时，则指向圆心。

由式(8-8)还可以看出：当 $x=0$ 时，$E=0$。说明圆环均匀带电时，其中心的场强为零。

【例 8-6】 试求一均匀带电圆盘轴线上一点 P 的场强。设圆盘的半径为 $\boldsymbol{r}$，所带电荷面密度为 σ，点 P 离圆心 O 的距离为 x。

【解】 将圆盘分割成无数个以 O 为中心的同心细圆环，任一细环的半径为 r，宽为 $\mathrm{d}r$，如图 8-8所示。此圆环所带电荷量为

$$\mathrm{d}q=\sigma\mathrm{d}S=\sigma 2\pi r\mathrm{d}r$$

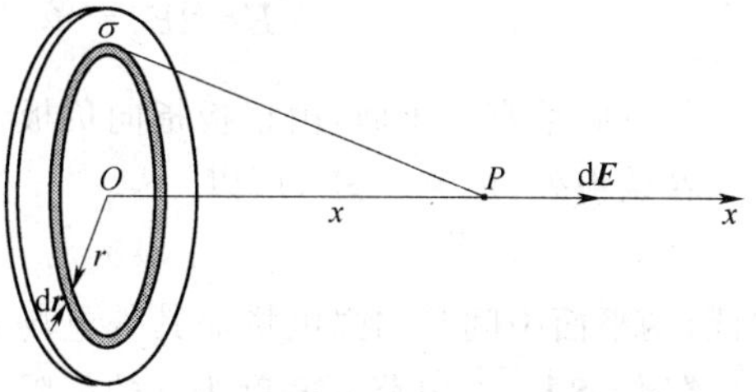

图 8-8　例 8-6 图

由式(8-8)可知，上述圆环在轴线上的 P 点所产生的场强

$$\mathrm{d}\boldsymbol{E}=\frac{1}{4\pi\varepsilon_0}\frac{x\mathrm{d}q}{(r^2+x^2)^{3/2}}\boldsymbol{i}=\frac{x\sigma}{2\varepsilon_0}\frac{r\mathrm{d}r}{(r^2+x^2)^{3/2}}\boldsymbol{i}$$

场强 $\mathrm{d}\boldsymbol{E}$ 的方向沿圆环的轴线方向，整个带电圆盘在其轴线上所产生的总场强 $\boldsymbol{E}$ 为所有圆环的场强 $\mathrm{d}\boldsymbol{E}$ 的矢量和。由于各个圆环在 P 点所产生的方向都沿 x 轴方向，所以总场强

$$\boldsymbol{E}=\int\mathrm{d}\boldsymbol{E}=\int_0^R\frac{x\sigma}{2\varepsilon_0}\frac{r\mathrm{d}r}{(r^2+x^2)^{3/2}}\boldsymbol{i}=\frac{\sigma}{2\varepsilon_0}\left(1-\frac{x}{\sqrt{R^2+x^2}}\right)\boldsymbol{i} \tag{8-9a}$$

当 $\sigma>0$ 时，场强方向由圆盘中心指向外；当 $\sigma<0$ 时，指向圆盘中心。

当 $R\to\infty$ 时，即相当于一个无限大的均匀带电平面，这时式(8-9a)变为

$$\boldsymbol{E}=\frac{\sigma}{2\varepsilon_0}\boldsymbol{i} \tag{8-9b}$$

上式表明，这时 P 点的场强大小只与电荷面密度 σ 有关，而与 P 点离带电平面的距离 x 无关。对于无限大的均匀带电平面来说，从空间任意一点向平面所作的垂线都可看成是它的轴线。以上结果对于平面外的任意点都适用。或者说，无限大均匀带电平面外任意点的场强大小都等于 $\sigma/(2\varepsilon_0)$，场强的方向都垂直于带电平面，当平面带正电荷($\sigma>0$)时，场强 $\boldsymbol{E}$ 由平面指向外，如图 8-9(a)所示，当平面带负电荷($\sigma<0$)时，场强 $\boldsymbol{E}$ 指向平面，如图 8-9(b)所示。

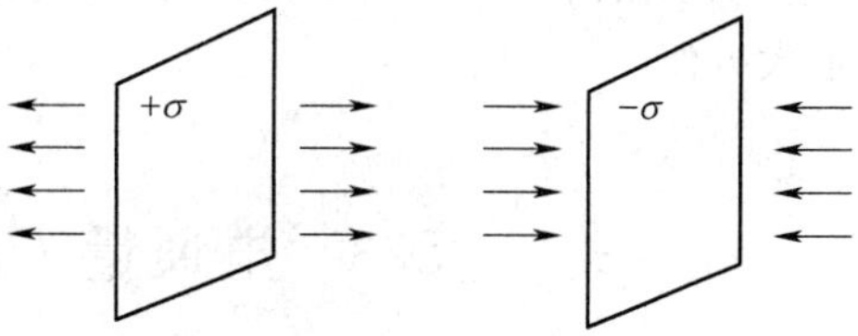

(a) 平面带正电荷　(b) 平面带负电荷

图 8-9　无限大的均匀带电平面空间的电场

可见，均匀无限大带电平面，在平面的左半空间和平面的右半空间的电场均为匀强电场。

【例 8-7】 两块平行的带等量异种电荷的无限大平面，电荷面密度的大小为 σ，求空间各点的场强。

【解】 设平面 A 带正电，B 带负电（图 8-10），A、B 所产生的场强分别为 $\boldsymbol{E}_A$、$\boldsymbol{E}_B$，由场强叠加原理知，空间各点的场强为

$$\boldsymbol{E}=\boldsymbol{E}_A+\boldsymbol{E}_B$$

在两板中间，$\boldsymbol{E}_A=\boldsymbol{E}_B$，所以

$$E=2E_A=\frac{\sigma}{\varepsilon_0}$$

场强的方向垂直于平面，由正板指向负板。

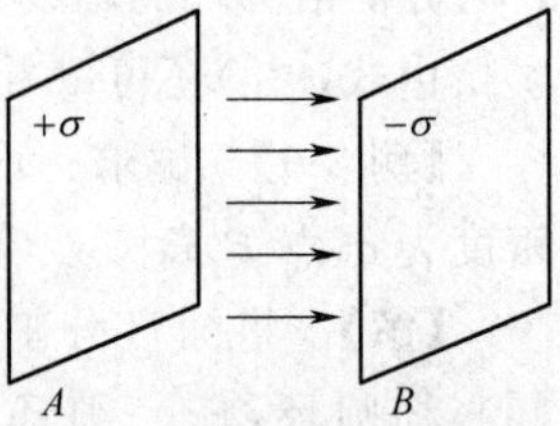

图 8-10 例 8-7 图

在两板外，$\boldsymbol{E}_A=-\boldsymbol{E}_B$，所以

$$E=0$$

因此，两平面中间是匀强电场而其外电场为零。

【例 8-8】 在电荷面密度为 σ 的无限大带电平面中，挖去一个半径为 R 的圆面，设挖去圆面后平面上仍均匀带电，求圆面的轴上离圆心 O 为 x 的 P 处的场强，如图 8-11 所示。

【解】 设 $\boldsymbol{E}_1$ 是无限大均匀带电平面的场强，$\boldsymbol{E}_2$ 为均匀带电圆面在轴线上 P 点的场强，$\boldsymbol{E}$ 为所求的场强，根据场强叠加原理。

$$\boldsymbol{E}=\boldsymbol{E}_1-\boldsymbol{E}_2$$

故有 $E=E_1-E_2$。由例 8-6 知：

$$E_1=\frac{\sigma}{2\varepsilon_0},\quad E_2=\frac{\sigma x}{2\varepsilon_0}\left(\frac{1}{x}-\frac{1}{\sqrt{x^2+R^2}}\right)$$

得

$$E=E_1-E_2=\frac{\sigma x}{2\varepsilon_0\sqrt{x^2+R^2}}$$

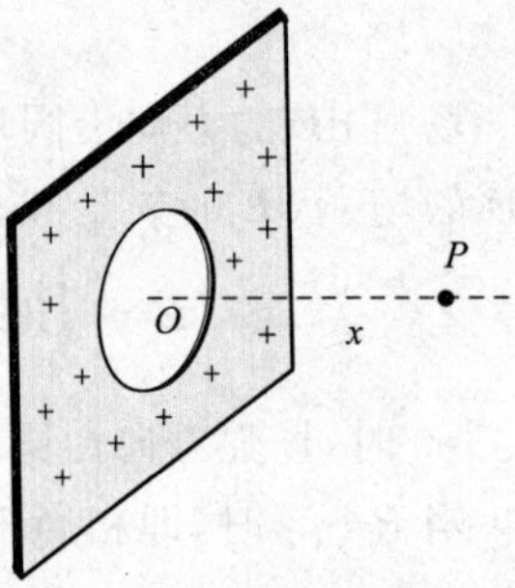

图 8-11 例 8-8 图

$\boldsymbol{E}$ 的方向沿轴线。$\sigma>0$，场强 $\boldsymbol{E}$ 由平面指向外；$\sigma<0$，场强 $\boldsymbol{E}$ 指向平面。

从上面两个例子中可以看到，场强叠加原理在计算场强中经常用到，它可以给计算带来很大方便。

8.3 电通量 真空中静电场的高斯定理

8.3.1 电场线

电场是客观存在的一种物质，它的存在可以由试验电荷在场中受到电场力的作用而显示

出来，电场的这一性质是通过电场强度来描述的，在电场存在的空间中，每一点的电场强度都有确定的方向和大小，对于静电场，场强可以表示为空间位置的函数

$$\boldsymbol{E}=\boldsymbol{E}(x,y,z)$$

为了形象化地描述电场的空间分布，使人们对电场中各点场强 $\boldsymbol{E}$ 的大小、方向都有直观的了解，我们可以引入电场线的概念，在电场中作一族曲线，使曲线上每一点的切线方向都与该点场强 $\boldsymbol{E}$ 的方向一致。图 8-12 是常见的几种电场的电场线图。

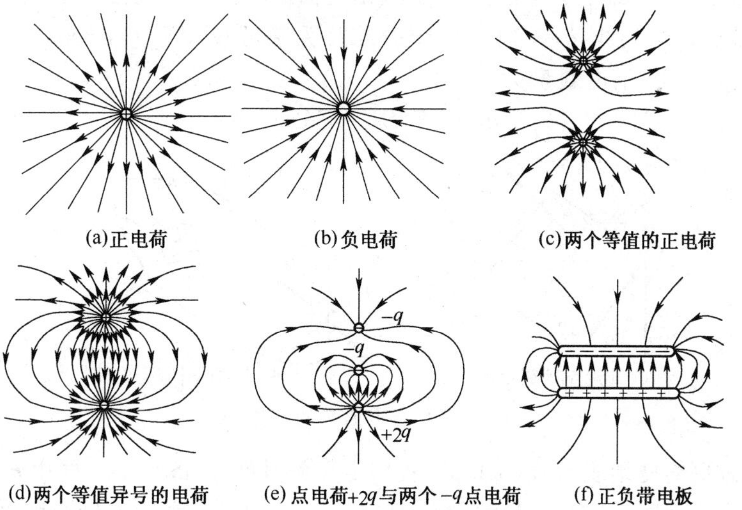

图 8-12　几种常见电场的电场线

要使电场线不仅能表示空间各点电场 $\boldsymbol{E}$ 的方向，而且能同时表示出场强 $\boldsymbol{E}$ 的大小，人们规定：在电场中任一点，取一垂直于该点场强 $\boldsymbol{E}$ 方向的面积元 $dS_\perp$，使通过单位面积上的电场线数 $d\Phi_e$ 等于该点场强 $\boldsymbol{E}$ 的大小。即

$$E=\frac{d\Phi_e}{dS_\perp} \tag{8-10}$$

这样，在电场线密集处，场强 $\boldsymbol{E}$ 有较大的值；在电场线稀疏的区域，场强 $\boldsymbol{E}$ 的值较小。若空间各处电场线均匀且方向相同，这种电场称为匀强电场。如图 8-12(f)所示，忽略边缘效应后，充了电的平行板电容器两极板间的电场就是匀强电场。静电场的电场线有如下一些基本性质：

(1) 在静电场中，电场线由正电荷发出(或来自无穷远处)，终止于负电荷(或伸向无穷远处)，不会形成闭合曲线；

(2) 在没有电荷处，两条电场线不会相交，也不会中断。

图 8-12(a)、(b)中，正的点电荷的电场线是以正点电荷为中心，沿矢径向四周辐射的直线；负的点电荷的电场线是以负点电荷为中心，沿矢径向内会聚的直线。由点电荷场强的公

式可知，以点电荷为中心的球面上各点的 $\boldsymbol{E}$ 垂直于该点处球面，且同一球面上各点电场强度 $\boldsymbol{E}$ 的大小相等，具有这种分布特点的场称为球对称分布的场。

8.3.2 电通量

通过电场中任意一个给定面积的电场线条数称为通过该面积的电场强度通量，简称电通量，用 Φ_e 表示。如图 8-13(a)所示，$\mathrm{d}S$ 为场强为 $\boldsymbol{E}$ 的电场中某一面元，$\boldsymbol{n}$ 为该面元法的单位矢量。为了求出通过这一面元的电通量，我们画出此面元在垂直于场强方向上的投影 $\mathrm{d}S_\perp$。由于通过 $\mathrm{d}S$ 和 $\mathrm{d}S_\perp$ 的电场线是一样的，由图中的几关系可知，$\mathrm{d}S_\perp=\mathrm{d}S\cos\theta$，将此关系式代入式(8-10)，可得通过 $\mathrm{d}S$ 的电通量为

$$\mathrm{d}\Phi_e=E\mathrm{d}S_\perp=E\mathrm{d}S\cos\theta \tag{8-11a}$$

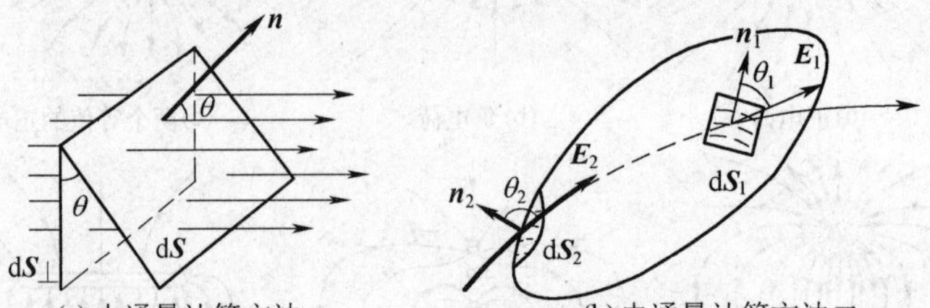

(a) 电通量计算方法一　　(b) 电通量计算方法二

图 8-13　电通量的计算

为了用矢量形式更简捷地表示式(8-11a)，我们定义矢量面元 $\mathrm{d}\boldsymbol{S}=\mathrm{d}S\boldsymbol{n}$，式中 $\boldsymbol{n}$ 为面元 $\mathrm{d}\boldsymbol{S}$ 的法线方向单位矢量。由图 8-13(a)可以看出 $\boldsymbol{n}$ 与 $\boldsymbol{E}$ 的夹角为 θ。利用矢量点积的定义可知

$$\boldsymbol{E}\cdot\mathrm{d}\boldsymbol{S}=\boldsymbol{E}\cdot\boldsymbol{n}\mathrm{d}S=E\mathrm{d}S\cos\theta$$

将此式与式(8-11a)比较，可得通过面元 $\mathrm{d}\boldsymbol{S}$ 的电通量为

$$\mathrm{d}\Phi_e=\boldsymbol{E}\cdot\mathrm{d}\boldsymbol{S} \tag{8-11b}$$

为了求出通过任意曲面 S 的电通量，可将曲面 S 分成无穷多个无限小的面元 $\mathrm{d}S$。先计算每一小面元的电通量 $\mathrm{d}\Phi_e$，然后将所有面元的电通量相加。从数学运算来说，就是对整个曲面 S 积分，即

$$\Phi_e=\int\mathrm{d}\Phi_e=\int_S\boldsymbol{E}\cdot\mathrm{d}\boldsymbol{S} \tag{8-12a}$$

通过一个封闭曲面 S 的电通量可表示为

$$\Phi_e=\oint_S\boldsymbol{E}\cdot\mathrm{d}\boldsymbol{S} \tag{8-12b}$$

由于封闭曲面将空间分为内、外两部分，一般规定由内向外的指向为各处面元的法线的正方向(对于非封闭曲面，曲面上面元的法线的正方向可以按方便进行规定)。电通量可正可负，如图 8-13(b)，对于面元 $\mathrm{d}S_1$，电场线从内部穿出，$0\leqslant\theta_1<\pi/2$，$\mathrm{d}\Phi_e$ 为正；对于面元 $\mathrm{d}S_2$，电场线从外部穿入，$\pi/2<\theta_2\leqslant\pi$，$\mathrm{d}\Phi_e$ 为负。式(8-12b)所示的穿过整个封闭曲面的电通量 Φ_e 是所有

面元上电通量的代数和，即穿出与穿入此封闭曲面的电场线条数之差，也就是净穿出（或穿入）封闭曲面的电场线总数。电通量的单位是 $\mathrm{N \cdot m^2/C}$。

下面我们讨论穿过封闭曲面的电通量与产生电场的电荷间的关系，将得到表征静电场性质的一个重要定理。

8.3.3 高斯定理

高斯定理陈述如下：通过一个任意闭合曲面 S 的电通量 Φ_e 等于该曲面所包围的所有电荷电量的代数和 $\sum q_i$ 除以 ε_0，与封闭曲面外的电荷无关。数学表达式为

$$\Phi_e = \oint_S \boldsymbol{E} \cdot \mathrm{d}\boldsymbol{S} = \frac{\sum\limits_{(S内)} q_i}{\varepsilon_0} \tag{8-13}$$

习惯上将这个封闭曲面 S 称为高斯面。下面采用由特殊到一般的方法，对高斯定理进行验证。

1. 点电荷 q 处于球面 S 的中心

点电荷 q 在其周围激发电场，电场线以点电荷 q 所在处为中心，沿半径方向呈辐射状，如图 8-14 所示。以 q 所在点为中心，以任意长度 r 为半径作一球面 S，以 S 为高斯面，由点电荷场强公式 $\boldsymbol{E} = \dfrac{1}{4\pi\varepsilon_0}\dfrac{q}{r^3}\boldsymbol{r}$ 知，方向均沿矢径向外，依前述约定，球面上各点面元 $\mathrm{d}\boldsymbol{S}$ 的法向矢量 $\boldsymbol{n}$ 也沿该点矢径向外，$\boldsymbol{E}$ 与 $\boldsymbol{n}$ 间夹角 θ 为零，则通过面元 $\mathrm{d}\boldsymbol{S}$ 的电通量为

$$\mathrm{d}\Phi_e = \boldsymbol{E} \cdot \mathrm{d}\boldsymbol{S} = E\mathrm{d}S = \frac{q}{4\pi\varepsilon_0 r^2}\mathrm{d}S$$

通过整个球面的电通量 Φ_e 为

$$\begin{aligned}\Phi_e &= \oint_S \mathrm{d}\Phi_e = \oint_S \frac{q}{4\pi\varepsilon_0 r^2}\mathrm{d}S \\ &= \frac{q}{4\pi\varepsilon_0 r^2}\oint_S \mathrm{d}S = \frac{q}{4\pi\varepsilon_0 r^2} \cdot 4\pi r^2 = \frac{q}{\varepsilon_0}\end{aligned}$$

结果表明，穿过此球面的电通量与球面半径无关，只与点电荷量 q 和真空中的介电常数 ε_0 有关，即从点电荷 q 发出的电场线条数为 $\dfrac{q}{\varepsilon_0}$。进一步讨论可知，若 $q>0$，即对于正电荷，则 $\Phi_e>0$，通过包围 q 的球面的电通量为正，电场线从内向外穿出曲面；若 $q<0$，即对于负电荷，则 $\Phi_e<0$，通过包围 q 的球面的电通量为负，电场线从外穿入曲面。

2. 点电荷 q 处于任意闭合曲面 S 的内部

当任意闭曲面 S 包围单个点电荷 q 时，可在 S 外或内作一以 q 所在点为中心的球面 S'，如图 8-15所示。由电场线的连续性可知，穿过 S' 的电场线都穿过任意曲面 S，故两者的电通量相等，且为

$$\Phi_e = \Phi_e' = \frac{q}{\varepsilon_0}$$

结论说明,单个点电荷包围在任意闭合曲面内时,穿过该封闭曲面的电通量与曲面的形状、大小无关。或者说,与该点电荷在封闭曲面内的位置无关。

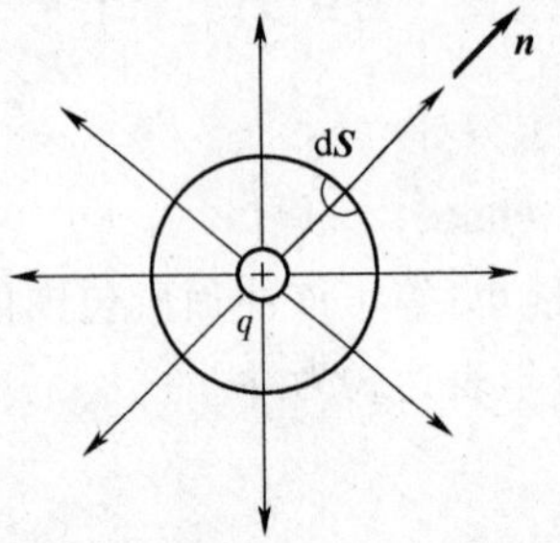

图 8-14 通过点电荷为中心的球面的电通量

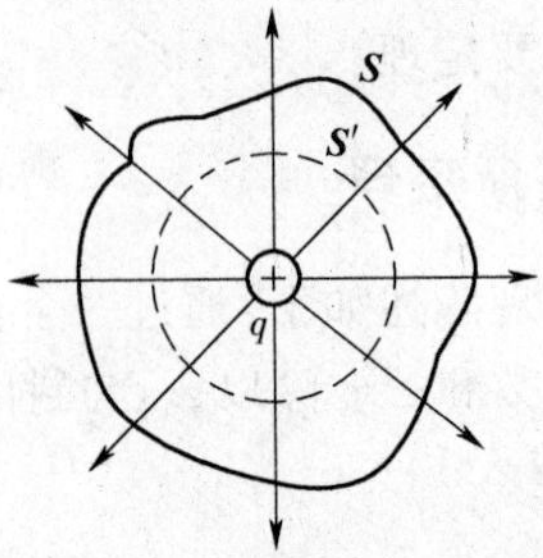

图 8-15 通过包围点电荷的任意闭合曲面的电通量

3. 任意闭合曲面不包围点电荷 q

当闭合曲面不包围点电荷 q 时,如图 8-16 所示。虽然,点电荷 q 将在闭合曲面上各点产生电场,使闭合曲面上各点 $E\neq 0$,因而在闭合曲面上任意面积元 dS 会有电场线进入($\mathrm{d}\Phi_e<0$)或穿出($\mathrm{d}\Phi_e>0$)。但对整个闭合曲面 S 来说,由电场线的连续性可知,从 q 发出(或向 q 会聚)的电场线,进入闭曲面 S 后,必定又从该闭合曲面穿出,即进入 S 的电场线条数等于从 S 面穿出的电场线条数,电通量的和为零。

4. 任意闭合曲面内外都有电荷

如图 8-17 所示,设带电体系中有 $q_1, q_2, \cdots, q_k, q_{k+1}, q_{k+2}, \cdots, q_n$ 个点电荷,其中 $q_1, q_2, \cdots, q_k$ 在闭合曲面 S 内,$q_{k+1}, q_{k+2}, \cdots, q_n$ 在闭合曲面外,根据场强叠加原理,S 面上任一点的场强由 S 面内外所有电荷单独存在时在该点产生的场强的矢量和为

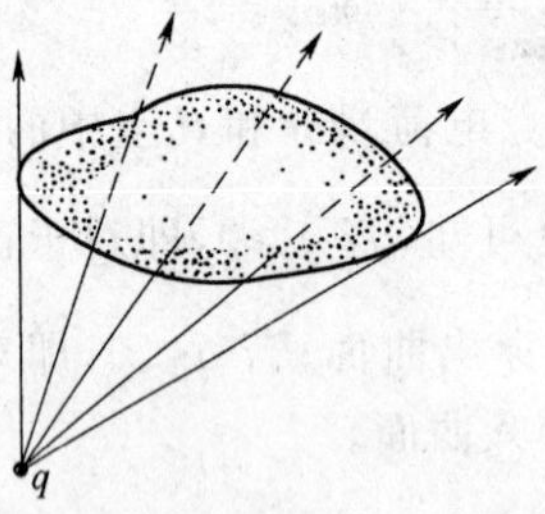

图 8-16 通过不包围点电荷的闭合曲面的电通量

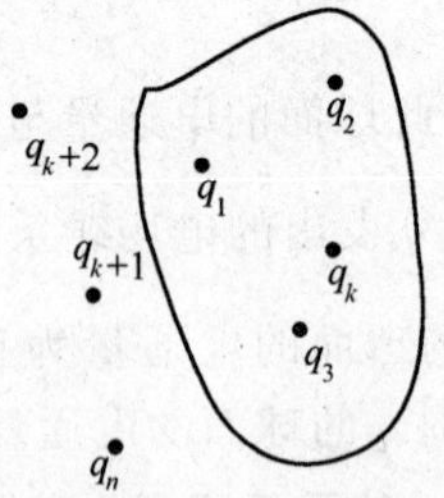

图 8-17 通过闭合曲面内外都有电荷时的电通量

$$\boldsymbol{E}=\boldsymbol{E}_1+\boldsymbol{E}_2+\cdots+\boldsymbol{E}_k+\boldsymbol{E}_{k+1}+\cdots+\boldsymbol{E}_n$$

$\boldsymbol{E}_1, \boldsymbol{E}_2, \cdots, \boldsymbol{E}_k, \boldsymbol{E}_{k+1}, \cdots, \boldsymbol{E}_n$ 是各点电荷单独存在时在 S 面上任一点产生的场强。通过闭曲面 S 的电通量为

$$\Phi_e = \oint_S \boldsymbol{E} \cdot d\boldsymbol{S}$$
$$= \oint_S \boldsymbol{E}_1 \cdot d\boldsymbol{S} + \oint_S \boldsymbol{E}_2 \cdot d\boldsymbol{S} + \cdots + \oint_S \boldsymbol{E}_k \cdot d\boldsymbol{S} + \oint_S \boldsymbol{E}_{k+1} \cdot d\boldsymbol{S} + \cdots + \oint_S \boldsymbol{E}_n \cdot d\boldsymbol{S}$$

通过不包围点电荷的任意闭合曲面 S 的电通量恒为 0，则有

$$\oint_S \boldsymbol{E}_{k+1} \cdot d\boldsymbol{S} = 0$$
$$\vdots$$
$$\oint_S \boldsymbol{E}_n \cdot d\boldsymbol{S} = 0$$

所以得

$$\Phi_e = \oint_S \boldsymbol{E}_1 \cdot d\boldsymbol{S} + \oint_S \boldsymbol{E}_2 \cdot d\boldsymbol{S} + \cdots + \oint_S \boldsymbol{E}_k \cdot d\boldsymbol{S}$$
$$= \frac{1}{\varepsilon_0}(q_1 + q_2 + \cdots + q_k) = \frac{1}{\varepsilon_0}\sum_{i=1}^{k} q_i$$

高斯定理是静电场理论中最重要的定理之一。对高斯定理要全面、正确地理解，封闭曲面 S 上任一点的场强 $\boldsymbol{E}$ 由 S 面内、外的电荷共同产生，但穿过该封闭曲面 S 的电通量只与 S 面内所包围的电荷的电量的代数和有关，与面外电荷分布无关。

8.3.4　高斯定理的应用

高斯定理的重要性一方面在于它揭示了静电场的一个基本性质，即静电场是有源场，源即电荷，例如点电荷 $+q$ 发出 q/ε_0 根电场线。另一方面是当电荷分布满足某些特殊对称性时，可利用高斯定理十分简便地求出其场强 $\boldsymbol{E}$ 的空间分布。

【例 8-9】 如图 8-18 所示，求均匀带电球面电场的空间分布。

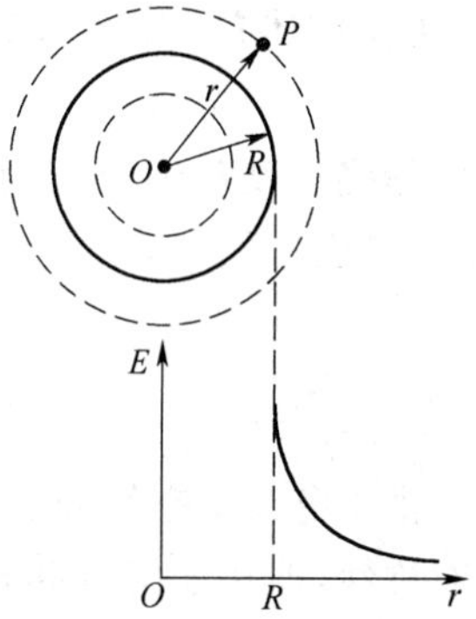

图 8-18　例 8-9 图

【解】 设球面半径为 R，均匀带电，电荷量为 q（设 $q>0$），球面将整个空间分成球外、球内两部分。由于电荷均匀分布在球面上，由电场叠加原理可知：空间任一点 P 的场强方向沿由球心 O 到 P 点的矢径方向，在与带电球面同心的球面上各点 $\boldsymbol{E}$ 的大小相同。

过球面外任一点 P，作半径为 $r(r>R)$ 与带电球面同心的球面为高斯面，高斯面上任一点处的 $d\boldsymbol{S}$ 方向沿半径方向指向外，与该处 $\boldsymbol{E}$ 的方向一致，则通过整个高斯面的电通量为

$$\Phi_e = \oint_S \boldsymbol{E} \cdot d\boldsymbol{S} = \oint_S E\,dS = E\oint_S dS = 4\pi r^2 E$$

根据高斯定理

$$\Phi_e=\frac{q}{\varepsilon_0}$$

比较以上两式得

$$4\pi r^2 E=\frac{q}{\varepsilon_0}$$

由此得到带电球面外任一点 P 的场强为

$$E=\frac{q}{4\pi\varepsilon_0 r^2}\quad (r>R)$$

这表明:均匀带电球面在外部空间任一点所产生的场强与球面上电荷全部集中于球心时在该点产生的场强相等。

若 P 点在球面内,同样过 P 点作一同心高斯面,球面半径 $r<R$,同样可知通过整个高斯面的电通量仍为

$$\Phi_e=4\pi r^2 E$$

这时高斯面内没有电荷,即由高斯定理得 $\Phi_e=0$,所以

$$4\pi r^2 E=0\quad 即\quad E=0\quad (r<R)$$

这表明:球面内场强处处为零。

图 8-18 中 E-r 曲线表示均匀带电球面内外场强大小随 r 变化的关系。

以上讨论对 $q<0$ 的情况完全适用,这时球面外场强的方向与 $q>0$ 时的场强恰相反。

此题如用电场强度叠加原理来解,需将球面分割成带电圆环,再将每一带电圆环在 P 点产生的场强矢量叠加,这种作法显然将复杂得多。

请读者认真思考一下,选任意曲面或任意球面作高斯面,高斯定理总是成立的,为何在解题过程中要选同心球面作为高斯面?

【例 8-10】 如图 8-19 所示,求均匀带电球体内、外的场强分布。

【解】 设球体半径为 R,电荷量为 q。由于 q 均匀分布于球体,故单位体积电荷量

$$\rho=\frac{q}{\frac{4}{3}\pi R^3}=\frac{3q}{4\pi R^3}$$

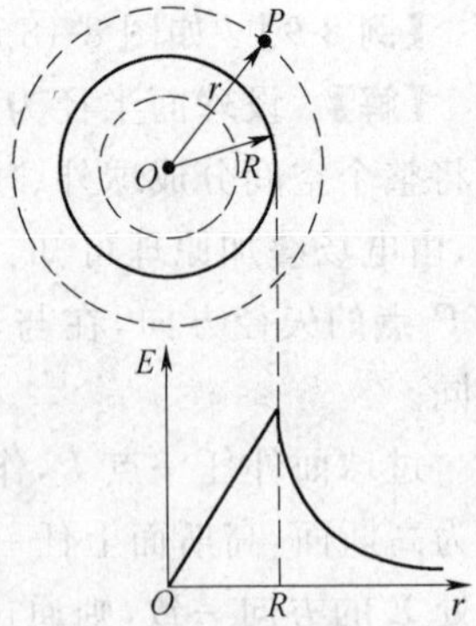

图 8-19　例 8-10 图

由于电荷的空间分布具有球对称性,因而场强的分布也具有球对称性,即在任何与带电球体同心的球面上,各点的场强的大小相等,场强方向沿球半径方向(当 q 为正电荷时,指向外;当 q 为负电荷时,指向球心)。

在球外任取一点 P,过 P 作半径为 $r(r>R)$ 与带电球体同心的球面为高斯面 S,穿过 S 的电通量

$$\Phi_e=\oint_S \boldsymbol{E}\cdot \mathrm{d}\boldsymbol{S}=\oint_S E\,\mathrm{d}S=E\oint_S \mathrm{d}S=4\pi r^2 E$$

根据高斯定理 $\Phi_e=q/\varepsilon_0$，所以

$$4\pi r^2 E=\frac{q}{\varepsilon_0}$$

$$E=\frac{q}{4\pi\varepsilon_0 r^2}\quad (r>R)$$

若 P 点在球内，同样过 P 点作一同心高斯面，球面半径 $r<R$，同样可知通过整个高斯面的电通量仍为

$$\Phi_e=4\pi r^2 E$$

高斯面内所包围电荷量

$$\sum q_i=\frac{4}{3}\pi r^3\rho=\frac{r^3}{R^3}q$$

则由高斯定理得

$$\Phi_e=\frac{q}{\varepsilon_0}\frac{r^3}{R^3}$$

所以

$$4\pi r^2 E=\frac{q}{\varepsilon_0}\frac{r^3}{R^3}$$

$$E=\frac{q}{4\pi\varepsilon_0}\frac{r}{R^3}\quad (r<R)$$

图 8-19 中 E-r 曲线表示均匀带电球体内外场强大小随 r 变化的关系。

【例 8-11】 求无限长均匀带电直线的场强。

【解】 设单位长度上电荷量即电荷的线密度为 λ。例 8-4 已计算了有限长的带电棒场强分布，并分析了无限长均匀带电直线产生的电场，即在任何垂直于无限长带电直线的平面内，以直线与平面交点为中心的每个圆周上，场强大小相等，方向沿半径，所带电荷为正时指向无穷远，所带电荷为负时，指向带电直线。具有这种分布特征的场即为轴对称性分布，如图 8-20 所示。

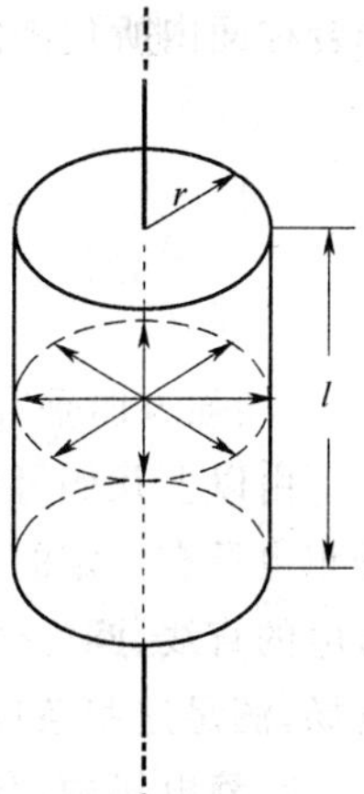

图 8-20　例 8-11 图

以带电直线为轴，作长为 l，半径为 r 的闭合柱面 S 为高斯面，则在其侧面上场强大小处处相等，方向与高斯面的法线平行。在 S 面的两个底面上，各点场强的方向与高斯面上该点的法线方向垂直，所以通过整个高斯面的电通量

$$\Phi_e=\oint_S \boldsymbol{E}\cdot \mathrm{d}\boldsymbol{S}=\int_{侧面}\boldsymbol{E}\cdot \mathrm{d}\boldsymbol{S}+\int_{上底}\boldsymbol{E}\cdot \mathrm{d}\boldsymbol{S}+\int_{下底}\boldsymbol{E}\cdot \mathrm{d}\boldsymbol{S}=\int_{侧面}\boldsymbol{E}\cdot \mathrm{d}\boldsymbol{S}=2\pi rlE$$

闭合柱面内所包围的电荷量$\sum q_i=\lambda l$，由高斯定理得 $\Phi_e=\frac{\lambda l}{\varepsilon_0}$，所以

$$2\pi r l E=\frac{l\lambda}{\varepsilon_0}$$

$$E=\frac{\lambda}{2\pi\varepsilon_0 r}$$

【例 8-12】 如图 8-21 所示，求无限大均匀带电平面的场强。

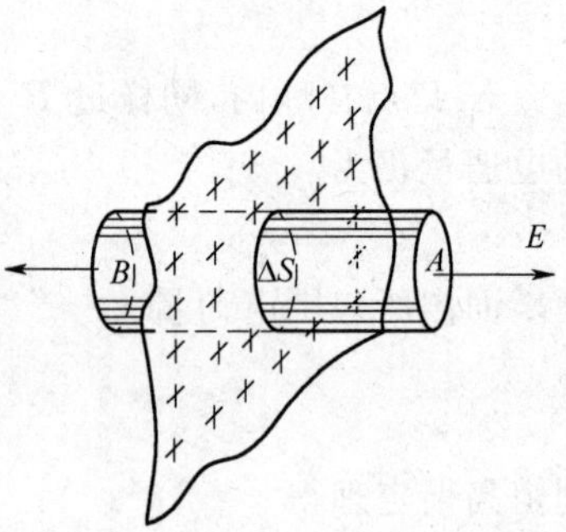

图 8-21 例 8-12 图

【解】 设单位面积的电荷量为 σ。由于平面是无限大且均匀带电，因此，空间任一点的场强必与平面垂直；在平行于带电平面的某一平面上各点的场强相等；带电平面两侧的电场是对称的。

为计算右方任一点 A 的场强，在左方取它的对称点 B，以 AB 为轴线作一圆柱，圆柱截面为 ΔS，我们把这个圆柱体的外表面作为高斯面，在两底面处场强 $\boldsymbol{E}$ 的大小相等，方向与两底面处高斯面的法线相同，而在侧面处 $\boldsymbol{E}$ 的方向与高斯面的法线垂直，则通过高斯面的电通量为

$$\begin{aligned}\Phi_e&=\oint_S \boldsymbol{E}\cdot \mathrm{d}\boldsymbol{S}=\int_{\text{左底}}\boldsymbol{E}\cdot \mathrm{d}\boldsymbol{S}+\int_{\text{右底}}\boldsymbol{E}\cdot \mathrm{d}\boldsymbol{S}+\int_{\text{侧}}\boldsymbol{E}\cdot \mathrm{d}\boldsymbol{S}\\&=E\Delta S+E\Delta S=2E\Delta S\end{aligned}$$

闭合柱面内所包围的电荷量$\sum q_i=\sigma\Delta S$，由高斯定理 $\Phi_e=\frac{\sigma\Delta S}{\varepsilon_0}$，所以

$$2E\Delta S=\frac{\sigma\Delta S}{\varepsilon_0}$$

$$E=\frac{\sigma}{2\varepsilon_0}$$

$\sigma>0$，场强方向垂直于平面，指向无穷远；$\sigma<0$，场强方向垂直于平面，指向带电平面。

由以上几例可以看到，电荷的空间分布具有某些特殊对称性时，它所产生的电场的空间分布也具有一定的对称性。例如，均匀带电球面、球体将产生球对称分布的电场，无限长均匀带电的直线、圆柱体、圆柱面产生轴对称分布的电场，无限大均匀带电平面产生面对称分布的电场，满足这些条件就可以用高斯定理来求解电场的空间分布，计算极为简便。

在静电场中，高斯定理是普遍成立的，但是应用高斯定理求场强却是有条件的。即使对于均匀带电球体，如果我们选取一个正方体的外表面为高斯面，高斯定理仍然是成立的，但用它求电场强度将出现严重的计算困难。像前面讨论过的有限长均匀带电细棒、均匀带电细圆环等都不能应用高斯定理去求场强，而只能通过场强叠加原理去处理。

8.4　静电场的环路定理　电势能

8.4.1　静电场力做功与路径无关

设有一点电荷 q 固定在点 O，在 q 所产生的电场中，将试验电荷 q_0 从 a 点沿着任意路径 aeb 移动到 b 点，如图 8-22 所示。在路径中任一点 e（矢径为 $\boldsymbol{r}$）的附近，取位移元 $\mathrm{d}\boldsymbol{l}$。e 点处场强为

$$\boldsymbol{E}=\frac{q}{4\pi\varepsilon_0 r^3}\boldsymbol{r}$$

在 $\mathrm{d}\boldsymbol{l}$ 这段路径中，电场力对 q_0 所做的功为

$$\mathrm{d}A=\boldsymbol{F}\cdot\mathrm{d}\boldsymbol{l}=q_0\boldsymbol{E}\cdot\mathrm{d}\boldsymbol{l}=\frac{q_0 q}{4\pi\varepsilon_0 r^3}\boldsymbol{r}\cdot\mathrm{d}\boldsymbol{l}=\frac{q_0 q}{4\pi\varepsilon_0 r^2}\boldsymbol{r}^0\cdot\mathrm{d}\boldsymbol{l}$$

$\boldsymbol{r}^0$ 为 $\boldsymbol{r}$ 的单位矢量，$\boldsymbol{r}^0\cdot\mathrm{d}\boldsymbol{l}=\cos\theta\mathrm{d}l$，式中 θ 是 $\boldsymbol{r}^0$ 的方向与 $\mathrm{d}\boldsymbol{l}$ 的方向之间的夹角，由图可见，$\cos\theta\mathrm{d}l=\mathrm{d}r$，代入上式可得

$$\mathrm{d}A=\frac{q_0 q}{4\pi\varepsilon_0 r^2}\cos\theta\mathrm{d}l=\frac{q_0 q}{4\pi\varepsilon_0 r^2}\mathrm{d}r$$

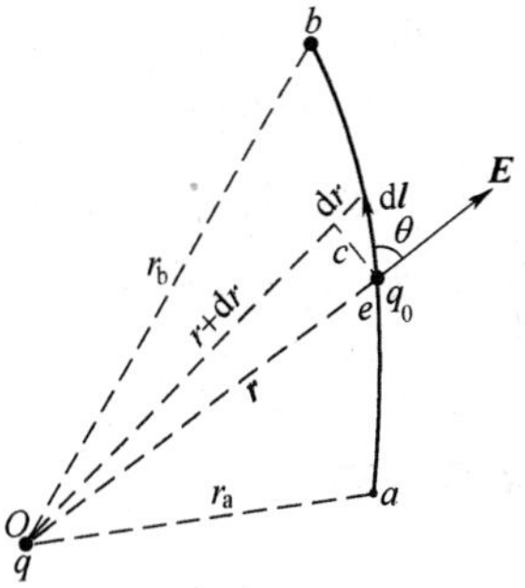

图 8-22　静电力做功与路径无关

当试验电荷 q_0 从 a 点移到 b 点时，电场力所做的功为

$$A_{ab}=\int_a^b\mathrm{d}A=\frac{q_0 q}{4\pi\varepsilon_0}\int_{r_a}^{r_b}\frac{1}{r^2}\mathrm{d}r=\frac{q_0 q}{4\pi\varepsilon_0}\left(\frac{1}{r_a}-\frac{1}{r_b}\right)$$

由上式可见，在静止点电荷 q 的电场中，电场力对试验电荷 q_0 所做的功与路径无关，而只与路径的起点和终点的位置 r_a 与 r_b 有关。

任何带电体都可视为点电荷的集合，任何静电场都可看作是点电荷系中各点电荷的电场叠加。设试验电荷 q_0 在点电荷系 $q_1,q_2,\cdots,q_n$ 的电场中移动，它所受到的电场力所做的功等于各个点电荷的电场力 $F_1,F_2,\cdots,F_n$ 所做功的代数和，上式已证明了在点电荷的电场中，电场力的功与路径无关，故各项之和也应与路径无关，即

$$A=A_1+A_2+\cdots+A_n=\sum_{i=1}^{n}\frac{q_0 q_i}{4\pi\varepsilon_0}\left(\frac{1}{r_{ia}}-\frac{1}{r_{ib}}\right)$$

式中，r_{ia} 与 r_{ib} 分别为场源电荷 q_i 到起点 a 和终点 b 的距离。

故有：试验电荷在任意静电场中移动时，电场力所做的功只与此试验电荷的电荷量的大小及路径的起点和终点的位置有关，而与具体路径无关，这是静电场力的重要特点，所以静电场为保守力。

8.4.2 静电场的环路定理

如果在静电场中，试验电荷 q_0 由 a 点出发，沿任一闭合路径移动一周又回到 a 点，这时可得

$$A=\oint q_0\boldsymbol{E}\cdot \mathrm{d}\boldsymbol{l}=q_0\oint \boldsymbol{E}\cdot \mathrm{d}\boldsymbol{l}=0$$

因为 $q_0\neq 0$，所以

$$\oint \boldsymbol{E}\cdot \mathrm{d}\boldsymbol{l}=0 \tag{8-14}$$

上式表明，在静电场中，电场强度 $\boldsymbol{E}$ 沿任意闭合路径的线积分为零。电场强度 $\boldsymbol{E}$ 沿任意闭合路径的线积分又称为 $\boldsymbol{E}$ 的环流，故上式也可称为在静电场中，电场强度 $\boldsymbol{E}$ 的环流为零，这就是静电场的环路定理。

静电场的环路定理说明静电场是保守场。保守场中的场线是无涡旋的，所以静电场属于无旋场，又因为静电场还遵从高斯定理，所以通常说静电场是一种有源无旋场或有源保守场。

8.4.3 电势能

在力学中，从重力和弹性力做功与路径无关的特点，引进了重力势能和弹性势能。静电场力也是保守力，它对试验电荷 q_0 所做的功也具有与具体路径无关，而只与 q_0 的始位置和末位置有关的特点。功是能量变化的量度。这里的功显然是量度了与试验电荷 q_0 在静电场中位置相关的能量的变化，即电荷在电场中确定的位置处，具有一定的能量，称为电势能。用 W_a 和 W_b 分别表示试验电荷 q_0 在电场中移动时起点 a 和终点 b 处的电势能，由保守力做功的定义可知，电场力对试验电荷 q_0 所做的功为

$$A_{ab}=q_0\int_a^b \boldsymbol{E}\cdot \mathrm{d}\boldsymbol{l}=W_a-W_b \tag{8-15}$$

电势能与重力势能一样，是一个相对量。要决定电荷在电场中某一点处电势能的数值，就必须选一个电势能参考点，并设电荷在该处的电势能为零。从理论上说，这一参考点的选择是任意的，在处理问题时怎样方便就怎样取。若在式(8-15)中，选 q_0 在 b 点的电势能为零，即 $W_b=0$，则有

$$W_a=A_{ab}=q_0\int_a^b \boldsymbol{E}\cdot \mathrm{d}\boldsymbol{l} \tag{8-16}$$

试验电荷 q_0 在电场中 a 点的电势能，在数值上等于把试验电荷 q_0 从 a 点沿任意路径移动至电势能零点处的过程中静电场力所做的功。

通常情况下，场源电荷分布在有限区域内时，常选定无穷远点的电势能为零，电荷 q_0 在电场中 a 点的静电势能表示为

$$W_a = A_{a\infty} = q_0 \int_a^{\infty} \boldsymbol{E} \cdot \mathrm{d}\boldsymbol{l} \tag{8-17}$$

即电荷 q_0 在电场中任一点 a 处的电势能 W_a，在数值上等于将 q_0 从 a 点沿任意路径移动到无限远处的过程中静电场力所做的功。

我们知道，重力势能属于物体与地球构成的相互作用的物体系统，与此相似，式(8-17)表示的电势能是试验电荷 q_0 与场源电荷所激发的电场之间的相互作用能量，故电势能属于试验电荷 q_0 和电场构成的系统。

8.5 电　势

8.5.1 电势

电势能属于试验电荷 q_0 和电场这个系统，而且场中一点 a 的电势能 W_a 与 q_0 的大小成正比，由式(8-17)可看出比值 W_a/q_0 与 q_0 无关，只决定于电场的性质，所以，这一比值是表征静电场中给定点处电场性质的物理量，称为该点的电势。用 V_a 表示 a 点的电势，即

$$V_a = \frac{W_a}{q_0} = \int_a^{\infty} \boldsymbol{E} \cdot \mathrm{d}\boldsymbol{l} \tag{8-18}$$

式(8-18)中，当取试验电荷为单位正电荷时，V_a 与 W_a 的数值相等。它表示：静电场中某点的电势在数值上等于单位正电荷置于该点处具有的电势能，或者说等于把单位正电荷从该点沿任意路径移动到无穷远处时静电场力所做的功。

从电势的定义式(8-18)中可以看出，电势是标量，在国际单位制中，电势的单位是 J/C，这个单位的名称是伏特，简称伏，用符号 V 表示，即

$$1\ \mathrm{V} = 1\ \mathrm{J/C}$$

8.5.2 电势差

电场中 a、b 两点之间的电势之差称为电势差，通常也称为电压，用符号 U_{ab} 表示，由式(8-18)得

$$U_{ab} = V_a - V_b = \int_a^b \boldsymbol{E} \cdot \mathrm{d}\boldsymbol{l} \tag{8-19}$$

即静电场中 a、b 两点的电势差 U_{ab} 在数值上等于把单位正电荷从 a 点沿任意路径移到 b 点时，静电场力所做的功。由式(8-15)知，其数值上又等于单位正电荷在 a、b 两点的电势能之差。知道了 a、b 两点间的电势差 U_{ab}，就可以很方便地求得任一电荷 q_0 在电场中从 a 点经过任意路径到达 b 点时，电场力所做的功，用电势差表示为

$$A_{ab}=q_0\int_a^b \boldsymbol{E}\cdot \mathrm{d}\boldsymbol{l}=q_0(V_a-V_b)=q_0U_{\mathrm{ab}} \tag{8-20}$$

对于正试验电荷($q_0>0$),当 $V_a>V_b$ 时,$A_{ab}>0$,电场力对正试验电荷做正功;当 $V_a<V_b$ 时,$A_{ab}<0$,电场力对正试验电荷做负功;当 $V_a=V_b$ 时,电场力不做功。对于负试验电荷($q_0<0$),情况恰好相反。

需要说明的是,电势与电势能一样也是一个相对量。要决定电场中某一点处电势的数值,就必须选一个电势参考点,并设该点处的电势为零。关于电势零点的选取与电势能零点的选取方法一样。在实用中,常取大地的电势为零。这样,任何导体接地后,就认为它的电势也为零。在电子仪器中,常取机壳或公共地线的电势为零,各自的电势值就等于它们与机壳或公共地线之间的电势差,只要测出这些电势差的数值,就很容易判断仪器各部件的工作电压是否正常。改变参考点,各点电势的数值将随之改变,但任意两点之间的电势差与参考点的选取毫无关系。

8.5.3 电势的计算

1. 点电荷电场中的电势

在点电荷 q 所产生的电场中,任意一点 P 到点电荷的距离为 r_{P},由式(8-18)可得 P 点的电势为

$$\begin{aligned}V_P&=\int_{r_P}^{\infty}\boldsymbol{E}\cdot \mathrm{d}\boldsymbol{l}=\int_{r_P}^{\infty}\frac{1}{4\pi\varepsilon_0}\frac{q}{r^3}\boldsymbol{r}\cdot \mathrm{d}\boldsymbol{r}=\int_{r_P}^{\infty}\frac{1}{4\pi\varepsilon_0}\frac{q}{r^2}\mathrm{d}r=\frac{q}{4\pi\varepsilon_0}\int_{r_P}^{\infty}\frac{1}{r^2}\mathrm{d}r\\&=\frac{q}{4\pi\varepsilon_0}\left(\frac{1}{r_{\mathrm{P}}}-\frac{1}{r_{\infty}}\right)=\frac{q}{4\pi\varepsilon_0 r_{\mathrm{P}}}\end{aligned} \tag{8-21a}$$

由此可见,在点电荷的电场中,任意一点的电势与该点离场源电荷 q 的距离 r 成反比,与 q 成正比。$q>0$,则 $V>0$,即场中各点的电势为正,r 越大,离点电荷 q 越远处的电势越低,在无限远处电势为零,此处电势最小;如果 $q<0$,则 $V<0$,即场中各点的电势为负,离点电荷 q 越远处电势越高,在无限远处电势值为零,此处电势最大。

2. 点电荷系电场中的电势

在由 $q_1,q_2,\cdots,q_n$ 组成的点电荷系所产生的电场中,任一点的电场强度 $\boldsymbol{E}$ 等于各个点电荷单独存在时,在该点产生的电场强度的矢量和,即

$$\boldsymbol{E}=\boldsymbol{E}_1+\boldsymbol{E}_2+\cdots+\boldsymbol{E}_n$$

由式(8-18)可得电场中某点 P 的电势为

$$\begin{aligned}V_P&=\int_P^{\infty}\boldsymbol{E}\cdot \mathrm{d}\boldsymbol{l}=\int_P^{\infty}\boldsymbol{E}_1\cdot \mathrm{d}\boldsymbol{l}+\int_P^{\infty}\boldsymbol{E}_2\cdot \mathrm{d}\boldsymbol{l}+\cdots+\int_P^{\infty}\boldsymbol{E}_n\cdot \mathrm{d}\boldsymbol{l}=V_{P1}+V_{P2}+\cdots+V_{Pn}\\&=\frac{q_1}{4\pi\varepsilon_0 r_1}+\frac{q_2}{4\pi\varepsilon_0 r_2}+\cdots+\frac{q_n}{4\pi\varepsilon_0 r_n}=\sum_{i=1}^{n}\frac{q_i}{4\pi\varepsilon_0 r_i}\end{aligned} \tag{8-21b}$$

式中,r_i 是 P 点距离场源点电荷 q_i 的距离。上式表明:在点电荷系的电场中,某点的电势等

于各个点电荷单独存在时在该点的电势的代数和。这一结论又称电势的叠加原理。电势是标量，其叠加是标量求和，即求代数和。

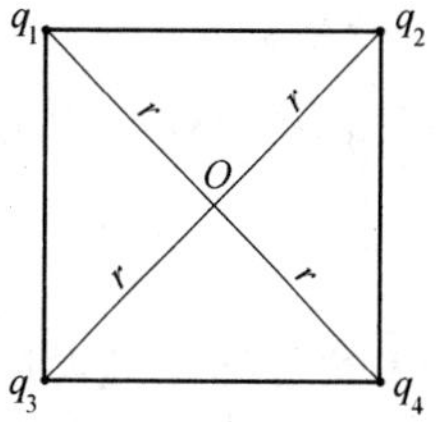

图 8-23　例 8-13 图

【例 8-13】 如图 8-23 所示，4 个点电荷 $q_1=q_2=q_3=q_4=4.0\times10^{-9}$ C，分别放在一正方形的四个顶角上，各顶角到正方形中心的距离为 $r=5.0\times10^{-2}$ m。求：

(1) O 点的电势 V；

(2) 把试探电荷 $q_0=1.0\times10^{-9}$ C 从无穷远移到 O 点，电场力所做的功 A；

(3) 电势能的改变 ΔW。

【解】 (1) 点电荷 q_1 单独存在时，O 点的电势为 $V_{O1}=\dfrac{q_1}{4\pi\varepsilon_0 r}$。根据电势叠加原理，4 个点电荷同时存在时，$O$ 点的电势为

$$V_O=4V_{O1}=4\times\frac{q_1}{4\pi\varepsilon_0 r}=4\times9.0\times10^9\times\frac{4.0\times10^{-9}}{5.0\times10^{-2}}=2.9\times10^3(\text{V})$$

(2) 根据公式(8-20)，试探电荷 $q_0=1.0\times10^{-9}$ C 从无穷远移到 O 点，电场力所做的功(选无穷远为电势零点)

$$A=q_0(V_\infty-V_O)=1.0\times10^{-9}\times(0-2.9\times10^3)=-2.9\times10^{-6}(\text{J})$$

电场力做负功，实际上是外力克服电场力作正功。

(3) 由公式(8-15)知：静电势能的减少量等于静电场力所做的功。静电场力做正功时，静电势能减少；静电场力做负功时，静电势能增大。所以电势能的增量为

$$\Delta W=2.9\times10^{-6}(\text{J})$$

3. 带电体电场中的电势

带电体上的电荷可看成是连续分布，将带电体分割成无限多个电荷元 $\mathrm{d}q$，每一电荷元在电场中任一点的电势为

$$\mathrm{d}V=\frac{1}{4\pi\varepsilon_0}\frac{\mathrm{d}q}{r}$$

整个带电体在 P 点产生的电势根据叠加原理应为

$$V=\frac{1}{4\pi\varepsilon_0}\int\frac{\mathrm{d}q}{r}\tag{8-22}$$

应注意的是，这里所讨论的求电势的计算式中，场源电荷都是分布在有限区域内的，并且默认了选择无穷远处为电势零点，当激发电场的电荷分布延伸到无限远时，如长直带电直线，无限大带电平面，不宜把电势零点选在无穷远处，否则将导致场中任一点的电势值没有意义。这种情况下，只能根据具体问题，在场中选择某点为电势零点。

【例 8-14】 求半径为 R、带电量为 q 的均匀带电细圆环轴线上一点的电势。

【解】 如图 8-24 所示，在圆环上任取一电荷元 dq，在环轴线上任一 P 点的电势为

$$dV=\frac{dq}{4\pi\varepsilon_0 r}=\frac{dq}{4\pi\varepsilon_0\sqrt{R^2+x^2}}$$

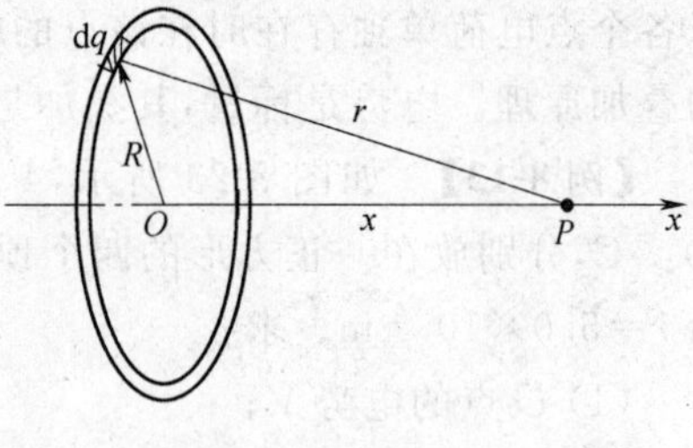

图 8-24 例 8-14 图

由电势叠加原理得均匀带电细圆在环轴线上任一 P 点的电势为

$$V=\int_P\frac{dq}{4\pi\varepsilon_0\sqrt{R^2+x^2}}=\frac{1}{4\pi\varepsilon_0\sqrt{R^2+x^2}}\int_P dq=\frac{q}{4\pi\varepsilon_0\sqrt{R^2+x^2}}$$

在环心 O 处，$x=0$，电势为

$$V_O=\frac{q}{4\pi\varepsilon_0 R}$$

对于具有对称性分布的带电体电场中的电势，或电场分布已知的电场中的电势，也可用场强对路径的积分来计算。

【例 8-15】 求图 8-25 所示均匀带电球面产生的电场中电势的分布。

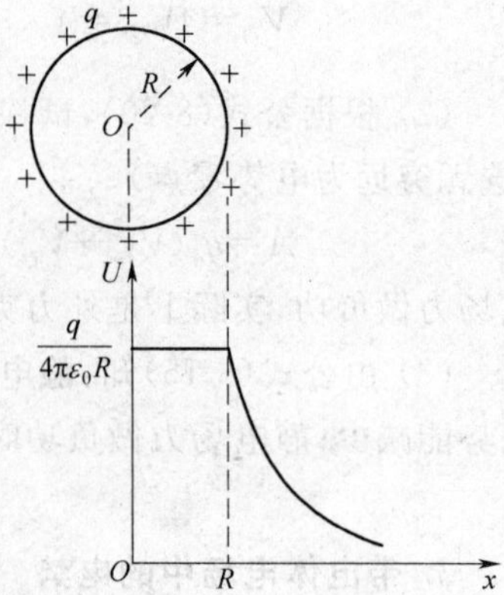

图 8-25 例 8-15 图

【解】 由于电荷为球对称分布，很容易由高斯定理先求出场强分布，在前面例题中已求得均匀带电球面的场强分布为

$$\boldsymbol{E}_{外}=\frac{q}{4\pi\varepsilon_0 r^3}\boldsymbol{r}\quad(r>R)$$

$$\boldsymbol{E}_{内}=0\quad(r<R)$$

选定无限远处的电势为零，并沿矢径方向积分，得球面外任一 P 点的电势为

$$V=\int_P^\infty\boldsymbol{E}\cdot d\boldsymbol{l}=\int_r^\infty\frac{q}{4\pi\varepsilon_0 r^2}dr=\frac{q}{4\pi\varepsilon_0 r}$$

球面内任一 P 点电势为

$$V=\int_P^\infty\boldsymbol{E}\cdot d\boldsymbol{l}=\int_r^R\boldsymbol{E}\cdot d\boldsymbol{l}+\int_R^\infty\boldsymbol{E}\cdot d\boldsymbol{l}$$

$$=0+\int_R^\infty\frac{q}{4\pi\varepsilon_0 r^2}dr=\frac{q}{4\pi\varepsilon_0 R}$$

即球面外任一点的电势与所有电荷集中在球心的点电荷产生的电势相同，而球面内任一点的电势都等于球面上的电势。由于电荷这种球对称分布的结果，电势的分布也形成特殊的对称性，即以带电球面中心为球心的各球面上电势值相等。

【例 8-16】 利用场强对路径的积分计算例 8-14。

【解】 由例 8-5 可知，均匀带电细圆环轴线上一 P 点的场强

$$\boldsymbol{E}=\frac{qx}{4\pi\varepsilon_0(x^2+R^2)^{3/2}}\boldsymbol{i}$$

选 x 轴为积分路径至无穷远，则 P 点的电势为

$$V=\int_P^{\infty}\boldsymbol{E}\cdot \mathrm{d}\boldsymbol{l}=\int_x^{\infty}\frac{qx}{4\pi\varepsilon_0(R^2+x^2)^{3/2}}\mathrm{d}x=-\frac{q}{4\pi\varepsilon_0}(R^2+x^2)^{-\frac{1}{2}}\Big|_x^{\infty}=\frac{q}{4\pi\varepsilon_0\sqrt{R^2+x^2}}$$

可见两种解法得到相同的结果，遇到具体问题，可选择较为简便的一种方法求解。

【例 8-17】 如图 8-26 所示，求无限长均匀带电直线外任一点的电势。

【解】 电荷线密度为 λ。由例 8-11 知，无限长均匀带电直线的电场呈轴对称分布，在与直线距离相等的点上电场强度 E 大小相等。由于电荷分布不是在有限区域，故不能选无穷远处为电势零点。选空间任意点 P_0 为电势零点，则过 P_0 的同轴柱面上所有点的电势都为零。任一点 P 的电势为

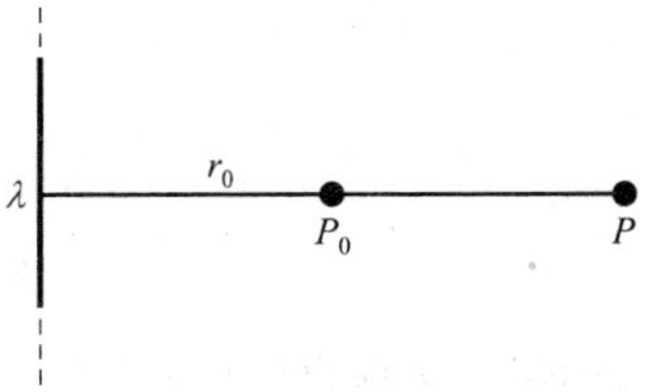

图 8-26　例 8-17 图

$$V=\int_P^{P_0}E\cdot \mathrm{d}l=\int_r^{r_0}E\mathrm{d}l=\int_r^{r_0}\frac{\lambda}{2\pi\varepsilon_0 r}\mathrm{d}l=\frac{\lambda}{2\pi\varepsilon_0}\ln r_0-\frac{\lambda}{2\pi\varepsilon_0}\ln r$$

由于理论上电势零点可任意选取，为了使电势 V 的表达式具有最简单的形式，可令：$\frac{\lambda}{2\pi\varepsilon_0}\ln r_0=0$，即 $r_0=1\ \mathrm{m}$。以直线为轴，半径 $r_0=1\ \mathrm{m}$ 的柱面上各点选为电势零点，那么距离带电直线为 r 的点的电势为

$$V=-\frac{\lambda}{2\pi\varepsilon_0}\ln r$$

当 λ 为正时，无限长直线带正电荷，在 $r=1\ \mathrm{m}$ 的同轴柱面内外电势分别为正值和负值；反之，当 λ 为负时，无限长直线带负电荷，在 $r=1\ \mathrm{m}$ 的同轴柱面内外电势分别为负值和正值。

8.6　电场强度与电势的关系

8.6.1　等势面

电场线可以用来形象地描述电场中的电场强度，那么是否也可以用几何方法形象化地描写电场中各点的电势呢？我们以点电荷电场为例来讨论这一问题。

在点电荷 q 所产生的电场中，离电荷为 r 处的电势为

$$V=\frac{q}{4\pi\varepsilon_0 r}$$

可见，在以点电荷为中心的球面上各点的电势相等，这个球面称为等势面，以点电荷为中心作一系列同心球面，每个球面都是一个等势面，不同球面上的电势具有不同的数值。因此

为了形象化地描述电场中各点的电势，我们可以用一族等势面来表示，每个等势面上各点的电势相同。

从点电荷这一最简单的情形中我们看到，电场线是由点电荷发出或会聚于点电荷的沿半径的直线，而等势面是以点电荷为中心的球面，因此电场线与等势面垂直，如图 8-27 所示。

事实上，上面的结论具有普遍的意义，为了说明这一点，我们把检验电荷 q_0 在等势面上移动任意一小段位移元 d$\boldsymbol{l}$(在 d$\boldsymbol{l}$ 上的场强可视为常矢量)。由于等势面上各点的电势相等，所以电场力不做功，即

$$q_0\boldsymbol{E}\cdot \mathrm{d}\boldsymbol{l}=0$$

因此

$$\boldsymbol{E}\cdot \mathrm{d}\boldsymbol{l}=0$$

即 $\boldsymbol{E}$ 与 d$\boldsymbol{l}$ 垂直(见图 8-28)，因为 d$\boldsymbol{l}$ 是在等势面上的任一段曲线元，所以 $\boldsymbol{E}$ 与等势面必垂直。

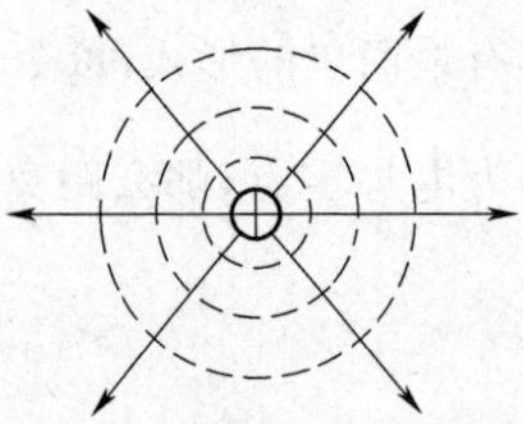

图 8-27　正点电荷的等势面

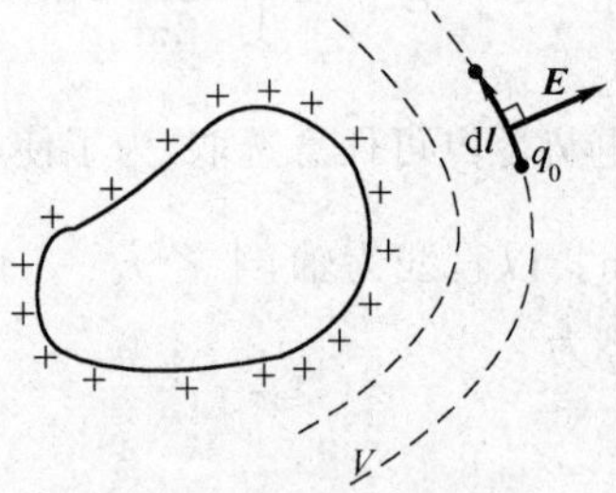

图 8-28　等势面与 E 垂直

在电场中等势面可以有无限多个，在画等势面时我们规定电场中任何两个相邻等势面间的电势差相等。以点电荷为例，真空中点电荷 q 的电势为

$$V=\frac{q}{4\pi\varepsilon_0 r}$$

等式两边取微分得

$$\mathrm{d}V=\frac{-q\mathrm{d}r}{4\pi\varepsilon_0 r^2}$$

根据规定，等势面之间的电势差 dV 应相等，所以等势面之间的距离 dr 正比于 r^2。因此，离点电荷越近，等势面之间的距离越小，等势面越密集；离点电荷越远，等势面之间的距离越大，等势面越稀疏。但是，离点电荷越近场强越大，离点电荷越远场强越小，所以等势面的疏密程度表示了场强的大小，等势面越密集，场强越大，等势面越稀疏，场强越小。几种典型的带电体的等势面如图 8-29 所示，图中实线表示电场线，虚线表示等势面。

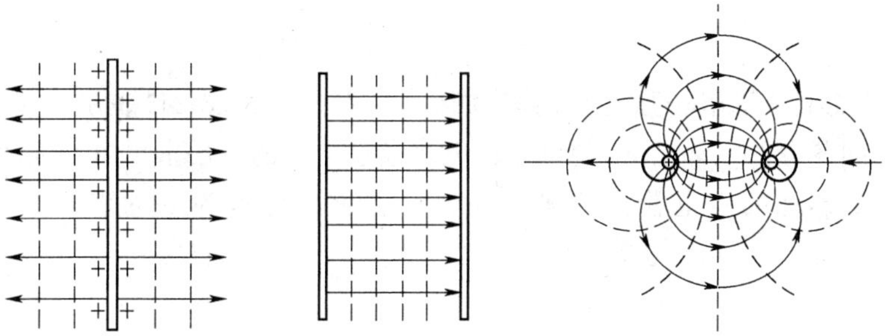

(a)无限大带电金属平板　(b) 带电平板电容器　(c) 两个等量异种点电荷

图 8-29　几种常见电场的等势面和电场线

8.6.2　电场强度与电势的微分关系

电场强度和电势是描述电场中各点性质的两个基本物理量。电场强度是从电场力的观点描写电场的，而电势是从电场力的功及能量的观点描写电场的，那么，这两个物理量之间有什么关系呢？

显然，如果电场中各点的场强给定，则根据电场力的功就可以确定各点的电势，即

$$V_A = \int_A^{\infty} \boldsymbol{E} \cdot \mathrm{d}\boldsymbol{l}$$

这是电场强度与电势的积分关系，这一关系我们已经熟悉。反过来，如果电场中各点的电势已确定，那么是否可以确定各点的电场强度呢？为了回答这个问题，我们来研究电场强度与电势的微分关系。

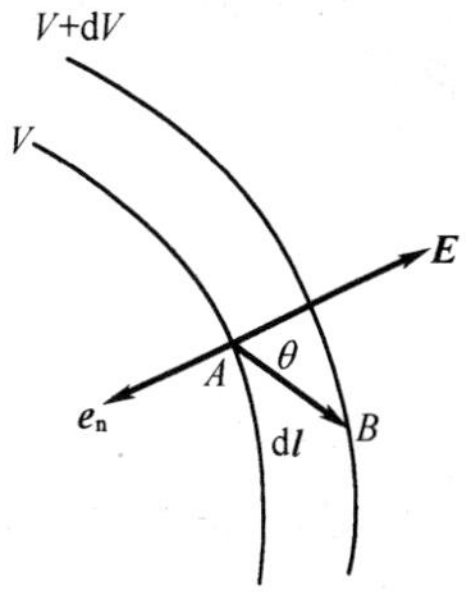

图 8-30　$\boldsymbol{E}$ 与 V 的微分关系($\mathrm{d}V<0$)

如图 8-30 所示，电场中两个靠得很近的等势面，电势分别为 V 和 $V+\mathrm{d}V$，$\mathrm{d}V<0$。在等势面 V 上取一点 A，把单位正电荷从 A 点沿直线 $\mathrm{d}\boldsymbol{l}$ 移到等势面 $V+\mathrm{d}V$ 上的 B 点。因 $\mathrm{d}\boldsymbol{l}$ 很小，所以 A、B 之间的电场强度 $\boldsymbol{E}$ 可以看成是相等的，电场力的功可表示为

$$\boldsymbol{E} \cdot \mathrm{d}\boldsymbol{l} = E\cos\theta \mathrm{d}l = E_l \mathrm{d}l$$

式中 $E_l = E\cos\theta$ 为电场强度在 $\mathrm{d}\boldsymbol{l}$ 方向上的分量，这个功值等于 A、B 两点的电势差

$$-\mathrm{d}V = E_l \mathrm{d}l$$

即

$$E_l = -\frac{\partial V}{\partial l} \tag{8-23}$$

该式表示电场中某点的电场强度在任一方向上的分量等于电势在此方向上变化率的负值。

在式(8-23)中，如果 $\mathrm{d}\boldsymbol{l}$ 沿等势面的正法向 $\boldsymbol{e}_n$（$\boldsymbol{e}_n$ 与等势面垂直且沿电势增加的方向），则因电场强度也与等势面垂直，所以

$$E=E_{\mathrm{n}}=-\frac{\partial V}{\partial n} \tag{8-24}$$

该式中“－”号的意义表示电场强度指向电场降落的方向。式(8-24)表示了场强与电势的微分关系，如果空间各点的电势已知，则可以由电势通过微分的方法求出电场强度。

下面，以我们熟悉的点电荷为例来说明这一关系。电量为 q 的点电荷的电势为 $V=\frac{q}{4\pi\varepsilon_0 r}$，由式(8-24)得

$$E=E_{\mathrm{r}}=-\frac{\partial V}{\partial r}=\frac{q}{4\pi\varepsilon_0 r^2}$$

这是我们熟知的点电荷电场强度公式。

【例 8-18】 由电场强度与电势的微分关系求均匀带电圆环轴线上一点的场强。

【解】 在轴线处的场强沿轴方向，取轴线方向为 x 轴的方向，则轴线上 x 处的场强

$$E=E_x=-\frac{\partial V}{\partial x} \quad ①$$

由例 8-13 知均匀带电圆环轴线上一点的电势为

$$V=\frac{q}{4\pi\varepsilon_0 (R^2+x^2)^{1/2}} \quad ②$$

将式②代入式①，得

$$E=-\frac{\partial V}{\partial x}=\frac{qx}{4\pi\varepsilon_0 (R^2+x^2)^{3/2}}$$

它的方向沿轴线；如果 $q<0$，则沿 x 轴的负向。这个结果在例 8-5 中已得到，显然现在的算法较简便。

习 题

一、选择题

1. 两个点电荷相距为 $2a$，电荷量分别为 $+q$，$-q$，则在距两个点电荷均为 r 的一点电场强度大小为(　　)。

A. $\frac{aq}{4\pi\varepsilon_0 r^2}$　　B. $\frac{aq}{4\pi\varepsilon_0 r^3}$　　C. $\frac{aq}{2\pi\varepsilon_0 r^2}$　　D. $\frac{aq}{2\pi\varepsilon_0 r^3}$

2. 关于电场强度定义式 $\boldsymbol{E}=\boldsymbol{F}/q_0$，下列说法正确的是(　　)。

A. 场强 $\boldsymbol{E}$ 的大小与试探电荷 q_0 的大小成反比

B. 对场中某点，试探电荷受力 $\boldsymbol{F}$ 与 q_0 的比值不因 q_0 而变

C. 试探电荷受力 $\boldsymbol{F}$ 的方向就是场强 $\boldsymbol{E}$ 的方向

D. 若场中某点不放试探电荷 q_0，则 $\boldsymbol{F}=0$，从而 $\boldsymbol{E}=0$

3. 两根无限长的均匀带电直线相互平行，相距为 $2a$，电荷线密度分别为 $+\lambda$ 和 $-\lambda$，则均匀带电直线每单位长度上所受到的库仑力大小为（　　）。

A. $\dfrac{\lambda^2}{2\pi\varepsilon_0 a}$　　B. $\dfrac{\lambda^2}{4\pi\varepsilon_0 a}$　　C. $\dfrac{\lambda^2}{8\pi\varepsilon_0 a}$　　D. 0

4. 关于高斯定理，以下说法正确的是（　　）。

A. 高斯定理是普遍适用的，但用它计算电场强度大小时要求电荷分布具有某种对称性

B. 高斯定理对非对称性的电场是不正确的

C. 高斯定理一定可以用于计算电荷分布具有对称性的电场的电场强度的大小

D. 高斯定理既可以用来计算电场强度大小．也可以用来计算电场强度的方向

5. 已知一高斯面所包围的体积内电量代数和 $\sum q_i=0$，则可以肯定的是（　　）。

A. 高斯面上各点场强均为零　　B. 穿过高斯面上每一面元的电通量均为零

C. 穿过整个高斯面的电通量为零　　D. 以上说法都不对

6. 有一边长为 a 的正方形平面，在其中垂线上距中心 O 点 $a/2$ 处，有一电荷为 q 的正点电荷，则通过该平面的电场强度通量为（　　）。

A. $\dfrac{q}{3\varepsilon_0}$　　B. $\dfrac{q}{4\pi\varepsilon_0}$　　C. $\dfrac{q}{3\pi\varepsilon_0}$　　D. $\dfrac{q}{6\varepsilon_0}$

7. 带电量为 q、半径为 r 的均匀带电球面1，其外有一同心的电荷量为 Q，半径为 R 的均匀带电球面2，则两球面之间的电势差 U_1-U_2 为（　　）。

A. $\dfrac{q}{4\pi\varepsilon_0}\left(\dfrac{1}{r}-\dfrac{1}{R}\right)$　　B. $\dfrac{Q}{4\pi\varepsilon_0}\left(\dfrac{1}{R}-\dfrac{1}{r}\right)$　　C. $\dfrac{1}{4\pi\varepsilon_0}\left(\dfrac{q}{r}-\dfrac{Q}{R}\right)$　　D. $\dfrac{q}{4\pi\varepsilon_0 r}$

8. 若电偶极子置于均匀电场中，其电偶极矩方向与电场方向垂直，则下列说法正确的是（　　）。

A. 电偶极子所受到的合外力不为零　　B. 电偶极子将发生平动

C. 电偶极子将发生转动　　D. 电偶极子所受到的合外力矩为零

二、填空题

1. 两个同号点电荷所带电量之和为 Q，它们的距离一定，当它们之间的相互作用力最大时，该两个点电荷的电荷量分别为________和________。

2. 一半径 R 的均匀带电半圆环，带电荷总量为 q，则在半圆环轴线上（圆环的轴线设为 x 轴）距环心 x 处的电场强度 x 轴分量为________。

3. 一点电荷位于正立方体的一个顶点上，则其电场在正立方体表面上的电通量为________。

4. 一半径为 R 的球面，均匀带电量为 Q，以球心为电势零点，球面上的电势为________；以无穷远处为电势零点，球心电势为________。

5. 已知某一电场线在电势差为 ΔU 的两个相邻等势面之间的最小长度为 l，则在该段电

场线上的电场强度大小的平均值 $\bar{E}$= __________。

6. 一电偶极矩为 $\boldsymbol{p}$ 的电偶极子在场强为 $\boldsymbol{E}$ 的均匀电场中，$\boldsymbol{p}$ 与 $\boldsymbol{E}$ 间的夹角为 α，则它所受的电场力 $\boldsymbol{F}$= __________，力矩的大小 M= __________。

三、简答题

1. 有两个点电荷 $q_1=2\times10^{-6}$ C，$q_2=4\times10^{-6}$ C，相距为 7.5×10^{-2} m，试问把点电荷 q_0 放在什么位置上，才能使其所受的合力为零？

2. 有 3 个电量为 $-q$ 的点电荷各放在边长为 r 等边三角形的 3 个顶点上，电荷 $Q(Q>0)$ 放在三角形的重心上。为使每个负电荷受力为零，Q 的值应为多大？

3. 在直角三角形 ABC 的 A 点放置点电荷 $q_1=1.8\times10^{-9}$ C，B 点放置点电荷 $q_2=-4.8\times10^{-9}$ C，已知 $BC=0.04$ m，$AC=0.03$ m，求直角顶点 C 的场强 $\boldsymbol{E}$。

4. 试求每边的长度为 a 的正方形中心的电场强度，若：

(1) 4 个等量的同种电荷 q 放在其顶点上；

(2) 2 个正的、两个负的等量电荷任意放在各顶点上。

5. 如简答题 5 图所示的电荷分布为电四极子，它由两个相同的电偶极子组成。证明在电四极子轴线的延长线上，离中心为 $r(r\gg r_e)$ 的 P 点处的电场强度为 $E=\dfrac{3Q}{4\pi\varepsilon_0 r^4}$，式中 $Q=2qr_e^2$，称为这种电荷分布的电四极矩。

6. 如简答题 6 图所示，一条长为 $2l$ 的均匀带电直线，所带电量为 q，求带电直线延长线上任一点 P 的场强。

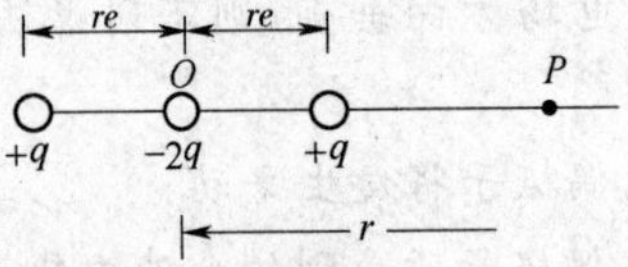

简答题 5 图

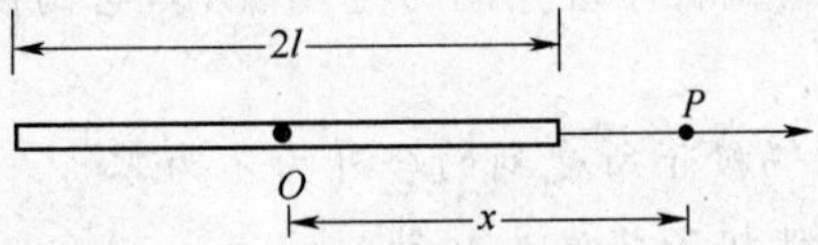

简答题 6 图

7. 半径为 $R=5.0\times10^{-2}$ m 的均匀带电圆环，所带电量 $q=5.0\times10^{-9}$ C。求：

(1) 环心 O 处的电场强度；

(2) 轴线上 A 点的场强，设 A 与环心 O 的距离为 $d=5.0\times10^{-2}$ m；

(3) 一检验电荷 $q=2\times10^{-8}$ C 置于 O 点与 A 点，问所受的静电力各是多少？

8. 用细的不导电的塑料棒弯成半径为 50 cm 的弧，棒两端点间的空隙为 2 cm，棒上均匀分布着 3.12×10^{-9} C 的正电荷，求圆心处场强的大小和方向。

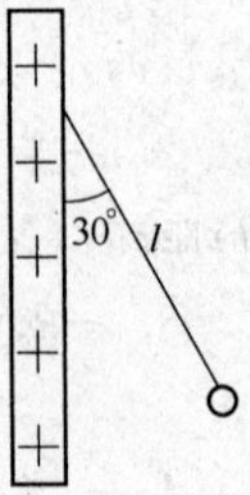

简答题 9 图

9. 如简答题 9 图所示，一均匀带电的竖直无限大平板，电荷面密度 $\sigma=9.3\times10^{-8}$ C/m²，平板上有一长为 $l=5.0\times10^{-2}$ m 的细丝线，线上悬挂有质量 $m=0.1$ g 的小球，若平衡时细线与平板成 30°角，问小球带电多少？

10. 一带电的油滴静止在水平的平板电容器所产生的竖直电场中，如两板的电荷面密度为 $2.4\times10^{-4}\ \mathrm{C/m^2}$，油滴质量是 1.82×10^{-11} kg，试求油滴所带的电量。

11. 在半径分别为 R_1 和 R_2 的两个同心球面上，分别均匀带电为 Q_1 和 Q_2，求空间的场强分布，并作出 E-r 关系曲线。

12. 设均匀带电球壳内、外半径分别为 R_1 和 R_2，带电量为 Q。求空间的场强分布，并作出 E-r 关系曲线。

13. 两无限长共轴圆柱面，半径分别为 R_1 和 $R_2(R_2>R_1)$，均匀带电，单位长度上的电量分别为 λ_1 和 λ_2。求距轴为 r 处的场强：(1) $r<R_1$；(2) $R_1<r<R_2$；(3) $r>R_2$。

14. 在电场中 A、B 两点的电势差等于 60 V，把 $q=3\times10^{-6}$ C 的电荷由 A 移到 B 点，求电场力所做的功。

15. 把 2×10^{-9} C 的正电荷由电场中的 A 点移到电势为零处，电场力所做的功是 1.0×10^{-6} J，求 A 点的电势。

16. 如简答题 16 图所示，一电量为 2×10^{-7} C 的电荷从坐标原点 O 运动到点(4,4)。设电场强度为 $\boldsymbol{E}=\dfrac{1}{\sqrt{2}}(-\boldsymbol{i}+\boldsymbol{j})\times10^{-4}$ N/C。

(1) 试计算经下述路径时，电场力做的功：

A:(0,0)→(4,0)→(4,4)；　B:(0,0)→(4,4)；　C:(0,0)→(0,4)→(4,4)。

(2) 点(4,4)相对坐标原点 O 的电势差。

17. 如简答题 17 图所示，点电荷 $q=10^{-9}$ C，与它在同一直线上的 A、B、C 三点分别距 q 为 10 cm、20 cm、30 cm，若选 B 为电势零点，求 A、C 两点的电势 V_A、V_C。

18. 一块无限大均匀带电平板，电荷面密度为 σ，如果选平板为电势的零点，求 P 点的电势。P 点距平板为 d，如简答题 18 图所示。

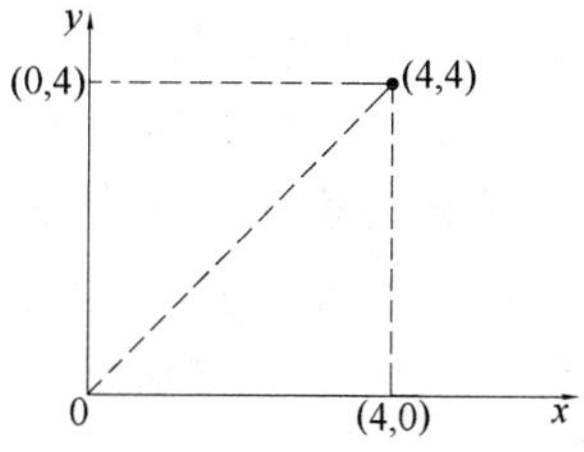

简答题 16 图

简答题 17 图

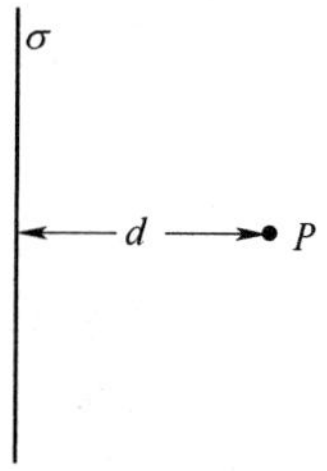

简答题 18 图

19. 真空中一均匀带电细圆环，线电荷密度为 λ，求其圆心处电势。

20. 两个同心的均匀带电球面，半径分别为 $R_1=5.0$ cm，$R_2=20.0$ cm，已知内球面电势为 $V_1=60$ V，外球面电势为 $V_2=-30$ V。

(1) 求内、外球面上所带电量；

(2) 在两个球面之间何处电势为零？

第9章　静电场中的导体和电介质

导电能力较强的物体称为导体,导电能力微弱或者不导电的物体称为绝缘体或电介质。这一章我们将研究导体和电介质与静电场的相互作用。

9.1　静电场中的导体

9.1.1　导体静电平衡的条件

金属导体是由带负电的自由电子和带正电的晶体点阵构成的,其特点是内部存在大量的自由电子。当导体不带电也不受外电场的作用时,自由电子的负电荷与晶体点阵的正电荷处处相等,因而无论对整个导体或者其中一小部分来说都呈现电中性,这时自由电子只可以在导体内像气体分子一样做无规则热运动,没有任何定向运动。

当导体处在外电场时,导体中的自由电子因受到电场力的作用而发生定向运动,从而使导体上的电荷重新分布。导体上的电荷因受外电场的作用而重新分布的现象称为静电感应。

图 9-1 表示一块原来不带电的"无限大"导体平板放在均匀的外电场 $\boldsymbol{E}_0$ 中,经一短暂时间的静电感应过程,在外电场的作用下,导体内的自由电子逆着电场方向向图中左方作定向运动,于是导体左表面出现负电荷,右表面出现正电荷。两个相对表面上出现的等量异号电荷,将在导体板内产生附加的电场 $\boldsymbol{E}'$,导体内电场强度 E 等于外电场场强 $\boldsymbol{E}_0$ 与附加电场场强 $\boldsymbol{E}'$ 的矢量和。$\boldsymbol{E}'$ 的方向与外电场 $\boldsymbol{E}_0$ 方向相反。开始时 $\boldsymbol{E}'<\boldsymbol{E}_0$,导体内自由电子不断地向左运动,使 $\boldsymbol{E}'$ 的数值逐渐增大,直到 $\boldsymbol{E}'=-\boldsymbol{E}_0$,即导体内的总场强等于零时,导体内的自由电荷便不再发生宏观定向运动,导体两表面的正负电荷也不再增加,导体上的电荷和整个空间的电场都达到了稳定分布的状态,称为静电平衡状态。

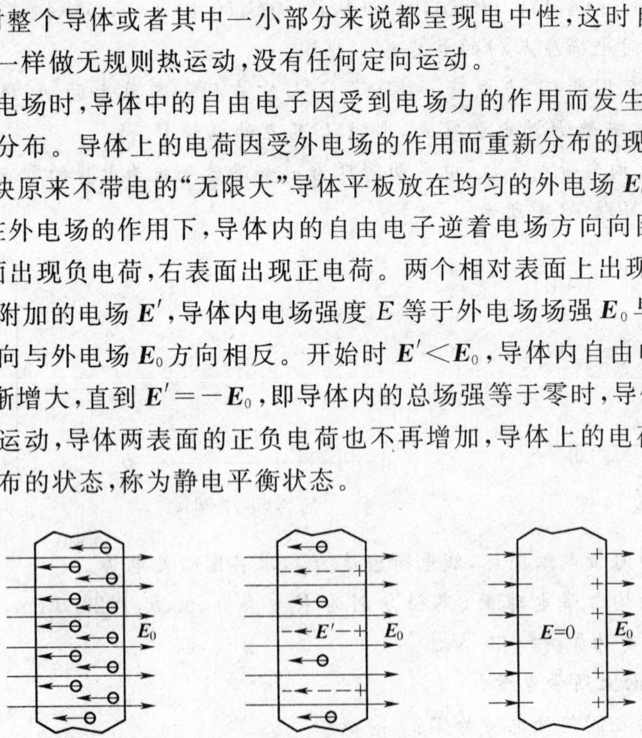

图 9-1　导体的静电平衡

由以上分析可知，导体达到静电平衡状态时必须满足下面两个条件：

（1）导体内部任一点的场强为零，即

$$\boldsymbol{E}_{内}=0$$

若 $\boldsymbol{E}_{内}$ 不为零，导体内的自由电子在电场力作用下要沿着与场强相反的方向运动，引起宏观电流，这就不可能处于平衡状态。

（2）导体表面的场强垂直于导体表面。

若导体表面的场强不垂直于导体表面，导体表面的自由电子将在电场力沿表面的分力作用下沿导体表面作定向运动，引起表面电流，也不可能处于平衡状态。虽然垂直于导体表面的电场力企图使表面上的自由电子逸出导体，但由于导体的约束作用使自由电子仍维持在表面上。

上面两个条件称为导体的静电平衡条件。不论导体是否带电或是否处于外电场中，只要导体处于静电平衡状态，这两个条件都必须满足。

在静电平衡状态下，由于导体表面的场强垂直于导体表面，所以在表面上移动电荷时电场力不做功，这表明导体表面是个等势面；又由于导体内场强为零，从导体内任一点把检验电荷移到导体表面上时电场力不做功，故导体内任一点的电势与导体表面的电势相等，所以整个导体是一个等势体。

9.1.2　静电平衡时导体上的电荷分布

我们来讨论导体处于平衡状态时的电荷分布。先考虑最简单的情形，一块实心的金属导体，处于平衡状态，如图 9-2 所示。我们设想，在导体内部作任意形状的高斯闭合面 S，由于平衡时导体内任意点的场强为零，故穿过闭合面 S 的电通量为零，因此 S 面内的净电荷为零。这个闭合面可以取得任意小，这就表明导体内部任何区域中的净电荷为零，即导体内部处处呈电中性。若把闭合高斯面取得越来越接近导体的表面，面内的净电荷仍为零，这表明实心导体上的电荷只可能分布在导体表面上。

进一步考虑导体内有空腔的情形，先设空腔内无电荷，如图 9-3 所示，在导体中无限靠近导体内表面作高斯面 S，因为导体内场强为零，所以 S 面内净电荷为零，又因为空腔内无电荷，可知导体内表面上的电荷也为零，因此电荷分布在导体外表面上。

如果空腔内有电荷，电荷量为 q，如图 9-4 所示，在导体中无限靠近内表面取高斯面 S，由于在静电平衡时导体内场强为零，故 S 面内的净电荷也应为零，但已知空腔中带电量为 q，所以腔内表面的电量必为 $-q$。根据电荷守恒定律，同时在腔外表面感应出 q 的电量。

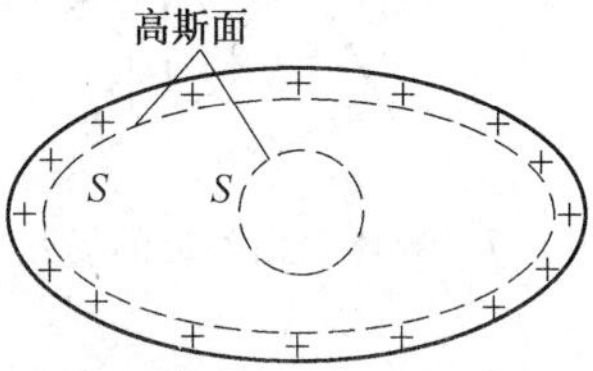

图 9-2　实心导体电荷分布在外表面上

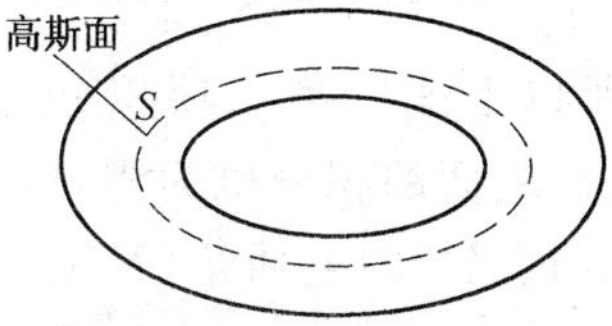

图 9-3　空腔导体体内无电荷

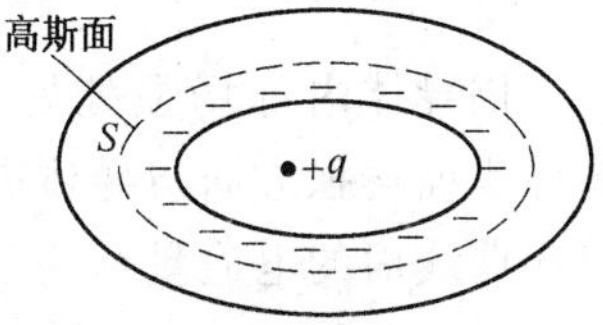

图 9-4　空腔导体体内有电荷

综上讨论可知，不管什么情形，只要导体处于静电平衡状态，它的电荷只能分布在表面上，既包括外表面又包括内表面。由于导体的电荷只分布在表面上，因此导体所带的总电荷就等于表面上各部分电荷的代数和。

下面我们举两个最简单的例子说明导体表面的电荷如何分布。

设空间有一孤立的导体球，它的电荷量为 q，我们看这些电荷在球面上应怎样分布，孤立导体球只可能在外表面带电，所以空间的电场是这些表面上的电荷所产生的，在静电平衡时，导体内场强处处为零，因此孤立导体球上的电荷一定均匀分布在球面上（见图 9-5），所以电荷面密度为

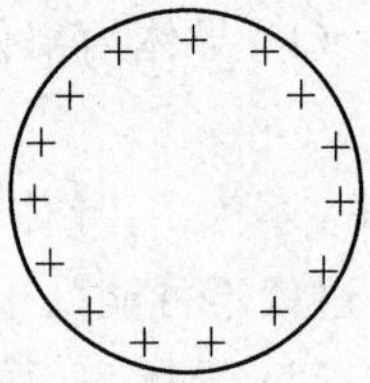

图 9-5　孤立导体球的电荷均匀分布

$$\sigma=\frac{q}{4\pi R^2}$$

其中 R 为球的半径。

如果在这个导体球的外面，放置点电荷 q，这时导体上的电荷将立即重新分布，而达到新的平衡状态。空间各点的电场是导体表面电荷所产生的电场 $\boldsymbol{E}'$ 和球外 q 所产生的电场 $\boldsymbol{E}_0$ 的叠加，达到新的平衡时导体表面上电荷分布产生的电场 $\boldsymbol{E}'$ 在球体内处处和外电场 $\boldsymbol{E}_0$ 抵消，从而使 $\boldsymbol{E}'_{内}$ 保持为零，如图 9-6 所示。

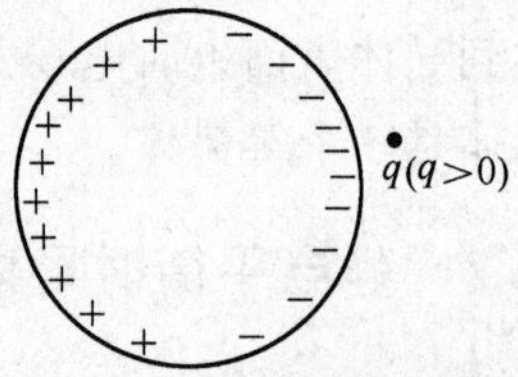

图 9-6　导体球外有电荷时导体上的电荷分布

任何形状的孤立导体，其外表面上电荷的分布使得它在导体内的场强处处为零；任何形状的导体在外电场中，其自由电子在电场力作用下瞬间地重新分布，使表面上的电荷所产生的电场 $\boldsymbol{E}'$ 和外电场 $\boldsymbol{E}_0$ 在导体内处处抵消，使 $\boldsymbol{E}_{内}=0$，从而达到新的平衡分布，这样看来，自由电子对导体上的电荷分布起着自动调节的作用，这种调节作用使导体内场强处处为零，从而达到平衡状态。

9.1.3　导体表面附近的场强

在导体表面上任取一面元 ΔS，ΔS 取得足够小，以致可以认为其上的电荷面密度 σ 是均匀的，ΔS 面元所带电量 $\Delta q=\sigma\Delta S$。作如图 9-7 所示柱形闭曲面，与导体表面相交于 ΔS 面，柱面轴线与 ΔS 面垂直，上下底面与 ΔS 平行且相等。通过此闭合柱面的电通量为

$$\Phi_e=\oint \boldsymbol{E}\cdot \mathrm{d}\boldsymbol{S}=\int_{上底} E\cos\theta \mathrm{d}S+\int_{下底} E\cos\theta \mathrm{d}S+\int_{侧} E\cos\theta \mathrm{d}S$$

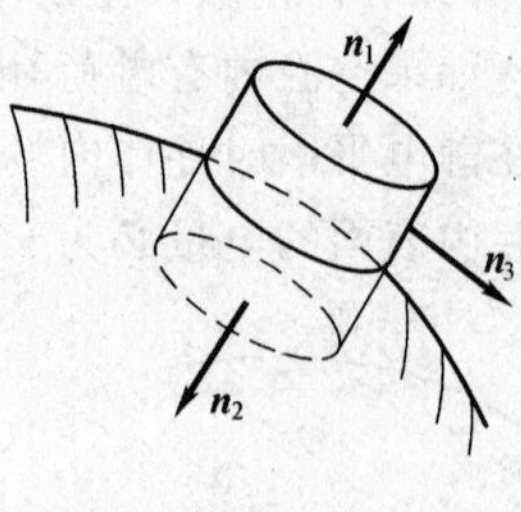

图 9-7　导体表面附近的场强

因导体内部场强处处为零，所以上式中第二项积分为零。导体表面场强方向与导体表面垂直，侧面的积分也为零，所以通过闭曲线面的电通量即为通过上底面 ΔS 的电通量，又因为 ΔS

极小，可以认为上底面上各点 $\boldsymbol{E}$ 均匀，$\boldsymbol{E}$ 与底面垂直。故

$$\Phi_e = E\Delta S$$

又

$$\sum q = \int_S \sigma \mathrm{d}S = \sigma \Delta S$$

由高斯定理可得

$$E\Delta S = \frac{\sigma \Delta S}{\varepsilon_0}$$

即

$$E = \frac{\sigma}{\varepsilon_0} \tag{9-1}$$

由此可见，在静电平衡状态下，导体表面之外附近空间的场强 $\boldsymbol{E}$ 在数值上等于该处导体表面电荷面密度的 ε_0 分之一。当表面带正电荷时，$\boldsymbol{E}$ 的方向垂直表面向外；当表面带负电荷时，$\boldsymbol{E}$ 的方向垂直表面指向导体。

式(9-1)表明导体表面电荷面密度大的地方场强大，电荷面密度小的地方场强小。而导体表面电荷分布的面密度又与该处表面曲率成正比。这样，对于孤立导体来说，导体表面曲率大的地方，附近的场强较强，导体表面曲率小的地方，附近的场强较弱。特别是导体表面有尖端凸出的部分，由于曲率特别大，电荷面密度也特别大，因而尖端附近的场强特别强，以至空气被电离。于是，与尖端上所带电荷的符号相反的离子被吸引到尖端上，与尖端上的电荷中和，与尖端所带电荷同号的离子则被排斥，使其加速离开尖端，这种现象称尖端放电，如图 9-8 所示。在一根带电金属针尖端附近放一支点燃的蜡烛，若使金属针带电（设为正电），针尖附近便产生强电场使空气电离，负离子及电子被吸向金属针尖并被中和，正离子则在电场力作用下，背离针尖激烈运动，由于这些离子的速度大，可形成一股“电风”，将蜡烛的火焰吹熄。

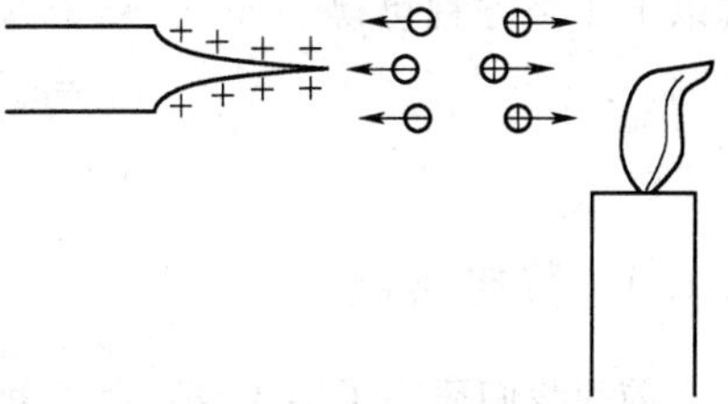

图 9-8 尖端放电现象

尖端放电现象和其他许多自然现象一样，有其有害的一面，也有其可利用的一面。由于放电会使电能白白消耗掉，所以在具有高电势的电气设备中，所有金属元件都做成球形光滑表面以防止尖端放电。而建筑物上的避雷针却利用了尖端放电现象。当带电的云层接近地面时，由于静电感应使地面上物体带异号电荷，这些电荷就可以通过避雷针尖端向空中放电，从而使建筑物不受雷击之害。

【例 9-1】 如图 9-9 所示，A、B 为一对无限大的平行金属板，使 A 板带电，设电荷面密度 $\sigma_A = +10^{-8}\,\mathrm{C/m^2}$，求 A、B 板上的电荷分布。

【解】 A 板带电时，产生的电场使 B 板因静电感应带电，B 板上电荷重新分布，B 板上电荷产生的电场又影响 A 板，达到静电平衡时，A、B 上的电荷分布应满足静电平衡条件和电荷守恒定律。

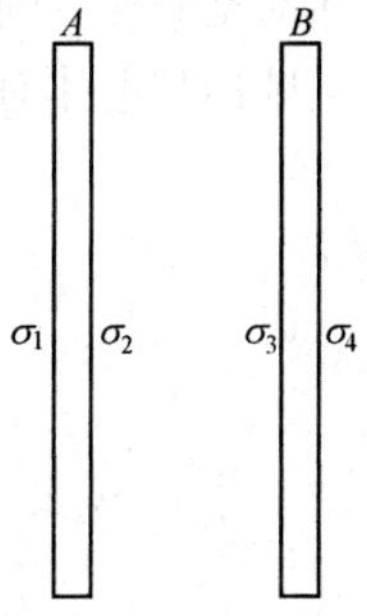

图 9-9 例 9-1 图

由于电荷只能分布在 A、B 的表面，两板将出现 4 个带电平面，设各个面

的电荷面密度分别为 σ_1、σ_2、σ_3 和 σ_4。由电荷守恒定律

$$\sigma_1+\sigma_2=\sigma_A \quad ①$$

$$\sigma_3+\sigma_4=0 \quad ②$$

空间任一点的场强都是 4 个无限大均匀带电平面单独产生的场强叠加。由于静电平衡，A 板内或 B 板内任一点的场强为零，则 A 板内一点

$$\frac{\sigma_1}{2\varepsilon_0}-\frac{\sigma_2}{2\varepsilon_0}-\frac{\sigma_3}{2\varepsilon_0}-\frac{\sigma_4}{2\varepsilon_0}=0$$

即

$$\sigma_1-\sigma_2-\sigma_3-\sigma_4=0 \quad ③$$

B 板内一点

$$\frac{\sigma_1}{2\varepsilon_0}+\frac{\sigma_2}{2\varepsilon_0}+\frac{\sigma_3}{2\varepsilon_0}-\frac{\sigma_4}{2\varepsilon_0}=0$$

即

$$\sigma_1+\sigma_2+\sigma_3-\sigma_4=0 \quad ④$$

解以上 4 个方程可得

$$\sigma_1=\sigma_2=\sigma_4=+0.5\times10^{-8}\,(\mathrm{C/m^2})$$

$$\sigma_3=-\sigma_4=-0.5\times10^{-8}\,(\mathrm{C/m^2})$$

9.1.4 静电屏蔽

前面我们研究了导体空腔处于静电平衡时所具有的性质。当导体空腔内没有其他带电体时，不管空腔导体本身是否带电，在静电平衡条件下，空腔的内表面上处处无电荷，电荷只能分布在外表面上，空腔内无电场。此时，如果把任一物体放入导体空腔，该物体不受任何腔外电荷(或电场)的影响。空腔内部物体不受腔外电荷影响的这种现象称为静电屏蔽。当导体空腔内有其他带电体时，在静电平衡条件下，空腔内表面感应出与空腔内带电体等量异号的电荷，空腔外表面感应出与空腔内带电体等量同号的电荷，它将影响空腔外电场的分布，所以空腔内带电体对空腔外空间有间接的影响，如果把空腔接地，在外表面产生的感应电荷将流入大地，这样，空腔内带电体对空腔外空间就无任何影响(见图 9-10)。我们把这样的现象也称为静电屏蔽。

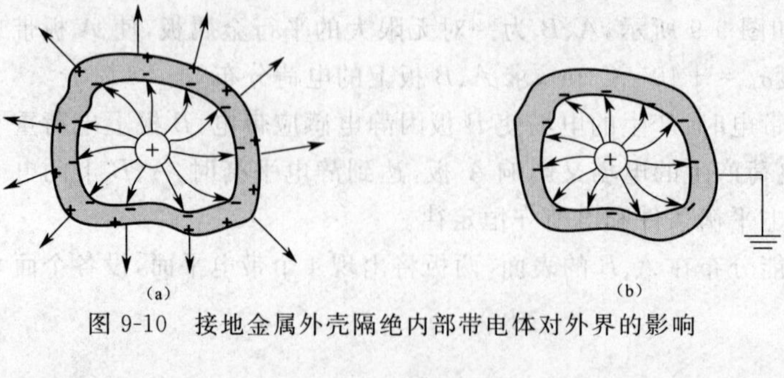

图 9-10 接地金属外壳隔绝内部带电体对外界的影响

静电屏蔽在实际中有重要的应用。例如,为了使一些精密的电磁测量仪器不受外电场的干扰,通常在仪器外面加一金属罩或金属网;在高压场所的周围加上接地的金属网,就可以保证网外的安全。

9.2 电容　电容器

电容是导体或导体组的一个重要性质,电容器是一种特殊的导体组,它属于电路的基本元件,在工程技术中有广泛的应用。

9.2.1 孤立导体的电容

在一个导体附近没有其他物体,或者说其他物体对它的影响可以略去的导体称孤立导体。设一孤立导体带有一定量的电荷 q,它将在周围空间激发电场,从而使孤立导体本身具有一定的电势 V。理论和实验都可证明,该导体的电势 V 与它所带电量 q 有一定的关系。若使孤立导体的带电量 q 增加一倍,则它在任一点激发的场强 E 增加一倍,由于电势是场强的线积分,当空间每一点的场强都增加一倍时,则孤立导体的电势也增加一倍,即孤立导体的电势 V 与带电量 q 成正比,我们把这个比例系数称为孤立导体的电容,用 C 表示,即

$$C=\frac{q}{V} \tag{9-2}$$

例如,在真空中有一半径为 R 的孤立导体球,带电量为 q 时,它的电势为 $V=\frac{q}{4\pi\varepsilon_0 R}$,则其电容为 $C=4\pi\varepsilon_0 R$。从这一特例及今后要计算出的许多结果都证明导体的电容只与它的形状和大小有关,而与它是否带电及带电多少无关。

在式(9-2)中,使 $V=1$,则 $C=q$,孤立导体的电容在数值上等于导体的电势为 1V 时所带的电量。

两个电容不同的导体,要使它们具有相同的电势,必须使它们带有不同的电荷量;电容大的导体所带的电荷量大,电容小的导体所带的电荷量小。因此孤立导体的电容表示了导体储电本领的大小。这正如把两个粗细不同的杯子的水面升高相同的高度时,所需盛水量不同一样。

在国际单位制中,电容的单位是法[拉],用 F 表示。实际上常用的电容单位是微法[拉](μF)、皮法[拉](pF)等较小的单位。

$$1\ \mu\text{F}=10^{-6}\,\text{F},\quad 1\ \text{pF}=10^{-12}\,\text{F}$$

9.2.2 电容器及其电容

对于非孤立导体 A，其电势不仅与它所带电量 q_A 有关，还与它周围的情况有关，这是由于电荷 q_A 使邻近导体的表面产生感应电荷，它们将影响空间电场和电势的分布，影响每个导体的电势，不能再用比值 q_A/V_A 来引入电容的概念。为了消除其他导体和带电体对导体 A 的影响，可采用静电屏蔽的办法。如图 9-11 所示，用一个导体空腔 B 把导体 A 屏蔽起来。这样，空腔内电场仅由导体 A 所带电量 q_A 及导体 A 与导体空腔 B 的内表面的形状和相对位置决定，与外部情况无关。导体 A 带电 q_A，则导体空腔 B 的内表面带电 $-q_A$。若 q_A 增大一倍，则 B 内表面电量也增大一倍，腔内任一点场强也增大一倍，使 A、B 导体间电势差也增大一倍，即 A、B 导体间电势差 V_A-V_B 与 q_A 成正比，比例系数用 C 表示，则

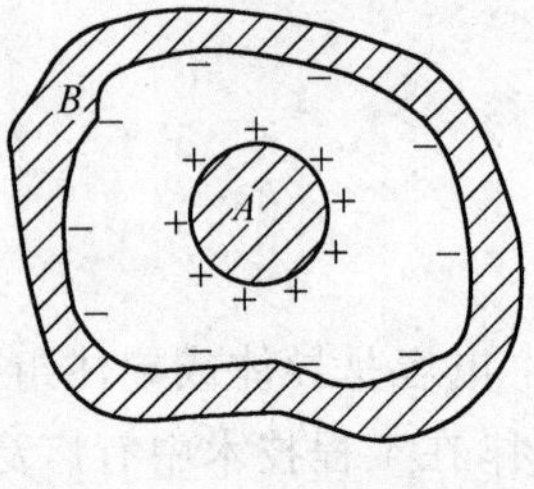

图 9-11 导体空腔 B 把导体 A 屏蔽

$$C=\frac{q_{\mathrm{A}}}{V_{\mathrm{A}}-V_{\mathrm{B}}} \tag{9-3}$$

C 的大小决定于导体 A、B 的大小、形状及相对位置，与 q_A、V_A-V_B 及外界情况无关，将 A、B 组成的导体组称作电容器。C 称为电容器的电容。

实际中对电容器屏蔽性的要求并不像上面所述的那样苛刻。如图 9-12 所示，一对面积很大、靠得很近的平面导体 A、B，电荷集中在两导体相对的表面上，电场线集中在两表面之间狭窄的空间里。这时外界的干扰对二者之间电势差 V_A-V_B 的影响实际上是可忽略的。这样的导体组合构成的电容器称平行板电容器。

9.2.3 电容的计算

1. 平行板电容器

如图 9-12 所示，设平行板电容器极板面积为 S，内表面间距离为 d，求电容器的电容。

忽略边缘效应，并设一极板带电量为 q。因电荷均匀分布，面密度为 $\sigma=q/S$。极板间电场由两无限大均匀带电平面产生，场强 $E=E_A+E_B=\dfrac{\sigma}{\varepsilon_0}$，方向向右。

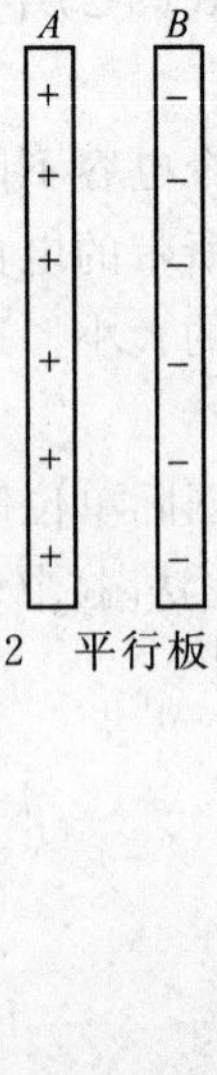

图 9-12 平行板电容器

$$V_A-V_B=Ed=\frac{\sigma}{\varepsilon_0}d$$

由电容的定义得

$$C=\frac{q}{V_A-V_B}=\frac{\sigma S}{\frac{\sigma}{\varepsilon_0}d}=\frac{\varepsilon_0 S}{d} \tag{9-4}$$

式(9-4)表明：平行板电容器的电容 C 正比于极板面积 S，反比于极板间隔 d。

2. 球形电容器

如图 9-13 所示，球形电容器的极板 A、B 是两个同心球面导体，设半径分别为 R_A 和 $R_B(R_A<R_B)$，求电容器的电容。

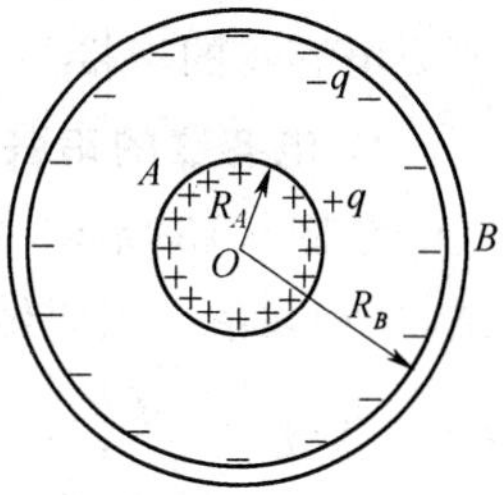

图 9-13　球形电容器

若内球面带电量为 q，则 B 球壳内表面将带电量 $-q$，且电荷均匀分布。A、B 之间的场强为 $E=\frac{1}{4\pi\varepsilon_0}\frac{q}{r^2}$，方向沿矢径向外。$A$、$B$ 间电势差为

$$V_A-V_B=\int_{R_A}^{R_B}E\,\mathrm{d}r=\frac{q}{4\pi\varepsilon_0}\left(\frac{1}{R_A}-\frac{1}{R_B}\right)$$

由电容器电容的定义得

$$C=\frac{q}{V_A-V_B}=4\pi\varepsilon_0\frac{R_A R_B}{R_B-R_A} \tag{9-5}$$

球形电容器的电容只与导体球内、外半径有关。

3. 圆柱形电容器

如图 9-14 所示圆柱形电容器由两个同轴圆柱导体 A、B 构成，半径分别为 R_A 和 $R_B(R_A<R_B)$，且圆柱筒的长度 L 比 R_A、R_B 大得多。因此，可忽略两端的边缘效应，把圆柱筒看作是无限长的。求电容器的电容。

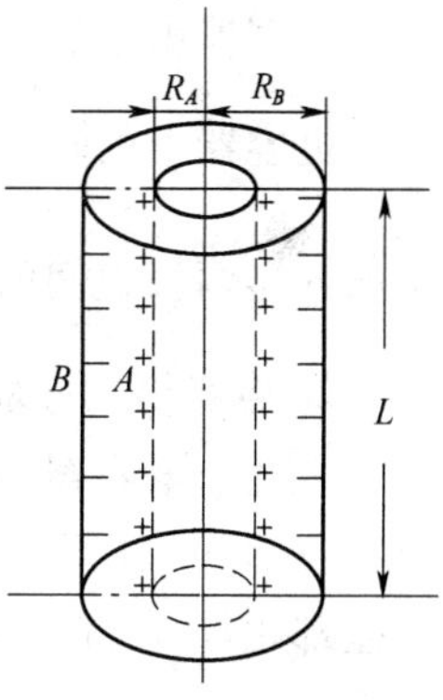

图 9-14　圆柱形电容器

设两柱面带电量分别为 $+q$ 和 $-q$，则单位长度上的电量分别为 $\lambda=\pm\frac{q}{L}$。

极板间电场强度 $E=\frac{\lambda}{2\pi\varepsilon_0 r}$，方向在垂直轴线的平面内，沿径向向外。$A$、$B$ 之间的电势差

$$V_A-V_B=\int_{R_A}^{R_B}E\,\mathrm{d}r=\frac{\lambda}{2\pi\varepsilon_0}\ln\frac{R_B}{R_A}$$

则电容器的电容

$$C=\frac{q}{V_A-V_B}=\frac{2\pi\varepsilon_0 L}{\ln\frac{R_B}{R_A}} \tag{9-6}$$

9.2.4 电容器的连接

在实际应用中，常常会遇到电容器的大小不合适，或加在电容器上的电压超过了电容器的耐压程度，导致电容器被击穿，所以，需要将若干个电容器适当组合起来才能使用，即需要研究电容器的连接。

1. 电容器的串联

如图 9-15 所示，将 n 个电容器中每一个电容器的一个极板与另一个电容器的极板依次连结，这种联系方式叫做串联。充电时，由于静电感应，使每个电容器上的电量均为 q，则电势差 $U_1=\dfrac{q}{C_1},U_2=\dfrac{q}{C_2},\cdots,U_n=\dfrac{q}{C_n}$。整个串联电容器组两端的电势差等于各个电容器上电势差之和，即

$$V_A-V_F=U_1+U_2+\cdots+U_n=q\left(\frac{1}{C_1}+\frac{1}{C_2}+\cdots+\frac{1}{C_n}\right)$$

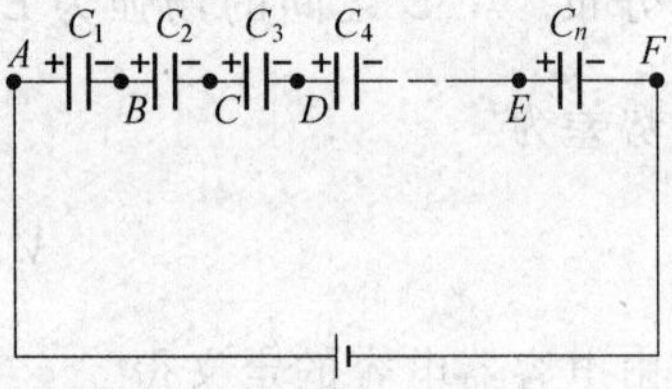

图 9-15 电容器的串联

由 $C=\dfrac{q}{V_A-V_F}$，得等效电容器的电容为

$$\frac{1}{C}=\frac{1}{C_1}+\frac{1}{C_2}+\cdots+\frac{1}{C_n} \tag{9-7}$$

电容器串联后，等效电容器电容的倒数等于各个电容器电容的倒数之和，等效电容 C 比组合电容器上的每个电容都小，如果每个电容器的电容都是 C_0，则等效电容 $C=\dfrac{C_0}{n}$，这时，每个电容器两极板间的电势差只是总电势差的 $\dfrac{1}{n}$，被击穿的危险就可大为减轻。

2. 电容器的并联

有几个电容器，其中每个电容器的其中一个极板都接到共同点 A 上，另一个极板都接到公共点 B 上，如图 9-16 所示，这种连接方式叫做并联。电容器并联时，每个电容器两端的电势差都相等，等于 V_A-V_B。但分配在每个电容器上的电量则不同，分别为

$$q_1=C_1(V_A-V_B)$$
$$q_2=C_2(V_A-V_B)$$
$$\vdots$$
$$q_n=C_n(V_A-V_B)$$

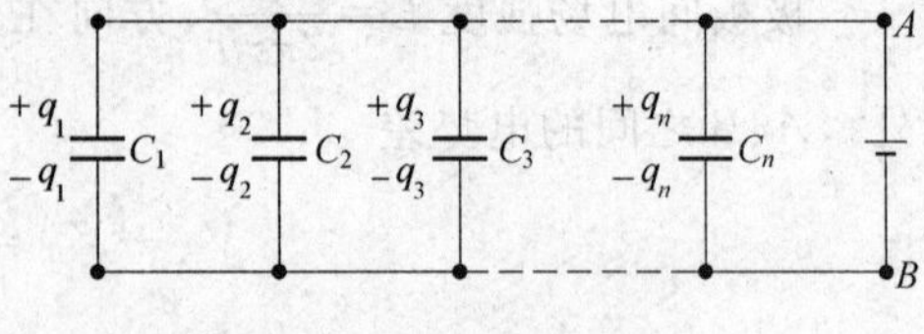

图 9-16 电容器的并联

整个并联电容器组上的总电量为

$$q=q_1+q_2+\cdots+q_n=(C_1+C_2+\cdots+C_n)(V_A-V_B)$$

由 $C=\dfrac{q}{V_A-V_B}$ 得等效电容器的电容

$$C=C_1+C_2+\cdots+C_n \tag{9-8}$$

电容器并联时，等效电容器电容等于各个电容器电容之和，并联后的等效电容增加了。如果每个电容器的电容都是 C_0，则等效电容 $C=nC_0$，这时，每个电容器两极板间的电势差与单独使用时相同，所以电容器的并联不能提高耐压程度。

除了串联和并联外，电容器还可以既有串联又有并联，以满足增大电容、提高耐压程度两个方面的要求。这种连接称为混联。

【例 9-2】 4 个电容器按图 9-17 所示连接，设 $U_{AB}=900$ V，求：

(1) 电容器组的电容；

(2) 每一电容器上的电量；

(3) 若每个电容器的耐压程度为 600 V，电容器是否会被击穿？

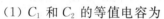

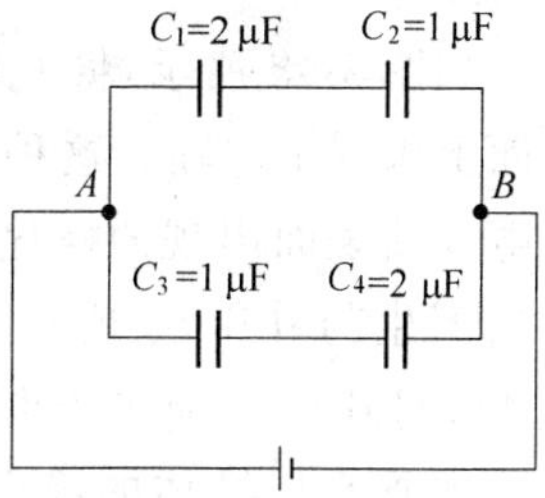

图 9-17　例 9-2 图

【解】 本题中电容器是混联：C_1 和 C_2 串联，C_3 和 C_4 串联，其后两者再并联。

(1) C_1 和 C_2 的等值电容为

$$C_{12}=\frac{C_1C_2}{C_1+C_2}=\frac{2}{3}(\mu\text{F})$$

C_3 和 C_4 的等值电容为

$$C_{34}=\frac{C_3C_4}{C_3+C_4}=\frac{2}{3}(\mu\text{F})$$

C_{12}、C_{34} 并联后的等值电容为

$$C=C_{12}+C_{34}=\frac{4}{3}(\mu\text{F})$$

(2) 因 C_1 和 C_2 串联，它们带有等量的电荷，所以

$$q_1=q_2=C_{12}V_{AB}=\frac{2}{3}\times10^{-6}\times900=6\times10^{-4}(\text{C})$$

因为 $C_{12}=C_{34}$，所以

$$q_3=q_4=6\times10^{-4}(\text{C})$$

(3) C_1 上的电压　$U_1=\dfrac{q_1}{C_1}=\dfrac{6\times10^{-4}}{2\times10^{-6}}=300(\text{V})$

C_2 上的电压　$U_2=\dfrac{q_2}{C_2}=\dfrac{6\times10^{-4}}{1\times10^{-6}}=600(\text{V})$

同理，C_3 上的电压　$U_3=600(\text{V})$

C_4 上的电压　$U_4=300(\text{V})$

这 4 个电容器两端的电压没有超过耐压值，不会被击穿。

9.3 静电场中的电介质

9.3.1 电介质的极化

如图 9-18 所示，将一块均匀电介质板放置于均匀外电场中，在电介质与外电场垂直的两表面上出现了电荷。这种在外电场作用下电介质表面出现的极化电荷也将在介质内产生与外电场 $\boldsymbol{E}_0$ 反方向的附加电场 $\boldsymbol{E}'$，起到使介质内电场减弱的效果，但在本质上与导体的静电感应有区别。导体中有大量自由电子，当处在外电场中达到静电平衡后，感应电荷在导体内产生的附加场可把外电场 $\boldsymbol{E}_0$ 全部抵消，使导体内部场强为零。导体中感应电荷可采用接地等办法把感应电荷从导体中转移出来。而电介质中没有可自由移动的电荷，在电介质的分子中，原子核与电子之间的吸引力相当大，电子和原子核结合得非常紧密，电子处在被束缚状态，在外电场作用下，电介质分子中的正负电荷会作相对运动，但不能超出分子的范围。在电介质表面上出现的极化电荷，是正负电荷在分子范围内做微小运动的结果，故极化电荷也叫做束缚电荷。电介质上的极化电荷与导体上的感应电荷相比，在数量上要少得多，极化电荷在电介质内产生的电场 $\boldsymbol{E}'$ 只能削弱外电场，不能把外电场 $\boldsymbol{E}_0$ 全部抵消，也无法通过接地等办法把极化电荷从介质中转移出来。

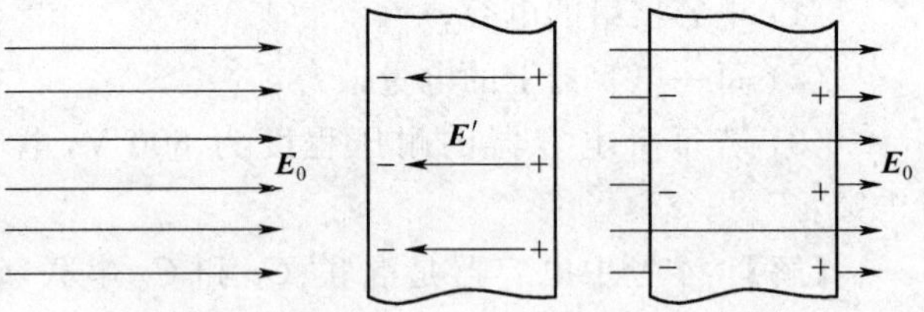

图 9-18　电介质的极化

在电场中，电介质为什么会发生极化呢？现在来研究电介质分子极化的微观机制。

1. 有极分子和无极分子

每一个中性分子都是由等值异号电荷组成的，一般来说，正电荷或负电荷在分子中都不是集中于一点，而是分布在分子所占的体积中，在离开分子的距离比起分子的线度大得多的地方，分子中全部负电荷对于这些地方的影响将和一个单独的负点电荷等效。这个等效负点电荷的位置叫做这个分子负电荷的“中心”，例如，一个电子绕核作匀速圆周运动时，它的电荷“中心”就在圆心。同样，每个分子的全部正电荷也有一个“中心”，每个分子中的正、负电荷“中心”可能是不重合的，也可能是重合的，据此，电介质可以分为两类，如果分子中正、负电荷的“中心”不重合，这种中性分子的电效应，相当于一个电偶极子，这类分子叫做有极分子，如果分子中正负电荷的“中心”重合，这种中性分子的电偶极矩等于零，这类分子叫做无极分子。由于分子的电结构不同，在外电场中受的影响也就不同。下面就这两种分子的极化过程进行讨论。

2. 无极分子的位移极化

无极分子在没有外电场时，分子的电偶极矩为零，即 $\boldsymbol{P}_e=0$，所以全部分子电偶极矩的矢量和$\sum\boldsymbol{P}_e=0$，对外不产生电场。当把无极分子置于外电场中时，由于电场力的作用，每个分子的正、负电荷的“中心”沿外电场方向产生相对微小位移，每个分子就变成一个等效的电偶极子，这样使介质体表面出现正、负电荷，这种极化现象称为位移极化，如图 9-19 所示，在电场线进入电介质的地方，表面带负电荷，在电场线穿出电介质的地方，表面带正电荷。

3. 有极分子的转向极化

有极分子在没有外电场时，虽然每个分子具有固有电偶极矩 $\boldsymbol{P}_e$，但由于分子的无规则热运动，在任一宏观区域中所有分子的固有电偶极矩的转向是杂乱无章的。因此，它们的矢量和平均说来是互相抵消的，即电偶极矩的矢量和$\sum\boldsymbol{P}_e=0$，宏观上不产生电场。当把有极分子置于外电场时，每个分子的电偶极矩都受到力矩作用，力图使分子的电偶极矩转向外电场方向，如图 9-20 所示。但由于分子的热运动，这种转向并不完全，即所有分子的电偶极矩并未整齐地按外电场方向排列。当然，外电场越强，分子电偶极矩沿外电场方向的排列越好，对于整个电介质来说，不管排列的整齐程度怎样，任一宏观体积内，分子电偶极矩的矢量和$\sum\boldsymbol{P}_e$ 已不为零。在与外电场垂直的电介质体的两个表面已不再是电中性了，与位移极化的情形一样，出现了极化电荷，这种极化现象称为转向极化。

综上所述，把电介质放在外电场中，由于电介质的极化，在电介质表面产生了极化电荷，极化电荷与电场有关，电场越强，极化电荷也越多。

最后需要说明，位移极化的效应在任何电介质中都存在，而分子转向极化只是由有极分子构成的电介质所独有，但在有极分子构成的电介质中，转向极化效应比位移极化强得多。

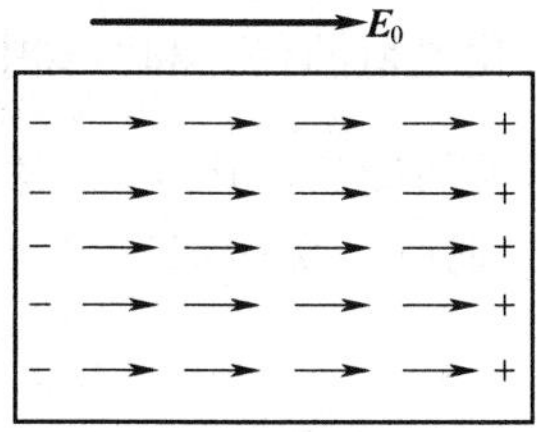

图 9-19　无极分子在电场中的位移极化

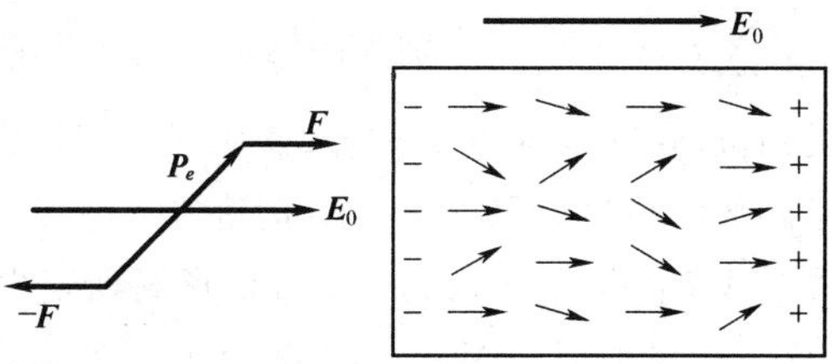

图 9-20　有极分子在电场中的转向极化

9.3.2　电介质中的电场

由于电场的作用，处在电场中的电介质要被极化，极化了的电介质在垂直于场强方向的面上出现了极化电荷，这些极化电荷在电介质内产生附加电场，根据场强的叠加原理，介质体内任一点处的场强

$$\boldsymbol{E}=\boldsymbol{E}_0+\boldsymbol{E}'$$

实验证明在均匀电介质充满整个电场的情况下,电介质内部一点的场强 $\boldsymbol{E}$ 是外电场强 $\boldsymbol{E}_0$ 的 $1/\varepsilon_r$ 倍,即 $\boldsymbol{E}=\boldsymbol{E}_0/\varepsilon_r$。式中 ε_r 对给定的均匀电介质是一个无量纲的常数(本课程只限于研究 ε_r 为常数的线性电介质),称为该电介质的相对介电常数(相对电容率)。不同电介质的相对介电常数 ε_r 各不同,除真空中相对介电常数 ε_r 为 1 外,其他各种电介质的 ε_r 都大于 1。

9.3.3 电介质中静电场的环路定理

有电介质存在时,总场 $\boldsymbol{E}=\boldsymbol{E}_0+\boldsymbol{E}'$,而静止的束缚电荷和自由电荷产生的静电场的性质是相同的,两者都是有源场、无旋场,即

$$\oint_L \boldsymbol{E}_0\cdot \mathrm{d}\boldsymbol{l}=0,\quad \oint_L \boldsymbol{E}'\cdot \mathrm{d}\boldsymbol{l}=0$$

因此有

$$\oint_L \boldsymbol{E}\cdot \mathrm{d}\boldsymbol{l}=0 \tag{9-9}$$

上式表明,有电介质存在的静电场是有源场、无旋场,电场线不是闭合线。电介质中静电场的环路定理保持了真空中环路定理的形式。

9.3.4 电介质中静电场的高斯定理

无论是自由电荷还是极化电荷,都可在空间产生电场,因此,在有电介质存在时,计算静电场中任一闭合曲面 S 的电通量应考虑 S 面所包围的自由电荷和束缚电荷。所以,有电介质存在时的高斯定理为

$$\oint_S \boldsymbol{E}\cdot \mathrm{d}\boldsymbol{S}=\frac{1}{\varepsilon_0}\sum_{(S内)}(q_0+q') \tag{9-10}$$

式中,$\sum\limits_{(S内)}q_0$ 和 $\sum\limits_{(S内)}q'$ 分别为高斯面内自由电荷的代数和与极化电荷的代数和。式中 $\sum\limits_{(S内)}q'$ 是个未知量,它又与 $\boldsymbol{E}$ 互为依赖,这样,使定量解决电介质中电场问题变得困难,需要寻求新的途径。下面的讨论仍以电介质充满整个电场空间为例进行。把电介质内部场强与外电场场强关系式 $\boldsymbol{E}_0=\varepsilon_r\boldsymbol{E}$ 代入真空中静电场高斯定理式可得

$$\oint_S \varepsilon_r\boldsymbol{E}\cdot \mathrm{d}\boldsymbol{S}=\frac{1}{\varepsilon_0}\sum_{(S内)}q_0$$

$$\oint_S \varepsilon_0\varepsilon_r\boldsymbol{E}\cdot \mathrm{d}\boldsymbol{S}=\sum_{(S内)}q_0$$

令 $\varepsilon=\varepsilon_0\varepsilon_r$,称为电介质的介电常数,这样,上式则变为

$$\oint_S \varepsilon\boldsymbol{E}\cdot \mathrm{d}\boldsymbol{S}=\sum_{(S内)}q_0 \tag{9-11}$$

我们把上式积分中出现的 $\varepsilon\boldsymbol{E}$ 称为电位移矢量,简称电位移,用 $\boldsymbol{D}$ 表示。

$$\boldsymbol{D}=\varepsilon\boldsymbol{E} \tag{9-12}$$

式(9-12)表明，$\boldsymbol{D}$ 与 $\boldsymbol{E}$ 方向相同，这只是在各向同性介质中成立。在各向异性介质中，$\boldsymbol{D}$ 与 $\boldsymbol{E}$ 方向不同。

在国际单位制中，电位移矢量 $\boldsymbol{D}$ 的单位为 C/m^2。

我们可以像描述电场强度矢量 $\boldsymbol{E}$ 一样，用一族曲线形象地描绘电位移矢量 $\boldsymbol{D}$，这些曲线叫做电位移线。电位移线上的每一点的切线方向表示该点 $\boldsymbol{D}$ 的方向；并规定通过垂直于 $\boldsymbol{D}$ 的面积元上的电位移线的条数与面积元的比值等于 $\boldsymbol{D}$ 的大小。在作了这样的规定后，通过某一曲面 S 的电位移线条数，即电位移通量为

$$\Phi_d = \int_S \boldsymbol{D} \cdot \mathrm{d}\boldsymbol{S} \tag{9-13}$$

引入电位移矢量 $\boldsymbol{D}$ 后，式(9-11)可表示为

$$\oint_S \boldsymbol{D} \cdot \mathrm{d}\boldsymbol{S} = \sum q_0 \tag{9-14}$$

式(9-14)为有电介质时的高斯定理，式(9-14)右端只对自由电荷求和，而不必计入极化电荷了。式(9-14)虽然是从均匀电介质充满整个电场的特例得出的，而实际上可以证明是普遍成立的，是电磁场的基本定理之一。

【例 9-3】 一平行板电容器内充满相对介电常数为 ε_r 的电介质，极板上自由电荷面密度为 σ_0，求：(1) 电介质内的场强 $\boldsymbol{E}$；

(2) 电容器的电容 C 与没有电介质时的电容 C_0 的比值。

【解】 (1) 电容器的极板可看作是无限大的。根据对称性，介质内 $\boldsymbol{E}$ 是均匀分布的。如图 9-21 所示，取一封闭柱形高斯面，上底面在导体中，下底面在介质中，其面积为 ΔS，通过封闭柱形面的电位移通量

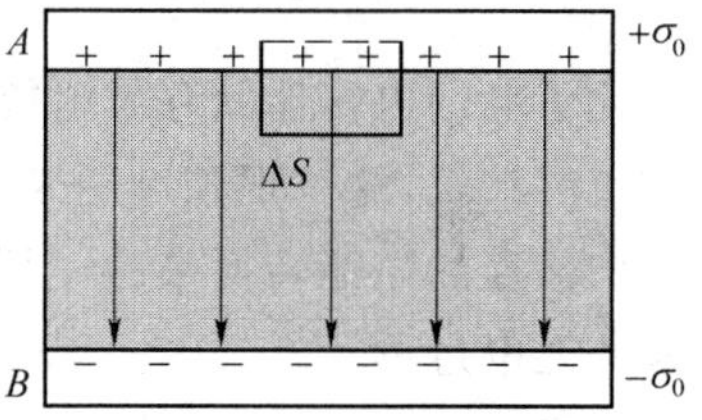

图 9-21　例 9-3 图

$$\oint \varepsilon \boldsymbol{E} \cdot \mathrm{d}\boldsymbol{S} = \oint_{上底} \varepsilon E\cos\theta \mathrm{d}s + \oint_{下底} \varepsilon E\cos\theta \mathrm{d}s + \oint_{侧面} \varepsilon E\cos\theta \mathrm{d}s$$

下底面在介质中，$\cos\theta=1$，E 为常数；上底面在导体中，$E=0$；封闭面的侧面 $\cos\theta=0$，故

$$\oint \varepsilon \boldsymbol{E} \cdot \mathrm{d}\boldsymbol{S} = \varepsilon E \Delta S$$

高斯面内的自由电荷 $\sum q_0 = \sigma_0 \Delta S$，由有电介质时的高斯定理得

$$E = \frac{\sigma_0}{\varepsilon} = \frac{\sigma_0}{\varepsilon_0 \varepsilon_r} \quad (方向竖直向下)$$

(2) 设电容器极板面积为 S，间距为 d，则有电介质存在时，电容器两极板间电势差

$$U_{AB} = Ed = \frac{\sigma_0 d}{\varepsilon_0 \varepsilon_r}$$

此时电容器的电容

$$C=\frac{q}{U_{AB}}=\frac{\sigma_0 S}{\frac{\sigma_0}{\varepsilon_0\varepsilon_r}d}=\frac{\varepsilon_0\varepsilon_r S}{d}$$

没有电介质存在时，$\varepsilon_r=1$，电容器的电容

$$C_0=\frac{\varepsilon_0 S}{d}$$

故

$$\frac{C}{C_0}=\varepsilon_r \tag{9-15}$$

这就是 ε_r 被称为相对电容率的来由，即引进电介质后，电容器的电容与真空时的电容之比值称为该电介质的相对电容率。式(9-15)虽是从平行板电容器推导出来的，但它适用于任何均匀充满介质的电容器。一切物质的相对电容率 $\varepsilon_r>1$。因此，在电容器中引入电介质后，电容将增大，即 $C>C_0$。可见，加大极板面积，减小极板间距离，或选用 ε_r 较大的电介质，都可以达到增大电容的目的。

9.4 静电场的能量

9.4.1 电容器的储能

充了电的电容器储存了电能，如把一个充电电容器的两个极板用导线短路而放电，可看到放电的火花，这一现象可用来熔焊金属，称"电容储能焊"，放电火花的热能必定是由充电电容器中储存的电能转换来的。那么电容器储存的电能是怎样得来的呢？下面我们来研究电容器的充电过程。

为了简单起见，我们把电容器的充电看成是如下的一个连续变化的过程。最初，两个极板 A 和 B 都不带电，然后从 B 板上移一个很小的正电荷 dq' 到另一极板 A 上，B 板上因缺少正电荷而带负电，A 板因有多余的正电荷而带正电。B 板的电势降低，A 板的电势升高，两板之间产生了电势差，中间有电场，因而可连续不断地把正电荷从 B 板移到 A 板上，最后使 A、B 两板带上等量的异种电荷，电量为 q，而 A、B 两板之间的电势差达到一个确定的值 U_{AB}，下面来计算在这样的充电过程中，外力克服电场力所做的功。

A、B 两板之间的电势差为 U 时，把 dq' 从 B 板移到 A 板上时，外力所做的功为：

$$dA=U\,dq'$$

由式(9-3)得

$$U=\frac{q'}{C}$$

所以

$$dA=\frac{q'}{C}dq'$$

整个充电过程中外力所做的总功为

$$A=\int dA=\int_0^q \frac{q'}{C}dq'=\frac{1}{C}\int_0^q q'dq'=\frac{q^2}{2C}$$

做功是能量转换的一种方式，通过外力做功把某种形式的能量储存在电容器中，这种能量是由于电容器带电而形成的，称为电容器的电能，用 W_e 表示，它的大小等于外力克服电场力所做的功，即

$$W_e=A=\frac{q^2}{2C}$$

根据式(9-3)，上式又可改写为

$$W_e=\frac{q^2}{2C}=\frac{1}{2}CU^2=\frac{1}{2}qU \tag{9-16}$$

式(9-16)称为电容器的储能公式。上式是从平行板电容器推导的，事实上它对任何电容器都适用。

电容器所储存的电能，可以使它在瞬间内放出而加以利用。例如，照相机用的闪光灯，就是使电容器中储存的电能在瞬间内放出而使灯泡发出很强闪光的一种装置。

9.4.2 电场的能量

电容器所储存的电能存在于电场中，故可用描述电场的物理量来表示能量。以平板电容器为例。充电后极板带电量 q，两板电势差为 U_{AB}，其储存的电场能

$$W_e=\frac{1}{2}qU_{AB}$$

把 $q=\sigma_0 S=\varepsilon ES$，$U_{AB}=V_A-V_B=Ed$ 代入该平板电容器储能式中得

$$W_e=\frac{1}{2}\varepsilon E^2 Sd=\frac{1}{2}\varepsilon E^2 V$$

式中 $V=Sd$ 是电场所在空间的体积，即平板间的体积。单位体积内的电能称作场能密度

$$w_e=\frac{W_e}{V}=\frac{1}{2}\varepsilon E^2 \tag{9-17}$$

上式由平行板电容器的特例推出，但在普遍情况下也是成立。对任意电场，总的电场能可由积分

$$W_e=\int_V w_e dV$$

求得。

【例 9-4】 如图 9-22 所示，球形电容器内外半径分别为 R_1、R_2，两极板间充以介电常数为 ε 的均匀电介质。电容器极板带电量分别为 $+Q$ 和 $-Q$，求电场中储存的电场能。

【解】 由高斯定理可求出两极之间电场分布

$$E=\frac{Q}{4\pi\varepsilon r^2}\quad(\text{方向沿半径向外})$$

在两极之间任取半径为 r,厚度为 $\mathrm{d}r$ 的一个同心球壳,其体积 $\mathrm{d}V=4\pi r^2\mathrm{d}r$。体积元 $\mathrm{d}V$ 中的电场能

$$\mathrm{d}W_e=w_e\mathrm{d}V=\frac{1}{2}\varepsilon E^2 4\pi r^2\mathrm{d}r=\frac{1}{2}\varepsilon\left(\frac{Q}{4\pi\varepsilon r^2}\right)^2 4\pi r^2\mathrm{d}r=\frac{Q^2\mathrm{d}r}{8\pi\varepsilon r^2}$$

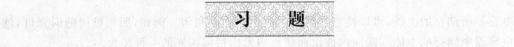

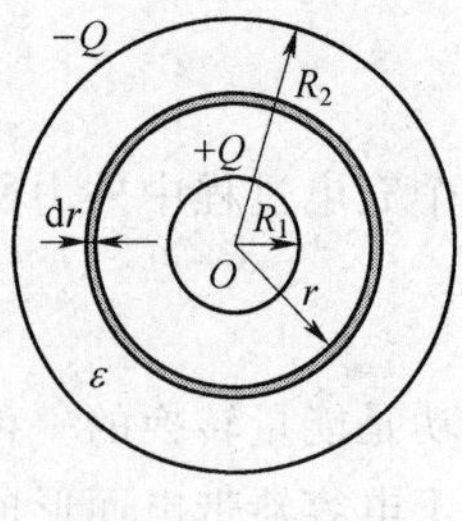

图 9-22　例 9-4 图

球形电容器储存的电场能量

$$W_e=\int_V\mathrm{d}W_e=\frac{Q^2}{8\pi\varepsilon}\int_{R_1}^{R_2}\frac{\mathrm{d}r}{r^2}=\frac{Q^2(R_2-R_1)}{8\pi\varepsilon R_1R_2}$$

上式与电容器储能 $W_e=\frac{1}{2}\frac{Q^2}{C}$ 比较有

$$C=\frac{4\pi\varepsilon R_1R_2}{R_2-R_1}$$

可见,亦可通过电场能量来求电容器的电容。

习　题

一、选择题

1. 有 3 个直径相同的金属小球。小球 1 和 2 带等量同号电荷,两者的距离远大于小球直径,相互作用力大小为 F。小球 3 不带电,装有绝缘手柄。用小球 3 先和小球 1 碰一下,接着又和小球 2 碰一下,然后移去,则此时小球 1 和 2 之间的作用力大小为(　　)。

A. $F/2$　　B. $F/4$　　C. $3F/4$　　D. $3F/8$

2. 在一个孤立导体球壳内,若在偏离中心处放一个点电荷,则在球壳内外表面将出现感应电荷,其分布将是(　　)。

A. 内表面均匀,外表面也均匀　　B. 内表面不均匀,外表面均匀

C. 内表面均匀,外表面不均匀　　D. 内表面不均匀,外表面也不均匀

3. 半径为 r 的圆形平行板电容器,间距为 $d(d\ll r)$,两个极板带电量分别为 $q,-q$。则两极板间的相互作用力 F 大小为(　　)。

A. $F=\frac{q^2}{\pi\varepsilon_0 r^2}$　　B. $F=0$　　C. $F=\frac{q^2}{2\pi\varepsilon_0 r^2}$　　D. $F=-\frac{q^2}{2\varepsilon_0\pi r^2}$

4. 关于有介质时的高斯定理,下列说法正确的是(　　)。

A. 若高斯面内不包围自由电荷,则穿过高斯面的 $\boldsymbol{D}$ 通量与 $\boldsymbol{E}$ 通量均为零

B. 若高斯面上 $\boldsymbol{D}$ 处处为零,则面内没有自由电荷

C. 高斯面各点 $\boldsymbol{D}$ 仅有面内自由电荷决定

D. 穿过高斯面的 $\boldsymbol{D}$ 通量仅与面内自由电荷有关,穿过高斯面的 $\boldsymbol{E}$ 通量与面内的自由电

荷和极化电荷均有关

5. 两块面积均为 S 的金属平板 A 和 B 彼此平行放置，板间距离为 d（d 远小于板的线度），设 A 板带电 q_1，B 板带电 q_2，则 AB 两板的电势差 U_{AB} 为（　　）。

A. $\dfrac{q_1+q_2}{2\varepsilon_0 S}d$　　B. $\dfrac{q_1+q_2}{4\varepsilon_0 S}d$　　C. $\dfrac{q_1-q_2}{2\varepsilon_0 S}d$　　D. $\dfrac{q_1+q_2}{2\varepsilon_0 S}d$

6. 一空气圆形平行板电容器，极板间距为 $d[d \ll R$（圆形半径）$]$，电容为 C。若在两个极板中间平行地插入一块厚度为 $d/3$，面积与极板相等的的金属板，金属板与极板相等的面正对放置，则这时电容器的电容变为（　　）。

A. C　　B. $2C/3$　　C. $3C/2$　　D. $2C$

7. 一平行板电容器始终与端电压一定的电源相连．当电容器两极板间为真空时，电场强度为 $\boldsymbol{E}_0$，电位移为 $\boldsymbol{D}_0$，而当两极板间充满相对介电常量为 ε_r 的各向同性均匀电介质时，电场强度为 $\boldsymbol{E}$，电位移为 $\boldsymbol{D}$，则下列表述正确的是（　　）。

A. $\boldsymbol{E}=\boldsymbol{E}_0/\varepsilon_r$，$\boldsymbol{D}=\boldsymbol{D}_0$　　B. $\boldsymbol{E}=\boldsymbol{E}_0$，$\boldsymbol{D}=\varepsilon_r\boldsymbol{D}_0$

C. $\boldsymbol{E}=\boldsymbol{E}_0/\varepsilon_r$，$\boldsymbol{D}=\boldsymbol{D}_0/\varepsilon_r$　　D. $\boldsymbol{E}=\boldsymbol{E}_0/\varepsilon_r$，$\boldsymbol{D}=\boldsymbol{D}_0$

二、填空题

1. 将两个点电荷 q_1，q_2 分别置于真空中相距为 r_1、置于某一“无限大”各向同性均匀电介质 ε 中相距为 r_2，则它们之间的相互作用力大小在真空中和介质中分别等于__________和__________；若测得 q_1 或 q_2 在两种情况下受力大小相等，则该电介质的相对介电常数为__________。

2. 一点电荷 q 置于一不带电的导体球外，点电荷距球心的距离为 d，则导体上距离球心为 r 的一点的电势为__________。

3. 一平行板电容器，两板间充满各向同性均匀电介质，已知相对介电常数为 ε_r。若极板上的自由电荷面密度为 σ，则介质中电位移的大小 $D=$__________；电场强度的大小 $E=$__________。

4. 在一个不带电的导体球壳内，先放进一电量为 $+q$ 的点电荷，点电荷不与球壳内壁接触。然后使该球壳与地接触一下，再将点电荷 $+q$ 取走。此时，球壳的电量为__________，电场能量是__________。

5. 一带电的金属球，当其周围是真空时，储存的静电能量是 W_0，使其电量保持不变，把它浸没在相对介电常数为 ε_r 的无限大各向同性均匀电介质中，这时它的静电能量 $W_e=$__________。

三、简答题

1. 如简答题 1 图所示，3 个平行的金属板 A、B 及 C，面积均为 $200\times10^{-4}\ \mathrm{m}^2$，$A$ 与 B 相距4. 0 mm，A 与 C 相距 2. 0 mm，B、C 两板接地，若使 A 板带正电 3.0×10^{-7} C，求：

(1) B、C 板上的感应电荷各为若干？

(2) A 板电势为多大？

2. A、B 为靠得很近的两块平行的大金属平板，如简答题 2 图所示。板的面积为 S，板间距离为 d，使 A、B 板带电分别为 q_A、q_B，且 $q_A > q_B$。求：

(1) A 板内侧的带电量；

(2) 两板间的电势差。

3. 如简答题 3 图所示，证明对于两个无限大的平行平面带电导体板来说：

(1) 相向的两面(图中 2 和 3)上，电荷的面密度总是大小相等而符号相反；

(2) 相背的两面(图中 1 和 4)上，电荷的面密度总是大小相等而符号相同。

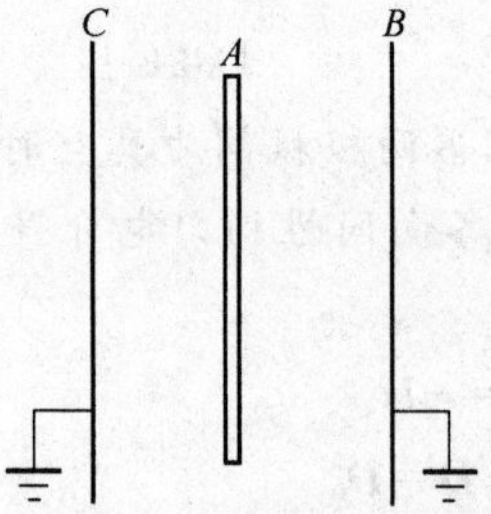

简答题 1 图

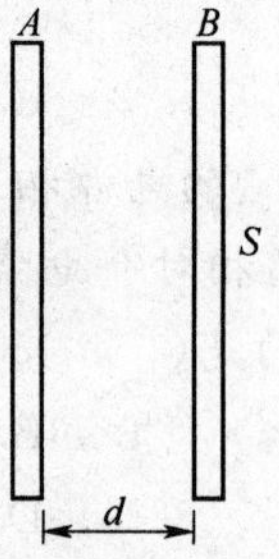

简答题 2 图

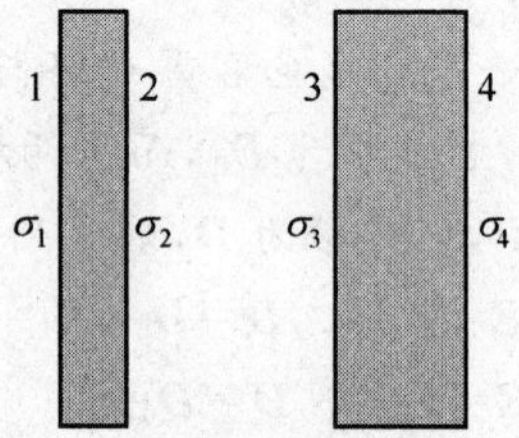

简答题 3 图

4. 如简答题 4 图所示，半径为 R_1 的导体球带有电荷 q，球外有一个内半径为 R_2 的同心导体球壳，壳上有电荷 Q。求：

(1) 球与壳的电势差 U_{12}；

(2) 用导线把球和壳连接在一起后，其电势为多少？

5. 如简答题 5 图所示，一无限大的平行板电容器，设 A、B 两板相距 5.0×10^{-2} m，板上电荷面密度 $\sigma=3.3\times10^{-6}$ C/m^2，A 板带正电，B 板带负电并接地(地的电势为零)。求：

(1) 在两板间离 A 板 1.0×10^{-2} m 处 P 点的电势；

(2) A 板的电势；

(3) 两板的电势差。

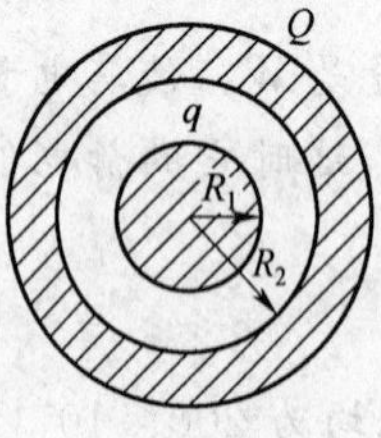

简答题 4 图

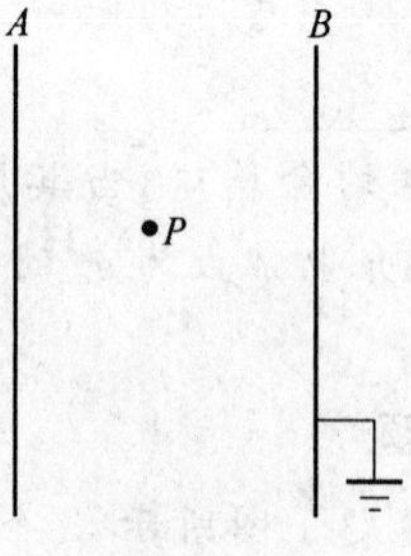

简答题 5 图

6. 面积是 2.0 m^2 的两平行导体板放在空气中相距 5.0 mm，两板电势差为 1 000 V，略去边缘效应。试求：

（1）电容 C；

（2）各板上的电量 Q、电荷的面密度 σ 和板间电场强度 E 的值。

7. 有 4 个电容器 $C_1=C_2=0.2\ \mu F$，$C_3=C_4=0.6\ \mu F$，连接方法如简答题 7 图所示。求：

（1）开关 K 断开时，该组合电容器的等值电容是多少？

（2）开关 K 合上时，等值电容又是多少？

8. 如简答题 8 图所示，一平行板电容器两极板面积均为 $2.0\ m^2$，相距 5.0 mm，在两板间充满两层均匀介质，一层厚 2.0 mm，$\varepsilon_{r1}=5.0$；另一层厚 3.0 mm，$\varepsilon_{r2}=2.0$。试求该电容器的电容。

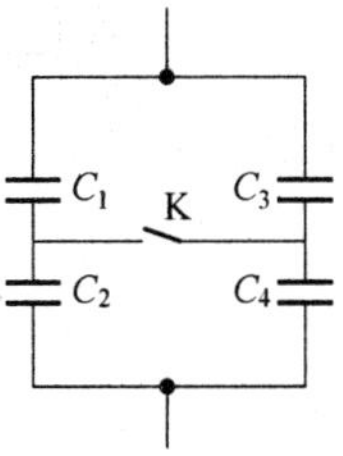

简答题 7 图

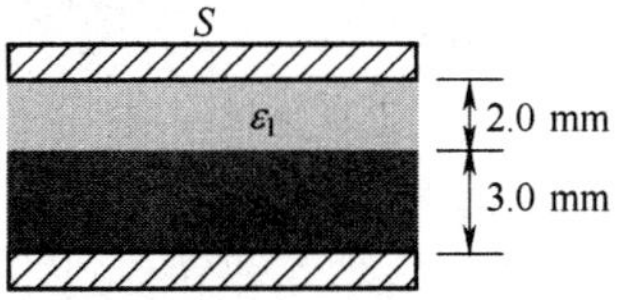

简答题 8 图

9. 平板电容器内充满相对电容率为 ε_r 的介质块，电容器极板为正方形，边长为 a，两边相距 $d(a\gg d)$，带电量分别为 Q、$-Q$，现用力将介质从电容器极板间缓慢地抽出，不计摩擦和热损失。求将介质块全部抽出时外力所做的功。

10. 平行板电容器，板的面积为 S、极板间距离为 d，把它充电到两极板电势差为 V 时去掉电源，然后把两极板拉开到距离为 $2d$，略去边缘效应。试求：

（1）分开两极板所需的功；

（2）两极板的电势差；

（3）电容器所储存的能量。

第10章 稳恒电流的磁场

电现象和磁现象是经常联系在一起的，凡是有电的地方几乎都有磁现象。稳恒电流所产生的磁场称为稳恒磁场。本章讨论磁场的一些基本性质及稳恒电流产生磁场的规律。

10.1 稳恒电流与电动势

10.1.1 电流密度 稳恒电流

电荷的定向运动形成电流。形成电流的带电粒子称为载流子，它们可以是电子，也可以是正的或负的离子，在半导体中可以是带正电的“空穴”。产生电流的条件是：第一，存在可以自由移动的电荷；第二，存在电场。

在一定的电场中，正、负电荷所受的电场力方向相反，定向运动的方向也相反。在金属导体中，形成电流的载流子是带负电的自由电子。习惯上把电流看成是正电荷运动形成的，并规定正电荷运动的方向为电流的方向。所以，在导体中电流的方向总是从电势高处指向电势低处。

电流的强弱用电流强度（简称电流）来描述，定义为单位时间内通过导体某一横截面的电量。如果在 $\mathrm{d}t$ 时间内通过导体横截面的电量为 $\mathrm{d}q$，则电流强度 I 可表示为

$$I=\frac{\mathrm{d}q}{\mathrm{d}t} \tag{10-1}$$

I 不是矢量，I 的方向指它的流向。在国际单位制中电流强度的单位是安[培]（简称安），用 A 表示。

如果电流沿着均匀的导体流动，并且在同一截面上各点的电流分布是均匀的，通常用电流强度就可以反映导体中的电流分布情况。但是在实际中常会遇到电流在不均匀的导体中流动的问题，这时导体中的不同部分其电流强度的强弱和方向都可能不一样，形成一定的电流分布。例如在图 10-1 中，图 10-1(a)为粗细不均匀的导体中的电流分布；图 10-1(b)为半球形接地电极附近的电流分布；图 10-1(c)为用电阻法勘探矿藏时大地中的电流分布。由此可见，只有电流强度这一概念还不能反映导体中各点的电流分布，需要引入电流密度矢量这一概念。导体中任意一点的电流密度 $\boldsymbol{j}$ 的方向为正电荷通过该点时的运动方向，其大小等于通

过该点垂直于电流方向的单位面积的电流强度。

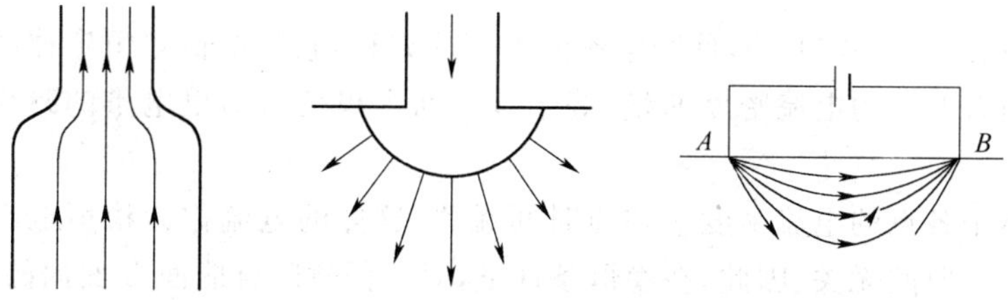

(a) 粗细不均匀导体中的电流分布　(b) 半球形接地电极附近的电流分布　(c) 电阻法勘探矿藏时大地中的电流分布

图 10-1　不同情况下的电流分布

如图 10-2 所示，设 $dS_{\perp}$ 为垂直于电流方向的过 P 点的面积元，dI 为通过面积元 $dS_{\perp}$ 的电流强度，$\boldsymbol{n}^0$ 为正电荷通过 P 点时运动方向上的单位矢量，则由定义有

$$\boldsymbol{j}=\frac{dI}{dS}\boldsymbol{n}^0 \tag{10-2}$$

在国际单位制中，电流密度的单位是安/米²（A/m²）。

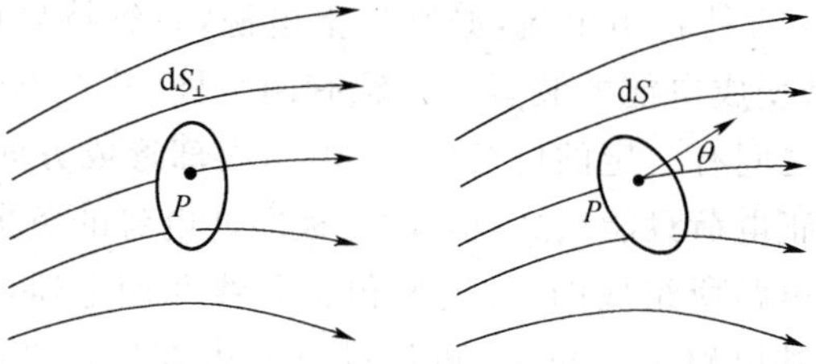

(a)　(b)

图 10-2　不同情况下的电流分布

如果面元 d$\boldsymbol{S}$ 的法线方向 $\boldsymbol{n}$ 与电流的方向成 θ 角，如图 10-2(b)所示，则通过 d$\boldsymbol{S}$ 面的电流强度为

$$dI=j\,dS\cos\theta=\boldsymbol{j}\cdot d\boldsymbol{S} \tag{10-3}$$

式中，$dS\cos\theta$ 为 d$\boldsymbol{S}$ 在垂直于 $\boldsymbol{n}^0$ 方向的投影。因此，通过导体中任意截面 S 的电流强度为

$$I=\oint_S j\,dS\cos\theta=\oint_S \boldsymbol{j}\cdot d\boldsymbol{S} \tag{10-4}$$

由此可见，通过导体中任意截面 S 的电流强度等于通过该面的电流密度的通量。

设想在导体内任取一闭合曲面 S，则根据电荷守恒定律，在某段时间里由此面流出的电量等于在这段时间里 S 面内包含的电荷减少量。设在时间 dt 里包含在 S 面内的电量增量为 dq，则在单位时间里 S 面内电量减少量为 $-\frac{dq}{dt}$，单位时间里由 S 面流出的电量为 $\oint_S \boldsymbol{j}\cdot d\boldsymbol{S}$，二者数值相等，即

$$\oint_S \boldsymbol{j} \cdot \mathrm{d}\boldsymbol{S} = -\frac{\mathrm{d}q}{\mathrm{d}t} \tag{10-5}$$

式中，负号表示减少。式(10-5)称为电流的连续性方程，它是电荷守恒定律的数学表示式，说明通过任一闭合曲面的电流密度通量，等于该曲面内单位时间里电量的减少量。也就是说，电流是连续的。

如果导体中各点的电流密度 $\boldsymbol{j}$ 均与时间无关，这样的电流称为稳恒电流，电场称为稳恒电场。由于 $\boldsymbol{j}$ 与时间无关，因此，在稳恒条件下，对于任意闭合曲面 S 面内的电量不随时间变化，即 $\frac{\mathrm{d}q}{\mathrm{d}t}=0$，由式(10-5)得

$$\oint_S \boldsymbol{j} \cdot \mathrm{d}\boldsymbol{S} = 0 \tag{10-6}$$

式(10-6)称为稳恒电流的连续性方程，又叫电流的稳恒条件。它表明单位时间内从任意闭合曲面 S 的一侧流入的电量等于从该面另一侧向外流出的电量。

10.1.2 电源电动势

为了在导体或电路中维持稳恒电流，必须接上电源，以维持导体或电路两端的电势差。电源是把其他形式的能转变成电能的装置。电源有两个极，其中电势较高的叫正极，电势较低的叫负极，正极和负极之间有一定的电势差，在电源内部形成方向由正极指向负极的静电场。在静电场的作用下，正电荷只能从高电势的正极向低电势的负极运动。所以在一个完整的电路(它是由电源和外电路所组成的，外电路包括导线和用电器，如图 10-3 所示)，要使电流从电源的正极流出，经外电路流入负极，再经过电源内部从负极流向正极，形成闭合的电流，仅靠静电场是不能达到的。因为在电源内部正电荷是由低电势处的负极流向高电势处的正极，这表明在电源内部还存在一种与静电力性质不同的力，这种力能把正电荷由低电势移向高电势，我们把这种力称为“非静电性力”。所以，电源内部存在着非静电性力。非静电力可以是化学的、磁的、热的、光的等。

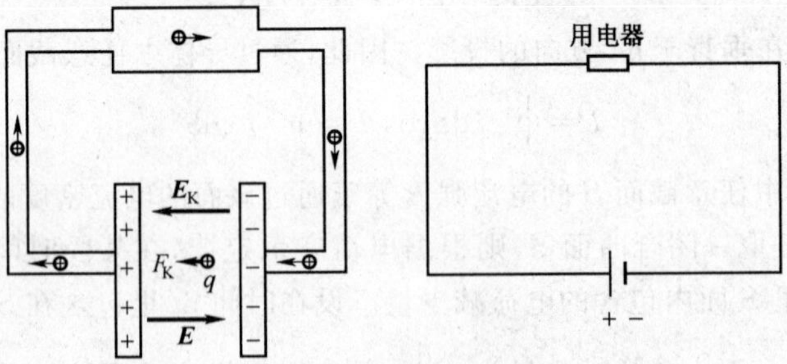

图 10-3 电路中的非静电力

用 $\boldsymbol{E}_K$ 表示作用在单位正电荷上的非静电力，则作用在电荷 q 上的非静电力为

$$\boldsymbol{F}_{\mathrm{K}} = q\boldsymbol{E}_{\mathrm{K}}$$

当电荷 q 在闭合回路中运动一周时，非静电力所做的功为

$$A = \oint_L q\boldsymbol{E}_{\mathrm{K}} \cdot \mathrm{d}\boldsymbol{l}$$

L 表示闭合回路，由此可知，单位正电荷在闭合回路内运动一周非静电力所做的功在数值上等于

$$\mathscr{E}_L = \frac{A}{q} = \oint_L \boldsymbol{E}_{\mathrm{K}} \cdot \mathrm{d}\boldsymbol{l} \tag{10-7}$$

我们把 $\mathscr{E}_L$ 称为回路 L 的电动势。

对于一个含有电源的闭合回路而言，非静电力只是在电源中存在，因而当单位正电荷在回路中运动一周时，电源中非静电力所做的功为

$$\mathscr{E} = \oint_{\mathrm{L}} \boldsymbol{E}_{\mathrm{K}} \cdot \mathrm{d}\boldsymbol{l} = \int_{-}^{+} \boldsymbol{E}_{\mathrm{K}} \cdot \mathrm{d}\boldsymbol{l} \tag{10-8}$$

$\mathscr{E}$ 称为电源电动势，积分是由电源的负极通过电源内部到正极。显然，电源电动势表明了电源中非静电力做功本领的大小，也就是电源提供电能本领的大小，电动势是标量，为方便起见，我们规定电动势的指向由负极经过电源内部到正极。

电动势的单位与电势单位相同。

10.2　磁场与磁感应强度

10.2.1　电流的磁效应

从公元前到 18 世纪的两千多年间，人类对电和磁的研究是各自独立进行的，彼此一直没有联系起来，直到 1820 年丹麦物理学家奥斯特在哥本哈根大学给学生做演示实验过程中，首先发现了电流具有磁效应。如图 10-4 所示，将一根通电直导线南北放置，它的下面放一能自由转动的小磁针，当直导线中未通电流时，小磁针取南北方向，当在导线中通电流时，小磁针发生偏转，其偏转方向与电流的方向有关，此即著名的奥斯特实验。该实验说明小磁针在电流周围要受力的作用，这是一个重大的发现，它第一次揭示了磁现象与电现象之间的联系。

不仅载流导线对磁针施加力的作用，反过来磁铁对载流导线也施加力的作用。如图 10-5 所示，把一段直导线放入马蹄形磁铁的两极之间，当导线中通入电流时，它将移动，这说明通电导线受到了力的作用。导线受力的方向随马蹄形磁铁两磁极位置的调换或电流方向的改变而变化。

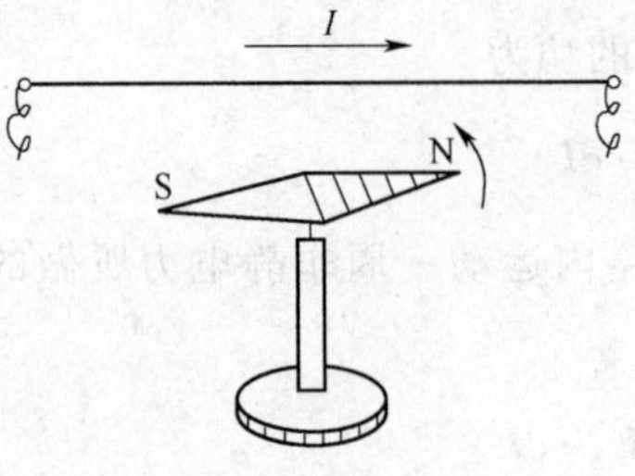

图 10-4　奥斯特实验

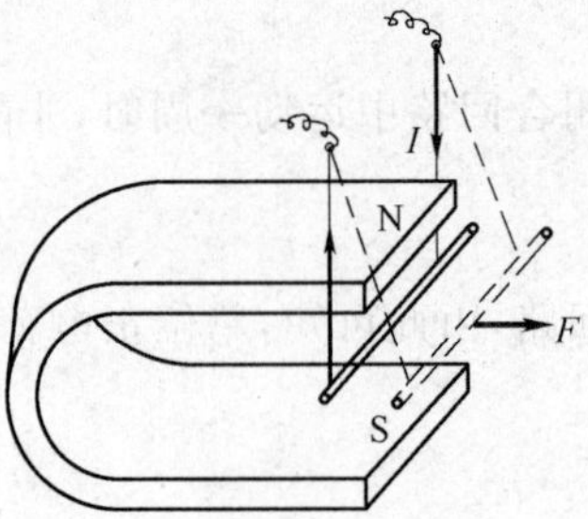

图 10-5　磁铁对载流导线的作用

电流与电流之间也有相互作用，如图 10-6 所示的两平行直导线，当其中通以同向电流时，两导线相互吸引，当其中通以反向电流时，两者相排斥。

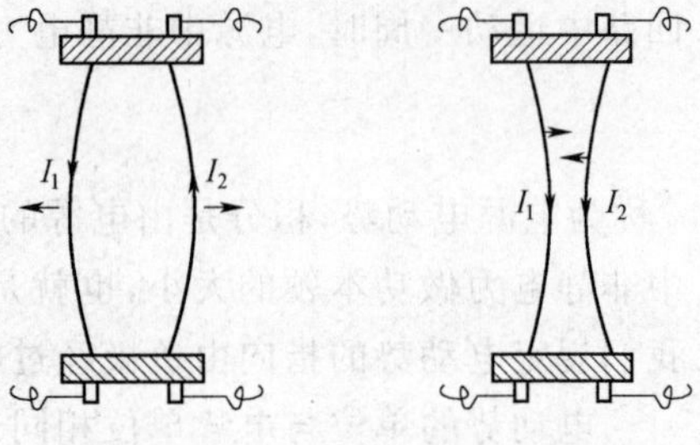

图 10-6　电流与电流之间的相互作用

将小磁针接近通电螺线管的两端时，将看到螺线管的两端亦分别具有 N 极和 S 极，当改变电流方向时，磁极极性也随之而变。

上述实验表明，电流与电流、电流与磁铁之间的相互作用，和磁铁与磁铁之间的相互作用具有相同的性质，因此都称为磁相互作用，其间的相互作用力称为磁力。

10.2.2　磁场

在静电学中我们知道，静止电荷之间的静电力是通过电场发生的，即在电荷周围的空间里存在着电场，而电场的基本性质是它对任何置于其中的其他电荷施加作用力。与此相似，在磁铁或电流（运动电荷）周围的空间里也存在着磁场，而磁场的基本性质之一是它对任何置于其中的其他磁体或电流施加作用力。为了解释物质磁性，安培于 1822 年提出分子电流假说。他认为磁现象的根源是电流，物质的磁性起源于构成物质的分子中存在环形电流（称为分子电流）。安培的分子电流假说与物质的电结构理论相符，在解释物质的磁性方面是成功的。近代关于原子结构的理论和实践证实，电子不仅围绕原子核旋转，而且还有自旋。安培假设的分子环形电流，实际上相当于分子、原子等微观粒子内电子的绕核运动和自旋运动形成的电流。由此可见，无论是导线中电流周围空间，还是磁铁周围空间的磁性，它们都起源于电荷的运动。也就是说，运动着的电荷（即电流）周围空间除存在电场外还同时存在着磁场，而磁场又会对处于其中的运动电荷（即电流）产生磁力的作用。电流（运动电荷）之间的磁力作用是通过图 10-7 的模式进行的。

图 10-7　电流之间的磁力作用

10.2.3 磁感应强度

电场最基本的性质之一是对置入其中的电荷具有电场力的作用，我们根据电场对检验电荷的作用力来测量电场的强弱，从而引进了电场强度 $\boldsymbol{E}$ 概念。磁场最基本的性质之一是对置于磁场中的电流具有磁场力的作用，类似地，我们也可根据磁场对电流作用力的性质来描述它的强弱，描述磁场强弱的物理量叫作磁感应强度，用 $\boldsymbol{B}$ 表示。

与测量电场中各点强度时所用的检验电荷相似，我们用载流导线中的一小段微元来测量磁场中各点的磁感应强度。如果载流导线中的电流为 I，导线中的一小段微元用线元 $\mathrm{d}\boldsymbol{l}$ 表示，则 $I\mathrm{d}\boldsymbol{l}$ 称为电流元。电流元是个矢量，它的大小为 $I\mathrm{d}l$，它的方向沿电流的方向。

把电流元 $I\mathrm{d}\boldsymbol{l}$ 放置在磁场中某一点，发现电流元所受磁场力的大小与电流元的方向有关，在某一方向上它所受的磁力最大，设为 $\mathrm{d}F_{\max}$，我们把电流元所受的最大磁场力与电流元的比值定义为该点的磁感应强度的大小，即

$$B=\frac{\mathrm{d}F_{\max}}{I\mathrm{d}l} \tag{10-9}$$

$\boldsymbol{B}$ 的方向垂直于 $\mathrm{d}\boldsymbol{F}_{\max}$ 和 $I\mathrm{d}\boldsymbol{l}$，其指向由右手螺旋法则决定：把右手四指由 $\mathrm{d}\boldsymbol{F}_{\max}$ 经 90°的角转向 $I\mathrm{d}\boldsymbol{l}$ 时，大拇指的方向就是 $\boldsymbol{B}$ 的方向，如图 10-8 所示。

实验发现，当电流元 $I\mathrm{d}\boldsymbol{l}$ 与 $\boldsymbol{B}$ 的方向平行时，电流元所受的磁场力为零。

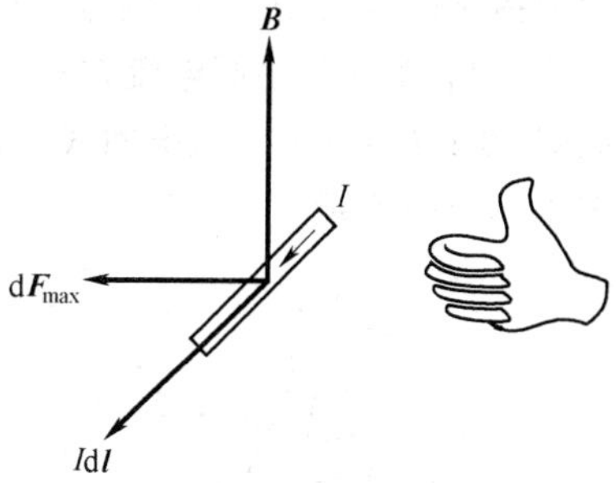

图 10-8 $\boldsymbol{B}$ 的方向

当然，单独的电流元实际上并不存在。因此，上面所说的用电流元来测量磁感应强度只是一个假想的实验。实际上通常是用载流小线圈来测量磁感应强度，其原理后面再介绍。我们可以看到，现在所给出的磁感应强度的定义与静电学中的电场强度的定义有较明显的相似性。在国际单位制中，磁感应强度的单位是特[斯拉]，符号为 T。

$$1\ \mathrm{T}=1\ \mathrm{N/(A\cdot m)}$$

10.3 磁场的高斯定理

10.3.1 磁感应线

在静电学中我们用电场线来形象地描述空间的电场分布，类似地我们也可以用磁感应线来形象地描述空间磁场的分布。

磁感应线是一族曲线，曲线上每点的切线方向沿着该点的磁感应强度 $\boldsymbol{B}$ 的方向。与电场

线一样，磁感应线是假想的曲线，实际上并不存在。

图 10-9 中给出了几种形状简单的载流导线的磁感应线，图 10-9(a)所示是直线电流的磁感应线，在垂直于导线的平面上磁感应线是一些同心圆周，圆心是直导线与平面的交点；图 10-9(b)所示是圆电流的磁感应线；图 10-9(c)所示是载流直螺线管的磁感应线。

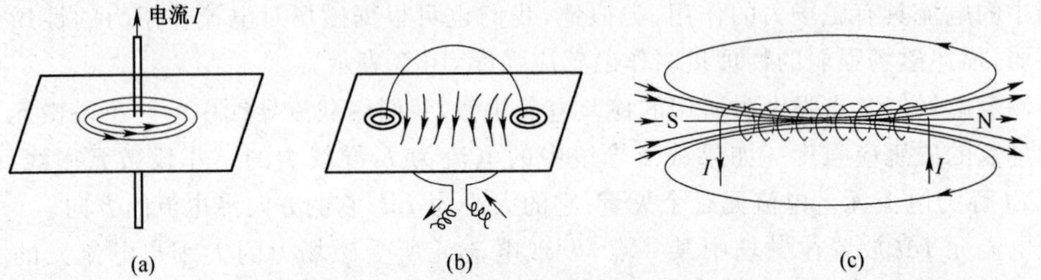

图 10-9　几种载流导线的磁感应线

从图中可以看出，磁感应线是环绕电流的无头无尾的闭合线，每根磁感应线都与产生磁场的闭合电流互相套合。静电场中的电场线一般是有头有尾的，从磁感应线的闭合性可以看到稳恒电流的磁场与静电场不同的性质。

电流方向与磁感应线方向之间的关系可以用右手螺旋法则确定，对于直线电流，用右手大拇指指向电流的方向，则弯曲的四指给出了磁感应线的方向，如图 10-10(a)所示。对于圆电流，把右手四指沿圆电流方向弯曲，则大拇指所指的方向就是穿过圆电流内的磁感应线方向，如图 10-10(b)所示。通电螺线管内部的磁感应线方向也可以用与圆电流相同的方法判断，如图 10-10(c)所示。

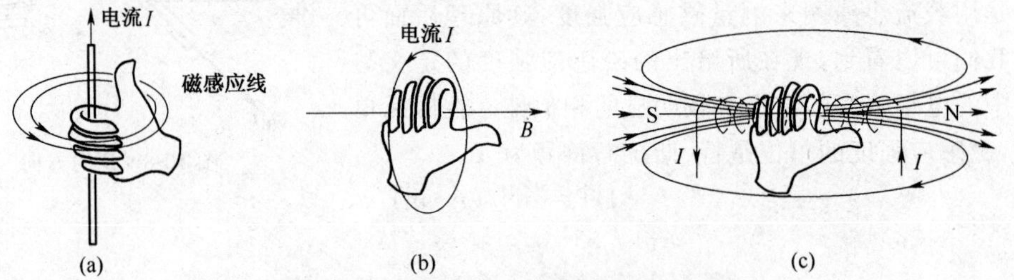

图 10-10　确定电流与磁场方向的右手螺旋法则

10.3.2　磁通量

与电场线一样，磁感应线不但可以用来表示空间各点磁感应强度 $\boldsymbol{B}$ 的方向，也可以用它在空间分布的疏密来表示空间各点磁感应强度的大小，为此，我们规定：在磁场中任意一点，取一垂直于该点磁感应强度 $\boldsymbol{B}$ 方向的面积元 $dS_{\perp}$，使通过单位面积上的磁场线条数 $d\Phi_m$ 等于该点磁感应强度 $\boldsymbol{B}$ 的大小，即

$$B=\frac{d\Phi_m}{dS_\perp} \tag{10-10}$$

通过任意一给定曲面的磁感应线条数称为通过该曲面的磁通量，用 Φ_m 表示。它的计算方法完全类似于静电学中电通量的计算方法。在曲面 S 上取面积元 $d\boldsymbol{S}$，通过面积元 $d\boldsymbol{S}$ 的磁通量

$$d\Phi_m = B\cos\theta dS = \boldsymbol{B}\cdot d\boldsymbol{S}$$

式中，θ 为面积元 $d\boldsymbol{S}$ 的法线方向 $\boldsymbol{n}$ 与 $\boldsymbol{B}$ 的夹角。

把曲面 S 上所有面积元 $d\boldsymbol{S}$ 的磁通量 $d\Phi_m$ 相加就得到通过 S 的磁通量 Φ_m，即

$$\Phi_m = \int d\Phi_m = \int_S B\cos\theta dS = \int_S \boldsymbol{B}\cdot d\boldsymbol{S} \tag{10-11}$$

磁通量的单位是 $T\cdot m^2$，这个单位叫做韦[伯]，用 Wb 表示，即

$$1\ Wb = 1\ T\cdot m^2$$

10.3.3　磁场的高斯定理

对于一个封闭曲面，取由曲面内指向曲面外的方向为法线的正方向。于是，从封闭曲面内穿出曲面外的磁感应线为正，从曲面外穿入曲面内的磁感应线为负。由于磁感应线的闭合性，因此穿进封闭曲面的任何一根磁感应线必然要穿出封闭曲面。这表明通过任何一个封闭面的磁感应线总条数即磁通量为零。

$$\Phi_m = \oint_S \boldsymbol{B}\cdot d\boldsymbol{S} = \oint_S B\cos\theta dS = 0 \tag{10-12}$$

式(10-12)称为磁场的高斯定理。很明显，磁场的高斯定理表达式是磁感应线闭合性的一种数学表示。

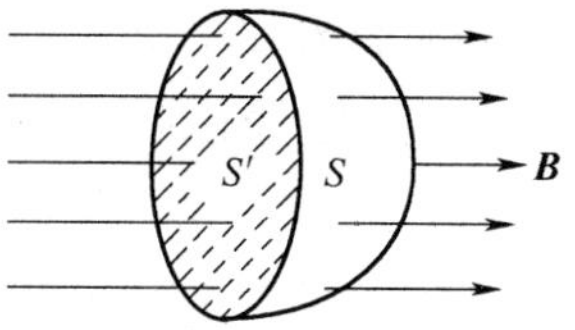

图 10-11　例 10-1

【例 10-1】　计算匀强磁场中通过半径为 R 的半球面的磁通量(见图 10-11)。设半球面的对称轴沿磁场方向。

【解】　半球面 S 与底面 S' 组成封闭曲面，由磁场的高斯定理可知，从 S' 穿入的磁通量等于从 S 穿出的磁通量，所以

$$\Phi_{mS} = -\Phi_{mS'} = B\pi R^2$$

10.4　电流和运动电荷的磁场

10.4.1　毕奥-萨伐尔定律

电流可以产生磁场，那么电流产生磁场的规律是什么呢？19 世纪 20 年代毕奥、萨伐尔和拉普拉斯等人在分析实验的基础上，总结出了有关载流导线产生磁场的基本规律，称为毕奥-

萨伐尔定律。

在静电学中，先从库仑定律推出点电荷所产生的场强 d$\boldsymbol{E}$，然后根据场强叠加原理求出任意电荷分布所产生的场强 $\boldsymbol{E}$。磁场与电场一样具有叠加性，一根载流导线所产生的磁场实际上是载流导线上各段电流元 $\mathrm{I}d\boldsymbol{l}$ 所产生的磁场 d$\boldsymbol{B}$ 的矢量叠加，所以，只要知道电流元 $Id\boldsymbol{l}$ 所产生的磁场 d$\boldsymbol{B}$，就可以计算载流导线所产生的磁场 $\boldsymbol{B}$。

毕奥-萨伐尔定律给出了电流元 $Id\boldsymbol{l}$ 在空间某一点产生的磁场 d$\boldsymbol{B}$ 的规律。它的内容可表述为：在真空中，载流导线上任何一段电流元 $Id\boldsymbol{l}$ 在给定点 P 所产生的磁感应强度 d$\boldsymbol{B}$ 的大小正比于电流元的大小 Idl 和电流元 $Id\boldsymbol{l}$ 与电流元到 P 点径矢 $\boldsymbol{r}$ 之间夹角的正弦 $\sin(Id\boldsymbol{l},\boldsymbol{r})$，反比于电流元到 P 点的距离 r 的平方；d$\boldsymbol{B}$ 的方向垂直于 $Id\boldsymbol{l}$ 和 $\boldsymbol{r}$ 所组成的平面，其指向由右手螺旋法则确定，即使右手四指由 $Id\boldsymbol{l}$ 经小于 180°的角转向 $\boldsymbol{r}$，则大拇指指向就是 d$\boldsymbol{B}$ 的指向（见图 10-12）。

根据毕奥-萨伐尔定律，d$\boldsymbol{B}$ 的大小可用数学式表示为

$$dB=k'\frac{Idl\sin(d\boldsymbol{l},\boldsymbol{r})}{r^2}$$

式中，k'是比例常数，通常用另一个常数 μ_0 代替 k'，它与 k'的关系是

$$k'=\frac{\mu_0}{4\pi}$$

μ_0 称为真空磁导率，在国际单位制中，$\mu_0=4\pi\times10^{-7}\,\mathrm{N/A^2}=12.57\times10^{-7}\,\mathrm{N/A^2}$。因此，$dB$ 在真空中可表示为

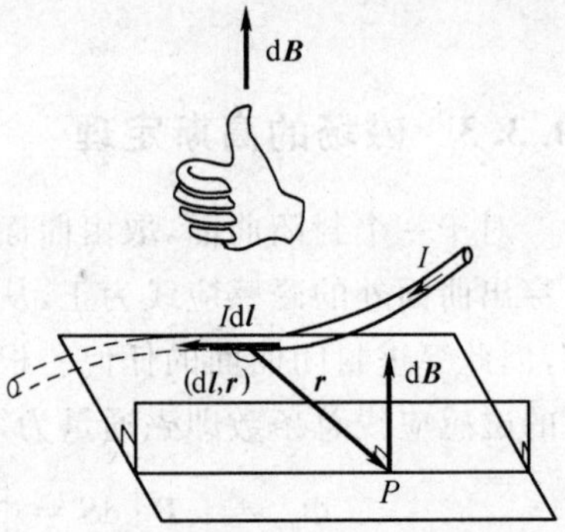

图 10-12　毕奥-萨伐尔定律

$$dB=\frac{\mu_0}{4\pi}\frac{Idl\sin(d\boldsymbol{l},\boldsymbol{r})}{r^2} \tag{10-13a}$$

考虑到 d$\boldsymbol{B}$ 的方向，式(10-13a)可以用矢量的形式来表示，即

$$d\boldsymbol{B}=\frac{\mu_0}{4\pi}\frac{Id\boldsymbol{l}\times\boldsymbol{e}_r}{r^2}=\frac{\mu_0}{4\pi}\frac{Id\boldsymbol{l}\times\boldsymbol{r}}{r^3} \tag{10-13b}$$

$\boldsymbol{e}_r$ 为 $\boldsymbol{r}$ 方向上的单位矢量。

整个载流导线在给定点所产生的磁感应强度为导线上各段电流元 $Id\boldsymbol{l}$ 在该点所产生磁感应强度 d$\boldsymbol{B}$ 的矢量积分，即

$$\boldsymbol{B}=\int d\boldsymbol{B}=\frac{\mu_0}{4\pi}\int_L\frac{Id\boldsymbol{l}\times\boldsymbol{r}}{r^3} \tag{10-14}$$

积分对整个载流导线 L 进行。

10.4.2　磁感应强度的计算

根据毕奥-萨伐尔定律，原则上讲可以用积分的方法计算载流导线在空间任一点所产生的磁感应强度。但是，从式(10-14)中可以看出，用积分的方法来计算是很不方便的，只是对于形状极为简单的载流导线才能用式(10-14)来直接计算空间各点或某些点的磁感应强度。下面举两个典型的例子来说明如何用积分的方法计算磁感强度 $\boldsymbol{B}$。

1. 直线电流的磁场

下面我们来计算一根长为 L、通以电流 I 的直导线段在空间各点的磁感应强度。

空间任一点 P 与直导线段 AB 在同一平面上，设此平面为纸面，P 点与直导线段的垂直距离为 a，如图 10-13 所示。选电流元 $I\mathrm{d}\boldsymbol{l}$，$I\mathrm{d}\boldsymbol{l}$ 到 O 点距离为 l。由 $I\mathrm{d}\boldsymbol{l}\times\boldsymbol{r}$ 可以判定直线段上任一电流元在 P 点所产生的 $\mathrm{d}\boldsymbol{B}$ 方向相同，均垂直于纸面向里，在图中用⊗表示，因此，P 点的 B 为 $\mathrm{d}B$ 的代数和，即标量积分。

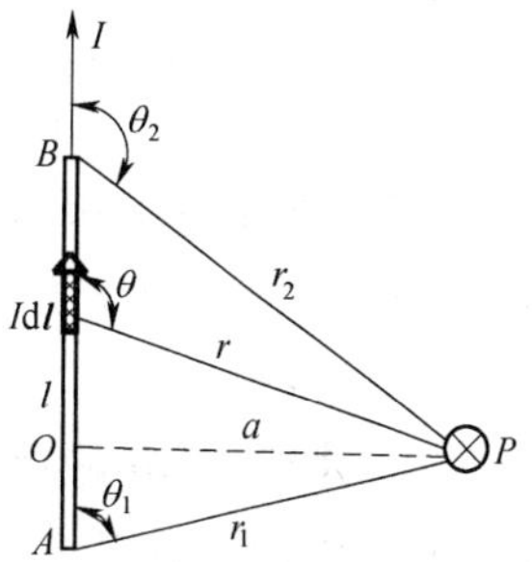

图 10-13　直线电流的磁场

$$\mathrm{d}B=\frac{\mu_0}{4\pi}\cdot\frac{I\mathrm{d}l\sin\theta}{r^2}$$

$$B=\int\mathrm{d}B=\int\frac{\mu_0 I\mathrm{d}l\sin\theta}{4\pi r^2}$$

表达式中有三个变量 r、θ、l，需将被积函数化为一个变量来表示。选 θ 作自变量，将线量化为角量，则

$$r=\frac{a}{\sin(\pi-\theta)}=\frac{a}{\sin\theta},\quad l=-a\cot\theta,\quad \mathrm{d}l=\frac{a}{\sin^2\theta}\mathrm{d}\theta$$

将 r 和 $\mathrm{d}l$ 的表达式代入积分式中并整理得

$$B=\frac{\mu_0 I}{4\pi a}\int_{\theta_1}^{\theta_2}\sin\theta\mathrm{d}\theta=\frac{\mu_0 I}{4\pi a}(\cos\theta_1-\cos\theta_2)\tag{10-15}$$

式中，θ_1、θ_2 分别为直导线段电流的起点和终点到场点 P 的径矢 $\boldsymbol{r}_1$ 和 $\boldsymbol{r}_2$ 与起点和终点的电流元间的夹角。磁感应强度的方向垂直于纸面向里。

对于无限长直线电流，将 $\theta_1=0$，$\theta_2=\pi$ 代入式(10-15)得无限长直线电流的磁场的磁感应强度为

$$B=\frac{\mu_0 I}{2\pi a}\tag{10-16}$$

事实上，无限长直线电流是不存在的。在实际问题中只要所研究的点 P 距直导线的距离 a 比它到直线两端的距离小得多，则 P 点的磁场就可以近似看成是无限长直线电流所产生

的，其磁感应强度等于$\frac{\mu_0 I}{2\pi a}$。在长直电流中间附近的各点都满足这个条件，因此可以近似用无限长直线电流的公式计算其磁感应强度 $\boldsymbol{B}$。

2. 圆形电流在轴线上的磁场

设有一圆心在 O 点、半径为 R、电流为 I 的载流圆线圈(见图 10-14)，下面我们来研究该圆线圈轴线上某点 P 的磁感应强度。

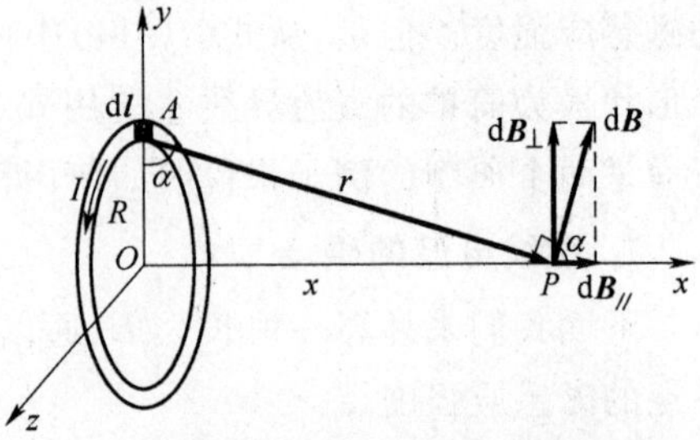

图 10-14　圆电流的磁场

圆电流上任一点 A 处的电流元 $I\mathrm{d}\boldsymbol{l}$ 在 P 点所产生的磁场 $\mathrm{d}\boldsymbol{B}$ 垂直于 $\mathrm{d}\boldsymbol{l}$ 和 $\boldsymbol{r}$，而 $\mathrm{d}\boldsymbol{l}$ 垂直于平面 PAO，所以 $\mathrm{d}\boldsymbol{B}$ 在平面 PAO 上。在平面 PAO 上通过 P 点作 $\boldsymbol{r}$ 的垂线，则 $\mathrm{d}\boldsymbol{B}$ 的方向就沿此垂线，由右手螺旋法则就可以确定 $\mathrm{d}\boldsymbol{B}$ 的指向，如图 10-14 所示。线圈上各点的电流元在 P 点所产生的磁感应强度的方向是各不相同的，考虑到轴对称性，所有这些 $\mathrm{d}\boldsymbol{B}$ 在垂直于轴线方向上的分量相互抵消，因此整个线圈在 P 点的磁感应强度是沿轴线方向的。我们只需计算出 $\mathrm{d}\boldsymbol{B}$ 沿轴的分量 $\mathrm{d}\boldsymbol{B}_{/\!/}$，再把所有电流元产生的 $\mathrm{d}\boldsymbol{B}_{/\!/}$ 积分，就可得到 $\boldsymbol{B}$。

由毕奥—萨伐尔定律得

$$\mathrm{d}B=\frac{\mu_0}{4\pi}\frac{I\mathrm{d}l\sin\theta}{r^2}$$

式中，θ 为 $\mathrm{d}\boldsymbol{l}$ 与 $\boldsymbol{r}$ 的夹角。因为 $\mathrm{d}\boldsymbol{l}$ 与 $\boldsymbol{r}$ 垂直，$\sin\theta=1$，所以，

$$\mathrm{d}B=\frac{\mu_0}{4\pi}\frac{I\mathrm{d}l}{r^2}$$

于是

$$\mathrm{d}B_{/\!/}=\mathrm{d}B\cos\alpha=\frac{\mu_0 I\cos\alpha\mathrm{d}l}{4\pi r^2}$$

由此得

$$B=\int\mathrm{d}B_{/\!/}=\oint\frac{\mu_0 I\cos\alpha}{4\pi r^2}\mathrm{d}l=\frac{\mu_0 I\cos\alpha}{4\pi r^2}\oint\mathrm{d}l$$

$$=\frac{\mu_0 I\cos\alpha}{4\pi r^2}\times2\pi R=\frac{\mu_0 IR\cos\alpha}{2r^2}$$

设$|OP|=x$，则 $r=\sqrt{x^2+R^2}$，$\cos\alpha=\frac{R}{r}=\frac{R}{\sqrt{x^2+R^2}}$，把它们代入上式得

$$B=\frac{\mu_0}{2}\frac{R^2 I}{(R^2+x^2)^{3/2}} \tag{10-17}$$

在圆心 O 处，$x=0$，则

$$B_0=\frac{\mu_0 I}{2R} \tag{10-18}$$

如果圆线圈由 N 匝密绕而成，通过每匝的电流为 I，则轴线上的磁感应强度为单匝线圈的 N 倍，即

$$B=\frac{\mu_0 N}{2}\frac{R^2 I}{(R^2+x^2)^{3/2}}$$

由于圆形电流上所有电流元在中心处产生的磁场方向都相同，所以对于半径为 R，圆心角为 φ，电流为 I 的圆弧形载流导线(见图 10-15)，在圆心处的磁感应强度为

$$B=\frac{\mu_0 I}{2R}\cdot\frac{\varphi}{2\pi}=\frac{\mu_0 I}{4\pi R}\varphi \tag{10-19}$$

方向垂直于圆弧平面，与电流方向符合右手法则。

【例 10-2】 一根无限长的直导线中间弯成半径 $R=0.1\ \mathrm{m}$ 的半圆形(见图 10-16)，现通以电流 $I=2\ \mathrm{A}$，求半圆中心 O 点的磁感应强度。

【解】 根据磁场叠加原理，在 O 点的磁感应强度是三段载流导线所产生的：半无限长直导线 AB、半圆 BC 以及半无限长直导线 CD。因为 O 点在 CD 的延长线上，所以 CD 在 O 点所产生的磁感应强度为零。我们只要把 AB 和半圆 BC 两段电流在 O 点所产生的磁感应强度叠加即得 O 点的磁感应强度。由式(10-15)知：半无限长直线电流 AB 在 O 处所产生的磁感应强度

$$B_1=\frac{\mu_0 I}{4\pi R}$$

方向垂直纸面向里。由式(10-19)知，半圆导线电流 BC 在 O 处所产生的磁感应强度

$$B_2=\frac{\mu_0 I}{4R}$$

方向垂直纸面向里，所以，

$$B=B_1+B_2=\frac{\mu_0 I}{4\pi R}(1+\pi)=\frac{10^{-7}\times 2\times(1+3.14)}{0.1}=8.3\times 10^{-6}(\mathrm{T})$$

其方向垂直纸面里。

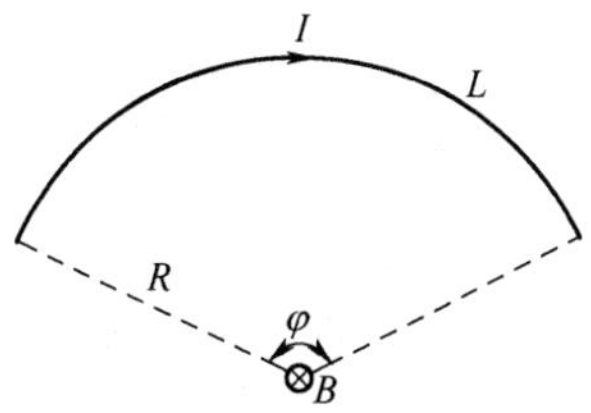

图 10-15　圆弧电流在圆心的磁感应强度

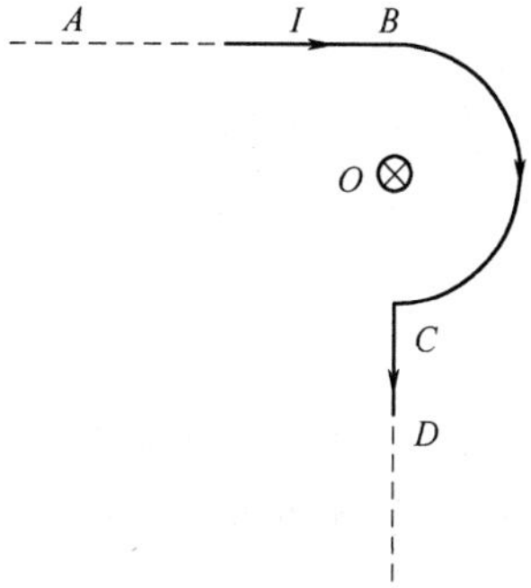

图 10-16　例 10-2 图

【例 10-3】 相距为 d 的两根平行的无限长直导线，其上通有电流强度为 I 的反向电流（见图 10-17），求导线所在平面上各点的磁感应强度。

【解】 空间各点的磁感应强度为两根无限长直导线所产生磁场的磁感应强度的叠加。设两直线所在平面为纸面，取坐标原点 O 在导线 1 上，作坐标轴 Ox，如图 10-17 所示。图中 P 点离开导线 1 的距离为 x，离开导线 2 的距离为 $x-d$。两导线在 P 点所产生的磁场方向相反，故$B=B_2-B_1$。由式(10-16)得

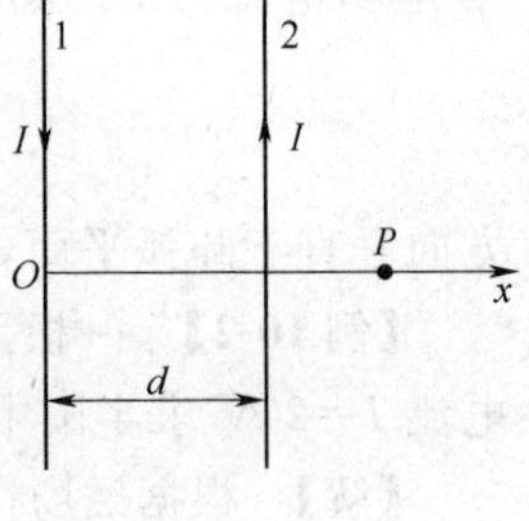

图 10-17 例 10-3 图

$$B_2=\frac{\mu_0 I}{2\pi(x-d)}$$

方向垂直纸面向里

$$B_1=\frac{\mu_0 I}{2\pi x}$$

方向垂直纸面向外，所以

$$B=\frac{\mu_0 I}{2\pi}\left(\frac{1}{x-d}-\frac{1}{x}\right)=\frac{\mu_0 I d}{2\pi x(x-d)}$$

方向垂直纸面里。

虽然我们只计算了图中两导线右侧一点 P 的磁感应强度，但这结果具有普遍意义。纸面上任一点，如果按上式算得的 B 值为负，则表明该点 B 的方向垂直纸面向外。

3. 运动电荷的磁场

我们知道，导体中的传导电流是由带电粒子（载流子）的定向运动而形成的，因此，电流产生磁场这一事实表明运动的带电粒子可以产生磁场。

毕奥—萨伐尔定律解决了载流导线中电流元 $I\mathrm{d}\boldsymbol{l}$ 所产生的磁场 $\mathrm{d}\boldsymbol{B}$ 问题，根据传导电流是带电粒子沿导线的运动这一观点，可以由毕奥—萨伐尔定律得到运动带电粒子所产生的磁场规律。

如图 10-18 所示，设导线的截面积为 S，导线中带电粒子的数密度为 n，每个带电粒子的带电量为 q，并以速度$\boldsymbol{v}$ 沿着导线 $\mathrm{d}\boldsymbol{l}$ 方向运动，通过导线单位面积上的电流强度即电流密度为

$$j=nqv$$

电流强度为

$$I=jS=nqvS$$

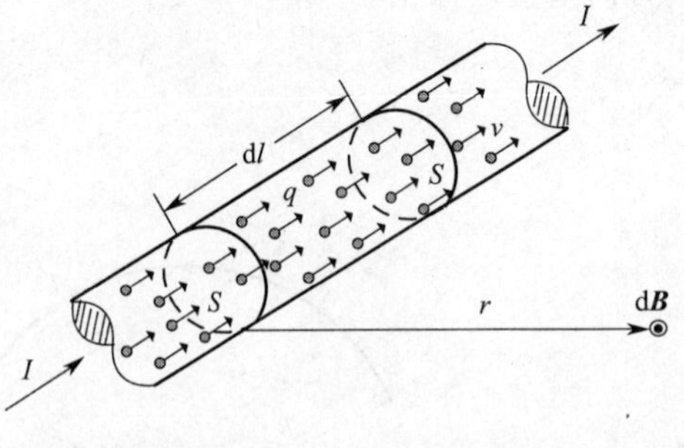

图 10-18 运动电荷的磁场

考虑到速度$\boldsymbol{v}$ 的方向沿 $\mathrm{d}\boldsymbol{l}$ 方向，因此电流元为

$$I\mathrm{d}\boldsymbol{l}=qnS\mathrm{d}l\boldsymbol{v} \tag{10-20}$$

根据毕奥—萨伐尔定律，$I\mathrm{d}\boldsymbol{l}$ 所产生的磁场为

$$\mathrm{d}\boldsymbol{B}=\frac{\mu_0}{4\pi}\frac{I\mathrm{d}\boldsymbol{l}\times\boldsymbol{r}}{r^3} \tag{10-21}$$

把式(10-20)代入式(10-21)得

$$\mathrm{d}\boldsymbol{B}=\frac{\mu_0}{4\pi}\frac{qnS\mathrm{d}l\boldsymbol{v}\times\boldsymbol{r}}{r^3}$$

因 $S\mathrm{d}l=\mathrm{d}V$ 是电流元的体积，$n\mathrm{d}V=\mathrm{d}N$ 是电流元中所具有的带电粒子的数目，故有

$$\mathrm{d}\boldsymbol{B}=\frac{\mu_0}{4\pi}\frac{q\mathrm{d}N\boldsymbol{v}\times\boldsymbol{r}}{r^3}$$

因为每个带电粒子以相同的速度 $\boldsymbol{v}$ 运动着，$\mathrm{d}N$ 个粒子产生的磁场为 $\mathrm{d}\boldsymbol{B}$，所以一个带电粒子所产生的磁场 $\boldsymbol{B}$ 等于 $\frac{\mathrm{d}\boldsymbol{B}}{\mathrm{d}N}$，即

$$\boldsymbol{B}=\frac{\mu_0}{4\pi}\frac{q\boldsymbol{v}\times\boldsymbol{r}}{r^3}=\frac{\mu_0}{4\pi}\frac{q\boldsymbol{v}\times\boldsymbol{e}_\mathrm{r}}{r^2} \tag{10-22}$$

式中，r 为运动带电粒子到场点的距离，而 $\boldsymbol{e}_\mathrm{r}$ 为带电粒子到场点的矢径方向的单位矢量，显然由式(10-22)可知，$\boldsymbol{B}$ 垂直于 $\boldsymbol{v}$ 和 $\boldsymbol{e}_\mathrm{r}$ 所决定的平面，它的指向可以由右手螺旋法则确定，如图 10-19所示。

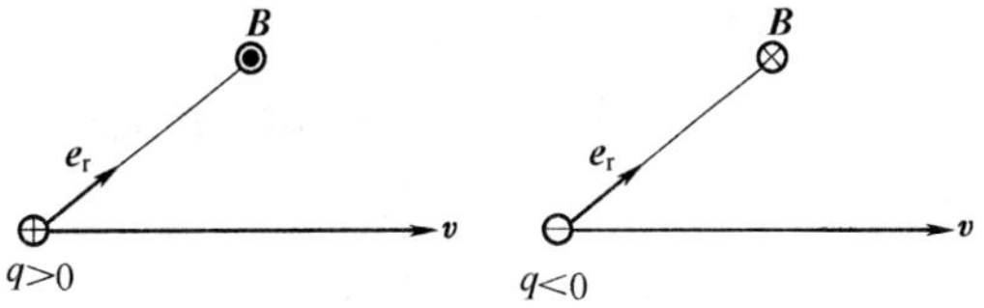

图 10-19　运动带电粒子产生的磁场

在静电场中我们知道静止的带电粒子(点电荷)产生静电场，那么运动的带电粒子周围还有电场吗？回答是肯定的，运动的带电粒子仍产生电场。但这种电场已不是静电场，也不是稳恒电场，它随着带电粒子一起运动。所以，一个运动的带电粒子在其周围既有电场又有磁场。

10.5　磁场的环路定理

10.5.1　安培环路定理

磁场的环路定理(即安培环路定理)是描述磁场性质的另一个基本定理。它的表述是：磁感应强度 $\boldsymbol{B}$ 沿任意闭合环路 L(通常称为安培环路)的线积分等于穿过该环路的所有电流强度代数和 $\sum I$ 的 μ_0 倍，即

$$\oint_L \boldsymbol{B}\cdot\mathrm{d}\boldsymbol{l}=\mu_0\sum I \tag{10-23}$$

式中，电流的正负决定于积分时所选取的环路绕行方向。为此，作如下的规定：当其穿过环路 L 的电流 I 的方向与环路的绕行方向满足右手法则时，电流 I 为正，反之为负。须注意的是，

$\sum I$ 中不包括未穿过环路 L 的电流。如图 10-20 所示，I_3 未穿过环路 L，所以有

$$\oint_L \boldsymbol{B} \cdot \mathrm{d}\boldsymbol{l} = \mu_0 (I_2 - 2I_1)$$

需要指出的是，式(10-23)左端的 $\boldsymbol{B}$ 是空间所有电流产生的总磁感应强度。如图 10-20 中环路 L 上任意一点处的 $\boldsymbol{B}$ 是由 I_1、I_2、I_3 共同激发的总磁场，但环路积分 $\oint_L \boldsymbol{B} \cdot \mathrm{d}\boldsymbol{l}$ 只与 I_1、I_2 有关，而与 I_3 没有关系。

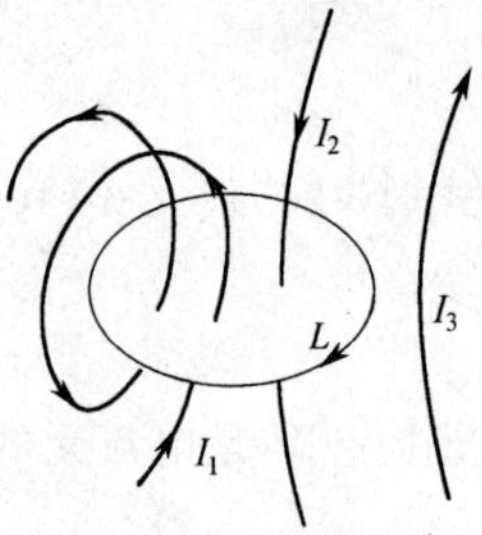

图 10-20　电流总和示意

磁场的高斯定理与安培环路定理都可从毕萨定律出发给予证明。限于本书的要求，不在此作这种证明，仅用无限长载流直导线的磁场，且安培环路限制在垂直于直导线的平面内的特例加以验证。

如图 10-21(a)所示，L 为环绕长直电流的任一闭合回路。图 10-21(b)为图(a)的俯视图，在 L 上任取线元 $\mathrm{d}\boldsymbol{l}$，r 为线元 $\mathrm{d}\boldsymbol{l}$ 到长直电流的垂直距离，由右手螺旋法则可知线元 $\mathrm{d}\boldsymbol{l}$ 处的磁感应强度 $\boldsymbol{B}$ 垂直于 $\boldsymbol{r}$，线元 $\mathrm{d}\boldsymbol{l}$ 与 $\boldsymbol{B}$ 方向的夹角为 θ，线元 $\mathrm{d}\boldsymbol{l}$ 对 O 点的张角为 $\mathrm{d}\varphi$，因而 $\mathrm{d}l\cos\theta = r\mathrm{d}\varphi$，又 $B = \frac{\mu_0 I}{2\pi r}$，则有

$$\boldsymbol{B} \cdot \mathrm{d}\boldsymbol{l} = B\mathrm{d}l\cos\theta = \frac{\mu_0 I}{2\pi r} r\mathrm{d}\varphi = \frac{\mu_0 I}{2\pi}\mathrm{d}\varphi$$

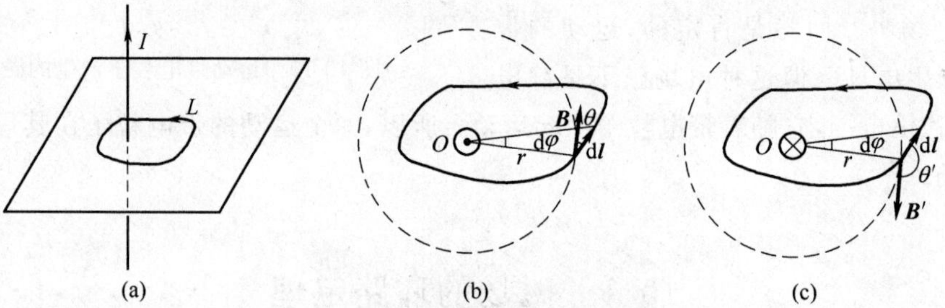

图 10-21　安培环路包围电流

上式对环路 L 积分有

$$\oint_L \boldsymbol{B} \cdot \mathrm{d}\boldsymbol{l} = \frac{\mu_0 I}{2\pi}\int_0^{2\pi} \mathrm{d}\varphi = \mu_0 I$$

上式说明，L 包围电流 I 时，I 对 L 上 $\boldsymbol{B}$ 的环流贡献为 $\mu_0 I$(常把 $\boldsymbol{B}$ 的环路积分称为 $\boldsymbol{B}$ 的环流)。

如果电流 I 反向，L 的绕行方向不变时，线元 $\mathrm{d}\boldsymbol{l}$ 处的磁感应强度为 $\boldsymbol{B}'$，方向如图 10-21(c)所示，则有 $\boldsymbol{B}' \cdot \mathrm{d}\boldsymbol{l} = -\frac{\mu_0 I}{2\pi}\mathrm{d}\varphi$，所以

$$\oint_L \boldsymbol{B}' \cdot \mathrm{d}\boldsymbol{l} = -\mu_0 I$$

可见，环路积分的绕行方向不变时，$\boldsymbol{B}$ 的环流的正、负与电流 I 的方向有关。

图 10-22(a)所示为环路 L 不环绕电流 I，图 10-22(b)为图 10-22(a)的俯视图，在 L 上任取线元 $\mathrm{d}\boldsymbol{l}$，r 为线元 $\mathrm{d}\boldsymbol{l}$ 到长直电流的垂直距离，由右手螺旋法则可知线元 $\mathrm{d}\boldsymbol{l}$ 处的磁感应强度 $\boldsymbol{B}$ 垂直于 $\boldsymbol{r}$，线元 $\mathrm{d}l$ 与 $\boldsymbol{B}$ 方向间的夹角为 θ，线元 $\mathrm{d}l$ 对 O 点的张角为 $\mathrm{d}\varphi$，由图 10-22(b)可看出与线元 $\mathrm{d}\boldsymbol{l}$ 对应的有一线元 $\mathrm{d}\boldsymbol{l}'$，线元 $\mathrm{d}\boldsymbol{l}'$对 O 点的张角也为 $\mathrm{d}\varphi$，线元 $\mathrm{d}l'$到长直电流的垂直距离为 r'，线元 $\mathrm{d}\boldsymbol{l}'$处的磁感应强度 $\boldsymbol{B}'$垂直于 $\boldsymbol{r}'$，线元 $\mathrm{d}\boldsymbol{l}'$与 $\boldsymbol{B}'$方向间的夹角为 θ'，则

$$\boldsymbol{B}\cdot\mathrm{d}\boldsymbol{l}+\boldsymbol{B}'\cdot\mathrm{d}\boldsymbol{l}'=B\mathrm{d}l\cos\theta+B'\mathrm{d}l'\cos\theta'=\frac{\mu_0 I}{2\pi r}r\,\mathrm{d}\varphi+\frac{\mu_0 I}{2\pi r'}(-r'\mathrm{d}\varphi)=0$$

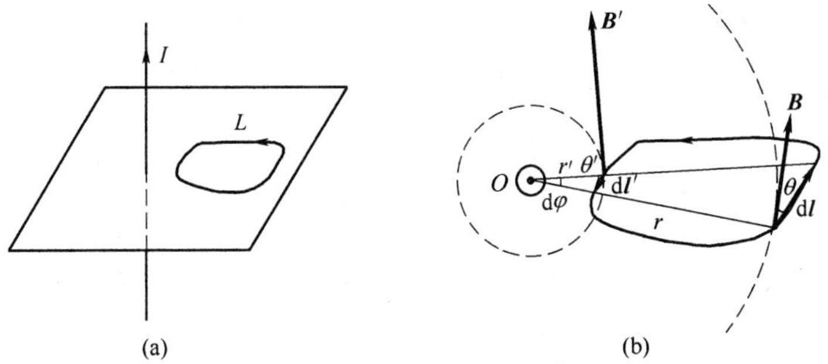

图 10-22　安培环路不包围电流

由于环路 L 上有无数多对这样的线元，则 $\boldsymbol{B}$ 沿环路 L 的积分为

$$\oint_L \boldsymbol{B}\cdot\mathrm{d}\boldsymbol{l}=0$$

可见，当环路 L 不包围电流 I 时，此电流对沿这一闭合路径的 $\boldsymbol{B}$ 的环流无贡献。如果环路 L 包围多个电流时，设共有 n 个电流，其中 $I_1,I_2,\cdots,I_k$ 被环路包围，$I_{k+1},\cdots,I_n$ 未被环路包围，各电流激发的磁感应强度分别为 $\boldsymbol{B}_1,\boldsymbol{B}_2,\cdots,\boldsymbol{B}_k,\cdots,\boldsymbol{B}_n$，由磁场的叠加原理可知，总磁感应强度为

$$\boldsymbol{B}=\boldsymbol{B}_1+\boldsymbol{B}_2+\cdots+\boldsymbol{B}_k+\cdots+\boldsymbol{B}_n=\sum_{i=1}^{n}\boldsymbol{B}_i$$

$\boldsymbol{B}$ 的环流为

$$\oint_L \boldsymbol{B}\cdot\mathrm{d}\boldsymbol{l}=\oint_L \boldsymbol{B}_1\cdot\mathrm{d}\boldsymbol{l}+\cdots+\oint_L \boldsymbol{B}_2\cdot\mathrm{d}\boldsymbol{l}+\cdots+\oint_L \boldsymbol{B}_k\cdot\mathrm{d}\boldsymbol{l}+\cdots+\oint_L \boldsymbol{B}_n\cdot\mathrm{d}\boldsymbol{l}$$

$$=\mu_0 I_1+\cdots+\mu_0 I_k+0+\cdots+0=\mu_0\sum_{i=1}^{k}I_i$$

上述虽然是对无限长直电流的特殊情况进行讨论的，但可以证明，对任意稳恒电流所产生的磁场和任意环路 L，安培环路定理仍然是正确的。

安培环路定理揭示了稳恒磁场与产生磁场的电流之间的内在联系，反映了稳恒磁场的基

本性质。我们知道,静电场 $\boldsymbol{E}$ 的环流 $\oint_L \boldsymbol{E}\cdot d\boldsymbol{l}=0$,说明静电场是势场,因而在静电场中可以引入电势 V;而 $\boldsymbol{B}$ 的环流 $\oint_L \boldsymbol{B}\cdot d\boldsymbol{l}\neq 0$,说明磁场不是势场,所以磁场中不能引入标量势。环流不为零的矢量场称为涡旋场,故磁场是涡旋场。

10.5.2 几种对称分布电流的磁场

在静电场中,使用高斯定理可以方便地计算出电荷分布具有对称性的带电体的电场强度。与此类似,使用安培环路定理亦可方便地求出具有对称性分布电流的磁感应强度。

1. 无限长均匀载流圆柱导体内外的磁场分布

一无限长载流圆柱导体,截面半径为 R,有强度为 I 的电流均匀地流过截面,如图 10-23 所示,下面来计算空间各点的磁场。

由于载流圆柱导体是无限长的,因此在垂直于圆柱轴线的所有平面上磁场的分布相同,我们只需要研究一个垂直面上的情形即可。由圆柱对称性可知,在以轴心为中心的圆周上各点的磁感应强度大小相等,而方向沿圆周的切线,因此,磁感应线是以轴心为中心的一些同心圆周。

在空间取任一点 P,过 P 点作垂直于轴线的半径为 r 的圆环为安培环路 L,绕行方向与电流方向符合右手法则。

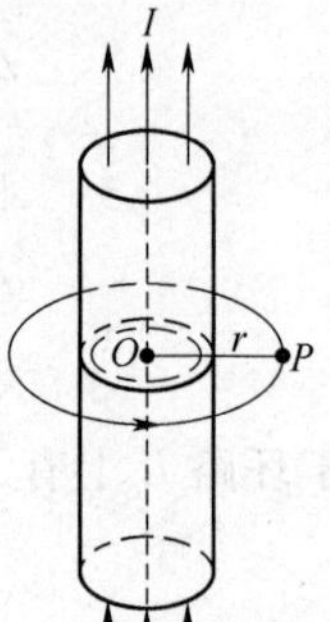

图 10-23 无限长载流圆柱导体的磁场

(1)$r>R$ 时,即 P 点在导体外

$$\oint_L \boldsymbol{B}\cdot d\boldsymbol{l}=\oint_L B\cdot dl = 2\pi rB$$

由安培环路定理有 $\oint_L \boldsymbol{B}\cdot d\boldsymbol{l}=\mu_0 I$,所以 $2\pi rB=\mu_0 I$,即

$$B=\frac{\mu_0 I}{2\pi r}$$

上式结果与电流集中在轴线上的无限长直导线外任一处的磁感应强度相同。

(2)$r<R$ 时,即 P 点在圆柱体内

$$\oint_L \boldsymbol{B}\cdot d\boldsymbol{l}=\oint_L B dl = 2\pi rB$$

由安培环路定理有 $\oint_L \boldsymbol{B}\cdot d\boldsymbol{l}=\mu_0 I'$,$I'$ 是环路 L 所包围的电流,由于电流均匀地分布在圆柱导体的横截面上,因而有

$$I'=\frac{I}{\pi R^2}\pi r^2=\frac{r^2}{R^2}I$$

则

$$2\pi rB=\mu_0\frac{r^2}{R^2}I$$

即

$$B=\frac{\mu_0 Ir}{2\pi R^2}$$

上式结果表示导体内部的磁感应强度 B 与 r 成正比。

如果无限长通电圆柱导体是空心的圆柱面，因为内圆柱面之内的空间无电流，所以由安培环路定理可知该空间的 $B=0$。柱外空间的磁感应强度仍为 $B=\frac{\mu_0 I}{2\pi r}$，即只有柱外空间才有磁场分布。

2. 无限长载流直螺线管内的磁场

一密绕长直螺线管长为 L，螺线管的半径为 R，单位长度匝数为 n。当 $L\gg R$ 时，可视直螺线管为无限长。从大量实验结果可知，只要螺线管的长度 L 与其横截面半径 R 之比大于 40 倍，即可看成无限长。由于绕得很密的螺线管的外侧磁场很弱，可近似看作零；由对称性可知，长直螺线管内各点的磁感应强度 $\boldsymbol{B}$ 相等，其方向沿螺线管的轴线。为了计算管内任意一点 P 的磁感应强度，通过 P 点作一矩形环路 $ABCDA$，如图 10-24 所示。对此环路，由安培环路定理可得

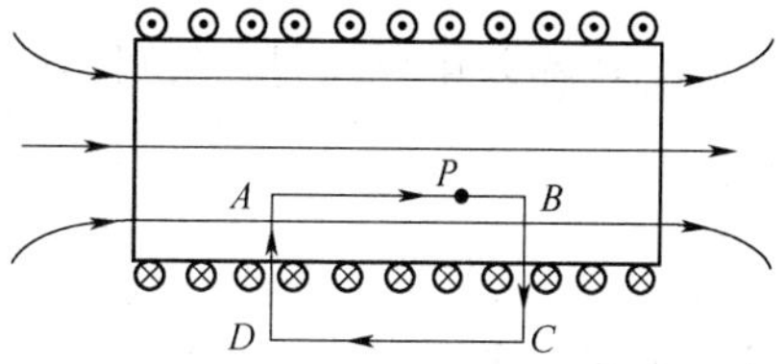

图 10-24　螺线管的磁场

$$\oint_{ABCDA}\boldsymbol{B}\cdot \mathrm{d}\boldsymbol{l}=\mu_0\sum I \qquad ①$$

积分可分为 AB、BC、CD、DA 四段进行，即

$$\oint_{ABCDA}\boldsymbol{B}\cdot \mathrm{d}\boldsymbol{l}=\int_{AB}\boldsymbol{B}\cdot \mathrm{d}\boldsymbol{l}+\int_{BC}\boldsymbol{B}\cdot \mathrm{d}\boldsymbol{l}+\int_{CD}\boldsymbol{B}\cdot \mathrm{d}\boldsymbol{l}+\int_{DA}\boldsymbol{B}\cdot \mathrm{d}\boldsymbol{l}$$

在 CD 段上，因为管外 $B=0$，所以积分为零。在 BC 和 DA 两段的外部 $B=0$，在管内部分 $\boldsymbol{B}$ 与 $\mathrm{d}\boldsymbol{l}$ 垂直，所以这两段积分也为零，因此，上式中只需计算 AB 段上的积分。设管内的磁感应强度 $\boldsymbol{B}$，则

$$\oint_{ABCDA}\boldsymbol{B}\cdot \mathrm{d}\boldsymbol{l}=B\,|AB| \qquad ②$$

穿过矩形环路 $ABCDA$ 的总电流为

$$\sum I=|AB|nI \qquad ③$$

把式②和式③代入式①得

$$B=\mu_0 nI \qquad (10\text{-}24)$$

上面的公式是从载流无限长直螺线管得到的。对于有限长的实际直螺线管，只在螺线管的中间部分磁场仍可用上述公式计算，但靠近螺线管的两端，此公式就不再适用。

3. 密绕载流螺绕环内外的磁场分布

图 10-25 是密绕的环形螺线管（即螺绕环）的截面图。设共绕 N 匝，电流强度为 I。由于电流的分布具有对称性，在与螺绕环同心的圆周上，磁感应强度 $\boldsymbol{B}$ 的大小相等，方向沿圆周的切线方向。以 O 为圆心，r 为半径过环内 P 点作圆形回路 L，由安培环路定理有

$$\oint_L \boldsymbol{B}\cdot \mathrm{d}\boldsymbol{l} = \oint_{\mathrm{L}} \boldsymbol{B}\cos 0^\circ \mathrm{d}l = B\cdot 2\pi r = \mu_0 NI$$

$$B=\frac{\mu_0 NI}{2\pi r} \tag{10-25}$$

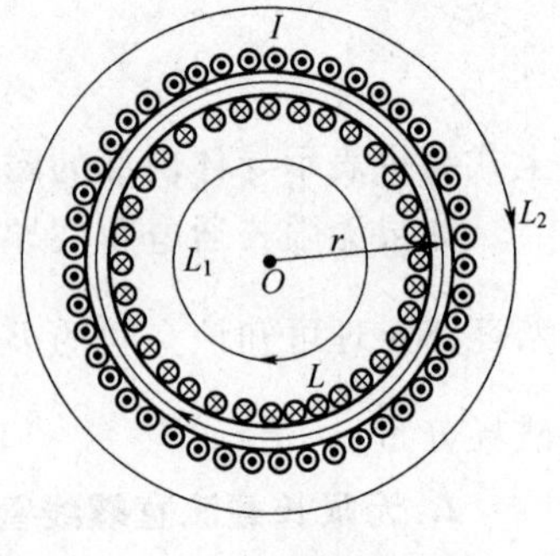

图 10-25　螺线环的磁场

由式(10-25)可知,载流螺绕环内的磁感应强度 B 与 r 成反比,即在环内侧处磁场强,靠近外侧处磁场弱。在实际使用的螺绕环中,一般螺绕环的内外半径相差很小,对于这种细螺绕环内外半径可近似地认为是 r,因此环内磁场可认为是均匀的,用 $n=\frac{N}{2\pi r}$ 表示螺绕环单位长度上的匝数,式(10-25)也可写成与式(10-24)完全相似的形式,即对于细螺绕环,环内的磁感应强度的表达式与长直载流细螺线管具有相同的形式。

在螺绕环外作与环同心的圆形环路 L_1 或 L_2,因穿过环路的 $\sum I=0$,则由安培环路定理有

$$\oint \boldsymbol{B}\cdot \mathrm{d}\boldsymbol{l} = 0$$

$$B=0$$

即环外磁场为零。

习　题

一、选择题

1. 如选择题 1 图所示,两个载有相等电流 I 的半径为 R 的圆线圈一个处于水平位置,一个处于竖直位置,两个线圈的圆心重合,则在圆心 O 处的磁感应强度大小为(　　)。

A. 0　　B. $\mu_0 I/(2R)$

C. $\sqrt{2}\mu_0 I/(2R)$　　D. $\mu_0 I/R$

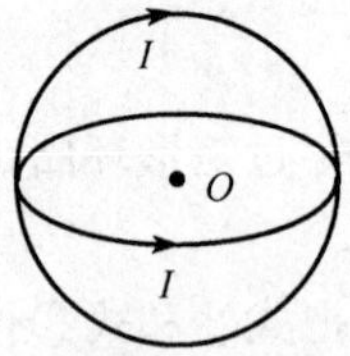

选择题 1 图

2. 下列结论中你认为正确的是(　　)。

A. 由毕奥-沙伐尔定律 $\mathrm{d}\boldsymbol{B}=\frac{\mu_0}{4\pi}\frac{I\mathrm{d}\boldsymbol{l}\times \boldsymbol{r}}{r^3}$ 可知,当 $r\to 0$,$\mathrm{d}B\to\infty$

B. $\boldsymbol{B}$ 的方向是运动电荷所受磁力最大的方向(或试探载流线圈所受力矩最大的方向)

C. 一个点电荷在它的周围空间中任一点产生的电场强度均不为零,一个电流元在它的周围空间中任一点产生的磁感应强度也均不为零

D. 以上结论均不正确

3. 一载有电流 I 的细导线分别均匀密绕在半径为 R 和 r 的长直圆筒上形成两个螺旋管($R=2r$),两个螺旋管单位长度上匝数相等。两个螺旋管中轴线上的磁感应强度大小 B_R 与

B_r 应满足（　　）。

A. $B_R = 2B_r$　　B. $B_R \approx B_r$　　C. $2B_R = B_r$　　D. $B_R = 4B_r$

4. 有一无限长通电流的扁平铜片，宽度为 a，厚度不计，电流 I 在铜片上均匀分布，在铜片外与铜片共面，离铜片近边缘为 b 处的 P 点的磁感应强度大小为（　　）。

A. $\dfrac{\mu_0 I}{2\pi(a+b)}$　　B. $\dfrac{\mu_0 I}{2\pi a}\ln\dfrac{a+b}{b}$

C. $\dfrac{\mu_0 I}{2\pi a}\ln\dfrac{a+b}{a}$　　D. $\dfrac{\mu_0 I}{2\pi\left(\dfrac{1}{2}a+b\right)}$

5. 边长为 l 的正方形线圈，分别用选择题 5 图所示两种方式通以电流 I（其中 ab、cd 与正方形共面），在这两种情况下，线圈在其中心产生的磁感应强度的大小分别为（　　）。

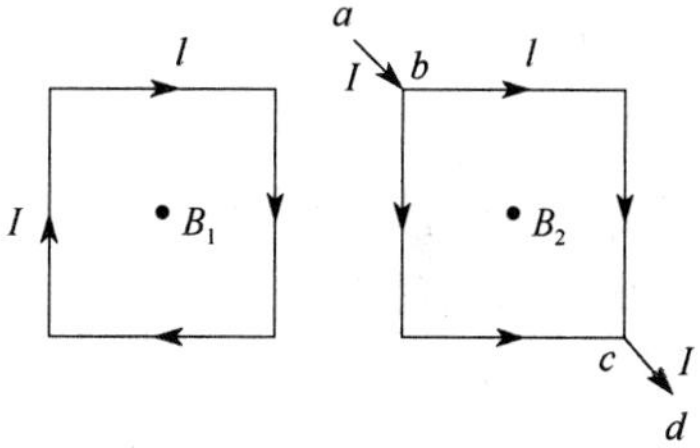

选择题 5 图

A. $B_1 = 0, B_2 = 0$

B. $B_1 = 0, B_2 = \dfrac{2\sqrt{2}\mu_0 I}{\pi l}$

C. $B_1 = \dfrac{2\sqrt{2}\mu_0 I}{\pi l}, B_2 = 0$

D. $B_1 = 2\sqrt{2}\dfrac{\mu_0 I}{\pi l}, B_2 = 2\sqrt{2}\dfrac{\mu_0 I}{\pi l}$

6. 取一闭合回路 L，使三根载流导线穿过它所围成的面积，现改变三根导线之间的相互距离，但不越出积分回路，则（　　）。

A. 回路 L 内的 $\sum I$ 不变，L 上各点的 $\boldsymbol{B}$ 不变

B. 回路 L 内的 $\sum I$ 不变，L 上各点的 $\boldsymbol{B}$ 改变

C. 回路 L 内的 $\sum I$ 改变，L 上各点的 $\boldsymbol{B}$ 不变

D. 回路 L 内的 $\sum I$ 改变，L 上各点的 $\boldsymbol{B}$ 改变

7. 一直线电流 I 一侧有一与其共面的矩形，矩形长、宽分别为 a 和 b，长边与直线电流平行，直线电流离矩形最近距离为 d，则该直线电流的磁场在该矩形面积上的磁通量为（　　）。

A. $\dfrac{\mu_0 Ia}{2\pi}\ln\dfrac{d+b}{d}$　　B. $\dfrac{\mu_0 I}{2\pi a}\ln\dfrac{d+b}{d}$

C. $\dfrac{\mu_0 I}{2\pi}\ln\dfrac{a+b}{a}$　　D. $\dfrac{\mu_0 Ib}{2\pi}\ln\dfrac{d+b}{b}$

二、填空题

1. 载有一定电流的圆线圈在其轴线上的磁感应强度大小的最大值和最小值分别为________和________。

2. 点电荷 q 以角速度 ω 作半径为 R 的圆周运动，则在圆周的轴线上距离圆心 x 处任意

时刻的磁感应强度大小为__________，在圆周的轴线上的分量大小为__________，

3. 边长为 $2a$ 的等边三角形导体框，通有电流为 I，则等边三角形中心处的磁感应强度大小为__________。

4. 磁感应强度为 $\boldsymbol{B}=a\boldsymbol{i}+b\boldsymbol{j}+c\boldsymbol{k}$ (T)则通过一半径为 R 开口向 z 轴正方向的半球壳表面的磁通量为__________ Wb.

5. 若稳恒电流 I 的磁感应强度为 $\boldsymbol{B}$，则 $\oiint_S \vec{B}\cdot \mathrm{d}\vec{S}=0$，说明磁感应线是__________的曲线。

三、简答题

1. 一条很长的直导线，通有 100 A 的电流，在离它 0.5 m 远的地方，产生的磁感应强度有多大？

2. 如简答题 2 图所示，有两根在真空中相互平行的长直导线 L_1 和 L_2，相距 0.1m，各通以方向相反的电流，$I_1=20$ A，$I_2=10$ A。A、B 是和导线在同一平面上的两点，各距 L_1 为 0.05 m，试求 A、B 两点的磁感应强度，以及磁感应强度为零的点的位置。

3. 有一被折成直角的长直导线，如简答题 3 图所示，载有电流 20 A。求在 A 点的磁感应强度，设 $d=0.05$ m。

4. 半径为 1.0 cm 的圆形线圈，通以 5.0 A 的稳恒电流时，在圆心处及轴线上离圆心 2.0 cm 处的磁感应强度各是多大？

5. 将一根很长的直导线的中间部分弯成半径为 $R=4.0$ cm 的圆形，两边的直导线沿过 A 点的切线方向，如简答题 5 图所示，导线通以 6.0 A 的稳恒电流时，在圆心 O 处产生的磁感应强度有多大？

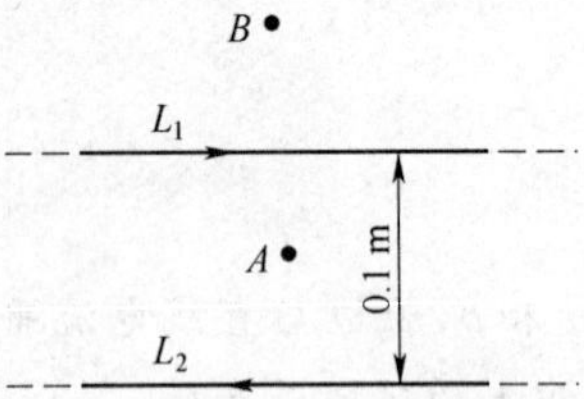

简答题 2 图

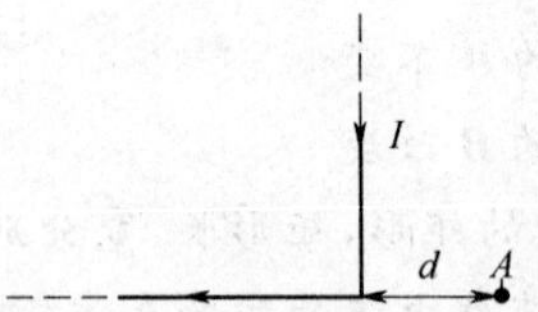

简答题 3 图

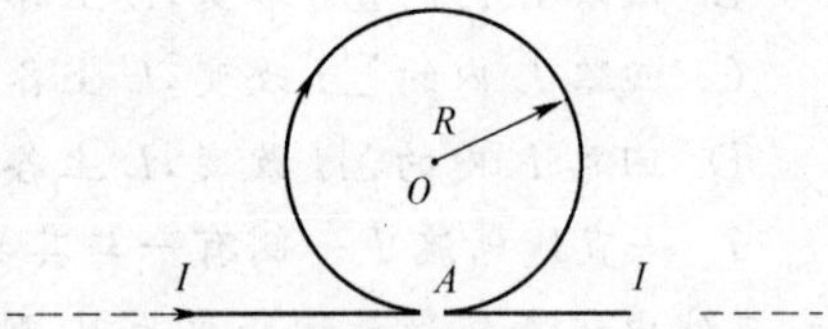

简答题 5 图

6. 有电流 $I=4$ A，通过无限长而中部弯成半径为 $R=0.11$ m 的半圆环形导线，如简答题 6 图所示，求环中心的磁感应强度。

7. 如简答题 7 图所示，有两根导线沿半径引向圆环电阻上的 A、B 两点，并在很远处与电源相连。求环中心的磁感应强度。

8. 边长为 a 的正方形线圈载有电流 I，试求在正方形中心点的磁感应强度。

9. 已知一磁感应强度 $B=2$ T 的匀强磁场，方向沿 x 轴正向(如简答题 9 图所示)。试求：

(1) 通过 $ABCD$ 面的磁通量；

(2) 通过 $BEFC$ 面的磁通量；

(3) 通过 $AEFD$ 面的磁通量。

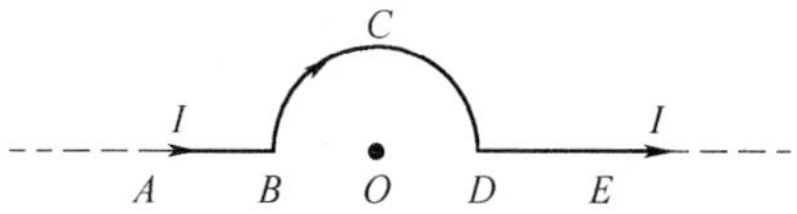

简答题 6 图

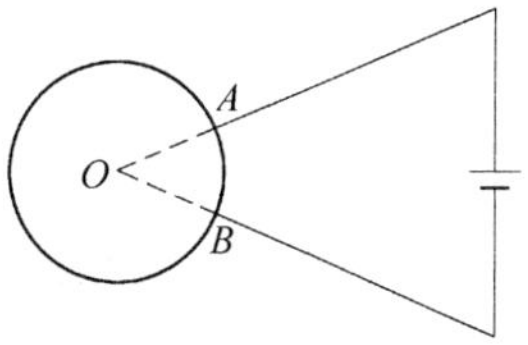

简答题 7 图

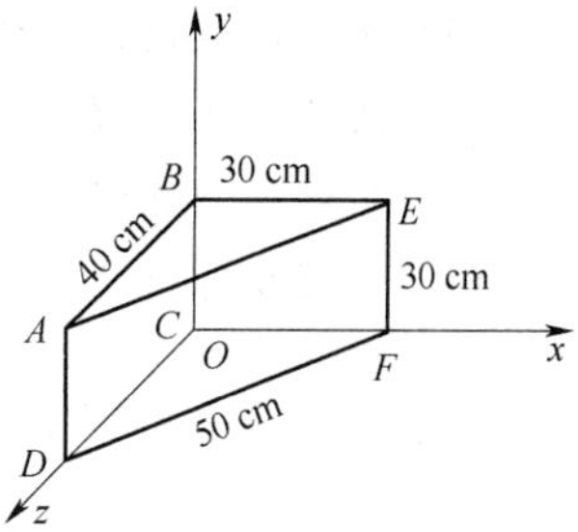

简答题 9 图

10. 如简答题 10 图所示，在无限长载流直导线的右侧有面积为 S_1 和 S_2 两个矩形回路。这两个回路与长直载流导线在同一平面，且矩形回路的一边与长直载流导线平行。求通过两个矩形回路的磁通量之比。

11. 如简答题 11 图所示，两平行长直导线相距 30 cm，每条通以电流 $I=20$ A。求：

(1)两导线所在平面内与该两导线等距的一点 A 处的磁感应强度；

(2)通过图中斜线所示矩形面积的磁通量。

($r_1=r_2=r_3=10$ cm，$l=25$ cm)

12. 氢原子中的电子，以速度 $v=2.2\times10^{-6}$ m/s，在 $r=5.3\times10^{-11}$ m 的圆周轨道上作匀速圆周运动。试求此电子在轨道中心所产生磁场的磁感应强度。

13. 简答题 13 图中所示是一根无限长直圆管形导体的横截面，其内、外半径分别为 R_a、R_b。导体内载有沿轴线方向的电流 I，且电流 I 均匀地分布在管的横截面上。求空间各点的磁感应强度。

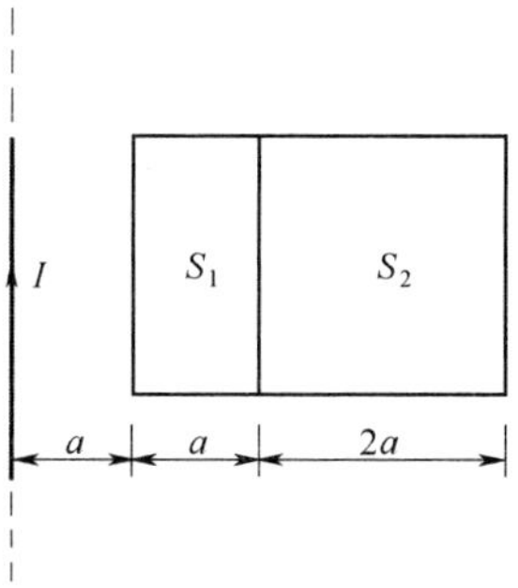

简答题 10 图

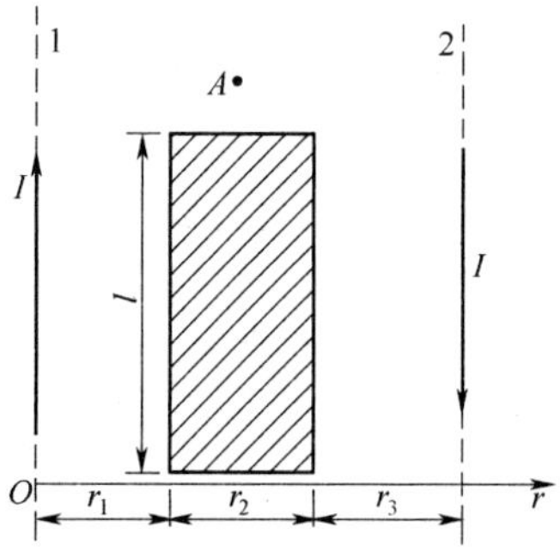

简答题 11 图

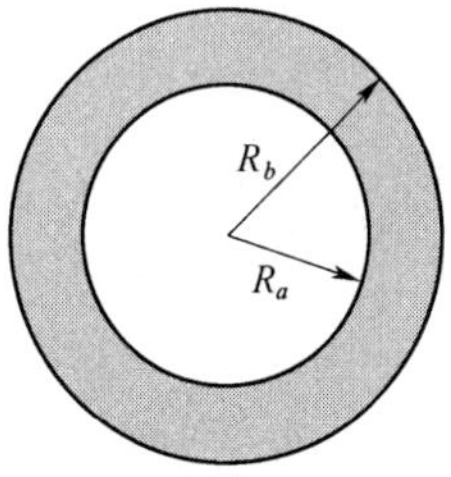

简答题 13 图

14. 一根很长的同轴电缆，由导体圆柱（半径为 R_a）和一同轴的导体圆管（内、外半径分别为 R_b、R_c）构成，使用时，电流从一导体流出，从另一导体流回。设电流均匀地分布在导体的横截面上，求下列各点处磁感应强度的大小：

(1) 导体圆柱内（$r<R_a$）；

(2) 两导体之间（$R_a<r<R_b$）；

(3) 导体圆管内（$R_b<r<R_c$）；

(4) 电缆线外（$r>R_c$）。

第 11 章　磁场对电流的作用

第十章讨论稳恒电流产生的磁场基本规律，本章研究磁场对电流的作用规律及磁场与磁介质的相互作用。

11.1　磁场对载流导线段的作用

11.1.1　安培定律

电场对电荷有电场力的作用，在已知电场强度 $\boldsymbol{E}$ 的情况下，可由公式 $\boldsymbol{F}=q\boldsymbol{E}$ 计算点电荷所受的电场力。类似地，磁场对电流具有磁场力的作用，在已知磁感应强度 $\boldsymbol{B}$ 的情形下，可以计算电流元 $I\mathrm{d}\boldsymbol{l}$ 所受的磁场力。安培用实验的方法研究了电流间的磁力作用，并归纳出通电导线上一小段电流元受磁场力的规律，称为安培安律。

如图 11-1 所示，线元 $\mathrm{d}\boldsymbol{l}$ 的方向沿电流 I 的方向，电流元 $I\mathrm{d}\boldsymbol{l}$ 所在处的磁感应强度为 $\boldsymbol{B}$。磁场对电流元的作用力为 $\mathrm{d}\boldsymbol{F}$，其大小等于电流元 $I\mathrm{d}l$、该点磁感应强度 B 以及电流元 $I\mathrm{d}\boldsymbol{l}$ 同 $\boldsymbol{B}$ 夹角 θ 的正弦三者的乘积，即

$$\mathrm{d}F=KI\mathrm{d}lB\sin\theta$$

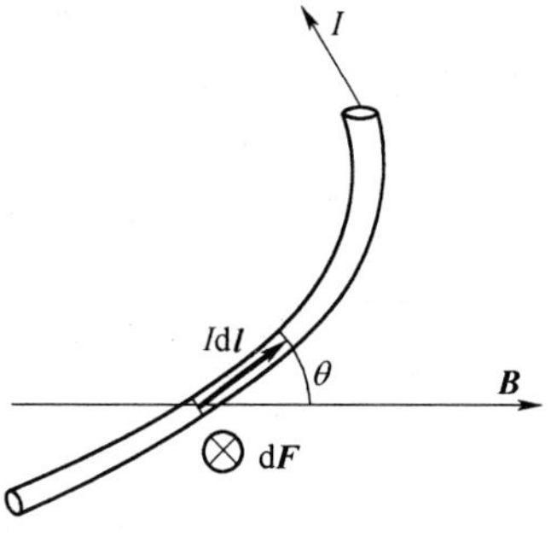

图 11-1　安培定律

其方向与矢量积 $I\mathrm{d}\boldsymbol{l}\times\boldsymbol{B}$ 的方向一致，且垂直于 $I\mathrm{d}\boldsymbol{l}$ 和 $\boldsymbol{B}$ 组成的平面，即 $\mathrm{d}\boldsymbol{F}$ 的方向符合右手螺旋法则。如图 11-1 所示，$\mathrm{d}\boldsymbol{F}$ 垂直纸面向里。比例系数 K 的值决定于式中各物理量单位的选取。在国际单位制中，I 单位为安[培]（A），$\mathrm{d}l$ 的单位为米（m），B 的单位为特[斯拉]（T），$\mathrm{d}F$ 的单位为牛顿（N），则有 $K=1$。安培定律的数学表达式为

$$\mathrm{d}F=BI\mathrm{d}l\sin\theta$$

其矢量式为

$$\mathrm{d}\boldsymbol{F}=I\mathrm{d}\boldsymbol{l}\times\boldsymbol{B} \tag{11-1}$$

上式又叫安培力公式，式中的 $\mathrm{d}\boldsymbol{F}$ 称为安培力。

显然，前面所规定的用电流元 $I\mathrm{d}\boldsymbol{l}$ 所受的作用力 $\mathrm{d}\boldsymbol{F}$ 来测量磁感应强度 $\boldsymbol{B}$ 的方法依据的就是安培力公式。当 $I\mathrm{d}\boldsymbol{l}$ 与 $\boldsymbol{B}$ 垂直时，$\mathrm{d}\boldsymbol{F}$ 最大，其值为

$$dF_{max} = IdlB$$

即

$$B = \frac{dF_{max}}{Idl}$$

在这种情形下，$d\boldsymbol{F}$、$Id\boldsymbol{l}$、$\boldsymbol{B}$ 三者互相垂直；$\boldsymbol{B}$ 垂直于 $d\boldsymbol{F}$ 和 $Id\boldsymbol{l}$ 决定的平面，用右手法则可确定 $\boldsymbol{B}$ 的指向，正如在图 10-8 所示的那样。

11.1.2 磁场对载流导线段的作用力

根据安培力式(11-1)，原则上可用积分来计算各种形状载流导线段在磁场中所受的安培力。任何一根载流导线是由无限多个电流元 $Id\boldsymbol{l}$ 所组成的，它所受的安培力就等于这些电流元所受的磁场力 $d\boldsymbol{F}$ 的矢量积分，即

$$\boldsymbol{F} = \int d\boldsymbol{F} = \int_L Id\boldsymbol{l} \times \boldsymbol{B} \tag{11-2}$$

该式是矢量曲线积分，积分沿载流导线 L 进行。

一般情形下，式(11-2)的积分比较复杂，不易计算，实际上，只有对一些简单形状的载流导线用式(11-2)来计算安培力才是方便的，下面举一些简单的例子说明载流导线在匀强磁场和非匀强磁场中所受的安培力的计算问题。

1. 一段载流导线在匀强磁场中所受的安培力

设一段电流为 I 的载流导线段 AD，放在磁感应强度为 $\boldsymbol{B}$ 的匀强磁场中，如图 11-2 所示。

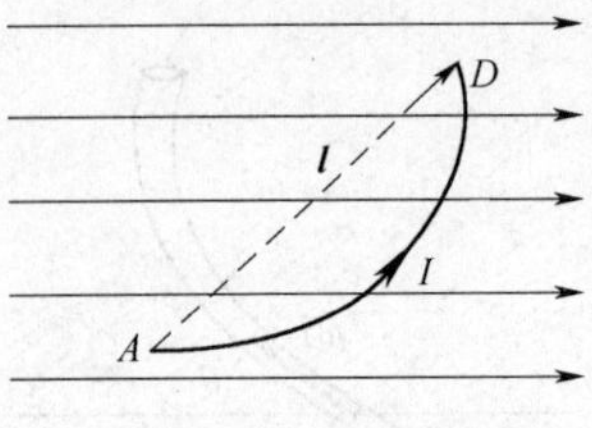

图 11-2 载流导线所受的安培力

下面来计算该导线所受的安培力。根据式(11-2)，有

$$\boldsymbol{F} = \int_L Id\boldsymbol{l} \times \boldsymbol{B} = I\int_L d\boldsymbol{l} \times \boldsymbol{B}$$

对于匀强磁场，$\boldsymbol{B}$ 为常矢量，可提到积分号外，故

$$\boldsymbol{F} = I\left(\int_L d\boldsymbol{l}\right) \times \boldsymbol{B}$$

曲线积分 $\int_L d\boldsymbol{l}$ 等于曲线上各小段曲线元 $d\boldsymbol{l}$ 的矢量和，即等于由起点 A 指向终点 B 的矢量 $\boldsymbol{l}$，所以

$$\boldsymbol{F} = I\boldsymbol{l} \times \boldsymbol{B} \tag{11-3}$$

可见，在匀强磁场中任意形状的一段载流导线所受的安培力等于由起点指向终点的载流直导线段在磁场中所受的安培力，如图 11-3 所示。由此可推出任意一闭合的载流导线圈在均匀磁场中所受合力为零。

对于一长为 L 载流直导线段，它在匀强磁场 $\boldsymbol{B}$ 中所受的作用力的大小为

$$F = BIL\sin\theta \tag{11-4}$$

式中，θ 为 $\boldsymbol{L}$ 与 $\boldsymbol{B}$ 的夹角。$\boldsymbol{F}$ 的方向根据右手螺旋法则由 $\boldsymbol{L}$、$\boldsymbol{B}$ 的方向决定，$\boldsymbol{L}$ 沿直导线段，它的指向由电流的流向决定。如果 $\boldsymbol{B}$ 与直导线段 $\boldsymbol{L}$ 垂直，则

$$F=BIL$$

方向如图 11-3 所示。

【例 11-1】 在一磁感应强度 $B=0.5\ \text{T}$ 的匀强磁场中有一根载流直导线，导线上电流 $I=4\ \text{A}$，长 $L=0.2\ \text{m}$，它与 $\boldsymbol{B}$ 的夹角为 30°，如图 11-4 所示，求直导线所受的磁场力。

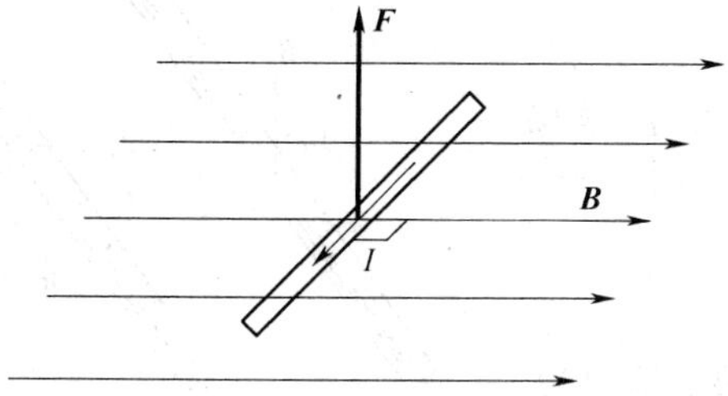

图 11-3　载流直线所受的安培力

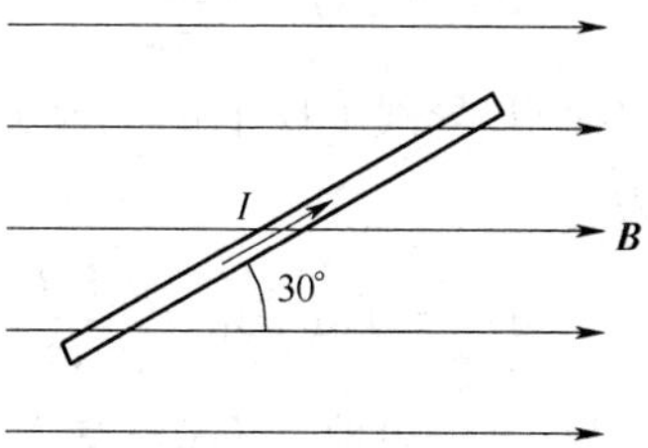

图 11-4　例 11-1 图

【解】 把题中的诸数据代入式(11-4)中，得

$$F=BIL\sin\theta=0.5\times4\times0.2\times\sin30°=0.2(\text{N})$$

由右手法则可确定 $\boldsymbol{F}$ 的方向垂直纸面向里。

2. 一段载流导线在非匀强磁场中所受的安培力

设在通有电流为 I_0 的无限长直导线近旁有一电流为 I 的直导线段 AB，AB 与无限长直导线垂直，长为 l，A 端离无限长直导线的距离为 d，下面来计算 AB 所受的安培力。

无限长直导线 I_0 周围的磁场是非匀强磁场，磁场方向在 AB 一侧垂直纸面向里，空间中任一点的磁感应强度 $B=\dfrac{\mu_0 I}{2\pi x}$，式中 x 为该点离开直导线 I_0 的距离。

在 AB 上距无限长直导线 I_0 为 x 处取线元 $\mathrm{d}x$，则电流元为 $I\mathrm{d}x$，因为电流元与磁感应强度 $\boldsymbol{B}$ 垂直，所以

$$\mathrm{d}F=BI\mathrm{d}x=\frac{\mu_0 I_0 I\mathrm{d}x}{2\pi x}$$

根据右手法则可知 AB 上各段电流元所受的磁力 $\mathrm{d}\boldsymbol{F}$ 的方向都相同，垂直 AB 向上，如图 11-5 所示，所以 AB 所受的安培力 F 就等于各段电流元所受磁力 $\mathrm{d}\boldsymbol{F}$ 的积分，即

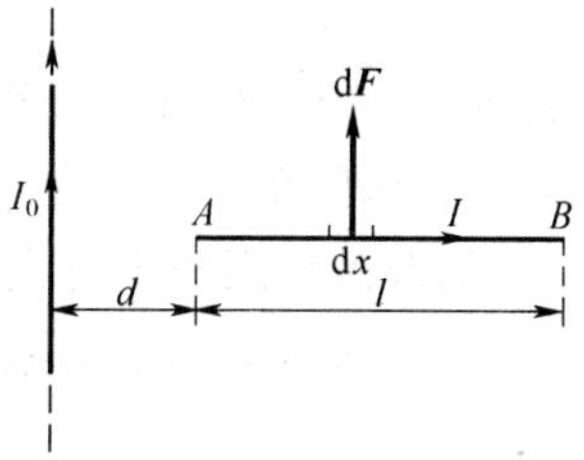

图 11-5　非匀强磁场中载流导线受力

$$F=\int\mathrm{d}F=\int_d^{d+l}\frac{\mu_0 I_0 I\mathrm{d}x}{2\pi x}=\frac{\mu_0 I_0 I}{2\pi}\ln x\bigg|_d^{d+l}$$

$$=\frac{\mu_0 I_0 I}{2\pi}\ln\frac{d+l}{d}$$

$\boldsymbol{F}$ 的方向垂直 AB 向上。

11.1.3 平行长直载流导线的作用力(电流强度单位——安培的定义)

如图 11-6 所示,两根无限长直载流导线 AB、CD 相距为 a,通有同向电流 I_1 和 I_2。由毕奥—萨伐尔定律得,I_1 在电流 I_2 处的磁场为

$$B_1=\frac{\mu_0 I_1}{2\pi a}$$

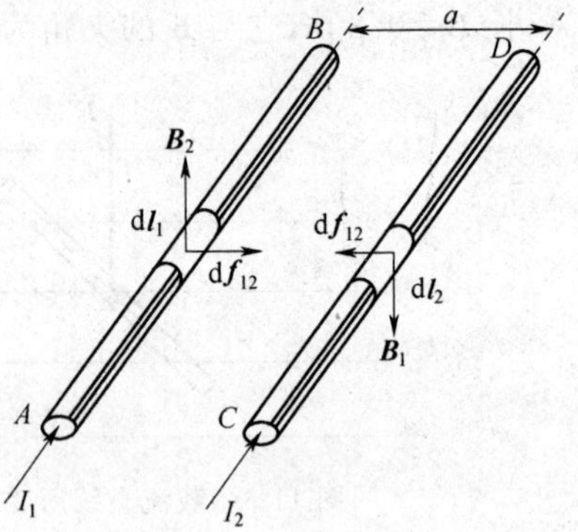

图 11-6 两平行无限长载流导线间的作用力

又由安培定律得,导线 CD 上的电流元 $I_2 dl_2$ 受 I_1 磁场的安培力为

$$df_{12}=I_2 dl_2 B_1=\frac{\mu_0 I_1 I_2}{2\pi a}dl_2$$

同理,导线 AB 上的电流元 $I_1 dl_1$ 受 I_2 磁场的安培力为

$$df_{21}=I_1 dl_1 B_2=\frac{\mu_0 I_1 I_2}{2\pi a}dl_1$$

如图所示,两力的方向相反。即同方向的两平行电流之间的相互作用力大小相等,方向相反,分别作用在两导线上,并相互吸引。同理可以证明,反方向的两平行电流之间的相互作用力大小相等,方向相反,分别作用在两导线上,并相互排斥。

两根无限长直载流导线单位长度电流所受的安培力为

$$f=\frac{df_{21}}{dl_1}=\frac{df_{12}}{dl_2}=\frac{\mu_0 I_1 I_2}{2\pi a}$$

当 $I_1=I_2=I$ 时,

$$f=\frac{\mu_0 I^2}{2\pi a}=2\times10^{-7}\frac{I^2}{a}$$

若令 $a=1$ m,$I=1$ A,则 $f=2\times10^{-7}$ N/m。

在国际单位单位制中,安培(A)是一个基本单位。安培(A)的定义如下:真空中相距为 1 m的两条无限长平行直导线,通以相等的稳恒电流,当每根导线单位长度上所受的作用力为 2×10^{-7} N 时,该稳恒电流值为 1 安培(A)。

11.2 磁场对载流平面线圈的磁力矩

11.2.1 磁场对载流平面线圈的磁力矩

以矩形载流平面线圈为例来讨论。如图 11-7(a)所示,设矩形线圈 $abcda$ 放在均匀的磁场中,其磁感应强度为 $\boldsymbol{B}$,通电流 I,线圈可绕垂直于 $\boldsymbol{B}$ 的中心轴 OO' 自由转动,取 $ab=cd=l_2$,

$bc=da=l_1$。为便于叙述，我们先规定矩形载流平面线圈的法线方向，线圈中电流的方向与线圈平面法线矢量 $\boldsymbol{n}$ 的方向构成右手螺旋关系，即用弯曲的右手四指表示线圈中电流 I 的方向，伸直的拇指就表示线圈平面法线矢量 $\boldsymbol{n}$ 的方向。平面线圈的法线矢量 $\boldsymbol{n}$ 与 $\boldsymbol{B}$ 的方向间夹角为 α。图 11-7(b)是矩形线圈 $abcda$ 的俯视图，b、c 两端圆圈中的点和叉分别表示 ab 与 cd 边中的电流方向。

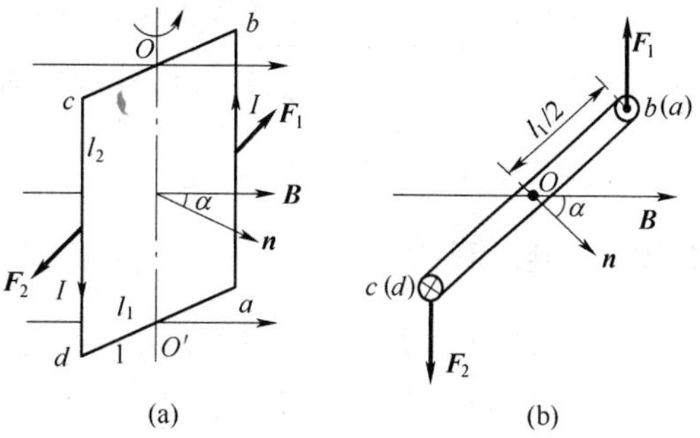

图 11-7　磁场对载流平面线圈的作用

由安培定律可算出线圈 4 个边所受的安培力，ab 边受的安培力为

$$F_1=Il_2B\sin\frac{\pi}{2}=IBl_2$$

由右手螺法则可知，$\boldsymbol{F}_1$ 的方向垂直纸面向里。

同理可求出 cd 边受的安培力 $F_2=IBl_2$，$\boldsymbol{F}_2$ 的方向垂直纸面向外。

用与上述相同的方法可求出 bc 和 da 边所受的安培力大小相等，方向相反，且在同一条直线上。因为我们视矩形线圈为刚体，所以这一对平衡力互相抵消，对线圈的整体运动不起作用。

由前面的计算可知，$\boldsymbol{F}_1$ 与 $\boldsymbol{F}_2$ 大小相等，方向相反，又从图 11-7(b)可以清楚看到，$\boldsymbol{F}_1$ 与 $\boldsymbol{F}_2$ 不在同一直线上，因此 $\boldsymbol{F}_1$ 与 $\boldsymbol{F}_2$ 组成一力偶矩 $\boldsymbol{M}$，它使矩形线圈平面的法线 $\boldsymbol{n}$ 转向磁场 $\boldsymbol{B}$ 的方向。力矩 $\boldsymbol{M}$ 的大小为

$$\begin{aligned}M&=F_1\frac{l_1}{2}\sin\alpha+F_2\frac{l_1}{2}\sin\alpha=Il_2B\frac{l_1}{2}\sin\alpha+Il_2B\frac{l_1}{2}\sin\alpha\\&=Il_1l_2B\sin\alpha=ISB\sin\alpha\end{aligned}$$

式中，$S=l_1l_2$ 为矩形线圈平面的面积。$\boldsymbol{M}$ 的方向沿 OO' 轴向上，若线圈有 N 匝，该线圈受磁场的力矩为单匝时的 N 倍，则有

$$M=NISB\sin\alpha=P_mB\sin\alpha \tag{11-5}$$

式中，$P_m=NIS$ 称为载流线圈的磁矩，$\boldsymbol{P}_m$ 是矢量，载流线圈的法线方向 $\boldsymbol{n}$ 就是 $\boldsymbol{P}_m$ 的方向。式(11-5)的矢量式为

$$\boldsymbol{M}=\boldsymbol{P}_m\times\boldsymbol{B} \tag{11-6}$$

式(11-6)尽管是用特殊形状的矩形线圈推出来的，但很容易证明，它对任意形状的平面载流线圈都是适用的。

由上述可知，在均匀磁场中任意形状的载流平面线圈所受到的磁力矩总是企图使线圈磁矩 $\boldsymbol{P}_m$ 转到与磁场 $\boldsymbol{B}$ 相同的方向。当 $\alpha=0$ 时，$M=0$，此时载流平面线圈处于稳定平衡，即此

时如果线圈受到外界干扰而偏离平衡位置，磁力矩将会使线圈返回平衡状态；$\alpha=\pi$ 时，$M=0$，但此时线圈处于非稳定状态，即此时线圈稍有偏转，就会一直转到 $\alpha=0$ 时为止；当 $\alpha=\frac{\pi}{2}$ 时，$M=M_{\max}=P_{m}B$。

11.2.2 电 流 计

我们可以应用载流线圈在磁力矩作用下发生转动这一原理来制作电流计。常用的磁式电流计的磁场是由永久磁铁产生的，它的结构如图 11-8(a)所示。在马蹄形永久磁铁的两个磁极中间放置一圆柱形的软铁芯，用来增加磁极和软铁之间空隙中的磁场，并可使磁感应线沿径向分布，如图 11-8(b)所示。空隙中磁场的大小相等。在空隙中装有用铜线绕制成的多匝密绕线圈，它连接在轴上，可绕轴转动。转轴上固定有指针，轴的前、后两端各连有一盘游丝，它们的绕向相反。在线圈未通电流时，线圈处于某一确定的位置，这时指针停在零点。当待测电流通过线圈时，线圈受到磁力作用而发生偏转。线圈偏转时，游丝发生变形，引起反方向的恢复力矩，阻止线圈继续偏转，当线圈处于平衡位置时，它所受的合力矩为零，即磁力矩和恢复力矩相等而抵消。由于空隙中的磁场沿径向且大小相等，因此不论线圈放在什么位置，它所受的磁力矩的大小都等于

$$M_{m}=NISB$$

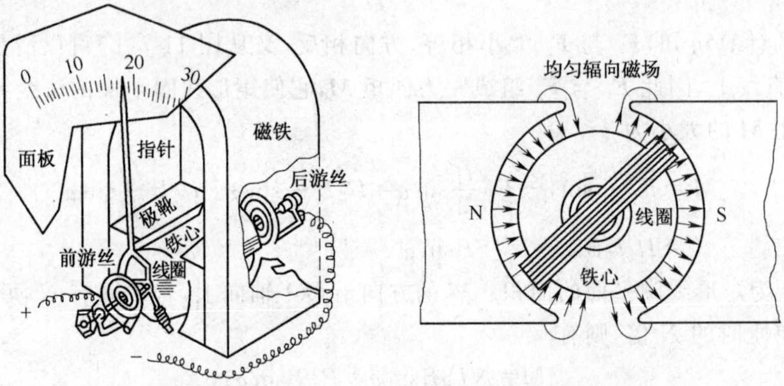

(a) 磁电式电流计结构图　　(b) 电流计中的径向磁场与线圈

图 11-8　电流计

当线圈偏转后，游丝所产生的弹性恢复力矩正比于偏转角 θ，即

$$M_{T}=-D\theta \quad (\text{在 } \theta \text{ 较小时})$$

式中，D 为扭转常量。当线圈平衡时，合力矩为零，即

$$M_{m}+M_{T}=0$$

所以
$$NISB=D\theta$$
即
$$\theta=\frac{NISB}{D}$$
可见，θ 与 I 成正比，所以电流表上的刻度也以正比关系标出。

11.2.3　直流电动机

电动机是把电能转化为机械能的装置，直流电动机是使用直流电源的电动机。

载流线圈在磁场中受磁力矩的作用发生转动，当线圈转动到平衡位置时，线圈所受的磁力矩为零。如果电流的方向不变，线圈转过平衡位置将受反方向的磁力矩作用，阻止线圈继续转动。如果在该位置上，改变电流的方向，则线圈就可以继续转动下去。为此，直流电动机中装有换向器，它使线圈转到平衡位置时不断地改变电流的方向，并使线圈不断地转动，如图 11-9 所示。

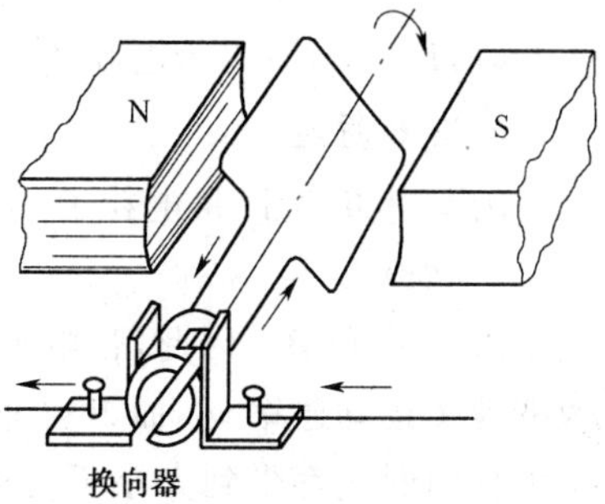

图 11-9　电动机

11.3　磁场对运动电荷的作用

11.3.1　磁场对运动带电粒子的作用力——洛伦兹力

磁场对载流导线的安培力是由于磁场对导线中运动电荷的作用力而引起的，我们可以从安培力公式得到磁场对运动电荷作用力的公式。

根据安培力公式，任一电流元 $I\mathrm{d}l$ 在磁感应强度为 $\boldsymbol{B}$ 的磁场中所受的磁力
$$\mathrm{d}\boldsymbol{F}_{\mathrm{m}}=I\mathrm{d}l\times\boldsymbol{B}$$
因为
$$I\mathrm{d}\boldsymbol{l}=qnS\mathrm{d}l\boldsymbol{v}=q\mathrm{d}N\boldsymbol{v}$$
所以
$$\mathrm{d}\boldsymbol{F}_{\mathrm{m}}=q\mathrm{d}N\boldsymbol{v}\times\boldsymbol{B}$$

电流元中共有 $\mathrm{d}N$ 个以速度 $\boldsymbol{v}$ 运动着的带电粒子，它们所受的磁力为 $\mathrm{d}\boldsymbol{F}_{\mathrm{m}}$，因此每个运动带电粒子所受的磁力 $\boldsymbol{F}_{\mathrm{m}}$ 等于 $\frac{\mathrm{d}\boldsymbol{F}_{\mathrm{m}}}{\mathrm{d}N}$，即
$$\boldsymbol{F}_{\mathrm{m}}=q\boldsymbol{v}\times\boldsymbol{B} \tag{11-7}$$
该式表示一个电量为 q、以速度 $\boldsymbol{v}$ 运动着的带电粒子在磁场中所受的磁力，这种力称为洛伦兹力，而式(11-7)称为洛伦兹力公式。

由洛伦兹力公式看到，洛伦兹力 $\boldsymbol{F}_{\mathrm{m}}$ 与速度 $\boldsymbol{v}$ 垂直，所以它是个法向力，对运动电荷不做功，它既不能改变带电粒子运动的速率，也不能改变其动能，而只能使带电粒子的运动轨道发

生弯曲。

11.3.2 带电粒子在匀强磁场中的运动

设空间有磁感应强度为 $\boldsymbol{B}$ 的匀强磁场，一质量为 m、电量为 q（设 $q>0$）的带电粒子以初速度 $\boldsymbol{v}_0$ 进入磁场中运动，下面，讨论几种情形。

1. $\boldsymbol{v}_0$ 与 $\boldsymbol{B}$ 同方向

此时，$F_m=0$，所以带电粒子不受磁力的作用，将以 $\boldsymbol{v}_0$ 作匀速直线运动。

2. $\boldsymbol{v}_0$ 与 $\boldsymbol{B}$ 垂直

因为 $\boldsymbol{v}_0\perp\boldsymbol{B}$，所以带电粒子一进入磁场中就受到洛伦兹力的作用，其大小为

$$F_m=qv_0B$$

方向垂直于 $\boldsymbol{v}_0$ 和 $\boldsymbol{B}$。因此，带电粒子将在 $\boldsymbol{v}_0$ 所在的垂直于 $\boldsymbol{B}$ 的平面上运动，由于洛伦兹力不能改变粒子运动速率 v_0，而 $\boldsymbol{B}$ 又垂直于粒子运动的平面，因此粒子在运动的任何时刻都受到大小不变的法向力 qv_0B 的作用，在这个力的作用下粒子只能做匀速圆周运动（见图 11-10），而 qv_0B 正是它作圆周运动的向心力，所以，按照向心力的公式有

$$qv_0B=\frac{mv_0^2}{R}$$

即
$$R=\frac{mv_0}{qB} \tag{11-8}$$

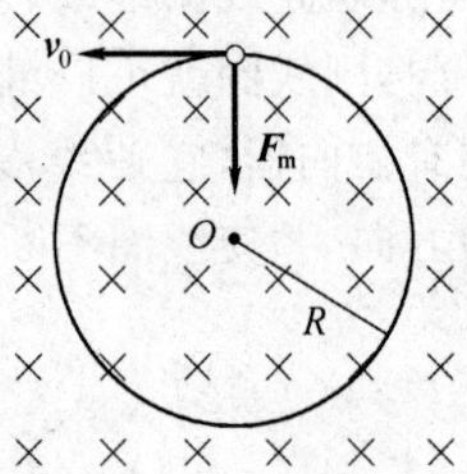

图 11-10 带电粒子在磁场中的运动

式(11-8)表明，对于确定的带电粒子（m 确定，q 确定）而言，圆周运动的轨道半径 R 正比于 v_0，而反比于磁感应强度 B。

粒子绕圆周运动一周所需的时间称为周期，用 T 表示，因为粒子以 v_0 作匀速圆周运动，所以

$$T=\frac{2\pi R}{v_0}$$

把式(11-8)中的 R 代入上式得

$$T=\frac{2\pi m}{qB} \tag{11-9a}$$

单位时间内粒子运动的周数为频率，用 f 表示，它等于$\frac{1}{T}$，因此

$$f=\frac{1}{T}=\frac{qB}{2\pi m} \tag{11-9b}$$

由此可以看出，带电粒子运动的周期（或频率）与粒子运动的速率和半径无关，只决定于磁感应强度 B 以及粒子电量和质量的比值 q/m（称为荷质比）。

3. $\boldsymbol{v}_0$ 与 $\boldsymbol{B}$ 斜交

设 $\boldsymbol{v}_0$ 与 $\boldsymbol{B}$ 的交角为 θ，如图 11-11 所示，把 $\boldsymbol{v}_0$ 分解成两个分量：

平行于 $\boldsymbol{B}$ 的分量　$v_{0x}=v_0\cos\theta$

垂直于 $\boldsymbol{B}$ 的分量　$v_{0y}=v_0\sin\theta$

由于粒子沿 $\boldsymbol{B}$ 的方向不受磁场力的作用，所以在该方向上做匀速直线运动，在垂直于 $\boldsymbol{B}$ 的方向上粒子受磁场力的作用，且因 $\boldsymbol{v}_{0y}$ 与 $\boldsymbol{B}$ 垂直，所以粒子在垂直于 $\boldsymbol{B}$ 的平面上作匀速圆周运动，因此，带电粒子运动轨道是螺旋曲线，螺旋的半径为

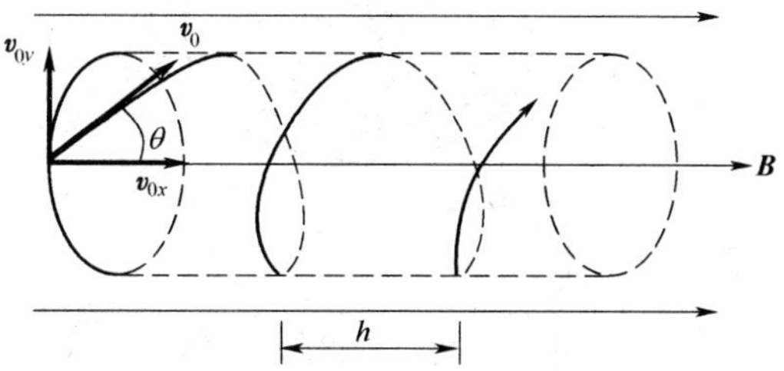

图 11-11　带电粒子在磁场中的运动（$\boldsymbol{v}_0$ 与 $\boldsymbol{B}$ 斜交）

$$R=\frac{mv_{0y}}{qB}=\frac{mv_0\sin\theta}{qB} \tag{11-10}$$

旋转一周的时间为

$$T=\frac{2\pi R}{v_0\sin\theta}=\frac{2\pi m}{qB}$$

螺距为

$$h=v_{0x}T=\frac{2\pi m v_0\cos\theta}{qB} \tag{11-11}$$

11.3.3　回旋加速器

加速器是用来获得高速粒子的装置，它们在原子核和基本粒子的研究中起着十分重要的作用，下面介绍的回旋加速器是加速器的一种，其结构构成如图 11-12 所示，A 和 B 是封闭在高真空中的两个半圆形盒，每个都像字母“D”的形状，故称为 D 形电极，两个 D 形电极之间留有缝隙，中心 P 处放置待加速的带电粒子源，当两 D 形电极接上交变电源时，在两个 D 形电极之间的缝隙里就产生了交变电场。整个装置放在巨大的电磁铁的两极之间，在垂直于电极板的方向上有强大的匀强磁场，把粒子从 P 处引入盒中，粒子在电场的作用下被加速，以速率 v_1 进入 A 中，由于盒内空间无电场，所以粒子在 A 中只受到与 $\boldsymbol{v}_1$ 垂直的匀强磁场 $\boldsymbol{B}$ 的洛伦兹力作用，粒子将以速率 v_1 沿圆周轨道运动。由式(11-8)得圆周运动的轨道半径为

$$R_1=\frac{v_1}{\left(\frac{q}{m}\right)B}$$

式中，$\frac{q}{m}$ 是带电粒子的荷质比，B 是磁感应强度。

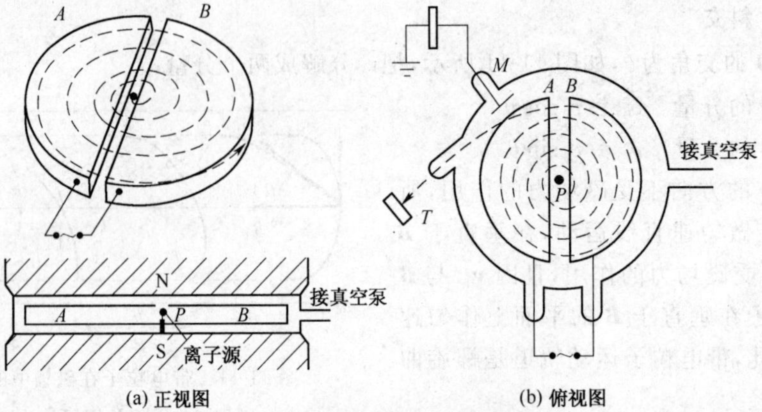

图 11-12　回旋加速器示意图

粒子在 A 中以半径 R_1 运动半周后回到缝隙中，由式(11-9a)得粒子在 A 中运动时间为

$$t=\frac{T}{2}=\frac{\pi}{\left(\frac{q}{m}\right)B}$$

当粒子从 A 盒中出来回到缝隙时，如果缝隙中的电场恰好反向，那么粒子通过缝隙时将再次被电场加速而以更大的速率 v_2 进入半盒 B 中，以半径

$$R_2=\frac{v_2}{\left(\frac{q}{m}\right)B}$$

作圆周运动，然后将再次进入缝隙中，此间所需时间仍为 t，只要交变电场的变化周期控制好，使粒子从 B 回到缝隙中时，缝隙中电场 $\boldsymbol{E}$ 又改变方向，粒子将继续被加速而进入半盒 A，这样周而复始，粒子可以受到缝隙中电场多次加速，速率越来越大，回旋半径也越来越大，粒子将按图 11-12(b)中虚线所示的螺旋形轨道逐渐趋于 D 形盒的边缘，最后通过特殊的装置把已加速的粒子引出。

为了使带电粒子在缝隙中不断地被加速，必须使交变电场的周期 T 与粒子运动的周期相等，即

$$T=2t=\frac{2\pi}{\left(\frac{q}{m}\right)B}$$

被引出的粒子最大速率和动能为

$$v_{\max}=\frac{q}{m}BR,\quad E_k=\frac{mv_{\max}^2}{2}=\frac{q^2B^2R^2}{2m}$$

R 为 D 形盒的半径。可见，要使带粒子获得较高的能量需要较强的磁场和较大的 D 形盒。

我们在上面的讨论中认为粒子的质量 m 是不变的，这只有在粒子运动的速率远小于光速

的情形下才正确，当粒子速率很大时，由于相对论效应，粒子的质量将随速率增大，因而 t 不再是常量。这时，就不可能用固定频率的交变电场来进一步加速粒子，因此，回旋加速器加速的粒子能量有一定的限制，用回旋加速器加速质子的最大能量约为 30×10^6 eV。

【例 11-2】 有一电子在磁感应强度 B 为 1.5×10^{-3} T 的均匀磁场中作螺旋线运动，已知螺旋线的半径 $R=10$ cm，螺距 $h=20$ cm，电子的荷质比 $\dfrac{e}{m}=1.67\times10^{11}$ C/kg。求电子运动的速度 $\boldsymbol{v}$ 与 $\boldsymbol{B}$ 的夹角 θ 和电子运动速度的大小。

【解】 由式(11-10)和式(11-11)有

$$R=\frac{mv\sin\theta}{eB}\quad 和\quad h=\frac{2\pi mv\cos\theta}{eB}$$

两式相除得

$$\tan\theta=\frac{2\pi R}{h}$$

将已知数值代入，得到 $\boldsymbol{v}$ 与 $\boldsymbol{B}$ 的夹角为

$$\theta=\arctan\frac{2\pi R}{h}=\arctan\frac{2\pi\times10\times10^{-2}}{20\times10^{-2}}=72.3^\circ$$

由式(11-10)得到电子运动速度的大小为

$$v=\frac{ReB}{m\sin\theta}=\frac{e}{m}\frac{RB}{\sin\theta}=1.76\times10^{11}\times\frac{10\times10^{-2}\times1.5\times10^{-3}}{\sin72.3^\circ}=2.8\times10^7\,(\text{m/s})$$

11.3.4 霍尔效应

如图 11-13 所示，把一块导体板放在磁场中，磁感应强度 $\boldsymbol{B}$ 的方向与板面垂直，当导体板中通有图示方向的电流时，发现在垂直于磁场和电流方向的导体板的横向两侧面 1、2 间会出现一定的电势差，这一现象是霍尔在 1879 年发现的，称为霍尔效应，出现的电势差 U_H 称为霍尔电势差。实验发现在磁场不太强时，U_H 与通过导体板的电流强度 I、磁场的磁感应强度 B 成正比，与板的厚度 d 成反比，即

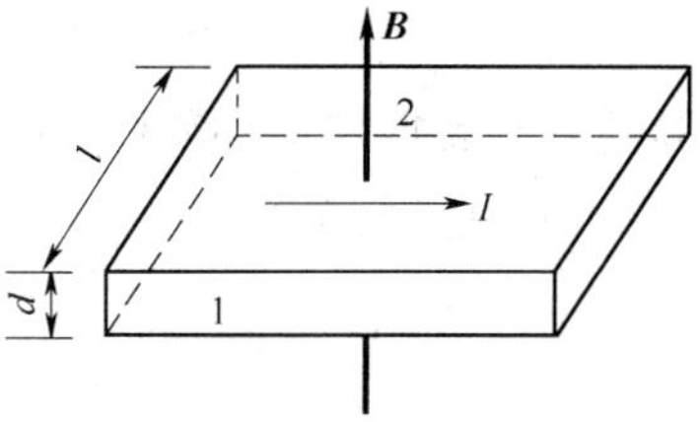

图 11-13　霍尔效应

$$U_H=R_H\frac{BI}{d}\tag{11-12}$$

式中，R_H 称为霍尔系数，与材料的性质有关，对某一种材料来说，它是常数。后来发现不限于导体，半导体材料也有霍尔效应。

霍尔效应可用洛伦兹力来说明。如图 11-14 所示，导体或半导体板中有向右的电流，磁感应强度 $\boldsymbol{B}$ 的方向向上，由于磁场对运动电荷的洛伦兹力作用，载流子的运动将发生偏转。对载流子是带正电的材料来说，载流子定向运动速度 $\boldsymbol{v}$ 的方向与电流方向相同，由洛伦兹力公

式可知洛伦兹力 $\boldsymbol{f}_{\mathrm{m}}$ 的方向垂直于 $\boldsymbol{B}$ 和 $\boldsymbol{v}$，指向读者，大小为 $f_{\mathrm{m}}=qvB$，如图 11-14(a)所示。这样就使板的前侧面 1 积聚了正电荷，后侧面 2 积聚了负电荷，形成方向由前向后的电场 $\boldsymbol{E}_{\mathrm{H}}$，我们称之为霍尔电场。这时载流子 $+q$ 除了受洛伦兹力外还受霍尔电场对它的电场力 $\boldsymbol{f}_{\mathrm{H}}=q\boldsymbol{E}_{\mathrm{H}}$ 作用，方向由前向后，与洛伦兹力方向相反。只要 $f_{\mathrm{H}}<f_{\mathrm{m}}$，则两侧面上的电荷就会继续增加，场强 $\boldsymbol{E}_{\mathrm{H}}$ 会继续增大，使 $\boldsymbol{f}_{\mathrm{H}}$ 增大。直到平衡时 $f_{\mathrm{H}}=f_{\mathrm{m}}$，$qE_{\mathrm{H}}=qvB$，或 $E_{\mathrm{H}}=vB$。由于电场是均匀的，所以前后两端面间形成的电势差 U_{H} 与场强的关系为

$$U_{\mathrm{H}}=E_{\mathrm{H}}l=vBl \tag{11-13}$$

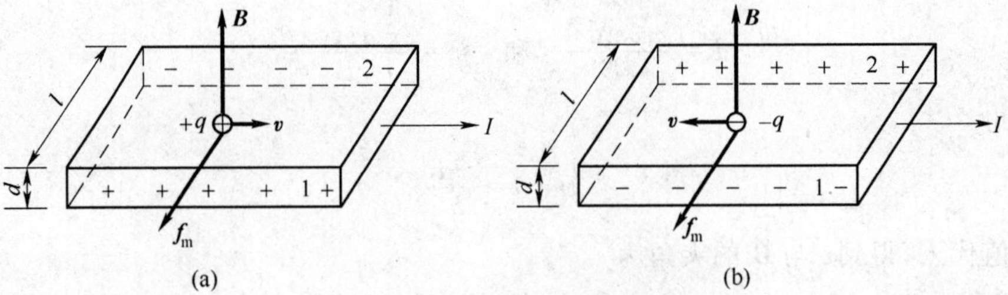

图 11-14 半导体材料的霍尔效应

由稳恒电流中电流强度与载流子定向运动速率 v 之间的关系知

$$I=nqvS$$

式中，n 为单位体积中的载流子数，称为载流子浓度；$S=ld$ 为导体板的横截面积；q 为每个载流子的电量。因而 $v=\dfrac{I}{nqld}$，代入式(11-13)得

$$U_{\mathrm{H}}=\frac{I}{nqld}\cdot Bl=\frac{1}{nq}\frac{BI}{d} \tag{11-14}$$

这样我们就得到了与实验公式(11-12)相符的结果，而且与式(11-12)相比较，可找到霍尔系数 R_{H} 与微观量的关系为

$$R_{\mathrm{H}}=\frac{1}{nq} \tag{11-15}$$

式(11-15)表明，霍尔系数与载流子浓度 n 成反比。在金属导体中，载流子为自由电子，浓度很高，所以 R_{H} 很小，U_{H} 也很小。在半导体中载流子浓度比导体中低得多，所以半导体的霍尔效应远较导体为强。

对于载流子带负电的材料来说，载流子定向运动平均速度 $\bar{\boldsymbol{v}}$ 的方向与电流方向相反，所受洛伦兹力方向仍指向读者，如图 11-14(b)所示。结果板的前侧面 1 积聚了负电荷，后侧面 2 积聚了正电荷，形成了方向由后向前的霍尔电场 $\boldsymbol{E}_{\mathrm{H}}$，霍尔电场力 $\boldsymbol{f}_{\mathrm{H}}$ 的方向由前向后，仍与洛伦兹力方向相反，达到稳定时，二者大小相等，仍符合式(11-14)，不过这时霍尔电势差 $U_{\mathrm{H}}=U_1-U_2<0$，为负值。而对载流子为正电荷时，$U_{\mathrm{H}}>0$，据此我们可以通过测量霍尔电势差的

正负来判断导电材料载流子的正负。

式(11-15)中的 q 为可正可负的代数量，q 的正负由载流子的正负而定。对负载流子，霍尔系数 $R_H=1/nq$ 为负值。

霍尔效应在科学技术和工业生产中有广泛的应用。例如，利用半导体材料的霍尔效应可制造测量磁感应强度的仪器，称为高斯计。将一块事先校对好的半导体薄片放在待测磁场中，通以给定的电流，就可以通过测量霍尔电势差来确定磁感应强度。这种方法的优点是方便、迅速，可测量小范围内的磁场，且结构简单，成本低廉。此外，根据霍尔效应还可以测量直流或交流电路中的电流强度和功率，转换信号等。

11.4 磁　介　质

第十章和本章前几节讨论的都是稳恒电流在真空中的磁场性质及规律。本节简要讨论一下磁介质对磁场的影响和磁场对磁介质的作用。所谓磁介质是指与磁场存在相互影响的物质，由于物质的分子(或原子)中都存在着运动的电荷，所以当物质放在磁场中时，其中的运动电荷受到磁场力作用而使物质处于一种特殊状态中，这种特殊状态称为磁化状态。处于磁化状态的物质又会产生附加磁场反过来对原来的磁场的分布产生影响。

11.4.1　磁介质对磁场的影响

磁介质对磁场的影响可以通过实验来测量。用一支长直螺线管，先使管内为空气(或真空)，接通电源，设导线中的电流强度为 I，测出管内的磁感应强度为 B_0。然后在管内均匀充满某种磁介质，并保持电流强度 I 不变，再测出管内的磁感应强度为 B。实验结果表明，二者的关系为

$$\frac{B}{B_0}=\mu_r \tag{11-16}$$

式中，μ_r 称为介质的相对磁导率，它是一个纯数，其值随磁介质的种类或状态的不同而不同。由此可以把磁介质分成三类。

(1) 顺磁质

顺磁质的 μ_r 为略大于 1 的常数。如氧、锰、铬、铂、钠、氮等均属顺磁质，其特点是磁化后产生的附加磁场与原磁场方向一致，使介质中的磁场加强，即 $B>B_0$。

(2) 抗磁质

抗磁质的 μ_r 为略小于 1 的常数。如铜、汞、铋、银、硫、氯等均属抗磁质，其特点是磁化后产生的附加磁场与原磁场方向相反，使介质中的磁场减弱，即 $B<B_0$。

这两类磁介质对磁场的影响都十分微弱，通常把它们称为弱磁性物质。

(3) 铁磁质

铁磁质的 μ_r 值远大于 1。如铁、镍、钴及其某些合金等均属铁磁质。其特点是磁化后产生的附加磁场与原磁场方向一致，且比原磁场强得多，使介质中的磁场显著增强，即 $B \gg B_0$。通常把铁磁质称为强磁性物质。

11.4.2 弱磁介质的磁化 磁化电流

由于一切磁现象的本源是电，因此必须从物质的电结构来研究物质的磁性。我们知道，组成原子的原子核和核外电子都处于运动之中，电子除作绕核的轨道运动以外，同时还作自旋运动，核也作自旋运动。这些运动都将形成微小的圆电流，具有一定的磁矩，且磁矩的方向与圆电流的方向满足右手螺旋关系。一个分子由许多电子和若干个核组成，一个分子的所有磁矩的矢量和称为分子磁矩，用 $\boldsymbol{P}_m$ 表示，产生这个分子磁矩的等效电流称为分子电流。在没有磁场时，顺磁质的分子磁矩 $\boldsymbol{P}_m$ 不为零，但由于热运动，各分子电流的取向是混乱无序的，如图 11-15(a)所示，故在任何一块宏观大小的这种磁介质中，分子磁矩相互抵消，即 $\sum \boldsymbol{P}_m = 0$。在没有磁场时，抗磁质的分子磁矩为零，即 $\boldsymbol{P}_m = 0$。因此，弱磁质在无外加磁场时，都不呈现磁性。

为了简单起见，我们用密绕长直螺线管内均匀磁介质的磁化为例来说明磁介质的磁化问题。

在长直螺线管中通电流，使管内的磁介质在 $\boldsymbol{B}_0$ 的作用下磁化。顺磁质在外磁场 $\boldsymbol{B}_0$ 的作用下，分子电流也将受到磁力矩的作用。在磁力矩的作用下，分子电流转动，使它们的磁矩 $\boldsymbol{P}_m$ 趋向外磁场 $\boldsymbol{B}_0$ 方向。因此，磁介质中的分子电流在外磁场 $\boldsymbol{B}_0$ 的作用下趋于比较规则的排列，如图 11-15(b)所示。从图上可以看出，由于顺磁质中分子电流的绕行方向一致，因此在磁介质内部分子电流被抵消。宏观看出来，横截面内所有分子电流的总效果相当于一个大的环形电流 I_S，图 11-15(c)所示，这就是磁化电流。在这种情况下，顺磁质处于磁化状态，顺磁质的磁化电流产生了与外磁场 $\boldsymbol{B}_0$ 方向相同的附加磁场 $\boldsymbol{B}'$，因而使总的磁场加强。

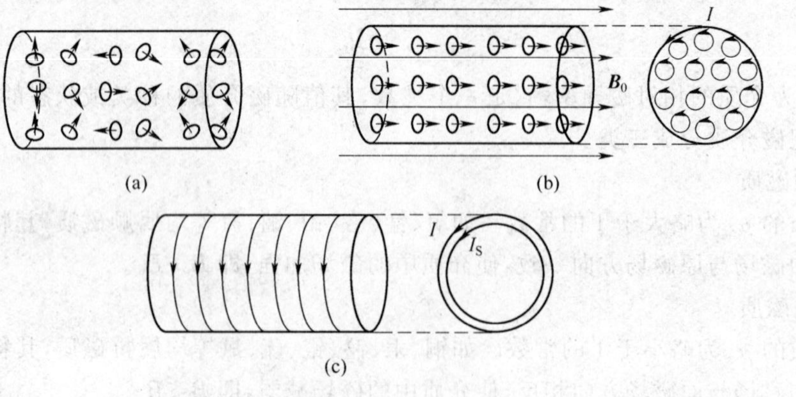

图 11-15 顺磁介质的磁化

抗磁质置于外加磁场 $\boldsymbol{B}_0$ 中时，分子中每个电子在绕原子核的轨道运动时将受到洛伦兹力的作用，在洛伦兹力的作用下使整个分子产生一个与外加磁场方向相反的磁矩，这个磁矩也可以用一个等效的分子电流来表示，这些分子电流的总效果也相当于一个大的环形电流 I_S，该磁化电流产生的附加磁场 $\boldsymbol{B}'$ 与外磁场 $\boldsymbol{B}_0$ 方向相反，因此总磁场减弱。

11.4.3　有磁介质时的安培环路定理　磁场强度

在外磁场的作用下磁介质表面将出现磁化电流 I_S，因此，有磁介质存在时，空间的磁场是由导体的传导电流和磁介质的磁化电流共同产生的。如果已知传导电流和磁化电流的空间分布，我们可求出传导电流产生的磁场的磁感应强度 $\boldsymbol{B}_0$ 和磁化电流产生的磁场的磁感应强度 $\boldsymbol{B}'$，然后利用磁场的叠加原理求出总磁场 $\boldsymbol{B}$，即 $\boldsymbol{B}=\boldsymbol{B}_0+\boldsymbol{B}'$。但磁化电流的空间分布不像传导电流那样可以用实验的方法测出来，在求总磁场时一般难以预先知道，所以应用起来比较困难，仿照静电场中引入电位移矢量 $\boldsymbol{D}$ 的方法，我们在磁场中将引入一个新的物理量使问题得到解决。

由式(11-16)知，在无限大的均匀磁介质中的载流导线产生的磁感应强度 $\boldsymbol{B}$ 等于它在真空中的磁感应强度 $\boldsymbol{B}_0$ 的 μ_r 倍，即

$$\boldsymbol{B}=\mu_r\boldsymbol{B}_0$$

因此，在无限大的均匀磁介质中，$\boldsymbol{B}$ 沿闭合环路 L 的环流为

$$\oint_L \boldsymbol{B}\cdot \mathrm{d}\boldsymbol{l}=\oint_L \mu_r\boldsymbol{B}_0\cdot \mathrm{d}\boldsymbol{l}=\mu_r\oint_L \boldsymbol{B}_0\cdot \mathrm{d}\boldsymbol{l}$$

因为在真空中有

$$\oint_L \boldsymbol{B}_0\cdot \mathrm{d}\boldsymbol{l}=\mu_0\sum_{(L内)} I$$

所以

$$\oint_L \boldsymbol{B}\cdot \mathrm{d}\boldsymbol{l}=\mu_r\mu_0\sum_{(L内)} I=\mu\sum_{(L内)} I$$

即

$$\oint_L \frac{\boldsymbol{B}}{\mu}\cdot \mathrm{d}\boldsymbol{l}=\sum_{(L内)} I \tag{11-17}$$

式中 $\mu=\mu_0\mu_r$ 称为介质的绝对磁导率，通常简称为磁导率。上式表明，矢量 $\boldsymbol{B}/\mu$ 的环流等于穿过环路 L 所包围面积的传导电流的代数和，而与磁介质的性质无关。我们用一个新的矢量 $\boldsymbol{B}/\mu$ 来描写磁场，称为磁场强度，用 $\boldsymbol{H}$ 表示，它与 $\boldsymbol{B}$ 的关系为

$$\boldsymbol{H}=\boldsymbol{B}/\mu \tag{11-18}$$

显然，$\boldsymbol{H}$ 既与磁感应强度有关，也与磁介质有关，在引入磁场强度 $\boldsymbol{H}$ 后，式(11-17)可写成

$$\oint_L \boldsymbol{H}\cdot \mathrm{d}\boldsymbol{l}=\sum_{(L内)} I \tag{11-19}$$

即磁场强度 $\boldsymbol{H}$ 的环流等于穿过环路 L 所包围面积的传导电流的代数和。这就是有磁介质时的安培环路定理。显然，在真空情形下，$\mu=\mu_0$，$\boldsymbol{H}=\boldsymbol{B}/\mu_0$，式(11-19)变成为真空中的安培环路

定理，所以式(11-19)是安培环路定理的普遍表示形式。

由磁场强度的定义式(11-18)可知，磁场强度 $\boldsymbol{H}$ 的单位是 A/m。

11.4.4 铁磁质

铁磁质是一类特殊的磁介质，在实际中应用比较多。铁磁质的磁化规律较复杂，我们仅对实验结果作简略的介绍。

1. 磁化曲线

对于顺磁质或抗磁质，$\boldsymbol{B}=\mu\boldsymbol{H}$，$\boldsymbol{B}$ 和 $\boldsymbol{H}$ 成线性关系，但对铁磁质来说 $\boldsymbol{B}$ 和 $\boldsymbol{H}$ 不是线性关系。图 11-16 为铁磁质的 B-H 曲线，当 $H=0$ 时(磁化尚未开始)，$B=0$(铁磁材料还未被磁化)，坐标原点表示的就是这一起始磁化状态。随 H 的逐渐增加，在 Oa 段，B 值增加缓慢；在 ab 段，B 值增加很快；过了 b 点，B 值的增加又变得缓慢了；过了 s 点以后，B 值不再增加，这时介质的磁化达到饱和。用 B_s 表示饱和磁感应强度。把从还未被磁化的 O 点到饱和磁化状态 s 这段曲线 $Oabs$ 称为铁磁质的起始磁化曲线，H 称为磁化场。

2. 磁滞回线

当铁磁质的磁化达到饱和状态 s 后，若逐渐减少 H 至零，磁感应强度 B 并不沿着起始磁化曲线 Os 退回至 O 点，而是沿 sR 下降。当 $H=0$ 时，B 值并不为零，而是 B_R，通常把 B_R 称为剩余磁感应强度，简称剩磁，如图 11-17 所示。若要消除剩磁，须加一反向的磁场 H，只有当反向磁场加大到一定程度时，介质才能完全退磁(即 $B=0$)，使介质完全退磁所需加的反向磁场 H，称为铁磁质的矫顽力(即图 11-17 中的 Oc)，由具有剩磁的状态到完全退磁的状态所经历的曲线 Rc 称为退磁曲线。

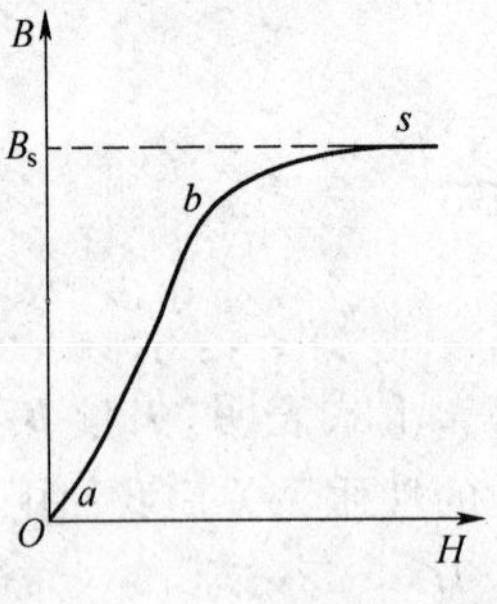

图 11-16　铁磁介质的磁化

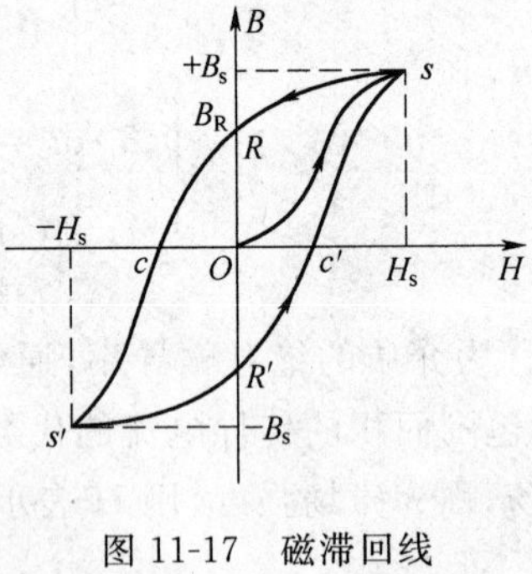

图 11-17　磁滞回线

当介质完全退磁以后，继续增大反向磁场 H 时，介质将沿 cs' 曲线反向磁化，直至反向饱和磁化状态 s'。然后，若逐渐减小反向磁场 H 至零，接着再沿正方向增大 H，介质的磁化将沿 $s'R'c's$ 返回到正向饱和磁化状态 s。至此介质的磁化过程经历了一个完整的循环，这条闭合曲线称为铁磁质的磁滞回线。把铁磁质磁化状态的变化落后于外磁场变化的现象称为磁滞。

3. 铁磁材料的分类

按矫顽力的大小，可把铁磁材料分为软磁材料和硬磁材料两大类。

（1）软磁材料

软磁材料的矫顽力小，如图 11-18(a)所示，磁滞回线细窄，剩磁小。由于软磁材料磁化容易，去磁也容易，所以它适宜用于交变磁场中，如软铁、硅钢等是最常用的软磁材料。它们常用作变压器、镇流器、电机、发电机、继电器及各种电感元件中的铁芯。

（2）硬磁材料

硬磁材料的矫顽力大，如图 11-18(b)所示，磁滞回线宽粗，剩磁大，适于作永久磁体，如钨钢、碳钢及镍钴合金钢等是常用的硬磁材料。常用作电话机、录音机、电表与扬声器中的永久磁体。

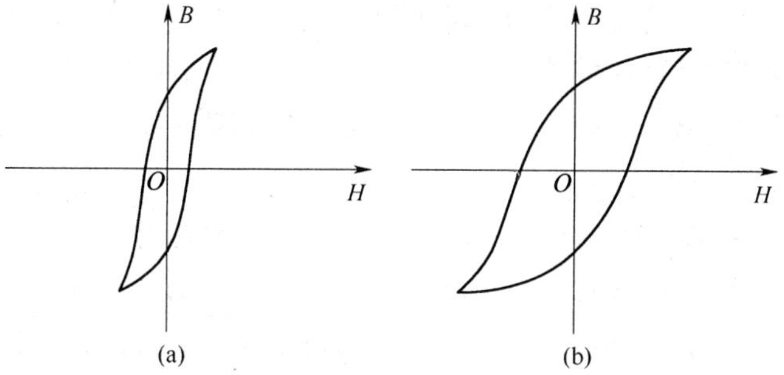

图 11-18　铁磁材料

习　题

一、选择题

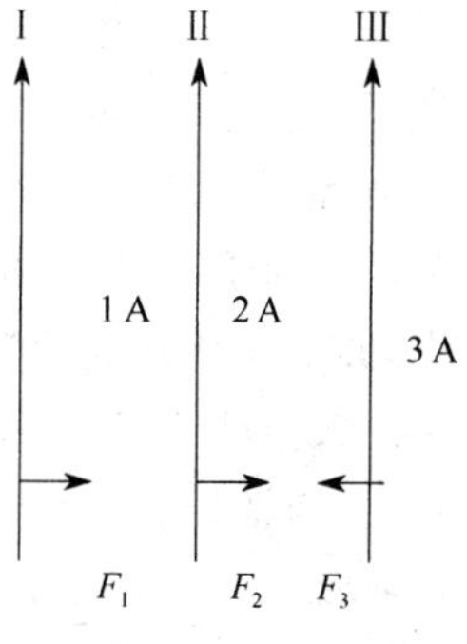

选择题 1 图

1. 如选择题 1 图所示，三条无限长直导线等距地并排安放，导线Ⅰ、Ⅱ、Ⅲ分别载有 1 A，2 A，3 A 同方向的电流．由于磁相互作用的结果，导线Ⅰ、Ⅱ、Ⅲ单位长度上分别受力大小分别为 F_1、F_2 和 F_3，则 F_1 与 F_2 的比值是（　　）。

A. 7/16　　　　B. 2

C. 7/8　　　　D. 1/4

2. 有一半径为 R 的单匝平面圆线圈，通以电流 I，若把该导线弯成匝数 $N=2$ 的平面圆线圈，导线长度不变，并通以同样的电流，则线圈中心的磁感应强度和线圈的磁矩分别是原来的（　　）。

A. 4 倍和 1/8　　B. 4 倍和 1/2　　C. 2 倍和 1/4　　D. 2 倍和 1/2

3. 如选择题3图所示，无限长的载流直导线与一个无限长的矩形薄电流板构成闭合回路，导线与板在同一平面内，直导线与矩形长边平行，且离矩形最近距离为 a，则在载流直导线上单位长度所受到磁场力大小为(　　)。

A. $\frac{\mu_0 I^2}{2\pi b}\ln\frac{a+b}{a}$　　B. $\frac{\mu_0 I^2}{2\pi b}\ln\frac{a+b}{b}$

C. $\frac{\mu_0 I^2}{2\pi a}\ln\frac{a+b}{a}$　　D. $\frac{\mu_0 I^2}{2\pi a}\ln\frac{b}{a}$

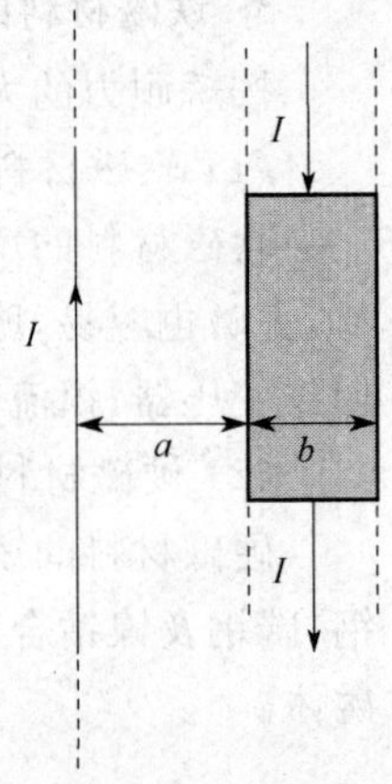

选择题3图

4. 磁矩为 $\boldsymbol{P}_m$ 的载流线圈在磁感应强度为 $\boldsymbol{B}$ 的匀强磁场中所受到的磁力矩为 $\boldsymbol{M}=\boldsymbol{P}\times\boldsymbol{B}$，则它仅仅是(　　)。

A. 相对于线圈质心力矩　　B. 相对于任意参考点的力矩

C. 相对于质心轴的力矩　　D. 以上说法均不正确

5. 有一由 N 匝细导线绕成的平面三角形线圈，边长为 a，通有电流为 I，置于均匀外磁场 $\boldsymbol{B}$ 中，当线圈的法向与外磁场同向时，该线圈所受到的磁力矩为(　　)。

A. $\sqrt{3}Na^2IB/2$　　B. $\sqrt{3}Na^2IB/4$　　C. $\sqrt{3}Na^2IB\sin 60°$　　D. 0

二、填空题

1. 一平面试验线圈的磁矩大小 P_m 为 $1\times10^{-8}\,\text{A}\cdot\text{m}^2$，把它放入待测磁场中的 A 处，试验线圈如此之小，以致可以认为它所占据的空间内场是均匀的．当此线圈的 $\boldsymbol{P}_m$ 与 z 轴平行时，所受磁力矩大小为 $M=5\times10^{-9}\,\text{N}\cdot\text{m}$，方向 x 轴负方向；当此线圈的 $\boldsymbol{P}_m$ 与 y 轴平行时，所受磁力矩为零．则空间 A 处的磁感应强度 $\vec{B}$ 的大小为________，方向为________。

2. 电流元 $Id\vec{l}$ 在磁场中某处沿直角坐标系的 x 轴方向放置时不受力，把电流元转到 y 轴正方向时受到的力沿 z 轴反方向，该处磁感应强度 $\boldsymbol{B}$ 指向________的方向。

3. 磁场中某点处的磁感应强度为 $\boldsymbol{B}=0.40\boldsymbol{i}-0.20\boldsymbol{j}$(T)，一电子以速度 $\boldsymbol{v}=0.50\times10^6\boldsymbol{i}+1.0\times10^6\boldsymbol{j}$(m/s)通过该点，则作用于该电子上的磁场力 $\boldsymbol{F}$ 为________。

4. 半径为 R 的金属圆环，通有电流为 I，置于磁感应强度为 $\boldsymbol{B}$ 的均匀磁场中，圆环平面垂直于磁场方向，若不计圆环电流的磁场，则圆环中的张力为________。

三、简答题

1. 如简答题1图所示，载有电流10 A的一段直导线，长1.0 m，位于 $B=1.5$ T的匀强磁场中，其电流与 $\boldsymbol{B}$ 成30°角，求这段导线所受的力。

2. 如简答题2图所示，有一根金属导线，长0.60 m，质量为0.01 kg，用两根柔软的细线悬挂在磁感应强度为0.40 T的匀强磁场中，问金属导线中电流的大小为多少，流向应如何，才能使悬线中的张力为零？

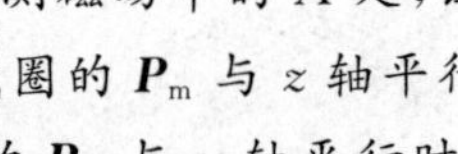

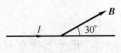

简答题1图

3. 一通有电流为 I 的长导线，弯成如简答题3图所示的形状，放在磁感应强度为 $\boldsymbol{B}$ 的匀强磁场中，$\boldsymbol{B}$ 的方向垂直纸面向里。问此导线受到的安培力是多少？

4. 如简答题 4 图所示，导线 AB 可以在通有电流的导线框架上滑动，整个线圈放在磁感应强度为 0.5 T 的匀强磁场中，方向如图所示。导线 AB 长 10×10^{-2} m，电流为 4 A，若要保持导线做匀速运动，须要加多大的力？方向如何？

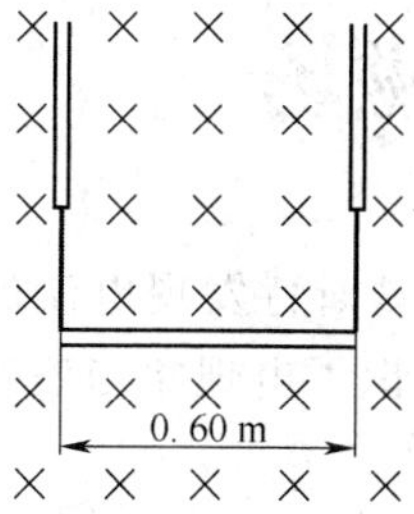

简答题 2 图

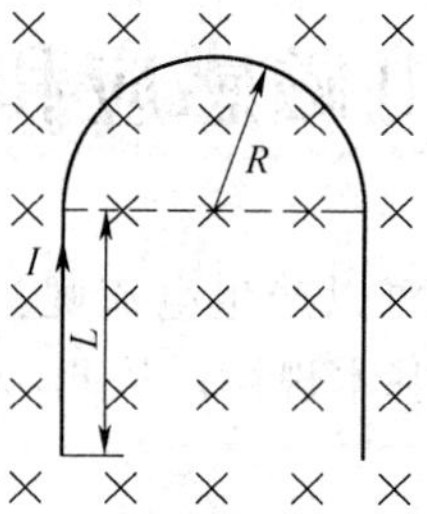

简答题 3 图

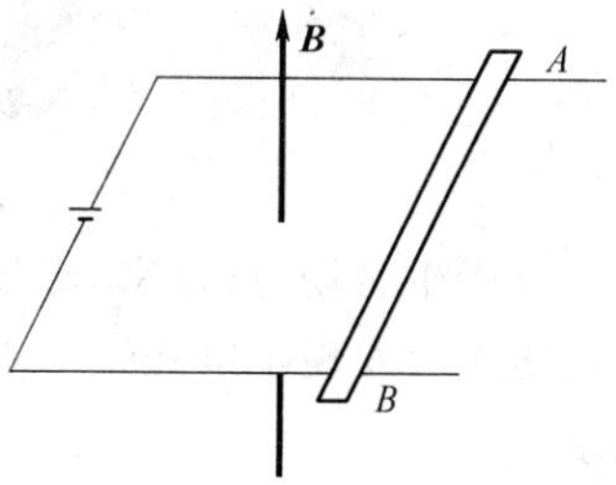

简答题 4 图

5. 如简答题 5 图所示，在长直导线内通有电流 $I_1=20$ A，在矩形线圈中通有电流 $I_2=10$ A，CD、EF 均与 AB 平行，求矩形线圈上所受到的合力是多少？

6. 一正方形线圈由外皮绝缘的细导线绕成，共绕 200 匝。每边长为 150 mm，放在 $B=4.0$ T 的外磁场中，当导线中通有 $I=8.0$ A 的电流时，求：

(1) 线圈的磁矩 $\boldsymbol{P}_m$ 的大小；

(2) 作用在线圈上的力矩的最大值。

7. 电流计的线圈长为 4×10^{-2} m，宽为 2×10^{-2} m，共 600 匝，有强度为 1.0×10^{-6} A 的电流通过。设磁感应强度为 0.050 T，线圈与磁场垂直，求线圈所受的磁力矩。

8. 如简答题 8 图所示，电子在 $B=70\times10^{-4}$ T 的匀强磁场中做圆周运动，圆半径 $R=3.0\times10^{-2}$ m，$\boldsymbol{B}$ 垂直纸面向外，某时刻电子在 P 点，速度 $\boldsymbol{v}$ 向上，求：

(1) 电子速度 $\boldsymbol{v}$ 的大小；

(2) 电子运动的动能。

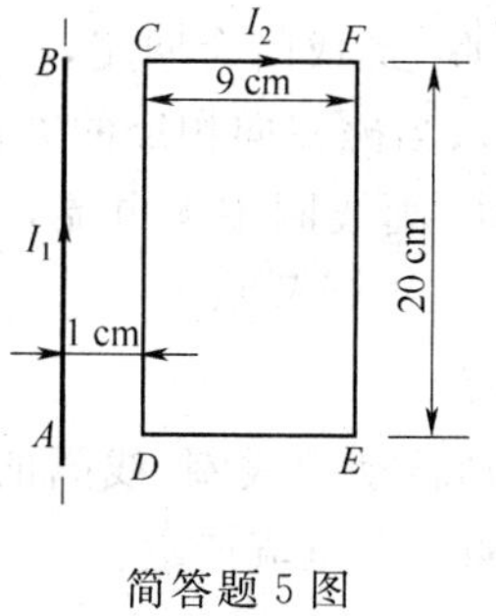

简答题 5 图

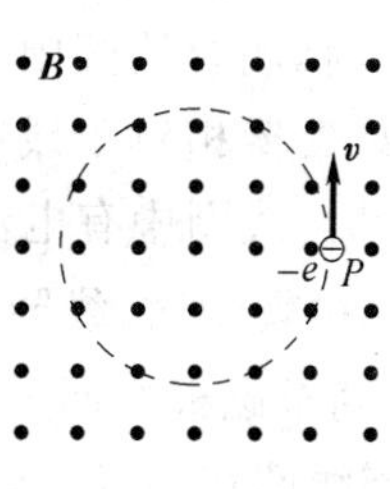

简答题 8 图

9. 电子在 $B=2.0\times10^{-3}$ T 的匀强磁场中沿半径 $R=2.0\times10^{-2}$ m 作螺旋线运动，螺距 $h=5.0\times10^{-2}$ m，求电子的速度。

第12章 电磁感应和电磁场

电流可以产生磁场，反过来，磁场是否可以产生电流呢？自从奥斯特发现电流的磁效应后，法拉第、楞次等发现了电磁感应现象的基本规律。从此，人们认识了电现象与磁现象之间的内在联系。

本章在介绍电磁感应基本现象的基础上，讨论电磁感应的基本规律及其应用。

12.1 电磁感应的基本现象及其规律

12.1.1 电磁感应的基本现象

1820年奥斯特通过实验发现了电流的磁效应，在科学界引起了强烈的反响，科学家们纷纷投入到与电磁相互作用有关的研究课题之中，英国著名科学家法拉第就是这些科学家中的一员，他于1821年提出了能否利用磁效应来产生电流的想法。从1822年起，他对这个课题进行了有目的的实验研究，经过多次失败，终于在1931年8月29日取得了突破性的进展，观察到了电磁感应现象。

下面我们先介绍有关电磁感应现象的几个基本实验。

1. 磁铁与闭合线圈之间有相对运动时，在线圈中产生电流

如图12-1所示，线圈A的两端与电流计G串联，形成闭合回路，实验发现，把一根磁棒的N极（或S极）移向线圈时，闭合线圈中有电流通过；当磁棒向相反的方向运动时，则线圈中有反方向的电流通过，如果磁棒相对于线圈静止不动，则线圈中无电流，这个实验表明，当磁铁与闭合线圈作相对运动时，线圈中有电流产生。

2. 闭合线圈在磁场中转动时，线圈中产生电流

如图12-2所示，在两个磁极之间放置一可绕轴转动的线圈，线圈的两端用电刷连接到电流计G上，实验发现，当线圈在磁场中转动时，线圈中有电流产生。

3. 载流线圈中电流强度变化时，闭合线圈中产生电流

如图12-3所示，在闭合线圈A附近放置一个载流线圈B，B中的电流可以通过调节可变电阻R的阻值而改变。在实验过程中使A、B两线圈之间的相对位置不变，改变载流线圈B中的电流，则A中有电流产生；如果B中的电流不变，A中就无电流。实验还表明，B中电流增加时，A 中所产生的电流方向与 B 中电流减少时 A 中所产生的电流方向相反。实验进一步发现，B 中电流改变较快时，A 中的电流也较大，特别是把电键 K 打开或合上时，A 中将有比较强的瞬时电流产生。

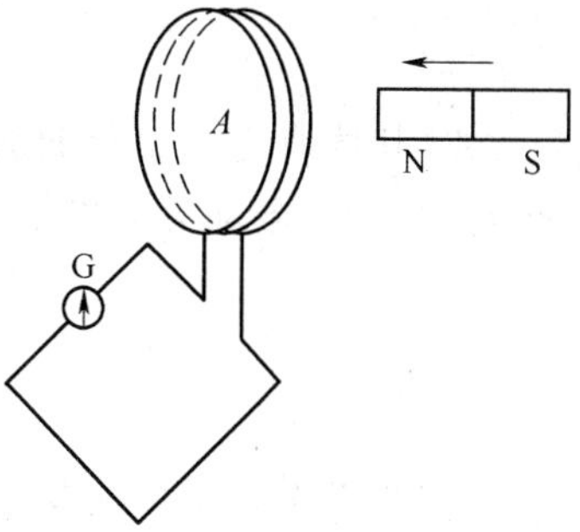

图 12-1　磁铁相对线圈运动

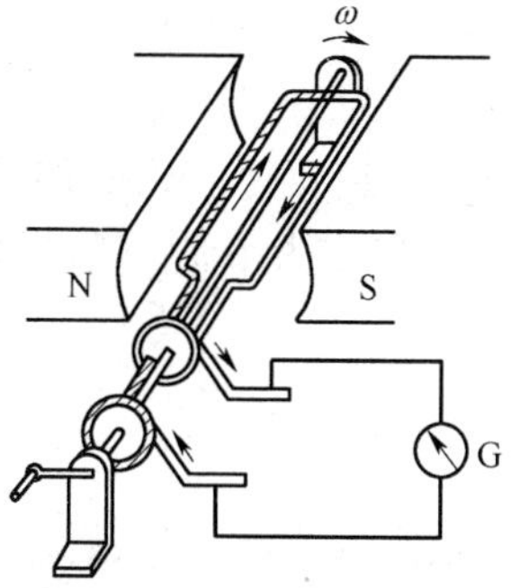

12-2　线圈在磁场中转动

4. 闭合回路在磁场中改变面积时，回路中产生电流

如图 12-4 所示，在匀强磁场中放置两根平行的金属导轨 DA 和 CB，导轨上放一根可沿导轨滑动的金属 AB，点 C、D 与电流计 G 连接，形成闭合回路 $ABCDA$，实验表明，当金属棒 AB 静止时，闭合回路中无电流；当金属棒 AB 在导轨上移动时，回路中有电流产生，AB 向左或向右运动时，回路中所产生的电流方向相反。显然，当金属棒 AB 移动时，闭合回路 $ABCDA$ 的面积发生了变化。这表明在磁场中的闭合回路面积改变时，回路中也有电流产生。

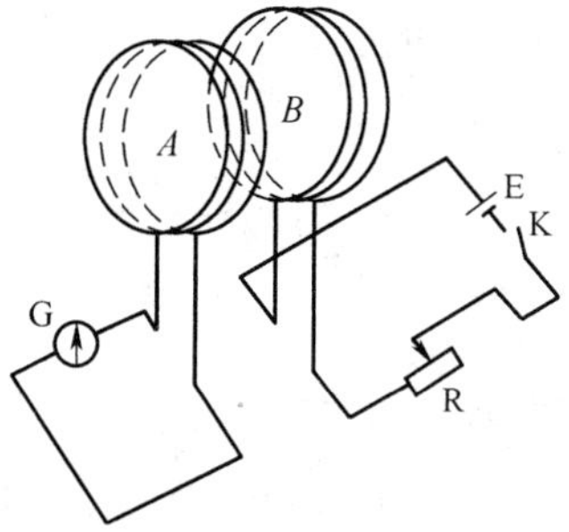

图 12-3　载流线圈中电流强度的变化

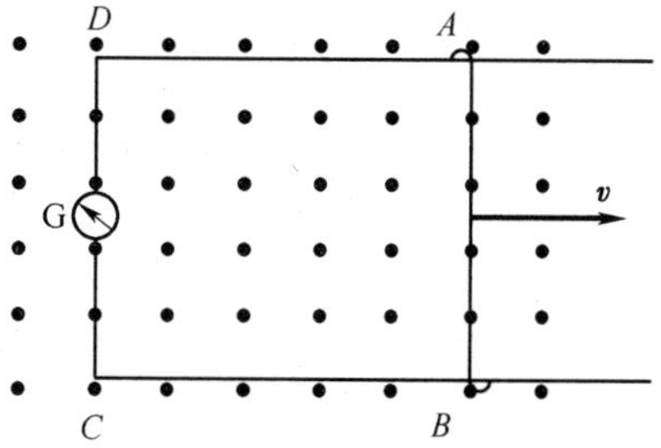

图 12-4　闭合回路面积改变

分析、总结实验现象可以得出这样的结论：通过闭合回路所包围面积的磁通量发生变化时，回路中就产生电流。这种由于磁通量改变而产生电流的现象称为电磁感应现象，所产生的电流称为感应电流。

12.1.2　法拉第电磁感应定律

在电磁感应现象中，闭合回路中有电流，那么回路中就一定存在着电动势。人们把这种由于磁通量变化在导体中产生的电动势称为感应电动势。法拉第在分析了大量电磁感应实验的基础上，归纳出下述基本规律：回路中感应电动势 $\mathscr{E}_i$ 与穿过回路的磁通量对时间的变化率的负值成正比，即

$$\mathscr{E}_i = -k\frac{d\Phi_m}{dt} \tag{12-1}$$

上式称为法拉第电磁感应定律。式中的 k 为比例系数，其值决定于单位制的选取，在国际单位制中，磁通量 Φ_m 的单位为韦伯(Wb)、时间的单位为秒(s)、电动势的单位为伏特(V)，则比例系数 $k=1$，即有

$$\mathscr{E}_i = -\frac{d\Phi_m}{dt} \tag{12-2}$$

若闭合回路的电阻为 R，根据欧姆定律，利用(12-2)式可得感应电流为

$$I = \frac{\mathscr{E}_i}{R} = -\frac{1}{R}\frac{d\Phi_m}{dt} \tag{12-3}$$

设 t_1、t_2 时刻穿过回路所包围面积的磁感应通量分别为 Φ_{m1} 和 Φ_{m2}，在时间 $\Delta t = t_2 - t_1$ 内通过回路中某截面的电量为 q(通常把 q 称为感应电荷量)，由于电流强度的定义为 $I=\frac{dq}{dt}$，利用式(12-3)可求出感应电荷量 q 为

$$q = \int_{t_1}^{t_2} I dt = -\frac{1}{R}\int_{\Phi_{m1}}^{\Phi_{m2}} d\Phi_m = \frac{1}{R}(\Phi_{m1} - \Phi_{m2}) \tag{12-4}$$

式(12-2)既表示了 $\mathscr{E}_i$ 的大小又表示了 $\mathscr{E}_i$ 的方向。确定感应电动势 $\mathscr{E}_i$ 方向的基本步骤是：

(1)选定回路绕行的正方向，以确定回路所围面积的法线 $\boldsymbol{n}$ 的正方向。回路绕行的正方向与法线方向 $\boldsymbol{n}$ 符合右手螺旋法则，如图 12-5 所示。

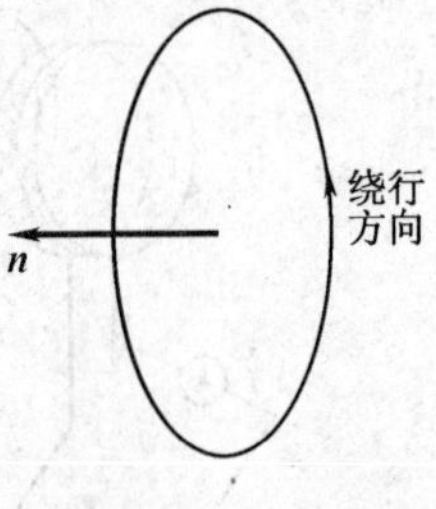

图 12-5　右手螺旋法则

(2)确定磁通量 Φ_m 的正负，当磁感应线与 $\boldsymbol{n}$ 同向时，Φ_m 为正，反之 Φ_m 为负。

(3)根据磁通量的正负与它的增减，确定磁通量变化率 $d\Phi_m/dt$ 的正负。

(4)用式(12-2)确定 $\mathscr{E}_i$ 的正负。

当 $\mathscr{E}_i$ 为正时，则回路中感应电动势的方向与规定的绕行方向一致；反之，回路中感应电动势的方向与规定的绕行方向相反。下面通过一个实例来说明上述原则的使用。

如图 12-6(a)所示，我们选定回路绕行的正方向为逆时针方向(俯视)，回路所围平面法线 $\boldsymbol{n}$ 的正方向垂直于回路平面向上，这时穿过回路的 $\Phi_m > 0$。由于条形磁铁 N 极移近线圈，故穿过回路的 Φ_m 增加，即 $d\Phi_m/dt > 0$，由 $\mathscr{E}_i = -d\Phi_m/dt$ 知 $\mathscr{E}_i < 0$。这说明回路中感应电动势的方向与选定回路绕行的正方向相反，所以感应电动势的方向应为顺时针方向(俯视)。图 12-6(b)、(c)、(d)中也给了判断的结果，它们是怎样得到的，请读者自己判断。

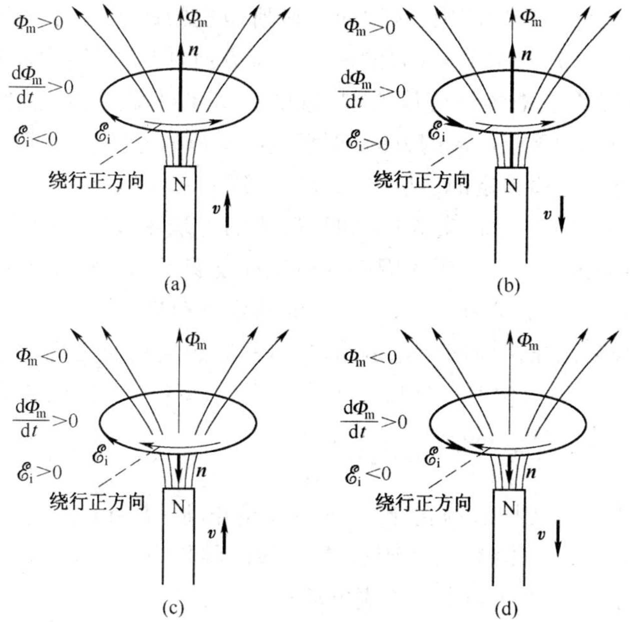

图 12-6　感应电动势方向的判断

式(12-2)只对单匝线圈适用，若是 N 匝线圈，由于每匝都是串联的，其总感应电动势等于每匝线圈感应电动势之和，即

$$\mathscr{E}_i=\left(-\frac{d\Phi_{m1}}{dt}\right)+\left(-\frac{d\Phi_{m2}}{dt}\right)+\cdots+\left(-\frac{d\Phi_{mN}}{dt}\right)=-\frac{d}{dt}(\Phi_{m1}+\Phi_{m2}+\cdots+\Phi_{mN})$$

若通过每匝线圈的磁感应通量 Φ_m 相同，则有

$$\mathscr{E}_i=-\frac{d}{dt}(N\Phi_m)=-N\frac{d\Phi_m}{dt} \tag{12-5}$$

12.1.3　楞次定律

1883 年楞次在总结大量实验的基础上归纳出一条根据感应电流的方向判断其感应电动势方向的法则，这是一种直接判断感应电流方向的方法。其内容是：闭合回路中感应电流的方向，总是用它所激发的磁场来阻止引起感应电流的磁通量的变化，即楞次定律。

必须注意，阻止的意思是当原磁通量(即引起感应电流的磁通量)增加时，感应电流激发的磁场就与原磁场反向，以阻止原磁通量增加；当原磁通量减少时，感应电流激发的磁场与原磁场同向，以阻止原磁通量减少。

使用楞次定律判断感应电流方向的基本步骤是：①弄清楚穿过闭合回路磁通量的方向，磁通量是增加还是减少；②用楞次定律确定感应电流激发的磁场之方向(即定出与原磁场同方向，或反方向)；③用右手螺旋法则，从感应电流所激发的磁场方向来确定感应电动势的方向。例如，用楞次定律来判断图 12-6(a)的感应电流方向，闭合回路中原磁场方向指向上，由于磁铁移近线圈，故回路中磁感应通量增加，由楞次定律可知，感应电流产生的磁场方向向下，由右手螺旋法则易知，感应电流的方向(即感应电动势的方向)就是沿顺时针方向(俯视)。这与用法拉第电磁感应定律确定的感应电流方向一致。

【例 12-1】 在图 12-1 所示的实验中，如果磁棒的一端用1.5 s的时间由线圈的一边直穿到另一边，在这段时间内穿过每一匝线圈的磁通量都改变了 5.0×10^{-5} Wb，并假设磁通量随时间变化是均匀的，线圈共有 60 匝。求线圈中的感应电动势。

【解】 由于假设磁通量随时间变化是均匀的，所以磁通量的变化率可用平均值表示。在只计算 $\mathscr{E}_i$ 的大小而不考虑方向时，式(12-5)中的负号可以不写。因此感应电动势的大小为

$$\mathscr{E}_i=N\frac{\mathrm{d}\Phi_m}{\mathrm{d}t}=60\times\frac{5.0\times10^{-5}}{1.5}=2.0\times10^{-3}(\mathrm{V})$$

【例 12-2】 设有一根无限长的直导线，通有交流电 $I=I_m\sin\omega t$，它的附近放置一与它共面的矩形线圈，其匝数为 N，如图 12-7 所示，矩形线圈的长为 l，宽为 a，线圈一边与导线相距为 b，求线圈中的感应电动势。

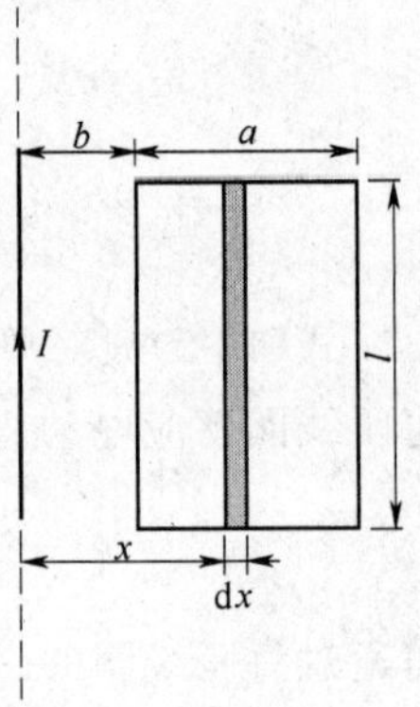

图 12-7 例 12-2 图

【解】 取顺时针方向为线圈回路的正方向，则线圈所围面的法线方向垂直纸面指向里。由式(10-16)得距直导线为 x 处的磁感应强度的大小为

$$B=\frac{\mu_0 I}{2\pi x}$$

方向垂直纸面指向里。

通过线圈中所示面积元 $\mathrm{d}S=l\mathrm{d}x$ 的磁通量为

$$\mathrm{d}\Phi_m=\boldsymbol{B}\cdot\mathrm{d}\boldsymbol{S}=B\mathrm{d}S=\frac{\mu_0 I}{2\pi x}l\,\mathrm{d}x$$

通过线圈所包围面积的磁通量为

$$\Phi_m=\int\mathrm{d}\Phi_m=\int_b^{b+a}\frac{\mu_0 I}{2\pi x}l\,\mathrm{d}x=\frac{\mu_0 Il}{2\pi}\int_b^{b+a}\frac{\mathrm{d}x}{x}=\frac{\mu_0 Il}{2\pi}\ln\frac{b+a}{b}=\frac{\mu_0 l}{2\pi}\left(\ln\frac{b+a}{b}\right)I_m\sin\omega t$$

由式(12-5)得线圈中的感应电动势为

$$\mathscr{E}_i=-N\frac{\mathrm{d}\Phi_m}{\mathrm{d}t}=-\frac{\mu_0 lI_m N\omega}{2\pi}\left(\ln\frac{b+a}{b}\right)\cos\omega t$$

可见，线圈中的感应电动势是交变电动势。$\mathscr{E}_i>0$，电动势的方向为顺时针方向；$\mathscr{E}_i<0$，电动势的方向为逆时针方向。

12.2 动生电动势与感生电动势

12.2.1 动生电动势与洛伦兹力

由于导体相对于磁场运动，引起闭合回路中磁通量变化所产生的感应电动势称为动生电动势。如图 12-8 所示，导体 bc 可在导线上自由滑动。当 bc 以速度 $\boldsymbol{v}$ 向右运动时，bc 中的自由电子也随着它以速度 $\boldsymbol{v}$ 向右运动。由洛伦兹力公式可知，每个自由电子受磁场的洛伦兹力 $\boldsymbol{F}=-e\boldsymbol{v}\times\boldsymbol{B}$，式中 $-e$ 是电子的电量，$\boldsymbol{F}$ 的方向指向 b。当闭合电键 K 时，在洛伦兹力的推动下自由电子将沿 $cbad$ 方向运动，即形成沿 $bcda$ 方向的感应电流。若断开电键 K 时，洛伦兹力将使自由电子向 b 端聚集，使 b 端带负电，c 端带正电。这样在 bc 中形成一个由 c 指向 b 的静电场 $\boldsymbol{E}$。自由电子受 $\boldsymbol{E}$ 的作用力($-e\boldsymbol{E}$)而指向 c。在静电场力与洛伦兹力达到平衡时，bc 两端形成稳定的电势差，这时导体 cb 就相当于一个电源，c 为电源正极，b 为电源负极，而电源的电动势等于非静电力把单位正电荷从电源负极经电源内移到正极所做的功，该处电源中非静电力就是洛伦兹力。单位正电荷所受的非静电力称为非静电电场强度，用 $\boldsymbol{E}_k$ 表示，则有

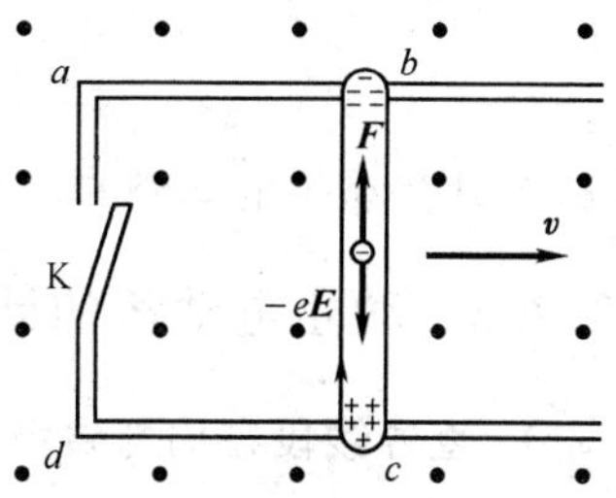

图 12-8 动生电动势

$$\boldsymbol{E}_k=\frac{\boldsymbol{F}}{-e}=\frac{-e(\boldsymbol{v}\times\boldsymbol{B})}{-e}=\boldsymbol{v}\times\boldsymbol{B}$$

动生电动势为

$$\mathscr{E}_i=\int_{-}^{+}\boldsymbol{E}_k\cdot d\boldsymbol{l}=\int_b^c(\boldsymbol{v}\times\boldsymbol{B})\cdot d\boldsymbol{l} \tag{12-6}$$

式中，$d\boldsymbol{l}$ 是把正电荷由 b 移到 c 的过程中的一小段位移。在图 12-8 中，$\boldsymbol{v}$、$\boldsymbol{B}$ 和导体棒三者互相垂直，$\boldsymbol{v}\times\boldsymbol{B}$ 的方向与 $d\boldsymbol{l}$ 的方向相同，所以 bc 中的动生电动势为

$$\mathscr{E}_i=\int_b^c(\boldsymbol{v}\times\boldsymbol{B})\cdot d\boldsymbol{l}=\int_0^l vB\,dl=vBl \tag{12-7}$$

方向由 b 指向 c。

由式(12-6)知，若 $\boldsymbol{v}$、$\boldsymbol{B}$ 同方向，即导线沿着磁场方向运动，其电动势为零；所以有时形象地说，导线“切割”磁感应线时产生动生电动势。一般情况下，当 $\boldsymbol{v}$ 与 $\boldsymbol{B}$ 成任一角度 θ 时，对切割磁感应线起作用的是 $\boldsymbol{v}$ 垂直于 $\boldsymbol{B}$ 的分量 $v_\perp=v\sin\theta$，因而导体棒中的动生电动势的大小是

$$\mathscr{E}_i=Blv_\perp=Blv\sin\theta$$

由以上分析知，动生电动势只存在于相对于磁场运动的那一段导体上，不动部分的导体上没有电动势，它仅为电流提供了一条通路。若只是一段没有构成回路的导线在磁场中运

动，则在这段导线上仍有动生电动势，而无感应电流。

以上仅对直导线在均匀磁场的平面内做匀速运动的特殊情况进行了讨论。一般情况，如置于非均匀恒定磁场中任意形状的导线 L，无论导线是否闭合，只要它在磁场中运动或发生形变，就能产生动生电动势。在 L 上任取一线元 $\mathrm{d}\boldsymbol{l}$，设 $\mathrm{d}\boldsymbol{l}$ 的运动速度为 $\boldsymbol{v}$，$\mathrm{d}\boldsymbol{l}$ 所在处的磁感应强度为 $\boldsymbol{B}$，则 $\mathrm{d}\boldsymbol{l}$ 上产生的动生电动势为

$$\mathrm{d}\mathscr{E}_{\mathrm{i}}=(\boldsymbol{v}\times\boldsymbol{B})\cdot\mathrm{d}\boldsymbol{l} \tag{12-8}$$

因此，导线 L 上的动生电动势应为

$$\mathscr{E}_{\mathrm{i}}=\int_L \mathrm{d}\mathscr{E}_{\mathrm{i}}=\int_L(\boldsymbol{v}\times\boldsymbol{B})\cdot\mathrm{d}\boldsymbol{l} \tag{12-9}$$

上式是计算动生电动势的普遍公式。

12.2.2　动生电动势的计算

1. 直导线段在均匀磁场中的运动

上面介绍了直导线段在均匀磁场中平动时，动生电动势的计算。下面我们计算直导线段在均匀磁场中转动时，动生电动势的计算。

【例 12-3】 如图 12-9 所示，一根金属棒 OA，长为 l，在垂直于纸面的均匀磁场中以一端 O 为轴沿逆时针方向在纸面内以角速度 ω 转动，磁感应强度为 $\boldsymbol{B}$。求 OA 两端的电势差。

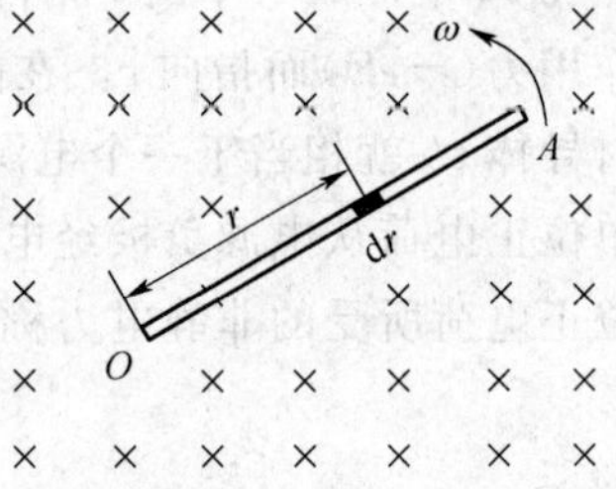

图 12-9　例 12-3 图

【解】 金属棒虽在均匀磁场中匀速转动，但棒上各点的线速度却不同，因此不能直接用式(12-7)计算动生电动势 $\mathscr{E}_{\mathrm{i}}$。在距 O 点 r 处取微元 $\mathrm{d}\boldsymbol{r}$，方向由 O 指向 A，其速率 $v=r\omega$。由图中棒转动的方向知 $\boldsymbol{v}\times\boldsymbol{B}$ 与 $\mathrm{d}\boldsymbol{r}$ 反向。则金属棒上的动生电动势为

$$\mathscr{E}_{\mathrm{i}}=\int(\boldsymbol{v}\times\boldsymbol{B})\cdot\mathrm{d}\boldsymbol{r}=-\int_0^l B\omega r\,\mathrm{d}r=-\frac{1}{2}\omega Bl^2$$

$\mathscr{E}_{\mathrm{i}}<0$，说明 A 电势低，O 点电势高。

2. 直导线段在非均匀磁场中的平动

直导线段在非均匀磁场中作切割磁感应线运动时，可以把直导线段看成由无限多个线元 $\mathrm{d}\boldsymbol{l}$ 所组成，每个线元上的磁场是确定的，可利用式(12-8)计算 $\mathrm{d}\boldsymbol{l}$ 上的动生电动势 $\mathrm{d}\varepsilon_{\mathrm{i}}$，然后对 $\mathrm{d}\varepsilon_{\mathrm{i}}$ 积分就可得整个直导线段上的动生电动势，即用式(12-9)计算。

【例 12-4】 如图 12-10 所示，在一根无限长直导线上通以电流 I，在它近旁放置一根金属棒 AB，棒长为 l，金属棒与直导线垂直，它的一端 A 距直导线为 b。AB 棒以平行于直导线的速度 $\boldsymbol{v}$ 运动时，求棒上的感应电动势。

【解】 在距直导线为 x 处取一线元 $\mathrm{d}x$，方向由 A 指向 B，此线元 $\mathrm{d}x$ 处的磁感应强度大小为

$$B=\frac{\mu_0 I}{2\pi x}$$

方向垂直纸面向里。$\boldsymbol{v}\times\boldsymbol{B}$ 与 $\mathrm{d}\boldsymbol{x}$ 反向。线元 $\mathrm{d}\boldsymbol{x}$ 上的动生电动势

$$\mathrm{d}\mathscr{E}_\mathrm{i}=(\boldsymbol{v}\times\boldsymbol{B})\cdot\mathrm{d}\boldsymbol{x}=-vB\mathrm{d}x=-\frac{\mu_0 I}{2\pi x}v\mathrm{d}x$$

棒上总的动生电动势(即感应电动势)为

$$\mathscr{E}_\mathrm{i}=\int\mathrm{d}\mathscr{E}_\mathrm{i}=-\frac{\mu_0 Iv}{2\pi}\int_b^{b+l}\frac{\mathrm{d}x}{x}=-\frac{\mu_0 Iv}{2\pi}\ln\frac{b+l}{b}$$

$\mathscr{E}_\mathrm{i}<0$,说明 A 点电势高,B 点电势低。

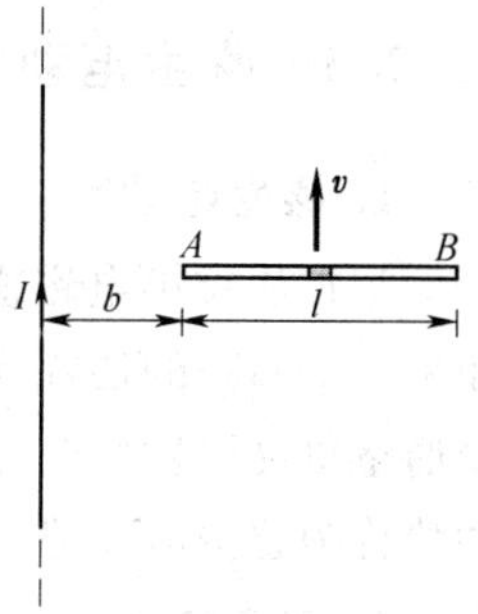

图 12-10　例 12-4 图

3. 线圈在均匀磁场中转动

线圈在均匀磁场中平动时不会产生动生电动势,但线圈在均匀磁场中转动时,则一般会产生动生电动势。

【例 12-5】 如图 12-11 所示,均匀磁场 $\boldsymbol{B}$ 垂直纸面向外,面积为 S 的线框由 N 匝导线绕制而成,且绕图示转轴以 ω 匀速转动,求线框中的感应电动势。

【解】 由图可见磁感应强度 $\boldsymbol{B}$ 与 OO' 轴垂直,当线圈平面的法线 $\boldsymbol{n}$ 与磁感应强度 $\boldsymbol{B}$ 之间的夹角为 θ 时,对于每匝线圈,通过线圈平面的磁通量为

$$\Phi_\mathrm{m}=\boldsymbol{B}\cdot\boldsymbol{S}=BS\cos\theta$$

根据法拉第电磁感应定律,N 匝线圈中所产生的感应电动势为

$$\mathscr{E}_\mathrm{i}=-N\frac{\mathrm{d}\Phi_\mathrm{m}}{\mathrm{d}t}=NBS\sin\theta\frac{\mathrm{d}\theta}{\mathrm{d}t}=NBS\omega\sin\theta$$

设 $t=0$ 时,$\theta_0=0$,则 $\theta=\omega t$,就有

$$\mathscr{E}_\mathrm{i}=NBS\omega\sin\omega t$$

令 $NBS\omega=\mathscr{E}_0$,表示当线圈平行于磁场方向时的感应电动势,即线圈中最大感应电动势的量值,上式可写为

$$\mathscr{E}_\mathrm{i}=\mathscr{E}_0\sin\omega t$$

由此可见,在均匀磁场内转动的线圈中所产生的电动势是随时间作周期性变化的,这就是发电机的基本工作原理,如图 12-12 所示。

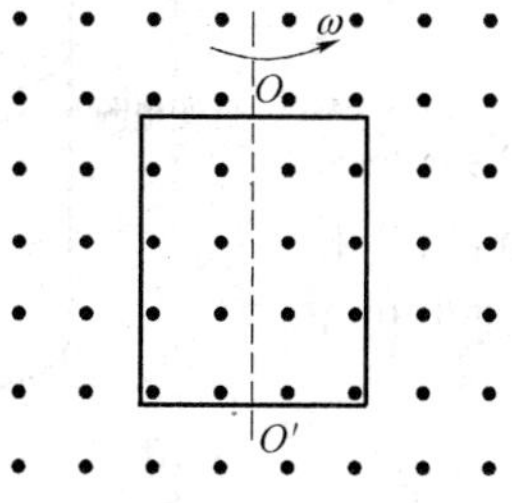

图 12-11　例 12-5 图

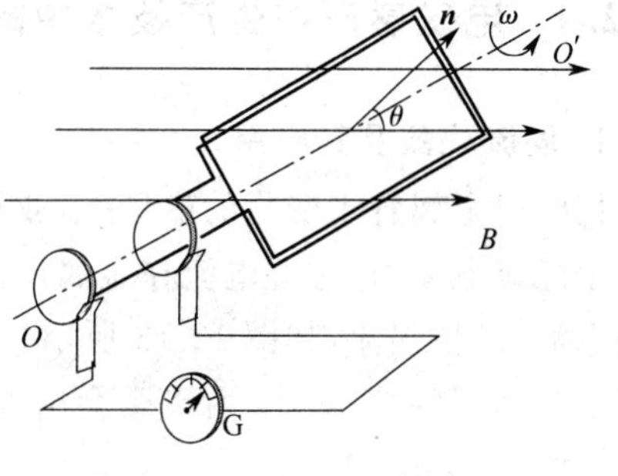

图 12-12　在磁场中转动的线圈(发电机原理)

12.2.3 感生电动势、感应电场

1. 感生电动势

根据法拉第电磁感应定律，只要通过回路的磁通量发生变化，回路中就有感应电动势产生。如果一个回路的位置、形状和大小不变，而使空间的磁场随时间变化，则通过回路所包围面积的磁通量也可以发生变化，同样会产生感应电动势。我们把由于磁场随时间变化而产生的感应电动势称为感生电动势。如例 12-2 中线圈上产生的感应电动势就是我们所说的感生电动势。

2. 感应电场

动生电动势的产生可以用金属中自由电子所受的洛伦兹力很好地解释，但对感生电动势并不能用洛伦兹力解释，因为导体并不运动，那么是怎样的非静电力引起感生电动势呢？麦克斯韦分析研究了电磁感应现象后提出，变化的磁场在其周围会激发一种电场，这种电场称为感应电场，其场强用 $\boldsymbol{E}_k$ 表示。感应电场对带电量为 q 的点电荷的作用力为

$$\boldsymbol{F}_k = q\boldsymbol{E}_k$$

感应电场对点电荷的作用力是非静电力，当点电荷 q 绕闭合路径运动一周时，感应电场对它所做的功不为零。感应电场 $\boldsymbol{E}_k$ 经任一闭合回路的环流，就是该闭合回路上的感生电动势。

根据电动势的定义和法拉第电磁感应定律，感生电动势应为

$$\mathscr{E}_i = \oint_L \boldsymbol{E}_k \cdot d\boldsymbol{l} = -\frac{d\Phi_m}{dt} \tag{12-10}$$

由于回路不动，磁通量的变化仅来自磁场的变化时，上式可改写为

$$\oint_L \boldsymbol{E}_k \cdot d\boldsymbol{l} = -\iint_S \frac{\partial \boldsymbol{B}}{\partial t} \cdot d\boldsymbol{S} \tag{12-11}$$

感应电场与静电场的相同处：它们对电荷都施以电场力的作用。不同处：①起源不同：静电场由场源电荷激发，而感生电场是由变化着的磁场激发；②性质不同：静电场是有源无旋场，电场线不闭合，为保守力场，可引入电势来描述，而感应电场是无源有旋场，对任意闭合曲面的通量为零，电场线闭合，为非保守力场，不能引入电势来描述。

12.2.4 电磁感应在生产技术中的应用

1. 涡流现象及其应用

把整块金属置于变化的磁场中，或相对于磁场运动时，金属内亦要产生感应电流，且这些电流在金属内部各自形成闭合回路，所以称为涡电流，简称涡流，如图 12-13 所示。由于整块金属给电流提供了短捷的通路，其电阻极小，所以常会出现很强的涡电流。

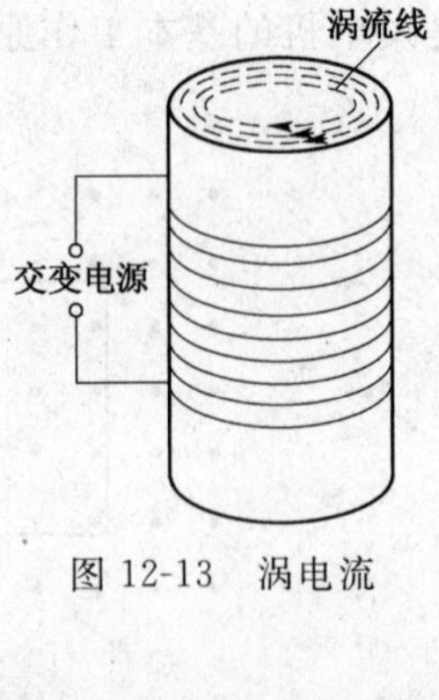

图 12-13 涡电流

涡电流在导体中释放大量的焦耳热，造成整块金属的温度升高，这在许多问题中都是非常有害的。例如，在发电机、电机和变压器中，为了增大磁感应强度，其绕组中使用了铁芯。当其在绕组中通以交变电流时，铁芯中强大的涡流释放出大量的焦耳热，不仅浪费了电能，而且还可能使设备过度发热而受到损坏甚至烧毁。为了减少涡流损失，人们常用叠合起来的层状硅钢片代替整块铁芯，并使硅钢片平面与磁感应线平行，片间还用极薄的绝缘层隔开，且硅钢片本身电阻率较大，所以涡电流就大幅度地减小。在高频变压器中常用彼此绝缘的粉末压制成的铁芯，其涡流造成的损失就更小了。

另一方面，人们又在许多领域应用涡流现象。例如利用涡流在金属内部释放焦耳热的效应，制成了在有色金属与特种金属冶炼中被广泛采用的高频感应炉，其主要结构是在装有被冶炼金属坩埚周围绕一个线圈，当该线圈与大功率高频交流电源接通时，它所产生的迅猛变化的磁场，在坩埚中的金属内产生强大的涡流，从而释放出大量的焦耳热，使被冶炼金属熔化。在真空技术中，也常用这种方法来加热真空系统内部的金属部件，以除去吸附在金属表面的气体分子来提高真空度。感应加热的优点是显而易见的，如加热速度快，易于控制、温度均匀、材料不受污染等。

在电磁仪表中，用于使指针迅速停下来的电磁阻尼装置、电气火车的电磁制动器等都是涡流现象的应用。

2. 趋肤效应

在直流电路里，载流导线截面上的电流密度是均匀的，而在交流电路里，导线内部形成感应电流，使得导线表面电流增加而内部减弱，导线截面上电流的分布与频率有关，频率越高，电流越集中于导体表面，当频率为100 kHz时，电流非常明显地集中于导体表面附近，把这种现象称为趋肤效应。

趋肤效应减小了导线的有效面积，从而使它的有效电阻增大，因此导体的电阻将随频率的升高而显著增大。为了减弱趋肤效应，在 10～100 kHz范围内，常采用彼此绝缘的细导线编成一束来代替总截面积相同的实心导线，这样不仅增大了导线的有效面积而且减少了导体的有效电阻。在高频范围，为减少导线表面层的电阻，常用表面镀银的导线作线圈。由于频率越高，趋肤效应越显著，因而常把高频导体元件，如大家熟悉的天线，都做成空心的，这样既节省了材料，又降低了元件的重量，还不影响导电效果。

3. 电子感应加速器

电子感应加速器就是利用感应电场来加速电子的装置，它是回旋加速器的一种。该装置于 1941 年由美国科学家柯斯特创制。图 12-14 是电子感应加速器基本原理示意图。在电磁铁两极之间安装一环形真空室，电磁铁的励磁线圈通以频率为每秒数十周的强大交变电流，使两极间的磁感应强度 $\boldsymbol{B}$ 往复变化，从而在环形真空室内激发出极强的涡旋电场，该电场方向垂直于所在空间的磁场。用电子枪把电子沿感应电场的切线逆着场强方向射入环形真空室，电子在涡旋电场作用下，沿着涡旋电场反方向被加速。同时在磁场中电子要受洛伦兹力的作用，它将在环形真空室内沿着圆形轨道旋转。

由于磁场和感应电场都是交变的，所以在交变电流的一个周期内，只有当感应电场的场强的方向与电子绕行的方向相反时，电场力才与电子运动的速度方向相同，电子才能得到加速，电场方向一变，反而要减速。所以每次电子束注入并得到加速后，一定要在电场方向改变之前把电子束引出。电子在注入真空室时的初速度已相当大，在电场方向未改变前的很短时间内，已在环形真空室中绕行了几千甚至几十万圈，并一直受到感应电场力的加速，所以能获得相当高的能量。

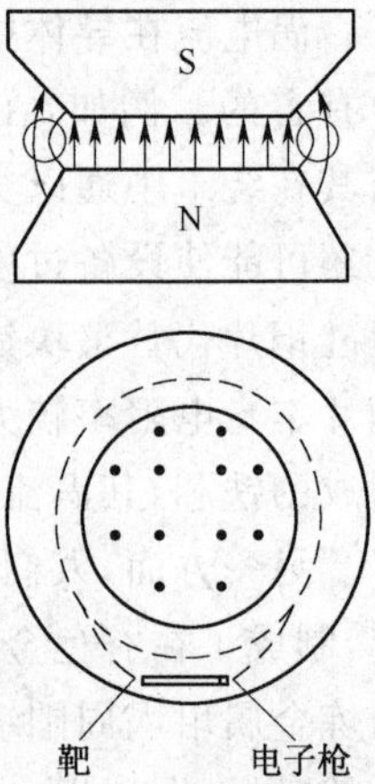

图 12-14 电子感应加速器

经电子感应加速器加速后输出的电子束是脉冲式的。目前大型加速器可把电子加速到400 MeV。加速后的电子束可用来轰击各种金属靶，可生产 X 射线和人工 γ 射线。在医疗上可用于放射性及肿瘤治疗，在工业上可用于探伤等。

12.3 自感与互感

12.3.1 自感现象和自感系数

当一个导体回路中的电流发生变化时，电流产生的磁场也要随之变化，从而使通过导体回路自身的磁通量改变，在导体回路中必将产生感应电动势。这种由于导体回路中电流变化而在回路自身引起感应电动势的现象叫做自感现象，所产生的电动势叫做自感电动势，用 $\mathscr{E}_L$ 表示。

下面讨论自感现象的规律。如图 12-15 所示，设回路电流为 I，该电流产生的磁场通过每一匝所围面积的磁感应通量为 Φ_m，线圈匝数为 N，回路的磁通匝链数为 $\psi_m = N\Phi_m$。按毕奥-萨伐尔定律，回路中电流所产生的磁感应强度的大小与电流强度成正比，因此，通过回路的磁通匝链数亦与回路中通过的电流强度成正比，即

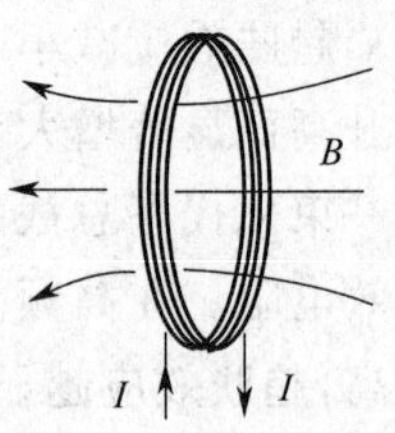

图 12-15 回路的自感

$$\psi_m = LI \tag{12-12}$$

式中，比例系数 L 称回路的自感系数，简称自感或电感，L 的值与回路的大小、形状、线圈的匝数及周围磁介质的性质有关，即自感系数是导体回路的固有属性。式(12-12)给出了自感系数 L 的定义，即一个回路的自感系数 L 等于当回路中通过的电流强度为一个单位时，穿过回路所围面积中的磁通链数 ψ_m。

在国际单位制中，当回路中的电流为 1 安(A)时，穿过回路自身面积的磁通链数为 1 韦

(Wb),回路的自感系数 L 为 1 亨[利](H)。亨[利]的辅助单位有:mH、μH。

$$1\ \text{mH}=10^{-3}\ \text{H},\quad 1\ \mu\text{H}=10^{-6}\ \text{H}$$

按照法拉第电磁感应定律,并使用式(12-12),可得回路的自感电动势为

$$\mathscr{E}_L=-\frac{\mathrm{d}\psi_{\mathrm{m}}}{\mathrm{d}t}=-L\frac{\mathrm{d}I}{\mathrm{d}t}-I\frac{\mathrm{d}L}{\mathrm{d}t} \tag{12-13}$$

对于给定的回路,自感系数 L 不随时间变化,式(12-13)变为

$$\mathscr{E}_L=-L\frac{\mathrm{d}I}{\mathrm{d}t} \tag{12-14}$$

式(12-14)给出了自感系数 L 的另一个定义,即回路的自感系数 L,等于回路中电流随时间的变化率为1 A/s时该回路中的自感电动势。式(12-14)中的负号是楞次定律的数学表示,它表明自感电动势的方向总是阻止回路中电流的变化。这就是说,当回路中的电流 I 增加时,自感电动势 $\mathscr{E}_L$ 与 I 反方向;当 I 减小时,$\mathscr{E}_L$ 与 I 同方向。可见,任何回路中,电流的变化总要受到自感电动势的阻碍,回路的自感系数越大,这种阻碍就越强。

自感系数 L 的计算比较复杂,通常用实验测定,只有个别简单情况才能用式(12-12)或式(12-14)进行计算。

【例 12-6】 有一单层密绕长螺线管,置于真空中,长为 l,截面积 S,单位长度的匝数为 n,试求其自感系数 L。

【解】 设流经螺线管的电流为 I,视长螺线管为无限长,其管内磁感应强度为

$$B=\mu_0 nI$$

穿过每匝线圈的磁感应通量为

$$\Phi_{\mathrm{m}}=BS=\mu_0 nIS$$

穿过螺线管的磁通匝链数为

$$\psi_{\mathrm{m}}=nl\Phi_{\mathrm{m}}=\mu_0 n^2 lIS=\mu_0 n^2 IV$$

式中,$V=lS$ 是螺线管的体积。由式(12-12)得

$$L=\frac{\psi}{I}=\mu_0 n^2 V \tag{12-15}$$

可见,自感系数 L 只与回路的形状、大小、匝数以及周围的介质性有关,与回路是否通电流及电流的变化无关。

12.3.2　互感现象和互感系数

设有两个相邻的线圈 1 和 2,其中分别通以电流 I_1 和 I_2,如图 12-16 所示。若其他条件不变,线圈 1 中电流改变,将引起线圈 2 中磁通量的改变,在线圈 2 中会产生感应电动势;同理 2 线圈中电流改变,在线圈 1 中亦将引起感应电动势,这种电磁感应现象,称为互感现象,其感应电动势称为互感电动势。

下面讨论互感现象的规律。设线圈 1 中的电流 I_1 产生的磁场，穿过线圈 2 的磁通匝链数为 ψ_{m21}，按照毕奥-萨伐尔定律，在空间任一点，I_1 产生的磁感应强度与 I_1 成正比，因此 ψ_{m21} 也必然与 I_1 成正比。应有

$$\psi_{m21}=M_{21}I_1$$

同理，线圈 2 中的电流 I_2 产生的磁场，在 1 线圈中引起的磁通匝链数为

$$\psi_{m12}=M_{12}I_2$$

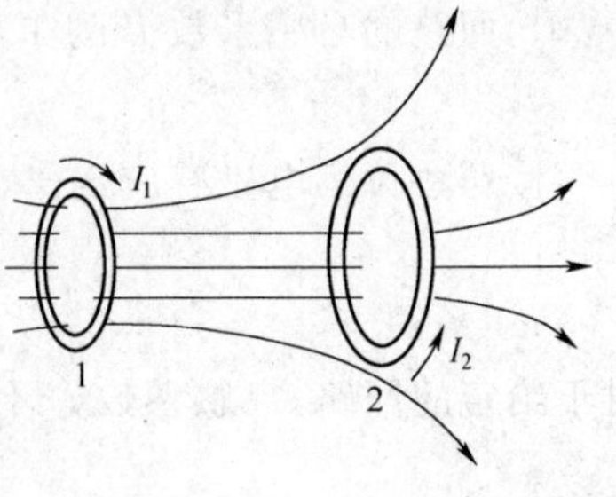

图 12-16　互感现象

上两式中的比例系数 M_{21} 和 M_{12} 称为互感系数，简称互感，它们与两个线圈的大小、形状、匝数、相对位置及周围磁介质的性质有关。理论和实践都可证明 M_{21} 与 M_{12} 是相等的，用 M 表示，有 $M_{21}=M_{12}=M$，则上两式分别为

$$\psi_{m21}=MI_1 \tag{12-16}$$

$$\psi_{m12}=MI_2 \tag{12-17}$$

由上两式可知，两线圈的互感系数 M 的大小等于其中一个线圈中的电流强度为 1 单位时，通过另一线圈所围面积的磁通链数。

当线圈 1 中的电流 I_1 改变，两线圈的其他条件都不变时，在互感系数 M 不随时间变化的条件下，由法拉第电磁感应定律可求得线圈 2 中的互感电动势为

$$\mathscr{E}_{21}=-\frac{\mathrm{d}\psi_{21}}{\mathrm{d}t}=-M\frac{\mathrm{d}I_1}{\mathrm{d}t} \tag{12-18}$$

同理，当线圈 2 中的电流 I_2 改变时，在线圈 1 中产生的互感电动势为

$$\mathscr{E}_{12}=-\frac{\mathrm{d}\psi_{12}}{\mathrm{d}t}=-M\frac{\mathrm{d}I_2}{\mathrm{d}t} \tag{12-19}$$

上两式给了两线圈的互感系数 M 的另一个定义，即两线圈的互感系数 M，在数值上等于一个线圈中电流随时间的变化率为 1 个单位时，在另一线圈中所引起的互感电动势的大小。显然，当其一个线圈中的电流变化率一定，互感系数 M 愈大，在另一线圈中引起的互感电动势也愈大，反之亦然。可见，互感系数是表示互感强弱的一个物理量，也可以说是表示两个电路耦合程度的量度。互感系数的单位与自感系数的单位一样，仍然是亨(H)。互感系数的计算与自感系数的计算一样，通常是比较复杂的，一般都用实验测定，只在某些简单情况，才能用定义来计算。

【例 12-7】 如图 12-17 所示，在真空中有两个长度 l 和横截面积 S 均相同的同轴长直螺线管，内层线圈的匝数为 N_1（图中用接头 1、2 表示），外层线圈的匝数为 N_2（图中用接头 3、4 表示），求两线圈的互感系数 M 及与两线圈自感系数 L_1 和 L_2 的关系。

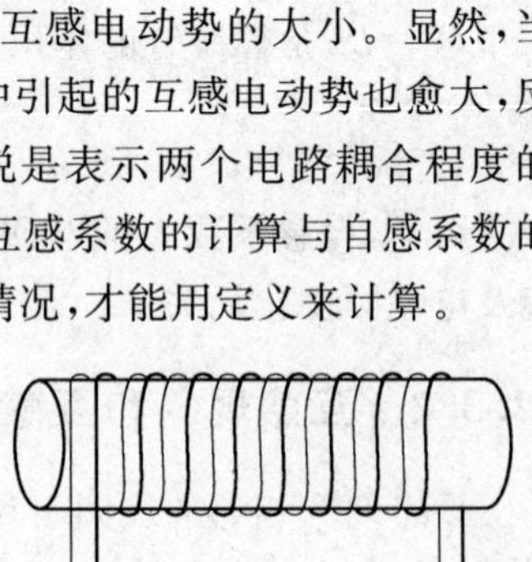

图 12-17　例 12-7 图

【解】 设内层线圈中的电流强度为 I_1，I_1 在螺线管内的

磁感应强度为

$$B_1=\mu_0\frac{N_1}{l}I_1$$

通过外层线圈的磁通匝链数为

$$\psi_{m21}=N_2B_1S=\frac{\mu_0N_1N_2S}{l}I_1$$

由式(12-16)可得两线圈的互感系数为

$$M=\frac{\psi_{m21}}{I_1}=\frac{\mu_0N_1N_2S}{l}$$

同样,外层线圈中的电流 I_2 在螺线管内产生的磁感应强度为

$$B_2=\mu_0\frac{N_2}{l}I_2$$

通过内层线圈的匝数链数为

$$\psi_{m12}=N_1B_2S=\frac{\mu_0N_1N_2S}{l}I_2$$

由式(12-17)可得两线圈的互感系数为

$$M=\frac{\psi_{m12}}{I_2}=\frac{\mu_0N_1N_2S}{l}$$

可见,由式(12-16)和式(12-17)计算出的两线圈的互感系数是相等的。

下面讨论互感与自感的关系。由例 12-6 知:

$$L_1=\frac{\mu_0N_1^2S}{l},\quad L_2=\frac{\mu_0N_2^2S}{l}$$

上两式的乘积为

$$L_1L_2=\frac{\mu_0^2N_1^2N_2^2S^2}{l^2}=M^2$$

所以

$$M=\sqrt{L_1L_2}$$

上式就是互感系数与自感系数的关系。但它只适用于无漏磁的情况,即一个线圈所产生的磁通量全部通过另一线圈的每一匝。通常情况下,互感系数与两线圈的自感系数间的关系应为

$$M=k\sqrt{L_1L_2}\tag{12-20}$$

式中,比例系数 k 叫耦合系数,其值取决于两线圈的绕法和相对位置,k 值的范围是 $0\leqslant k\leqslant 1$。

12.3.3　互感器

互感现象应用很广泛,这里以互感器为例,其作用原理与变压器相同。根据用途,常把互感器分为电压互感器和电流互感器。

设变压器的原线圈匝数为 N_1,输入电压为 U_1;副线圈的匝数为 N_2,输出电压为 U_2,则有

$$U_2 = \frac{N_2}{N_1}U_1 \tag{12-21}$$

当 $N_2<N_1$ 时，有 $U_2<U_1$，该变压器为降压变压器；当 $N_2>N_1$ 时，有 $U_2>U_1$，此变压器为升压变压器。

1. 电压互感器

图 12-18 是用电压互感器测量交流高压的原理图。它是一个降压变压器，测量交流高压时与小量程电压表配合使用。按照变压器的原理，电压表所测得的低压 U_2 与被测高压 U_1 之间的关系为

$$U_1 = \frac{N_1}{N_2}U_2 \tag{12-22}$$

对于一定的电压互感器，两级线圈的匝数 N_1、N_2 之比为一常数，只要把从电压表上的读数 U_2 乘以 N_1/N_2，就得到了被测高压 U_1。

2. 电流互感器

图 12-19 是电流互感器测量大电流的原理图。它是一个升压变压器，测量大电流时与小量程电流表配合使用。根据变压器的原理，被测大电流 I_1 与交流电流表所测出的小电流 I_2 的关系为

$$I_1 = \frac{N_2}{N_1}I_2 \tag{12-23}$$

对于一定的电流互感器，线圈匝数 N_2、N_1 为一个常数，所以只要用电流表测出的电流 I_2 乘以 N_2/N_1，即可得到被测大电流 I_1。

厂矿常用的钳形电流表，就是一种电流互感器，其铁芯是钳形的，可以自由张开和闭合，测量交流电流时，张开钳口，卡住被测电路即可，不必断开电路，所以使用十分方便。

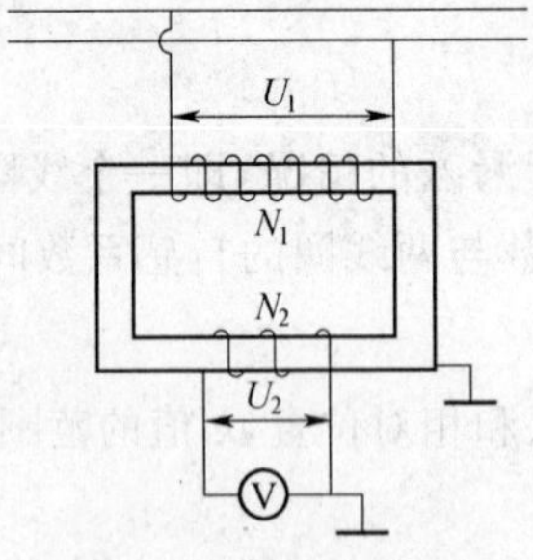

图 12-18　电压互感器

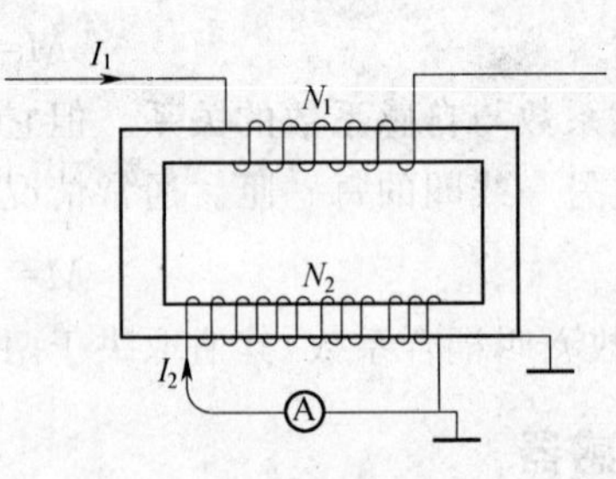

图 12-19　电流互感器

12.4 磁场能量

12.4.1 自感磁能

在静电学中，我们知道电容器是一种储存电能的元件，可以通过电容器充电过程中外力反抗静电力所做的功来计算出它所储存的能量。同样，一个自感为 L 的线圈，也是一种储存磁能的元件，它所储存的磁能可以通过在建立电流的过程中外力反抗自感电动势做功来计算。

把自感为 L 的线圈与电源接通，刚接通时，由于自感现象，电流 I 不可能立即从 0 变到恒定值 I_0，而要通过一段持续变化的时间才能过渡到稳定值。在这一过程中，电路中始终存在一个与 I 反方向的自感电动势，外电源既要为电路中产生焦耳热提供能量，又要为反抗自感电动势而做功。设 $\mathrm{d}t$ 时间内，外电源反抗自感电动势 $\mathscr{E}_L$ 所做的功为

$$\mathrm{d}A = -\mathscr{E}_L I \mathrm{d}t$$

把 $\mathscr{E}_L = -L\dfrac{\mathrm{d}I}{\mathrm{d}t}$代入上式，电路中电流 I 从 0 增至 I_0 的过程中，外电源反抗自感电动势所做的功为

$$A = \int \mathrm{d}A = \int_0^{I_0} LI\mathrm{d}I = \frac{1}{2}LI_0^2$$

由于这部分功以能量的形式储存在线圈的磁场之中，所以自感系数为 L 的线圈在通有电流为 I_0 时所储存的磁能为

$$W_m = \frac{1}{2}LI_0^2 \tag{12-24}$$

可以证明，当外电源被切断时，这部分能量将通过自感电动势做功而被全部释放出来。式(12-24)是自感磁能公式，它与电容器的电能公式在形式上是极其相似的。

12.4.2 磁场能量　磁能密度

在静电学中指出过，电能定域在电场中，并用电容器储存电能的公式 $W_e = \frac{1}{2}CU^2$，导出了电场的能量密度公式。与此对应，磁能定域在磁场中，也可用自感线圈储存磁能的公式 $W_m = \frac{1}{2}LI_0^2$ 导出磁场的能量密度公式。

为了计算简便，以均匀充满磁导率为 μ 的磁介质的长螺线管为例，把式(12-15)中的真空磁导率 μ_0 换成 μ，自感系数为

$$L=\mu n^2 V$$

当螺线管中通有电流 I 时，它的自感磁能为

$$W_m=\frac{1}{2}LI^2=\frac{1}{2}\mu n^2 I^2 V$$

长直螺线管中的磁感应强度为

$$B=\mu nI$$

$$W_m=\frac{1}{2}\frac{B^2}{\mu}V \tag{12-25}$$

上式中的 V 是长直螺线管的体积，由于磁场局限在管的内部，所以也是磁场所占的体积。因此磁场的能量密度为

$$w_m=\frac{W_m}{V}=\frac{1}{2}\frac{B^2}{\mu}=\frac{1}{2}\mu H^2 \tag{12-26}$$

式(12-26)对均匀磁场与非均匀磁场都适用。对任意磁场总磁能为

$$W_m=\int_V w_m \mathrm{d}V \tag{12-27}$$

上式是对磁场占有的全部空间积分。

12.5 麦克斯韦电磁场理论

12.5.1 稳恒电磁场的基本定律

前面在静电场(或稳恒电场)和稳恒磁场中，分别讨论了表征它们性质的基本定律，在此作简要归纳。

(1) 静电场的高斯定理

$$\oint_S \boldsymbol{D}^{(1)}\cdot \mathrm{d}\boldsymbol{S}=\sum_{(S内)} q$$

静电场是有源场，其源是电荷，表明静电场的电力线是不闭合的。

(2) 静电场环路定理

$$\oint_L \boldsymbol{E}^{(1)}\cdot \mathrm{d}\boldsymbol{l}=0$$

静电场是保守场，表明电场力对电荷做功与路径无关。

(3) 稳恒磁场的高斯定理

$$\oint_S \boldsymbol{B}^{(1)}\cdot \mathrm{d}\boldsymbol{S}=0$$

稳恒磁场是无源场，表明磁感应线是无头无尾的闭合曲线。

（4）稳恒磁场的安培环路定理

$$\oint_L \boldsymbol{H}^{(1)} \cdot \mathrm{d}\boldsymbol{l} = \sum I_0 = \int_S \boldsymbol{j}_0 \cdot \mathrm{d}\boldsymbol{S}$$

稳恒磁场是非保守场，表明磁场是涡旋场。式中 $\boldsymbol{j}_0$ 是传导电流密度。

12.5.2　涡旋电场和位移电流

1. 感应电场（涡旋电场）

在电磁感应中已经讲到，实验与理论都表明感应电场是无源有旋场，即

$$\oint_\varepsilon \boldsymbol{D}^{(2)} \cdot \mathrm{d}\boldsymbol{S} = 0$$

$$\oint_\varepsilon \boldsymbol{E}^{(2)} \cdot \mathrm{d}\boldsymbol{l} = -\frac{\mathrm{d}\Phi_\mathrm{m}}{\mathrm{d}t} = -\int_S \frac{\partial \boldsymbol{B}}{\partial t} \cdot \mathrm{d}\boldsymbol{S}$$

以上都是在前面已经学习过的基本方程。

2. 位移电流、全电流的安培环路定理

第 10 章中我们讨论过安培环路定理，这一规律是在稳恒电流的磁场中得到的。如果电流是非稳恒的，因而它产生的磁场也是随时间变化的，安培环路定理是否还适用？例如在一个电阻性直流电路中，接一平行板电容器，在电容器被充电或放电的过程中，导线中有充电或放电电流流过，在电容器的两极板之间没有电流通过，或者说传导电流 $I=0$，所以对有电容器的整个回路来说，传导电流是不连续的。我们在图12-20所示的电路中任取一个闭合回路 L，作两个以 L 为周界的曲面 S_1 和 S_2，其中 S_1 与导线相交，S_2 经电容器的内部空间，包围电容器的一个极板，与导线不相交，即通过 S_2 的传导电流为零。依据稳恒电流磁场的安培环路定理，对于曲面 S_1 和 S_2 分别有

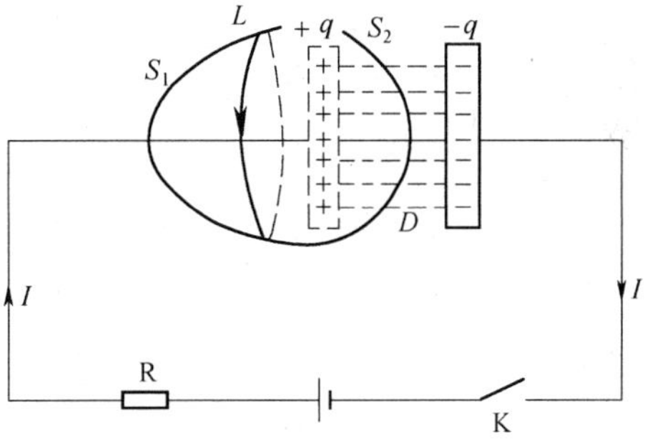

图 12-20　位移电流

$$\oint_L \boldsymbol{H} \cdot \mathrm{d}\boldsymbol{l} = I_0$$

$$\oint_L \boldsymbol{H} \cdot \mathrm{d}\boldsymbol{l} = 0$$

由此可见，在非稳恒条件下，对同一电路的同一个闭合回路 L，安培环路定理给出的结果自相矛盾。

麦克斯韦在对上述矛盾的物理过程进行了全面分析后，注意到在电容器充电放电的过程中，电容器极板间虽无传导电流流过，却存在着电场，在电容器极板上的自由电荷 q 随时间变化形成传导电流的同时，极板间的电场也随时间变化。设极板的面积为 S，某时刻极板上的自由电荷面密度为 σ，则电位移 $D=\varepsilon_0 E=\sigma$。由于在平行板间电场均匀分布，所以通过曲面 S_2

的电位移通量为 $\Phi_d = DS = \sigma S = q$。电位移通量随时间的变化率为

$$\frac{d\Phi_d}{dt} = \frac{dq}{dt}$$

式中 dq/dt 为导线中的传导电流。由上式可知，穿过曲面 S_2 电位移通量随时间的变化率与穿过曲面 S_1 的传导电流相等。麦克斯韦把 $d\Phi_d/dt$ 称为位移电流，用 I_d 表示，即

$$I_d = \frac{d\Phi_d}{dt} \tag{12-28}$$

引入位移电流概念后，在电容器极板处中断的传导电流 I_0 被位移电流 I_d 接替，使电路各电流保持连续，传导电流和位移电流之和称为全电流。在非稳恒情况下，应用安培环路定理出现的问题就在于电流不连续。现在有了全电流的概念，使得全电流在非稳恒情况下也连续。在非稳恒情况下安培环路定理应推广为

$$\oint_L \boldsymbol{H} \cdot d\boldsymbol{l} = \sum (I_0 + I_d) \tag{12-29}$$

上式称为全电流的安培环路定理。

为了使安培环路定理具有更普遍的意义，不仅适用于电流均匀分布的情形，也适用于电流非均匀分布的情形，我们对式(12-28)作一形式上的变换。

对于任意一曲面 S，$\Phi_d = \oint_S \boldsymbol{D} \cdot d\boldsymbol{S}$，则

$$I_d = \frac{d\Phi_d}{dt} = \frac{d}{dt}\int_S \boldsymbol{D} \cdot d\boldsymbol{S} = \int_S \frac{\partial \boldsymbol{D}}{\partial t} \cdot d\boldsymbol{S} \tag{12-30}$$

与传导电流相似，可引入位移电流密度矢量 $\boldsymbol{j}_d$，由式(12-29)知

$$\boldsymbol{j}_d = \frac{\partial \boldsymbol{D}}{\partial t} \tag{12-31}$$

式(12-30)和式(12-31)分别表明，通过电场中某一截面的位移电流的电流强度等于通过该截面的电位移通量随时间的变化率；电场中某点的位移电流密度矢量等于该处电位移矢量随时间的变化率。将式(12-30)代入式(12-29)，得到全电流的安培环路定理的普遍的表达式，即

$$\oint_L \boldsymbol{H} \cdot d\boldsymbol{l} = \sum I_0 + \int_S \frac{\partial \boldsymbol{D}}{\partial t} \cdot d\boldsymbol{S} = \int_S \left(\boldsymbol{j}_0 + \frac{\partial \boldsymbol{D}}{\partial t} \right) \cdot d\boldsymbol{S} \tag{12-32}$$

$\boldsymbol{H}$ 为全电流的磁场，即由传导电流和位移电流产生的磁场的叠加，$\boldsymbol{j}_0$ 为传导电流的电流密度，$\frac{\partial \boldsymbol{D}}{\partial t}$为位移电流的电流密度，$S$ 是以闭合曲线 L 为周界的任意曲面。

式(12-29)或式(12-32)表明不仅传导电流 I_0 能够产生磁场，位移电流 I_d 也能够产生磁场，而且都是有旋场，即位移电流与传导电流一样，产生的磁场 $\boldsymbol{H}^{(2)}$ 满足

$$\left.\begin{aligned} &\oint_L \boldsymbol{H}^{(2)} \cdot d\boldsymbol{l} = \oint_S \frac{\partial \boldsymbol{D}}{\partial t} \cdot d\boldsymbol{S} \\ &\oint_S \boldsymbol{B}^{(2)} \cdot d\boldsymbol{S} = 0 \end{aligned}\right\} \tag{12-33}$$

位移电流与传导电流不同处是：位移电流只表示电位移通量随时间的变化率，是由变化着的电场产生的，没有电荷作宏观的定向运动，不产生焦耳热；传导电流仅能在导体中存在，而位移电流可以存在于有变化电场存在的导体、介质和真空中，在介质中的传导电流很小，但位移电流可以很大。

【例 12-8】 如图 12-21 所示，半径 R 的两块圆板构成平行板电容器，在充电过程中两极板间电场强度随时间的变化率为 $\frac{\partial E}{\partial t}$。试求：

(1) 位移电流 I_d；

(2)过两板中心连线中点的垂线 r 上一点的磁感应强度 B。

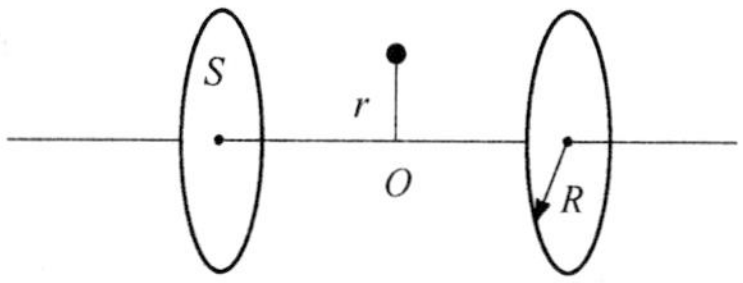

图 12-21　例 12-8 图

【解】 (1)位移电流为

$$I_d=\frac{d\Phi_d}{dt}=S\,\frac{\partial D}{\partial t}=\pi R^2\varepsilon_0\,\frac{\partial E}{\partial t}$$

(2) 以 O 为圆心，r 为半径作圆周环路 L，由安培环路定理有

$$\oint_L \boldsymbol{H}\cdot d\boldsymbol{l}=\int_S \frac{\partial \boldsymbol{D}}{\partial t}\cdot d\boldsymbol{S}=\frac{d\Phi_d}{dt}$$

当 $r<R$ 时，由上式得

$$2\pi rH=2\pi r\,\frac{B}{\mu_0}=\pi r^2\varepsilon_0\,\frac{\partial E}{\partial t}$$

即

$$B=\frac{1}{2}\varepsilon_0\mu_0 r\,\frac{\partial E}{\partial t}$$

当 $r\geqslant R$ 时，有

$$2\pi rH=2\pi r\,\frac{B}{\mu_0}=\pi R^2\varepsilon_0\,\frac{\partial E}{\partial t}$$

即

$$B=\frac{\varepsilon_0\mu_0 R^2}{2r}\frac{\partial E}{\partial t}$$

12.5.3　麦克斯韦方程组

在麦克斯韦提出了感应电场、位移电流这两个基本概念后，总结出了电磁场的基本规律。

用 $\boldsymbol{E}^{(1)}$、$\boldsymbol{D}^{(1)}$ 表示由电荷产生的静电场(或稳恒电场)；用 $\boldsymbol{E}^{(2)}$、$\boldsymbol{D}^{(2)}$ 表示由变化磁场产生的感生电场；用 $\boldsymbol{B}^{(1)}$、$\boldsymbol{H}^{(1)}$ 表示由稳恒传导电流激发的稳恒磁场；用 $\boldsymbol{B}^{(2)}$、$\boldsymbol{H}^{(2)}$ 表示由位移电流(变化电场)激发的感应磁场。不论什么样的电场与磁场在空间都可以同时存在，且满足叠加原理，所以其总场为

$$\boldsymbol{E}=\boldsymbol{E}^{(1)}+\boldsymbol{E}^{(2)}$$

$$\boldsymbol{D}=\boldsymbol{D}^{(1)}+\boldsymbol{D}^{(2)}$$

$$B = B^{(1)} + B^{(2)}$$

$$H = H^{(1)} + H^{(2)}$$

于是可以得到

$$\left.\begin{aligned} &\oint_S \boldsymbol{D} \cdot \mathrm{d}\boldsymbol{S} = \sum_{(S内)} q \\ &\oint_L \boldsymbol{E} \cdot \mathrm{d}\boldsymbol{l} = -\int_S \frac{\partial \boldsymbol{B}}{\partial t} \cdot \mathrm{d}\boldsymbol{S} \\ &\oint_S \boldsymbol{B} \cdot \mathrm{d}\boldsymbol{S} = 0 \\ &\oint_L \boldsymbol{H} \cdot \mathrm{d}\boldsymbol{l} = \sum I_0 + \int_S \frac{\partial \boldsymbol{D}}{\partial t} \cdot \mathrm{d}\boldsymbol{S} \end{aligned}\right\} \tag{12-34}$$

式(12-33)中的四个方程是从电场、磁场的通量和环流这两方面概括了电磁场的基本规律，称作麦克斯韦方程组的积分形式。它们完整地描写了空间任意一区域中电磁场的性质，从麦克斯韦方程可以看出，电场、磁场不仅和电荷、电流有关，而且与电场、磁场随时间的变化率有关。在空间区域中即使没有自由电荷、传导电流，空间还是可以有电磁场的，这种电磁场是随时间变化的电磁场，并且电场和磁场是相互关联的，电场与变化的磁场有关，磁场与变化的电场有关，因此我们必须把电场和磁场统一起来研究。

从麦克斯韦方程组出发，通过数学运算，可以推测出电磁场的各种性质。在已知电荷和电流分布的条件下，由这组方程可唯一确定电磁场的分布。麦克斯韦方程组也有其微分的形式，在给定初始条件后还可推断出电磁场以后的变化情况。麦克斯韦方程经受了实践的检验，被公认为是牛顿力学到爱因斯坦相对论的提出这段时期中，物理学发展中最重要的理论成果。

12.6 电 磁 波

12.6.1 赫兹实验

按照麦克斯韦的电磁学理论，变化的电场可以产生变化的磁场，而变化的磁场又可以产生变化的电场。因此，只要在空间某个区域中产生变化的电场(或磁场)，那么在邻近的区域中将有变化的磁场(或电场)，这变化的磁场又在较远的区域引起新的变化电场，后者又将在更远的区域激发新的变化磁场，依此类推，变化的电场和变化的磁场将互相交替产生，由近及远，于是电磁场就在空间传播开来。电磁场在空间传播的过程形成了电磁波。因此，变化的电磁场可以以电磁波的形式向四周传播。

1888 年赫兹用振荡电偶极子产生了电磁波，用共振偶极子接收了电磁波，从而第一个在实验上证明了电磁波的存在。

赫兹还做了一些其他的实验,证明电磁波与其他波一样可以反射、折射、干涉、衍射等现象。因此,电磁波表现了一切波动所具有的性质,遵从波动所满足的规律。由于电磁波的理论是麦克斯韦的电磁学理论的直接结果,因此赫兹实验验证了麦克斯韦的电磁学理论的正确性。

麦克斯韦根据电磁波理论得出了电磁波在真空中传播的速度等于光速 c,实验测得的结果证实了这一结论。因此麦克斯韦认为光也是一种电磁波,从而建立了光的电磁波学说。

12.6.2　平面电磁波

根据麦克斯韦电磁波理论可以得出,在离开发射电磁波的波源足够远的地方,空间各点的电磁振荡可以表示为

$$\left.\begin{aligned} E&=E_0\cos\omega\left(t-\frac{r}{v}\right)\\ H&=H_0\cos\omega\left(t-\frac{r}{v}\right)\end{aligned}\right\}\tag{12-35}$$

显然,式(12-34)表明空间各点的 $\boldsymbol{E}$、$\boldsymbol{H}$ 都随时间按余弦规律作周期的变化,即空间各点在做电磁振荡,这种电磁振荡以速率 v 在空间传播。式(12-34)是平面余弦波的表示式,它描述了一个平面余弦电磁波。平面余弦电磁波是最简单最基本的电磁波,一切平面电磁波可以分解为一系列的平面余弦电磁波的叠加。

平面电磁波的主要性质可归结为以下几个方面:

(1) 平面电磁波是横波。平面电磁波沿直线方向传播,$\boldsymbol{E}$、$\boldsymbol{H}$ 以及波的传播方向三者相互垂直。我们用矢量 $\boldsymbol{k}$ 表示波的传播方向,$\boldsymbol{E}$、$\boldsymbol{H}$、$\boldsymbol{k}$ 三个矢量相互垂直,组成右旋系统,如图 12-22 所示。

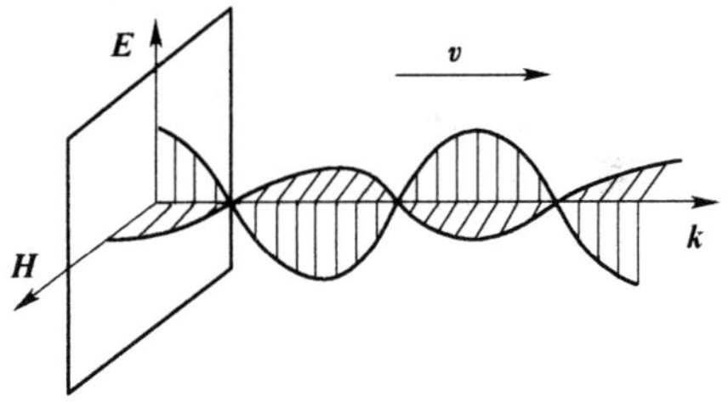

图 12-22　平面电磁波

(2) 电磁波的传播速率 v 决定于介质的介电常数 ε 和磁导率 μ,它们之间的关系是

$$v=\frac{1}{\sqrt{\varepsilon\mu}}\tag{12-36}$$

在真空中

$$c=\frac{1}{\sqrt{\varepsilon_0\mu_0}}\tag{12-37}$$

把 μ_0、ε_0 的值代入可得

$$c=2.997\,9\times10^8\ \text{m/s}\approx3.0\times10^8\ \text{m/s}$$

在介质中,光速

$$v=\frac{c}{\sqrt{\varepsilon_r\mu_r}}=\frac{c}{n} \tag{12-38}$$

其中 $n=\sqrt{\varepsilon_r\mu_r}$ 是介质的折射率。

(3) 在空间任一点上，$\boldsymbol{E}$ 和 $\boldsymbol{H}$ 的大小有如下关系

$$\sqrt{\varepsilon}E=\sqrt{\mu}H \tag{12-39}$$

12.6.3 电磁波的能量

电磁波是电磁场在空间的传播，由于电磁场具有能量，因此随着电磁波的传播就有电磁能量的传播。所以，从能量的观点讲，电磁波是传播电磁能量的一种方式，电磁波所传播的能量称为辐射能。

由于电场能量密度和磁场能量密度分别为

$$w_e=\frac{\varepsilon E^2}{2},\quad w_m=\frac{\mu H^2}{2}$$

所以电磁场能量密度为

$$w=w_e+w_m=\frac{1}{2}(\varepsilon E^2+\mu H^2)$$

由该式可知，w 决定于 $\boldsymbol{E}$ 和 $\boldsymbol{H}$，而 $\boldsymbol{E}$、$\boldsymbol{H}$ 在空间以电磁波的速率 v 传播，因此电磁能量也以速率 v 在空间传播。所以，辐射能的传播速率为电磁波的速率，辐射能的传播方向就是电磁波的传播方向。

每单位时间内流过垂直于传播方向的单位面积上的辐射能量，称为辐射能流密度。根据波动学中能流密度的大小与传播速率的关系得知辐射能流密度为

$$S=wv=\frac{v}{2}(\varepsilon E^2+\mu H^2)$$

把 $v=\frac{1}{\sqrt{\varepsilon\mu}}$，$\sqrt{\varepsilon}E=\sqrt{\mu}H$ 代入上式得

$$S=\frac{1}{2\sqrt{\varepsilon\mu}}(\sqrt{\varepsilon}E\sqrt{\mu}H+\sqrt{\mu}H\sqrt{\varepsilon}E)=EH \tag{12-40}$$

用矢量 $\boldsymbol{S}$ 来表示辐射能流密度矢量，它的方向沿波的传播方向，而大小等于能流的大小。

12.6.4 电磁波谱

下面简单地介绍一下各种类型的电磁波。

各种电磁波按照它们在真空中频率的大小(或波长的长短)依次排列起来，形成电磁波谱，如图 12-23 所示。

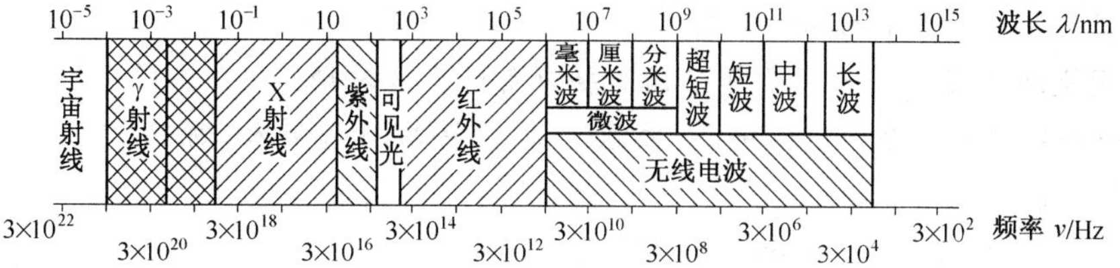

图 12-23　电磁波谱

在电磁波谱中，波长最长的是无线电波，它的波长在 10^{-3}～10^{4} m之间。无线电波可以按照波长分为长波、中波、短波、超短波和微波等波段。不同波长的无线电波具有不同的用途。长波用于长距离通信和导航；中波用于一般的无线广播以及航海和航空的定向；短波用于无线电广播、电报通信等；电视台和雷达、无线电导航使用超短波或者微波。

红外线是在微波与可见光之间的波长范围内的电磁波，它的波长在 760 nm～600 μm之间。由于它的波长比可见光中红光部分的波长更长，故称红外线。红外线不能为人眼所见。红外线主要是由炽热的物体辐射出来的，具有显著的热效应。红外线在军事上用于红外追踪、红外探测、红外摄影等，在生产上可用来制成红外烘箱、红外测试仪等。

可见光的波长在400～760 nm之间，它们能为人眼所见。可见光中不同的波长具有不同的颜色，波长由长到短分别为红、橙、黄、绿、蓝、靛、紫等各色，波长最长的是红光，波长最短的是紫光。

波长在5～400 nm之间的电磁波，由于其波长比紫光更短，故称为紫外线。它也不能为人眼所见。温度很高的炽热物体会辐射大量的紫外线。紫外线具有较强的杀菌能力，在医学上用来消毒。太阳是高温炽热体，太阳光中含有较多的紫外线，所以太阳光也具有消毒杀菌作用。

X 射线又称为伦琴射线，它的波长在 0.4×10^{-10} m～50×10^{-10} m 之间。X 射线可由 X 射线管产生。X 射线的能量很大，具有较强的穿透能力，可以使照相底片感光，使荧光屏发光。X 射线在医疗上可用来透视、摄片等，在工业上可用于金属探伤和分析晶体的结构。

比伦琴射线更短的电磁波是 γ 射线，它的波长在 0.4×10^{-10} m 以下。γ 射线具有很强的穿透能力，也可用于金属探伤，或用来研究原子的结构。

波长最短的电磁波是宇宙射线，它们在天体物理的研究中起着重要的作用。

习　题

一、选择题

1. 如选择题 1 图所示，在稳恒直线电流旁，放置一圆形线圈，线圈与直线电流共面，则在下列情况下会产生感应电动势的是(　　)。

A. 线圈与直线相对静止

B. 线圈的速度 **v** 沿纸面向上运动

C. 线圈的速度 v 沿纸面向右运动

D. 线圈绕通过圆心 O 且垂直于纸面的轴以角速率 ω 转动

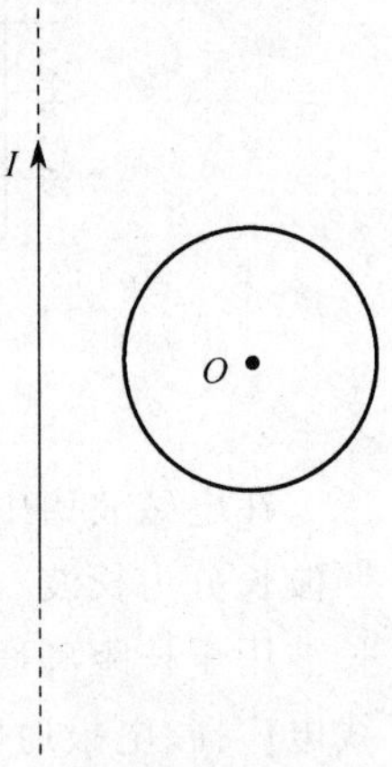

选择题 1 图

2. 将一磁铁插入一导体线圈中，一次迅速插入，一次缓慢插入，则下列表述正确的是(　　)。

A. 两次插入时在线圈中的感应电量相同

B. 两次手推磁铁力所做的功相同

C. 两次插入时在线圈中的感应电流相同

D. 两次插入时在线圈中的感应电电动势相同

3. 尺寸相同的铁环与铜环所包围的面积中，通以相同变化率的磁通量，在两环中产生的(　　)。

A. 感应电动势不同

B. 感应电动势相同，感应电流相同

C. 感应电动势不同，感应电流相同

D. 感应电动势相同，感应电流不同

4. 一"探测线圈"由 50 匝导线组成，截面积 $S=4\ \text{cm}^2$，电阻 $R=25\ \Omega$。若把探测线圈在磁场中迅速翻转 90°，测得通过线圈的电荷量为 $\Delta q=4\times10^{-5}$ C，则磁感应强度 B 的大小为(　　)。

A. 0.01 T　　B. 0.05 T　　C. 0.1 T　　D. 0.5 T

5. 在一自感线圈中通过的电流 I 随时间 t 的变化规律如选择题 5(a)图所示，若以 I 的正流向作为 ε 的正方向，则代表线圈内自感电动势 ε 随时间 t 变化规律的曲线应为选择题 5(b)图中 A、B、C、D 中正确的是(　　)。

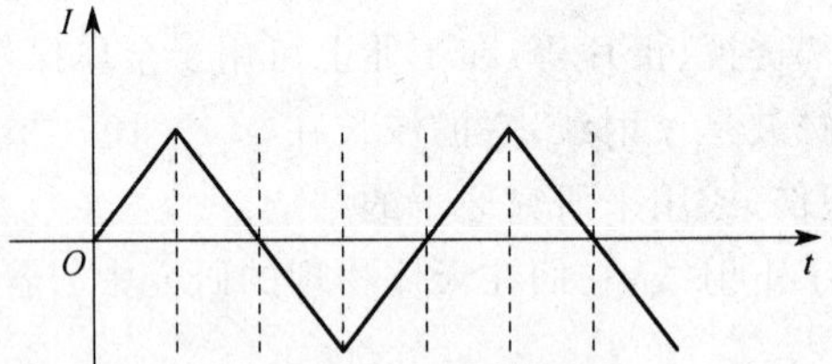

选择题5（a）图

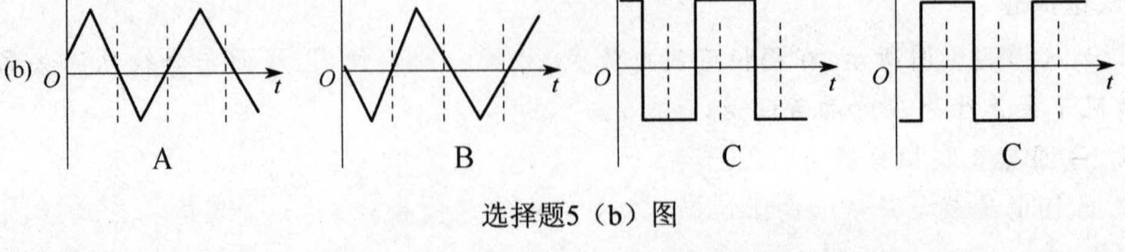

选择题5（b）图

6. 两个相距不太远的平面圆线圈，其中一个线圈的轴线恰通过另一线圈的圆心，要使两个线圈之间的互感近似等于零，则下列放置位置正确的是(　　)。

A. 两个线圈轴线重合　　B. 两个线圈轴线成$45°$

C. 两个线圈轴线垂直　　D. 两个线圈轴线成$30°$

7. 在下列关于传导电流和位移电流的说法中，正确的是(　　)。

A. 位移电流是由电荷的宏观运动形成

B. 位移电流也产生焦耳热

C. 传导电流由变化电场产生

D. 位移电流和传导电流都能产生磁场

二、填空题

1. 已知垂直通过一平面线圈的磁通量随时间变化规律为 $\Phi=6t^2+7t+1$(SI)，则 t 时刻线圈中感应电动势 $\varepsilon_i=$__________。

2. 将一条形磁铁插入与冲击电流计串联的金属环中，有 $q=2.0\times10^{-5}$ C 的电荷通过电流计，若连接电流计的电路总电阻 $R=25\ \Omega$，则穿过环的磁通的变化 $\Delta\Phi=$__________。

3. 半径为 R 的无限长密绕螺旋管载流为 $I=I_0\sin\omega t$，单位长度上载流导线的匝数为 n，则在螺旋管内距轴线距离为 l 的感生电场大小 $E_k=$__________，方向与 $\frac{\partial\vec{B}}{\partial t}$ 构成__________关系。

4. 无限长密绕直螺旋管通以电流 I，内部充满均匀，各向同性的磁介质，磁导率为 μ，管上单位长度绕有 n 匝导线，则管内磁感应强度大小 $B=$__________，内部磁场能量密度 $w_m=$__________。

5. 无铁心的长直螺旋管的自感系数为 $L=\mu_0 n^2 V$，式中 n 为单位长度上导线的匝数，V 为螺旋管的体积。若考虑端缘效应时实际的自感系数应__________(填“大于”“小于”或“等于”)此式给出的值，若管内装上铁芯，则 L 与电流__________(填“有关”或“无关”)。

6. 用导线制成一半径为 $r=10$ cm 的闭合圆形线圈，其电阻 $R=10\ \Omega$，均匀磁场 $\boldsymbol{B}$ 垂直于线圈平面，欲使线圈中有一稳定的感应电流 $i=0.01$ A，B 的变化率应为 $\frac{\mathrm{d}B}{\mathrm{d}t}=$__________。

7. 一对大的圆形极板电容器，电容为 C，加上交流电压 $U=U_m\sin\omega t$，则极板间位移电流 $I_d=$__________。

8. 在没有自由电荷与传导电流的变化电磁场中，$\oint_l \boldsymbol{E}\cdot\mathrm{d}\boldsymbol{l}=$__________，$\oint_l \boldsymbol{H}\cdot\mathrm{d}\boldsymbol{l}=$__________。

三、简答题

1. 一矩形线圈放在均匀磁场中，磁场方向垂直于纸面向里，如简答题 1 图所示。已知通

过线圈的磁通量与时间的关系为

$$\Phi_m=(3t^2+4t+5)\times10^{-3}(\text{Wb})$$

试求:(1) 线圈中感应电动势与时间的关系;

(2) $t=6$ s 时,感应电动势的大小及此时电阻 R 上的电流方向。

2. 一个由金属丝绕成的没有铁芯的环形螺线管,单位长度上的匝数 $n=50\times10^2\ \text{m}^{-1}$,截面积为 $S=2\times10^{-3}\ \text{m}^2$。螺线管两端与电源 E 以及可变电阻串联形成一个闭合电路。在环上再接一线圈 A,匝数 $N=5$,电阻 $R=2.0\ \Omega$,如简答题 2 图所示,调节可变电阻,使通过环形螺线管的电流 I 每秒钟降低 20 A。试求:

(1) 线圈 A 中的感应电动势和感应电流;

(2) 2 s 内通过线圈 A 的感应电量。

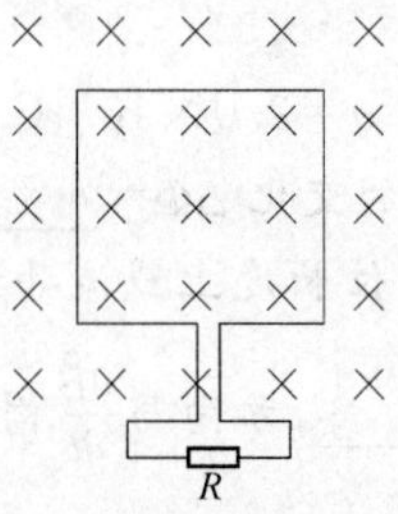

简答题 1 图

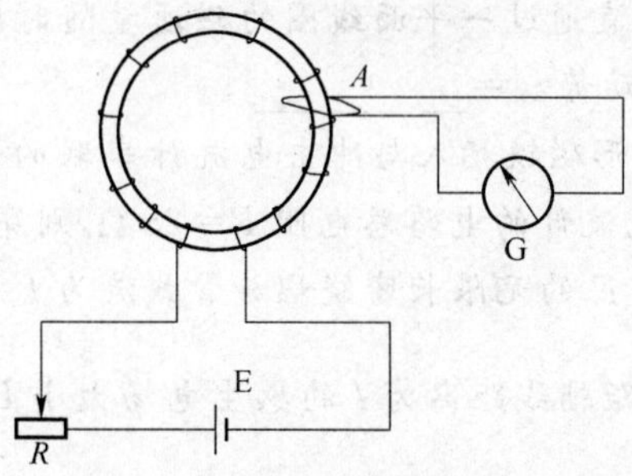

简答题 2 图

3. 如简答题 3 图所示,长直导线中通有 5 A 的电流,共面矩形线圈 100 匝,$a=10$ cm,$L=20$ cm,以 2 m/s 的速度向右平动,求当 $d=10$ cm时线圈中的感应电动势。

4. 两导线段 AB、BC,长度相等,为 10×10^2 m,在 B 处相接而成 30°角。使导线在匀强磁场中以速率 $v=1.5$ m/s 平动,方向如简答题 4 图所示。磁场方向垂直纸面向里,磁感应强度 $B=2.5\times10^{-2}$ T。求 AC 间的电势差,哪一点的电势高?

简答题 3 图

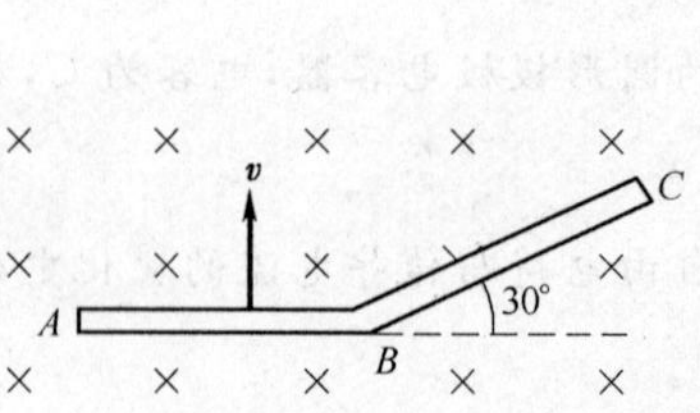

简答题 4 图

5. 如简答题 5 图所示,线圈 $ABCD$ 的 AB 段可平行于 CD 段而左右滑动,线框放在匀强磁场中，磁场方向与线框平面的法线 $\boldsymbol{n}$ 成 θ 角。场强 $B=0.60$ T，AB 长 $l=1.0$ m，$\theta=60°$。若 AB 以速率 $v=5$ m/s 向右滑动，求线框中感应电动势的大小和感应电流的方向。

6. 磁换能器常用来检查微小的振动。例如，在振动杆的一端接一个 N 匝的密绕线圈，线圈将随杆在匀强磁场中来回进出地振动，如简答题 6 图所示。设磁感应强度为 $\boldsymbol{B}$，证明杆端的速率与线圈中感应电动势有下面关系：

$$\varepsilon=NBb\frac{\mathrm{d}x}{\mathrm{d}t}$$

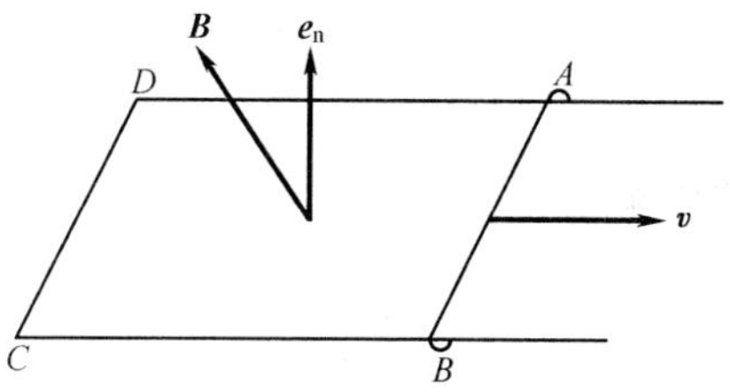

简答题 5 图

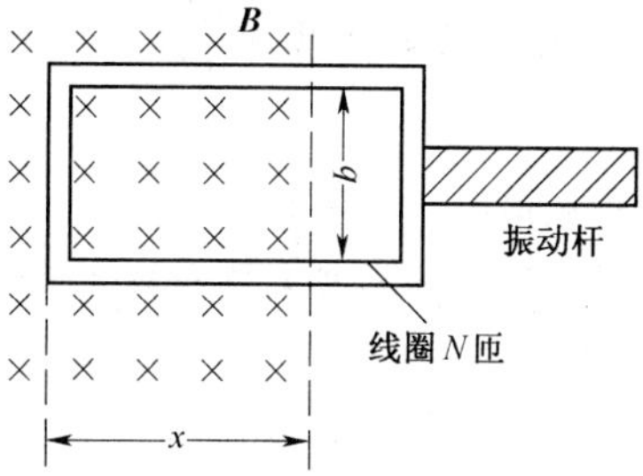

简答题 6 图

7. 如简答题 7 图所示，一根铜棒长 $l=0.50$ m，水平放置于竖直向上的匀强磁场中，绕位于距 A 端 $l/5$ 处的竖直轴在水平面内匀速转动，转速 $n=2$ r/s。已知磁感应强度 $B=5.0\times10^{-4}$ T。求铜棒两端 A、B 的电势差。

8. 在磁感应强度 $B=0.84$ T 的匀强磁场中，有一个边长 $a=5\times10^{-2}$ m 的正方形线圈匀速转动，磁感应强度方向与转轴垂直。设线圈转动的角速度 $\omega=20\ \pi$rad/s，求线圈中的最大感应电动势。

9. 一长直螺线管的导线中通有10.0 A的电流时，通过每匝线圈的磁通量是20 μWb；当电流以4.0 A/s的速率变化时，产生的自感电动势为3.2 mV。求此螺线管自感系数与总匝数。

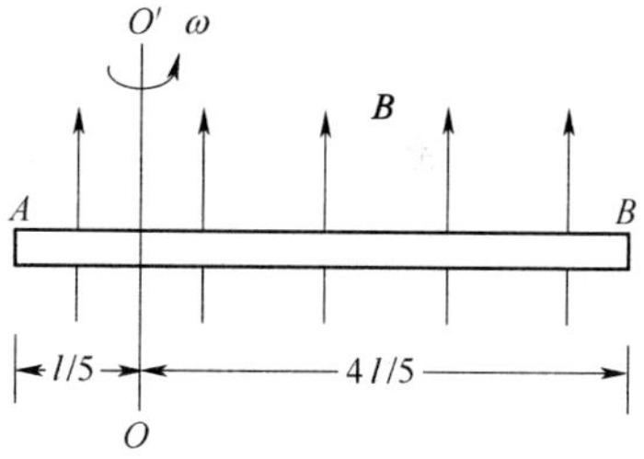

简答题 7 图

10. 有一个长30 cm，截面直径为3 cm并绕有 600 匝线圈的圆纸筒螺旋管导线线圈。求：

(1) 该线圈的自感；

(2) 如果在这线圈纸筒内充满 $\mu_r=500$ 的铁芯，这时线圈的自感有何变化。

11. 一个圆形线圈 A 由 50 匝绝缘漆包导线绕成，其面积 $S=4.0\ \mathrm{cm}^2$，将其放在另一个半径为 $R=20$ cm 的同样导线绕成的大线圈 B 的中心，并让两者同轴，大线圈为 100 匝。求：

(1) 两线圈的互感系数 M；

(2) 当大线圈 B 中有以 50 A/s 的变化率减小着的电流时，求小线圈 A 中的感应电动势？（提示：$S_A\ll S_B$，在 S_B 的中心 S_A 范围内可将 B 作为恒量处理）

12. 无限长直导线近旁放一共面的矩形线圈，线圈长为 l，宽为 b，一条边离直导线为 a，如简答题 12 图所示。求：

(1) 长直导线与线圈的互感系数；

(2) 若线圈中通有电流 $I=I_0\sin\theta$，求长直导线中的互感电动势。

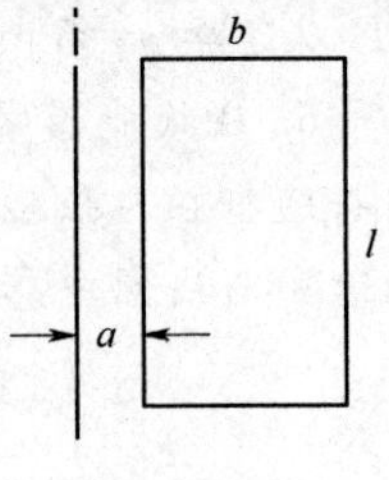

简答题 12 图

13. 一个电感为 2 H、电阻为 1 Ω 的线圈，将其与内阻可忽略的电动势 $E=100$ V 的电源相连。求电流达到最大值时，电感中所储存的能量。

14. 一个半径为 $R=10.0$ cm 的两金属圆片做成的电容器，在充电时某个时刻的电场对时间的变化率 $\frac{\mathrm{d}E}{\mathrm{d}t}=1.0\times10^{13}$ V/(cm·s)，若不计边缘效应。求：

(1) 两极板间的位移电流；

(2) 磁感应强度 $\boldsymbol{B}$ 的极大值和极大值的 1/2 的位置。

第五篇 波动光学

光学是物理学中发展较早的一个分支，是物理学的一个重要组成部分。人们最初是从物体成像的研究中形成了光线的概念，并根据光线沿直线传播的现象总结出有关规律，从而逐步形成了几何光学，主要内容有：光的直线传播定律、光的独立传播定律、光的反射和衍射定律。但是，几何光学不能说明光究竟是什么。

19 世纪以后，随着实验技术的提高，通过光的干涉、衍射和偏振等实验结果，证明光具有波动性，并且是横波，使光的波动说获得普遍公认。19 世纪后半叶，麦克斯韦提出了电磁波理论，又为赫兹的实验所证实，人们才认识到光是一种电磁波，形成了以电磁波理论为基础的波动光学。波动光学以光的波动性质为基础，研究光的传播及其规律，其主要内容包括光的干涉、衍射和偏振。

本篇主要讨论波动光学的内容，着重研究光的干涉、衍射和偏振等现象，并简单介绍一些有关的实际应用。

在波动光学里，光作为一种电磁波，实际上就是电磁场中电场强度矢量 $\boldsymbol{E}$ 和磁场强度矢量 $\boldsymbol{H}$ 周期性变化的传播，与此同时还伴随着电磁能量(这里即为光能量)的传播。其中，对人的眼睛或照相底片等感光器件引起光效应的，主要是电场强度矢量 $\boldsymbol{E}$，而磁场强度矢量 $\boldsymbol{H}$ 通常影响甚微。因此，今后可把光波看作 $\boldsymbol{E}$ 矢量振动的传播。本篇讨论的是可见光，即人眼能看得见的光波，其波长在 400～760 nm 之间。

可见光的颜色是由光波的频率决定的。不同频率的光，对人眼引起的颜色感觉是不同的；同一频率的光，在不同的介质中虽因光速不同而具有不同的波长，但因频率不变，故人眼感觉到的是相同颜色。所谓单色光就是指具有一定频率的光。为便于应用，习惯上将光的各种颜色按光在真空中的不同波长范围来划分，如表 13-1 所列，供读者查用。

表 13-1　各色可见光在真空中的波长范围

光的颜色	波长 λ 的大致范围/nm	光的颜色	波长 λ 的大致范围/nm
红　色	760～630	青　色	500～450
橙　色	630～600	蓝　色	450～430
黄　色	600～570	紫　色	430～400
绿　色	570～500		

第13章 光的干涉

光的干涉现象是光的基本特征之一，也是光具有波动性的有力证明。本章在阐明相干光源、光程等概念的基础上，着重讨论获得相干光的两种方法(分波阵面法和分振幅法)及这两种类型干涉的基本规律和它们在工程技术中的应用。

13.1 光源 光的相干性 光程 光程差

13.1.1 光源

能发光的物体叫光源，如白炽灯、荧光灯等是实验室常用的光源。从整体来看，光源发出的光是连续不断的光，但实际上光是由光源中大量原子或分子从较高的能量状态跃迁到较低的能量状态过程中对外辐射的光波总和。这种辐射有两个特点：一是间歇性。就单个原子发光而言，它是不连续的，是一次一次间断地向外发出的光，每次只发出一列长度很短的波列。二是随机性。所谓随机性是指同一原子先后两次发出的光，即便是频率相同，但前一次发出光的振动方向和相位与后一次发出光的振动方向和相位没有任何内在的联系，完全是随机的。

13.1.2 光的强度

光波是光振动的传播，并且主要是指电磁波中电场强度 $\boldsymbol{E}$ 矢量振动的传播。但是，在光学中，$\boldsymbol{E}$ 矢量、$\boldsymbol{H}$ 矢量都是无法直接观测到的，人们除能够看到光的颜色以外，只能观测到光的强度。例如，任何感光仪器，无论是人的眼睛或者照相底片，观感到的都是光的强度而不是光振动本身。不过，光的电磁理论指出，光的强度 I 取决于在一段观察时间内的电磁波能流密度的平均值，其值与光振动的振幅 E_0 平方成正比，即 $I \propto E_0^2$。因此，光波传到之处，若该处光振动的振幅为最大，看起来就最亮；而振幅为最小(或几近于零)处，则差不多完全黑暗。或者说，亮暗的程度可用光的强度来表征。

13.1.3 光的相干性

由波动理论知道，两束光在空间某点相遇，该点的光强是每束光单独在该点光强的叠加。

叠加有相干叠加和非相干叠加两种。两盏电灯在共同照射的区域内，任意一点的照度总是等于两盏灯在该点照度之和，光强呈现均匀分布，这种叠加称为非相干叠加。若两束光在共同照射的区域内，光强重新分布，某些地方加强，某些地方减弱，光强呈现非均匀的稳定分布，这种叠加称为相干叠加。产生相干叠加的光源称为相干光源。

光是波长在 400～760 nm 范围内的电磁波。研究指出，对引起视觉感受，使照相底片感光等起主导作用的是电磁波中的电场强度矢量 $\boldsymbol{E}$。因此，我们把 $\boldsymbol{E}$ 称为光矢量，$\boldsymbol{E}$ 的振动称为光振动。以后我们就用 $\boldsymbol{E}$ 矢量来表示光波的振动。

设两束同方向、同频率的单色光在某点的光矢量分别为

$$\boldsymbol{E}_1=\boldsymbol{E}_{10}\cos(\omega t+\varphi_1),\quad \boldsymbol{E}_2=\boldsymbol{E}_{20}\cos(\omega t+\varphi_2)$$

合成的光矢量为

$$\boldsymbol{E}=\boldsymbol{E}_0\cos(\omega t+\varphi)$$

式中，φ 为合振动的初相位；$\boldsymbol{E}_0$ 称为 $\boldsymbol{E}$ 矢量的振幅，其大小为

$$E_0=\sqrt{E_{10}^2+E_{20}^2+2E_{10}E_{20}\cos(\varphi_2-\varphi_1)}$$

$$\tan\varphi=\frac{E_{10}\sin\varphi_1+E_{20}\sin\varphi_2}{E_{10}\cos\varphi_1+E_{20}\cos\varphi_2}$$

由于普通光源中，原子或分子一次持续发光时间 τ_0 约为 10^{-8} s，而人眼所能感受光强变化的时间为0.1 s，感光胶片一般不超过10^{-3} s，由于接受器所能感受的时间 $\tau\gg\tau_0$，所以实际观察到的光强是 τ 时间内的平均光强。又由于光强与 $\boldsymbol{E}$ 矢量的振幅平方的平均值成正比，所以

$$I\propto\overline{E_0^2}=\frac{1}{\tau}\int_0^\tau E_0^2\,\mathrm{d}t=\frac{1}{\tau}\int_0^\tau[E_{10}^2+E_{20}^2+2E_{10}E_{20}\cos(\varphi_2-\varphi_1)]\mathrm{d}t$$

$$=E_{10}^2+E_{20}^2+2E_{10}E_{20}\frac{1}{\tau}\int_0^\tau\cos(\varphi_2-\varphi_1)\,\mathrm{d}t \tag{13-1}$$

假如在观察的时间 τ 内，两光波间的位相差$(\varphi_2-\varphi_1)$不恒定，是瞬息万变的，即$(\varphi_2-\varphi_1)$可取 $0\sim2\pi$ 间的一切数值，而且取各种数值的机会均等，于是有

$$\int_0^\tau\cos(\varphi_2-\varphi_1)\,\mathrm{d}t=0$$

则式(13-1)简化为

$$\overline{E_0^2}=E_{10}^2+E_{20}^2$$

或

$$I=I_1+I_2$$

假如在观察的时间 τ 内，两光波间的位相差是$(\varphi_2-\varphi_1)$恒定，即 $\cos(\varphi_2-\varphi_1)$为一常数，根据式(13-1)，合成后的光强为

$$\overline{E_0^2}=E_{10}^2+E_{20}^2+2E_{10}E_{20}\cos(\varphi_2-\varphi_1)$$

或

$$I=I_1+I_2+2\sqrt{I_1I_2}\cos(\varphi_2-\varphi_1) \tag{13-2}$$

当 $\Delta\varphi=0,\pm2\pi,\pm4\pi,\cdots,\pm2k\pi$ 时，

$$I=I_1+I_2+2\sqrt{I_1I_2} \tag{13-3}$$

强度达到最大(称为干涉加强)。

当 $\Delta\varphi=\pm\pi,\pm3\pi,\pm5\pi,\cdots,\pm(2k+1)\pi$ 时:

$$I=I_1+I_2-2\sqrt{I_1I_2} \tag{13-4}$$

强度达到最小值(称为干涉减弱)。

综上所述,非相干叠加时,某处的光强等于两束光分别照射时光强之和;相干叠加时,能量重新分配,有些地方加强,有些地方减弱。可见,相干光源必须具备三个条件:光振动的频率相同;振动方向相同(或具有同方向的光振动分量);相位相同或相位差保持恒定。但是一般两个独立光源是非相干的,这是由于普通光源分子或原子发光的随机性和间歇性,发自两个独立光源或同一光源不同部分的两束光,即使频率相同,其振动方向和相位差也不能保持恒定,因此不能实现光的干涉。只有让从同一光源上同一点发的光,沿不同路径传播,然后再让它们相遇,这时,两列光波满足同频率、同振动方向、相位差恒定的条件,可以在相遇的区域产生干涉现象。

13.1.4 相干光的获得

由于普通光源的发光特点,在研究光的干涉时,相干光的获得就成了一个重要的问题。实验室获得相干光的原理是把光源上同一点发出的光经过一定的装置使之变成两束,这两束光就是相干光。

把同一光源上同一点发出的光分成两部分有两种方法:

(1) 分波振面法:从同一个点光源或线光源发出的光波,在其某一波前上取出两部分面元作为相干光源,所发出的两列相干光在空间将产生干涉现象。历史上著名的杨氏双缝干涉实验,就是利用分波前法获得相干光的。

(2) 分振幅法:利用光的反射和折射,将来自同一光源的一束光分成两束相干光,沿两条不同路径传播,当它们相遇时,就能产生干涉现象。例如薄膜干涉等就采用这种方法。

需要指出,光源总是有一定的大小,它将对光的相干性产生影响,主要表现在干涉图样明暗对比的清晰程度被削弱。这就是说,光源的线度应受到一定的限制,才能使发出的光获得较好的相干性。其次,由于光源中的分子或原子每次发光的持续时间 τ_0 很短(约 10^{-8} s),发出的光波是一个有限长度的波列;间歇片刻(时间也很短,约 10^{-8} s),再发出下一个波列,如图 13-1 所示。而且先后各次发出的光波波列,其频率、振动方向和相位也不尽相同。故而采取了上述的分波阵面法或分振幅法,才能够将同一次发出的光分成两个相干的波列。

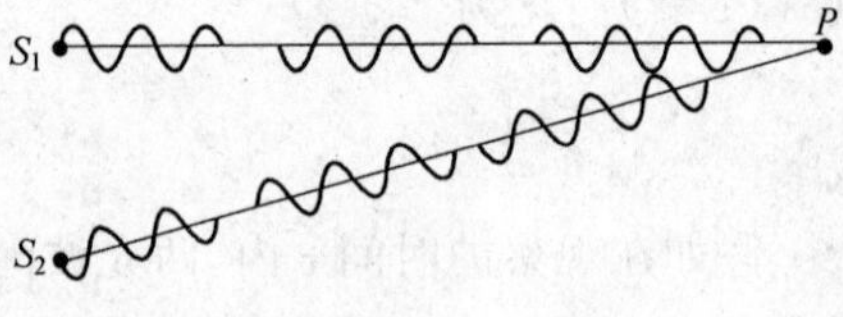

图 13-1 光源 S_1、S_2 发出的一系列断续的光波波列

显然,这两个波列到达空间某点的时间差不能大于一次发光的持续时间 τ_0,否则在该点相遇

的两个波列，就不可能是从同一次发出的光波中分出来的，因而不能满足光波的相干条件。显然，τ_0 愈长，光的相干性就愈好。

13.1.5　光程　光程差

由方程(13-2)可知，两束相干光的相位差决定着它们的干涉结果，相位差的计算在分析光的干涉现象时十分重要。取自同一波振面的两束相干光，如果在同一介质中按不同路径传播，由于光的波长不变，所以在两光相遇点引起的相位差决定于两光到达相遇点所经历的几何路程之差；但如果此两束相干光通过不同介质时，光的传播速度和波长均发生变化，这样就不能单凭几何路程之差来计算相位差了。为方便计算同一波振面的两束相干光经不同路径传播到达相遇点时引起的相位差，引入了光程和光程差的概念。

设真空中光速为 c，在折射率为 n 的介质中光速为 v，相应的波长分别为 λ 和 λ'，有

$$\frac{\lambda'}{v}=\frac{\lambda}{c}=T$$

则

$$\lambda'=\frac{v}{c}\lambda=\frac{\lambda}{n}$$

也就是说，在折射率为 n 的介质中，光波的波长是真空中波长的 $1/n$。

光在媒质中传播时，光振动的相位沿传播方向逐点落后。由于光传播一个波长的距离，相位变化为 2π，若一束光在上述介质中的几何路程为 r 时，光振动相位落后的值为

$$\Delta\varphi=\frac{2\pi}{\lambda'}r=\frac{2\pi}{\lambda}nr$$

此式的右侧表示光在真空中传播路程 nr 时所引起的相位落后。如图 13-2 所示，同频率的光在折射率为 n 的媒质中通过 r 的距离所引起的相位落后和在真空中通过 nr 的距离时引起的相位落后相同。把折射率 n 和几何路程 r 的乘积叫做光程。它实际上是把光在媒质中通过的路程按相位变化相同折合为真空中的路程。这样折合的好处是可以统一地用光在真空中的波长 λ 来计算光的相位变化。

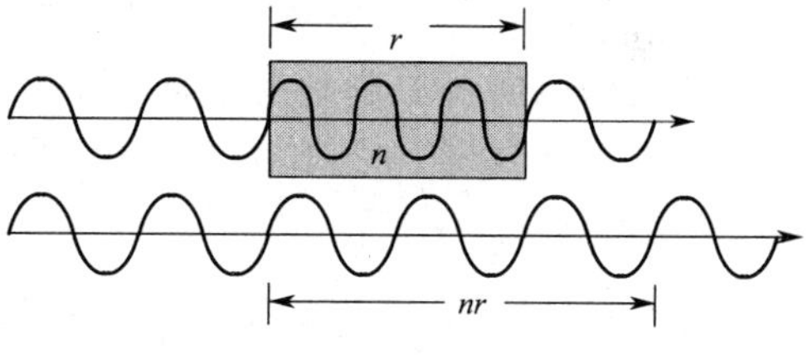

图 13-2　光程与光程差

同一波面或同一点分出的两束相干光相遇时，它们的光程差(用 δ 表示)与其相位差的关系为

$$\Delta\varphi=\frac{2\pi}{\lambda}\delta \tag{13-5}$$

由式(13-3)和式(13-4)可知，

$$当\ \delta=\pm k\lambda\ 时，I=I_1+I_2+2\sqrt{I_1 I_2} \tag{13-6}$$

干涉加强。

$$当\ \delta=\pm(2k+1)\frac{\lambda}{2}时，I=I_1+I_2-2\sqrt{I_1 I_2} \tag{13-7}$$

干涉减弱。

【例 13-1】 在相同的时间内，一束波长为 λ 的单色光在空气中和在玻璃中：

(1) 传播的路程相等，走过的光程相等；

(2) 传播的路程相等，走过的光程不相等；

(3) 传播的路程不相等，走过的光程相等；

(4) 传播的路程不相等，走过的光程不相等。

【解】 设光在玻璃中的折射率为 n，则 $n=c/v$。在时间 t 内，光在真空中传播的路程为 ct，走过的光程为 ct；在时间 t 内，光在玻璃中传播的路程为 vt，走过的光程为 nvt。因为 $nv=c$，所以 $nvt=ct$。即在相同的时间内，一束波长为 λ 的单色光在空气中和在玻璃中传播的路程不相等，走过的光程相等。

【例 13-2】 如图 13-3 所示，求取自同一波振面的两相干光 S_1、S_2 在屏上 P 点相遇时产生的光程差和相位差。其中 $S_1P=r_1$，$S_2P=r_2$，S_1 处透明介质的折射率为 n_1，厚 d_1，S_2 处透明介质的折射率为 n_2，厚 d_2。

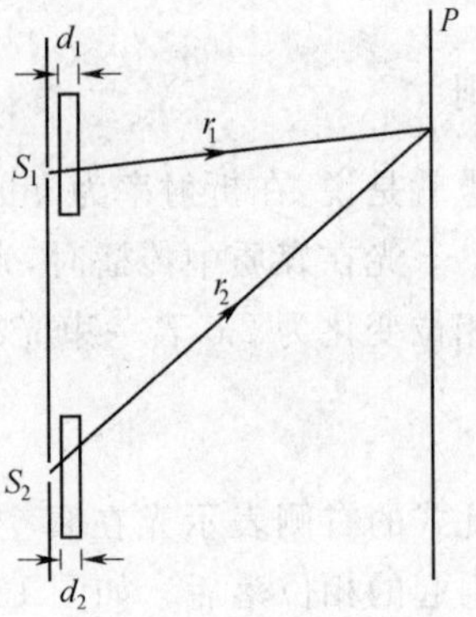

图 13-3 例 13-2 图

【解】 S_1 到 P 的光程为

$$r_1-d+n_1d_1=r_1+(n_1-1)d_1$$

S_2 到 P 的光程为

$$r_2-d+n_2d_2=r_2+(n_2-1)d_2$$

所以 S_2 到 P 与 S_1 到 P 的光程差为

$$\begin{aligned}\delta&=[r_2+(n_2-1)d_2]-[r_1+(n_1-1)d_1]\\&=r_2-r_1+[(n_2-1)d_2-(n_1-1)d_1]\end{aligned}$$

相位差为

$$\Delta\varphi=\frac{2\pi}{\lambda}\delta=\frac{2\pi}{\lambda}\left\{r_2-r_1+\left[\left(n_2-1\right)d_2-\left(n_1-1\right)d_1\right]\right\}$$

13.1.6 薄透镜不引起附加光程差

在光的干涉和衍射实验中，常要用到透镜。值得一提的是，透镜的介入可以改变光的传播方向但不会引起附加的光程差。

如图 13-4 所示，以一束平行光为例，其经过透镜后会聚在焦平面上一点 F 处，实验表明 F 是个亮点。这说明，会聚在焦平面上一点的各光线从垂直于入射光束的任一平面（这是一个波面，也就是同相面）算起，直到会聚点（由于是亮点，故所有的光线同相位），并不因透镜的存在而产生附加的相位差，所以也就不会有附加的光程差。

这一等光程性可作如下解释：如图 13-4 所示，A、B 为垂直于入射光束的同一平面上的两点，光线 $AA'F$ 在空气中传播的路径长，在透镜中传播的路径短，而光线 $BB'F$ 在空气中传播的路径短，在透镜中传播的路径长。由于透镜的折射率大于空气的折射率，所以折算成光程各光线光程将相等。这就是说，透镜可以改变光线的传播方向，但不附加光程差。

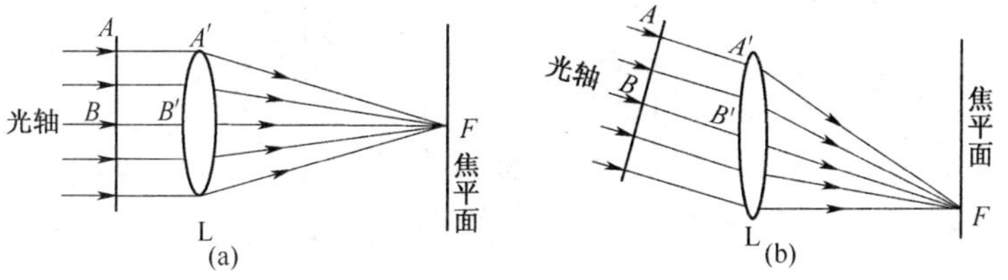

图 13-4　通过透镜的各光线的光程相等

13.2　杨氏双缝干涉实验

13.2.1　杨氏双缝干涉实验

1801 年，英国物理学家托马斯·杨首先用实验方法研究了光的干涉现象，从而为光的波动说提供了坚实的实验基础。

杨氏双缝干涉实验是利用分波振面法获得相干光束的典型例子。如图 13-5(a)所示，狭缝 S_1 和 S_2 与狭缝 S 平行且等距。用单色光垂直照射狭缝 S，由 S 发出的光波同时到达 S_1 和 S_2，这样 S_1 和 S_2 就位于光源 S 发出的光波的同一波振面上，由 S_1 和 S_2 发出的光则是从同一波波振面上分离出来的两部分，无疑是相干的，它们在空间相遇，将发生干涉现象，结果在远处（双缝与屏的距离 $D \gg d$）屏幕上，形成一系列稳定的、明暗相间的干涉条纹，如图 13-5(b)所示。

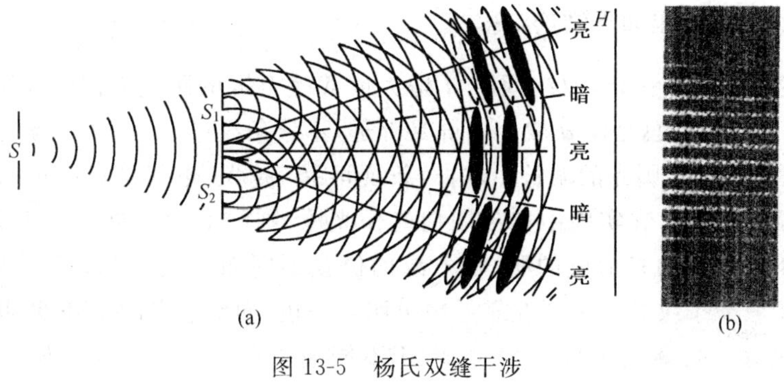

图 13-5　杨氏双缝干涉

由于 S 到 S_1 的距离与 S 到 S_2 的距离相等，所以从 S_1 和 S_2 发出的光波的初相位始终相同，光波到达屏 H 上任意一点 P 的相位差只决定于 S_1 和 S_2 发出的光到达 P 的光程差 r_2-r_1，参考图 13-6 可得

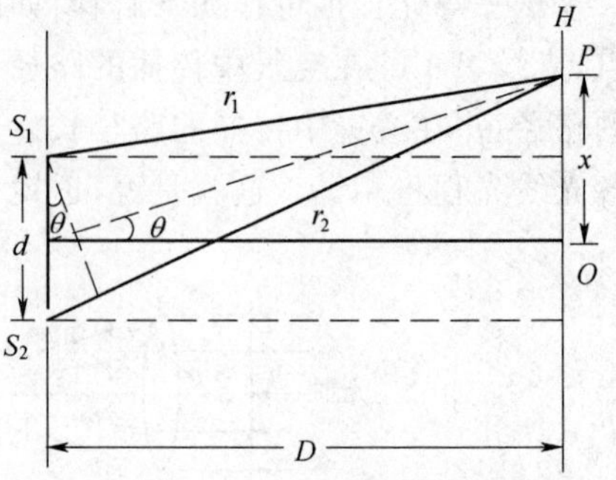

图 13-6　杨氏双缝干涉的计算

$$\delta=r_2-r_1\approx d\sin\theta(D\gg d)$$

发生干涉时，当

$$\delta=d\sin\theta=k\lambda,\quad k=0,\pm1,\pm2,\cdots \tag{13-8}$$

干涉相长，对应明纹中心。其中 $k=0$ 的明纹称为零级明纹或中央明纹，$k=\pm1$ 的明纹称为第一级明纹……当

$$\delta=d\sin\theta=(2k+1)\frac{\lambda}{2},\quad k=0,\pm1,\pm2,\cdots \tag{13-9}$$

干涉相消，对应暗纹中心。

由 $x=D\tan\theta\approx D\sin\theta$ 得 $\sin\theta=x/D$，分别代入式(13-8)和式(13-9)得到各明、暗纹中心在屏上的位置：

明纹中心　$$x=k\frac{D}{d}\lambda,\quad k=0,\pm1,\pm2,\cdots \tag{13-10}$$

暗纹中心　$$x=(2k+1)\frac{D\lambda}{2d},\quad k=0,\pm1,\pm2,\cdots \tag{13-11}$$

由上式推知条纹的分布情况：

(1) 对称。式(13-10)及式(13-11)中 k 取正、负号，表明干涉条纹在 O 点两边对称分布。

(2) 等距。相邻明(暗)条纹间距为 $l=\Delta x=x_{k+1}-x_k=\frac{D}{d}\lambda$。

(3) 明暗交替。明、暗条纹中心分别由 $x=k\frac{D}{d}\lambda$ 和 $x=(2k+1)\frac{D\lambda}{2d}$ 表示。

由 $\Delta x=\frac{D}{d}\lambda$ 还可得出如下结论：

(1) 若单色光的波长一定，双缝间距 d 增大或双缝至屏的距离 D 变小，则条纹间距 l 变小，即条纹变密。实验中总是使 d 较小或屏足够远，不致条纹过密而不能分辨。

(2) 若 D 和 d 一定，则光的波长 λ 越长，条纹间距 l 越大，也就是短波长的紫光的条纹比长波长的红光条纹要密。在实验中如果用白光作光源，则屏上除中央明纹仍为白光外，其他各级条纹由于不同波长的光形成的明、暗条纹的位置不同而呈现彩色条纹，如图 13-7 所示。各级干涉条纹中紫光条纹总是出现在靠近中央明纹一边，而红色条纹离中央明纹的距离比同一级的紫色条纹远。当条纹级次增大时，由于不同波长条纹间距不同，不同级的条纹互相重叠。

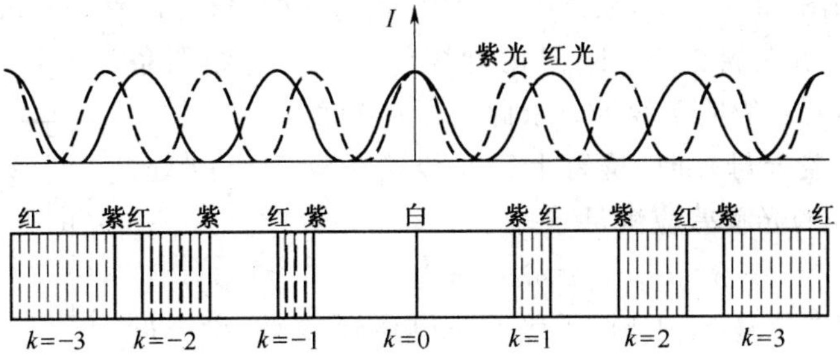

图 13-7　白光照射的条纹分布

【例 13-3】 单色光照射到相距为 0.2 mm 的双缝上，双缝与屏幕的垂直距离为 1 m。

(1)从第一级明纹到同侧第四级明纹的距离为 7.5 mm，求单色光的波长；(2)若入射光的波长为600 nm，求相邻两明纹的距离。

【解】 (1) 根据双缝干涉明纹分布条件

$$x=k\frac{D}{d}\lambda \quad (k=0,\pm 1,\pm 2,\cdots)$$

得第一级明纹到同侧第四级明纹的距离为 $\Delta x_{1,4}=x_4-x_1=\frac{D\lambda}{d}(k_4-k_1)$，由此得

$$\lambda=\frac{d\Delta x_{1,4}}{D(k_4-k_1)}$$

将 $d=0.2$ mm，$\Delta x_{1,4}=7.5$ mm，$D=1$ m 代入上式得 $\lambda=500$ nm。

(2) 当 $\lambda=600$ nm 时，由相邻明纹间距公式得

$$\Delta x=\frac{D\lambda}{d}=\frac{1\,000}{0.2}\times 6\times 10^{-4}=3.0(\text{mm})$$

【例 13-4】 在杨氏实验中，用波长 $\lambda=546.1$ nm 的单色光正入射到双缝上，屏幕距双缝的距离 $D=2.00$ m，测得中央明纹两侧的第五级明纹的距离为 $\Delta x_{5,5}=12.0$ mm。求：

(1) 双缝间距 d；

(2) 从任一明纹(记作 0)向一边数到第 20 条明纹，共经过多大距离？

【解】 (1)由相邻明纹间距公式 $\Delta x=\frac{D\lambda}{d}$可得两侧的第五级明纹的距离为 $\Delta x_{5,5}=2\times 5\times \frac{D\lambda}{d}$。所以

$$d=2\times 5\times \frac{D\lambda}{\Delta x_{5,5}}=\frac{2\times 5\times 2.0\times 10^3\times 5.461\times 10^{-4}}{12.0}=0.91(\text{mm})$$

(2) 经过 20 个明纹间距，其距离为

$$l=20\times \Delta x=20\times \frac{D\lambda}{d}=\frac{20\times 2.0\times 10^3\times 5.461\times 10^{-4}}{0.91}=24(\text{mm})$$

【例 13-5】 如图 13-8 所示，在杨氏实验中，入射光的波长为 $\lambda=589$ nm。今将折射率 $n=1.58$ 的薄云母片覆盖在狭缝 S_1 上，这时观察到屏幕上零级明条纹向上移到原来的第 4 级明条纹处。求此云母片厚度。

【解】 在未覆盖云母片时，屏幕上第 4 级明条纹位于 O' 处，两束相干光在 O' 处的光程差应满足

$$\delta=r_2-r_1=4\lambda \qquad ①$$

把云母片覆盖在狭缝 S_1 上时，零级明条纹移到 O' 处，设云母片厚度为 d，则两束相干光在 O' 处的光程差应满足

$$\delta'=r_2-(r_1-d+nd)=0 \qquad ②$$

联解式①、②，并代入题设数据，得云母片厚度为

$$d=\frac{4\lambda}{n-1}=4\,062(\text{nm})$$

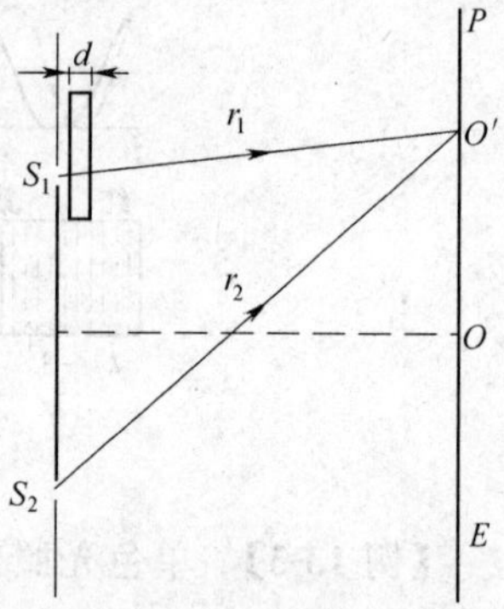

图 13-8 例 13-4 图

13.2.2 劳埃德镜

杨氏双缝干涉实验之后，又有许多类似的实验相继问世，下面介绍一种劳埃德镜的装置，如图 13-9所示。图中，S_1 是一狭缝光源，MN 为一平面镜。从光源 S_1 发出的光波，一部分掠射(即入射角接近 90°)到平面镜上，经玻璃表面反射到达屏上；另一部分直接射到屏上，这两部分光也是相干光，它们同样是用分波阵面得到的。反射光可看成是由虚光源 S_2 发出的。S_1 和 S_2 构成一对相干光源，对干涉条纹的分析与杨氏实验相同。图中画有阴影的区域表示相干光在空间叠加的区域。这时在屏上可以观察到明暗相间的干涉条纹。

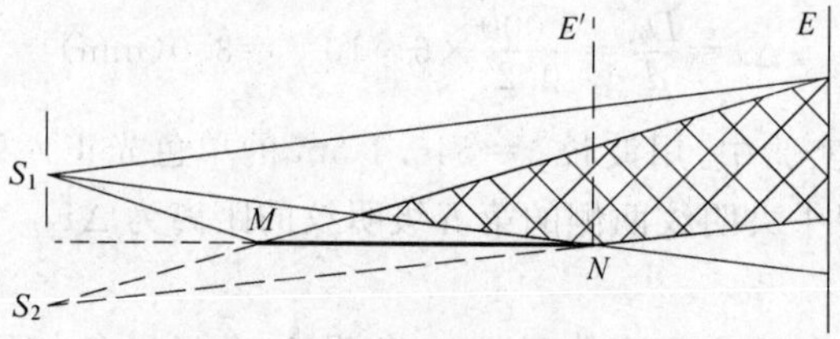

图 13-9 劳埃德镜实验

应该指出，在劳埃德镜实验中，如果把屏幕移近到和镜面边缘 N 相接触，即图中 E' 的位置，这时从 S_1 和 S_2 发出的光到达接触处的光程相等，应该出现明纹，但实验结果却是暗纹，其他的条纹也有相应的变化。这一实验事实说明了由镜面反射出来的光和直接射到屏上的光在 N 处的相位相反，即相位差为 π。由于直射光的相位不会变化，所以只能认为光从空气射向玻璃平板发生反射时，反射光的相位跃变了 π。

两种介质相比较，光在其中传播较快的一种称为光疏介质，光在其中传播较慢的一种称

为光密介质。光疏介质的折射率较小，而光密介质的折射率较大。实验表明：光从光疏介质射到光密介质界面反射时，反射光的相位较之入射光的相位有 π 的突变。我们知道在波的传播方向上相距半波长的两点的相位差为 π，因此，上述现象可以看作光在反射点反射时多了(或少了)半个波长，所以常称为半波损失。但应注意，当光从光密介质射入光疏介质而在分界面上反射时，并不发生相位突变的现象，即没有半波损失。今后在讨论光波叠加时，若有半波损失，在计算波程差时必须计及，否则会得出与实际情况不同的结果。

【例 13-6】 在图 13-10 所示的几种情况下，a 与 b 两条光线相干，在哪些情况下应考虑半波的损失，在哪些情况下不要考虑半波损失？

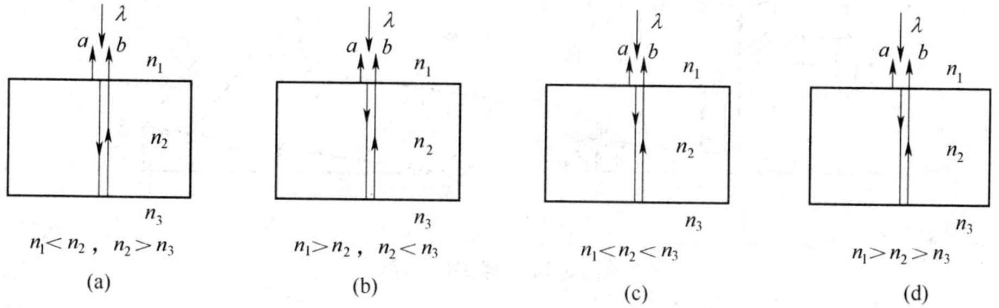

图 13-10　例 13-6 图

【解】 设光线 a 和光线 b 分别为薄膜上、下表面的反射光线。已知垂直入射时，光线自光疏媒质进入光密媒质并在表面上反射时才有半波损失。

(1) 图 13-10(a)中由于 $n_1 < n_2$，光线 a 有半波损失；$n_2 > n_3$，光线 b 没有半波损失，所以当光线 a 与光线 b 相干时要考虑半波损失，要附加光程差 $\lambda/2$。

(2) 图 13-10(b)中由于 $n_1 > n_2$，光线 a 没有半波损失；$n_2 < n_3$，光线 b 有半波损失，所以当光线 a 与光线 b 相干时要考虑半波损失，要附加光程差 $\lambda/2$。

(3) 图 13-10(c)中由于 $n_1 < n_2$，光线 a 有半波损失；$n_2 < n_3$，光线 b 也有半波损失。所以当光线 a 与光线 b 相干时，没有附加光程差。

(4) 图 13-10(d)中由于 $n_1 > n_2$，光线 a 没有半波损失；$n_2 > n_3$，光线 b 也没有半波损失。所以当光线 a 与光线 b 相干时，没有附加光程差。

13.3 薄膜干涉

本节开始讨论用分振幅法获得相干光产生干涉的实验，最典型的是薄膜干涉。平常看到的油膜或肥皂液膜在白光照射下产生的彩色花纹就是薄膜干涉的结果。下面以劈尖和牛顿环为例对薄膜干涉做一简单介绍。

13.3.1 劈尖

劈尖是常见的一种产生等厚条纹的装置，所谓劈尖就是楔形薄膜，如图 13-11(a)所示。两块平面玻璃板 AB 和 AC，一端互相接触，令一端垫入一细丝或薄片（为清楚起见，图中薄片已放大），则在两玻璃片之间形成空气劈尖，两玻璃片的交线叫做棱边，在平行棱边的线上，劈尖的厚度是相等的。

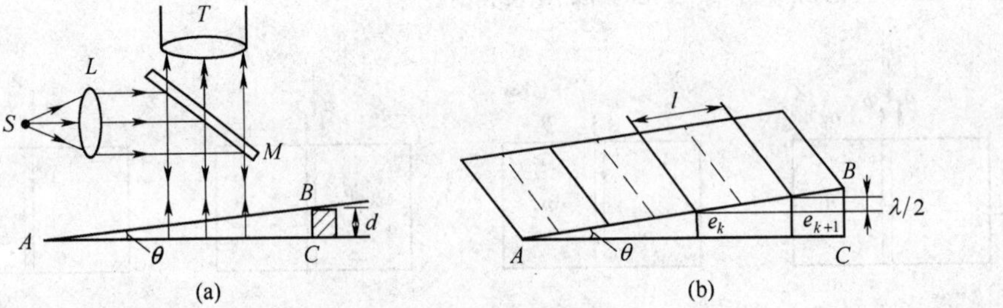

图 13-11　劈尖的干涉

当波长为 λ 的单色平行光垂直照射于空气薄膜表面时，在膜的上下表面反射，这两束反射光在薄膜表面相遇形成如图 13-11(b)所示的干涉条纹。

为了说明干涉的形成，我们分析在空气膜上表面某点入射的光线 a（见图 13-12）。此光线到达此点时，一部分在该点反射，成为反射线 a_1（因其从光密介质垂直入射光疏介质，所以无半波损失），另一部分则折射入空气内部，它到达空气下表面时又被反射成为光线 a_2（因其从光疏介质垂直入射光密介质，所以有半波损失）。实际上，由于 θ 角很小，入射线、透射线和反射线都几乎重合。因为这两条光线是从同一条入射光线，或者说入射光的波振面的同一部分分出来的，所以它们一定是相干光。它们的能量也是从那同一条入射光线分出来的。由于波的能量和振幅有关，所以这种产生相干光的方法叫分振幅法。

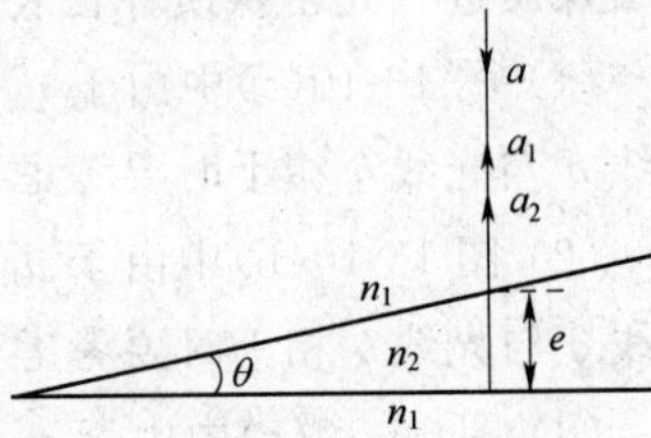

图 13-12　垂直入射光在劈形空气膜上、下表面的反射

从空气膜上、下表面反射的光在膜的上表面附近相遇，而发生干涉。因此当观察空气表面时就会看到干涉条纹。以 e 表示在入射点处膜的厚度，则两束相干的反射光在相遇时的光程差为 $2n_2e+\dfrac{\lambda}{2}$，式中 n_2 为空气折射率，即 $n_2=1$。

由于各处的膜的厚度 e 不同，所以光程差也不同，因而会产生干涉相长或相消。干涉相长产生明纹的条件是

$$2n_2e+\frac{\lambda}{2}=k\lambda \quad (k=1,2,3,\cdots) \tag{13-12}$$

干涉相消产生暗纹的条件是

$$2n_2e+\frac{\lambda}{2}=(2k+1)\frac{\lambda}{2} \quad (k=0,1,2,3,\cdots) \tag{13-13}$$

这里 k 是干涉条纹的级次。上两式表明，每级明或暗条纹都与一定的膜厚 e 相对应，所以这些条纹称为等厚条纹。由于劈尖的等厚线是一些平行于棱边的直线，所以等厚条纹是一些与棱边平行的明暗相间的直条纹，如图 13-11(b)所示。图中实线表示暗条纹，虚线表示明条纹。在棱边处 $e=0$，只是由于有半波损失，两相干光相差为 $\lambda/2$，因而形成暗纹，对应于第 0 级暗纹。

以 l 表示相邻两条明纹或暗纹在表面上的距离，则由图 13-11(b)可求得

$$l\sin\theta=e_{k+1}-e_k=\Delta e \tag{13-14}$$

式中，θ 为劈尖顶角，Δe 为与相邻两条明纹或暗纹对应的厚度差。对相邻的两条明纹，由式(13-12)有

$$2n_2e_k+\frac{\lambda}{2}=k\lambda$$

$$2n_2e_{k+1}+\frac{\lambda}{2}=(k+1)\lambda$$

两式相减得

$$\Delta e=e_{k+1}-e_k=\frac{\lambda}{2n_2} \tag{13-15}$$

代入式(13-14)可得

$$l=\frac{\lambda}{2n_2\sin\theta} \tag{13-16}$$

通常 θ 很小，所以 $\sin\theta\approx\theta$，上式又可改写为

$$l=\frac{\lambda}{2n_2\theta} \tag{13-17}$$

式(13-16)和式(13-17)表明，劈尖干涉形成的干涉条纹是等间距的，条纹间距与劈尖角 θ 有关。θ 越大，条纹间距越小，条纹越密。当 θ 大到一定程度，条纹就密不可分了。所以干涉条纹只能在劈尖角度很小时才能观察到。

对空气劈尖，由于空气折射率 $n_2=1$，所以式(13-12)、式(13-13)、式(13-16)和式(13-17)分别变为

$$2e+\frac{\lambda}{2}=k\lambda \tag{13-18}$$

$$2e+\frac{\lambda}{2}=(2k+1)\frac{\lambda}{2} \tag{13-19}$$

$$l=\frac{\lambda}{2\sin\theta} \tag{13-20}$$

$$l=\frac{\lambda}{2\theta} \tag{13-21}$$

【例 13-7】 折射率为 1.60 的两块标准平面玻璃之间形成一个劈尖(劈尖角 θ 很小)。用波长 $\lambda=600$ nm 的单色光垂直入射,产生等厚干涉条纹。如果在劈尖内充满 $n=1.40$ 的液体时相邻明纹间距比劈尖内是空气时的间距缩小 $\Delta l=0.5$ mm,那么劈尖角是多少?

【解】 空气劈尖情况下相邻明纹间距为

$$l_1=\frac{\lambda}{2\sin\theta}\approx\frac{\lambda}{2\theta}$$

液体劈尖时,相邻明纹间距为

$$l_2=\frac{\lambda}{2n\sin\theta}\approx\frac{\lambda}{2n\theta}$$

所以

$$\Delta l=l_1-l_2=\frac{\lambda\left(1-\frac{1}{n}\right)}{2\theta}$$

$$\theta=\frac{\lambda\left(1-\frac{1}{n}\right)}{2\Delta l}=\frac{6\times10^{-7}\left(1-\frac{1}{1.4}\right)}{2\times0.5\times10^{-3}}=1.7\times10^{-4}(\text{rad})$$

【例 13-8】 有一劈尖介质折射率 $n=1.4$,尖角 $\theta=10^{-4}$ rad。在某一单色光的垂直照射下,可测得相邻明条纹间的距离为 0.25 cm,试求:

(1) 此单色光的波长;

(2) 如果劈尖长为 3.5 cm,那么总共可出现多少条明条纹?

【解】 (1)劈尖干涉的条纹间距为

$$\Delta x=\frac{\lambda}{2n\sin\theta}\approx\frac{\lambda}{2n\theta}$$

因而光波长 $\lambda=2n\theta\cdot\Delta x=2\times1.4\times10^{-4}\times0.25\times10^{-2}=0.7\times10^{-6}(\text{m})=700(\text{nm})$

(2) 在长为 3.5 cm 劈尖上,明条纹总数为

$$N=\frac{L}{\Delta x}=\frac{3.5\times10^{-2}}{0.25\times10^{-2}}=14(\text{条})$$

13.3.2 牛顿环

在一块平板玻璃上,放一曲率半径 R 很大的平凸透镜,这样,在两层玻璃之间就会形成一层厚度不等的空气薄膜。这层膜在两玻璃的接触点处(图 13-13(a)所示的 O 处)最薄(厚度为零),随着离 O 点距离的增大而变厚。

当波长为 λ 的单色平行光垂直照射于平凸透镜时,沿入射光方向可以观察到一系列以接

触点 O 为中心的同心圆环，如图 13-13(b)所示。因为这种条纹是由牛顿首先观测到的，故称牛顿环。牛顿环是由透镜下表面反射的光和平面玻璃上表面反射的光发生干涉而形成的，是一种等厚条纹。

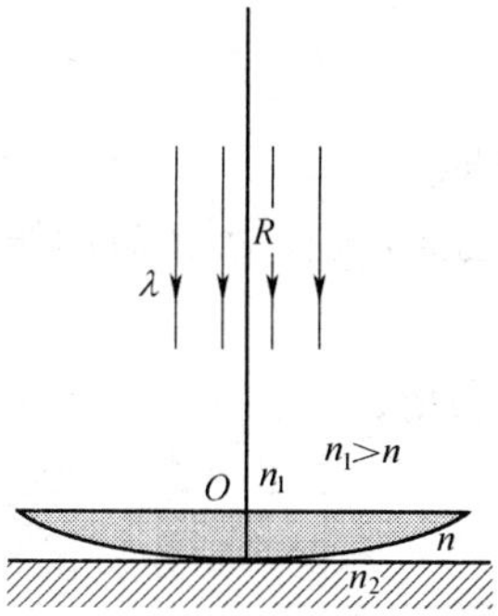

(a) 牛顿环装置

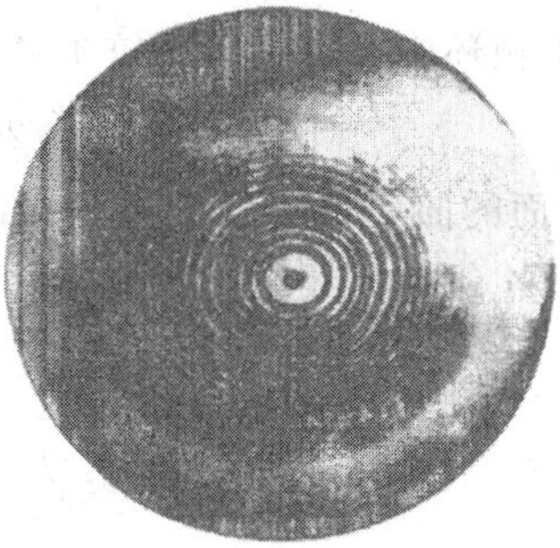
(b) 干涉图

图 13-13　牛顿环装置及干涉图样

由图 13-14 可求 A 点分出的两束光线的光程差。在空气膜下表面反射的光线 2(反射点为 B，在平板玻璃的上表面，因其从光疏介质垂直入射光密介质，所以有半波损失)与在空气膜上表面反射的光线 1(反射点为 A，在透镜的凸面)之间的光程差为

$$\delta=2e+\frac{\lambda}{2}\quad(\text{空气膜 } n\approx 1)$$

故明暗条纹处所对应的空气层厚度 e 满足

$$\text{干涉相长(明环)}: 2e+\frac{\lambda}{2}=k\lambda\quad(k=1,2,3,\cdots)\tag{13-22}$$

$$\text{干涉相消(暗环)}: 2e+\frac{\lambda}{2}=(2k+1)\frac{\lambda}{2}\quad(k=0,1,2,3,\cdots)\tag{13-23}$$

对照图 13-14，设半径为 r 的牛顿环对应空气膜的厚度为 e，因 $e\ll r$，故

$$r^2=R^2-(R-e)^2=2eR-e^2\approx 2eR$$

则

$$r=\sqrt{2eR}\tag{13-24}$$

所以在反射光中的明环和暗环的半径分别为

$$r=\sqrt{\frac{(2k-1)R\lambda}{2}}\quad[k=1,2,3,\cdots(\text{明环})]\tag{13-25}$$

$$r=\sqrt{kR\lambda}\quad[k=0,1,2,3,\cdots(\text{暗环})]\tag{13-26}$$

牛顿环中心处相应的空气层厚度 $e=0$，而实验观察到是一暗斑，这是因为光从光疏介质到光密介质界面反射时有相位突变的缘故。

【例 13-9】　(1)若用波长不同的光观察牛顿环，$\lambda_1=600$ nm，$\lambda_2=450$ nm。观察到用 λ_1 时第 k

级暗环与用 λ_2 时的第 $k+1$ 级暗环重合，已知透镜的曲率半径为 190 cm。求用 λ_1 时第 k 个暗环的半径；

(2) 在牛顿环中用波长 500 nm 的光照射时的第 5 个明环与用波长 λ_2 的光照射时的第 6 个明环重合，求波长 λ_2。

【解】 (1) 牛顿环中第 k 级暗条纹半径为

$$r_k=\sqrt{2Re_k}=\sqrt{kR\lambda}$$

式中，R 为透镜球面的曲率半径，λ 为照射光波长。依题意，波长为 λ_1 时的第 k 级暗条纹与波长为 λ_2 时的第 $k+1$ 级暗条纹在 r 处重合时，满足

$$r=\sqrt{kR\lambda_1}=\sqrt{(k+1)R\lambda_2}$$

于是

$$k=\frac{\lambda_2}{\lambda_1-\lambda_2}$$

$$r=\sqrt{\frac{R\lambda_1\lambda_2}{\lambda_1-\lambda_2}}=\sqrt{\frac{190\times10^{-2}\times600\times10^{-9}\times450\times10^{-9}}{(600-450)\times10^{-9}}}=1.85\times10^{-3}(\text{m})$$

(2) 牛顿环中第 k 级明条纹的半径为

$$r_2=\sqrt{\frac{(2k-1)R\lambda}{2}}$$

用波长 $\lambda_1=500$ nm 的光照射时 $k_1=5$ 的明条纹与用波长 λ_2 的光照射时 $k_2=6$ 的明条纹重合，这时有关系式

$$r=\sqrt{\frac{(2k_1-1)R\lambda_1}{2}}=\sqrt{\frac{(2k_2-1)R\lambda_2}{2}}$$

所以

$$\lambda_2=\frac{2k_1-1}{2k_2-1}\lambda_1=\frac{2\times5-1}{2\times6-1}\times500=409.1(\text{nm})$$

13.3.3 增透膜和增反膜

下面简单介绍一下薄膜干涉在镀膜工艺中的应用。为了减少光学仪器中光学元件(照相机的镜头、眼镜片、棱镜等)表面上光反射的损失，一般在元件表面上都镀有一层厚度均匀的透明薄膜(通常用氟化镁 MgF_2)，叫做增透膜。它的作用就是利用薄膜干涉原理，来减少反射光，增强透射光，使元件的透明度增加。

如图 13-15 所示，在元件的玻璃(其折射率 $n_1=1.5$)表面上镀一层厚度为 d 的氟化镁增透膜，它的折射率 $n_2=1.38$，比玻璃的折射率 n_1 小，比空气的折射率 n_3 大。所以在氟化镁上、下两表面上的反射光 1、2 都是从光疏介质到光密介质进行的，在两个界面上都有半波损失。假设入射光束 a 垂直照射到氟化镁薄膜表面上，即入射角 $i=0$，则在氟化镁薄膜上、下表面的反射光束 1、2，其光程差为

$$\delta=2n_2d+\frac{\lambda}{2}-\frac{\lambda}{2}=2n_2d$$

我们希望从氟化镁薄膜上、下表面反射的光束 1、2 干涉相消，则上式应满足干涉减弱条件

$$2n_2d=(2k+1)\frac{\lambda}{2}\quad (k=0,1,2,\cdots)$$

由此可得应需控制镀膜的厚度为

$$d=\frac{(2k+1)\lambda}{4n_2}$$

令 $k=0$，取光的波长 $\lambda=550$ nm（黄绿光），则镀膜的最小厚度为

$$d=\frac{\lambda}{4n_2}=\frac{550}{4\times1.38}=100(\text{nm})$$

即氟化镁的厚度如为 100 nm 或 $(2k+1)\times100$ nm，都可使这种波长的黄绿光在两界面上的反射光干涉减弱。根据能量守恒定律，反射光减少，透过薄膜的黄绿光就增强了。

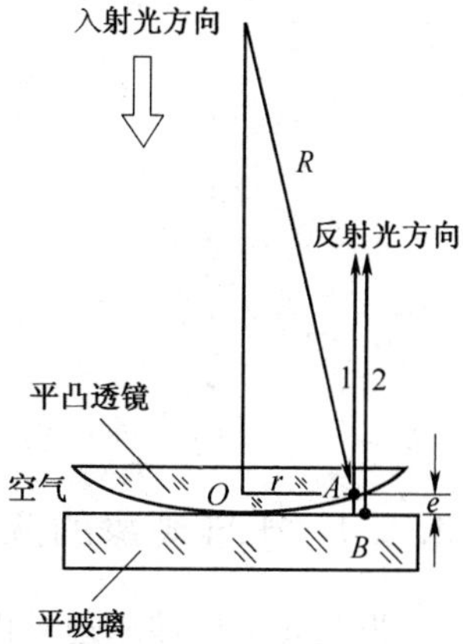

图 13-14　牛顿环光程差计算

反之，对图 13-14 所示的薄膜，在入射光垂直照射的情况下，若使两束光 1、2 的光程差等于入射光波长的整数倍，即

$$2n_2d=k\lambda\quad (k=0,1,2,\cdots)$$

则两束光的干涉加强，反射光增强，透射光势必相应地被削减。这种薄膜则称为增反膜。激光器中反射镜的表面都镀有增反膜，以提高其反射率；宇航员的头盔和面甲，其表面上亦须镀增反膜，以削弱强红外线对人体的透射。

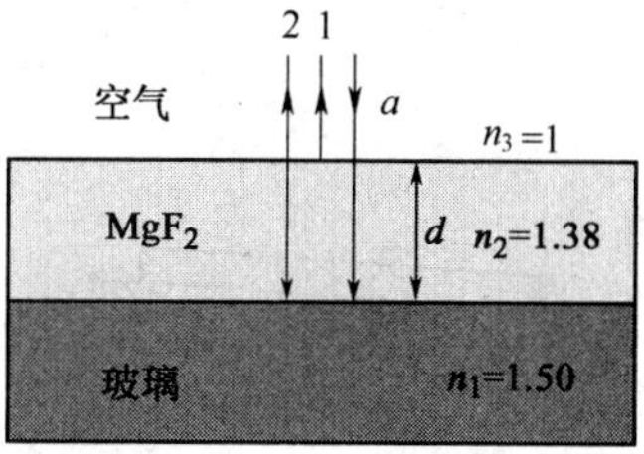

图 13-15　增透膜

【例 13-10】　用白光垂直照射置于空气中厚度为 0.50 μm 的玻璃片。玻璃片的折射率为 1.50。在可见光范围内（400～760 nm），哪些波长的反射光有最大限度的增强？

【解】　在玻璃片上表面反射光是从光疏介质到光密介质进行的，有半波损失，在玻璃片下表面反射光是从光密介质到光疏介质进行的，无半波损失。所以在玻璃片上、下表面的反射光束的光程差为

$$\delta=2n_2d+\frac{\lambda}{2}$$

薄膜干涉反射增强的光波长应满足

$$2n_2d+\frac{\lambda}{2}=k\lambda$$

即
$$\lambda=\frac{2n_2e}{k-\frac{1}{2}}=\frac{4n_2e}{2k-1}=\frac{4\times1.5\times0.50\times10^{-6}}{2k-1}(\text{m})=\frac{3\times10^3}{2k-1}(\text{nm})$$

$$k=1,\quad \lambda_1=\frac{3\times10^3}{2-1}=3\,000(\text{nm})$$

$$k=2,\quad \lambda_2=\frac{3\times10^3}{4-1}=1\,000(\text{nm})$$

$$k=3,\quad \lambda_3=\frac{3\times10^3}{6-1}=600(\text{nm})$$

$$k=4,\quad \lambda_4=\frac{3\times10^3}{8-1}=428.6(\text{nm})$$

$$k=5,\quad \lambda_5=\frac{3\times10^3}{10-1}=333.3(\text{nm})$$

在 400～760 nm 之间反射光增强的有 600 nm 和 428.6 nm。

13.3.4 干涉现象的应用

根据光的干涉原理可以进行多种物理量的测量。光学测量精度高，速度快，在工程技术中得到广泛的应用。下面我们通过一些例题予以介绍。

【例 13-11】 利用等厚条纹可以检验精密加工的工件表面质量。在工件表面上放一标准平玻璃，形成一空气劈尖，见图 13-16(a)，今观察到干涉条纹如图 13-16(b)所示。试根据条纹弯曲方向，判断工件表面上的缺陷是凹还是凸，并确定其深度(或高度)。

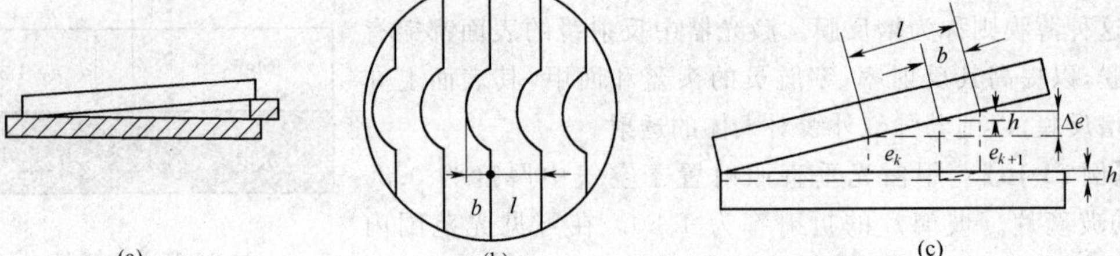

图 13-16 利用等厚条纹检验精密加工的工件表面质量

【解】 由于平玻璃下表面是"完全"平面，所以，若工件表面也是平的，空气劈尖的等厚条纹应为平行于棱边的直条纹。现在条纹有局部弯向棱边，说明在工件表面的相应位置处有不平的缺陷。我们知道，同一条等厚条纹应对应相同的膜厚度，所以，在同一条纹上，弯向棱边的部分和直的部分所对应的膜厚度应该相等。本来越靠近棱边膜的厚度应越小，而现在在同一条条纹上靠近棱边处和远离棱边处厚度相等，这说明工件表面的缺陷是凹下去的。

为了计算凹痕深度，设图 13-16(c)中 l 为条纹间隔，b 为条纹弯曲宽度，e_k 和 e_{k+1} 分别是和 k 级及 $k+1$ 级条纹对应的正常空气膜厚度。以 Δe 表示相邻两条纹对应的空气膜的厚度差，h 为凹痕深度，则由相似三角形关系可得 $h/\Delta e=b/l$，由于对空气膜来说，$\Delta e=\lambda/2$，代入上式即可得

$$h=\frac{\lambda b}{2l}$$

【例 13-12】 为了测量金属细丝的直径，把金属丝夹在两块标准平板玻璃之间，使空气形成劈尖(见图 13-17)。用单色光垂直照射，就得到等厚干涉条纹。测出干涉条纹间的距离，就可以算出金属丝的直径。设某次的测量结果为：单色光的波长 $\lambda=589.3\ \text{nm}$，金属丝与劈尖顶点间的距离 $D=28.88\ \text{mm}$，30 条明纹间的距离为 4.295 mm，求金属丝的直径 d。

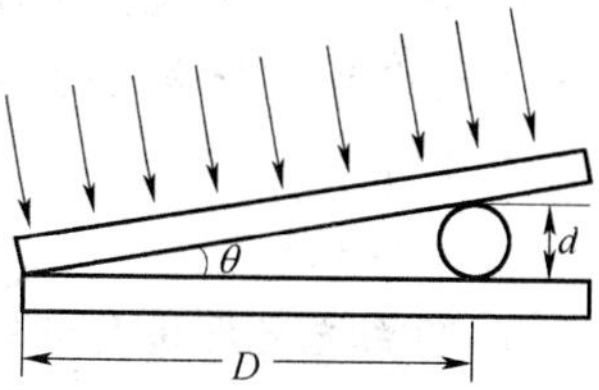

图 13-17　利用等厚干涉条纹测量细金属丝的直径

【解】 相邻两条明纹之间的距离

$$L=4.295\div(30-1)=0.148\ \text{mm}$$

其间空气膜的厚度相差 $\lambda/2$，于是 $L\sin\theta=\lambda/2$，式中，θ 为劈尖的顶角，因为 θ 角很小，所以 $\sin\theta\approx d/D$，于是得到

$$L\frac{d}{D}=\frac{\lambda}{2}$$

所以

$$d=\frac{D}{L}\frac{\lambda}{2}$$

代入题设数据，求得金属丝的直径 $d=5.750\times10^{-5}\ \text{m}$。

此法也可用来测定薄膜的厚度。

习　题

一、选择题

1. 白光垂直照射在镀有 0.4 μm 厚介质膜的玻璃板上，玻璃的折射率为 1.45，介质的折射率为 1.5，则在可见光范围内，反射增强的光波波长为(　　)。

A. 360 nm　　B. 480 nm　　C. 520 nm　　D. 660 nm

2. 若把牛顿环装置(都是用折射率为 1.50 的玻璃制成的)由空气搬入折射率为 1.33 的水中，则干涉条纹(　　)。

A. 变密　　B. 变疏　　C. 中心暗斑变成亮斑　D. 间距不变

3. 两个平面玻璃板 P_1 和 P_2 构成空气劈尖，其交线为 OO' 称为棱边，当一块玻璃板绕棱边转动使二者之间的夹角增大时，干涉图样变化规律是(　　)。

A. 干涉条纹间距增大，并朝 OO' 方向移动

B. 干涉条纹间距减小，并朝远离 OO' 方向移动

C. 干涉条纹间距减小，并朝 OO' 方向移动

D. 干涉条纹间距增大，并朝远离 OO' 方向移动

4. 在牛顿环装置中，若平凸透镜沿着平面玻璃法线方向缓慢远离平面玻璃，可以观察到干涉条纹(　　)。

A. 向中心收缩　　B. 向外扩张　　C. 条纹模糊看不清　　D. 静止不动

5. 在照相机的镜头上涂有一层折射率小于玻璃的介质膜。设其折射率为 n，用以增强波长为 λ 的光的透射率，设光线垂直入射，则薄膜的最小厚度为(　　)。

A. λ/n　　B. $\lambda/(2n)$　　C. $\lambda/(3n)$　　D. $\lambda/(4n)$

E. $2\lambda/(3n)$

6. 用白光光源进行双缝实干涉验，若用一个纯红色的滤光片遮盖一条缝，用一个纯蓝色的滤光片遮盖另一条缝，则(　　)。

A. 干涉条纹的宽度将发生改变　　B. 干涉条纹的亮度将发生改变

C. 产生红光和蓝光的两套彩色干涉条纹　　D. 不产生干涉条纹

7. 在双缝干涉实验中，如有一条缝宽度少许增加，而双缝间距保持不变，则原干涉强度为零的暗纹处(　　)。

A. 仍为暗条纹；且强度不变　　B. 仍为暗条纹；但强度增加

C. 干涉条纹间距变小　　D. 变为明条纹

三、填空题

1. 一平凸透镜，凸面朝下放在一平面玻璃上，透镜刚好与玻璃接触，波长分别为 $\lambda_1=600$ nm 和 $\lambda_2=500$ nm 的两种单色光垂直入射，观察反射光形成的牛顿环，从中心向外数的两种光的第五个明环所对应的空气膜的厚度之差为________nm。

2. 有一劈尖，折射率为 $n=1.4$，尖角为 $\theta=10^{-4}$ rad。在某一单色光的垂直照射下，测得两相邻明条纹间距为 0.25 cm，则此单色光在空气中的波长 $\lambda=$________nm。

3. 在实验室中用波长 $\lambda=600$ nm 的单色光做杨氏双缝实验，现将厚度 $h=5.0\times10^{-4}$ cm，折射率为 $n=1.6$ 的透明薄膜遮住上方的缝，则视场中的干涉条纹将向________移动，一共移动了________个条纹。

4. 用波长为 $\lambda=640$ nm 的光照射迈克尔孙干涉仪，若移动动镜 M_2，测得干涉条纹移动了 10 条，则 M_2 移动的距离为________nm，若在 M_2 前插入一块折射率为 $n=1.5$ 的薄片，可观察到 10 条干涉条纹向一方移动，则薄片厚度为________nm。

三、简答题

1. 设一根波长为 λ 的光线从 S 点出发，经折射率为 n_2 的平行透明介质板到达 P 点，它的光路为 $SABCP$，如简答题 1 图所示，设介质的折射率 $n_1<n_2<n_3$，求光程。

2. 双缝干涉中，两缝间的距离 $d=S_1S_2=0.2$ mm，屏幕离缝的距离 $D=200$ mm，测得第 10 条级明纹中心 A 距中央明纹中心 O 的距离 $y_A=6$ mm。试求：

(1) S_1、S_2 发出的光到达 A 时的光程差；

(2) 入射光的波长；

(3)干涉条纹的间隔。

3. 如简答题 3 图所示，双缝干涉实验中 $SS_1=SS_2$，用波长 λ 的光照射 S_1 和 S_2，通过空气后在屏幕上形成干涉条纹，已知 P 点处为第三级亮条纹，求 S_1 到 P 和 S_2 到 P 点的光程差，若将整个装置放在某种透明液体中，P 点为第四级亮条纹，求该液体的折射率。

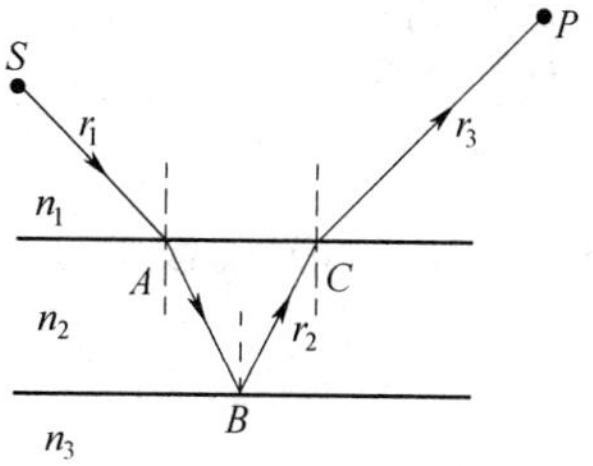

简答题 1 图

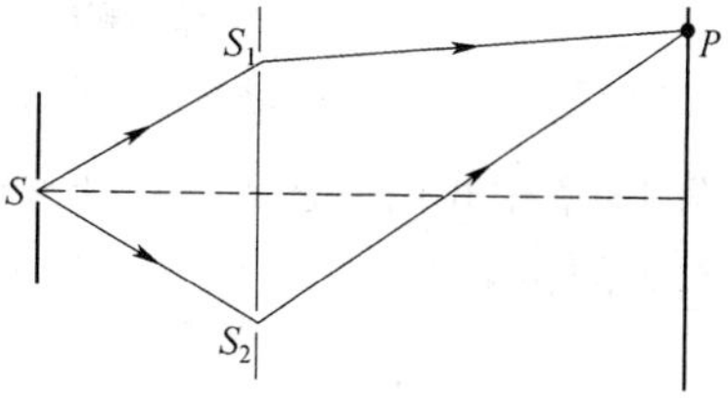

简答题 3 图

4. 由弧光灯发出的光通过一绿色滤光片后，照射到相距为0.60 mm的双缝上，在距双缝2.5 m远处的屏幕上出现干涉条纹。现测得相邻两明条纹中心的距离为2.27 mm，求入射光的波长？

5. 在双缝干涉实验中，两缝间的距离为0.3 mm，屏幕离缝隙的距离为1.2 m，在屏上测得两条第 5 级明纹中心的距离为22.78 mm。问所用的单色光波长为多少？它是什么颜色的光？

6. 在双缝装置中，用一很薄的云母片($n=1.58$)覆盖其中一条狭缝，这时屏幕上的第 7 条明条纹恰好移到屏幕中央原零级明条纹的位置。如果入射光的波长为550 nm，则该云母片的厚度应为多少？

7. 波长为589.0 nm的钠光，照射到双缝干涉仪上，在缝后的光屏上产生角距离为 1°的干涉条纹，试求双缝的间距。

8. 两块平面玻璃在一端接触，在与尖端相距 $L=20$ mm处夹一根直径 $D=0.05$ nm的细铜丝，构成空气劈尖，如简答题 8 图所示。如果用波长为589.3 nm的黄光照射，相邻暗纹的间距是多少？

9. 氦氖激光器，发出波长为632.8 nm的单色光，垂直照射在由两块玻璃片构成的劈尖上，玻璃片一端接触，另一端夹着一块云母片。测得 50 条条纹的距离为 6.35×10^{-3} m，棱边到云母片的距离为 30.31×10^{-3} m，求云母片的厚度。

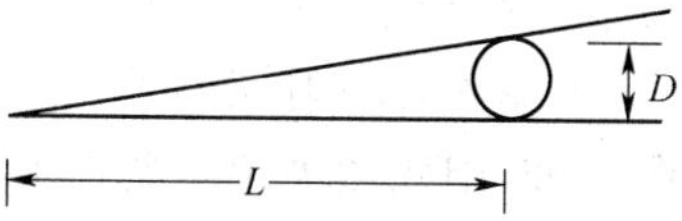

简答题 8 图

10. 在很薄的玻璃劈尖上，垂直地照射波长为589.3 nm的黄光，测得相邻暗纹中心的间距为 5×10^{-3} m，玻璃的折射率为 1.52，求劈尖的夹角。

11. 用波长为589.3 nm的黄光观察牛顿环，测得某明环的半径为1.0 mm，在它外面第 4 个明环的半径为3.0 mm。求平凸透镜的曲率半径。

12. 用钠光灯观察牛顿环时，看到第 k 级暗纹半径 $r_k=4$ mm，第 $k+5$ 级暗纹半径 $r_{k+5}=6$ mm，已知钠黄光的波长为589.3 nm，求平凸透镜的曲率半径 R 和级数 k 的值。

第14章 光的衍涉

在第13章中我们讲述了光的干涉，这是光的波动性的一个特征，光的波动性的另一个重要特征是光的衍射。

14.1 光的衍射现象 惠更斯-菲涅耳原理

14.1.1 光的衍射现象

波在传播过程中，遇到障碍物(如孔、缝等)限制时，会偏离直线方向。当障碍物线度与波长接近时，将明显地受到障碍物的影响，产生波动所特有的衍射现象。例如，水波可以绕过闸口，声波可以绕过门窗，无线电波可以绕过高山等，都是波的衍射现象。光波也同样存在着衍射现象，但是由于光的波长很短，因此在一般光学实验中(例如光学系统成像等)，衍射现象不显著。只有当障碍物(例如小孔、狭缝、小圆屏、毛发、细针等)的大小比光的波长大得不多时，才能观察到明显的衍射现象。

14.1.2 菲涅耳衍射和夫琅禾费衍射

依照光源、衍射孔(或缝)和观察屏三者的相互位置，一般把衍射分成两种：若光源或观察屏(或两者)与衍射孔(缝)之间的距离有限时，称为菲涅耳衍射；若光源和观察屏都在无限远处，则叫做夫琅禾费衍射。

夫琅禾费衍射的实质是：到达衍射孔(缝)的光波是平面波，在无限远处的屏幕上任一点的波前也是平面。在实验室，常把光源 S 放在透镜 L_1 的焦点上，而把屏放在透镜 L_2 的焦平面上，利用两块透镜实现夫琅禾费衍射(见图14-1)。由于夫琅禾费衍射在实际应用和理论上都十分重要，而且这类衍射的分析与计算都比菲涅耳衍射简单，因此本书只讨论夫琅禾费衍射。

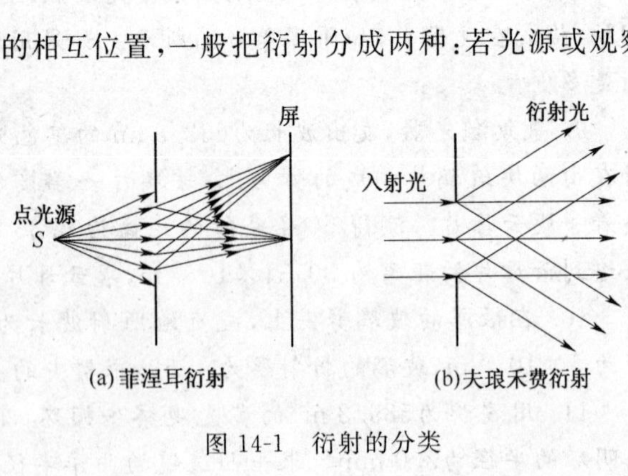

图 14-1 衍射的分类

14.1.3　惠更斯-菲涅耳原理

在机械波一章中我们介绍了惠更斯原理，它提出了子波的概念，并用惠更斯原理解释了波的反射、折射等现象。惠更斯原理可定性说明波的衍射现象，但不能解释光的衍射图样中光强的分布。后来菲涅耳在肯定惠更斯所述子波概念的基础上用子波相干叠加的思想补充了惠更斯原理而成为惠更斯—菲涅耳原理，为衍射理论奠定了基础。其内容简述如下：波在传播过程中，波面上任一点都可看作新的振动中心，由它们发出子波，空间某一点的振动是所有这些子波在该点的相干叠加，如图 14-2 所示。

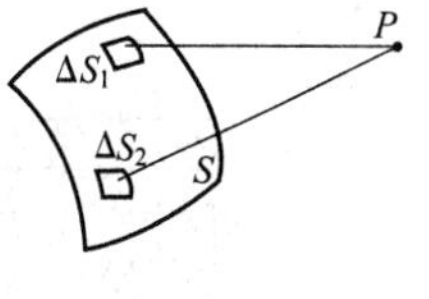

图 14-2　惠更斯-菲涅耳原理

惠更斯—菲涅耳原理是定量描述衍射现象的理论基础。由于理论计算比较复杂，为说明问题简单起见，下面我们将采用半波带法处理单缝的衍射现象，也可获得较为满意的结果。

14.2　单缝夫琅禾费衍射

单缝夫琅禾费衍射的实验装置如图 14-3(a)所示，线光源 S_1 放在透镜 L_1 的主焦面上，因此从透镜 L_1 穿出的光线形成一平行光束，这束平行光照射在单缝 K 上(缝宽为 a)，一部分穿过单缝，再经过透镜 L_2，在 L_2 的焦平面处的屏幕 E 上将出现一组明暗相间的平行直条纹，其中央明纹又宽又亮，其宽度约为两侧明纹宽度的两倍。中央明纹两侧对称地分布着明、暗相间的条纹，两侧明纹的光强比中央明纹弱得多。下面我们用菲涅耳半波带法来定性说明单缝夫琅禾费衍射条纹的形成及光强分布。

首先考虑沿入射方向传播的平行光束，如图 14-3(b)所示，它经过透镜 L 会聚于焦点 O，由于在单缝处的波振面是同相面，所以这些形成光束的光线相位相同，且经过透镜后不会引起附加的光程差，在 O 点会聚时仍然保持相位相等，因而互相加强。这样，在正对狭缝中心 O 处就应出现平行于单缝的亮纹，叫做中央明纹。

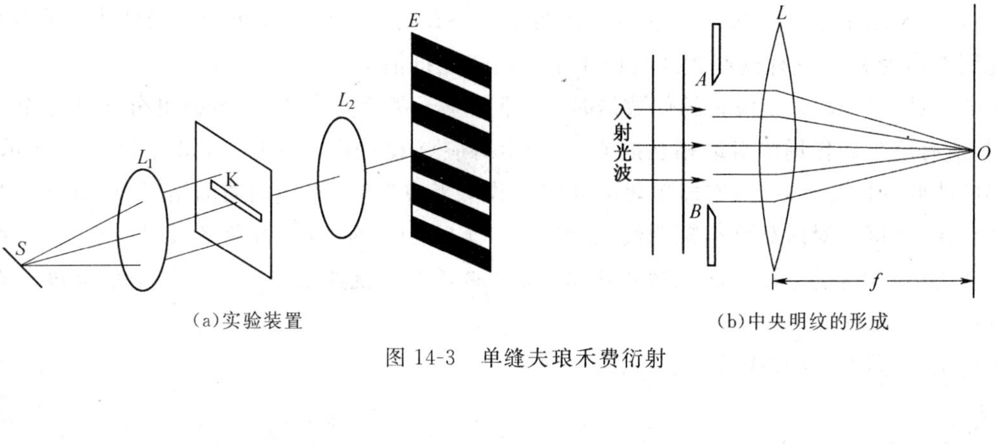

(a)实验装置　　(b)中央明纹的形成

图 14-3　单缝夫琅禾费衍射

其次，讨论在其他方向上的衍射情况。如图 14-4 所示，设某一方向与入射方向成 φ 角（φ 角为衍射角），这样，在此方向上的光束将以偏离中心 O 点成 φ 角（或在屏上距离 O 点 x 处）的位置到达屏上 Q 点，并在这一点上发生干涉。下面，应用半波带法把衍射问题转化为干涉问题来加以处理。

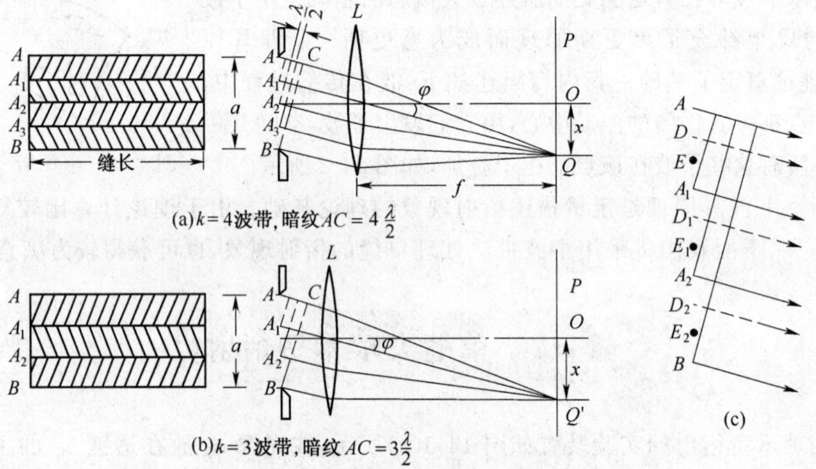

图 14-4　单缝衍射条纹的计算

由图 14-4 可知，衍射角为 φ 的衍射光束中两条边缘衍射线之间的光程差为

$$\delta = AC = a\sin\varphi$$

设 AC 恰好等于入射光半波长的整数倍，即

$$a\sin\varphi = k\,\frac{\lambda}{2} \qquad (k=1,2,3,\cdots)$$

我们可以作彼此相距为 $\lambda/2$，平行于 BC 的平面，将 AC 分成 k 等份，同时，这些平面也将单缝上的波面 AB 切割成 k 个波带，这些波带为半波带。

任意两个相邻的半波带之间存在着一个显而易见的关系，那就是它们相互对应的点[如图 14-4(c)上面两个半波带的 A 与 A_1 点、D 与 D_1 点、E 与 E_1 点等]发出的光线到达干涉点 Q 处的光程差均为 $\lambda/2$，这样这些光线将由于干涉而相互抵消。

由此可见，当 AC 是半波长的偶数倍时，亦即对应于某确定角度 φ，单缝可分成偶数个半波带时，所有波带的作用成对地相互抵消，在屏上对应点 Q 处将出现暗纹，如图 14-4(a)所示；如果 AC 是半波长的奇数倍，亦即单缝可分成奇数个半波带时，相互抵消的结果，还留下一个波带的作用，在屏上对应处将出现明纹，如图 14-4(b)所示。而当衍射角增大时，对应的半波带数目将更多，相应的半波带面积也更小，明条纹的亮度也就随之更弱。单缝衍射亮度分布曲线如图 14-5 所示。

上述结果可用数学式表示如下：当衍射角 φ 满足

$$a\sin\varphi=\pm 2k\frac{\lambda}{2} \qquad (14\text{-}1)$$

时，呈暗条纹(中心)，对应于 $k=1,2,\cdots$，分别称为第 1 级、第 2 级……暗条纹。当衍射角 φ 满足

$$a\sin\varphi=\pm(2k+1)\frac{\lambda}{2} \qquad (14\text{-}2)$$

时，呈明条纹(中心)，对应于 $k=1,2,\cdots$，分别称为第 1 级、第 2 级……明条纹。式中正负号表示各级条纹对称分布于中央明纹两侧。

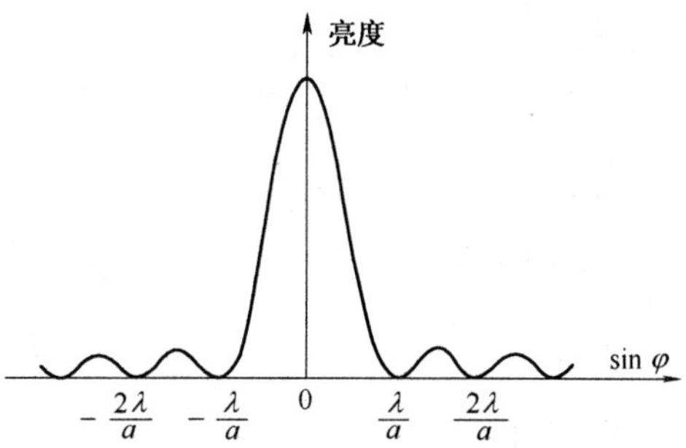

图 14-5　单缝衍射亮度分布

中央明纹的宽度可由两个第 1 级暗条纹之间范围来确定，即

$$-\lambda<a\sin\varphi<\lambda$$

其半角宽度 $\varphi\approx\sin\varphi=\dfrac{\lambda}{a}$。于是中央明纹在屏上的线宽度为

$$\Delta x=2f\tan\varphi\approx 2f\varphi\approx 2f\sin\varphi=2f\frac{\lambda}{a}$$

式中，f 为透镜的焦距。而其他任意两相邻暗条纹间的距离，即明纹的宽度为

$$\Delta x=f(\varphi_{k+1}-\varphi_k)=f\frac{\lambda}{a}$$

故中央明纹在屏上的线宽度约为其他明纹宽度的两倍。

由式(14-1)和式(14-2)可知，对一定宽度的单缝来说，$\sin\varphi$ 与波长 λ 成正比，而单色光的衍射条纹的位置由 $\sin\varphi$ 决定。因此，如果入射光为白光，白光中各种波长的光抵达 O 点都没有光程差，所以中央是白色明纹。但在 O 点两侧的各级条纹中，不同波长的单色光在屏幕上的衍射明纹将不完全重叠。各种单色光的明纹将随波长的不同而略微错开，最靠近 O 点的为紫色，最外的为红色。

由式(14-1)和式(14-2)可见，对给定波长 λ 的单色光来说，a 愈小，与各级条纹相对应的 φ 角就愈大，亦即作用愈显著。反之，a 愈大，与各级条纹相对应的 φ 角将愈小，这些条纹都向中央明纹靠近，逐渐分辨不清，衍射作用也就愈不显著。如果 a 与 λ 相比很大(即 $a\gg\lambda$)，各级衍射条纹将全部密集于中央明纹附近而无法分辨，只能观察到一条亮纹，它就是单缝的像，这时衍射现象将趋于消失，从单缝射出的平行光束将沿直线传播。由此可知，通常所说的光直线传播现象，只是在光的波长远小于障碍物的线度时的情况。

【例 14-1】 用波长 $\lambda=600$ nm 的平行光垂直照射一单缝，已知单缝宽度 $a=0.05$ mm，求：

(1) 中央明纹角宽度。

(2) 若将此装置全部浸入折射率为 $n=1.62$ 的二硫化碳液体中，中央明纹角宽度为多少？

【解】 (1)由单缝衍射暗纹公式 $a\sin\varphi=k\lambda$，当 $k=1$ 时，$a\sin\varphi_1=\lambda$，$\varphi_1\approx\lambda/a$，所以中央明

纹角宽度为

$$2\varphi_1=\frac{2\lambda}{a}=\frac{2\times600\times10^{-9}}{0.05\times10^{-3}}=2.4\times10^{-2}(\text{rad})$$

(2) 浸入折射率为 $n=1.62$ 的介质中，单缝边缘处两束光的光程差为 $na\sin\varphi$，于是暗纹公式为 $na\sin\varphi=k\lambda$，当 $k=1$ 时，得第一级暗纹衍射角为

$$\varphi_1\approx\sin\varphi_1=\frac{\lambda}{na}$$

中央明纹角宽度为

$$2\varphi_1=\frac{2\lambda}{na}=\frac{2\times600\times10^{-9}}{1.62\times0.05\times10^{-3}}=1.48\times10^{-2}(\text{rad})$$

【例 14-2】 波长 $\lambda=500$ nm 的单色光，垂直照射到宽为 $a=0.25$ mm 的单缝上。在缝后置一凸透镜，使之形成衍射条纹，若透镜焦距为 $f=25$ cm，求：

(1) 屏幕上第一级暗条纹中心与点 O 的距离；

(2) 中央明条纹的宽度；

(3) 其他各级明条纹的宽度。

【解】 (1)单缝衍射暗纹公式为 $a\sin\varphi=k\lambda$，因 φ 角很小，故有近似关系式 $\sin\varphi\approx\tan\varphi\approx x/f$。设第一级暗条纹中心与中央明条纹中心的距离为 x_1，则

$$x_1\approx f\sin\varphi_1=f\,\frac{\lambda}{a}=\frac{25\times500\times10^{-9}}{0.25\times10^{-3}}=0.05(\text{cm})$$

(2) 中央明条纹的宽度为中央明条纹上、下两侧第一级暗条纹间的距离 s_0，即

$$s_0=2x_1=0.1(\text{cm})$$

(3) 设其他任一级明条纹的宽度(即其两旁的相邻暗条纹间的距离)为 s，

$$s=x_{k+1}-x_k=\varphi_{k+1}-\varphi_k=\left[\frac{(k+1)\lambda}{a}-\frac{k\lambda}{a}\right]f=\frac{f\lambda}{a}=x_1=0.05(\text{cm})$$

可见，除中央明条纹外，所有其他各级明条纹的宽度均相等，而中央明条纹的宽度为其他明条纹宽度的两倍。

14.3 衍射光栅

单缝衍射中，缝越窄，衍射现象越明显，但随之而来的问题是由于缝窄的缘故使通过的光能量减小，衍射明纹的强度也就减弱，以致看不清楚；增大缝宽，虽然条纹有足够的亮度，但因挤得很密而不易分辨。因此用单缝来进行精确光学测量是有困难的。为了获得亮度大、条纹细，分得开的明、暗条纹，我们往往利用光栅这一光学元件。

14.3.1　光栅

由大量等宽、等间距的平行狭缝组成的光学元件称为光栅。通常光栅是在一块透明的平玻璃片上，用金刚石刀刻出一系列等间距且等宽度的平行刻痕而成。实用光栅，每 1 mm 内有几十乃至上千条刻痕，每一条刻痕相当于一条毛玻璃窄条，它基本上不透光，只有两条刻痕之间的光滑部分透光，相当于一条单缝，这样的光栅称为平面透射光栅，常用于可见光的研究。设缝宽（即透光部分）为 a，刻痕宽度为 b，则相邻两缝的间距 $d=a+b$，称为光栅常数。

14.3.2　光栅衍射

下面讨论光栅的衍射，其装置如图 14-6 所示。一束平行单色光垂直照射在具有 N 条缝的光栅上，透镜 L 将光栅发出的衍射光聚焦于位于透镜焦平面的屏 P 上。屏 P 上的光强分布即为光栅的衍射图样。

在平行单色光垂直入射到光栅上时，透过光栅每个缝的光都有衍射，这 N 个缝的 N 套衍射条纹通过透镜完全重合。但是，由于光栅中含有大量等面积的平行狭缝，通过光栅不同缝的光要发生干涉。即使在某一给定方向上按单缝衍射可能得到明条纹，但由于缝与缝之间的光波相互干涉，最后还可能是暗条纹。总之，光栅的衍射条纹应是单缝衍射和多缝干涉的综合结果，即 N 个缝的干涉条纹要受到单缝衍射的调制。

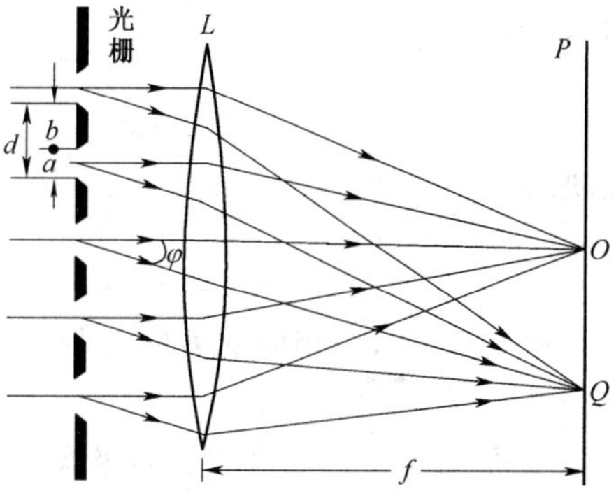

图 14-6　光栅衍射装置

在图 14-6 中，波长为 λ 的单色平行光垂直入射到光栅上，从相邻两缝发出的沿衍射角为 φ 方向的两平行光经过透镜会聚于屏上 Q 点时，它们之间的光程差为 $d\sin\varphi$。我们选取的是任意相邻两缝发出的光，若它们之间的光程差 $d\sin\varphi$ 恰好等于入射光波长 λ 的整数倍，这两束光将在 Q 点干涉加强。故当 φ 满足下列条件时

$$(a+b)\sin\varphi=\pm k\lambda\quad(k=0,1,2,\cdots)\tag{14-3}$$

则相邻两缝，进而所有缝发出的光线在透镜焦平面上 Q 点会聚时都将同相位，因而干涉加强形成明条纹。以 N 表示总缝数，则合振幅是一个缝透光的振幅的 N 倍，因而叠加后的光强为每条缝光强的 N^2 倍，因此条纹很亮。

公式(14-3)称为光栅方程。k 表示明条纹的级数，$k=0$ 时，$\varphi=0$ 为零级亮纹，又称为中央主极大条纹。对应 $k=1,2,\cdots\cdots$ 的亮条纹分别叫 1 级、2 级……主极大条纹。正负号表示各主极大条纹对称分布在中央主极大条纹的两侧。

一般来说，在光栅衍射中，当 φ 角满足式(14-3)时，是合成光强为最大的必要条件。可以

证明，在其他 φ 角（即相邻两主极大之间），由于各缝发出的光的相互干涉而产生强度很小的次极大或极小（完全消失），这样就在这些主极大条纹之间充满了大量的次极大和暗条纹。由于次极大的强度很小，当光栅狭缝数 N 很大时，在主极大明条纹之间实际上形成了一片黑暗的背景。这样光栅衍射图样是在黑暗的背景上出现了一些分得开、细窄，而且明亮的主极大条纹，有利于精确测量主极大的位置，从而对光波波长的测量可以比较精确。

需要强调的是，如果满足式(14-3)的 φ 角，还同时适合单缝衍射产生暗条纹的条件

$$a\sin\varphi=\pm 2k'\frac{\lambda}{2}\quad (k'=0,1,2,\cdots)\tag{14-4}$$

时，因为由各个狭缝所射出的光都已各自满足暗条纹的条件，当然也就谈不上缝与缝之间的干涉加强了，所以虽然按式(14-3)来说将出现明条纹，实际上却不可能，这称为缺级现象。被缺掉的明纹可计算如下

$$(a+b)\sin\varphi=\pm k\lambda\quad 与\quad a\sin\varphi=\pm 2k'\frac{\lambda}{2}$$

消去 $a\sin\varphi$ 得

$$\frac{a+b}{a}=\frac{k}{k'}$$

被缺的明纹为

$$k=\frac{a+b}{a}k'\quad (k'=\pm 1,\pm 2,\cdots)\tag{14-5}$$

当 k' 取 $\pm 1,\pm 2,\cdots$ 相应的 k 值为所缺明纹的对应级数。例如当 $a+b=4a$ 时，缺级的级数为 $k=\pm 4,\pm 8,\cdots$

显然，屏幕上可出现的最高级次明条纹为

$$k_{\mathrm{m}}=\frac{a+b}{\lambda}\quad (当\ \varphi=90^\circ 时，\sin\varphi=1)$$

最后，需要说明的是，由于单缝衍射的影响，在不同衍射方向上衍射光强不同，所以，不同方向上衍射光相干涉形成的主极大（各级明纹）的强度也受衍射光强的影响。衍射光强大的方向上主极大光强大，衍射光强小的方向上主极大光强小。

下面讨论屏幕上各级明纹的角位置和线位置。

(1) 各级明纹的角位置

由 $(a+b)\sin\varphi_k=k\lambda$ 得 $\sin\varphi_k=\dfrac{k\lambda}{(a+b)}$，所以第 k 级明纹的衍射角为

$$\varphi_k=\arcsin\frac{k\lambda}{(a+b)}$$

当 $k=0,1,2,\cdots$ 得第一级、第二级……明纹的衍射角为

$$\varphi_1=\arcsin\frac{\lambda}{(a+b)},\quad \varphi_2=\arcsin\frac{2\lambda}{(a+b)},\quad \cdots$$

可以看出当单色平行光垂直照射光栅时，光栅常数 $a+b$ 越小，φ_k 越大，则屏上条纹间距也越大。

（2）各级明纹的线位置

衍射空间透镜焦距为 f，屏幕在透镜焦平面上，取屏上中央明纹中心 O 为坐标原点，第 k 级明纹在屏上 Q 点的位置为

$$x_k = f\tan\varphi_k$$

14.3.3　光栅光谱

由光栅方程 $(a+b)\sin\varphi=\pm k\lambda$ 可知，如果用白光垂直照射光栅，除中央主极大仍为白光外，其他各级主极大位置都与波长有关，波长越长，主极大位置的 φ 值也越大，这样不同波长的主极大位置不再重合，按波长次序（由短波到长波）在中央主极大两侧散开，紫光离中央主极大较近，红光离中央主极大较远，形成如图 14-7 所示的衍射光谱。其中较高级次谱线中有一部分谱线将发生重叠。

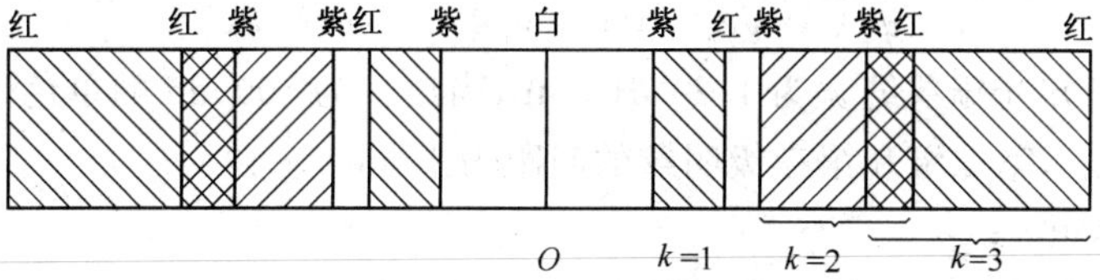

图 14-7　衍射光谱

【例 14-3】 用白光垂直照射在每 1 cm 有 6 500 条刻线的平面光栅上，求第三级光谱的张角。

【解】 白光是由紫光（$\lambda_1=400$ nm）和红光（$\lambda_2=760$ nm）之间的各色光组成的。已知光栅常数 $a+b=\frac{1}{6\,500}$ cm。

设第三级（$k=3$）紫光和红光的衍射角分别为 θ_1 和 θ_2，由光栅方程得

$$\sin\theta_1=\frac{k\lambda_1}{a+b}=3\times4\times10^{-5}\times6\,500=0.78$$

有

$$\theta_1=51.26°$$

而

$$\sin\theta_2=\frac{k\lambda_2}{a+b}=3\times7.6\times10^{-5}\times6\,500=1.48$$

这说明不存在第三级红光明纹，即第三级光谱只能出现一部分光谱，这一部分光谱的张角为

$$\Delta\theta=90.00°-51.26°=38.74°$$

【例 14-4】 波长范围在 450～650 nm 之间的复色平面光垂直照射在每 1 cm 有 5 000 条刻线的平面光栅上，屏幕放在透镜的焦平面处，屏上第二级光谱线各色光在屏上所占的范围

宽度为 35.1 cm，求透镜焦距 f。

【解】 光栅常数 $a+b=\frac{1}{5\,000}\text{ cm}=2\times10^{-6}\text{ m}$。设 $\lambda_1=450\text{ nm}$，$\lambda_2=650\text{ nm}$，由光栅方程，对第二级谱线，有

$$(a+b)\sin\varphi_1=2\lambda_1,\quad (a+b)\sin\varphi_2=2\lambda_2$$

所以
$$\varphi_1=\arcsin\frac{2\lambda_1}{a+b}=\arcsin\frac{2\times450\times10^{-9}}{2\times10^{-6}}=\arcsin0.450=26.74^\circ$$

$$\varphi_2=\arcsin\frac{2\lambda_2}{a+b}=\arcsin\frac{2\times650\times10^{-9}}{2\times10^{-6}}=\arcsin0.650=40.54^\circ$$

此处 φ_1、φ_2 不是很小，不能用 $\sin\varphi\approx\tan\varphi$ 的近似，谱线的线位置分别为

$$x_1=f\tan\varphi_1,\quad x_2=f\tan\varphi_2$$

所以，第二级谱线宽为

$$x_2-x_1=f(\tan\varphi_2-\tan\varphi_1)$$

$$f=\frac{x_2-x_1}{\tan\varphi_2-\tan\varphi_1}=\frac{35.1\times10^{-2}}{\tan40.54^\circ-\tan26.74^\circ}=1(\text{m})$$

【例 14-5】 已知光栅狭缝宽为 1.2×10^{-6} m，当波长为 500 nm 的单色光垂直入射在光栅上，发现第四级缺陷，第二级和第三级明纹的间距为 1 cm。求：

(1) 透镜的焦距 f；

(2) 计算屏幕上可以出现的明纹的最高级数；

(3) 屏幕上一共可以出现多少条明纹？

【解】 (1)由 $(a+b)\sin\varphi=k\lambda$，$a\sin\varphi=k'\lambda$，比较可得 $k=k'\frac{a+b}{a}$。当 $k'=1$ 时，

$$\frac{a+b}{a}=4$$

由此可得
$$a+b=4a=4\times1.2\times10^{-6}=4.8\times10^{-6}(\text{m})$$

第二级明纹在屏幕上的位置为 $x_1=f\tan\varphi_1$

第三级明纹在屏幕上的位置为 $x_2=f\tan\varphi_2$

由光栅公式，对第二级明纹有

$$\sin\varphi_1=\frac{2\lambda}{a+b}=\frac{2\times500\times10^{-9}}{4.8\times10^{-6}}=\frac{1}{4.8}=0.203\,8$$

对第三级明纹有

$$\sin\varphi_2=\frac{3\lambda}{a+b}=\frac{3\times500\times10^{-9}}{4.8\times10^{-6}}=\frac{1.5}{4.8}=0.312\,5$$

由此可知 $\varphi_1\approx12^\circ$，$\varphi_2\approx17^\circ$，查表知 $\tan\varphi_1\approx0.212\,6$，$\tan\varphi_2\approx0.342\,9$。由

$$\Delta x=x_2-x_1=f\tan\varphi_2-f\tan\varphi_1=f(\tan\varphi_2-\tan\varphi_1)$$

得
$$f=\frac{\Delta x}{\tan\varphi_2-\tan\varphi_1}=\frac{10^{-2}}{0.3249-0.2126}=8.9\times10^{-2}(\mathrm{m})$$

(2) 由 $\varphi=\frac{\pi}{2}$，$\sin\varphi=1$，可求得最高明纹级次为

$$k_m=\frac{a+b}{\lambda}=\frac{4.8\times10^{-6}}{5\times10^{-7}}=9.6\approx9(\text{级})$$

(3) 由以上计算可知，屏幕上一共可以出现 15 条明纹，分别为 0，±1，±2，±3，±5，±6，±7，±9。

习　题

一、选择题

1. 由惠更斯-菲涅耳原理可知，若光在某时刻的波阵面为 S，则 S 的前方某点 P 的光强度决定于波阵面 S 上所有面积元发出的子波各自传播到 P 点的(　　)。

A. 振动振幅之和　　B. 光强之和

C. 振动振幅之和的平方　　D. 振动的相干叠加

2. 用波长为 $\lambda_1=400$ nm，$\lambda_2=500$ nm，$\lambda_3=600$ nm 的 3 种单色光同时照射单缝，在屏幕上出现的夫琅和费衍射条纹中观察到多次发生重叠，若从中央亮纹往一个方向数去，则第一次发生 3 种波长的暗纹相重叠的级次为(　　)。

A. $k_1=15, k_2=12, k_3=10$　　B. $k_1=4, k_2=5, k_3=6$

C. $k_1=6, k_2=5, k_3=4$　　D. $k_1=10, k_2=8, k_3=6$

3. 在单缝夫琅和费衍射实验中，若缝宽为 a，在屏幕上形成的中央明纹宽度为 l，若使单缝宽度缩小为 $a/2$，其他条件保持不变，则中央明纹宽度为(　　)。

A. $l/2$　　B. $2l$　　C. $l/4$　　D. $4l$

4. 一衍射光栅宽 3.00 cm，用波长 600 nm 的光照射，第二级主极大出现在衍射角为30°处，则光栅上总刻线数为(　　)。

A. 1.25×10^4　　B. 2.50×10^4　　C. 6.25×10^3　　D. 9.48×10^3

5. 在单缝夫琅和费衍射实验中，对于给定的入射单色光，当缝宽度变小时，除中心亮条纹的中心位置不动外，各级衍射条纹(　　)。

A. 对应的衍射角变小　　B. 对应的衍射角变大

C. 对应的衍射角也不变　　D. 强度也不变

6. 波长为 λ 的单色光垂直入射到一衍射光栅上，当光栅常数为$(a+b)$时，第一级衍射条纹对应衍射角为 φ，当换成光栅常数为$\frac{1}{\sqrt{3}}(a+b)$的光栅时，第一级衍射角对应为 2φ，则 $\lambda/(a+$

b)为(　　)。

A. $\sqrt{3}/2$　　B. $\sqrt{3}$　　C. 1/2　　D. 2

二、填空题

1. 在单缝夫琅和费衍射实验中,光垂直入射到单缝上,衍射角 φ 越大,所对应的明条纹的亮度________,衍射明条纹的角宽度________。

2. 波长为 600 nm 的单色平行光,垂直入射到缝宽为 $a=0.6$ mm 的单缝上,缝后有一焦距 $f=60$ cm 的透镜,在透镜焦平面上观察到衍射图样,则中央条纹的宽度为________,两个第 2 级暗纹之间的距离为________。

3. 平行单色光垂直入射到平面衍射光栅上,若增大光栅常数,则衍射图样中明条纹间距将________,若增大入射光的波长,则明条纹间距________。

4. 波长为 500 nm 的平行单色光垂直入射在光栅常数为 2×10^{-3} mm 的光栅上,光栅透射光缝宽度为 1×10^{-3} mm,则第________级主极大缺级,屏上出现________条明条纹。

5. 如无缺级,在 2 cm 上均匀刻有 10 000 条线的光栅,当平行白色光垂直入射时,最多能看到 k________个完整的光谱(可见光 $\lambda=400$ nm～760 nm)。

三、简答题

1. 波长为 500 nm 的平行光线垂直入射于一宽为 1 mm 的狭缝,若在缝的后面有一焦距为 100 cm 的薄透镜,使光线聚焦于一屏幕上,试问从衍射图样的中心点到下列各点的距离如何:(1)第一极小;(2)第二级明纹的极大;(3)第三极小。

2. 已知单缝的宽度 $a=0.60$ mm,凸透镜的焦距 $f=400$ mm,在透镜的焦平面上放一屏幕。用单色光垂直照射到单缝上,测得屏幕上第 4 级明条纹中心距中央明条纹中心为 1.40 mm。求:

(1) 入射光的波长;

(2) 对应该明条纹的半波数。

3. 在单缝衍射实验中,已知照射光的波长 $\lambda=546.1$ nm,缝宽 $a=0.10$ mm,$f=500$ mm,求:

(1) 中央明纹的宽度;

(2) 两旁各级明纹的宽度。

4. 以 $\lambda=589.3$ nm 的黄光照射在单缝上,缝后凸透镜的焦距 $f=700$ mm,屏放置在透镜的焦平面处。在屏上测得中央明纹的宽度为 2.0 mm,求该单缝的宽度。如果用另一种单色光照射,测得中央明纹的宽度为 1.5 mm,求此单色光的波长。

5. 以波长 $\lambda=632.8$ nm 的氦氖激光垂直照射在衍射光栅上,已知光栅 1×10^{-2} m 上有 1×10^{3} 条狭缝。求第 3 级明纹的衍射角。

6. 为了测定某光栅的光栅常数,用氦氖激光器的红光垂直地照射光栅。已知照射光的波

长 $\lambda=632.8\ \text{nm}$，测得第 1 级明条纹出现在 38° 的方向，求：

（1）光栅常数；

（2）光栅 $1\times10^{-2}\ \text{m}$ 上的狭缝数；

（3）第 2 级明条纹的衍射角。

7. 用波长 $\lambda=589.3\ \text{nm}$ 的钠黄光垂直照射在衍射光栅上，光栅 $1\times10^{-2}\ \text{m}$ 上有 5×10^3 条狭缝，问最多能看到第几级明条纹？

8 一束具有两种波长 λ_1 和 λ_2 的平行光垂直照射到一衍射光栅上，测得波长 λ_1 的第三级主极大衍射角和 λ_2 的第四级主级大衍射角均为 30°，已知 $\lambda_1=560\ \text{nm}$，试求：

（1）光栅常数 $a+b$；

（2）波长 λ_2。

9. 指出当衍射光栅常数为下述三种情况时，哪些级数的主极大衍射条纹消失：

（1）光栅常数为狭缝宽度的 2 倍，即 $(a+b)=2a$；

（2）光栅常数是狭缝宽度的 3 倍，即 $(a+b)=3a$；

（3）光栅常数是狭缝宽度的 4 倍，即 $(a+b)=4a$。

10. 波长 600 nm 的单色光垂直入射在一光栅上，第二、第三级明条纹分别出现在 $\sin\varphi_2=0.20$ 与 $\sin\varphi_3=0.30$ 处，第四级缺级。试问：

（1）光栅上相邻两缝的间距是多少？

（2）光栅上狭缝的宽度是多少？

（3）按上述选定的 a、b 值，在 $90^\circ<\varphi<-90^\circ$ 范围内，实际呈现的全部级数。

第15章 光的偏振

光的干涉和衍射是光的波动性的有力证明，但不能说明光波是纵波还是横波。而光的偏振现象则进一步说明光波是横波。本章着重讨论偏振光的产生和检验及其基本规律。

15.1 自然光和偏振光

观看立体电影时通常要戴上一副特制的眼镜才行，否则，只能看到银幕上呈现模糊的双层影像，这副眼镜实际上是一对偏振片。爱好摄影的同学大多知道可以通过在摄影镜头前加一个偏振片来消除玻璃反光形成的杂像，以便清晰地摄下玻璃后的物体。这两个事例都涉及光的偏振问题。

电磁波理论告诉我们，光波是横波，光的偏振现象，也证明光波是横波。我们知道，任何电磁波都是由两个互相垂直的振动矢量即电场强度 $\boldsymbol{E}$ 和磁场强度 $\boldsymbol{H}$ 来表征的，电磁波的传播方向与 $\boldsymbol{E}$ 和 $\boldsymbol{H}$ 构成一个右旋系统如图 15-1 所示。而在讨论光的有关现象时，只讨论电场强度 $\boldsymbol{E}$ 的振动，$\boldsymbol{E}$ 称为光矢量，$\boldsymbol{E}$ 的振动称为光振动。

15.1.1 自然光

一个分子或原子在某一瞬时所发出的光波，如图 15-1 所示。任何实际光源的光都是由为数极多的分子或原子各自独立发出的光波合成的。由于原子发光的间歇性和随机性，不同原子发出的光不仅初相位彼此无关，而且它们的振动方向也是各不相关、随机的。因此就光源整体发出的光来说，光振动随机地分布在垂直于光传播方向平面内的所有方向，且平均说来，没有一个振动方向较其他方向更占优势，也就是说，在所有可能的方向上，$\boldsymbol{E}$ 的振幅都相等，这样的光叫做自然光，如图 15-2(a)所示。

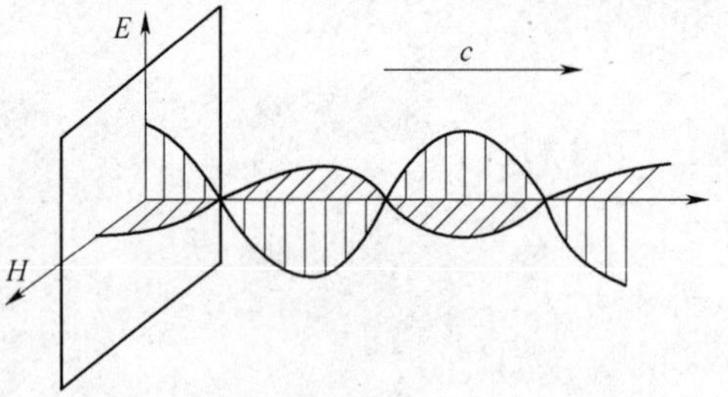

图 15-1 电场强度 $\boldsymbol{E}$、磁场强度 $\boldsymbol{H}$ 与电磁波传播方向之间的关系

当然，在任一时刻 t，我们可把所有光矢量分解到相互垂直的两个方向，则这两个方向的振动是相等的，没有哪个占优势，故可用图 15-2(b)所示的方法来表示自然光。由于 $\boldsymbol{E}_1$ 和 $\boldsymbol{E}_2$ 的振幅相等，所以这两个光振动各自都占自然光总光强的一半。但应注意，由于自然光中光

振动的无规则性，所以这两个相互垂直的光矢量之间并没有恒定的位相差。

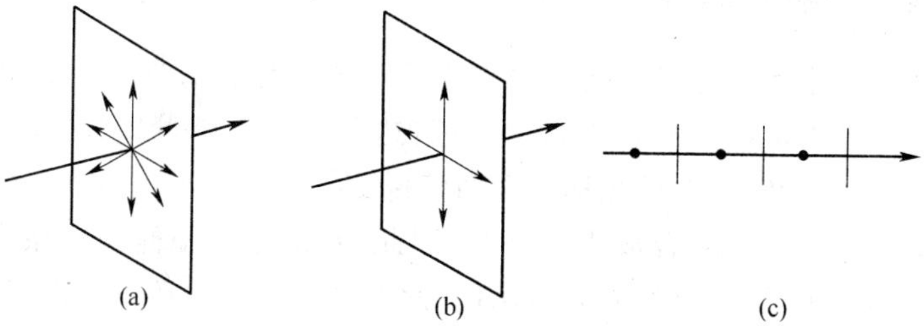

图 15-2　自然光

为了简明地表示光的传播，常用和传播方向间垂直的短竖线表示在纸面内的光振动，而用点表示和纸面垂直的光振动，以点和短竖线的多寡分别表示光振动的强弱。对自然光来说，两种光振动的强弱相同，故点和短竖线一个隔一个作等距分布，意味着这两个方向振动强度一样，图 15-2(c)所示。

15.1.2　线偏振光

当光矢量在垂直于光传播方向的平面内只沿一个固定方向振动时，这种光称为线偏振光，简称偏振光。光矢量的振动方向和光的传播方向构成的平面称为振动面，如图 15-3(a)所示。线偏振光的振动面是固定不动的，故线偏振光也称为平面偏振光。图 15-3(b)是线偏振光的表示方法，图中短线表示光振动在纸面内，点表示光振动垂直于纸面。

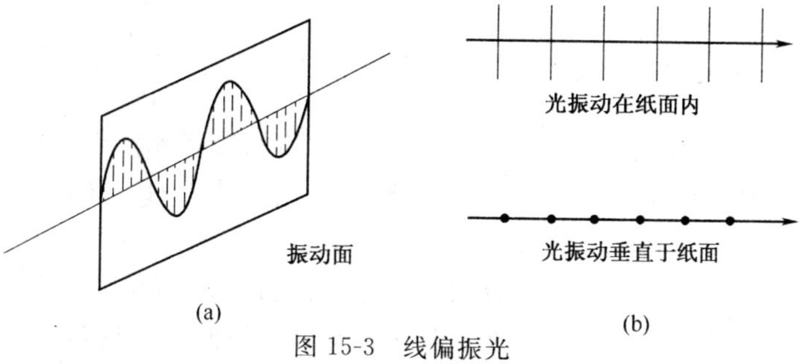

图 15-3　线偏振光

15.1.3　部分偏振光

部分偏振光是介于线偏振光与自然光之间的一种偏振光，在垂直于这种光的传播方向平面内，各方向的光振动都有，但它们的振幅不相等，如图 15-4(a)所示，这种部分偏振光用数目不等的点和短线表示，如图 15-4(b)所示。要注意，这种偏振光各方向的光矢量之间也没有固定的相位关系。

15.1.4 圆偏振光和椭圆偏振光

圆偏振光和椭圆偏振光的特点是光矢量在垂直于光的传播方向平面内按一定频率旋转(左旋或右旋)。如果光矢量端点的轨迹是一个圆,这种光称为圆偏振光[图 15-5(a)]。如果光矢量端点的轨迹是一个椭圆,这种光称为椭圆偏振光[图 15-5(b)]。我们知道,两个相互正交方向上的同频率的简谐振动的合成为一椭圆,因此,圆偏振光和椭圆偏振光可用两个相互正交方向上的光振动来表示,与自然光表示不同,此处的两个光振动具有固定的位相关系。

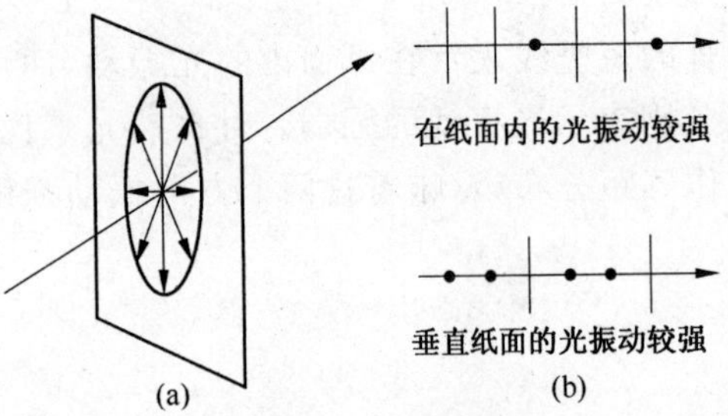

图 15-4 部分偏振光

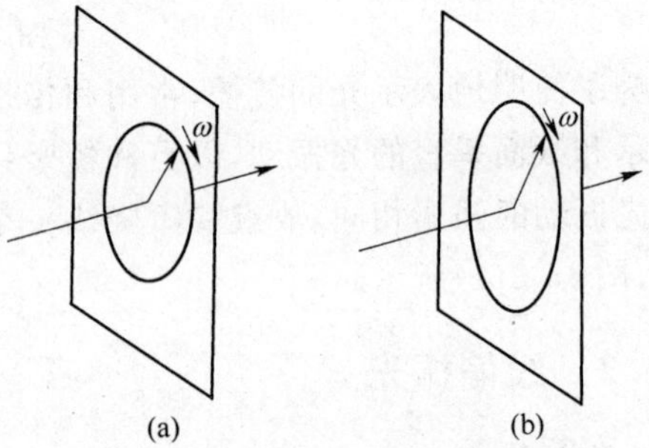

图 15-5 圆偏振光和椭圆偏振光

15.2 起偏与检偏 马吕斯定律

15.2.1 偏振片 起偏与检偏

在实验室内怎么产生线偏振光呢？又如何检验光的偏振态呢？现在最常用的方法是利用偏振片。偏振片是在透明基片上蒸镀一层某种物质晶粒制成的。这种晶粒对某一方向的光矢量有强烈的吸收而对相垂直方向的光矢量则吸收很少。这就使得做成的偏振片基本上只允许振动面在其一特定方向的偏振光通过,这一方向称为偏振片的偏振化方向。通常用“↕”把偏振化方向标示在偏振片上。图 15-6 表示自然光从偏振片射出后,就变成了线偏振光。使自然光成为线偏振光的装置叫做起偏器,偏振片就是一种起偏器。

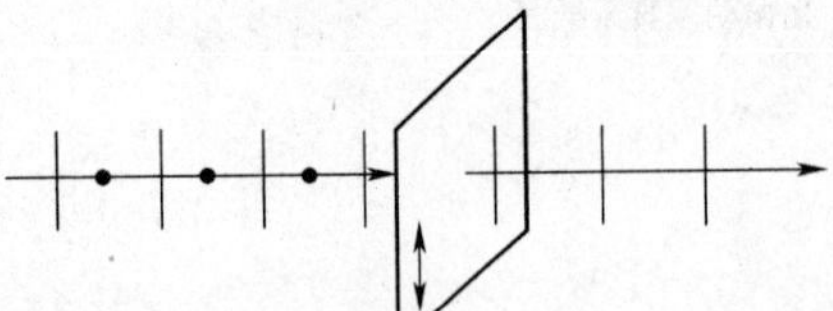

图 15-6 偏振片起偏

偏振片也可以作为检偏器用来检验某一束光是否是偏振光,并判断其偏振化方向。如图 15-7 所示,让一束偏振光直射到偏振片上,当偏振片的偏振化方向与偏振光的光振动方向相同时,该偏振光可完全透过偏振片射出(见图 15-7(a))。若把偏振片转过 $\pi/2$,即当偏振片的偏振化方向与偏振光的光振动方向垂直时，则该偏振光将不能透过偏振片(见图 15-7(c))。当我们以偏振光的传播方向为轴，不停地旋转偏振片时，透射光将经历由最明到黑暗，再由黑暗变回最明的变化过程。如果直射到偏振片的光是自然光，上述现象就不会出现，因此这块偏振片就是一个检偏器。

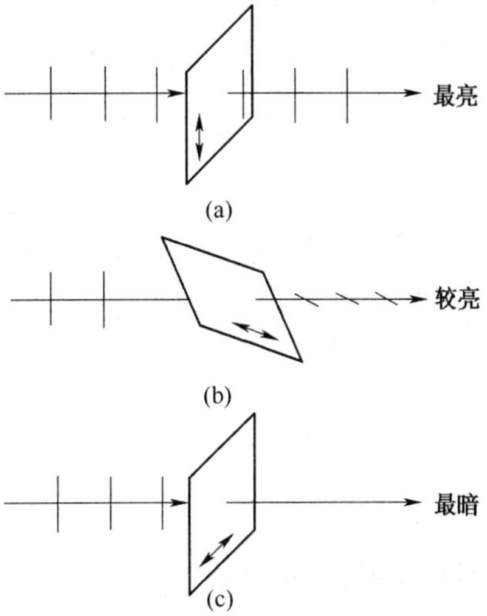

图 15-7　线偏振光通过偏振片后亮度的变化

上述光的偏振实验说明了光的横波特性。为说明这个问题，我们将偏振片对光波的作用与狭缝对机械波的直观作用作一类比。在图 15-8 中，在波的传播路径上若放置一个窄缝，对横波而言，只有当窄缝方向与振动方向平行时，它才可以穿过窄缝继续前行，如图 15-8(a)所示；而当窄缝方向与其振动方向垂直时，由于振动受限，故无法穿过窄缝继续向前传播，如图 15-8(b)所示。但对纵波来说，由于振动方向与传播方向平行，波向前传播时不会受到窄缝影响，如图 15-8(c)、(d)所示。因此，从机械波能否通过不同取向的狭缝 AB，可以判断它是横波还是纵波。将这一实验与光的偏振实验作一比较，图 15-7 中的检偏器就起了一个类似狭缝的作用。作为横波的光波，在通过检偏器时，就显示出了机械横波穿过狭缝时产生的类似效果。

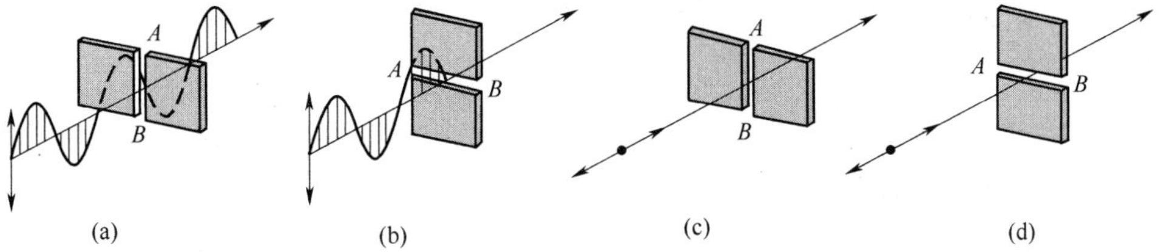

图 15-8　横波和纵波的区别

15.2.2　马吕斯定律

1809 年马吕斯由实验发现，强度为 I_0 的偏振光，通过检偏片后，透射光的强度为

$$I=I_0\cos^2\alpha \tag{15-1}$$

式中，α 是偏振光的光振动方向和检偏器偏振化方向之间的夹角，上式称为马吕斯定律。实际上这个结论是显而易见的，如果入射光的振幅为 A_0，可将光矢量分解为平行于偏振片的偏振化方向和垂直于偏振片的偏振化方向的两个分量，其振幅分别为 $A_0\cos\alpha$ 和 $A_0\sin\alpha$，如

图 15-9所示。显然只有平行于偏振片的偏振化方向的振动分量 $A_0\cos\alpha$ 能够透过偏振片，故得式(15-1)。

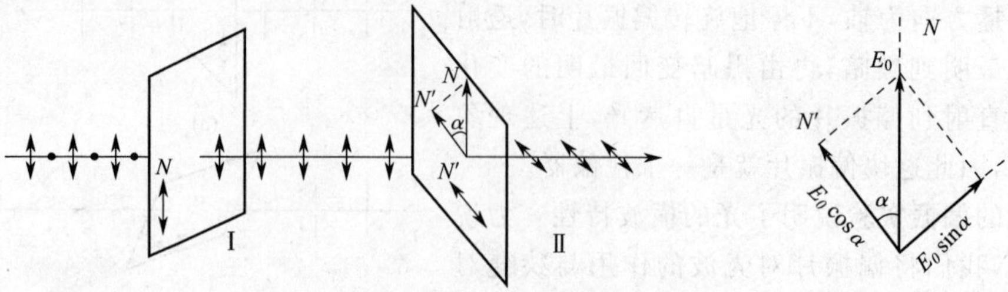

图 15-9 马吕斯定律的证明

当起偏器与检偏器的偏振化方向平行，即 $\alpha=0$ 或 $\alpha=\pi$ 时，$I=I_0$，光强最大。若两者偏振化方向相互垂直，即当 $\alpha=\frac{\pi}{2}$ 或 $\alpha=\frac{3}{2}\pi$ 时，$I=0$，光强为零，这时没有光从检偏器中射出。若 α 介于上述各值之间，则光强在最大和零之间。由此可检验入射光是否为偏振光，并确定其偏振化的方向。

【例 15-1】 光强为 I_0 的自然光连续通过两个偏振片后，光强变为 $I_0/4$，求这两个偏振片的偏振化方向之间的夹角。

【解】 自然光可以分解为相互垂直的两个分振动，并且每个分振动各占自然光强的一半。当自然光通过第一个偏振片后，必定成为光强为 $I_0/2$ 的线偏振光，振动方向与该偏振片的偏振化方向相同。如果第二个偏振片的偏振化方向与第一个偏振片的偏振化方向成 α 角，根据马吕斯定律，透射光强为

$$I=\frac{I_0}{2}\cos^2\alpha$$

由题意已知 $I=\frac{I_0}{4}$，代入上式，得

$$\frac{I_0}{4}=\frac{I_0}{2}\cos^2\alpha$$

$$\cos\alpha=\pm\frac{\sqrt{2}}{2}，所以\ \alpha=\pm45°\ 或\ \alpha=\pm135°$$

【例 15-2】 (1)让光强为 I_0 的自然光通过两个偏振化方向成 $\pi/3$ 角的偏振片，求透射光强 I_1。(2)在此两个偏振片之间再插入另一个偏振片，它的偏振化方向与前两个偏振片的偏振化方向均成 $\pi/6$ 角，求透射光的光强 I_2。

【解】 (1)自然光通过第一个偏振片后光强变为 $I_0/2$，根据马吕斯定律，透射光强为

$$I_1=\frac{I_0}{2}\cos^2\frac{\pi}{3}=\frac{I_0}{2}\left(\frac{1}{2}\right)^2=\frac{I_0}{8}$$

(2) 自然光通过第一个偏振片后光强变为 $I_0/2$，通过第 2 个偏振片后光强变为$\frac{I_0}{2}\cos^2\frac{\pi}{6}$，以此作为入射光强射在最后一个偏振片上，根据马吕斯定律，透射光强为

$$I_2=\left(\frac{I_0}{2}\cos^2\frac{\pi}{6}\right)\cos^2\frac{\pi}{6}=\frac{9}{32}I_0$$

【例 15-3】 有两个偏振片，当它们的偏振化方向之间的夹角为 30°时，一束自然光穿过它们，出射光强为 I_1；当它们的偏振化方向之间的夹角为 60°时，另一束自然光穿过它们，出射光强为 I_2，且 $I_1=I_2$，求两束自然光的强度之比。

【解】 设第一束自然光的强度为 I_{10}，第二束自然光的强度为 I_{20}，它们透过起偏器后，强度都减为原来的一半，分别为 $I_{10}/2$ 和 $I_{20}/2$。根据马吕斯定律有

$$I_1=\frac{I_{10}}{2}\cos^2 30°,\quad I_2=\frac{I_{20}}{2}\cos^2 60°$$

由 $I_1=I_2$ 得，两束单色自然光的强度之比为$\frac{I_{10}}{I_{20}}=\frac{\cos^2 60°}{\cos^2 30°}=\frac{1}{3}$。

15.3 反射和折射时光的偏振　布儒斯特定律

15.3.1 反射光的偏振

马吕斯在 1808 年发现：当自然光在两种各向同性介质的分界面上反射和折射时，反射光和折射光都是部分偏振光。不过反射光中垂直于入射面的振动(简称垂直振动)较强；而折射光中平行于入射面的振动(简称平行振动)较强，如图 15-10(a)所示。

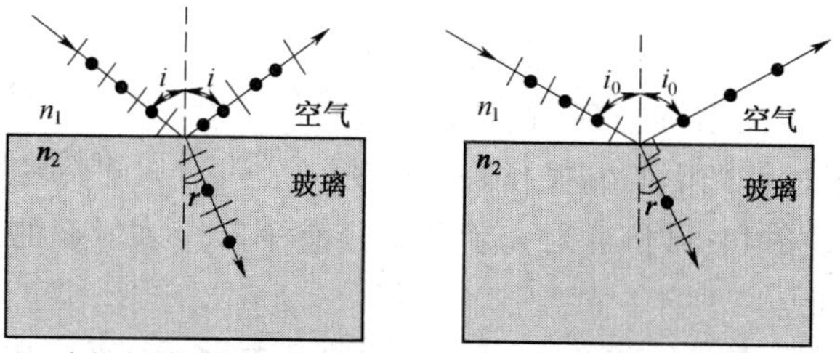

(a)自然光经反射和折射后产生部分偏振光　　(b) 入射角为布儒斯特角时，反射光为偏振光

图 15-10　反射和折射时光的偏振

1818 年布儒斯特又发现反射光中偏振化程度与入射角有关，当入射光线自折射率为 n_1 的媒质射到折射率为 n_2 的媒质时，如果入射角 i_0 满足

$$\tan i_0 = \frac{n_2}{n_1} \tag{15-2}$$

时，反射光为完全偏振光，其振动方向与入射面垂直。折射光是以平行振动为主的部分偏振光，如图 15-10(b)所示。上述结论称为布儒斯特定律，此时的入射角 i_0 称为起偏角(或叫布儒斯特角)。由于

$$\tan i_0 = \frac{\sin i_0}{\cos i_0} = \frac{n_2}{n_1}$$

得

$$n_1 \sin i_0 = n_2 \cos i_0$$

又根据折射定律

$$n_1 \sin i_0 = n_2 \sin r$$

所以

$$\sin r = \cos i_0$$

即

$$i_0 + r = \frac{\pi}{2}$$

这表明，当入射角为起偏角时，反射光线和折射光线互相垂直。

15.3.2 折射光的偏振

自然光以起偏振角入射到两种介质界面时，尽管反射光是垂直振动的偏振光，但其强度只是入射光强度的很小一部分，光强很弱。而折射光是以平行振动为主的部分偏振光。如何增加反射光的强度和折射光的偏振化程度呢？我们可以从反射光偏振中得到启发，只要把许多平行玻璃片叠合在一起构成玻璃堆，如图 15-11 所示，自然光以布儒斯特角 i_0 入射，反射光为偏振光，折射光为部分偏振光，经玻璃下表面 B 点反射，入射角$(90-i_0)$恰为玻璃空气界面的起偏角，反射光也是垂直振动的偏振光。透射光中垂直振动减少，进入第二片玻璃时，又发生反射和折射，这样既增加反射光强度，又增加了透射光中的偏振化程度。所以利用玻璃堆的多次反射和折射，透射光就几乎只有平行于入射面的光振动了，因此透射光可近似看作是线偏振光。

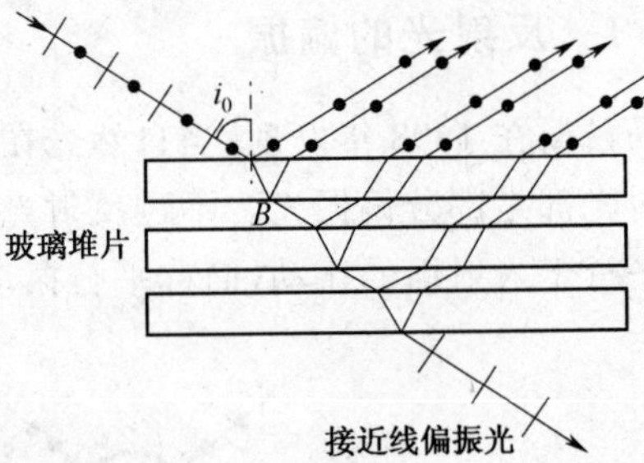

图 15-11　利用玻璃片堆产生完全偏振光

【例 15-4】 某透明介质在空气中的布儒斯特角 $i_0=58.0°$，求它在水中的布儒斯特角，已知水的折射率为 1.33。

【解】 首先应根据布儒斯特定律求出这种透明介质的折射率，然后再根据布儒斯特定律求出它在水中的布儒斯特角

$$\tan i_0 = \frac{n}{1}$$

所以
$$n=\tan i_0=\tan 58.0°=1.60$$
该透明介质的折射率为 1.60，它在水中的布儒斯特角为
$$i'=\arctan\frac{1.60}{1.33}=50.3°$$

【例 15-5】 某透明介质对于空气的临界角是 45°，求光从空气射向此介质时的布儒斯特角。

【解】 设介质的折射率为 n，空气折射率为 n_0，由全反射知
$$n\sin i=n_0\sin r=n_0\sin 90°=n_0$$
所以
$$\frac{n_0}{n}=\sin i=\sin 45°=\frac{1}{\sqrt{2}}$$
根据布儒斯特定律，光从空气射向介质时的布儒斯特角
$$i=\arctan\frac{n}{n_0}=\arctan\sqrt{2}=54.7°$$

习 题

一、选择题

1. 一束自然光自空气射向一块平板玻璃，如选择题 1 图所示，设入射角等于布儒斯特角 i_0，则在界面 2 的反射光（　　）。

A. 是自然光

B. 是完全偏振光且光矢量的振动方向垂直于入射面

C. 是完全偏振光且光矢量的振动方向平行于入射面

D. 是部分偏振光

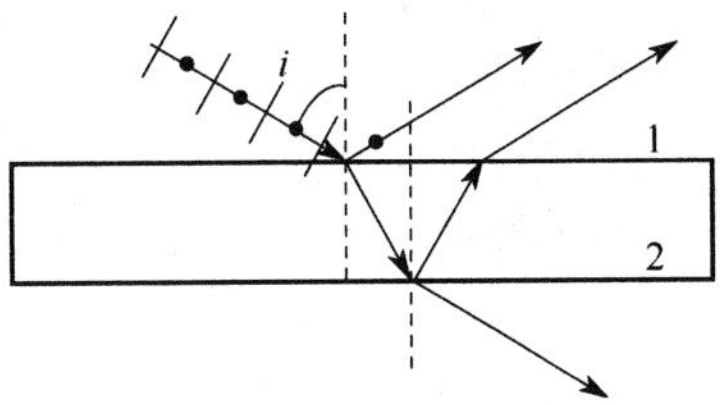

选择题 1 图

2. 一束光是自然光和线偏振光的混合光，让它垂直通过一偏振片，若以此入射光束为轴旋转偏振片，测得透射光强度最大值是最小值的 5 倍，那么入射光束中自然光与线偏振光的光强比值为（　　）。

A. 1/2　　B. 1/5　　C. 1/3　　D. 2/3

3. 使一光强为 I_0 的平面偏振光先后通过两个偏振片 P_1 和 P_2。P_1 和 P_2 的偏振化方向与原入射光矢量振动方向的夹角分别是 α 和 90°，则通过这两个偏振片后的光强 I 是（　　）。

A. $\frac{1}{2}I_0\cos^2\alpha$　　B. 0　　C. $\frac{1}{4}I_0\sin^2(2\alpha)$　　D. $\frac{1}{4}I_0\sin^2\alpha$

4. 自然光从空气入射到某介质表面上，当折射角为30°时，反射光是完全偏振光，则此介质的折射率为（　　）。

A. $\frac{1}{2}$　　B. $\frac{\sqrt{2}}{2}$　　C. $\sqrt{\frac{3}{2}}$　　D. $\sqrt{3}$

二、填空题

1. 要使一束线偏振光通过偏振片后，振动方向转过90°，至少要________块理想偏振片，在此情况下，透射光强最多是原来光强的________倍。

2. 一束自然光通过偏振化方向互成60°角的两个偏振片，若每个偏振片吸收通过它的光强的10%，则出射光强与入射光强之比等于________。

3. 当自然光以布儒斯特角入射在玻璃上时，反射光是________，反射光与折射光之间的夹角为________。

4. 自然光以57°入射角由空气投射到平板玻璃上，反射光为全偏振光，则折射角为________。

三、简答题

1. 一束光强为 I_0 的自然光垂直穿过两个偏振片，且此两偏振片的偏振化方向成 45°角，若不考虑偏振片的反射和吸收，求穿过两偏振片后的光强。

2. 一束光强为 I_0 的自然光，相继通过三个偏振片 P_1、P_2、P_3，出射光强为 $I=I_0/8$，已知 P_1 和 P_3 的偏振化方向垂直，若以入射光线为轴旋转 P_2，问 P_2 至少要旋转多大角度才能使透射光的光强为零。

3. 把三个偏振片叠合起来，第一片与第三片的偏振化方向成 90°角，第二片的偏振化方向与其他两片的夹角都成 45°角，用自然光照射它们，求最后透射光的强度与入射光的强度百分比。如果把第二片偏振片抽出来，放到第三片偏振片的后面，它们仍保持原来的偏振化方向，透射光的强度为多少？

4. 平行放置两块偏振片，使它们的偏振化方向成 60°角。求：

(1) 如果两偏振片对光的振动方向与偏振化方向相同的光均无吸收，则让光强为 I_0 的自然光照射后，透射光的强度为多少？

(2) 如果两偏振片对光的振动方向与偏振化方向相同的光吸收 10%的能量，则透射光的强度为多少？

5. 求光线从空气射向水面时的起偏振角。已知水的折射率为 1.33。

6. 求光线从水中射向玻璃面时的起偏振角。已知玻璃的折射率为 1.52。

7. 一束自然光以 $i=56°18'$ 入射到玻璃上，发现反射光是线偏振光。求：

(1) 玻璃的折射率；

(2) 折射光的折射角。

8. 自然光以布儒斯特角从空气射入到水中，又从水中的玻璃表面反射，若这反射光是线偏振光，求玻璃表面与水平面的夹角。(已知水的折射率为 1.333，玻璃的折射率为 1.51)

第六篇　近代与当代物理基础

我们前面介绍了牛顿力学、热力学和电磁学(包括麦克斯韦电磁场理论和光学)等内容，总称为经典物理学，它能够解释自然界中许多物理现象，并在生产实践中获得了广泛的应用。然而，到19世纪末叶，在经典物理学取得辉煌成就的同时，在晴朗的物理学天空中还飘忽着两朵乌云，一是企图解释“以太之谜”的麦克尔逊—莫雷实验；一是被称为“紫外灾难”的黑体辐射实验。正是为了解决上述两问题，物理学发生了一场深刻的革命，导致了相对论和量子力学的诞生。

本篇包括三部分内容，第一部分简单介绍狭义相对论的基础知识；第二部分简单介绍量子理论的基础知识；第三部分简单介绍几个与现代科学技术密切相关的当代物理学专题。

第 16 章　狭义相对论基础

狭义相对论的发现是人类对自然规律认识上的重大发展。这个发现是由 20 世纪初的社会生产和科学实践的水平和特点所决定的。19 世纪中叶以后，电动力学虽然获得重大发展，但人们对电磁场的认识却并未摆脱机械观点，仍把电磁场看作是一种弹性介质的运动形态。在 19 世纪末，当技术的发展已为精密的测量创造了物质条件时，人们在深入地研究了运动物体中的电磁现象和光现象后，便揭露出经典的时空理论与实验事实之间的深刻矛盾，发现了狭义相对论。

另外，19 世纪后期和 20 世纪初，随着生产技术的迅速发展，人类对于自然现象的认识不断深化，形而上学和机械唯物主义在物理学中已开始受到动摇，人们发现原子是可分割的，放射性元素能够转化，而量子效应的发现更从根本上动摇了经典物理学的概念等。这就是相对论诞生前夕物理学所面临的形势。正是在此形势下，爱因斯坦分析了新的实验事实，扬弃了经典的时空理论，提出了狭义相对论原理。

在这一章中我们将先复习伽利略相对性原理，简单介绍在高速运动情况下经典理论与实验事实之间的深刻矛盾，建立起克服这些矛盾的狭义相对论的基本原理——相对性原理和光速不变原理，给出洛伦兹变换，建立新的时空理论；在此基础上修改牛顿运动方程，使之适用于物体的高速运动，进一步导出质量与速度的关系及质量和能量的内在联系。

16.1　伽利略变换和经典力学的时空观

狭义相对论是直接为解决麦克斯韦电磁理论与旧时空理论的矛盾产生的。因此，在阐述狭义相对论时，有必要回顾一下旧时空理论以及与此相适应的物理学一些普遍原理。

16.1.1　力学相对性原理

要描写物体的运动，就要采用一定的参照系，在所有类型的参照系中，最常用、最方便的是惯性系。早在牛顿时代，人们就已经知道，对于惯性系有一个普遍的原理，即力学相对性原理：力学定律在所有惯性系中都具有相同的形式，或者说，一切惯性系对力学规律来说是等价的。这一原理是在实验的基础上总结出来的。实验表明，它的确反映了物质和运动的客观性。

力学相对性原理提出的历史背景是维护日心说。在日心说和地心说的争论中，有一种对日心说的非难：若地球以很大的速度飞行，那么空气和飞鸟都应早被地球甩掉了。伽利略对比了静止和匀速运动的船上的若干实验，如水滴自由落体运动和向不同方向抛物等。他指出，在匀速航行的船中，水滴依然垂直下落；向不同的方向抛物体，不会发现向船尾比向船头容易抛得更远，即：在船静止和匀速运动的情况下，力学实验无任何区别。

由此可以得到：不能在一个惯性参照系内部作力学实验来确定该参照系相对另一参照系的速度。

16.1.2　伽利略变换

力学相对性原理可用数学式表出，称为伽利略变换。设有两个惯性系 S 和 S'（见图 16-1），相对作匀速直线运动。在每一惯性系中各取一直角坐标系。为简单起见，令这两个坐标系各对应轴相互平行并设 S' 相对于 S 沿 x 轴正方向以速度 u 匀速运动，$t=0$ 时刻，O 和 O' 重合。现在分别自 S 系、S' 系对同一质点 P 的运动进行观测。设在任一时刻，在 S 和 S' 中 P 点的时空坐标分别为 (x,y,z,t) 和 (x',y',z',t')，则它们之间满足关系

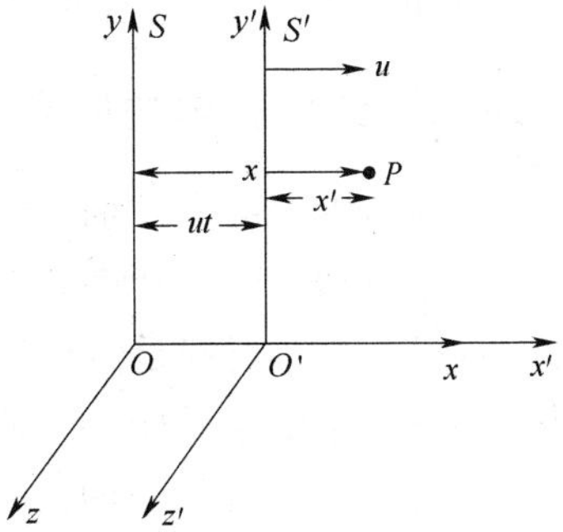

图 16-1　惯性系 S' 以速度 u 相对惯性系 S 运动

$$\left.\begin{aligned} x' &= x-ut \\ y' &= y \\ z' &= z \\ t' &= t \end{aligned}\right\} \tag{16-1a}$$

其逆变换为

$$\left.\begin{aligned} x &= x'+ut \\ y &= y' \\ z &= z' \\ t &= t' \end{aligned}\right\} \tag{16-1b}$$

上式及其逆变换称为伽利略时空变换式。将伽利略时空变换式对时间求导，得伽利略速度变换式

$$\left.\begin{aligned} v'_x &= v_x-u \\ v'_y &= v_y \\ v'_z &= v_z \end{aligned}\right\} \tag{16-2}$$

将上式对时间求导，得

$$\left.\begin{aligned} a'_x &= a_x \\ a'_y &= a_y \\ a'_z &= a_z \end{aligned}\right\} \tag{16-3a}$$

其矢量形式为

$$\boldsymbol{a}'=\boldsymbol{a} \tag{16-3b}$$

上式表明，在不同惯性系观察同一质点的运动，所得的加速度是相同的。换句话说，物体的加速度在伽利略变换下是不变的。

经典力学认为，物体的质量不随其相对于观察者（坐标系）的运动而改变。由牛顿第二定律，有

$$\boldsymbol{F}=m\boldsymbol{a} \quad (\text{对 } S \text{ 系})$$

$$\boldsymbol{F}'=m\boldsymbol{a}' \quad (\text{对 } S' \text{ 系})$$

由式(16-3b)，有

$$\boldsymbol{F}=\boldsymbol{F}' \tag{16-4}$$

即由不同的惯性系观察质点的受力情况，质点的基本运动方程（牛顿第二定律）是完全相同的。由此不难推断，对于所有的惯性系，牛顿力学的规律都应具有相同的形式。这就是牛顿力学的相对性原理。牛顿力学的相对性原理，在宏观、低速的情况下，与实验结果相一致。

16.1.3 经典力学的时空观

经典力学中有 $t=t'$ 的假定[见式(16-1)]，这表示，在所有的惯性系中时间都是相同的，即时间是绝对的。由于时间是绝对的，因而在 S 系中观察到同时发生的事件，在 S' 系中观察，也是同时的。由于时间是绝对的，那么在所有惯性系中时间间隔必定是相同的，即 $\Delta t=\Delta t'$，这表示在伽利略变换下时间间隔是绝对的。

从 S 系和 S' 系测量两点间的距离分别为

$$\Delta r=\sqrt{(\Delta x)^2+(\Delta y)^2+(\Delta z)^2}$$

$$\Delta r'=\sqrt{(\Delta x')^2+(\Delta y')^2+(\Delta z')^2}$$

由式(16-1)可知，$\Delta r=\Delta r'$。即由不同惯性系测得的空间间隔是相同的，或者说，空间长度与参考系的运动状态无关，即空间长度是绝对的。

在经典力学中，时间、长度、质量和同时性都与参照系的运动状态无关，时间和空间之间是不相联系的，是绝对的，这就是经典力学的绝对时空观。可以这样说，伽利略变换是经典时空观的集中体现。

16.1.4 经典时空理论的局限性

在物体低速运动范围内，伽利略变换和力学相对性原理是符合实际情况的。然而，在涉及电磁现象，包括光的传播现象时，伽利略变换和力学相对性原理却遇到了不可克服的困难。

根据麦克斯韦电磁理论，电磁波在真空中的速度（即光速）$c=1/\sqrt{\varepsilon_0\mu_0}$，是一个与参考系选择无关的常量，然而按照经典力学的伽利略变换式，物体的速度是和惯性系的选择有关的，这样光速就应随惯性系的选取而异，不再是一个不变的常量了，所以在经典力学的基本方程式中速度是不允许作为普适常量出现的。这样一来，在伽利略变换下，麦克斯韦方程组就不

具有不变性了。那么麦克斯韦方程组在什么参照系中成立呢？

在麦克斯韦预言电磁波之后，多数科学家认为电磁波传播需要介质，这种介质称为以太，它充满整个宇宙。电磁波是以太介质的机械运动状态，带电粒子的振动会引起以太的形变，而这种形变以弹性波形式的传播就是电磁波。当时人们普遍认为，既然在电磁波的波动方程中出现了光速 c，这说明麦克斯韦方程组只在相对以太静止的参考系中成立，在这个参考系中电磁波在真空中沿各个方向的传播速度都等于恒量 c，而在相对于以太运动的惯性系中则一般不等于恒量 c。于是这样的情况出现了：经典物理学中的经典力学和经典电磁学具有很不相同的性质，前者满足伽利略相对性原理，所有惯性系都是等价的；而后者不满足伽利略相对性原理，并存在一个相对于以太静止的最优参考系。人们把这个最优参考系称为绝对参考系，而把相对于绝对参考系的运动称为绝对运动。地球在以太中穿行，测量地球相对于以太的绝对运动，自然就成了当时人们首先关心的问题，为此，人们设计了许多的实验（其中最著名的是麦克尔逊—莫雷实验）来测定运动参考系相对于以太的速度，但所有这些实验都得到了否定的结果。

麦克尔逊—莫雷实验和其他一些实验的否定结果给人们带来了一些困惑，似乎相对性原理只适用于牛顿力学，而不能用于麦克斯韦的电磁场理论。看来要解决这一难题必须在物理观念上来个变革。这时许多物理学家都预感到一个新的基本理论即将产生。在洛伦兹、庞加莱等人为探索新理论所做的先期工作的基础上，一位具有变革思想的青年学者——爱因斯坦于 1905 年创立了狭义相对论，为物理学的发展树立了新的里程碑。

16.2　狭义相对论基本原理和洛伦兹变换

16.2.1　狭义相对论基本原理

爱因斯坦坚信世界的统一性和合理性。他在深入研究牛顿力学和麦克斯韦电磁场理论的基础上，认为相对性原理具有普适性，无论是对牛顿力学或者是对麦克斯韦电磁场理论皆如此。此外，他认为相对于以太的绝对运动是不存在的，光速是一个常量，它与惯性系的选择无关。1905 年爱因斯坦在他那篇著名的论文《论动体的电动力学》中，摒弃了以太假说和绝对参考系的假设，提出了狭义相对论的两条基本原理。

1. 相对性原理

物理定律在所有惯性系中都具有完全相同的表达式，即所有的惯性系对运动的描述都是等效的。它说明不能在一个惯性参照系内部通过力学现象、电磁现象或其他现象来确定该参照系相对另一参照系的速度。它否定了绝对参照系的存在，即否定了“以太”的存在。

2. 光速不变原理

在所有惯性系中测量的真空光速都是 c。它与光源或观察者的运动无关，与光的传播方向无关。

作为整个狭义相对论基础的这两条原理，最初是以假设提出的，而现在已为大量实验所证实。

16.2.2 洛伦兹变换

伽利略变换与狭义相对论的基本原理不相容，因此需要寻找一个满足狭义相对论基本原理的变换式，爱因斯坦导出了这一变换式，由于历史原因，一般称它为洛伦兹变换。

为简便起见，我们假设 S 系和 S' 系是两个相对作匀速直线运动的惯性坐标系(见图 16-2)，规定 S' 系沿 S 系的 x 轴正方向以速度 u 相对 S 系作匀速直线运动，x'、y' 和 z' 轴分别与 x、y 和 z 轴平行，S 系的原点 O 与 S' 系的原点 O' 重合时两惯性坐标系在原点处的时钟都指示零点。若有一个事件发生在点 P，从惯性系 S 测得点 P 的坐标为 x、y、z，时间为 t；而从 S' 系测得点 P 的坐标为 x'、y'、z'，时间为 t'。由狭义相对论的相对性原理和光速不变原理，可导出该事件在两个惯性系 S 和 S' 中的时空坐标变换式如下

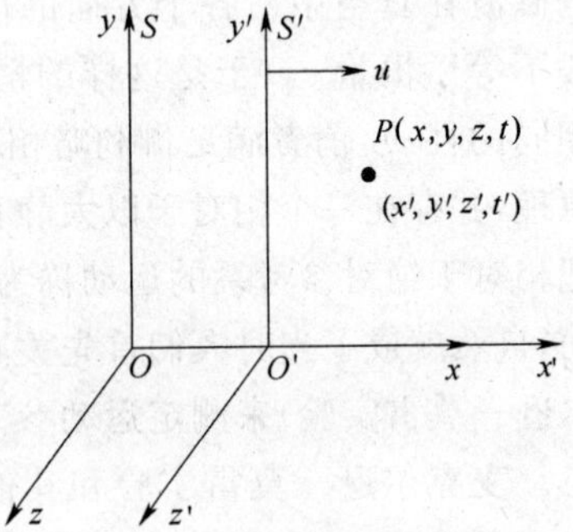

图 16-2 洛伦兹变换示意图

$$\left.\begin{aligned} x' &= \frac{x-ut}{\sqrt{1-\frac{u^2}{c^2}}} \\ y' &= y \\ z' &= z \\ t' &= \frac{t-\frac{u}{c^2}x}{\sqrt{1-\frac{u^2}{c^2}}} \end{aligned}\right\} \tag{16-5}$$

这种新的变换称为洛伦兹变换。在式(16-5)中将带撇的量与不带撇的量互换，并将 u 换成 $-u$，就得到洛伦兹变换的逆变换

$$\left.\begin{aligned} x &= \frac{x'+ut'}{\sqrt{1-\frac{u^2}{c^2}}} \\ y &= y' \\ z &= z' \\ t &= \frac{t'+\frac{u}{c^2}x'}{\sqrt{1-\frac{u^2}{c^2}}} \end{aligned}\right\} \tag{16-6}$$

从洛伦兹变换中可以看到，x'和t'都必须是实数，所以速率 u 必须满足

$$1-\frac{u^2}{c^2}\geqslant 0 \quad 或者 \quad u\leqslant c$$

于是我们得到一个十分重要的结论，这就是一切物体的运动速度都不能超过真空中的光速 c，或者说真空中的光速 c 是物体运动的极限速度。

显然，在 $u\ll c$ 的情况下，洛伦兹变换就过渡到伽利略变换。

16.3　狭义相对论的时空观

时间和空间是物理学中最基本的概念。下面将从洛伦兹变换出发导出狭义相对论时空观的几个重要推论。

16.3.1　同时的相对性

在牛顿力学中，时间是绝对的。如果两事件在惯性系 S 中同时发生，那么在另一个惯性系 S'中也是同时发生的。但是狭义相对论认为，两事件在惯性系 S 中同时发生，在 S'中观察，一般就不再是同时的了，这就是狭义相对论的同时的相对性（见图 16-3）。

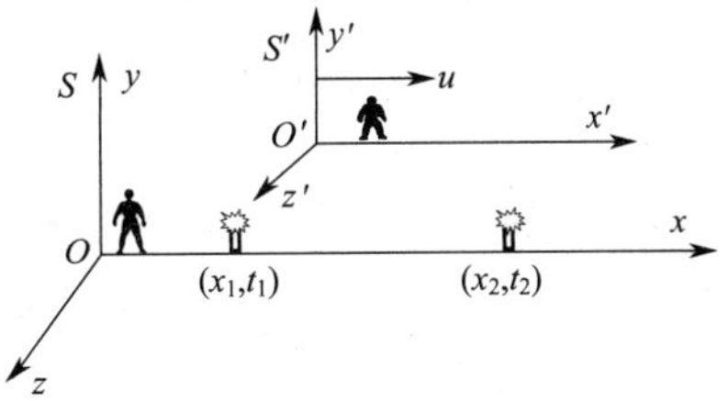

图 16-3　同时的相对性

设在 S 系中同时发生了两事件，其时空坐标为 (x_1,t_1)和(x_2,t_2)，且 $t_1=t_2$。在 S'中，这两个事件的时空坐标分别为(x_1',t_1')和(x_2',t_2')，由洛伦兹变换容易求出这两组变换之间的关系

$$t_1'=\frac{t_1-\frac{u}{c^2}x_1}{\sqrt{1-\frac{u^2}{c^2}}}\ ,\quad t_2'=\frac{t_2-\frac{u}{c^2}x_2}{\sqrt{1-\frac{u^2}{c^2}}}$$

两式相减得

$$t_2'-t_1'=\frac{-\frac{u}{c^2}(x_2-x_1)}{\sqrt{1-\frac{u^2}{c^2}}}$$

下面分两种情况讨论：

1. 同时同地事件

若两事件在 S 系中同时同地发生，即 $x_1=x_2$，$t_1=t_2$，则在 S'系中观察，$t_2'=t_1'$，即 S 系中

同时同地发生的两事件，在 S' 系中也是同时发生的。

2. 同时不同地事件

若两事件在 S 系中同时异地发生，即 $x_2 \neq x_1, t_1 = t_2$，则在 S' 系中观察，$t_2' \neq t_1'$。也就是说，在 S 系中同时异地发生的两事件，在 S' 系看来则是不同时的。在相对论中，同时的概念是相对的。

由同时的相对性，可能产生如何对准两不同地点的时钟问题。应该指出，在一定参考系内，这个问题用经典方法已经可以解决。例如把某地点的一个时钟缓慢移至另一地点，就可以和该点上的时钟对准，从而核对两地点的计时，只要时钟移动足够慢，相对论效应就可忽略。在另一参考系 S' 上，观察者也可以用相同方法来对准各点上的时钟。相对论效应在于，在一参考系中不同地点上对准了的时钟，在另一参考系上观察起来会变为不对准的，这就是同时相对性的意义。由于在某一参考系中不同地点上对准了的时钟，在另一参考系上观察起来会变为不对准的，因此不同惯性系中的时钟，只有在同一地点，才可以直接比较。

16.3.2 长度收缩

在伽利略变换中，两点之间的距离或物体的长度是不随惯性系而变的。例如长为 1 m 的尺子，不论在运动的车厢里或者在车站上去测量它，其长度都是 1 m。但是，在洛伦兹变换下，情况又是怎样的呢？

设一杆静置于 S' 系的 x' 轴，S' 系的观察者测得杆的长度 $l_0 = x_2' - x_1'$（见图 16-4），这是在相对于杆静止的参照系中测量到的物体的长度，称为杆的固有长度或本征长度。由于杆随 S' 系相对于 S 系运动，S 系观察者要测量此杆的长度，就必须在 S 系的同一时刻 t 测出杆两端的坐标 x_1、x_2，才能得到杆长的正确值 $l = x_2 - x_1$，这是在相对于杆运动的参照系中测量到的物体长度。根据洛伦兹坐标变换，应有

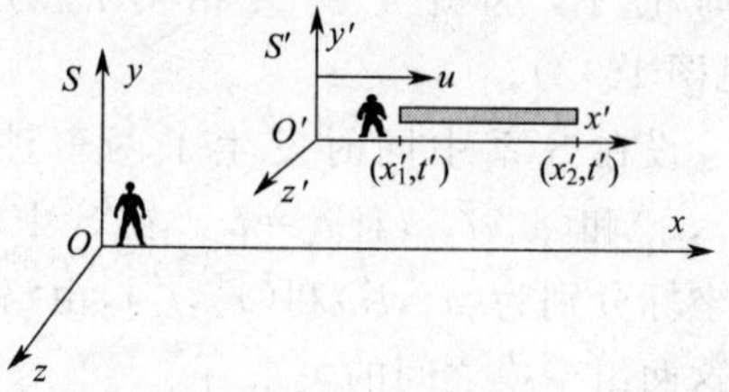

图 16-4 长度收缩

$$x_1' = \frac{x_1 - ut_1}{\sqrt{1 - \frac{u^2}{c^2}}}, \quad x_2' = \frac{x_2 - ut_2}{\sqrt{1 - \frac{u^2}{c^2}}}$$

考虑到在 S 系必须同时测量运动杆两端的坐标，即 $t_1 = t_2$，杆的静止长度可表示为

$$l_0 = x_2' - x_1' = \frac{x_2 - x_1}{\sqrt{1 - \frac{u^2}{c^2}}} = \frac{l}{\sqrt{1 - \frac{u^2}{c^2}}}$$

即

$$l = l_0 \sqrt{1 - \frac{u^2}{c^2}} \tag{16-7}$$

上式表示，在 S 系观测到运动着的杆的长度比它的固有长度缩短了，这就是狭义相对论的长度收缩效应。由于运动的相对性，长度收缩效应也是互逆的，放置在 S 系的杆，在 S' 系观测，同样会得到收缩的结论。应当指出，长度收缩效应是时空的基本属性，只是一种测量效应，物质结构并未发生变化。

根据洛伦兹坐标变换，$y=y'$，$z=z'$，即若杆静置于 S' 系的 y' 轴或 z' 轴上，S 系和 S' 系的观察者测得杆的长度相同，等于杆的固有长度。长度收缩效应只发生在物体相对于观察者的运动方向上，在与运动垂直的方向上没有长度收缩效应。

在 $u \ll c$ 时，$l=l_0\sqrt{1-u^2/c^2} \approx l_0$，即对空间间隔的测量与参考系的选择无关，是绝对的，因此日常经验中绝对空间的概念即牛顿绝对空间概念是狭义相对论的低速近似。

【例 16-1】 设想有一火箭，相对地球以速率 $u=0.95c$ 作直线运动。若以火箭为参考系测得火箭长为 15 m，问以地球为参考系，此火箭有多长？

【解】 以火箭为参考系测得火箭的长度为火箭固有长度。火箭相对地球运动，由式(16-7)，以地球为参考系时，火箭的长度为

$$l=l_0\sqrt{1-\frac{u^2}{c^2}}=15\sqrt{1-0.95^2}=4.68\ \text{m}$$

即从地球上测得火箭的长度只有 4.68 m。

【例 16-2】 长 $l_0=1$ m 的尺固定在 $x'O'y'$ 平面内(见图 16-5)，S' 系测得米尺与 x' 轴的夹角 $\theta_0=30°$，S 系测得该尺与 x 轴的夹角 $\theta=45°$。

求：(1) S 系中观察者测得的尺长；

(2) S' 系相对于 S 系的速率 u。

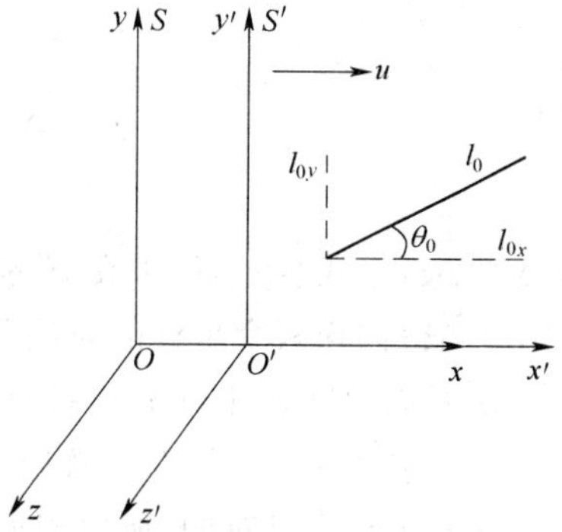

图 16-5　例 16-2 图

【解】 (1) 在 S' 系中测得米尺在 x' 轴和 y' 轴上的投影长度分别为

$$l_{0x}=l_0\cos\theta_0,\quad l_{0y}=l_0\sin\theta_0$$

在 S 系中测得米尺在 x 轴和 y 轴上的投影长度分别为

$$l_x=l\cos\theta,\quad l_y=l\sin\theta$$

由于在垂直于相对运动方向上没有尺缩效应，即

$$l_y=l_{y0}$$

$$l_0\sin\theta_0=l\sin\theta,\quad l=\frac{\sin\theta_0}{\sin\theta}l_0=0.707\ \text{m}$$

(2) 因 $l_x=l_{0x}\sqrt{1-\dfrac{u^2}{c^2}}$，即

$$l\cos\theta=l_0\cos\theta_0\sqrt{1-\frac{u^2}{c^2}}$$

从而
$$u=c\sqrt{1-\left(\frac{l\cos\theta}{l_0\cos\theta_0}\right)^2}=0.817\,c$$

16.3.3 时间膨胀效应

在经典物理学中，两事件发生的时间间隔不随惯性系而变，是绝对的。与此不同，在狭义相对论中，如同长度不是绝对的那样，时间间隔也不是绝对的。

设一物体静置于 S'系的 x'轴上的 x'_0 处(见图 16-6)，物体上发生某一过程(例如该物体的一段演化过程)，其开始和结束为两事件，相对于 S'静止的时钟记录的时刻分别为 t'_1 和 t'_2，两事件的时间间隔为 $\Delta\tau=t'_2-t'_1$，这是相对物体静止的时钟测到物体内部自然过程经历的时间间隔，称为固有时间间隔。而 S 系中时钟记录的上述两事件的时刻分别为 t_1 和 t_2，时间间隔为$\Delta t=t_2-t_1$，这是相对物体运动的时钟测到物体内部自然过程经历的时间间隔。根据洛伦兹坐标变换，应有

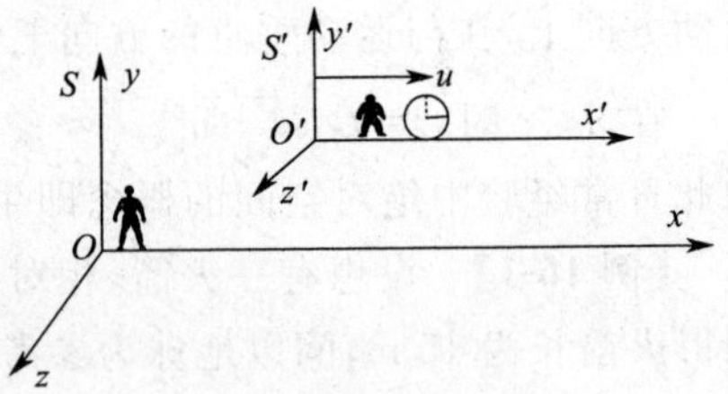

图 16-6 时间膨胀

$$t_1=\frac{t'_1+x'_0\frac{u}{c^2}}{\sqrt{1-\frac{u^2}{c^2}}},\quad t_2=\frac{t'_2+x'_0\frac{u}{c^2}}{\sqrt{1-\frac{u^2}{c^2}}}$$

于是
$$\Delta t=t_2-t_1=\frac{t'_2-t'_1}{\sqrt{1-\frac{u^2}{c^2}}}=\frac{\Delta\tau}{\sqrt{1-\frac{u^2}{c^2}}}\tag{16-8}$$

即 $\Delta t>\Delta\tau$，上式表示，如果在 S'系中同一地点相继发生的两个事件的时间间隔是 $\Delta\tau$，那么在 S 系中测得同样两个事件的时间间隔 Δt 总要比 $\Delta\tau$ 长，这就是狭义相对论的时间膨胀效应。由于 S'系以速度 u 相对于 S 系沿 x 轴正方向运动，因此在 S 系看来运动的时钟变慢了，故时间膨胀效应也称为动钟变慢效应。

由于运动是相对的，所以时间膨胀效应是互逆的，即如果在 S 系中同一地点相继发生的两个事件的时间间隔为 $\Delta\tau$，那么在 S'系测得的 $\Delta t'$ 总比 $\Delta\tau$ 长。

在 $u\ll c$ 时，$\Delta t=\Delta\tau\sqrt{1-u^2/c^2}\approx\Delta\tau$，即对时间间隔的测量与参考系的选择无关，是绝对的，因此日常经验中绝对空间的概念即牛顿绝对空间概念是狭义相对论的低速近似。

虽然在日常生活中动钟变慢效应显示不出来，但在高速领域里此效应变得特别明显。例如：宇宙线中的 μ 介子，一般是在高空大气层(约 10～20 km 的高空)中，由初级宇宙射线与原子核相互作用产生的 π 介子衰变而来，μ 介子是不稳定粒子，在相对 μ 介子静止的参考系中观察其本征寿命 $\Delta\tau=2.15\times10^{-6}$ s，在宇宙射线中的 μ 介子运动速率为 $0.998c$，若不考虑相对论效应，μ 介子能飞行的距离为 664 m，μ 介子不可能穿透大气层(10～20 km)，但实际上宇

宙线中的 μ 介子有很大一部分能穿透天气层而到达海平面，即 μ 介子实际走的平均距离为十几千米，远不止 664 m。考虑相对论效应，在地面参考系中测得 μ 介子的平均寿命 $\Delta t=\frac{\Delta\tau}{\sqrt{1-\frac{u^2}{c^2}}}=34\times10^{-6}$ s，则在地面参考系中测得 μ 介子飞行的路程为 $l_0=u\Delta t=10\ 180$ m，这与实际的观测结果相符合。此问题还可以从长度收缩效应来讨论，在相对于 μ 介子静止的参考系中，测到的是 μ 介子的静止寿命，但大气层随地球以速度 $u=0.998c$ 运动，μ 介子系测得大气层的厚度应为地面测得大气层厚度 l_0 的 $\sqrt{1-u^2/c^2}$ 倍，即 μ 介子系测得的大气层的厚度比地面测得的大气层厚度小，在静止寿命间隔内介子可以撞到地球。

从以上讨论可以看到，相对论时间膨胀效应总是与长度收缩紧密联系在一起的，所有验证相对论时间膨胀效应的近代物理实验，都同样验证了相对论长度收缩效应。

【例 16-3】 设想有一火箭以 $u=0.95c$ 的速率相对地球作直线运动。若火箭上宇航员的计时器记录他观测星云用去 10 min，则地球上的观察者测得此事用去了多少时间？

【解】 火箭上宇航员的计时器记录他观测星云用去的 10 min 为固有时间间隔，火箭相对地球运动，由式(16-8)可得，地球上的观察者测得此事用去的时间为

$$\Delta t=\frac{\Delta\tau}{\sqrt{1-\frac{u^2}{c^2}}}=\frac{10}{\sqrt{1-\frac{(0.95c)^2}{c^2}}}=32.01(\text{min})$$

即地球上的计时器记录宇航员观测星云用去了 32.01 min。

16.4　狭义相对论动力学基础

狭义相对论采用了洛伦兹变换后，建立了新的时空观，同时也带来了新的问题，这就是经典力学不满足洛伦兹变换，自然也就不满足新变换下的相对性原理。爱因斯坦认为，应该对经典力学进行改造或修正，以使它满足洛伦兹变换和洛伦兹变换下的相对性原理。经这种改造的力学就是相对论力学。

16.4.1　质量对速率的依赖关系

在经典力学中，根据动能定理，做功将会使质点的动能增加，质点的运动速率将增大，速率增大到多大，原则上是没有上限的。而实验证明这是错误的。例如，在真空管的两个电极之间施加电压对电极间的电子加速。实验发现，当电子速率越大时加速就越困难，并且无论施加多大的电压都不能使电子速率达到光速。这一事实意味着物体的质量不是绝对不变量，可能是速率的函数，随速率的增加而增大。在相对论中，可以证明(证明从略)，物体的质量是

随物体的运动状态而变化的。

设物体相对于观察者静止的质量为 m_0（称为静质量），相对于观察者以速率 v 运动时的质量为 m（称为动质量），理论分析表明，这两个质量间的关系为

$$m=\frac{m_0}{\sqrt{1-\frac{v^2}{c^2}}} \tag{16-9}$$

上式首先从理论上导出，然后又被大量实验所证明，并成为近代设计各种加速器的理论基础。由式(16-9)可以画出质量与速度的依赖关系曲线如图 16-7 所示，与实验所测得的一致。

若 $v=c$ 时，对 $m_0\neq0$ 的物体，则 $m\to\infty$，这是不可能的，这说明不能把静质量不为零的物体的速度加速到光速。但如果 $m_0=0$，则 m 可为有限值，例如光子、中微子等基本粒子，就正是这种情形，它们是没有静止质量的。

若 $v>c$，则 m 成为虚数，这是毫无意义的，这说明光速是一切运动物体的最大极限速度，超过光速是不可能的。

若 $v\ll c$，则 $m=m_0$，这是经典力学的情形。

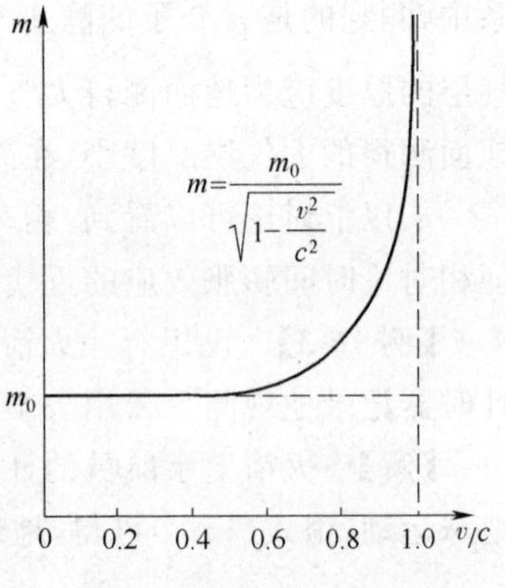

图 16-7　质量与速度的关系

16.4.2　相对论力学的基本方程

在狭义相对论中，理论分析和实验观察都证明，可以在形式上把动量写作

$$\boldsymbol{p}=m\boldsymbol{v} \tag{16-10}$$

式中，$m=\dfrac{m_0}{\sqrt{1-v^2/c^2}}$。与此相对应，相对论力学的基本方程应写为

$$\boldsymbol{F}=\frac{\mathrm{d}\boldsymbol{p}}{\mathrm{d}t}=\frac{\mathrm{d}(m\boldsymbol{v})}{\mathrm{d}t}=\frac{\mathrm{d}}{\mathrm{d}t}\left(\frac{m_0\boldsymbol{v}}{\sqrt{1-\frac{v^2}{c^2}}}\right) \tag{16-11}$$

可以证明，上式对洛伦兹变换是不变的，对任何惯性系都适用。

当 $v\ll c$ 时，$m=m_0$，$\boldsymbol{F}=\dfrac{\mathrm{d}\boldsymbol{p}}{\mathrm{d}t}=\dfrac{\mathrm{d}(m\boldsymbol{v})}{\mathrm{d}t}=\dfrac{\mathrm{d}(m_0\boldsymbol{v})}{\mathrm{d}t}=m_0\boldsymbol{a}$，这就是经典力学的牛顿第二定律。

可见，牛顿第二定律，只是相对论力学方程的特殊情形。

16.4.3　质量和能量的关系

从相对论力学的基本方程出发，可以得到狭义相对论中另一重要的关系式——质量与能量的关系式。

在狭义相对论中，力做功的定义与牛顿力学相同，且定义某运动状态的动能 E_k 等于合外力使质点由静止状态到该运动状态所做的功，即

$$E_k=\int_0^v \boldsymbol{F}\cdot \mathrm{d}\boldsymbol{r}$$

$$\boldsymbol{F}\cdot \mathrm{d}\boldsymbol{r}=\frac{\mathrm{d}\boldsymbol{p}}{\mathrm{d}t}\cdot \mathrm{d}\boldsymbol{r}=\mathrm{d}(m\boldsymbol{v})\cdot\boldsymbol{v}=(\mathrm{d}m)\boldsymbol{v}\cdot\boldsymbol{v}+m(\mathrm{d}\boldsymbol{v})\cdot\boldsymbol{v}$$

$$=v^2\mathrm{d}m+\frac{1}{2}m\mathrm{d}(\boldsymbol{v}\cdot\boldsymbol{v})=v^2\mathrm{d}m+\frac{1}{2}m\mathrm{d}v^2$$

对式(16-9)两边求微分 $\mathrm{d}m=\mathrm{d}\left(\dfrac{m_0}{\sqrt{1-\dfrac{v^2}{c^2}}}\right)=\dfrac{1}{2}\dfrac{m\mathrm{d}v^2}{c^2-v^2}$，代入上式得

$$\boldsymbol{F}\cdot \mathrm{d}\boldsymbol{r}=v^2\mathrm{d}m+(c^2-v^2)\mathrm{d}m=c^2\mathrm{d}m$$

$v=0$ 时 $m=m_0$，因而

$$E_k=\int_{m_0}^{m} c^2\mathrm{d}m$$

即

$$E_k=mc^2-m_0c^2 \tag{16-12a}$$

上式就是狭义相对论的动能表达式，或狭义相对论的动能定理，式中 E_k 是物体的动能，mc^2 是物体的总能量，m_0c^2 是物体的静止能量。

若用 E 表示 mc^2，E_0 表示 m_0c^2，上式可写为

$$E_k=E-E_0 \tag{16-12b}$$

我们把公式

$$E=mc^2 \tag{16-13}$$

叫做质能关系式，它在核物理与基本粒子物理的理论与应用中，是十分重要的基本公式。现讨论如下：

(1) 它揭示了物质的两个基本属性——质量与能量之间的联系和对应关系。物体具有质量 m，同时就具有能量 E，反之亦然。

(2) 由 $E=mc^2$ 可知，封闭系统的总能量守恒，意味着质量守恒。经典力学中的两个不相联系的守恒定律——质量守恒与能量守恒定律，在相对论中得到了统一表示。当物质系统的质量变化 Δm 时，总能量相应变化 $\Delta E=\Delta mc^2$。当 $\Delta m>0$ 时，系统能量增加；当 $\Delta m<0$ 时，系统能量减少。

(3) 低速条件下，即 $v\ll c$ 时，因

$$\frac{1}{\sqrt{1-\dfrac{v^2}{c^2}}}=1+\frac{1}{2}\frac{v^2}{c^2}+\frac{3}{8}\left(\frac{v^2}{c^2}\right)^2+\cdots\approx 1+\frac{1}{2}\frac{v^2}{c^2}$$

故
$$E_k \approx \left(1+\frac{1}{2}\frac{v^2}{c^2}\right)m_0c^2-m_0c^2=\frac{1}{2}m_0v^2$$
回到牛顿力学的动能表达式。

(4) 物体静止时，动能 $E_k=0$，但物体仍有静能量 m_0c^2。由相对论的观点，能量并不短缺，短缺的是使物体释放能量的技术。

【例 16-4】 求把 1 kg 0℃的水加热到 100℃时所增加的质量，水的比热为 4.18J/(g·K)。

【解】 1 kg 0℃的水加热到 100℃时所增加的能量为
$$\Delta E=4.18\times10^3\times100=4.18\times10^5(\text{J})$$
由 $\Delta E=\Delta mc^2$ 有
$$\Delta m=\frac{\Delta E}{c^2}=\frac{4.18\times10^5}{(3\times10^8)^2}=4.6\times10^{-12}(\text{kg})$$
这是系统能量发生变化而引起的质量变化。不过这种质量的变化大小，在实验上无法测出来。但是，我们知道，在原子核反应中，由于质量变化而引起的能量变化却是非常巨大的。

【例 16-5】 在参考系 S 中，有两个静质量都是 m_0 的粒子 A 和 B，分别以速率 v 沿同一直线相向运动，相碰后合在一起成为一个静质量为 M_0 的粒子，设没有能量释放，求 M_0。

【解】 以 M 表示合成粒子的质量，其速度为$\boldsymbol{v}_m$，设碰前粒子 A 运动方向的单位矢量为$\boldsymbol{i}$，则由动量守恒定律有
$$m_A v\boldsymbol{i}-m_B v\boldsymbol{i}=M\boldsymbol{v}_m$$
因两粒子静质量相同，运动速率也一样，则 $m_A=m_B$，由上式可知$\boldsymbol{v}_m=0$，即合成粒子静止，$M=M_0$。

由能量守恒定律有
$$m_Ac^2+m_Bc^2=M_0c^2$$
$$M_0=m_A+m_B=\frac{2m_0}{\sqrt{1-\frac{v^2}{c^2}}}$$

【例 16-6】 计算氢弹爆炸中核聚变反应之一所放出的能量，其聚变反应为${}_1^2\text{H}+{}_1^3\text{H}\rightarrow{}_2^4\text{He}+{}_0^1\text{n}$。其中各粒子的静质量如下：
$$m_D=3.343\,7\times10^{-27}\ \text{kg},\quad m_T=5.004\,9\times10^{-27}\ \text{kg}$$
$$m_{He}=6.642\,5\times10^{-27}\ \text{kg},\quad m_n=1.675\,0\times10^{-27}\ \text{kg}$$

【解】 反应前后静止质量之差为
$$\Delta m_0=(m_D+m_T)-(m_{He}+m_n)=0.0\,311\times10^{-27}(\text{kg})$$
释放的能量为
$$\Delta E=(\Delta m_0)c^2=2.799\times10^{-12}(\text{J})$$
1 kg 这种核燃料所释放的能量为

$$E=\frac{\Delta E}{m_{\mathrm{D}}+m_{\mathrm{T}}}=3.353\times10^{14}(\mathrm{J/kg})$$

16.4.4　能量和动量的关系

我们知道，粒子的总能量和动量分别为

$$E=\frac{m_0c^2}{\sqrt{1-\frac{v^2}{c^2}}}\quad,\quad p^2=\frac{{m_0}^2v^2}{1-\frac{v^2}{c^2}}$$

从以上两式中消去速度 v 后，便有

$$E^2=m_0^2c^4+p^2c^2 \tag{16-14}$$

或

$$E=\pm\sqrt{E_0^2+p^2c^2}$$

对于静质量为零的粒子，如光子，上式变为 $p=\frac{E}{c}$，光子质量 $m=\frac{E}{c^2}$。这说明光子虽没有静止质量和静止能量，但却有质量、动量和能量。

习　题

一、选择题

1. 一宇宙飞船相对地球以 $0.8c$（c 表示真空中光速）的速度飞行。一光脉冲从船尾传到船头，飞船上的观察者测得飞船长为 90 m，地球上的观察者测得光脉冲从船尾发出和到达船头两个事件的空间间隔为（　　）。

A. 90 m　　B. 270 m　　C. 54 m　　D. 150 m

2. 狭义相对论揭示了（　　）。

A. 微观粒子的运动规律　　B. 电磁场的运动规律

C. 高速运动物体的运动规律　　D. 引力场中的时空结构

3. 惯性系 S 内发生的两个事件 P_1 和 P_2，其时空坐标分别为 $P_1(x_1,t_1)$ 和 $P_2(x_2,t_1)$，在相对于 S 系作高速运动的 S' 惯性系中的观测者观测，这两个事件的时空坐标关系为（　　）。

A. $t'_1=t'_2$　　B. $t'_1=t'_2, x'_1\neq x'_2$

C. $t'_1\neq t'_2, x'_1\neq x'_2$　　D. $t'_1\neq t'_2, x'_1=x'_2$

4. 一刚性米尺固定在 S' 惯性系中，它与 x' 轴正向夹角 $\alpha'=30°$，则在相对于 S' 以高速度 u 沿 x' 轴作匀速直线运动的 S 系中的观测者观测该米尺与 x 轴正向夹角为（　　）。

A. $\alpha=30°$　　B. $\alpha<30°$　　C. $\alpha>30°$　　D. $\alpha=45°$

5. 一个中子的静止能量 $W_0=900$ MeV，动能 $W_k=60$ MeV，则中子的运动速度为（　　）。

A. $0.30c$　　B. $0.35c$　　C. $0.40c$　　D. $0.45c$

6. 已知电子的静能为 0.511 MeV，若电子的动能为 0.25 MeV，则它所增加的质量)Δm 与静止质量 m_0 的比值近似为(　　)。

A. 0.1　　B. 0.2　　C. 0.5　　D. 0.9

7. 若某一粒子由于高速运动使得其质量增加了 10%，则此物体在运动方向收缩的百分比为(　　)。

A. 9.1%　　B. 8.1%　　C. 9.5%　　D. 8.5%

二、填空题

1. 一静止长度为 100 m 的宇宙飞船，若它飞过地球上一位观察者所需要的时间为 4 μs，则它相对于地球的飞行速率为________。

2. 有一速度为 u 的宇宙飞船沿 x 轴正方向飞行，飞船头尾各有一个脉冲光源在工作，处于船尾的观察者测得船头光源发出的光脉冲的传播速度大小为________；处于船头的观察者测得船尾光源发出的光脉冲的传播速度大小为________。

3. 在实验室中发射一束放射性粒子，测得每个粒子的平均寿命为 20 ns，若此放射性粒子静止时，平均寿命为 7.5 ns，则发射粒子的速度大小为________。

4. 一电子以 $0.99c$ 的速率运动(电子静止质量为 9.11×10^{-31} kg)，则电子的总能量是________J，电子的经典力学的动能与相对论动能之比是________。

5. 乙以 $0.6c$ 相对于甲运动，并且携带一质量为 1 kg 的物体，则甲测得这个物体的质量为________，甲测得这个物体的总能量为________。

6. 两个静止质量均为 m_0 的粒子以大小相等、方向相反的速度相碰撞，合成一个复合粒子，则该复合粒子的静止质量 $M_0=$________，运动速率 $v=$________。

三、简答题

1. 设有两个惯性系 S 和 S'，S' 相对于 S 沿 x 轴方向以 $u=\frac{3}{5}c$ 运动，它们的坐标原点在 $t=t'=0$ 时重合。有一个事件，在 S' 参考系中发生在 $t'=5.0\times10^{-8}$ s，$x'=60$ m，$y'=0$，$z'=0$ 处，求该事件在 S 参考系中的时空坐标。

2. 设 S' 系相对于 S 系以速率 $u=0.8c$ 沿 x 轴正向运动，在 S' 系中测得两个事件的空间间隔为 $\Delta x'=300$ m，时间间隔为 $\Delta t'=1.0\times10^{-6}$ s，求 S 系中测得两个事件的空间间隔和时间间隔。

3. 在宇宙飞船上的人从飞船后面向前面的靶子发射一颗高速子弹，此人测得飞船长 60 m，子弹的速率是 $0.8c$，求当飞船对地球以 $0.6c$ 的速率运动时，地球上的观察者测得子弹飞行的时间是多少？

4. 一短跑选手，在地球上以 10 s 的时间跑完 100 m，在飞行速率为 $0.98c$ 的飞船中的观察者看来，这选手跑了多长时间和多长距离？设飞船运动与选手奔跑同方向。

5. 一直尺以 $u=0.6c$ 的速率沿 x 轴相对于惯性参考系 S 运动，在 S 参考系上测出该尺的长度 $l=3.2$ m，求尺的静止长度。

6. 一个立方体，沿它的一条棱边方向以速率 u 相对于惯性参考系 S 运动，设立方体的静止体积为 V_0，静止质量为 m_0，求它在 S 参考系中的密度。

7. 一个米尺相对于你以 $u=0.6c$ 的速率平行于尺长方向运动，你测得米尺长为多少？米尺通过你需要多少时间？

8. 在一个实验室中以 $0.6c$ 的速率运动的粒子，飞行了 3 m 后衰变，实验室观测者测得该粒子的寿命为多少？一个与粒子一起运动的观测者测得粒子的寿命为多少？

9. 一个星体以 $0.99c$ 的速率离开地球，地球接收到它辐射出来的闪光按 5 昼夜的周期变化，求固定在星体上的实验室所测得的闪光周期。

10. π^+ 介子是不稳定的，它在衰变之前存在的平均寿命（相对于它所在的参考系）约为 2.6×10^{-8} s。

(1) 如果 π^+ 介子相对于实验室运动的速率为 $0.8c$，那么在实验室中测得它的平均寿命是多少？

(2) 衰变之前在实验室中测得它运动的距离是多少？

11. 把一个电子从静止加速到 $0.1c$，需对它作多少功？如果将电子从 $0.8c$ 加速到 $0.9c$，又需对它作多少功？

12. 已知实验室中一个质子的速率为 $0.99c$，求它的相对论总能量和动量是多少？动能是多少？（质子静质量 $m_0=1.67\times10^{-27}$ kg）

13. 氢原子的结合能（从氢原子移去电子所需的能量）为 13.6 eV。当电子和质子结合为氢原子时损失了多少质量？

第 17 章　波与粒子

前面我们介绍了光的干涉、衍射和偏振等现象，这些现象充分证明光具有波动性，即光是一种电磁波。而在 19 世纪末和 20 世纪初，所发现的一系列实验现象表明，在光与物质的相互作用过程中却表现出光具有量子化特征，即光也具有粒子性。

本章将首先介绍爱因斯坦的光子理论，利用这一理论可以解释光电效应现象，实际上这是一种光在束缚电子上的散射现象。其次，介绍康普顿效应，实际上这是一种光在自由电子上的散射现象，这一现象进一步证实爱因斯坦的光子理论是正确的，即光也具有粒子性。在此基础上，提出光的波粒二象性和实物粒子的波粒二象性，并对德布罗意波进行统计解释，最后简单介绍不确定关系。

17.1　光电效应

当光照射在某种金属导体上时，有可能使金属中的电子逸出金属表面，这种现象称为光电效应。在光电效应中，光显示出它的粒子性，使人们对光的本性获得了进一步的认识。

17.1.1　光电效应的实验规律

光电效应现象的实验装置如图 17-1 所示。图中 C 为一抽去空气的真空玻璃容器，容器内装置阴极 K 和阳极 A，这两个电极再分别和电流计 G、伏特计 V 及电池组 B 按图示连接。电源 B 对 A、K 两极提供了电压 $U_{AK}=U_A-U_K$，且 $U_A>U_K$，使两极间形成一个方向由阳极 A 指向阴极 K 的电场。

以某种频率的单色光投射到阴极 K 上时，电流计 G 显示出线路中有电流通过。改变两极间电压 U_{AK}，电流强度 I 也随之而变，两者之间的关系如图 17-2 中的伏安特性曲线所示。对于上述实验结果，我们可以解释如下：当一定频率的光照射在金属极板 K 上时，板上就释放出电子，称为光电子，光电子就在这两极间的电场内作加速运动，奔向阳极 A 形成线路中的电流 I，这种电流称为光电流。当电压 U_{AK} 相当大时，阴极 K 上所释放的电子全部飞到 A 极上，这时电流强度 I 达到饱和值 I_H；当两极间加上反向电动势（$U_A<U_K$），电压 U_{AK} 为负值时，电子在逆向电场力作用下作减速运动，在电压达到一定值 U_a 时，光电子已不能到达阳极，于是光电流为零。这一电压 U_a 称为遏止电压。

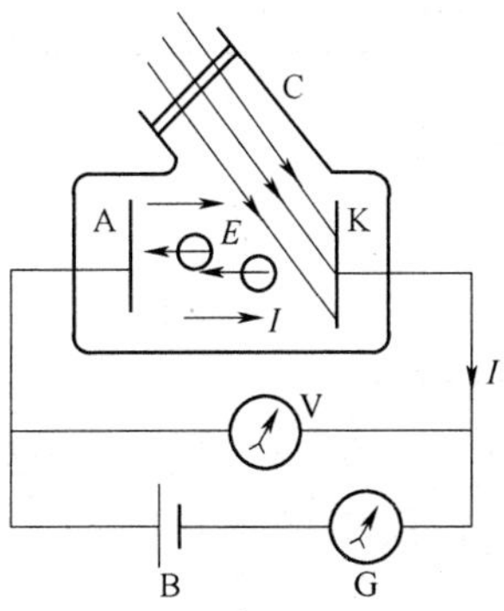

图 17-1　光电效应实验装置

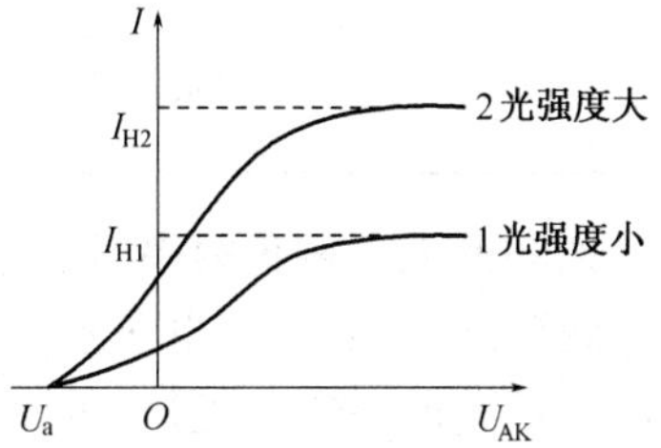

图 17-2　光电效应的伏安特性曲线

现在，我们根据实验结果来说明光电效应的规律。由于饱和光电流的大小 I_H 决定于单位时间内自阴极 K 逸出的光电子数目 N，即 $I_H=Ne$(e 为电子的电荷)，因此，分析用不同强度的光照射阴极 K 而得到的伏安特性曲线，可给出第一条实验规律：

(1)单位时间内自阴极金属表面逸出的光电子数与入射光的强度成正比。

当电压达到遏止电压 U_a 时，光电流为零，这就说明电子由于遏止电压的减速运动已不能到达阳极 A，这时电子从阴极逸出时具有的初动能全部消耗于克服电场力做功，故

$$\frac{1}{2}mv^2=e|U_a| \tag{17-1}$$

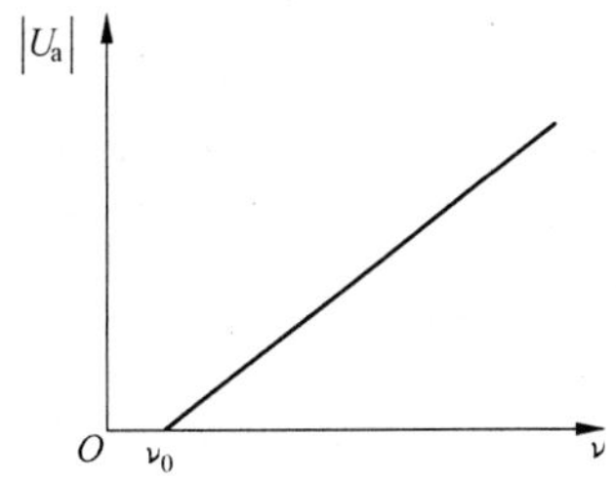

图 17-3　遏止电压与光频率

实验指出，用频率不同的光照射阴极 K 时，相应的遏止电压也不同，且其大小与光的频率存在着如下的线性关系(见图 17-3)：

$$|U_a|=k\nu-U_0 \tag{17-2}$$

将此关系式代入式(17-1)，得

$$\frac{1}{2}mv^2=ek\nu-eU_0 \tag{17-3}$$

式中，e 是电子的电量(绝对值)，k 是一个与阴极材料性质无关的常量，另一恒量 U_0 则决定于材料的性质，于是得到第二条实验规律：

(2)光电子的初动能和入射光的频率成线性关系，而和入射光的强度无关。

因为动能必须是正值，由此可得第三条实验规律：

(3)要产生光电效应，入射光的频率不能小于一定的数值 ν_0，这个极限称为红限或截止频率。它可由式(17-3)，令 $\frac{1}{2}mv^2=0$，求得 $\nu_0=U_0/k$。实验指出，当光的频率小于红限 ν_0 时，不论光的强度有多大，照射时间有多长，都不会产生光电效应。而且不同的金属，有不同的截止频率，如表 17-1 所列。

表 17-1　几种金属的逸出功 A 和截止频率(红限)ν_0

金属	铯	钠	锌	银	铂
A/eV	1.94	2.28	4.31	4.73	6.35
ν/Hz ($\nu_0=c/\lambda_0$)	4.545×10^{14}	6.000×10^{14}	8.065×10^{14}	1.153×10^{15}	1.93×10^{15}

当入射光的频率大于截止频率时,无论光的强度多弱,都有光电子从金属表面逸出。根据实验测定,从接受光的照射到电子逸出金属表面,所需时间不超过 10^{-9} s。这就是光电效应的“瞬时性”。故第四条实验规律为:

(4)若入射光的频率大于截止频率,则入射光一开始照射,立刻就会产生光电效应。

上述光电效应的实验规律无法用经典的波动理论来解释。首先,按照经典理论,光照射在金属上时,光的强度越大,则光电子获得的能量也就越多,它从金属表面逸出时的初动能也越大,所以光电子的初动能应与光强度有关。但这与上述实验规律相悖。其次,按照经典的波动理论,无论何种频率的光照射在金属上,只要入射光的强度足够大,或者照射时间足够长,使电子获得足够能量,它总可从金属中逸出,不存在实验所发现的红限问题。再有,按照光的波动说,金属中的电子从入射光波中连续不断地吸收能量时,必须积累到一定量值(至少须等于逸出功),才能逸出金属表面,这就需要一段积累能量的时间。但是,实验结果并非如此。

17.1.2　光子　爱因斯坦方程

为了解决经典电磁波理论在解释光电效应现象时所遇到的困难,1905 年爱因斯坦对光的本性提出了新的理论,他认为:

光是一粒一粒的、以光速运动着的粒子流,这些粒子称为光子。每一光子的能量为

$$\varepsilon=h\nu \tag{17-4}$$

式中,h 为普朗克常量,$h=6.63\times10^{-34}$ J·s;ν 为频率。

采用光子概念后,光电效应的实验规律立刻得到了合理的解释。当光照射到金属表面时,一个光子的能量可以立即被一个电子所吸收,不需要积累能量的时间,说明了光电效应的瞬时性。当频率为 ν 的光照射在金属上时,电子吸收一个光子,便获得了能量 $h\nu$,其中,一部分能量消耗于电子从金属表面逸出时克服表面原子的引力所做的功,即所谓逸出功 A,另一部分能量转换为光电子的动能 $mv^2/2$。按照能量守恒定律,有

$$h\nu=\frac{1}{2}mv^2+A\quad 或\quad \frac{1}{2}mv^2=h\nu-A \tag{17-5}$$

这一方程称为爱因斯坦光电效应方程。

方程(17-5)说明了截止频率的存在,并且说明频率等于截止频率的光子能量,恰好等

于该物体电子的逸出功。当 $\nu<\nu_0=A/h$ 时，光子的能量(即被电子吸收的能量)小于逸出功，因此不论入射光如何强烈，都不能产生光电效应；反之，如果频率大于截止频率，那么光子的能量大于电子的逸出功，电子一旦吸收这能量就可以立刻从表面逸出，产生光电效应。从方程(17-5)还可以看出，光子的最大初动能仅依赖于入射光的频率，它与入射光的频率成线性关系，与入射光的强度无关。当入射光的强度增加时，光子的数目增多，单位时间内因吸收光子能量而释放出来的光电子数目亦随之增加，这就很自然地说明了单位时间内自金属表面逸出的光电子数与入射光的强度成正比。至此，光电效应的实验规律得到了圆满的解释。

【例 17-1】 波长为 3.5×10^{-7} m 的光子照射到某种金属材料表面，实验发现，从该表面发射出的能量最高的电子在 1.5×10^{-5} T 的磁场中偏转而成的圆轨道半径为 0.18 m，求这种材料的逸出功。

【解】 光子的能量为

$$E=h\nu=\frac{hc}{\lambda}=\frac{6.63\times10^{-34}\times3\times10^{8}}{3.5\times10^{-7}}=5.68\times10^{-19}(\mathrm{J})$$

$$E=\frac{5.68\times10^{-19}}{1.6\times10^{-19}}=3.55(\mathrm{eV})$$

电子在磁场中的运动给出

$$evB=m\frac{v^2}{R}\qquad v=\frac{eBR}{m}$$

其动能为

$$\frac{1}{2}mv^2=\frac{1}{2}m\left(\frac{eBR}{m}\right)^2=\frac{e^2B^2R^2}{2m}$$

$$=\frac{(1.5\times10^{-5})^2\times(1.60\times10^{-19})^2\times(0.18)^2}{2\times9.1\times10^{-31}}(\mathrm{J})=0.65(\mathrm{eV})$$

逸出功

$$A=h\nu-\frac{1}{2}mv^2=3.55-0.65=2.90(\mathrm{eV})$$

【例 17-2】 当用波长为 $\lambda_1=3.5\times10^{-7}$ m 和 $\lambda_2=5.4\times10^{-7}$ m 的光轮流照射某一金属表面时，发现在这两种情况下光电子的最大速度比值为 $\eta=2.0$。求该金属的逸出功。

【解】 由题意

$$h\nu_1=\frac{hc}{\lambda_1}=\frac{1}{2}mv_1^2+A,\quad \frac{hc}{\lambda_1}-A=\frac{1}{2}mv_1^2$$

$$h\nu_2=\frac{hc}{\lambda_2}=\frac{1}{2}mv_2^2+A,\quad \frac{hc}{\lambda_2}-A=\frac{1}{2}mv_2^2$$

$$\frac{\dfrac{hc}{\lambda_1}-A}{\dfrac{hc}{\lambda_2}-A}=\left(\frac{v_1}{v_2}\right)^2=\eta^2=4$$

$$A=\frac{hc}{3}\left(\frac{4}{\lambda_2}-\frac{1}{\lambda_1}\right)=1.90(\mathrm{eV})$$

17.1.3 康普顿效应

1932 年,康普顿用 X 射线通过物质的散射实验,进一步证实了光子的存在。

康普顿实验装置如图 17-4 所示,由伦琴射线管 R 发出的波长为 λ_0 的射线,通过光阑 D 后,投射到一块散射物质(如石墨)S 上,通过 S 后,沿各方向发出散射射线,并经光阑 B 后形成一束射线,入射到装有晶体 C 和电离室 F 的摄谱仪上,借助摄谱仪可测定散射射线的波长及其强度。伦琴射线管 R 和石墨 S 可以一起转动,以使不同方向(即不同 φ 角)的散射线通过光阑 B 而投射到摄谱仪。实验指出:①散射线中除了有与入射线波长 λ_0 相同的射线外,还有比入射线波长 λ_0 更长的射线;②波长的变化 $\lambda-\lambda_0$ 随散射角 φ 的增大而增大,且在同一散射角下,波长变化与散射物质无关。

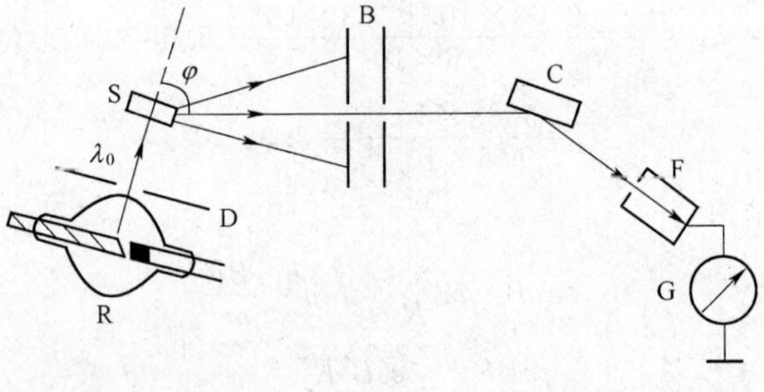

图 17-4 康普顿实验装置示意图

当 X 射线被物质散射时,散射线波长发生改变的现象,称为康普顿效应。

我们知道,X 射线是一种电磁波。按照经典的电磁波理论,当波长为 λ_0 的电磁波射入物质时,引起物质中的带电粒子以与入射电磁波相同的频率作受迫振荡,并向各方向辐射出同一频率的电磁辐射,即散射电磁波的频率(或波长)应与入射电磁波的频率(或波长)相等,不应出现波长改变的现象。可见,经典理论无法解释康普顿效应。

康普顿用光子概念,根据能量和动量守恒定律,成功地解释了实验现象。一般来说,X 射线中一个光子的能量远大于散射物质中一个外层电子的束缚能,因此,入射的 X 射线光子与电子的相互作用,可以近似地看作光子与一个自由电子的弹性碰撞,如图 17-5 所示,且自由电子的速度甚小,可以忽略。设碰撞前电子是静止的(即 $v_0=0$),频率为 ν_0 的光子沿 Ox 轴方向入射,碰撞后光子沿 φ 角的方向散射出去,电子则获得了速度 v,沿 θ 角的方向运动。可想而知,由于光子的速率为 $c=3\times10^8$ m/s,电子获得的速率也不小,可与光速相比。由狭义相对论的质量与能量的关系,电子在碰撞前、后的相应能量为 m_0c^2 和 mc^2,其中,m_0 和 m 分别为电子在碰撞前、后的静止质量和运动质量。

在碰撞过程中，根据能量守恒定律，有

$$m_0c^2+h\nu_0=mc^2+h\nu \qquad (17\text{-}6)$$

根据动量守恒定律，分别得 Ox、Oy 轴方向的分量式为

$$\frac{h\nu_0}{c}=\frac{h\nu}{c}\cos\varphi+mv\cos\theta \qquad (17\text{-}7)$$

$$0=-\frac{h\nu}{c}\sin\varphi+mv\sin\theta \qquad (17\text{-}8)$$

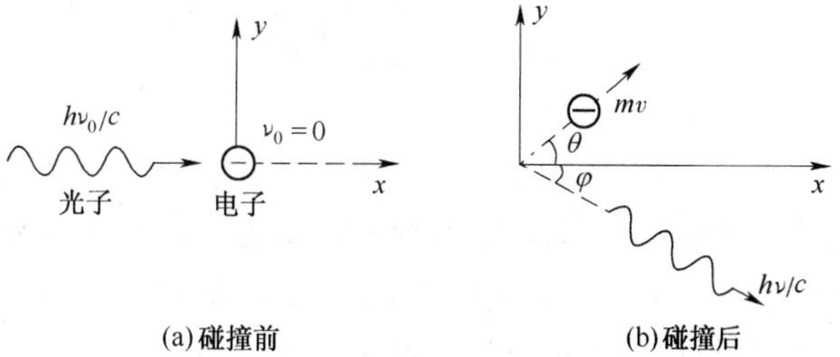

图 17-5　光子与自由电子的碰撞

按照狭义相对论的质量和速度的关系，碰撞后的电子质量为 $m=m_0/\sqrt{1-v^2/c^2}$，把它代入式(17-7)、式(17-8)后，联解式(17-6)、式(17-7)、式(17-8)消去 v 和 θ，得

$$\lambda-\lambda_0=\frac{2h}{mc}\sin^2\frac{\varphi}{2} \qquad (17\text{-}9)$$

这就是波长改变的公式。上式表明，波长的改变量仅与光子的散射角 φ 有关。$\varphi=0$ 时，波长不变；φ 增大时，$\lambda-\lambda_0$ 也增大；$\varphi=\pi$ 时，波长的改变最大，这一结论与实验结果完全符合。

此外，入射线中的光子也要与原子中束缚很紧的电子发生碰撞，这种碰撞可以看作光子与整个原子的碰撞，由于原子的质量很大，根据碰撞理论，光子碰撞后不会显著地失去能量，因而散射时光的频率几乎不变，故在散射线中也有与入射线波长相同的射线。由于轻原子中电子束缚不紧，重原子中的内层电子束缚很紧，因此原子量小的物质，康普顿效应较强，原子量大的物质，康普顿效应不显著。这在实验上也已被证实。

康普顿效应的发现，进一步揭示了光的粒子性。康普顿效应在理论分析和实验结果上的一致，直接证实了光子具有一定的质量、能量和动量；并且证实了在微观粒子的相互作用过程中，严格服从能量守恒定律和动量守恒定律。

【例 17-3】 光电效应和康普顿效应都包含电子与光子的相互作用。试问这两个过程有什么不同？

【解】 康普顿效应是指 X 射线通过物质散射时，散射波中除有波长不改变的部分外，还有波长变长的部分出现，微观机制对这一现象的解释是：光子和实物粒子一样有动量和能量，能与电子发生碰撞，并且在碰撞过程中能量和动量都守恒。光子在碰撞过程中由于动量损失导致散射光波长变化。

而光电效应是指物体中的束缚电子将一个光子的能量全部吸收后，克服物体束缚，逸出物体表面，形成光电子。从碰撞机制看，光子完全被电子吸收，碰撞之后不再有光子，这是一个完全非弹性碰撞的过程，而康普顿效应则是完全弹性碰撞的过程。

17.2 光的波粒二象性

光的干涉、衍射现象证实了光具有波动性，光的偏振进一步证明光波是横波；光电效应和康普顿效应使人们认识到，原来被认为是波的光具有粒子性；光的粒子性可用光子的质量、能量和动量来描述。如上所述，光子的能量为 $\varepsilon=h\nu$，由于光子以速度 $v=c$ 运动，因此其静止质量为零，根据相对论质量动量关系式

$$E^2=p^2c^2+m_0^2c^4$$

光子的动量和能量的关系可写成 $p=\frac{E}{c}$，因此光子的动量为

$$p=\frac{E}{c}=\frac{h\nu}{c}=\frac{h}{\lambda}$$

对频率为 ν 的光子，其能量和动量分别为

$$\varepsilon=h\nu,\quad p=\frac{h}{\lambda} \tag{17-10}$$

总起来说，光在传播过程中，以它的干涉、衍射和偏振等现象，凸现出光的波动性；而在光电效应等现象中，当光和物质相互作用时，表现为具有质量、动量和能量的光的微粒性；因此，光具有波动和粒子两重性质。这就是所谓光的波粒二象性。

光的二象性可从光子的能量 $\varepsilon=h\nu$ 和动量 $p=\frac{h\nu}{c}=\frac{h}{\lambda}$ 这两个公式中体现出来。能量 ε 和动量 p 显示出光具有粒子性；而频率 ν 和波长 λ 则显示出光具有波动性。光的这两种性质借助于普朗克常量 h 定量地联系在一起，使我们对光的本性获得全面的认识。

17.3 德布罗意波　实物粒子的波粒二象性

17.3.1 德布罗意假设

光不仅具有波动性，而且也具有粒子性，光具有波粒二象性，那么，其他实物粒子是否具有波动性呢？1924 年，法国年青博士研究生德布罗意在光的波粒二象性的启发下，大胆提出了实物粒子具有波动性的概念，把光的波粒二象性的概念推广到一切实物粒子，为量子力学的创建开辟了道路。

德布罗意认为，质量为 m 的粒子、以速度 $\boldsymbol{v}$ 匀速运动时，具有能量 E 和动量 $\boldsymbol{p}$；从波动性方面来看，它具有波长 λ 和频率 ν，而这些量之间的关系也和光波的波长、频率与光子的能量、

动量之间的关系一样，遵从下述公式

$$E=mc^2=h\nu \tag{17-11}$$

$$p=mv=\frac{h}{\lambda} \tag{17-12}$$

对具有静止质量 m_0 的实物粒子来说，若粒子以速率 v 运动，则和该粒子相联系的平面单色波的波长是

$$\lambda=\frac{h}{p}=\frac{h}{mv}=\frac{h}{m_0v}\sqrt{1-\frac{v^2}{c^2}} \tag{17-13}$$

式(17-13)称为德布罗意公式，这种和物质相联系的波称为德布罗意波或物质波。如果粒子的速度 $v\ll c$，那么

$$\lambda=\frac{h}{m_0v} \tag{17-14}$$

【例 17-4】 一个初速度为 0，质量为 m_0 的电子通过电势差为 U 的电场加速后，在非相对论情况下，求该电子的物质波波长。已知 $h=6.63\times10^{-34}$ J·s，电子电量 $e=1.6\times10^{-19}$ C，电子质量 $m_0=9.1\times10^{-31}$ kg。

【解】 电子经电场加速后，由动能定理 $\frac{1}{2}m_0v^2=eU$ 知，电子的速度由 $v=\sqrt{\frac{2eU}{m_0}}$ 决定，将 $\boldsymbol{v}$ 代入式(17-14)，得

$$\lambda=\frac{h}{\sqrt{2em_0}}\frac{1}{\sqrt{U}}$$

将 h,e,m_0 等数据代入后，得

$$\lambda=\frac{1.225}{\sqrt{U}}(\text{nm})$$

如果用 150 V 的电势差加速电子，其德布罗意波长为

$$\lambda=\frac{1.225}{\sqrt{U}}=\frac{1.225}{\sqrt{150}}=0.1(\text{nm})$$

可见，经 150 V 的电势差所加速电子的德布罗意波长是很短的，与 X 射线的波长相近，只有通过晶体点阵才能观察到衍射现象。

从原则上说，宏观物体也具有波动性，并可以计算相应的波长。如一颗质量为 0.01 kg 的子弹以 1 000 m/s 的速率运动，其波长为

$$\lambda=\frac{h}{p}=\frac{h}{mv}=\frac{6.63\times10^{-34}}{0.01\times1\,000}=6.63\times10^{-35}(\text{m})$$

而体重为 50 kg 以 10 m/s 的速率飞跑的人的德布罗意波长为 1.3×10^{-36} m。这些波长实在太短，至今都无法测量。于是对宏观物体而言，粒子性是主要表现，波动性根本无法测量，也根本显示不出。

【例 17-5】 当电子的德布罗意波长与可见光波长($\lambda=550$ nm)相同时,求它的动能是多少电子伏特?

【解】 电子动能 $E_k=\dfrac{p^2}{2m_e}$,考虑到电子的波动性,将式(17-12)代入得

$$E_k=\frac{p^2}{2m_e}=\frac{(h/\lambda)^2}{2m_e}=\frac{(6.63\times10^{-34}/550\times10^{-9})^2}{2\times9.1\times10^{-31}}=5.0\times10^{-6}\,(\text{eV})$$

17.3.2 德布罗意波的实验证明——电子衍射实验

德布罗意关于物质波的假设,很快就于 1927 年被戴维孙和革末的电子衍射实验所证实,他们用低速电子进行实验,获得了电子衍射图样,证实了物质波的存在,由实验数据推算出来的电子德布罗意波长与按式(17-13)计算所得的结果相符。同年,汤姆孙用高速电子进行实验,也获得了电子衍射图样,再次证明电子具有波动性。图 17-6(a)就是汤姆孙所做的电子衍射实验简图。电子从热灯丝 K 射出,经加速电压 U_{KD} 加速后,通过小孔 D 形成很细的电子束,电子束穿过一薄晶片(金属箔)M 后,照射到照相底 P 上,在底片上就显示出有规律的条纹,如图 17-6(b)所示。这和 X 射线通过金属箔片时所发生的衍射条纹极为相似,因此可说明电子和 X 射线一样,在通过金属箔片时有衍射现象,即显示了电子具有波动性;并且按照德布罗意公式算出的电子波长,也与这个实验获得的数据和结果相符合,这就充分证实了德布罗意假设的正确。后来,人们得到了与光衍射图样相似的电子单缝和多缝衍射图。

电子的波动性获得了实验证实以后,在其他的一些实验中也观察到中性粒子,如原子、分子和中子等微观粒子也具有波动性,德布罗意公式也同样适用于微观粒子。由此可见,一切微观粒子都具有波动性,德布罗意波的存在已是确实无疑的了。所以德布罗意公式是表示各种实物粒子具有波粒二象性的一个基本关系式。

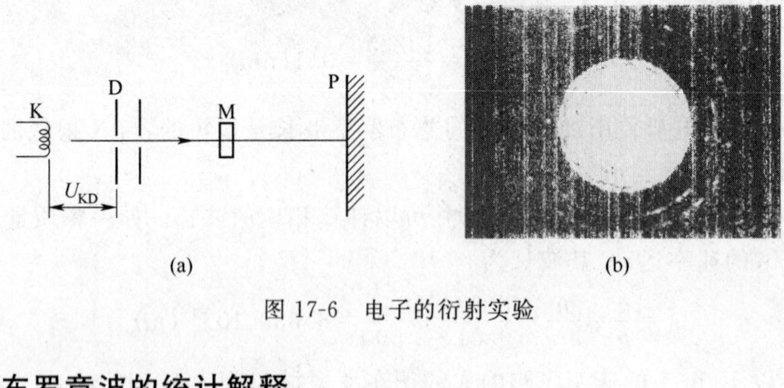

图 17-6 电子的衍射实验

17.3.3 德布罗意波的统计解释

为了理解实物粒子的波动性,我们不妨重温一下光的情形。对于光的衍射图样来说,根

据光是一种电磁波的观点，在衍射图样的亮处，波的强度大，暗处波的强度小，而波的强度和振幅的平方成正比，所以图样亮处的振幅平方比图样暗处的振幅平方要大。同时，根据光子的观点，某处光的强度大，表示单位时间内到达该处的光子数多，某处光的强度小，则表示单位时间内到达该处的光子数少，而从统计的观点来看，这就相当于说，光子到达亮处的概率要远大于光子到达暗处的概率。由此可以说，光子在某处附近出现的概率与该处光的强度成正比。

现在我们来分析电子的衍射图样，从粒子的观点来看，衍射图样的出现，是由于电子射到各处的概率不同而引起的，电子密的地方概率很大，电子稀疏的地方概率则很小；从波动的观点来看，电子密集的地方表示波的强度大，电子稀疏的地方表示波的强度小。对于电子是如此，对于其他微观粒子也是如此。普遍地说，在某处德布罗意波的强度是与粒子在该处出现的概率成正比的，这就是德布罗意波的统计解释。

应当强调指出，德布罗意波与经典物理学中研究的波是截然不同的。例如，机械波是机械振动在空间中的传播，而德布罗意波则是对微观粒子运动的统计描述。所以，我们决不能把微观粒子的波动性机械地理解为就是经典物理学中的波。

17.4 不确定关系

在经典物理学中，描述和确定一个质点的运动状态需要用两个物理量，即位置和动量，并且这两个物理量在任何瞬间都具有可以准确确定的值。但是对于具有波粒二象性的微观粒子来说，其位置和动量是不可能同时准确测定的。微观粒子的位置和动量不可能同时准确确定的规律，是由海森伯于 1927 年提出的不确定关系来表示的。

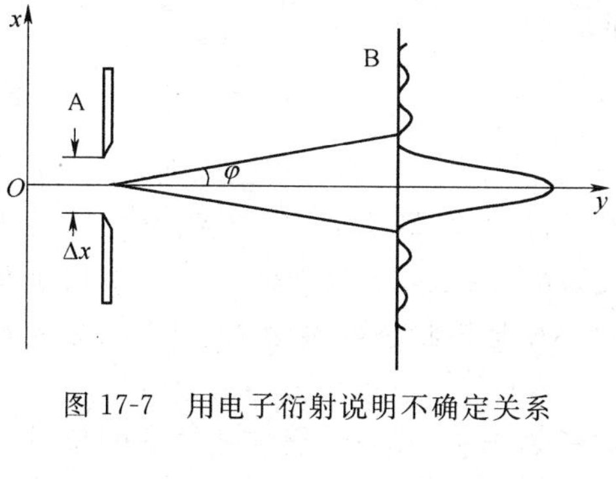

图 17-7 用电子衍射说明不确定关系

为说明这个问题，让我们看一下电子束经过单缝而发生衍射的现象。图 17-7 表示电子束沿 y 方向射至宽度为 Δx 的狭缝 A 上，在放于光屏 B 处的照相板上将得到类似于光的单缝衍射现象一样的强度分布图样。根据式(14-1)，第一级暗条纹所对应的衍射角应满足下面的关系：

$$\sin\varphi=\frac{\lambda}{\Delta x} \tag{17-15}$$

式中 λ 是电子束的德布罗意波长。两个第一级暗条纹之间就是中央主极大的区域，在这个区域内部有电子投射。电子通过狭缝发生了 φ 角的偏斜，表明其动量 p 在 x 方向产生了 Δp_x 的弥散。根据衍射现象的一般规律，狭缝宽度 Δx 越小，即电子的位置在 x 方向越准确，动量在

x 方向的弥散就越大。电子动量在 x 方向的弥散量 Δp_x 可以表示为

$$\Delta p_x = p\sin\varphi$$

将式(17-15)代入上式，再考虑式(17-12)，得

$$\Delta x\Delta p_x = h$$

如果把电子衍射的次极大也考虑在内，Δp_x 还要大些，上式则应写成

$$\Delta x\Delta p_x \geqslant h \tag{17-16}$$

将上述关系式推广到 y 方向和 z 方向，则有

$$\Delta y\Delta p_y \geqslant h \tag{17-17}$$

$$\Delta z\Delta p_z \geqslant h \tag{17-18}$$

这就是海森伯不确定关系。这个关系表明，由于微观粒子具有波动性，其位置和动量不可能同时准确测定，粒子在某个方向上位置的不确定量和在该方向上动量的不确定量的乘积大于或等于普朗克常量。也就是说，若粒子的位置测得越准确（即 Δx 越小），则动量就越不确定（即 Δp_x 越大），反之亦然。不确定关系在量子力学中可以严格证明，并得出下面的形式

$$\Delta x\Delta p_x \geqslant \frac{\hbar}{2} \tag{17-19}$$

$$\Delta y\Delta p_y \geqslant \frac{\hbar}{2} \tag{17-20}$$

$$\Delta z\Delta p_z \geqslant \frac{\hbar}{2} \tag{17-21}$$

式中，$\hbar = \dfrac{h}{2\pi}$，因为不确定关系本来就是一种数量级上的估计，式(17-16)和式(17-19)并无实质差异。

在能量和时间之间也存在类似的不确定关系，即

$$\Delta E\Delta t \geqslant \frac{\hbar}{2} \tag{17-22}$$

这一关系在讨论原子或其他系统的束缚态性质时，是十分重要的。实验表明，原子所处激发态的能量并不是单一数值，而是存在某个能量范围，这个能量范围称为能级宽度，用 ΔE 表示。同时，原子处于这个激发态的时间是有一定长短的，原子处于这个激发态的平均时间 Δt 称为这个激发态的寿命。实验测量证明，能级宽度 ΔE 与该状态的寿命 Δt 的乘积必定满足式(17-22)的关系。

【例 17-6】 一维运动的粒子，设其动量的不确定量等于它的动量，试求此粒子的位置不确定量与它的德布罗意波长的关系。

【解】 由 $\Delta x\Delta p_x \geqslant h$，即

$$\Delta x \geqslant \frac{h}{\Delta p_x} \tag{①}$$

根据题意 $\Delta p_x = mv$，以及德布罗意波长公式 $\lambda=\dfrac{h}{mv}$，得

$$\lambda=\frac{h}{\Delta p_x} \qquad ②$$

比较式①、式②得

$$\Delta x \geqslant \lambda$$

【例 17-7】 光子的波长为 $\lambda=300$ nm，如果确定此波长的精确度 $\Delta\lambda/\lambda=10^{-6}$，求光子位置的不确定量。

解　光子动量 $p=\dfrac{h}{\lambda}$，据题意，动量数值的不确定量为

$$\Delta p=|-h/\lambda^2|\Delta\lambda=(h/\lambda)\cdot(\Delta\lambda/\lambda)$$

根据不确定关系

$$\Delta x \geqslant \frac{h}{\Delta p}=\frac{h\lambda}{h(\Delta\lambda/\lambda)}=\frac{\lambda}{(\Delta\lambda/\lambda)}=\frac{300}{10^{-6}}=300(\text{mm})$$

17.5　量子力学简介

17.5.1　波函数

前面说到微观粒子具有波粒二象性，其运动状态无法用经典力学中的动量和位置来描述，要用概率波来描述，表示概率波的公式叫做波函数，通常用 Ψ 表示，Ψ 一般是时间和空间的函数，即 $\Psi=\Psi(x,y,z,t)$。

以一个自由粒子的波函数为例，自由粒子不受力，动量和能量为常量。根据德布罗意关系，其频率 $\nu=\dfrac{E}{h}$，波长 $\lambda=\dfrac{h}{p}$，是一个单色平面波。我们已经知道沿 x 轴正方向传播的频率为 v，波长为 λ 的平面简谐波的波动方程为

$$y(x,t)=A\cos 2\pi\left(\nu t-\frac{x}{\lambda}\right)$$

表示为复数形式为

$$y(x,t)=A\mathrm{e}^{-i2\pi\left(\nu t-\frac{x}{\lambda}\right)}$$

取其实部，就是可观测的波动方程。

把 $\nu=\dfrac{E}{h}$，$\lambda=\dfrac{h}{p}$ 代入上式，并用 Ψ 表示，得

$$\Psi(x,t)=\Psi_0\mathrm{e}^{-i\frac{2\pi}{h}(Et-px)} \qquad (17\text{-}23)$$

这便是描述一维空间能量为 E、动量为 p 的自由粒子的波函数。当我们研究的系统能量为确

定值而不随时间变化时，该波函数可写为

$$\Psi(x,t)=\psi(x)\mathrm{e}^{-i\frac{2\pi}{h}Et} \tag{17-24}$$

其中

$$\psi(x)=\Psi_0\mathrm{e}^{i\frac{2\pi}{h}px} \tag{17-25}$$

$\psi(x)$只与坐标有关而与时间无关，称为振幅函数，通常也称为波函数。式(17-25)引入了反映微观粒子波粒二象性的德布罗意关系和虚数$i=\sqrt{-1}$，这使得Ψ从形式到本质都与经典波有着根本性的区别。量子力学的波函数一般都用复数表示。

说明波函数物理意义的是玻恩的统计解释。波函数$\Psi(x,y,z,t)$是描述单个粒子的，而不是大量粒子的体系。例如电子衍射实验，可以把入射电子束的强度减弱到每次只有一个电子入射，以保证相继两个电子之间没有任何关联。用照片(或荧光屏等)记录衍射电子，发现就单个电子而言，落在照片上的位置是随机的，但经过长时间照射，就大量电子而言，照片上是有规律的衍射图样。在物理上有测量意义的是波函数模的平方，而不是波函数本身。t时刻在空间(x,y,z)附近的体积元$\mathrm{d}V=\mathrm{d}x\mathrm{d}y\mathrm{d}z$内测到粒子的概率正比于$|\Psi|^2\mathrm{d}V$。$\Psi$是复数，$|\Psi|^2=\Psi\Psi^*$，这里$\Psi^*$是$\Psi$的共轭复数。因此$\Psi\Psi^*$表示时刻在空间$(x,y,z)$附近单位体积内测到粒子的概率，称为**概率密度**。可见波函数不是一个物理量，而是用来计算测量概率的数学量。波函数描写的波是概率波，而概率波没有直接的物理意义，不是任何物理实在的波动。由于波函数只描写测到粒子的概率分布，所以有意义的是相对取值，因此把波函数Ψ乘任意常数后，并不反映新的物理状态。未乘常数之前，t时刻在r_1附近的概率密度是$|\Psi(r_1,t)|^2$，在r_2附近的概率密度是$|\Psi(r_2,t)|^2$，相比是$|\Psi(r_1,t)|^2/|\Psi(r_2,t)|^2$；而乘以常数$A$以后是$|A\Psi(r_1,t)|^2/|A\Psi(r_2,t)|^2$，并无区别。通常，求出一个波函数，令其在整个空间出现的概率为1，即

$$\int_\infty|\Psi|^2\mathrm{d}V=1 \tag{17-26}$$

上式称为波函数的**归一化条件**。满足(17-26)的波函数，叫作归一化波函数。

17.5.2 薛定谔方程

一般情况，粒子在外力场中运动，当给定一个外力场后如何得到描写在该力场中粒子运动状态的波函数，必须有一个波函数满足的基本方程。这个方程就是薛定谔方程。

1926年薛定谔建立了薛定谔方程，是量子力学的一个基本假设，它既不可能从已有的基本经典规律推导出来，也不可能直接从实验事实总结出来(由于波函数本身是不可观测的)。方程的正确性只能靠实践检验。到目前为止，既有的实验事实都证明了它的正确性。下面不是推导，只是便于初学者接受的一种引导。

在非相对论情况下，自由粒子的能量E与动量p的关系为$E=\dfrac{p^2}{2m}$，一维自由粒子的波函

数为 $\Psi(x,t)=\Psi_0 e^{-\frac{i}{\hbar}(Et-px)}$，作如下运算

$$\frac{\partial \Psi}{\partial t}=-i\frac{2\pi}{h}E\Psi$$

$$\frac{\partial^2 \Psi}{\partial x^2}=-\frac{4\pi^2 p^2}{h^2}\Psi$$

将以上两式代入 $E=\frac{p^2}{2m}$，得

$$i\frac{h}{2\pi}\frac{\partial \Psi}{\partial t}=-\frac{h^2}{8\pi^2 m}\frac{\partial^2 \Psi}{\partial x^2} \tag{17-27}$$

这就是一维自由粒子波函数所遵从的微分方程，其解便是一维自由粒子的波函数。

若粒子在外力场中运动，且假定外力场是保守力场，粒子在外力场中的势能是 V，则粒子的总能量是

$$E=\frac{p^2}{2m}+V$$

做类似上述的运算并推广，可得

$$i\frac{h}{2\pi}\frac{\partial \Psi}{\partial t}=-\frac{h^2}{8\pi^2 m}\frac{\partial^2 \Psi}{\partial x^2}+V\Psi \tag{17-28}$$

当粒子在三维空间中运动时，上式推广为

$$i\frac{h}{2\pi}\frac{\partial \Psi}{\partial t}=-\frac{h^2}{8\pi^2 m}\nabla^2\Psi+V\Psi \tag{17-29}$$

式中，∇^2 称为拉普拉斯算符，在直角坐标系中 $\nabla^2=\frac{\partial^2}{\partial x^2}+\frac{\partial^2}{\partial y^2}+\frac{\partial^2}{\partial z^2}$

式(17-29)也可简写为

$$i\hbar\frac{\partial \Psi}{\partial t}=\hat{H}\Psi \tag{17-30}$$

式中，$\hat{H}=-\frac{\hbar^2}{2m}\nabla^2+V$ 称为哈密顿算符，式(17-29)或(17-30)称为薛定谔方程。

薛定谔方程是量子力学的动力学方程，如果已知粒子的质量 m 和粒子在外力场中的势能 $V(r,t)$ 的具体形式，就可以写出具体的薛定谔方程，如粒子是电子，不同的薛定谔方程，仅在势能函数形式不同。因为是二阶偏微分方程，还要根据初值和边界条件才能解得波函数，同时波函数必须满足标准条件。方程中出现虚数 i，表明波函数必须是复数，这并不破坏它的统计解释，因为只有波函数模的平方 $|\Psi|^2=\Psi\Psi^*$ 才给出观测粒子出现的概率密度，而 $|\Psi|^2$ 总是实数。

在玻尔理论中曾提到定态，它是能量不随时间变化的状态。现在从薛定谔方程(17-29)讨论这种状态。设方程中的 V 只是空间坐标的函数，与时间无关，即 $V=V(x,y,z)$，则可把波函数分离变量，形式为

$$\Psi(x,y,z,t)=\psi(x,y,z)f(t) \tag{17-31}$$

代入式(17-29)，把坐标函数和时间函数分在等号两侧，则有

$$\frac{1}{\psi}\left(-\frac{\hbar^2}{2m}\nabla^2\psi+V\psi\right)=i\,\frac{h}{2\pi f}\frac{\mathrm{d}f}{\mathrm{d}t} \tag{17-32}$$

上式等号左边是空间坐标函数，右边是时间函数。因此要是等号成立必须两面都等于与坐标和时间无关的常量。令这个常数为 E，则

$$\frac{ih}{2\pi f}\frac{\mathrm{d}f}{\mathrm{d}t}=E$$

此方程的解是

$$f(t)=k\mathrm{e}^{-i\frac{h}{2\pi}Et}$$

上式中 k 是一个积分常数。由(17-31)得

$$\Psi(x,y,z,t)=\psi(x,y,z)\mathrm{e}^{-i\frac{h}{2\pi}Et} \tag{17-33}$$

积分常数 k 吸收到 ψ 中。同自由粒子波函数比较，可知 E 就是能量 $\Psi\Psi^*=\psi\psi^*$，说明在空间各点测到粒子的概率密度与时间无关，叫作**定态**。

式(17-32)等号左侧也等于同一常数 E，则

$$-\frac{h^2}{8\pi^2 m}\nabla^2\psi+V\psi=E\psi \tag{17-34}$$

ψ 只是空间坐标的函数，上式中不含时间 t，称为**定态薛定谔方程**。它的解 ψ 通常称为**定态波函数**。如果只考虑粒子在一维势场中运动，则

$$\frac{\mathrm{d}^2}{\mathrm{d}x^2}\psi(x)+\frac{8\pi^2 m}{h^2}(E-V)\psi(x)=0 \tag{17-35}$$

对于自由粒子，$V=0$，在一维情况，并注意 $E=\frac{p^2}{2m}$(非相对论)，方程的一个解为

$$\psi(x)=\Psi_0\,\mathrm{e}^{i\frac{h}{2\pi}px} \tag{17-36}$$

这是空间波函数，代入式(17-33)便得到(17-23)，它是沿 x 正方向传播的单色平面波。

由定态薛定谔方程不仅可以解得在给定势场中运动粒子的波函数，从而知道粒子处于空间某一体积内的概率，而且还可以得到定态时系统的能量。但式(17-35)解得的波函数 ψ 是合理的，还需要对 ψ 明确一些条件：

(1) $\int_{-\infty<x,y,z<+\infty}|\psi|^2\,\mathrm{d}x\mathrm{d}y\mathrm{d}z=1$，即 ψ 可以归一化；

(2) ψ 以及 $\frac{\partial\psi}{\partial x}$、$\frac{\partial\psi}{\partial y}$、$\frac{\partial\psi}{\partial z}$ 应连续；

(3) $\psi(x,y,z)$ 应为单值函数。

【例 17-8】 作一维运动的粒子被束缚在 $0<x<a$ 的范围内，已知其波函数为 $\psi(x)=A\sin\frac{\pi x}{a}$，求：(1)常数 A；(2)粒子在 0 到 $a/2$ 区域内出现的概率；(3)粒子在何处出现的概率最大？

【解】 (1)由归一化条件

$$\int_{-\infty}^{+\infty} |\psi|^2 \mathrm{d}x = A^2 \int_{-\infty}^{+\infty} \sin^2 \frac{\pi x}{a} \mathrm{d}x = 1$$

解得

$$\frac{a}{2}A^2 = 1$$

故常数

$$A = \sqrt{\frac{2}{a}}$$

(2)粒子的概率密度为

$$|\psi|^2 = \frac{2}{a}\sin^2 \frac{\pi x}{a}$$

粒子在 0 到 $a/2$ 区域内出现的概率为

$$\int_0^{a/2} |\psi|^2 \mathrm{d}x = \frac{2}{a}\int_0^{a/2} \sin^2 \frac{\pi x}{a} \mathrm{d}x = \frac{1}{2}$$

(3)概率最大的位置应该满足

$$\frac{\mathrm{d}}{\mathrm{d}x} |\psi|^2 = \frac{2\pi}{a}\sin \frac{2\pi x}{a} = 0$$

即当$\frac{2\pi x}{a} = k\pi, k = 0, \pm 1, \pm 2, \cdots$时,粒子出现的概率最大。因为 $0 < x < a$,故得 $x = a/2$,此处粒子出现的概率最大。

17.5.3　一维无限深势阱问题

在大学物理范围内,对一维势阱中粒子运动问题的讨论,可以加深对能量量子化的理解,它是应用定态薛定谔方程的一个简明的例子。

1. 薛定谔方程

问题:

设一粒子在势能为 E_p 的力场中,并沿 x 轴作一维运动

$$E_p = \begin{cases} \infty & x < 0 \\ 0 & 0 < x < a \\ \infty & x > a \end{cases} \tag{17-37}$$

即粒子在一维势阱中运动。

方程:

$$x < 0 \text{ 时}, \psi = 0$$

$$x > a \text{ 时}, \psi = 0$$

$$0<x<a \text{ 时},\frac{\mathrm{d}^2\psi}{\mathrm{d}x^2}+\frac{8\pi^2 mE}{h^2}\psi=0$$

解方程:

令

$$k^2=\frac{8\pi^2 mE}{h^2} \tag{17-38}$$

则

$$\frac{\mathrm{d}^2\psi}{\mathrm{d}x^2}+k^2\psi=0 \tag{17-39}$$

该问题可求解薛定鄂方程得到严格解析解

$$\psi(x)=A\sin kx+B\cos kx$$

A、B 是积分常数,可由边界条件确定。因为势阱的壁无限高,从物理上考虑,粒子不可能穿透无限高的势阱,按波函数的统计解释,要求在势阱壁及势阱外波函数为零,即

由 $x<0$ 时,$\psi=0$ 可得 $B=0$,所以

$$\psi(x)=A\sin kx \tag{17-40}$$

由 $x>a$ 时,$\psi=0$ 可得 $\psi(a)=A\sin ka$,由于 $A\neq0$ 所以有

$$\sin ka=0$$

故有

$$ka=n\pi \qquad n=1,2,3,\cdots$$

即

$$k=\frac{n\pi}{a} \qquad n=1,2,3,\cdots \tag{17-41}$$

将式(17-41)代入式(17-40)有

$$\psi(x)=A\sin\frac{n\pi}{a}x \tag{17-42}$$

式(17-42)为粒子在势能为 E_p 的力场中的波函数。

2. 能量

结合式(17-38)式(17-41)可得

$$E=n^2\frac{h^2}{8ma^2} \qquad n=1,2,3,\cdots \tag{17-43}$$

(1)粒子的能量只能取分立值,这表明能量具有量子化的性质。与精确求解薛定鄂方程的结果与定性分析的结果相同;

(2)n 叫作主量子数,每一个可能的能量称为一个能级,$n=1$ 称为基态,粒子处于最低状态,$E_1=\frac{h^2}{8ma^2}$,称为零点能;

(3)$n=1,2,3,\cdots$就得到能级图,如图 17-8(a)所示。

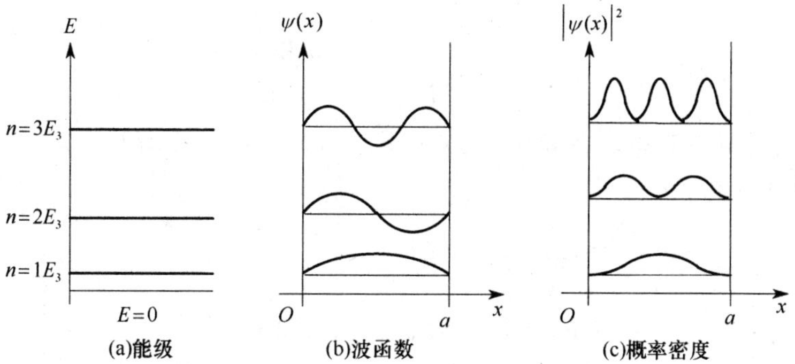

图 17-8　一维无限深势阱

3. 波函数的表达式

由归一化条件确定常数 A

$$\int_0^a |\psi|^2 \mathrm{d}x = \int_0^a \psi\psi^* \,\mathrm{d}x = A^2 \int_0^a \sin^2 \frac{n\pi}{a}x \,\mathrm{d}x = \frac{1}{2}A^2 a = 1$$

因而有

$$A=\sqrt{\frac{2}{a}} \tag{17-44}$$

式(17-44)代入到式(17-42)可得波函数的表达式为

$$\psi(x)=\sqrt{\frac{2}{a}}\sin\frac{n\pi}{a}x \tag{17-45}$$

式(17-45)称为**本征函数**。可见粒子在势阱各处出现的概率是不同的。根据经典观点,粒子在势阱内既然不受力,那么它出现在势阱内各处的概率应该相等。但对于微观粒子的运动来说,这种观点是不实用的。根据波函数的表达式,可以知道,粒子在各处出现的概率密度为

$$|\psi(x)|^2=\frac{2}{a}\sin^2\frac{n\pi}{a}x \tag{17-46}$$

这表明概率密度随位置而发生变化。

如图 17-8 所示,给出了在一维无限深势阱中粒子在前三个能级、波函数和概率密度。从图中可以看出,粒子在势阱中各处的波函数和概率密度不是均匀分布的,随量子数而改变。另外,从图中还可以看出,随着量子数 n 的增大,概率密度曲线峰值的个数增多,并且相邻峰值之间的间距缩小,可以想象当 n 无限大时,相邻峰值之间的间距趋于零,峰值彼此靠得很近,这就非常接近于经典力学中,粒子在势阱中各处概率相同的情况。

17.5.4 一维方势垒

如图 17-9 所示，势能分布为 $E_p(x)=\begin{cases}0 & x<0 \text{ 和 } x>a \\ E_{p0} & 0\leqslant x\leqslant a\end{cases}$

该势能分布称为**一维方势垒**。在经典力学中，若 $E<E_{p0}$，粒子的动能为正，它只能在Ⅰ区中运动。

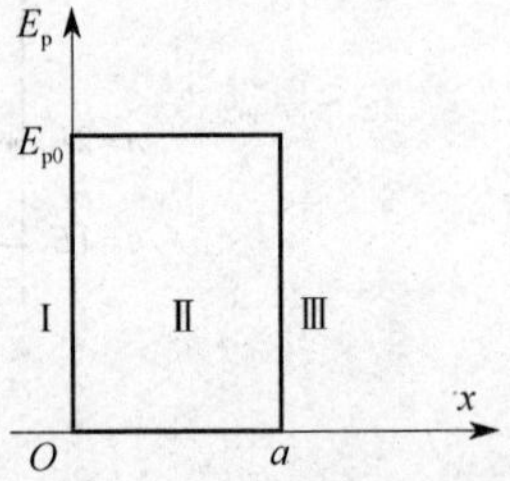

图 17-9 一维方势垒

$$-\frac{h^2}{8\pi^2 m}\frac{d^2\psi_1(x)}{dx^2}=E\psi_1(x),\ x\leqslant 0$$

$$-\frac{h^2}{8\pi^2 m}\frac{d^2\psi_2(x)}{dx^2}+E_{p0}\psi_2(x)=E\psi_2(x),\ 0\leqslant x\leqslant a$$

$$-\frac{h^2}{8\pi^2 m}\frac{d^2\psi_3(x)}{dx^2}=E\psi_3(x),x\geqslant a$$

令 $k^2=\dfrac{8\pi^2 mE}{h^2}$，$k_1^2=\dfrac{8\pi^2 m(E_{p0}-E)}{h^2}$，则三个区间的薛定谔方程化为：

$$\frac{d^2\psi_1(x)}{dx^2}+k^2\psi_1(x)=0,\ x<0$$

$$\frac{d^2\psi_2(x)}{dx^2}-k_1^2\psi_2(x)=0,\ 0\leqslant x\leqslant a$$

$$\frac{d^2\psi_3(x)}{dx^2}+k^2\psi_3(x)=0,\ x>a$$

若考虑粒子从Ⅰ区入射，在Ⅰ区中有入射波和反射波；粒子从Ⅰ区经过Ⅱ区穿过势垒到Ⅲ区，在Ⅲ区只有透射波。粒子在 $x=0$ 处的概率要大于在 $x=a$ 处出现的概率。上述薛定谔方程的解为

$$\psi_1(x)=Ae^{ikx}+Re^{-ikx},\ x<0$$

$$\psi_2(x)=Te^{-k_1 x},\ 0\leqslant x\leqslant a$$

$$\psi_3(x)=Ce^{ikx},\ x>a$$

根据边界条件

$\psi_1(0)=\psi_2(0)$，即

$$\frac{d\psi_1(x)}{dx}\Big|_{x=0}=\frac{d\psi_2(x)}{dx}\Big|_{x=0}$$

$\psi_2(a)=\psi_3(a)$，即

$$\frac{d\psi_2(x)}{dx}\Big|_{x=a}=\frac{d\psi_3(x)}{dx}\Big|_{x=a}$$

定义粒子穿过势垒的贯穿系数：

$$P=\frac{|\psi_3(a)|^2}{|\psi_1(0)|^2}$$

$$P=\frac{|\psi_2(a)|^2}{|\psi_2(0)|^2}=\frac{T\exp(-2k_1a)}{T\exp(-2k_10)}=\exp(-2k_1a)=\exp\left[-\frac{4\pi a}{h}\sqrt{2m(E_{p0}-E)}\right]$$

解的结果如图 17-10 所示，结果表明：即使粒子的能量在 $E<E_{p0}$ 的情况下，粒子在垒区（$0\leqslant x\leqslant a$）的波函数，甚至在垒后（$x>a$）区域的波函数，也都不为零。这就是说，粒子有一定的概率处于势垒内，甚至还有一定的概率能穿透（不是越过）势垒而进入 $x>a$ 的区域。粒子的能量虽不足以超越势垒，但在势垒中似乎有一个“隧道”，能使少量粒子进入 $x>a$ 的区域，所以人们形象地称之为**隧道效应**。

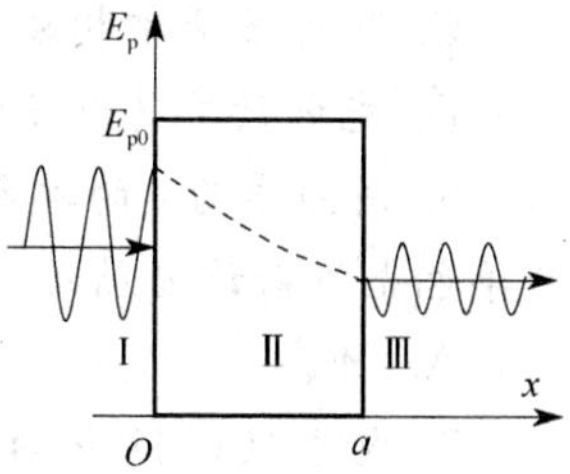

图 17-10　隧道效应

习　题

一、选择题

1. 关于绝对黑体，下列表述正确的是（　　）。

A. 在太阳的照射下可以持续升温的物体

B. 不能够反射可见光的物体

C. 不能够反射任何光线的物体

D. 不能够辐射任何可见光的物体

2. 已知某金属的逸出电压为 U_0，要使某种单色光垂直照射到该金属表面产生光电效应，这种单色光的波长 λ 一定要满足的条件是（　　）。

A. $\lambda\leqslant\frac{hc}{eU_0}$，　　B. $\lambda\geqslant\frac{hc}{eU_0}$，　　C. $\lambda\geqslant\frac{eU_0}{hc}$，　　D. $\lambda\leqslant\frac{eU_0}{hc}$

3. 某金属产生光电效应的红限波长为 λ_0，今以波长 λ（$\lambda<\lambda_0$）的单色光照射该金属，金属释放出质量为 m_0 电子最大动量大小为（　　）。

A. h/λ_0　　B. h/λ

C. $\sqrt{\frac{2m_0hc(\lambda_0+\lambda)}{\lambda_0\lambda}}$　　D. $\sqrt{\frac{2m_0hc(\lambda_0-\lambda)}{\lambda_0\lambda}}$

4. 某金属在一束黄光照射下，正好有光电子逸出，下述说法正确的是（　　）。

A. 增大黄光的强度，光电流的强度增大而光电子的最大初动能不变

B. 用一束强度更大的红光代替黄光，仍能发生光电效应

C. 用强度相同的紫光代替黄光，光电流的强度将增大

D. 用强度较弱的紫光代替黄光，有可能不会发生光电效应

5. 光电效应和康普顿效应都包含有电子与光子的相互作用过程，对此下面的几种解释中，正确的是（　　）。

A. 两种效应中电子与光子两者组成的系统都服从动量守恒定律和能量守恒定律

B. 两种效应都相当于电子与光子的弹性碰撞过程

C. 两种效应都相属于电子吸收光子的过程

D. 光电效应是电子吸收光子的过程，而康普顿效应相当于电子与光子的弹性碰撞过程

6. 用频率为 ν 的单色光照射某金属时，逸出光电子的最大初动能为 W_k，若改用频率为 2ν 的单色光照射该金属时，则逸出光电子的最大初动能为(　　)。

A. $2W_k$　　B. $h\nu-W_k$　　C. $h\nu+W_k$　　D. $2h\nu-W_k$

7. 电子显微镜中的电子从开始通过电势差为 U 的静电场加速，其德布罗意波长是 0.04 nm，则 U 约为(　　)。

A. 150 V　　B. 380 V　　C. 630 V　　D. 940 V

8. 若将波函数在空间各点的振幅同时增大为原来的 C 倍，则粒子在空间的几率分布将(　　)。

A. 增大 C^2 倍　　B. 增大 $2C$ 倍　　C. 增大 C 倍　　D. 不变

9. 已知粒子在一维无限深势阱中运动，其波函数为

$$\Phi_n(x)=\sqrt{\frac{1}{a}}\cos\left(\frac{3\pi x}{2a}\right)(-a\leqslant x\leqslant a),$$

那么粒子在 $x=\frac{5a}{6}$ 处出现的概率密度为(　　)。

A. $1/(2a)$　　B. $1/a$　　C. $1/\sqrt{2a}$　　D. $1/\sqrt{a}$

二、填空题

1. 分别以频率为 ν_1 和 ν_2 的单色光照射某一光电管，若 $\nu_1>\nu_2$(均大于红限频率 ν_0)，则当两种频率的入射光的光强相同时，所产生的光电子的最大初动能 W_{k1}__________ W_{k2}；为阻止光电子到达阳极，所加的遏止电压 $|U_{a1}|$__________ $|U_{a2}|$；所产生的饱和光电流 I_{s1}__________ I_{s2}。(用＞或＝或＜填入)

2. 可用光电效应测定普朗克常数。如先后分别将波长 λ_1 和 λ_2 做光电效应实验，相应测得其遏止电势差为 U_1 和 U_2，则可算得普朗克常数 $h=$__________。

3. 钾的红限波长为 $\lambda_0=6.2\times10^{-5}$ cm，则钾中电子的逸出功 $A=$__________，在波长 $\lambda=3.3\times10^{-5}$ cm 紫外线的照射下，钾的遏止电压 $U_a=$__________。

4. 波长为 300 nm 的紫外光照射在某金属表面上，产生光电效应的光电子能量在 $0\sim4.0\times10^{-19}$ J 的范围内，则此金属产生光电效应的红限频率为__________。

5. 大量的处于激发态的氢原子中的电子最大能量为 $W_{max}=-1.51$ eV，它们跃迁到低能级时，发射三种波长 λ_1、λ_2、λ_3，已知 $\lambda_1>\lambda_2>\lambda_3$，则这三种波长之间的关系为__________。

6. 设描述微观粒子运动的波函数为 $\Psi(\vec{r},t)$，则 $\Psi\Psi^*$ 表示__________；波函数必须满足的条件是__________；其归一化条件是__________。

7. 设粒子在 $0 \leqslant x \leqslant a$ 区间内概率密度为常量，在该区间外的概率密度处处为零，则粒子在区间内的概率密度为__________。

8. 波长为 0.400 nm 的平面光波朝 x 正方向运动，若波长的相对不确定量 $\Delta\lambda/\lambda = 10^{-6}$，则光子动量大小的最小不确定量 $\Delta p =$__________。

9. 在电子的单缝衍射实验中，电子束垂直入射在缝宽为 $a = 0.10$ nm 的单缝上，则衍射电子的横向动量的最小不确定量 $\Delta P_x =$__________ N·s，($h = 6.63 \times 10^{34}$ J·s；1 nm $= 10^{9}$ m)。

三、简答题

1. 钾的截止波长为 577.0 nm，照射光子的能量至少为多少才能从钾中释放出光电子？

2. 铂的逸出功为 6.3 eV，计算使铂发生光电效应的截止频率。

3. 铝的逸出功为 4.2 eV，今有波长为 200 nm 的射线照射到铝的表面上，求：

(1) 光电子的最大动能；

(2) 遏止电势差；

(3) 铝的截止频率。

4. 计算波长为 700 nm 的光子所具有的能量、动量和质量。

5. 试求出质量为 0.01 kg，速度为 10 m/s 的一个小球的德布罗意波长。

6. 若光子和电子的德布罗意波长均为 0.5 nm，试求：

(1) 光子的动量和电子的动量之比；

(2) 光子的动能和电子的动能之比。

7. 为了使电子的德布罗意波长为 0.1 nm，需要用多大的加速电压？

8. 一束带电粒子经 206 V 的电势差加速后，测得其德布罗意波长为 0.002 nm，已知这带电粒子所带电量与电子电量相等，求这粒子的质量。

第 18 章 当代物理专题

从 20 世纪初开始，相对论和量子力学先后相继创立，20 年代中期支撑近代物理学的两大理论基础已基本形成。但是近代物理学并没有停止它的发展，从一开始就不断地向内渗透、向外延伸，使得近代物理学越来越显示出它对现代科学技术特有的基础和先导作用。

当近代物理学不断地向外延伸时，逐步形成了新兴的边缘学科和交叉学科。比如：天体物理、地球物理、生物物理等；当近代物理学向内渗透时，又逐步形成了当代物理学的各个分支，比如：固体物理、核物理和粒子物理等。

限于本课程的要求，本章仅对固体的能带、半导体技术、激光等基本知识和发展概况作简要介绍并对人们生产和生活密切相关的声波作一简单介绍。对当代物理学的知识结构及其如何推动科学技术的发展有一个概略的了解。

18.1 固体的能带结构

物质存在的形态就现代认识来看，大致可分为气态、液态、固态、等离子态、超高压态、超导态、超流态等形态。而固态物质在地球上分布极广，与人类生产、生活关系十分密切，现在人类对固态物质的物理现象和物理性质的研究已形成了一门新的物理学分支——固体物理学。固体物理学理论的形成对现代尖端科学技术各个领域的发展起着巨大的推动作用，尤其是材料技术和半导体技术。可以说没有固体能带理论的发现和形成，就不会有半导体技术的发明，就不可能有以计算机为中心的现代通信技术和控制技术的出现。

18.1.1 固体的基础知识

固体物理学是研究固体的结构和组成固体的粒子（原子、离子、电子等）之间的相互作用及运动规律，从而阐明其性能与用途的科学。固体分为两大类：晶体（如食盐、金刚石等）和非晶体（如玻璃、塑料等）。从微观结构看，晶体与非晶体的区别是：晶体是由完全相同的基元（原子、分子或离子）有规则、周期性地构成的，非晶体的基元虽紧密结合在一起，却没有一定的排列规则，有时在部分区域也呈有规则的排列，即具有短程有序性，但没有晶体中那样的长程有序。晶体的性质与这种内在的周期性有着重要的关系。从宏观性质看，晶体与非晶体有以下的区别：

(1) 晶体内部结构长程有序的周期性，使得各种晶体在外观上具有规则的几何形状，而非晶体则没有。同一种晶体的两个对应晶面间的夹角恒定不变。当晶体受力而劈裂时，总是沿着一定的自然晶面断开，这个晶面称为解理面，裂开后的各小晶体仍各自保持原来的几何形状。而非晶体则没有解理面。

(2) 由于晶体在不同方向上的周期性一般不同，不同晶面之间的夹角各不相同，不同方向的结合力也不一样，因此晶体是各向异性的，体现在晶体的一些物理性质（如硬度、弹性模量、膨胀系数、导热系数、折射率、电阻率、电极化系数等）呈现出各向异性，而非晶体则是各向同性。

(3) 晶体有一定的熔点。在熔解时，晶体继续吸热，但温度不变。由于不同晶体内部结构和结合力不同，因此熔点不同。非晶体没有确定的熔点，只是在一定温度范围内逐渐软化。

有些固体（如三氧化硼）可以处于晶态，也可以处于非晶态。用人工方法可以制成一些非晶态金属和晶态玻璃，这说明晶体与非晶体只是结合状态的不同，在一定条件下可以相互转化。

有些晶体具有明显的规则外形，有比较大的解理面和明显的各向异性，这是由于组成整块晶体的微粒都按一定的规则排列，这种晶体称为单晶体，如天然生长的方解石，人工生长的单晶硅、红宝石等。另外有些晶体，如多数金属，由大量晶粒组成，每个晶粒是一个单晶体，虽然晶粒内的分子、原子都是有规则地排列的，但各个晶粒的大小和形状不同，取向也不同，所以这种晶体没有明显的规则外形，也不表现出各向异性，称为多晶体。

实际晶体的点阵结构，虽具有一定的长程有序的规则排列，但往往在局部范围内排列失序，称之为晶体的缺陷。晶体的某些性质，如强度、熔点、半导体的导电性以及颜色都分别在一定程度上与晶体内某种缺陷有关；另一方面，晶体的某些性质，如金属的导电性、顺磁性等，则并不因缺陷的存在而有明显的改变。

晶体是靠组成晶体的粒子间的相互作用力结合而成的。晶体的结合有四种形式：

(1) 以正负离子间的库仑力结合成离子晶体（如食盐晶体）；

(2) 以共价键结合成共价晶体（如金刚石、硅和锗等半导体）；

(3) 以范德瓦尔斯力（分子的电偶极矩之间的作用力）结合成分子晶体；

(4) 以自由价电子和离子实之间的静电库仑力结合成金属晶体。

离子实和原子实是指失去部分或全部价电子的原子，而那些离开母核的价电子可在离子实构成的点阵之间流动。在四种晶体类型中，分子晶体的结合力弱，硬度小，熔点低，而其他晶体的结合力较强，结构稳定，硬度大，熔点高。

实际上，上述四种结合类型，只是对比较典型的晶体而言，大多数晶体的结合是以上述四种基本形式为基础，或同时具有几种类型的特点，或其中若干粒子按某一类型结合成集团，各集团间又按另一类型互相结合。如石墨晶体呈层状结构，在一层内每个碳原子有 3 个价电子与邻近的 3 个碳原子的价电子结成共价键，而层与层之间主要由范德瓦尔斯键联系，并且每 1

个碳原子还有1个价电子可以在层与层之间流动，因此石墨具有金属晶体的导电性。

晶体的许多性质无法用经典理论解释，必须用量子理论才能说明，目前对于晶体有较成熟的理论。本节所说的固体是指晶体。

18.1.2 电子共有化

对于一个孤立的稳定原子，价电子在离子实的电场中运动，电子的势能 E_P 是它与离子实距离 r 的函数，如图18-1(a)所示。用水平线表示价电子的能量，按经典理论，每个价电子只能在图示的 a 和 b 之间运动。若有两个靠得很近（间距为 d）的原子，每个价电子要同时受到这两个离子实的电场作用。这时电子势能曲线如图18-1(b)所示，它是相距为 d 的两个孤立原子中电子势能曲线的叠加，这样形成势垒 bc。由量子理论可知，当电子能量为 E 时，在 ab 区域内的电子有一定的概率穿过势垒 bc 而进入 cd 区域，这时价电子在一定程度上属于两个原子所共有。对于大量的相距为 d 的电子组成的一维点阵情况（实际晶体应是三维周期性势场），电子的势能曲线如图18-1(c)所示，显然，固体中电子要受到这种周期性势场的作用，处于不同轨道上的原子核外电子受核的束缚作用不同。当电子能量为 E_1 时，相对势垒区宽度较大，势垒较高，因此电子穿过势垒的概率非常小，这对应于原子的内层电子紧束缚的情形。对于具有较高能量 E_2 的电子，势垒的宽度和高度都相对减少，电子穿越势垒的概率增大，因而有可能在晶格中运动而不被某一特定的原子所束缚。对于一些具有更高能量 E_3 的电子，由于它的能量超过了势垒的高度，完全可以在晶体中自由运动，这就是金属原子中价电子的情形，这些电子称为自由电子。这种由于晶体中原子的周期排列而使价电子不再为单个原子所有的现象称为电子共有化。

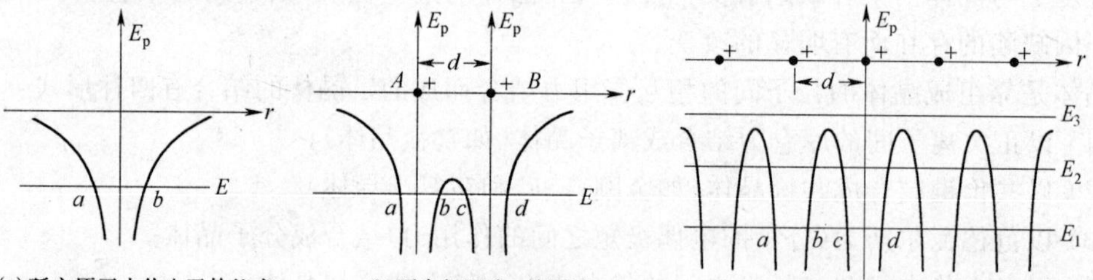

(a) 孤立原子中价电子的能态　(b) 两个相距为 d 的原子体系中价电子的能态　(c) 一维周期势场中价电子的能态

图18-1　价电子的能态

18.1.3 能带的形成

由于电子的共有化，使原来原子中具有相同能量的电子能级因各原子的相互影响而发生分裂，成为一系列和原来能级很接近的新能级，这些新能级基本上连成一片形成能带。因为按照泡利不相容原理，同一原子系统中，不可能有两个或两个以上的电子具有完全相同的一组量子数，现在大量原子、分子紧密接集成一个多离子系，其中共有化电子是属于整个系统的，不可能有量子数完全相同的、处于同一能态的两个或两个以上的电子。以两个基态氢原子结合成一个氢分子为例，原来两个互不相关的基态氢原子，其核外电子都是 1 s 态，具有相同的能级。它们形成一个氢分子时，这两个 1 s 电子的自旋就只有一个是+1/2，一个是−1/2 才能结合成能量最小的稳定态，这两个1 s电子实际上处于略有不同的能级，如图 18-2 中的 E_a 和 E_b。图中 r 表示基态氢分子中两个原子之间的距离。

同样，当 N 个原子结合成为晶体时，单原子状态时处于 s 能级的 $2N$ 个价电子现在处于共有化状态，就不能占有同一能级，而是分裂为 $2N$ 个略有不同的晶体能级，由于 N 是一个很大的数，例如 1 cm^3 晶体中的点阵粒子数如按晶格常数约 10^{-10} m 计，共有 10^{23}～10^{24}个粒子。这些能级相距很近，实际上可看成连续分布，形成一条有一定宽度 ΔE 的能带，如图 18-3 所示，各个激发能级均相应地分裂为不同的能带。

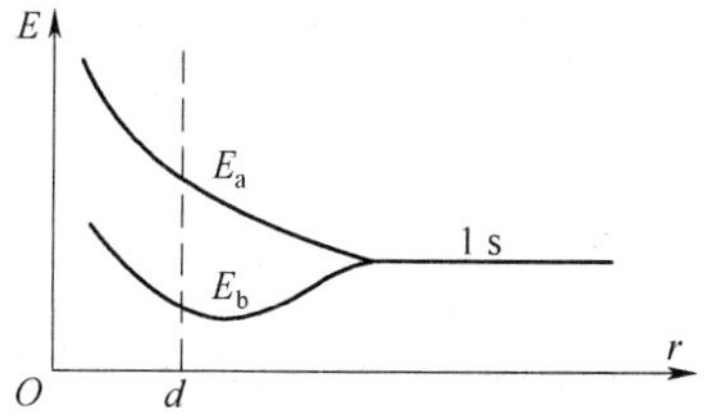

图 18-2　氢分子中 1 s 态的能级分裂

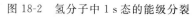

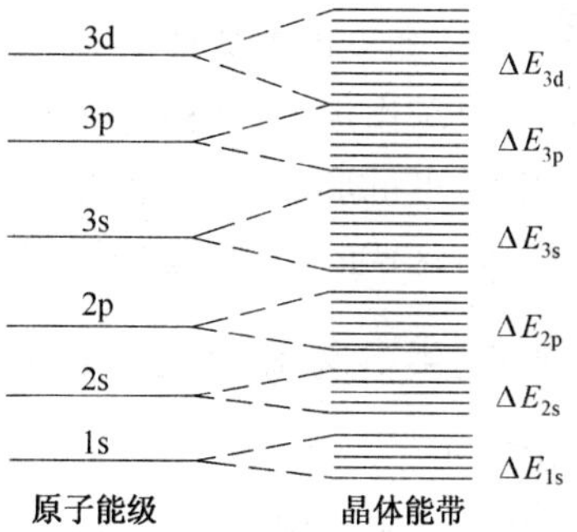

图 18-3　能级和能带之间的对应关系

能带中能级的数目取决于组成晶体的原子数目 N，可以根据泡利不相容原理确定相应的能带中可容纳的电子数。例如原子的 s 能级可容纳 2 个电子，由 N 个原子形成晶体后，s 能带含有 N 个能级，可容纳 $2N$ 个电子，原子的 p 能级可容纳 6 个电子，对应晶体的 p 能带可容纳 $6N$ 个电子。一般来说，由 N 个原子组成的晶体，对应于角量子数 l 一定的能带中，最多可容纳 $2(2l+1)N$ 个电子。总之，能带所能容纳的电子数为相应的原子能级所能容纳的电子数的 N 倍。

18.1.4　禁带、满带和导带

在相邻两个能带之间可以有一定的间隔，在这个间隔中不存在电子的稳定态，实际上形成一个禁区，称为禁带。相邻的能带也可以有部分重叠，此时禁带消失，如图 18-3 所示。

电子在能带中填充的方式服从能量最小原理和泡利不相容原理。一般情况下，电子总是先填充能量较低的能级，若能带中各能级都被电子所填满，这样的能带称为满带。由于满带是没有空的电子能态，在外电场作用下，如果某一个电子运动到另一个能量状态，由于泡利不相容原理的限制，另一个电子必须沿相反的方向运动来填充该电子的能量状态，因而电子的运动不能够改变满带中电子的状态及分布，它们的效果相互抵消，总电流也为零，如图 18-4(a)所示，即满带中的电子不能起导电作用。

原子结合成晶体后，原子最外层价电子的能级分裂形成的能带称为价带。价带中的能级可能被电子所填满，也可能未被电子填满。如果价带中的能级未被电子填满，在外电场的作用下，电子可以进入能带中未被填充的高能级，没有反向电子转移与之抵消，因而形成电流，如图 18-4(b)，这样的能带称为导带。如果在价带中没有电子，所有的能级可能都是空着的，称为空带。与各原子的激发态能级相对应的能带，在未被激发的正常情况下就是空带。如果由于某种原因(如热激发或光激发等)，价带中仍有些电子被激发而进入空带，则在外电场作用下，这种电子可以在该空带内向较高的能级跃迁，一般没有反向电子的转移与之相消，也可形成电流，表现出一定的导电性，因此空带也是导带。如果有些晶体的价带被电子填满，这样的能带是满带而不是导带。

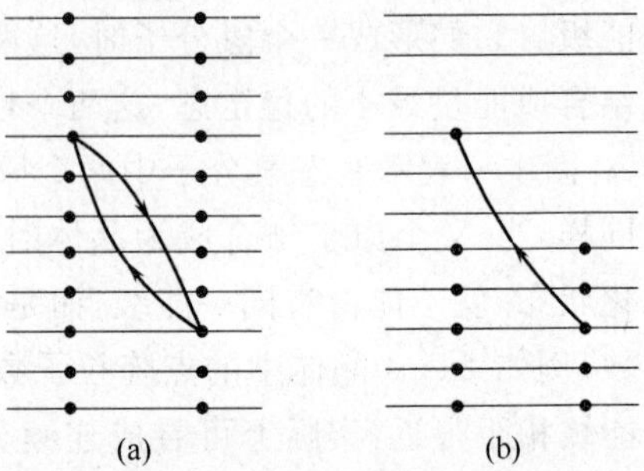

图 18-4　满带和导带中电子转移示意图

18.1.5　导体、半导体和绝缘体的能带结构

凡是电阻率为 10^{-8} Ω·m 以下的物体，称为导体；电阻率为 10^{8} Ω·m 以上的物体，称为绝缘体，而半导体的电阻率则介乎导体与绝缘体之间。硅、硒、碲、锗、硼等元素以及硒、碲、硫的化合物，各种金属氧化物和其他许多无机物质都是半导体。

从能带结构看，当温度接近热力学温度零度时，半导体和绝缘体都具有充满电子的满带和隔离导带与满带的禁带。半导体的禁带较窄，禁带宽度 ΔE_g 约 0.1～1.5 eV，绝缘体的禁带较宽，禁带宽度 ΔE_g 约 3～6 eV。由此可见，从能带结构上看，半导体和绝缘体在本质上是没有什么差别的。在一定温度下，由于电子的热运动，将使一些电子从满带越过禁带，激发到导带里去，因为导带中的能级在被热激发电子占据之前是空着的，所以电子进入导带后，在外电场作用下，就可向导带中较高能级跃迁而形成电流，即半导体具有导电性。绝缘体的禁带一般很宽，所以在一般温度下，从满带激发到导带的电子数是微不足道的，这样，它对外表现便是电阻率很大。半导体的禁带较窄，所以在一般温度下，激发到导带的电子数也较多，电阻率因而较小。

导体的情况就完全不同，它和半导体之间不仅在电阻率的数量上有所不同，而且还存在着质的区别。有些导体，如 Na、K、Cu、Al、Ag 等金属，并没有满带存在，一些被电子占有的能级和空着的能级紧紧地挨在一起；另一些导体，如 Mg、Be、Zn 等二价金属，虽然也有满带，但这些满带和导带交叠在一起形成一个统一的宽能带。在这些情形里，如有外电场作用，它们的电子很容易从一个能级跃迁到另一能级，而显出很强的导电能力，因而电阻率也就很小。图 18-5 给出了绝缘体、金属和半导体四种不同的能带结构和填充类型。

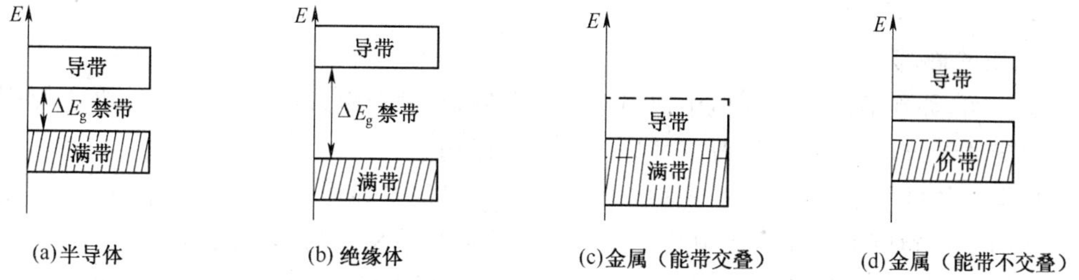

图 18-5　半导体、绝缘体和金属的能带简图

18.2　半　导　体

半导体在现代科技、生产中得到了广泛的应用。下面，简单地介绍半导体的导电机制和性质以及半导体器件。

18.2.1　半导体的导电机制

1. 电子和空穴

当导体中一部分电子从满带跃迁到导带中去后，在满带中留出了一些空位。这些空位的存在，造成了满带中导电的条件。这些在满带中因失去电子而留下的空位，通常称为空穴。

如在半导体上加以电场，在电场作用下，导带中的少量电子将发生有规则的运动，这种运动代表着负电荷的移动；在满带中，由于电子几乎全部充满能级，只留出少数的空穴，当电子在电场作用下逆着电场方向移动时，电子将跃入相邻的空穴，而在它们原先位置上留下了新的空穴，这些空穴随后又会被逆着电场方向运动的电子所占据，由此看来，满带中电子的运动相当于空穴顺着电场方向的移动。这和正电荷的移动是完全相当的。值得指出：满带中出现的一些电子向一个方向迁移和一些空穴向相反方向的迁移，是对同一运动过程的两种说法，并不是两件不相关的运动过程。

事实上，半导体中只有电子在运动，但从微观上看来，所说的电子运动出现在两种不同的情况中，这要看哪一种能带里的电子在电场作用下参与了定向运动而定。如果电流只是由于满带中缺少电子而引起，我们便称之为空穴导电；如果电流只是由于导带内电子引起，我们便称之为电子导电。空穴导电是半导体导电的一个特点，只是对基本上被电子充满的满带中的电子运动而言。

对于不含杂质的纯净半导体，它的导电性取决于满带中电子向导带的跃迁。因此，在外电场作用下，既有发生在导带中的电子的定向运动，又有发生在满带中的电子的定向运动，它兼具电子导电和空穴导电的两种机构，这类导电性称为本征导电，而相应的半导体称为本征半导体。

2. 杂质的影响

实验证明，如在纯净的半导体中适当地掺入杂质，它的导电性将发生显著的改变，杂质既可提高半导体的导电能力，还能改变半导体的导电机构。

杂质半导体的导电情况，我们先举 4 价元素（如硅）的半导体中掺入 5 价杂质（如砷）的例子。掺入的 5 价砷原子将在晶体中替代硅的位置构成与硅相同的电子结构，结果就多出了一个电子在杂质离子的电场范围内运动。量子力学的计算表明，这个杂质能级是在禁带中，且靠近导带。在能带图中可在导带底下画一不连续的线段来表示它，如图 18-6 所示，能量差 ΔE_i 远小于禁带宽度。因在硅内，砷原子只是极少数，它们被硅晶体点阵分隔开，所以在图中采用不连续，但又在同一水平的线段表示这个杂质能级，每个短线代表一个杂质原子的能级。杂质价电子在杂质能级上时，并不参与导电。但是，在受到热激发时，由于这一能级接近导带底，杂质价电子极易向导带跃迁，向导带供给自由电子，所以这种杂质能级又称为施主能级。即使掺入很少的杂质，也可使半导体导带中自由电子的浓度比同温度下纯净半导体导带中自由电子的浓度大很多倍，这就大大增强了半导体的导电性能。我们称这种杂质半导体为电子型半导体，或 N 型半导体，它的导电机构是由杂质中多余电子经激发后跃迁到导带而形成的。

同样，我们可以画出掺三价硼杂质的硅半导体的能带图（见图 18-7）。这时，杂质能级离满带顶极近，满带中的电子只要接受很小一份能量，就可跃入这个杂质能级，使满带中产生空穴。由于这种杂质能级是接受电子的，所以称为受主能级。这种杂质也使半导体满带中的空穴浓度较纯净半导体空穴浓度增加了很多倍，从而使半导体导电性能增强。我们称这种杂质半导体为空穴型半导体，或 P 型半导体，它的导电机构基本上决定于满带中空穴的运动。

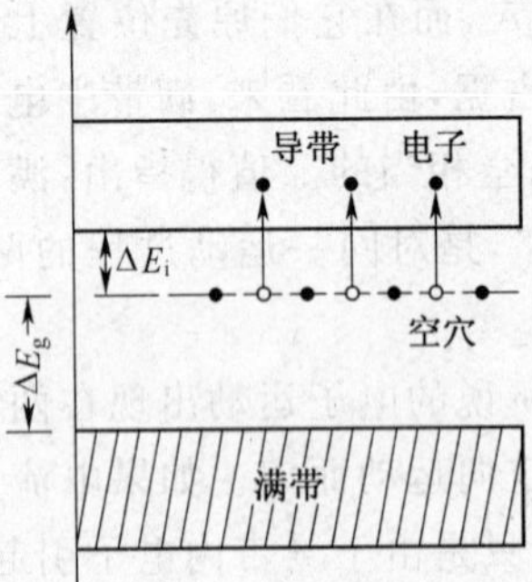

图 18-6 N 型半导体

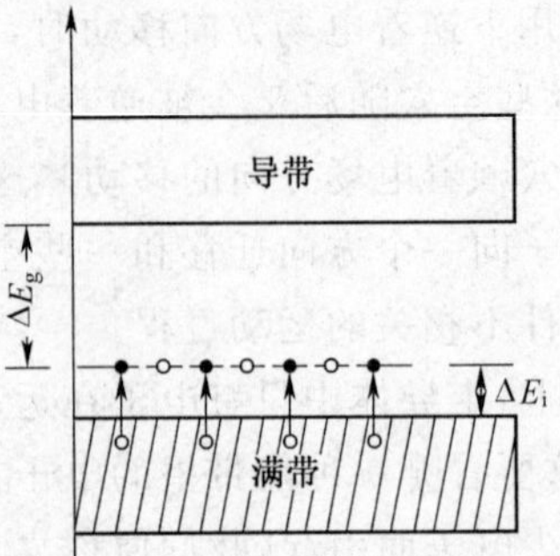

图 18-7 P 型半导体

18.2.2　P-N 结

在半导体内，由于掺杂质不同，使部分区域是 N 型，另一部分区域是 P 型，它们交界处的结构称为 P-N 结。由于电子和空穴的密度在两类半导体中并不相同，即 P 区中空穴多而电子少，N 区中电子多而空穴少，因此 N 区中的电子将向 P 区中扩散，P 区中的空穴将向 N 区中扩散，如图 18-8(a)所示。结果在交界处形成正负电荷的积累。在 P 区的一边是负电，而在 N 区的一边是正电。这些电荷在交界处形成一电偶层，如图 18-8(b)所示，这就是上面所说的 P-N 结，厚度约为 10^{-7}m。显然在 P-N 结出现由 N 区指向 P 区的电场，将遏止电子和空穴的继续扩散，最后达到动平衡状态。此时，在 P-N 结处，N 区相对于 P 区有电势差 U_0，即所谓接触电势差。P-N 结处的电势差是由 P 区向 N 区递增的，如图 18-8(c)所示。

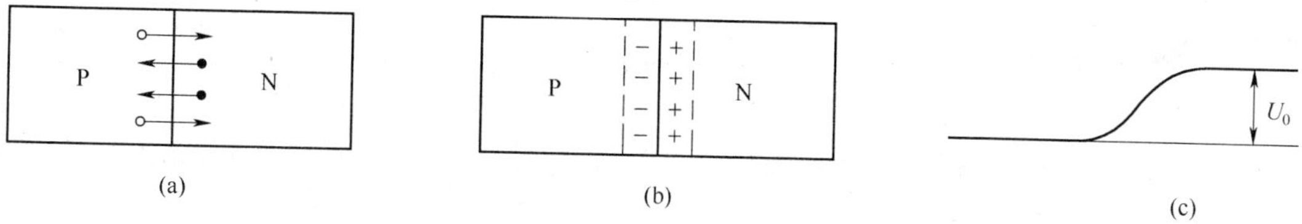

图 18-8　P-N 结

从半导体的能带结构来看，P-N 结的形成将使其附近的能带形状变化。这是因为 P-N 结中存在电势差 U_0，使电子的静电势能改变了 $-eU_0$，于是 P 区导带中电子的能量将比 N 区导带中电子的能量高，其差值为 $|eU_0|$，这就导致 P-N 结附近的能带发生了弯曲，如图 18-9 所示(为了简明起见，图中只画出满带的顶部和导带的底部)。

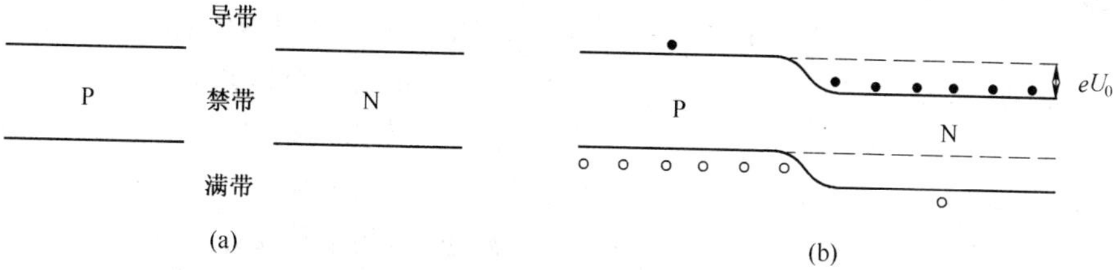

图 18-9　P 型和 N 型半导体接触前后的能带情况

能带的弯曲对 N 区的电子和 P 区的空穴都形成了一个势垒，它阻碍着 N 区的电子进入 P 区，同时也阻碍着 P 区的空穴进入 N 区，通常把这一势垒区称为阻挡层。

由于 P-N 结中阻挡层的存在，把电压加到 P-N 结两端时，阻挡层处的电势差将发生改变。如把正极接到 P 端，负极接到 N 端(一般称为正向连接，如图 18-10(a)所示)，外电场方向与 P-N 结中的电场方向相反，致使结中电场减弱，势垒高度降低(能量差为 $e(U_0-U)$，U 为外加电压)，或者说阻挡层减薄，于是 N 区中的电子和 P 区中的空穴易于通过阻挡层，将继续向对方扩散，形成由 P 区流向 N 区的正向宏观电流。外加电压增加，电流也随之增大。

反过来，如把正极接到 N 端，负极接到 P 端(一般称为反向连接，如图 18-10(b)所示)，外电场方向与 P-N 结中的电场方向相同，这时结中电场增强，势垒升高(能量差值变为 $e(U_0+U)$)，或者说阻挡层增厚，于是 N 区中的电子和 P 区中的空穴更难通过阻挡层。但 P 区中的少量电子和 N 区的少量空穴在电场的作用下却有可能通过阻挡层，分别向对方流动，形成了由 N 区向 P 区的反向电流。

综合两者结果，P-N 结的伏安特性曲线如图 18-11 所示。

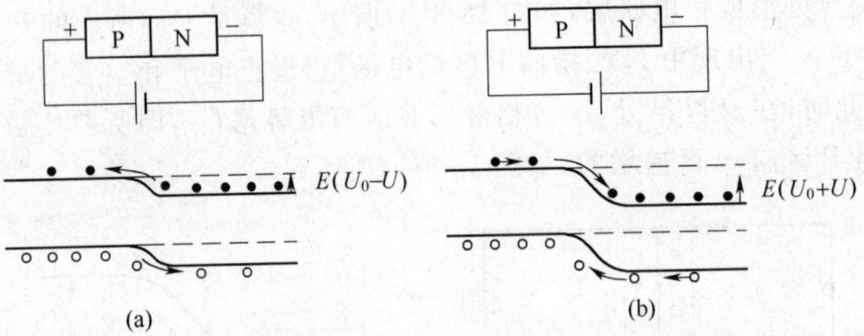

图 18-10　P-N 结整流效应

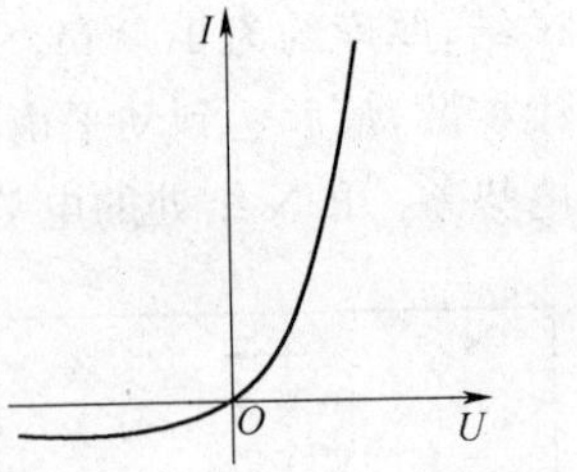

图 18-11　P-N 结的伏安特性曲线

18.2.3　半导体器件

1. 半导体二极管

P-N 结的单向导电性，使它具有整流作用。一个 P-N 结就相当于一个整流管。

2. 半导体三极管

最早的晶体三极管于 1948 年由巴丁等人发明。它由两个 P-N 结构成，并分为 PNP 和 NPN 两种类型。图 18-12 所示是 PNP 型晶体三极管。

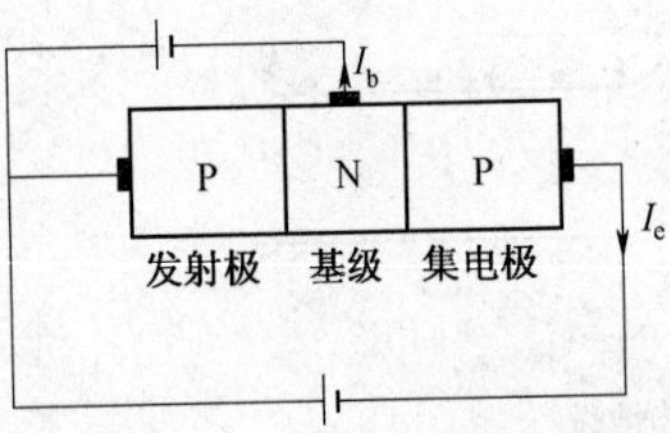

图 18-12　PNP 型晶体三极管

PNP 型晶体三极管分成三个区域，发射区、基区和集电区，它的两个 P-N 结分别称为发射结和集电结。三极管的三个极分别是发射极、基极和集电极。

当发射极接电源正极，集电极接电源负极时，在发射结上加了正向电压，而集电极上则加了反向电压。发射区中的大量空穴在正向电压作用下进入基区，但在集电结上反向电压的作用下，只有少量空穴进入集电区，形成很小的集电极电流 I_c，大部分空穴积聚在基区中，形成了基区中正电荷的积累。但是，如果在发射极和基极上另外再加一个正向电压来吸收基区中积累的正电荷，就可以增大电流 I_c。控制发射极与基极间的电压可以改变基极电流 I_b，从而控制集电极电流 I_c。基极就像电子三极管的控制栅一样。因此，晶体三极管具有放大作用。晶体三极管的放大系数为

$$\beta=\frac{\Delta I_c}{\Delta I_b} \tag{18-1}$$

式中 ΔI_b、ΔI_c 分别是基极电流和集电极电流的变化量。一般晶体三极管的 β 值为 100 左右。

3. MOS 晶体管

用金属、氧化物和硅等三层构成的晶体管称为 MOS 晶体管。它的结构如图 18-13 所示。MOS 晶体管的衬底是 P 型硅层，它的上面是二氧化硅绝缘层，再上面是金属层。在二氧化硅上通过扩散形成两个 N 区，分别称为源区和漏区。金属通过二氧化硅上的两个小孔与源区和漏区联结。此外，还有一个金属栅，它在源区和漏区的上方，与它们靠得很近，但又彼此绝缘。

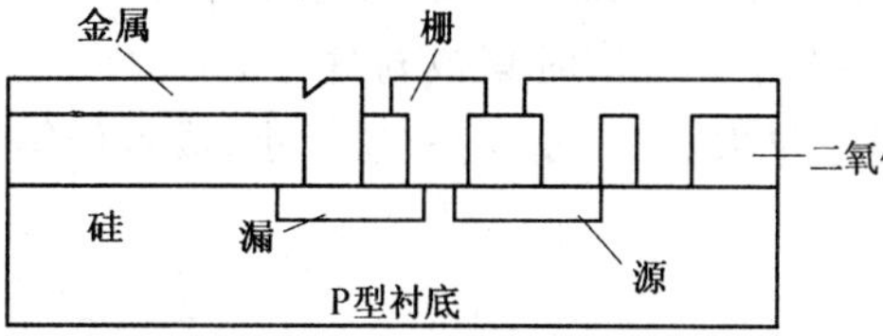

图 18-13　MOS 晶体管

当栅极加正向电压时，源区和漏区之间的 P 区中的空穴就被逐出。当正电压超过阈值时，P 区中会感应出电子，形成一个 N 型的电子通道。这时如果漏区的电势比源区高的话，则电子会通过电子通道从源极流向漏极。如果停止加电压，电流就中断。由此可见，MOS 晶体管起着开关的作用。

4. 半导体光电池

P-N 结在光的照射下可以产生电动势，由此可以制造成半导体光电池。

当光照射到 P-N 结上时，满带中的电子吸收光子，将跃迁到导带中去，产生了电子—空穴对。在偶电层的电场中，电子由 P 移向 N，空穴由 N 移向 P，从而使 P-N 结的两边分别带正、负电荷，产生电动势。这种现象称为光生伏特效应。

太阳能电池是利用太阳光照射 P-N 结而产生电能的装置。

5. 热敏电阻和光敏电阻

半导体的电阻率随温度升高而减小，其电阻的温度系数是负的。杂质半导体的电阻率随温度升高按指数规律下降。利用半导体这一性质可以制成热敏电阻，用于自动控制中。

半导体硒在可见光照射下，其电阻率随光照的强度而灵敏地改变，光强增大，电阻率随之迅速减小。据此，可以将它制成半导体光敏电阻，用于自动控制和传感技术中。

6. 半导体激光器

利用 P-N 结，可以制成半导体激光器和半导体光电探测器，它们在现代光纤通信中被广泛使用。半导体激光器用作光纤通信中的光源，而半导体光电探测器则是光纤通信中的信号接收器。

18.2.4　集成电路

20 世纪 60 年代，随着半导体工艺的发展，产生了集成电路技术，这种新技术可以把一台计算机所需要的全部电子元件集中在一个很小的芯片上。

通过比较复杂的方法，可以生成较大的单晶硅体，再把它切成0.5 mm厚的晶片，作为电路芯片的衬底。把硅衬底表面氧化，形成稳定而牢固的二氧化硅绝缘层，作为电路底板。通过光刻、腐蚀、镀膜、淀积等工艺，在底板上构成各种电子元件和电路。因为半导体集成电路把大量的电子器件和电路集中在很小的芯片上而替代了由大量电子管构成的庞大的电子装置，所以集成电路技术也称为微电子技术。

把激光器、调制器、波导、光栅等光学元件集成在衬底上可以构成集成光学系统；把光学器件和电子元件同时集成衬底上，则构成光电系统。这些集成系统具有体积小、重量轻、坚固、信息量大、工作速度快、损耗小、成本低等诸多优点。

18.3 激　光

激光是一门新兴的科学技术领域，自 20 世纪 60 年代初以来得到迅速发展，显示出巨大的生命力，并在科学技术及生产中得到广泛应用。下面，我们简单地介绍激光原理及其应用。

18.3.1　激光的基本原理

1. 自发辐射和受激辐射

处于基态 E_1 的原子，在一束能量为 $h\nu_{12}=E_2-E_1$ 的光子照射下，能吸收光子而跃迁到激发态 E_2。处于激发态的原子是不稳定的，在没有外界的作用下，会自发地辐射光子而从激发态回到基态。这种辐射称为自发辐射。由于自发辐射过程与外界作用无关，各个原子独立地进行辐射，因此自发辐射的初相、传播方向和偏振态都不相同。此外，因为大量原子处于不同的激发态，所以自发辐射光的频率很广，单色性很差。

原子除了自发辐射外还有受激辐射。处于激发态 E_2 的原子，在外来能量为 $h\nu_{12}=E_2-E_1$ 的光子激励下，会从能量 E_2 的状态跃迁到 E_1 的状态，同时辐射出一个与外来光子频率、初相、传播方向和偏振态都相同的光子。这个光子与原来外来光子在一起，再激励其他 2 个处于激发态 E_2 的原子产生辐射，可以得到 4 个特征相同的光子。以此类推，这种激励过程继续进行下去，最后可以产生大量特征相同的光子，如图 18-14所示。因此，受激辐射可以发射大量频率、相位、传播方向和偏振态都相同的光子，辐射的单色性较强，亮度也很高。

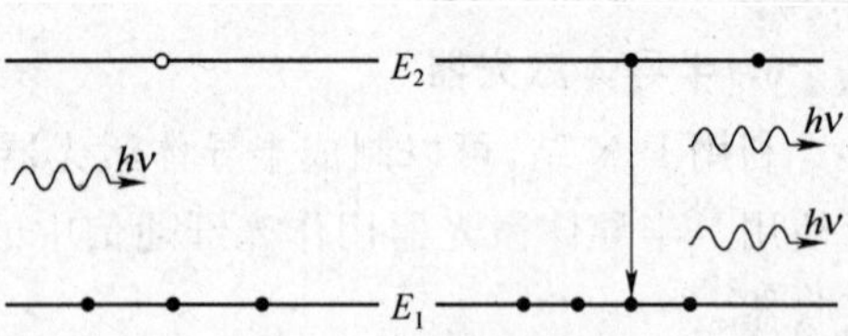

图 18-14　原子的受激辐射

2. 粒子数反转

当频率为 $\nu_{12}=(E_2-E_1)/h$ 的光子作用于原子系统时，可以产生两种过程：一方面，可以使处于激发态 E_2 的原子产生受激辐射，放出光子，这是受激辐射过程；另一方面，也可以使基态原子吸收入射光子跃迁到激发态 E_2，这是吸收过程。显然，吸收过程使光子减少，不利于受激辐射。当原子系统处于高能态 E_2 的原子数 N_2 大于处于低能态 E_1 的原子数 N_1 时，辐射过程占优势；反之，当 $N_1 > N_2$ 时，吸收过程占优势。

在正常的热平衡状态下，原子系统处于低能态的粒子数比处于高能态的粒子数大得多。因此，为了使受激辐射占优势，必须使高能态的粒子数超过低能态的粒子数。粒子数的这种分布称为粒子数的反转分布。为了实现粒子数反转，必须由外界输入能量，使工作物质中有尽可能多的粒子数处于激发态，这称为激励过程。通常激励的方法有光激励、气体放电激励、化学激励、核能激励等。

除了外界激励外，还必须选取适当的工作物质，才能实现粒子数反转。原子处于激发态是不稳定的，处于激发态的粒子会很快地通过自发辐射回到基态，实现不了粒子数反转。但是，在基态和激发态之间还存在亚稳态能级。亚稳态虽然不如基态稳定，但比激发态稳定。粒子停留在亚稳态的时间也比较长。因此，在亚稳态和激发态之间可以实现粒子数反转。例如，红宝石是在 Al_2O_3 中掺入少量铬离子而形成的晶体，粒子在它的亚稳态上可停留近 10^{-3} s。可见，为了实现粒子数反转，除了外界激励外，还必须选取具有亚稳态的工作物质（见图 18-15）。

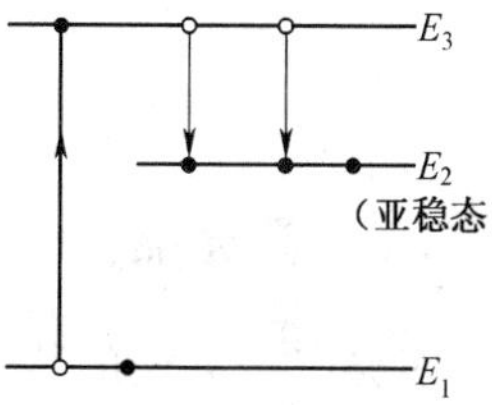

图 18-15　粒子数反转

3. 谐振腔

原子从亚稳态通过自发辐射回到基态时放出的光子，就是引起受激辐射的光子。自发辐射是不能控制的，所以放出的光子虽然频率相同，但是相位、传播方向和偏振方向不同；这些光子引起的受激辐射而发出的光子也只是一些频率相同而其他特征不同的光子。这样不能取得频率、相位、传播方向和偏振方向完全相同的激光束。为了解决这个问题，需要利用谐振腔。

图 18-16 是谐振腔的示意图。谐振腔由两块设置在可以实现粒子数反转的工作物质两端的平面反射镜构成，其中一块平面反射镜是全反射镜，另一块是部分反射镜。

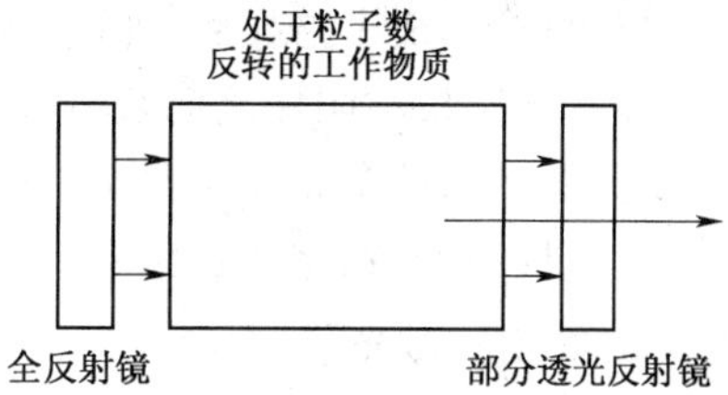

图 18-16　谐振腔示意图

谐振腔的工作过程如图 18-17 所示：图 18-17(a) 为正常状态下，工作物质中大部分原子处于低能态（用•表示），只有少数原子处于高能态（用∘表示）。图 18-17(b) 为在外界能量的激励下，形成了粒子数反转分布，处于高能态的粒子数多于低能态的粒子数。图 18-17(c) 为高能态的粒子数进行自发辐射，向各个方向发射光子，传播方向各不相同。凡是不沿谐振腔轴向运动的光子很快地跑出腔外，而沿谐振腔轴向运动的光子可以在腔内传播，并不断地与激发态的原子相碰而使受激原子发生受激辐射，产生更多的光子，进行光放大过程。图 18-17(d) 为光子流在谐振腔的反射镜作用下被反射回去，再次进行放大。图 18-17(e) 为光子流在谐振腔中来回反射，当光放大的因素克服了各种使光子衰减的因素后（如工作物质对光的吸收、散射、光的输出等），就形成了稳定的光振荡，从而在部分反射镜上输出激光。

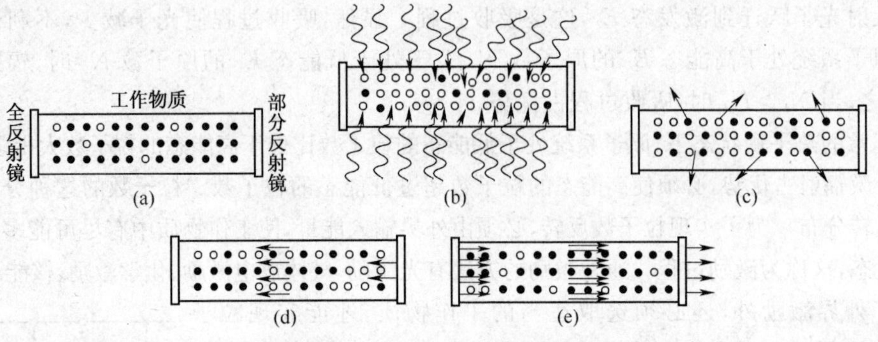

图 18-17　谐振腔工作过程简图

18.3.2　激光器

能够产生激光的装置叫激光器，又称为激光光源。激光器主要包括三个部分：工作物质、激发源和谐振腔。工作物质是能够产生粒子数反转的物质；激发源是指能使工作物质实现粒子数反转分布的能量来源；谐振腔是激光振荡器，能够输出方向性好、亮度高的激光束。

目前使用的激光器种类很多，有气体激光器、固体激光器、半导体激光器和液体激光器等。下面简单地介绍一下氦(He)—氖(Ne)激光器和红宝石激光器。

1. He—Ne 激光器

He—Ne 激光器是一种气体激光器。它的外壳是用硬质玻璃制成的管子，所以又叫He—Ne 激光管。工作物质是以一定比例(5：1～10：1)混合的氦、氖稀薄气体。管的两端装有反射镜，形成了谐振腔，如图 18-18 所示。

在管的阳极与阴极之间加几千伏的高压电可使气体放电，对工作物质进行激励。He—Ne 激光器发出的激光波长是632.8 nm。He—Ne 激光器的结构简单，使用方便，成本较低。它的单色性很好，精密测量中常用到这种激光器。一般说来，He—Ne 激光器的功率较小。

2. 红宝石激光器

红宝石激光器是一种固体激光器，它的工作物质是红宝石晶体。图 18-19 是它的结构示意图。

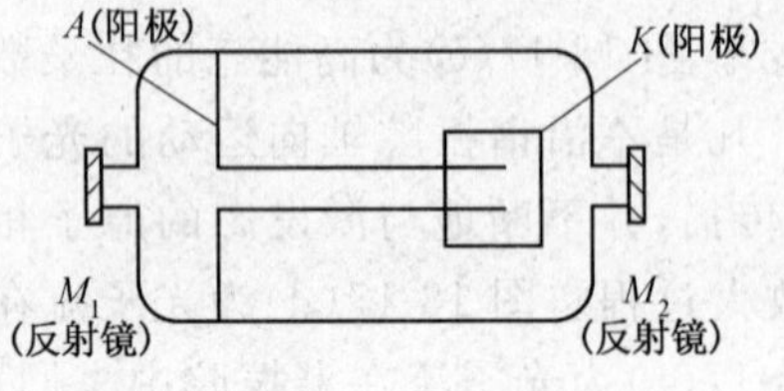

图 18-18　He—Ne 激光器示意图

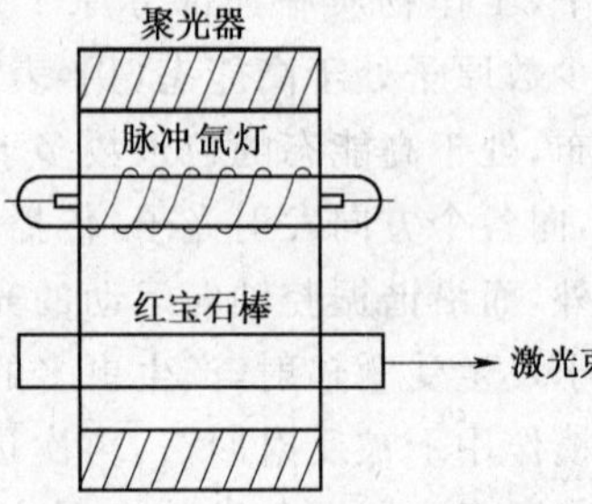

图 18-19　红宝石激光器示意图

红宝石激光器用脉冲氙灯发出的光脉冲进行激励，并装有聚光器以提高激励功率。此外，附有一套电源设备和冷却设备，前者用来点燃氙灯，后者用以防止红宝石升温。

红宝石激光器发射的是脉冲激光，波长是694.3 nm，平均功率非常大。

18.3.3　激光的特性

1. 方向性好

激光光源发射的激光束非常细，光束的发射角小于或等于 $10^{-3}\sim10^{-5}$ rad。激光光束在几千米外也只扩展到几米。1952 年，人们第一次从地球上发射激光束照射月球的表面，发现一台普通的红宝石激光器发射的激光束照到月球上后散开的光斑线度只有几百米，并可以看到月球表面上有红色的光斑。因为激光的方向性好，所以可应用于定位、测距、导向、通信等方面。

2. 单色性高

激光的单色性比一般光要高得多，如有的 He—Ne 激光器，波长 632.8nm 的红光频率宽度 $\Delta\nu=10^{-1}$ Hz。He—Ne 激光的单色性为一般光的 $10^5\sim10^6$ 倍。因为激光的单色性高，所以可以用于精密测量和信息处理。

3. 相干性好

激光具有非常好的相干性。通常用相干长度来表示光的相干性。相干长度定义为

$$l=\frac{\lambda^2}{\Delta\lambda} \tag{18-2}$$

λ 是单色光的波长，$\Delta\lambda$ 是它的波长的宽度。因为激光的单色性好，$\Delta\lambda$ 很小，所以它的相干长度很大，具有很好的相干性。He—Ne 激光的相干长度为 2×10^4 m，比普通光的相干长度大 10^4 倍以上。

因为激光的相干性好，所以常应用于全息照相、高精度测量等方面。

4. 亮度高

激光的能量集中在很细的光束中，亮度很高。特别是脉冲激光器，可以产生 $10^{-14}\sim10^{-9}$ s 的光脉冲，能量在极短的瞬间放出，功率非常大，亮度很高。利用激光的这一特性，已发展出了一种激光加工工艺。

18.3.4　激光的应用

激光技术的应用非常广泛，可以分成以下几个方面。

1. 激光精密测量

利用激光技术，可以进行精密的长度测量。通过光的干涉来测量长度的方法称为光尺。由于激光的相干性很好，因此激光尺测量长度的量程较大。如 He—Ne 激光测量长度的最大

量程可达20 km,用激光尺测量长度的精密度高,测量1 m的长度,误差只有 10^{-8} m。

应用激光测距可以测量很远距离的目标,测量时间短,精度高。利用激光相位测距的方法对 8×10^3 km 远处的卫星测距,误差仅为 2×10^{-2} m。

激光还可用来测速。用激光测量速度的范围很大,在 $10^{-5}\sim10^2$ m/s 之内。

2. 激光信息处理

现代先进的信息储存技术之一是激光光盘。光盘有非常大的信息储存量,一张激光光盘可以储存 80 多万页的文件。激光唱盘和激光视盘已广泛应用于家庭中。

激光技术正广泛地用于现代化的光通信中。光通信是用单色性非常好的激光作为载波在光纤中传递信息的方法。光通信的容量很大,比微波通信的容量大 $10^4\sim10^5$ 倍。光信号在光纤中的损耗很小,只有0.2 dB/km。

利用激光束代替电流构造的计算机可以有很大的计算容量和很高的计算速率,并可以进一步发展成智能型计算机。

3. 激光加工

聚焦后的激光束功率密度极高,一台普通激光器在焦区的功率密度为 1.3×10^{15} W/m^2。激光束可以对材料进行加工,如打孔、切割、焊接、雕刻和表面淬火处理等。激光加工精度高,对材料无伤。工业型的大功率激光器可以进行大型的机械加工,这已开始逐渐发展成为一种激光加工产业。

4. 激光医疗

利用激光束的热效应可以制成激光刀。激光刀比普通的手术刀具有更大的优越性,时间短、出血少、精度高、不易感染伤口。

应用单色性好的激光束产生的生物效应可以治疗疾病。激光针灸就是一例,它操作方便安全。用激光还可以矫正深度近视。

此外,还可以用激光来改良品种。用激光照射的蔬菜、果树可以高产优质。军事上也已利用高能激光束来制造激光武器。

总之,激光技术的应用已扩散到国民经济的各个领域。在此我们只能作知识性的简单介绍。读者需要进一步了解的话可参阅有关资料。

18.4 声　　波

在弹性介质中,如果波源所激起的纵波的频率在20～20 000 Hz之间,就能引起人的听觉。在这频率范围内的振动称为声振动,由声振动所激起的纵波称为声波。频率高于20 000 Hz的机械波叫做超声波(或称超声)。频率低于 20 Hz 的机械波叫做次声波(或称次声)。超声波的频率可以高达 10^{11} Hz,而次声波的频率可以低达 10^{-3} Hz,在这样大的频率范围内,按频率的大小研究声波的各种性质是具有重大意义的。

声波是机械波。机械波的一般规律在第五章中已讨论过。本节只讨论声学的某些特殊问题以及声学中与一些其他工程技术领域相关联的问题(如:超声和次声的产生、传播与应用,噪声对人的影响和控制等)。

18.4.1　描述声波强弱的物理量

为了描述声波在介质中各点的强弱,常用声压和声强两个物理量。

1. 声压

介质中有声波传播时的压强与无声波时的静压强之间有一差额,这一差额称为声压。设介质中没有声波时的压强为 p_0,有声波时各处的实际压强为 p'。$p'-p_0=\Delta p$ 就是声压,常用 p 来表示,它是由于声波而引起的附加压强。声压的成因是很明显的,由于声波是纵波,在稀疏区域,实际压强小于原来静压强,在稠密区域,实际压强大于原来静压强。前者声压是负值,后者声压是正值。必须注意,在声波传播过程中,p_0 是不变的,由于介质中各类的振动作周期性变化,因而声压也在作周期性变化。关于声压变化的规律,下面将作简单介绍。

设在密度为 ρ 的流体中,有一平面余弦波 $y(x,t)=A\cos\omega\left(t-\dfrac{x}{u}\right)$沿 x 方向传播。在流体中 x 处取一截面积 S、长度为 Δx 的柱形体积元,其体积 $V=S\Delta x$,当声波传播时,这段流体柱两端的位移分别为 y 和 $y+\Delta y$,体积增量为 $\Delta V=S\Delta y$。

根据流体的体变弹性模量的定义 $B=-\dfrac{\Delta p}{\dfrac{\Delta V}{V}}=-V\dfrac{\Delta p}{\Delta V}$,在流体中有声波传播时,式中的压强增量 Δp 就是声压 p,所以上式可改写为

$$B=-S\Delta x\frac{p}{S\Delta y}=-p\frac{\Delta x}{\Delta y}\quad 或 \quad p=-B\frac{\Delta y}{\Delta x}$$

当流体柱缩减为无限小时,$\Delta x\to 0$,得

$$p=-B\frac{\partial y}{\partial x}$$

对于平面余弦声波

$$\frac{\partial y}{\partial x}=A\frac{\omega}{u}\sin\omega\left(t-\frac{x}{u}\right)$$

代入上式得

$$p=-BA\frac{\omega}{u}\sin\omega\left(t-\frac{x}{u}\right)$$

因为 $u=\sqrt{\dfrac{B}{\rho}}$，所以上式也可写成

$$p=-\rho u\omega A\sin\omega\left(t-\frac{x}{u}\right)=-p_{\mathrm{m}}\sin\omega\left(t-\frac{x}{u}\right) \tag{18-3}$$

式中

$$p_{\mathrm{m}}=\rho u\omega A \tag{18-4}$$

称为声压振幅。式(18-4)表示声压振幅 p_{m} 与位移振幅 A 的关系，在声学工程中，讨论声压比讨论位移更为有用。

如果把式(18-3)改为余弦形式

$$p=-p_{\mathrm{m}}\cos\left[\omega\left(t-\frac{x}{u}\right)-\frac{\pi}{2}\right]$$

由此可知，声压波比位移波在相位上落后 $\dfrac{\pi}{2}$。因此，在位移最大处，声压为零；在位移为零处，声压最大。

2. 声强、声强级

声强就是声波的平均能流密度，即单位时间内通过垂直于声波传播方向的单位面积的声波能量。根据式(5-11)，声强为

$$I=\frac{1}{2}\rho uA^2\omega^2 \tag{18-5a}$$

将声压振幅式(18-4)代入式(18-5a)，声强也可表示为

$$I=\frac{1}{2}\frac{p_{\mathrm{m}}^2}{\rho u} \tag{18-5b}$$

从以上两式可知，频率越高越容易获得较大的声压和声强。另外因高频声波易于聚焦，可以在焦点获得极大的声强。例如，震耳欲聋的炮声，声强约为1 W/m^2。而目前用聚焦方法，超声波的最大声强已达 10^8 W/m^2，比炮的声强高 10^8 倍。

引起听觉的声波，不仅有频率范围，而且有声强范围，对于每个给定的可闻频率，声强都有上下两个限值，低于下限的声强不能引进听觉，能听到的最低声强称为听觉阈(见图 18-20)。高于上限的声强也不能引进听觉，而太高只能引起痛觉。这一声强的上限值称为痛觉阈。声强的上下限值随频率而异。频率在20 Hz以下和20 000 Hz以上时，就无所谓上下限值，因为在这频率范围内的任何大小的声强都有不引起听觉。在1 000 Hz时，一般正常人听觉的最高声强约为1 W/m^2，最低声强为 10^{-12} W/m^2。通常把这一最低声强作为测定声强的标准，用 I_0 表示。由于声强的数量级相差悬殊(达 10^{12}倍)，所以常用对数标度作为声强级(以 I_{L} 表示)的量度，声强级为

$$I_{\mathrm{L}}=\lg\frac{I}{I_0} \tag{18-6a}$$

单位为贝尔(bel)。实际上,贝尔这一单位太大,常采用分贝(dB)。此时声强级的公式为

$$I_L = 10\lg \frac{I}{I_0} \tag{18-6b}$$

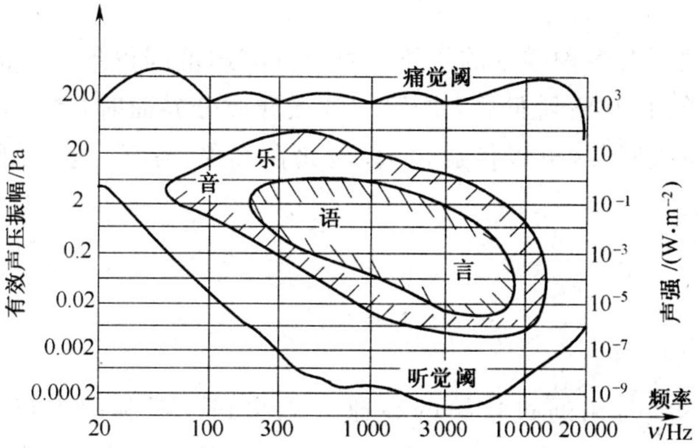

图 18-20　听觉范围

例如炮声的声强级约为110 dB,而聚焦超声波的声强级可达210 dB。表 18-1 给出了常遇到的一些声音的声强级。

表 18-1　一些声音的声强、声强级和感觉到的响度

声　源	声强/$(W\cdot m^{-2})$	声强级/dB	响　度
听觉阈	10^{-12}	0	极轻
树叶微动	10^{-11}	10	
细语	10^{-11}	10	
交谈(轻)	10^{-10}	20	轻
发音机(轻)	10^{-8}	40	
交谈(平均)	10^{-7}	50	正常
工厂(平均)	10^{-6}	60	
闹市(平均)	10^{-5}	70	响
警笛	10^{-4}	80	极响
锅炉工厂	10^{-2}	100	
铆钉锤	10^{-1}	110	
雷声、炮声	10^{-1}	110	
痛觉阈	1	120	震耳
摇滚乐	1	120	
喷气机起飞	10^{3}	150	

此外,如果把加速度振幅 $a_m = A\omega^2$ 代入式(18-5a)得

$$I = \frac{1}{2}\rho u A^2 \omega^2 = \frac{1}{2}\rho u \frac{a_m^2}{\omega^2} \tag{18-7}$$

我们知道在相距半波长的两点处，振动的相位相反，即一点的加速度达到极大值时，另一点就达到负的加速度极大值。对高频声波，如半波长约为 1 mm，在这样小的距离内，就要出现非常大的方向相反的加速度，形成非常大的压力变化，可以想象，高频超声波的作用是异常巨大的。

根据以上分析，就可对各种频率的声波特点及其应用范围得到概括的理解。频率极低的次声波，由于波长很长，只有碰到非常大的障碍物或介质分界面时，才会发生明显的反射和折射，而且在介质中很少被吸收，可以传送很远，因此在气象、海洋、地震、地质等方面发展了不少有价值的应用。

18.4.2 超声

1. 超声的产生

最早的超声是 1883 年由通过狭缝的高速气流吹到一锐利的刀口上产生的，称为葛尔登·哈特曼哨。为了用超声对介质进行处理，此后又出现了各种形式的气哨、汽笛和液哨等机械型超声发生器（又称换能器）。由于这类换能器成本低，所以经过不断改进，至今还仍广泛地用于对液体介质的超声处理技术中。20 世纪初，电子学的发展使人们能利用某种材料的压电效应和磁致伸缩效应制成各种机电换能器。1917 年，法国物理学家 P. 朗之万用天然压电石英制成了超声换能器，并用来探索海底的潜艇。随着材料科学的发展，使得应用最广泛的压电换能器也从天然压电晶体过渡到价格更低廉而性能更良好的压电陶瓷、人工压电单晶、压电半导体以及塑料压电薄膜等，并使超声频率范围从几十千赫提高到上千兆赫，产生和接收的波形也由单纯的纵波扩展到横波、扭转波、弯曲波、表面波等。近年来，频率更高的超声（特超声）的产生和接收技术迅速发展，从而提供了研究物质结构的新途径。例如，在介质端面直接蒸发或溅射上压电材料（ZnO、CdS 等）薄膜或磁致伸缩的铁磁性薄膜，就能获得数百兆赫至数万兆赫的特超声。此外，用热脉冲、半导体雪崩、超导结、光学与声学相互作用等方法可以产生或接收频率更高的超声。

2. 超声的传播和超声效应

超声波在介质中的传播规律（反射、折射、衍射、散射等）与一般声波大体相同，无质的差别。超声波最明显的传播特性之一就是方向性好，能定向传播。超声波的穿透本领很大，在液体、固体中传播时，衰减很小。在不透明的固体中，超声波能穿透几十米的厚度。超声波碰到杂质或介质分界面有显著的反射。这些特性使得超声波成为探伤、定位等技术的一个重要工具。

超声波在介质中的传播特性，如波速、衰减、吸收等，都与介质的各种宏观的非声学物理量有着密切的联系，例如声速与介质的弹性模量、密度、温度、气体的成分等有关。声强的衰减又与材料的空隙率、黏性等有关。利用这些特性，已制成了测定这些物理量的各种超声仪器。而这些传播特性，从本质上看，都决定于介质的分子特性。例如声速、吸收和频散与分子的能量、分子的结构等有着密切的关系。由于超声波测量方法方便，可以获得大量实验数据，所以超声技术越来越成为研究物质结构的有力工具。

当超声波在介质中传播时，超声波与介质相互作用，因为其频率高的特点，由“量变引起质变”而产生一些一般声波所不具备的超声效应，从而也决定了超声波一系列特殊的应用，这些超声效应主要有以下三方面：

(1) 线性的交变振动作用。由于介质在一定频率和强度的超声波作用下作受迫振动，使介质点的位移、速度、加速度以及介质中的应力分布等分别达到一定数值，从而产生一系列超声效应：如悬浮粒子的凝聚，声光衍射，在压电或压磁材料中感生电场或磁场，这些效应是在质点振动速度远小于介质中的声速时所产生的。可用线性声学理论加以说明，故称为线性的交变机械作用。

(2) 非线性效应。当振幅足够大时，一系列非线性效应，如锯齿形波效应、辐射压力和平均粘性力等各种“直流”定向力的形成，并由此而产生超声破碎、局部高温、促进化学反应等等。这时已不能用线性理论来阐明了。

(3) 空化作用。液体中，特别是在液固边界处，往往存在一些小空泡，这些小泡可能是真空的，也可能含有少量气体或蒸汽，这些小泡有大有小，尺寸不一。

当一定强度的超声通过液体时，液体内部产生大量小泡，只有尺寸适宜的小泡能发生共振现象，这个尺寸叫做共振尺寸。原来就大于共振尺寸的小泡，在超声作用下驱出液外。原来就小于共振尺寸的小泡，在超声作用下逐渐变大。接近共振尺寸时，声波的稀疏阶段使小泡比较迅速地涨大，然后在声波压缩阶段中，小泡又突然被绝热压缩直至破灭或分裂，在破灭过程中，小泡内部的高温和气压都非常大，并且由于小泡周围液体高速冲入小泡而形成强烈的局部冲击波。在小泡涨大时，由于摩擦而产生的电荷，也在破灭过程中进行中和而产生放电现象。这就是液体内的声空化作用。在液体中进行的超声处理技术，如超声的清洗、粉碎、乳化、分散等，大多数都与空化作用有关。

3. 超声的应用

超声的应用是以其传播机理和各种效应为基础的，大致包括以下三个方面。

(1) 超声检测和控制技术。用超声波易于获得指向性极好的定向声束，采用超声窄脉冲，就能达到较高的空间分辨率，加上超声波能在不透光的材料中传播，从而已广泛地用于各种材料的无损探伤、测厚、测距、医学诊断和成像等。另一方面，利用介质的非声学特性（如粘性、流量、浓度等）与声学量（声速、衰减和声阻抗等）之间的联系，通过对声学量的检测即可对非声学量的检测和控制。例如声发射技术和声全息等新的应用仍在不断地涌现和发展。此外还可利用声波的频散（声速依赖于频率）关系制成将信息储存一段时间的延迟线，利用滤波作用制成将通过同一传输线的几路电话通讯分隔开来的机械滤波等等。

(2) 超声处理。主要利用超声波的能量，通过超声对物质的作用来改变物质的一些物理、化学、生物特性或状态。由于超声在液体中的空化作用，可用来进行超声加工、清洗、焊接、乳化、脱气、促进化学反应、医疗以及种子处理等，已被广泛地应用于工业、农业、医学卫生等各个部门。超声对气体的主要应用之一是粒子凝聚。就是气体中小粒子的数目减少，而重粒子最终会下落到收集板上，这在工业上已广泛用于除尘设备。

(3) 在基础领域内的应用。机械运动是最简单、最普遍的物质运动，它和其他的物质运动以及物质结构之间存在密切关系。从 20 世纪 40 年代开始，人们研究超声波在介质中的声速和衰减随频率变化关系时，就陆续发现了它们与各种分子弛豫过程（如分子内、外自由度之间能量转换的热弛豫、分子结构状态变化的结构弛豫等）以及微观谐振过程（如铁磁、顺磁、核磁共振等）之间的关系，并形成了分子声学的分支学科。

目前已能产生并接收频率接近于点阵热振动频率的特超声，利用这种量子化声能（所谓"声子"）可以研究原子间的相互作用、能量传递等问题。通过对特超声声速和衰减的测定，可以了解声波与点阵振动的相互关系及点阵振动各模式之间的耦合情况，还可以用来研究金属和半导体中声子和电子、声子与光子的相互作用等。至今，超声已与电磁波和粒子轰击一样，并列为研究物质微观过程的三大重要手段。与之相关联的新分支"量子声学"也正在形成。

18.4.3 次声

1. 次声的产生和传播

早在 19 世纪，就已记录到了自然界中一些"自然爆炸"（如火山爆发或陨石爆炸）所产生的次声波，其中最著名的是 1883 年 8 月 27 日印度尼西亚苏门答腊和爪哇之间的喀拉喀托火山突然爆发，它产生的次声波传播了十几万千米，约绕地球三圈，历时 108 h。次声波源主要由一系列气象现象和地球物理现象造成。例如每种恶劣天气，从地区性的台风、龙卷风到普通性的暴风雨、冰雹等都同一定的次声波相联系，并且一般是在这些天气变化发生之前数小时至一二天就可以被探测到，因此具有一定的预报价值。又如地震、火山爆发、陨石坠落、极光、日蚀等也伴随着次声波。特别值得一提的是一种由一定的风型和一定的地形结构综合形成的独特次声波，即所谓"山背波"。当平行于地面的气流遇到障碍物（如隆起的山包）时，气流走向会随着地形的变动而上下起伏，以致形成涡旋，这种涡旋的振荡最后发展为波动，它是产生剧烈的"晴空湍流"的重要因素，对飞机的飞行构成严重威胁，世界上不少多山地区屡次发生空难，"山背波"作祟的可能性非常之大。除了自然源产生次声波外，还有人为的波源，其中主要是工业和交通工具所产生的次声频段噪声，特别是超音速喷气机的起飞、降落，各种爆炸，尤其是核爆炸。次声波虽然听不见，但对人体的危害往往可能比可听声频的噪声更大而更广泛。原因之一是人的日常行动"频率"（如举手、投足），特别是人体内脏器官的固有频率大多在几赫这样的次声频段。另一方面，人的"运动病"（晕车、晕船、晕机等）的"罪魁祸首"，有人认为与这种频率的次声波有密切关系。

次声波的传播速度和声波相同，在 20℃空气中为344 m/s。振动周期为1 s的次声波，波长为344 m。周期为10 s的次声波，波长为3 440 m。和声波相比较，大气对次声波的吸收是很小的。因为吸收系数与频率的二次方成正比，次声的频率很低因而吸收系数很小，所以次声波是大气中的优秀“通讯员”。大气温度和风速随高度具有不均匀分布的特性，当高度增加时，气温逐渐降低，在20 km左右出现一个极小值；之后，又开始随高度的增加，气温上升，在50 km左右气温再度降低，在80 km左右形成第二个极小值；然后又升高。次声主要沿着温度极小值所形成的通道（称为声道）传播。不同频率的次声在大气声道中传播速度不同，产生频散现象，这使得在不同地点测得次声波的波形各不相同。大气中次声波的类型很多，但不外乎三种基本类型：介质粒子振动方向与波传播方向一致的纵波（声波系列）；介质粒子在水平方向振动而传播方向与之垂直但也在水平方向的水平横波（行星波系列）；介质粒子在铅直方向振动而在水平方向传播的铅直横波（重力波系列）。所有的大气次声不是直接属于这三种类型，就是它们的组合。

2. 次声的应用

早在第二次世界大战前，次声已应用于探测火炮的位置。次声的应用前景是广阔的，大致分为下列几个方面：

（1）通过研究自然现象产生的次声波的特性和产生机制，更深入地认识这些现象的特性和规律。例如人们测定极光产生的次声波特性来研究极光的活动规律等。

（2）利用接收到的声源所辐射的次声波，探测它的位置、大小和其他特性。例如通过接收核爆炸、火箭发射或台风所产生的次声波去探测这些次声源的有关参量。

（3）预测自然灾害性事件，如火山爆发、龙卷风等。

（4）探测大范围气象的性质的规律，其优点是可以对大气进行连续不断的探测和监视。

（5）人和其他生物不仅能对次声产生某种反应，而且他（它）们的某些器官也会发出微弱的次声，因此可以通过测定这些次声波的特性来了解人体或其他生物相应器官的活动情况。

18.4.4 噪声

1. 噪声的性质

噪声是一种干扰，也就是“不需要的声音”，在不同场合下有不同的含义。例如在听课时，即使美妙的音乐也是噪声。反之，在欣赏音乐时，讲话也成了噪声。但在一般情况下，噪声多是指那些在任何环境下都会引起人厌烦的、难听的，并在统计上是无规则的声音。

噪声的大小可用频谱来描述。谐音具有离散谱或线谱，无调声具有连续谱。通常用宽度为1 Hz的频带内的辐射强度来表征。如果噪声的强度按频率分布比较均匀，则往往用宽度大于1 Hz的频带（例如500 Hz等）内声强来描述。

按噪声的声波物理特征（如振幅、相位等）随时间的变化规律来区分噪声，可以分为有规噪声和无规噪声。各种机械和气流产生的噪声属有规噪声，而交通、多个声源产生的背景噪声或热扰动产生的噪声则为无规噪声。有规噪声的振幅瞬时值 $A(t)$完全可以由机械运动和流体特性所确定,而无规噪声的 $A(t)$不能由预先给定的函数确定,只遵从某种统计分布的规律。

2. 噪声对人的影响

日益增长的工业噪声、交通噪声以及其他人为噪声源已成为一种相当严重的社会公害,污染着环境。噪声对人的危害主要表现在生理和心理两个方面。

(1) 噪声的生理损伤。长期处在噪声过强的环境中,会造成听力损失或耳聋,甚至会导致某些疾病。按国际标准,在500 Hz、1 000 Hz和2 000 Hz三个频率的平均听力由于噪声引起下降超过25 dB的统称为"噪声性耳聋",根据统计研究可以定出工业噪声所允许的评价标准。考虑到经济条件,现在大多数国家(包括我国和一些发达国家如美、日等)都将标准定为90 dB(A)。只有少数生活水平更高的国家如瑞士和北欧一些国家才定为85 dB(A)。噪声除影响听力外,还可能引起心血管疾病等。

(2) 噪声的心理影响。噪声对人的心理影响表现得十分明显,如引起烦恼、降低工效、分散注意力和导致失眠等。现在普遍认可评价标准是:不妨碍睡眠的相应声级为30～50 dB(A),至于"不引起烦恼"的标准则视城市中不同区域而不同,并且昼夜标准自然也各异。

此外还有噪声对语言的干扰,主要表现为降低语言的清晰度。可靠的语言通讯得以进行的最低清晰度指数(AI)大约为 0.4,即每 100 个互不连贯的单字(音节)中可听清 80 个左右。新规定的环境噪声对语言的干扰级(SIL)是中心频率为 500、1 000和2 000 Hz的三个倍频带声压级的算术平均值(以 dB 为单位,不计小数点以下的数值)。在保证 AI～0.4 所容许的最低 SIL 值随讲者与听者之间的距离而异。例如距离2 m时,SIL 必须为50 dB;1 m时就可增加到56 dB;0.5 m时为62 dB,依此类推。一般讲噪声的 SIL 为50 dB以下时,不影响正常交谈或听电话,SIL 高于70 dB时,交谈和听电话就很困难了。

3. 噪声的控制

鉴于噪声对环境的污染,必须加以控制。由于噪声体系是由声源、传声途径、接收者三个环节组成的,所以噪声控制的手段也不外乎从这三个方面入手。

最根本的当然是对声源控制。一般的噪声源可分为机械型和气流型两大类,而前者又分为稳态振动型和冲击型两种。稳态源是由机器运转时可动部件的转动或往复运动激发的稳态振动造成的,其辐射的声功率与振动速度、辐射面积以及辐射声阻有关。因此,要降低所辐射的噪声,就应降低这三个量的值。除了从机器本身结构上着手(如提高有关零部件的加工精度,改善润滑状况,调节好静态平衡和动态平衡,减少振动表面面积和辐射体面积等)之外,还可用"减振"(加阻尼涂层以至直接采用高阻尼全合金来制造运动部件)、"隔振"(加装弹性元件使振动局限于振源附近)等措施把噪声从根源上加以控制。关于撞击源的发声原理目前尚未完全掌握,有人将这种源的声功率分为撞击过程本身和撞击机件受击后辐射两部分。前一部分应从降低撞击速度和锤头体积着手；后一部分应从降低机件的振动辐射着手，例如延长冲击的接触时间，增大受击板块的质量及其阻尼，减小板块的辐射面积等。气流型的喷气噪声是由高速射流与大气混合产生的大量湍流造成的，它辐射的声功率与喷口的直径平方、喷口流速的 8 次方成正比。因此要想降低噪声，最有效的当然是降低喷射流速，但这样做有时是不现实的，较为可行的方法之一是改变喷口形状。

对传声途径的控制，从理论上讲可归结为“隔、吸、消”。“隔”就是把噪声源与接收者隔离开来，最常用的措施就是采用尺寸足够大的隔墙以至封闭的隔声间。由多孔材料构成的墙对高频有惊人的隔声本领，但却不适用于低频隔声。“吸”就是把投射到材料表面上的声能吸收，最常用的吸声材料是多孔性材料(适用于高频)和薄板材料(适用于低频)。“消”就是在噪声通过的管壁或腔壁中加上吸声材料，使声能在传播过程中逐渐衰减，也有用电子设备产生一个与噪声振幅相等、相位相反的声音来抵消原有的噪声。

如果在对声源和传声途径采取控制措施之后，还不能将噪声降低到标准水平时，可采取护耳器保护人耳。

以上各种控制噪声的方法可以说大多是“消极的”或“被动的”，是否可以“积极的”或“主动的”消除噪声？有人提出“以夷制夷”的方法，就是设法产生一种声音，其频谱与所要消除的噪声完全一样，只是所有分量的相位相反，这样叠加后就可以把噪声完全抵消掉。1953 年左右，这种设想才初步成为现实，直到 20 世纪 70 年代后期，由于电子技术和计算机技术的发展，这种有源消声技术在某方面已达到相当成熟的商品化水平，但它们主要还只能局限在如管道等较小的空间范围内。

附录 A　常用数学公式

1. 导数公式

$(\tan x)'=\sec^2 x$

$(\cot x)'=-\csc^2 x$

$(\sec x)'=\sec x\cdot\tan x$

$(\csc x)'=-\csc x\cdot\cot x$

$(a^x)'=a^x\ln a$

$(\log_a x)'=\dfrac{1}{x\ln a}$

$(\arcsin x)'=\dfrac{1}{\sqrt{1-x^2}}$

$(\arccos x)'=-\dfrac{1}{\sqrt{1-x^2}}$

$(\arctan x)'=\dfrac{1}{1+x^2}$

$(\text{arccot}\, x)'=-\dfrac{1}{1+x^2}$

2. 基本积分表

$$\int\tan x\mathrm{d}x=-\ln|\cos x|+C$$

$$\int\cot x\mathrm{d}x=\ln|\sin x|+C$$

$$\int\sec x\mathrm{d}x=\ln|\sec x+\tan x|+C$$

$$\int\csc x\mathrm{d}x=\ln|\csc x-\cot x|+C$$

$$\int\frac{\mathrm{d}x}{a^2+x^2}=\frac{1}{a}\arctan\frac{x}{a}+C$$

$$\int\frac{\mathrm{d}x}{x^2-a^2}=\frac{1}{2a}\ln\left|\frac{x-a}{x+a}\right|+C$$

$$\int\frac{\mathrm{d}x}{a^2-x^2}=\frac{1}{2a}\ln\frac{a+x}{a-x}+C$$

$$\int\frac{\mathrm{d}x}{\sqrt{a^2-x^2}}=\arcsin\frac{x}{a}+C$$

$$\int\frac{\mathrm{d}x}{\cos^2 x}=\int\sec^2 x\mathrm{d}x=\tan x+C$$

$$\int\frac{\mathrm{d}x}{\sin^2 x}=\int\csc^2 x\mathrm{d}x=-\cot x+C$$

$$\int\sec x\cdot\tan x\mathrm{d}x=\sec x+C$$

$$\int\csc x\cdot\cot x\mathrm{d}x=-\csc x+C$$

$$\int a^x\mathrm{d}x=\frac{a^x}{\ln a}+C$$

$$\int\mathrm{sh}x\mathrm{d}x=\mathrm{ch}x+C$$

$$\int\mathrm{ch}x\mathrm{d}x=\mathrm{sh}x+C$$

$$\int\frac{\mathrm{d}x}{\sqrt{x^2\pm a^2}}=\ln(x+\sqrt{x^2\pm a^2})+C$$

$$I_n=\int_0^{\frac{\pi}{2}}\sin^n x\mathrm{d}x=\int_0^{\frac{\pi}{2}}\cos^n x\mathrm{d}x=\frac{n-1}{n}I_{n-2}$$

$$\int\sqrt{x^2+a^2}\mathrm{d}x=\frac{x}{2}\sqrt{x^2+a^2}+\frac{a^2}{2}\ln(x+\sqrt{x^2+a^2})+C$$

$$\int \sqrt{x^2-a^2}\,\mathrm{d}x = \frac{x}{2}\sqrt{x^2-a^2} - \frac{a^2}{2}\ln\left|x+\sqrt{x^2-a^2}\right| + C$$

$$\int \sqrt{a^2-x^2}\,\mathrm{d}x = \frac{x}{2}\sqrt{a^2-x^2} + \frac{a^2}{2}\arcsin\frac{x}{a} + C$$

3. 柱面坐标和球面坐标

柱面坐标：$\begin{cases} x = r\cos\theta \\ y = r\sin\theta, \\ z = z \end{cases}$ $\iiint\limits_{\Omega} f(x,y,z)\,\mathrm{d}x\mathrm{d}y\mathrm{d}z = \iiint\limits_{\Omega} F(r,\theta,z)\,r\mathrm{d}r\mathrm{d}\theta\mathrm{d}z,$

其中：$F(r,\theta,z)=f(r\cos\theta, r\sin\theta, z)$

球面坐标：$\begin{cases} x=r\sin\varphi\cos\theta \\ y=r\sin\varphi\sin\theta, \\ z=r\cos\varphi \end{cases}$ $\mathrm{d}v=r\mathrm{d}\varphi\cdot r\sin\varphi\cdot\mathrm{d}\theta\cdot\mathrm{d}r=r^2\sin\varphi\,\mathrm{d}r\mathrm{d}\varphi\mathrm{d}\theta$

$$\iiint\limits_{\Omega} f(x,y,z)\,\mathrm{d}x\mathrm{d}y\mathrm{d}z = \iiint\limits_{\Omega} F(r,\varphi,\theta)\,r^2\sin\varphi\,\mathrm{d}r\mathrm{d}\varphi\mathrm{d}\theta = \int_0^{2\pi}\mathrm{d}\theta\int_0^{\pi}\mathrm{d}\varphi\int_0^{r(\varphi,\theta)} F(r,\varphi,\theta)\,r^2\sin\varphi\,\mathrm{d}r$$

4. 二阶微分方程

$\frac{\mathrm{d}^2y}{\mathrm{d}x^2}+P(x)\frac{\mathrm{d}y}{\mathrm{d}x}+Q(x)y=f(x)$，$f(x)=0$ 时为齐次，$f(x)\neq 0$ 时为非齐次。

二阶常系数齐次线性微分方程及其解法：

$y''+py'+qy=0$，其中 p,q 为常数；

求解步骤：

(1)写出特征方程：$r^2+pr+q=0$；

(2)求出特征方程两个根 r_1,r_2；

(3)根据 r_1,r_2 的不同情况，按下表写出二阶微分方程的通解：

r_1,r_2 的形式	二阶微分方程的通解
两个不相等实根($p^2-4q>0$)	$y=c_1\mathrm{e}^{r_1x}+c_2\mathrm{e}^{r_2x}$
两个相等实根($p^2-4q=0$)	$y=(c_1+c_2x)\mathrm{e}^{r_1x}$
一对共轭复根($p^2-4q<0$) $r_1=\alpha+\mathrm{i}\beta, r_2=\alpha-\mathrm{i}\beta$ $\alpha=-\frac{p}{2}, \beta=\frac{\sqrt{4q-p^2}}{2}$	$y=\mathrm{e}^{\alpha x}(c_1\cos\beta x+c_2\sin\beta x)$

附录 B　大学物理常用的物理常数表

名　称	符　号	1986 年国际科技数据委员会推荐值	计算用值
真空中光束	c	$299\ 792\ 458\ \mathrm{m \cdot s^{-1}}$	$3.0\times10^{8}\ \mathrm{m \cdot s^{-1}}$
阿伏伽德罗常量	N_{A}	$6.022\ 136\ 7(36)\times10^{23}\ \mathrm{mol^{-1}}$	$6.02\times10^{23}\ \mathrm{mol^{-1}}$
牛顿引力常量	G	$6.672\ 59(85)\times10^{-11}\ \mathrm{m^{3} \cdot kg^{-1} \cdot s^{-2}}$	$6.67\times10^{-11}\ \mathrm{m^{3} \cdot kg^{-1} \cdot s^{-2}}$
摩尔气体常量	R	$8.314\ 510(70)\ \mathrm{J \cdot mol^{-1} \cdot K^{-1}}$	$8.31\ \mathrm{J \cdot mol^{-1} \cdot K^{-1}}$
玻尔兹曼常量	k	$1.380\ 658(12)\times10^{-23}\ \mathrm{J \cdot K^{-1}}$	$1.38\times10^{-23}\ \mathrm{J \cdot K^{-1}}$
标准状态理想气体摩尔体积	V_{mol}	$22.414\ 10(19)\ \mathrm{L \cdot mol^{-1}}$	$22.4\ \mathrm{L \cdot mol^{-1}}$
基本电荷	e	$1.602\ 177\ 33(54)\times10^{-19}\ \mathrm{C}$	$1.60\times10^{-19}\ \mathrm{C}$
电子质量	m_e	$9.109\ 389\ 3(54)\times10^{-31}\ \mathrm{kg}$	$9.11\times10^{-31}\ \mathrm{kg}$
电子荷质比	$-e/m_e$	$-1.758\ 819\ 62(53)\times10^{11}\ \mathrm{C \cdot kg^{-1}}$	$-1.76\times10^{11}\ \mathrm{C \cdot kg^{-1}}$
质子质量	m_{p}	$1.672\ 623\ 1(10)\times10^{-27}\ \mathrm{kg}$	$1.67\times10^{-27}\ \mathrm{kg}$
中子质量	m_{n}	$1.674\ 928\ 6(10)\times10^{-27}\ \mathrm{kg}$	$1.67\times10^{-27}\ \mathrm{kg}$
原子质量单位	m_{u}	$1.660\ 540\ 2(10)\times10^{-27}\ \mathrm{kg}$	$1.66\times10^{-27}\ \mathrm{kg}$
真空磁导率	μ_0	$4\pi\times10^{-7}\ \mathrm{N \cdot A^{-2}(H \cdot m^{-1})}$	$4\pi\times10^{-7}\ \mathrm{N \cdot A^{-2}(H \cdot m^{-1})}$
真空电容率（介电常量）	ε_0	$8.854\ 187\ 818\times10^{-12}\ \mathrm{F \cdot m^{-1}}$	$8.85\times10^{-12}\ \mathrm{F \cdot m^{-1}}$
电子磁矩	μ_{e}	$9.284\ 770\ 1(31)\times10^{-24}\ \mathrm{J \cdot T^{-1}}$	$9.28\times10^{-24}\ \mathrm{J \cdot T^{-1}}$
质子磁矩	μ_{p}	$1.410\ 607\ 61(47)\times10^{-26}\ \mathrm{J \cdot T^{-1}}$	$1.41\times10^{-26}\ \mathrm{J \cdot T^{-1}}$
中子磁矩	μ_{n}	$0.966\ 237\ 07(40)\times10^{-26}\ \mathrm{J \cdot T^{-1}}$	$9.66\times10^{-27}\ \mathrm{J \cdot T^{-1}}$
核子磁矩	μ_{N}	$5.050\ 786\ 6(17)\times10^{-27}\ \mathrm{J \cdot T^{-1}}$	$5.05\times10^{-27}\ \mathrm{J \cdot T^{-1}}$
玻尔磁矩	μ_{B}	$9.274\ 015\ 4(31)\times10^{-24}\ \mathrm{J \cdot T^{-1}}$	$9.27\times10^{-24}\ \mathrm{J \cdot T^{-1}}$
玻尔半径	a_0	$0.529\ 177\ 249(24)\times10^{-10}\ \mathrm{m}$	$5.29\times10^{-11}\ \mathrm{m}$
普朗克常数	h	$6.626\ 075\ 5\times10^{-34}\ \mathrm{J \cdot s}$	$6.63\times10^{-34}\ \mathrm{J \cdot s}$

参考文献

[1] 严导淦.物理学[M].4版.北京:高等教育出版社,2003.

[2] 程守洙,江之永.普通物理学[M].5版.北京:高等教育出版社,1998.

[3] 王纪龙,周希坚,李秀燕.大学物理[M].2版.北京:科学出版社,2002.

[4] 宋士贤,郭晓枫,刘云龙.物理学[M].西安:西北工业大学出版社,1995.

[5] 马文蔚.物理学教程[M].北京:高等教育出版社,2002.

[6] 屠庆铭.大学物理[M].北京:高等教育出版社,1998.

[7] 敬士超,余庚耆.物理学导论[M].A型版.成都:成都科技大学出版社,1999.

[8] 丁俊华.物理(工)[M].沈阳:辽宁大学出版社,1999.